Yantu Maogu Jishu Yanjiu Yu Gongcheng Yingyong

岩土锚固技术研究与工程应用

蒋树屏　王福敏　唐树名　罗　斌　主编

人民交通出版社

内 容 提 要

本书为中国岩土锚固工程协会第十九次全国岩土锚固工程学术研讨会论文集，共编录论文84篇。内容包括岩土锚固技术专题综述、理论研究与工程测试、工程设计与施工技术、边坡加固与滑坡治理、深基坑支护与基础工程、隧道与地下工程、施工机具与工程材料等。本书既反映了近年来我国科技人员就岩土锚固技术在工程应用中提出的一些热点难点问题，开展科学研究和技术攻关所取得的新成果，又吸纳了一批大型岩土锚固工程实例及其成功的新经验，内容丰富，实用性强。

本书可供水利、水电、公路、铁路、市政、城建、地矿、军工等部门从事岩土锚固工程科研、教学、工程设计与施工的技术人员参考。

图书在版编目（CIP）数据

岩土锚固技术研究与工程应用/蒋树屏等主编.--北京：人民交通出版社，2010.9

ISBN 978-7-114-08652-6

Ⅰ.①岩… Ⅱ.①蒋… Ⅲ.①岩土工程-锚固 Ⅳ.①TU753.8

中国版本图书馆CIP数据核字（2010）第173089号

书　　名：岩土锚固技术研究与工程应用
著 作 者：蒋树屏　王福敏　唐树名　罗　斌
责任编辑：吴有铭　田克运
出版发行：人民交通出版社
地　　址：(100011)北京市朝阳区安定门外外馆斜街3号
网　　址：http://www.ccpress.com.cn
销售电话：(010)59757969、59757973
总 经 销：人民交通出版社发行部
经　　销：各地新华书店
印　　刷：北京市凯鑫彩色印刷有限公司
开　　本：787×1092　1/16
印　　张：32.5
字　　数：811千
版　　次：2010年9月　第1版
印　　次：2010年9月　第1次印刷
书　　号：ISBN 978-7-114-08652-6
印　　数：0001—2000册
定　　价：98.00元

《岩土锚固技术研究与工程应用》

编审委员会

序　　言

第十九次全国岩土锚固工程学术研讨会 2010 年 10 月在重庆召开。

本次研讨会共收到应征论文 89 篇，经编审委员会的审阅，共有 84 篇论文被选入本论文集。本次入选论文的特点是：以实际工程为背景，并在掌握近年研发的岩土锚固技术或新机具设备的基础上，通过现场监控或理论分析，对工法、工程安全以及设计理念进行了比较深入的研究和论述。通过对每一篇论文的细细品读，我们获得了不少的新技术信息和有益的启迪，并引发我们思考以下若干问题：其一是，自中国岩土锚固工程协会第十七次、第十八次研讨会到今天的第十九次研讨会，大家围绕地震对于高边坡稳定性的影响和锚固抗震效果，进行了较深入的讨论。这种讨论，今后一个时期对于我国广大山区中的工程建设以及面临地震活动期的高边坡安全问题是十分必要的。其二是，针对我国目前 26 座大中城市已经建成或正在建设的地铁工程、另有 17 座城市正在进行规划申报的形势，本次有 10 余篇论文论述了地铁施工中的关键技术和安全控制问题的研究现状。这类研究对于日趋严重的城市交通拥挤问题，以及由于地铁工程蜂拥而上而又面临着各种复杂的地层地质风险和施工安全风险问题，都能提供一些借鉴和经验。其三是，我国在经历了 30～40 年岩土锚固工程的实践，对于各种不同类型和特性的锚杆、锚索以及岩土锚固的机理有了比较深刻的了解，其中也必然存在不同的认识和理念。这些不同认识和看法在历次研讨会上都有过学术性的讨论，本次的若干论文中也有所反映。学术讨论，乃至争论都是正常的，它对于某种学术水平的提高是有积极意义的。今后，协会应该坚持在每次学术研讨会上进行积极的学术讨论，从而达到提高岩土工程技术水平和锚固技术水平的目的。其四是，为每次研讨会撰写论文的作者，无不是在百忙的工作中挤出时间来亲自写就的，这一点特别令我感动！比如论文集中有不少关于大型水电站高边坡稳定问题的论述、有关于我国目前最长的输水隧洞施工及喷锚技术的论述、有关于城市地铁穿越工程和矿山支护工程中的关键技术及安全系统问题的论述、有关于岩锚设计理论及自动化监测和地质超前预报问题的论述、有的论文传递了许多施工工法的创新应用和新型钻锚机具研制方面的信息，等等。我们要感谢每一位论文作者的辛勤劳动，大家所提供的所有选题到位、内容丰富、简明实用的论文是每次学术研讨会成功的基础！

祝愿第十九次全国岩土锚固工程学术研讨会圆满成功！

中国岩土锚固工程协会　理事长

徐祯祥

2010 年 10 月

目录

一　专题综述

二　理论研究与工程测试

三　工程设计与施工技术

四　边坡加固与滑坡治理

五　深基坑支护与基础

六　隧道与地下工程

七　施工机具与工程材料

一

专题综述

地铁穿越工程中位移监测与安全分析

徐祯祥[1]　钟巧荣[2,3]

（1. 中国铁道科学研究院　2. 北京城建设计研究总院　3. 北京安捷工程咨询有限公司）

摘　要　城市地铁在暗挖施工中通常会造成地层的沉降变形；当地铁上穿或下穿地下既有结构物或其他构筑物时在地层中造成上浮或下沉变形从而对既有建（构）筑物的稳定性造成威胁；当地铁采用明挖法施工时，又会造成邻近建筑物的变形，在失控的情况下可能酿成最终失稳等等。本文在研究和统计了某城市地铁施工中地表沉降数据的基础上，针对上述现象进行了测试力学分析，并提出了目前在北京地铁施工中常用的控制标准和必要的施工对策。

关键词　地层变形　位移监测　测试力学分析　控制标准

1　前言

目前在城市地铁施工中经常采用浅埋暗挖法（矿山法之一种）、盾构法、明挖法和盖挖法等。不论用哪一种工法进行施工，均会造成地层的变形和位移，特别是当地铁施工必须穿越各类建（构）筑物的工况下，其变形和位移值有可能很大。上述变形的状况及变形速率取决于不同的地层岩土力学特性、不同的工法、不同的环境条件以及不同的施工水平等因素。例如在浅埋暗挖法施工中，地表会产生沉降变形，其沉降形状通常为一个锅底形的沉降槽；又如盾构法的正常施工中也会产生类似沉降槽，当盾构推进过快或顶推力过大时，则其正前方的地表会产生隆起；而在明挖基坑中，如果支护不及时或支撑力不够，基坑侧墙由于剪切作用会造成失稳破坏。上述变形现象对于大城市中地铁周边环境（包括邻近建筑物和地下管线等）的安全是一大威胁，目前已有不少工程事故的实例证明了这一问题的严重性。用测试力学方法结合现场量测的方法对地层变形进行分析研究并有针对性地提出参考性控制标准和施工对策，是解决这一问题的重要途径之一。

2　地铁穿越工程中地层变形的力学特征及其测试

2.1　地铁隧道下穿既有隧道结构物时的力学状态

当隧道施工从既有隧道下方通过（垂直通过或斜交通过）时，由于新建隧道对其上方土体的扰动，并随着新建隧道的下沉，上方土体也随之下沉，这种下沉传递给既有结构使之产生弯沉，如图1所示。如果既有结构是运营的地铁隧道，在变形的影响下隧道往往会产生结构环形裂缝、变形缝开裂、道床和轨道不均匀沉降等病害。这类病害将直接影响地铁列车的运行安全。

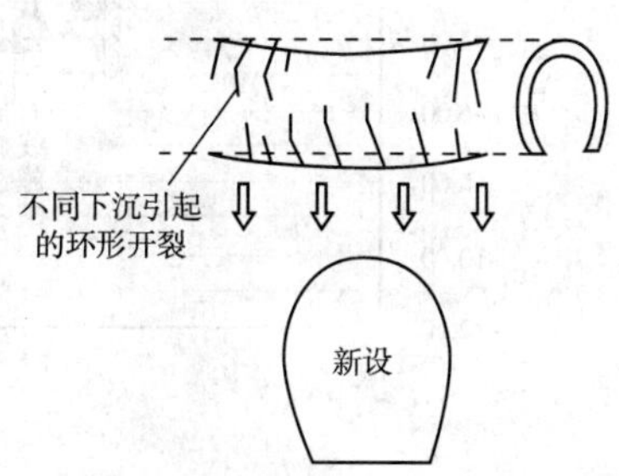

图1　地铁隧道从既有隧道下方穿越

北京地铁某线区间隧道下穿既有地下车站南端的盾构区间隧道共约 35m，二者竖向净距约 2.0m。其位置关系和监测点布置如图 2 所示。

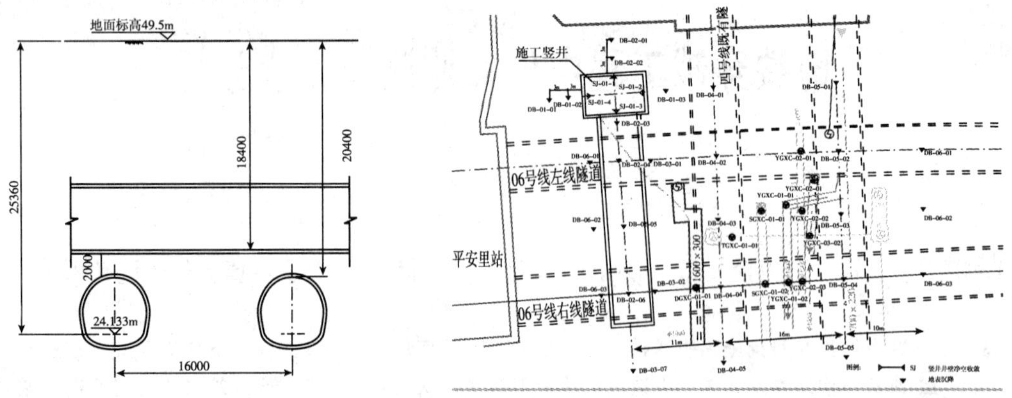

图 2　下穿既有线的位置关系图和监测点布置图（尺寸单位：mm）

1）既有结构上方地表沉降分析（“－”值地表下沉、“＋”值地表隆起）

从既有线结构上方地表沉降断面的沉降曲线图分析（图 3）：

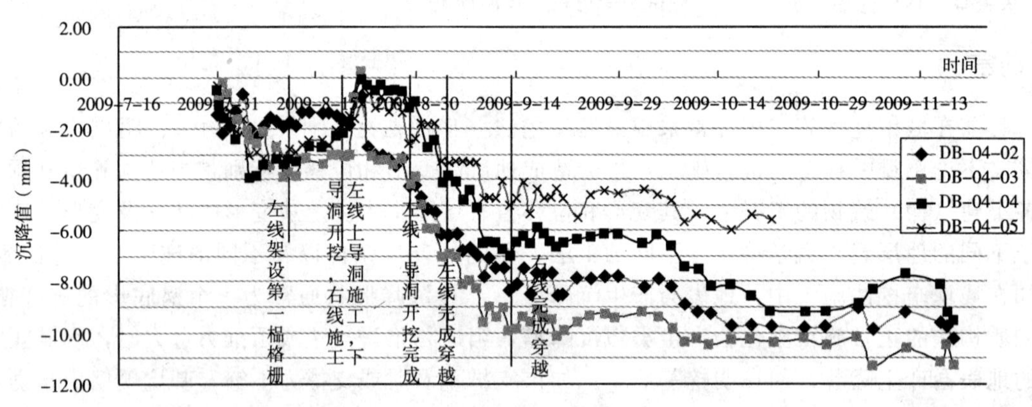

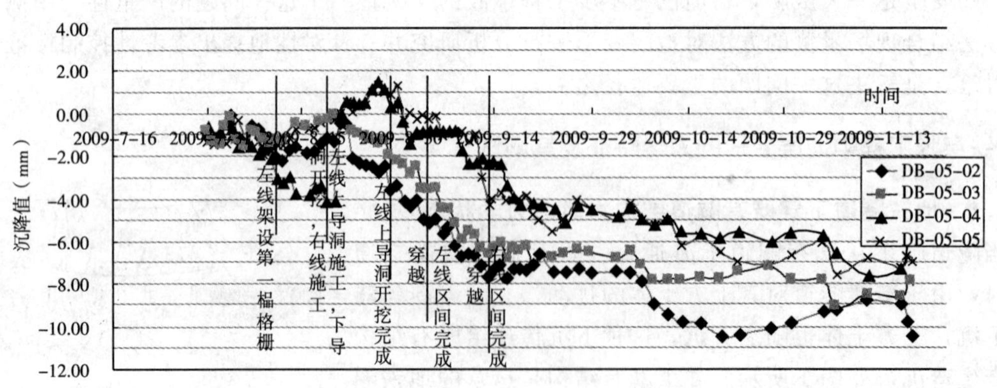

图 3　既有线上方地表沉降点时程曲线图

（1）下穿施工中，既有线上方地表产生沉降，最大值为 11mm 左右。没有超过控制值，说明沉降控制合格。

（2）当左线上导洞施工完成时采取背后注浆对地面有一定的抬升作用。

（3）左线下导洞开挖对地面沉降影响显著。右线施工引起大的地表变形，开挖完成后趋于稳定。

（4）在左线的中心位置和左右隧道中间的地表沉降大（DB－04－02 和 DB－04－03 及 DB－05－02 和 DB－05－03），说明左线隧道先施工的影响范围，及双线隧道施工对变形的累加影响。

2）既有线隧道结构变形分析（“－”值边墙隆起、“＋”值边墙沉降）

从既有结构沉降时程曲线图看出：

（1）边墙沉降量小于 8mm，不超过控制值 10mm，说明沉降控制合格。

（2）右线导洞开始开挖后边墙沉降明显，下行线在后期边墙沉降有扩大趋势，所以应采取措施控制工后结构沉降。

3）既有线道床结构下沉及道床纵向变化分析（“－”值道床隆起、“＋”值道床沉降）（见图 4）

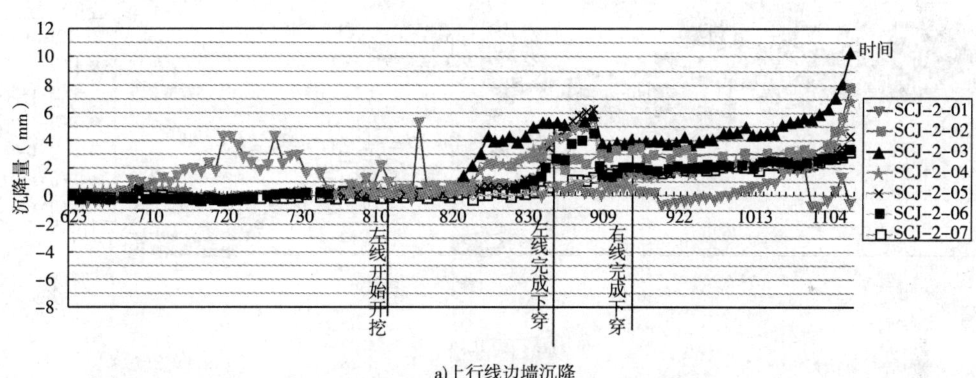

a)上行线边墙沉降

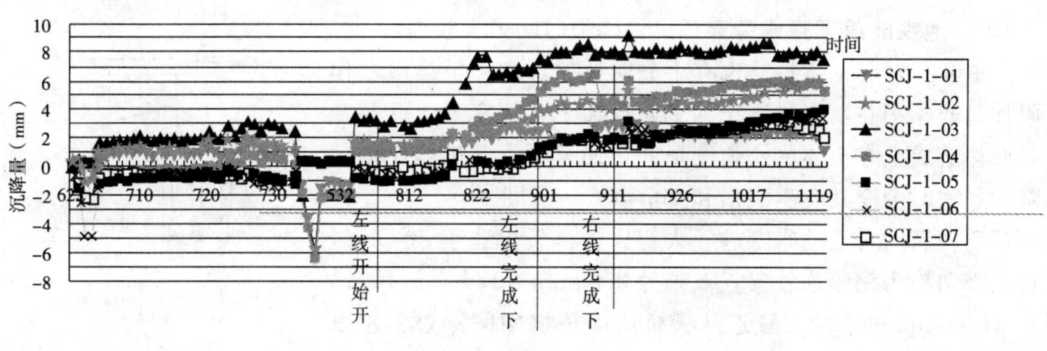

b)下行线边墙沉降

图 4　既有线隧道结构（边墙）变形时程曲线图

从道床结构变形曲线图看出：

（1）道床沉降量小于 8mm，不超过控制值 10mm，说明沉降控制合格。

（2）左线开始下穿后道床沉降明显，右线完成下穿后道床沉降明显趋于平缓。

（3）道床差异沉降在 0.5mm 内，道床纵向变化率为 1/5000～1/8000，在控制值 1/2500 范围内。

从穿越既线的地表沉降和结构及道床沉降知，在采用有效的超前支护措施后，地表沉降很小，上方土体随着开挖而下沉，这种下沉传递给既有结构使之产生弯沉（图 5）。

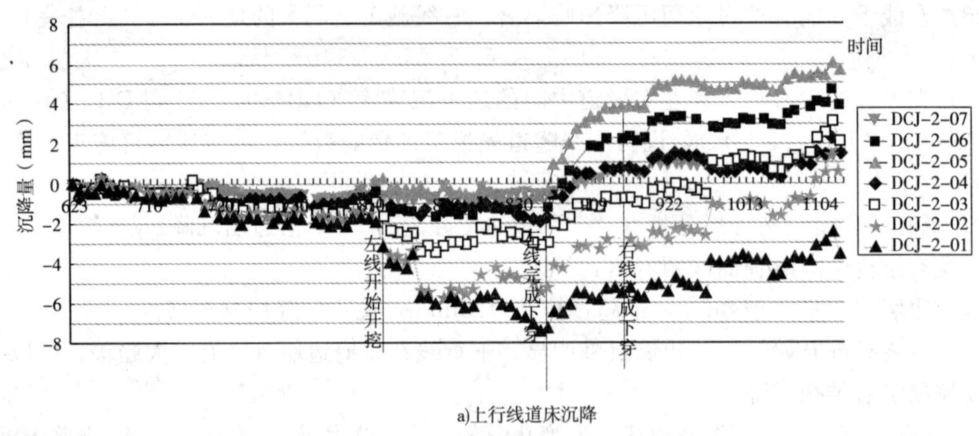

a)上行线道床沉降

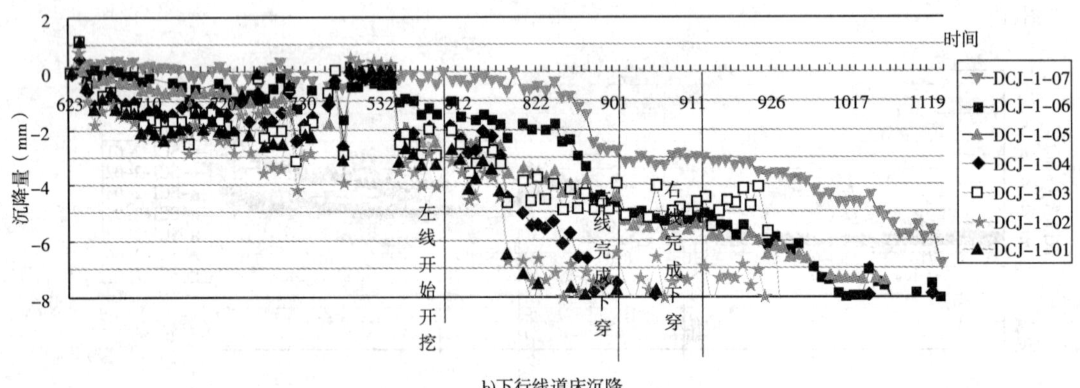

b)下行线道床沉降

图 5 既有线道床结构变形曲线图

2.2 地铁隧道下穿或旁穿桥梁结构物时的力学状态

隧道开挖对其上方桥梁也有十分明显的影响。桥梁墩台作为附加荷载作用在新建隧道结构上，增加了它的变形，而其变形又必然造成上方土体的松弛变形并传递至桥梁基础，使墩台沉降，严重时会令其发生裂损和安全事故，见图 6。

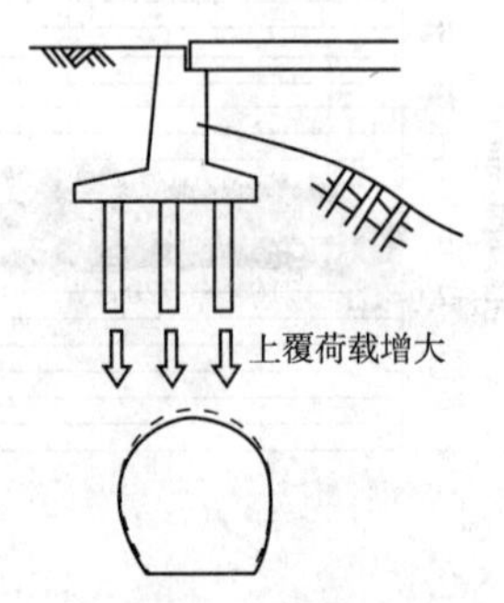

图 6 开挖对上方桥梁的变形影响

某盾构区间自西向东穿越一人行天桥，天桥建于 2003 年，天桥上部结构为钢箱连续梁，基础为 2500mm×1700mm 承台，下有 ϕ1200mm 桩基础。隧道从天桥南端桥桩中间穿过。左线结构外皮距天桥桥桩 0.90～2.29m。桥桩底低于隧道底 0.44m。区间与桥桩的位置关系及监测点布置如图 7。

1）地表沉降分析（“－”值地表下沉、“＋”值地表隆起）

从桥桩 QCJ－01－08 旁边的地表点 DB－01－05 和 QCJ－01－01 旁边的地表点 DB－02－10 沉降图中可以看出：

（1）右线盾构穿过时地表隆起，其后逐渐下沉。后续左线盾构通过时，先隆起后急剧下沉。

（2）盾构区间左线盾构进入人行天桥正下方，上方地表及人行天桥沉降速率变化较大，地表多个测点日变形速率连续 3d 均在 5～8mm。主要原因是右线开挖后，上方地层受到扰动，还未稳定，左线继续开挖后引起地层的再次扰动，导致沉降速率增大。

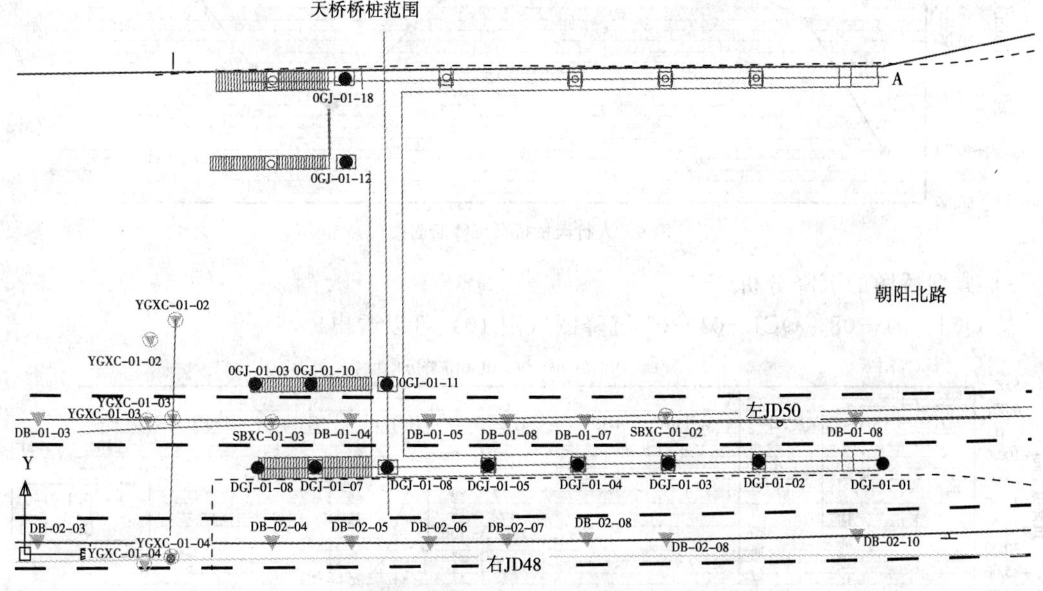

图 7　区间与桥桩的位置关系及监测点布置图

（3）DB－01－05 点在 5 月 5 日～5 月 9 日沉降速率很大，DB－02－10 点在 5 月 13 日～5 月 19 日沉降速率很大，左线通过该点时，同步注浆量偏少，不足 $2m^3$，且采用单液浆，凝固时间长，最大沉降速率达 9.25mm/d，根据测试数据，及时采取施工措施，目前变形已基本稳定。

（4）DB－02－10 点和 DB－01－05 点的沉降规律相同，盾构通过时沉降明显。

（5）DB－02－10 点比 DB－01－05 值大，施工时通过 DB－01－05 点及时采取了加大注浆量控制注浆效果措施，截至目前通过 DB－02－10 未采取特殊措施。地表沉降曲线见图 8。

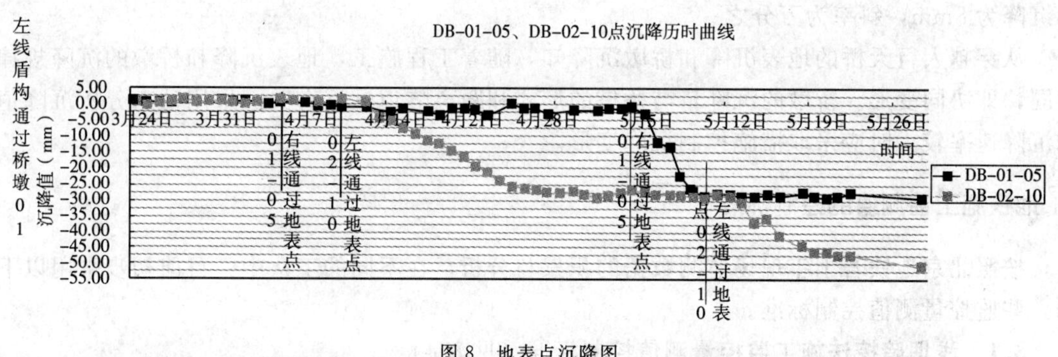

图 8　地表点沉降图

2）各桥墩的沉降分析（“－”值桥墩下沉、“＋”值桥墩隆起）

从各桥墩沉降图（图 9）中可以看出：

（1）QCJ－01－06 为主桥桥墩测点，设计为桩基础，沉降量较小。

（2）两侧梯道为浅埋基础，受盾构施工扰动较大。

（3）QCJ－01－08 和 QCJ－01－01 沉降较大。

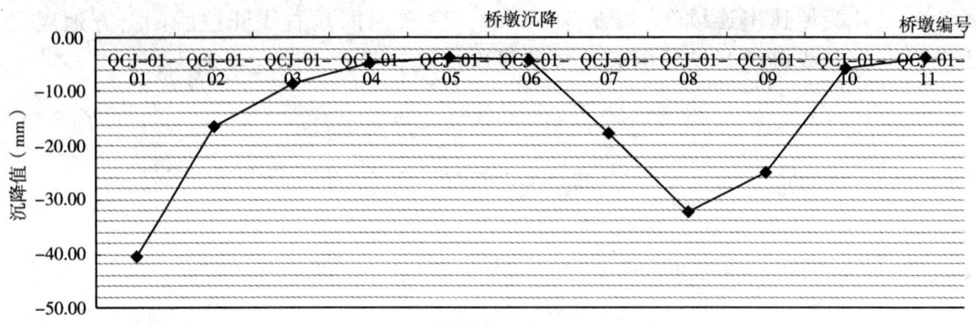

图 9　人行天桥桥墩沉降断面图

3）典型桥墩的沉降分析

从 QCJ－01－08、QCJ－01－01 沉降图（图 10）可以看出：

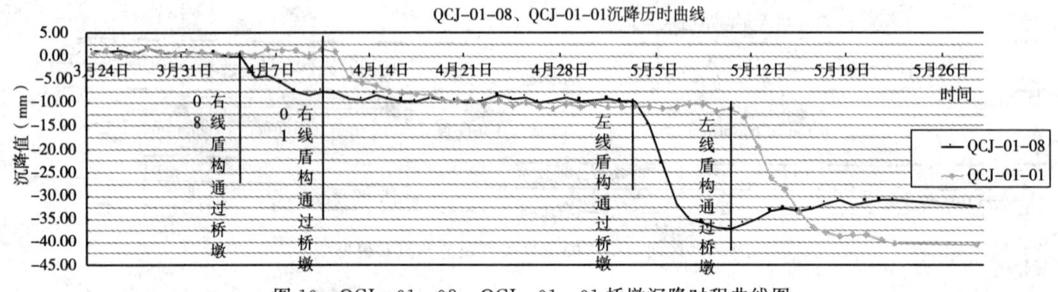

图 10　QCJ－01－08、QCJ－01－01 桥墩沉降时程曲线图

（1）开始监测时由于盾构的推力作用使前方土体产生隆起变形，桥墩有隆起趋势，随着开挖的进行进入沉降阶段。

（2）盾构通过时沉降明显增大。

（3）QCJ－01－08、QCJ－01－01 沉降规律相同，在左线通过时监测速率急剧增大。

（4）左线通过 QCJ－01－08 点后 5 月 5 日至 5 月 7 日该点沉降速率很大，施工单位立即采取有效措施，采取措施后桥墩沉降减少。

（5）QCJ－01－01 沉降值较大，施工应采取有效措施，截至目前未采取特殊措施。差异沉降为 8mm，斜率为万分之一。

从穿越人行天桥的地表沉降和桥墩沉降知，随着工程施工，地表沉降和桥墩的沉降规律相同，即协同变形。桥墩的沉降量与桥桩的形式和距离隧道远近有关。采用动态分析沉降值和沉降速率较大时应采取措施控制沉降变形。

3　地铁施工监测值的控制标准

按照北京地铁若干年现场监测数据的积累与分析，在不同的工法中，目前初步采用以下的一些监控量测值控制标准。

3.1　浅埋暗挖法施工监控量测值控制标准（见表 1）

浅埋暗挖法施工监控量测值控制标准　　表 1

序号	监测项目及范围		允许位移控制值 U_0（mm）	位移平均速率控制值（mm/d）	位移最大速率控制值（mm/d）
1	地表沉降	区间	30	2	5
		车站	60		

续上表

序号	监测项目及范围		允许位移控制值 U_0（mm）	位移平均速率控制值（mm/d）	位移最大速率控制值（mm/d）
2	拱顶沉降	区间	30	2	5
		车站	40		
3	水平收敛		20	1	3

注：①位移平均速率为任意 7d 的位移平均值；位移最大速率为任意 1d 的最大位移值（下同）；

②本表中区间隧道跨度小于 8m；车站跨度大于 16m 和小于（等于）25m；

③本表中拱顶沉降系指拱部开挖以后设置在拱顶的沉降测点所测值（下同）。

3.2 盾构法施工监控量测值控制标准（见表 2）

盾构法施工监控量测值控制标准 表 2

序号	监测项目及范围	允许位移控制值 U_0（mm）	位移平均速率控制值（mm/d）	位移最大速率控制值（mm/d）
1	地表沉降	30	1	3
2	拱顶沉降	20	1	3
3	地表隆起	10	1	3

3.3 明（盖）挖法施工监控量测值控制标准（见表 3）

明（盖）挖法施工监控量测值控制标准 表 3

序号	监测项目及范围	允许位移控制值 U_0（mm）			位移平均速率控制值（mm/d）	位移最大速率控制值（mm/d）
		一级基坑	二级基坑	三级基坑		
1	围护桩（墙）顶部沉降	≤10	1	1		
2	地表沉降	≤0.15%H 或≤30，两者取小值	≤0.2%H 或≤40，两者取小值	≤0.3%H 或≤50，两者取小值	2	2
3	围护桩（墙）水平位移	≤0.15%H 或≤30，两者取小值	≤0.2%H 或≤40，两者取小值	≤0.3%H 或≤50，两者取小值	2	3
4	竖井水平收敛	50			2	5
5	基坑底部土体隆起	20	25	30	2	3

注：H 为基坑开挖深度。

3.4 三级预警状态判定表

在北京地铁施工监测中，当实测位移（或沉降）的绝对值和速率值达到一定的预警范围时，采用三级预警规定，即：黄色预警、橙色预警和红色预警。其规定见表 4。

三级预警状态判定表　　表 4

预警级别	预警状态描述
黄色预警	实测位移（或沉降）的绝对值和速率值双控指标均达到极限值的 70%～85%之间时；或双控指标之一达到极限值的 85%～100%之间而另一指标未达到该值时
橙色预警	实测位移（或沉降）的绝对值和速率值双控指标均达到极限值的 85%～100%之间时；或双控指标之一达到极限值而另一指标未达到时；或双控指标均达到极限值而整体工程尚未出现不稳定迹象时
红色预警	实测位移（或沉降）的绝对值和速率值双控指标均达到极限值，与此同时，还出现下列情况之一时：实测的位移（或沉降）速率出现急剧增长；隧道或基坑支护混凝土表面已出现裂缝，同时裂缝处已开始渗流水

注：对于桥梁监测，表中双控指标应为横向差异沉降值和纵向差异沉降值。

3.5　关于监测值控制标准及预警问题的讨论

地铁监测值的控制标准必须根据结构跨度、埋置深度、工程地质及水文地质状况、施工工法及施工水平等因素综合考虑确定。因此，在一般正常施工的情况下，尤其是在施工开始阶段，应按照表 1、表 2 和表 3 中所列的数值进行控制。但是在施工过程中，可以根据上述诸因素的变化及特点，特别是根据地层条件的变化以及对监测数据的分析，作进一步的综合分析和评估判定，对控制标准进行合理的调整，并经论证后确认，其预警值也随之作相应的变化。另外，在地铁穿越建（构）筑物这种风险较大的工程中，选用合理的施工技术以及更严格的监控量测手段是必要的，而且通常应该采用有针对性的专项设计。这种动态调整应该是符合信息化设计施工的原则的。

4　施工对策

4.1　控制既有地铁结构变形的对策

为了控制既有地铁结构的变形，采取以下技术措施保证了成功的穿越：

（1）格栅拱架加密：下穿隧道开挖时加密格栅间距，增强该下穿段暗挖区间初期支护强度。

（2）补设注浆小导管：下穿施工每个步距（开挖步距由格栅间距确定）开挖前，根据地层加固情况补设超前小导管，注 TGRM 水泥浆，对既有线隧道下方土体进行加固。防止新线区间施工土体塌落。

（3）加强监控量测：当监测值达到变形控制预警值时，及时封闭掌子面，或对既有线隧道下方土体进行加固。

（4）区间隧道开挖时及时封闭掌子面，上下台阶保持一定的安全距离，确保开挖过程掌子面的稳定。

（5）深孔注浆：区间隧道开挖前，采用半断面 TGRM 深孔帷幕注浆加固地层，小导管根据土体加固情况补充打设。在开挖横通道之前，对横通道拱部土体进行深孔帷幕注浆，试验和检验注浆效果，调整注浆参数，为正线施工做好技术和经验积累。

（6）根据工后监测数据分析，如沉降较大，采取补浆和背后注浆处理，最后保证了既有结构的安全和地表的沉降在允许范围内。

4.2 控制桥梁变形对策

为了控制桥墩沉降和地表变形采取了以加强注浆为主的施工措施：

（1）改善浆液配比。

（2）提高浆液的初凝时间。

（3）提高同步注浆量。

（4）及时进行二次补浆，在盾尾管片背后注浆。

（5）在加强注浆措施的同时，必须对梁体的可能沉降采取安全防护和必要的顶升措施。

5 结论

（1）当地铁上穿或下穿地下既有结构物或其他构筑物时，在地层中造成上浮或下沉变形从而对既有建（构）筑物的稳定性造成威胁；当地铁采用明挖法施工时，又会造成邻近建筑物的变形，在失控的情况下可能酿成最终失稳。因此在城市中修建地铁，其设计、施工和监控中必须进行专项的研究。

（2）地铁隧道下穿既有线隧道时，由于新建隧道对其上方土体的扰动，并随着新建隧道的下沉，上方土体随之下沉，这种下沉传递给既有结构使之产生弯沉。在措施得当及时控制情况下既有结构变形和道床沉降可控制在10mm，道床纵向变化率可控制在1/2500。

（3）地铁隧道下穿城市各类桥梁时，其上方桥梁作为附加荷载作用在新建隧道结构上，增加了新建结构的变形，而其施工变形又必然造成上方土体的松弛变形并传递至桥梁基础，使墩台沉降。在措施得当并及时控制的情况下，地表沉降可控制在30mm，桥墩及梁结构的沉降也可控制在安全范围。

（4）控制地表和周边环境变形的施工措施有三类：一是事前采取注浆加固、托换、隔离等措施；二是施工中严格按优化步序和方案施工控制变形；三是根据监控量测的动态信息采取事后补救措施。

参考文献

[1] 中华人民共和国地方标准 DB11/490－2007 地铁工程监控量测技术规程．北京：北京城建科技促进会．

[2] 吕勤．地铁隧道暗挖施工中土层特性对地层变形的影响分析［J］．现代隧道技术，2005，42（2）．

[3] 于宝班，吴江滨，陈雪晶．盾构掘进中地面和地层变形分析与控制方法［J］．现代轨道交通，2006.4．

[4] 李红霞．深基坑支护设计和施工中的变形控制［J］．铁道勘察，2006（2）．

[5] 姚宣德，王梦恕．地铁浅埋暗挖法施工引起的地表沉降控制标准的统计分析［J］．岩石力学与工程学报，2006，25（10）．

[6] 梁睿．北京地铁隧道施工引起的地表沉降统计分析与预测［D］．北京交通大学，2006.12．

[7] 陈万鹏．基坑开挖引起地表沉降的预测方法研究［D］．南京工业大学，2006.12．

震区复杂地层锚索支护技术的研究与探索

杨俊志　冯杨文　陈修星

（四川准达岩土工程有限责任公司）

摘　要　紫坪铺水利枢纽工程边坡采用自由式拉压复合型（单孔多锚头防腐型）预应力锚索等措施进行支护处理，经受住了汶川大地震的严峻考验。结合紫坪铺水利枢纽工程边坡支护及抗震状况，探索总结了震区复杂地层边坡锚索支护技术，为今后类似工程边坡支护提供了重要的参考借鉴。

关键词　锚索　单孔多锚头　紫坪铺水利枢纽工程　汶川地震

1　前言

汶川地震发震于龙门山主中央断裂（北川～映秀断裂），震中烈度高达Ⅺ度。震中及附近的岷江上游流域水电开发程度高，水电工程的抗震安全和震损情况备受关注。岷江上游已建成的大中型电站共有20余座，装机容量最大的水电站为紫坪铺水利枢纽工程（装机容量760MW），其次为福堂水电站（装机容量360MW），其余电站装机容量为30～260MW不等。震损调查结果认为，岷江流域大中型水电工程各主要建筑物经受住了汶川地震的考验，尽管地震波及其影响烈度远远超过工程设防烈度，但大坝无一溃决，整体安全、稳定，其他水工建筑物的直接震损有限，但部分建筑设施受地震滑坡、滚石等影响突出。

汶川地震中，水电工程边坡整体稳定，自然边坡震害突出。水电工程的开挖边坡一般进行了支护处理，边坡大都保持整体稳定，基本完好，确保设计工况下的安全稳定。库坝区自然边坡、枢纽区人工边坡开口线以外的自然边坡等未处理边坡，极易形成滚石、崩塌和滑坡等地质震害，对边坡下方的建筑物或设备等造成破坏。部分工程建筑物附近的自然边坡垮塌严重，对工程影响较大。这表明边坡支护极为重要。

水电水利工程多建坝于高山峡谷，两岸边坡陡峭，岩体风化卸荷强烈，地质条件大多较为复杂。为确保边坡、构筑物的安全稳定，预应力锚索支护方式被广泛采用。

因此，结合震区水电水利工程边坡锚索支护状况，研究、探索和总结复杂地层边坡锚索支护技术，对切实保障工程边坡安全稳定具有重要意义。

2　紫坪铺水利枢纽工程边坡支护及抗震概况

2.1　紫坪铺水利枢纽工程边坡支护概况

紫坪铺水利枢纽工程位于成都市西北60km的岷江上游，坝址距下游都江堰市9km，是一座以灌溉和供水为主，兼有发电、防洪、环境保护、旅游等综合效益的大型水利枢纽工程。面板堆石坝最大坝高156m，正常蓄水位877m，总库容11.12亿m^3，电站总装机760MW。建设总工期6年，2001年开工建设，2006年底完建。

紫坪铺水利枢纽工程坝区基岩岩性为砂岩、泥质粉砂岩与煤质页岩互层，其中煤质页岩性软弱，易碎，往往与不同规模的层间剪切破碎带对应，是强度低、完整性最差的岩石。坝区两岸山体风化卸荷强烈，裂隙发育，岩体破碎，尤其是泄洪洞进出口、引水洞进出口、溢洪道下段边坡及厂房后坡，边坡高陡，并有煤层页岩断层贯穿，整体稳定性较差。

（1）鉴于该工程地质条件复杂、工程规模大及其重要性，有必要进行锚索试验，推荐使用适宜的锚索形式。为此，于 2002 年 11～12 月，在紫坪铺水利枢纽工程引水隧洞进水口边坡进行了预应力锚索锚固段受力特点研究试验。在试验场地布置试验锚索 6 根，3000kN 级，单根长 50m。

①拉力型预应力锚索 3 根，6m、8m、10m 锚固段长锚索各 1 根，每根锚索锚固段均布设应变元件（电阻应变片式水泥浆应变块，与锚固段水泥结石体具有相似的力学性能指标且能与水泥结石体良好胶结为一体）测试锚固段应力情况，应力测试范围分别为 6m、8m、10m；自由式单孔多锚头防腐型预应力锚索 3 根，每根锚索均进行应力测试，范围分别为 6m、8m、10m。同时，安装锚索测力计监测拉力型预应力锚索和自由式单孔多锚头防腐型预应力锚索的锁定荷载的变化情况。

②试验结果表明，拉力型锚索锚固段前端附近的应力测试值很小，说明该处附近水泥结石体发生了破坏，锚固段存在应力集中及其“各个击破”状况。单孔多锚头防腐型预应力锚索锚固段应力分布为拉压应力的复合分布，改善了应力峰值，应力分布较为均匀，利于保持锚索的长效锚固。

③根据自由式单孔多锚头防腐型预应力锚索与拉力型锚索对比分析研究的结果，推荐本工程使用自由式单孔多锚头防腐型预应力锚索。该锚索从结构形式上解决了锚索锚固段应力集中及锚索防腐问题，以及锚固段不扩孔，采用全孔一次注浆工艺并可进行二次张拉。

（2）依据锚索试验成果，针对本工程强风化砂页岩夹煤层的复杂地质条件，设计采用 1000～3000kN 自由式拉压复合型（单孔多锚头防腐型）预应力锚索结合锚杆、网喷混凝土、框格梁及贴坡混凝土等进行工程边坡加固处理。

预应力锚索施工过程中，钻遇破碎地层发生塌孔、卡钻、埋钻等现象时，进行固壁灌浆处理后重新扫孔钻进。对锚固段岩体声波测试不合格的锚索孔，进行固结灌浆，以提高岩体的完整性。

2.2 紫坪铺水利枢纽工程抗震概况

紫坪铺水利枢纽工程场地地震基本烈度为Ⅶ度，大坝抗震设防烈度为Ⅷ度。工程距离汶川大地震震中约 17km。根据国家地震局公布的汶川大地震影响烈度分布图，紫坪铺工程遭遇的地震烈度为Ⅸ～Ⅹ度。地震造成机组一度停运，大坝堆石体产生震陷，混凝土面板局部出现错台断裂等震损情况，但枢纽区工程边坡完好。这表明边坡支护经受住了考验。

3 复杂地层锚索支护技术的研究与探索

3.1 锚索结构类型的研究

从 20 世纪初以来，预应力锚索已由拉力型锚索发展为拉力分散型锚索、加波纹管的双层保护式锚索、压力（分散）型锚索以及自由式拉压复合型预应力锚索、自由式单孔多锚头防腐型预应力锚索等新类型。作为分散型结构锚索的代表之一，自由式拉压复合型预应力锚索获得了中国电力科学技术奖。

在较为破碎软弱的岩体进行锚固，而且张拉力超过 1000kN 以上时，一般不宜使用普通的拉力型、压力型索体结构，可改用拉力分散型、压力分散型结构，使锚固段孔壁围岩应力分布均匀，可充分发挥锚固段的抗拔能力。在正常情况下，一般内锚固段长度不宜超过10m。当计算决定的内锚固段长度大于10m时，宜采取改善锚固段的岩体质量、采用压力分散型内锚固段等措施，提高胶结式内锚固段的锚固能力。

锚索腐蚀与锚固段应力集中一样，是复杂地层锚索比较关注的问题。结合水利水电等施工领域永久锚固的需要，四川准达岩土工程有限责任公司研制开发的自由式拉压复合型预应力锚索、自由式单孔多锚头防腐型预应力锚索等新型预应力锚固体系，改善了锚固段应力集中、防腐能力等，确保了锚索预应力的长期赋存，增强了预应力锚索对破碎软弱等复杂地层的适应性，进一步扩展了锚固领域的支护加固应用范围，已在多个工程中成功应用，取得了良好的经济技术指标。

(1) 自由式单孔多锚头防腐型预应力锚索采用新型的“单孔多锚头防腐型”结构，锚索内锚固段设置两组或两组以上承载体，每组承载体由承载锚板与辅助板组成，各根钢绞线的P型挤压锚经封装防护处理而成的防腐型单锚头嵌固于二者之间，各组承载体之间连接成一个整体，见图1。

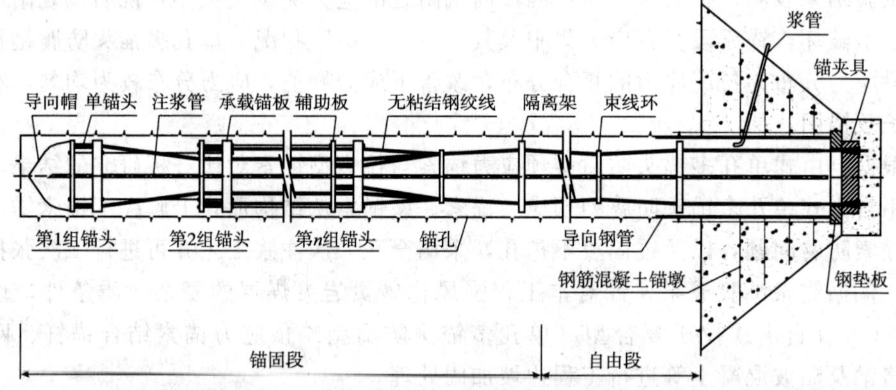

图1 自由式单孔多锚头防腐型预应力锚索结构示意图

(2) 自由式单孔多锚头防腐型预应力锚索结构创新点如下：

①该锚索内锚固体系由多组锚头构成，锚头组之间用螺杆连接成为一个整体，每组锚头包括锚板、单锚头。

②该锚索内锚固段单锚头有密封套组件。

③该锚索锚头组之间的连接螺杆亦为环向筋，以增强承压板下部结石体的抗压能力。

3.2 锚索对动载荷的反应

1) 说明

(1) 预应力锚索按锚固段结石体应力状态大致分为两大类：拉力型锚索、压力型锚索。

①常采用胶结式内锚固段，锚索体内锚固段钢绞线须与水泥浆液结石体粘结，对预应力锚索施加的张拉力经由锚固段结石体而传递至围岩，内锚固段结石体处于受拉状态，这种锚索称之为拉力型预应力锚索。

②采用无粘结预应力钢绞线，内锚固段钢绞线挤压锚固头与该处承载板构成承载体，对预应力锚索施加的张拉力经由承载体压其前部的结石体而传递至围岩，此种使内锚固段结石体由受拉状态变为受压状态的锚索称之为承载板式压力型预应力锚索。

(2) 本文中此处动载荷作用主要指地震作用。

地震时，对于地面上的某一点，当地震体波（P波和S波）到达该点或面波（L波、R波）经过该点时，就会引起该点往复运动，此即地震地面运动。此种往复运动总能分解为往复错动和往复拉压运动，因此，地震作用总能分解为剪切作用和拉压作用。

2）拉力型锚索对动载荷的反应

地震时，假想在结构面（滑动面）产生剪切错动，对于全长粘结式拉力型锚索而言，钢绞线与周围粘结成一体，基本上没有缓冲余地，易存在被剪坏的可能。

对于无粘结拉力型锚索，锚固段前端存在应力集中状况，当受到往复拉压作用时，锚固段易产生剪切（拉裂）破坏，并可致拉裂破坏面在一定程度上后移，呈“各个击破”趋势，导致实际锚固段长度缩短，这是不利的。全长粘结式拉力型锚索在薄弱结构面处亦可能会有类似现象。

针对拉力型锚索的此种现象，可考虑在锚固段钢绞线增设承载板和挤压锚的可行性。

3）压力型锚索对动载荷的反应

地震时，假想在结构面（滑动面）产生剪切错动，由于压力型锚索钢绞线与周围无粘结，可产生滑动，有一定缓冲的余地，不易被剪坏。

锚固体及围岩的抗压强度一般高于抗拉强度，与拉力型锚索锚固段相比，压力型锚索锚固段可承受较高的荷载。受到同样的往复拉压作用时，压力型锚索锚固段具有相对较好的抗破坏能力。不利之处在于压力型锚索无粘结钢绞线全长可以自由伸缩，在同样大小的动荷载作用下，其伸长量（位移量）较拉力型锚索的相应值要大。

自由式单孔多锚头防腐型预应力锚索等压力分散型锚索，锚索内锚固段设置两个或两个以上承载体，给锚索施加预应力时其应力按比例分散至各承载体，分别承载一定荷载，总锚固力沿锚固段长度进行分散分布，改善了应力集中的状况，避免了荷载集中型锚索锚固段可能因荷载集中作用所产生的应力集中引起破坏的不利现象，相应减少了单位面积上围岩应力，有利于减轻地震等动荷载对锚固段围岩的破坏程度。

3.3 锚索孔固结灌浆

(1) 复杂地层锚索孔施工过程中，钻孔遇断层、结构面、较大裂隙等破碎带时，则钻具跳动，钻进负荷加大，甚至会发生坍孔、卡钻、埋钻事故，给正常钻进带来不利影响。为保证成孔质量及效率，进行固结灌浆，待凝等强后继续钻进。

①锚索孔造孔过程中的固结灌浆，其灌浆工艺、性质均有别于灌浆工程中的固结灌浆，其原则为“无压或低压，浓浆；固结破碎带，充填大裂隙等”，以尽量减少注浆量和注浆时间。

②为有效保证固结灌浆护壁效果以及减少灌浆量，采取对心喷射钻具钻入破碎带塌渣进行固结灌浆，无压或低压灌注浓浆、砂浆等。

必要时，因地制宜配用孔内摄像装置，对锚孔围岩地质异常状况进行观测。通过孔内摄像观察记录的情况，把浆管直接伸至孔内裂隙部位进行针对性灌注，裂隙堵漏效果显著，减少了灌浆次数，提高了成孔效率。

③锚索孔固结灌浆，不仅保证了成孔质量和成孔效率，固结了破碎带，充填了较大裂隙，提高了岩土体的整体性，抗震能力得以提高，而且避免了下索后锚索注浆长时间难以结束、难以升压的情况，有利于保证锚固质量、保障锚索支护进度。

(2) 另外，根据地质条件，为了控制浆液损失，保证锚索的锚固质量，对一次成孔（即在造孔过程中未进行过固壁或堵漏处理）并经验收合格后的锚索孔在锚索安装前视情况需要对内锚段锚孔围岩进行灌浆处理，亦是可取的。

3.4 锚索注浆

1）注浆方式

锚索注浆可采用二次注浆法和全孔一次注浆法，其选择应遵守下列规定：

（1）有粘结锚索注浆应采用二次注浆方法。在锚固段与张拉段交界处阻塞，第一次注浆形成内锚固段，张拉后，第二次注浆完成张拉段封孔。

（2）无粘结锚索一般在外锚墩混凝土浇筑前进行全孔一次性有压注浆。孔口封闭及压力灌浆有困难时，在外锚墩混凝土浇筑并有一定强度后进行全孔一次注浆。

（3）锚索体外有波纹管防护的无粘结锚索的孔道灌浆时，波纹防护管内外应同时一次性施灌。

（4）双粘结锚固段无粘结锚索应采用二次注浆方法。外锚固段注浆应在张拉锁定后进行。

（5）对穿锚索孔道注浆时，将一端（一般为低端）孔口予以封堵，从锚索孔道另一端进行全孔一次性注浆。

2）注浆工艺方法

（1）注浆方法

①仰角孔或顶拱孔注浆：

仰角孔锚索注浆时，浆液从进浆管注入孔内，气从孔底的排气管排出。

仰角（或洞室顶拱）的有粘结锚索内锚固段止浆环（包）应能可靠阻塞，无粘结锚索可采取孔口阻塞或孔口段先灌 2～3m 待凝后再进行全孔灌注。排气（浆）管距孔底不宜大于 50mm。为防止浆液沉缩或渗漏，使导向帽外露，可在闭浆后利用排浆管再进行一次压浆。

②俯角孔注浆：

俯角孔锚索注浆管随锚索体深入孔底，浆液从孔底自下而上注满整个孔道。

俯角的有粘结锚索内锚固段止浆环（包）应能可靠阻塞。若采取边灌浆边拔管方式时，应使灌浆管始终埋于浆液内，直至锚固段灌满为止。

俯角的无粘结锚索孔道全孔一次注浆时，应在孔口阻塞以使灌浆压力达到规定值。

③水平孔注浆：

水平孔锚索的注浆管随锚索体深入孔底，注浆时孔口阻塞，浆液从孔内向外、从孔下侧向上侧注满整个孔道。

（2）内锚固段注浆应保持连续，一次性灌注完成。

（3）内锚固段注浆过程中，排出浆液的相对密度不小于注入浆液的相对密度时，可在屏浆后结束灌浆。屏浆压力（表压）不宜低于 0.3MPa，且锚固段灌浆全压力不宜低于 0.5MPa，屏浆时间不少于 30min。

工程实践表明，灌浆管伸至孔底且畅通、孔口（或孔内）有效阻塞、适宜的灌浆浆液、灌浆压力及屏浆要求等因素，对确保锚固段灌浆质量、增强结石体密实度及抗渗性等有着重要的作用。

3.5 被加固体的整体性加固

预应力锚索，它的一端被固定在稳定地层中或结构中（面），经张拉施加荷载后，另一端与被加固体紧密结合，形成一种新的结构复合体。预应力锚索外锚头是对锚索实现张拉和锁定的支撑装置，由钢筋混凝土锚墩（或建筑物结构混凝土）、锚夹具等构成。一旦受损，严重时亦可导致锚索失效，因此，应采取有效措施保护外锚头及其下被加固体表面。

（1）锚索被施加荷载时，锚墩压紧被加固体表面，在被加固体浅表部形成发散状压密区，群锚将形成压密带，达到加固的目的。由于锚索与锚索之间的表层岩土体未能被锚索加固到，当受到地震等动荷载作用时，若表层岩土体松散、破碎，极易脱落、掏空，使锚墩处于孤立境地，严重时可导致锚墩失稳，使锚索失效。因此，必须重视被加固体浅表层的整体性、稳定性。

对被加固体进行支护时，应遵循“由表及里、由浅至深、整体加固”，以切实保障被加固体的安全。一般浅表层可采用锚杆、网喷混凝土、贴坡混凝土、框格梁或者坡面固结灌浆等措施，中深部可采用预应力锚杆、锚筋束等措施，深部采用预应力锚索。

（2）锚索孔孔口导向钢管的设置，既使锚墩、锚具及孔口部分锚索体与锚索孔的中心线保持一致，又对孔口稳定起到一定的保护作用，有利于锚墩基础的承载。

（3）对外锚头的锚具及外露钢绞线采用混凝土结构封锚、可拆卸金属（塑料）防护罩加注防腐油脂防护。防腐油脂应符合《无粘结预应力筋专用防腐润滑脂》（JG 3007—93）的有关规定。

3.6 降低钢绞线强度利用系数

水电工程预应力锚固设计规范规定“对于岩体锚固工程（水工建筑物的锚固工程），锚束中的各股钢丝或钢绞线的平均应力，施加设计张拉力时，不宜大于钢材抗拉强度标准值的60％（65％）”，亦即设计张拉力时钢绞线强度利用系数为60％（65％）。

受到地震等动载荷作用时，锚索承受着超过设计张拉力的荷载。因此，强震区重大岩土锚固工程设计时须考虑动载荷作用，结合工程造价情况，适当降低设计张拉力时钢绞线强度利用系数至60％以内，适当增加锚索的安全余度。

4 结束语

汶川地震的震损调查结果认为，紫坪铺水利枢纽工程边坡整体稳定，自然边坡震害突出。因此，对边坡的支护极为重要。另外，合理加大重要工程边坡的处理范围亦是可取的。

紫坪铺水利枢纽工程边坡地质条件复杂，采用自由式拉压复合型（单孔多锚头防腐型）预应力锚索结合锚杆、网喷混凝土、框格梁及贴坡混凝土等进行加固处理，经受住了超过抗震设防烈度的汶川大地震的考验。

结合震区紫坪铺水利枢纽工程边坡锚索支护情况，研究、探索和总结的震区复杂地层边坡锚索支护技术，对类似工程边坡支护具有重要的参考作用。

参考文献

[1] 四川省紫坪铺开发有限责任公司，四川准达岩土工程公司．自由式单孔多锚头防腐型与拉力型预应力锚索锚固段应力分布特性研究试验［R］．2003.

[2] 周建平，等．汶川地震灾区大中型水电工程震损调查及主要成果［J］．水力发电，2009，35（5）：1—5.

锚杆锚固工程质量检测技术现状与展望

高文新　刘永勤　成国文

（北京城建勘测设计研究院有限责任公司）

摘　要　锚杆锚固质量检测是检验其是否达到工程要求的重要技术手段。本文阐述了锚杆锚固质量检测技术的发展和现状，分析了传统检测方法和无损检测技术的各自特点并做了对比，指出了各自的优势和不足。最后对检测技术做了展望，并提出了相关建议。

关键词　岩土锚固　质量检测　拉拔试验　无损检测

1　引言

岩土锚固技术始于20世纪初。1911年美国在矿山巷道工程中首先采用岩石锚杆。我国在20世纪50年代开始在煤矿巷道中采用锚杆支护。目前，锚固技术作为各类地下工程及边坡护理的重要手段，在边坡、基坑、隧道、大坝加固、结构抗浮和抗倾、地质灾害治理、桥梁等工程中得到了广泛的应用。它对于维护岩土体稳定和的安全施工发挥了重要的作用。

判定锚固体是否达到设计和安全的要求，需要相应的检测方法和技术。岩土锚固质量检测的目的就为了了解锚固工程结构物的工作状态，检验锚固工程结构的设计和施工质量，以确保锚固工程结构的安全。

经过多年发展，锚杆检测技术也从传统的锚杆拉拔试验发展到无损检测。

2　锚杆检测技术现状

2.1　拉拔法

锚杆拉拔试验属于传统的锚杆锚固质量静力法检测。试验设备由加载装置（千斤顶、油泵）、计量仪表（测力计位移计等）组成。测试时，在锚杆尾部加上垫板，套上中空千斤顶，锚杆外端用锚具锚固。然后放开千斤顶油压阀加压，直接在显示器上读出拉拔力(图1)。

拉拔试验分基本试验、验收试验和蠕变试验。基本试验的目的是为了确定锚杆的极限承载力，掌握锚杆抗破坏的安全程度，以便在正式使用锚杆前调整锚杆机构参数或改进锚杆的制作工艺；验收试验旨在确定锚杆是否具备足够的承载力、自由段程度是否满足要求（图2）；蠕变试验用来检测锚杆蠕变在规定范围内是否稳定，对于塑性指数大于17的软土层和蠕变明显的岩体中的锚杆应进行蠕变试验，以观察锚杆在一定荷载下随时间的蠕变特性[1]。

2.2　无损检测技术[2~9]

无损检测技术应用于锚杆锚固质量的检测始于20世纪80年代，并在近年来得到了较快的发展。无损探测技术主要采用相应的硬件设备和媒介以及对获取的信号进行处理，从而对岩土锚固进行安全评价。

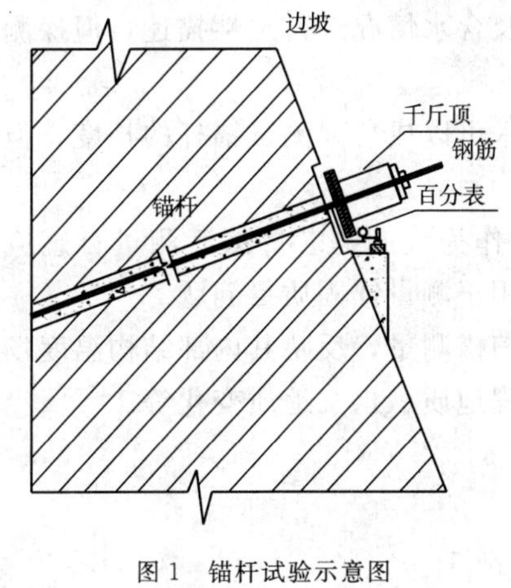

图 1　锚杆试验示意图

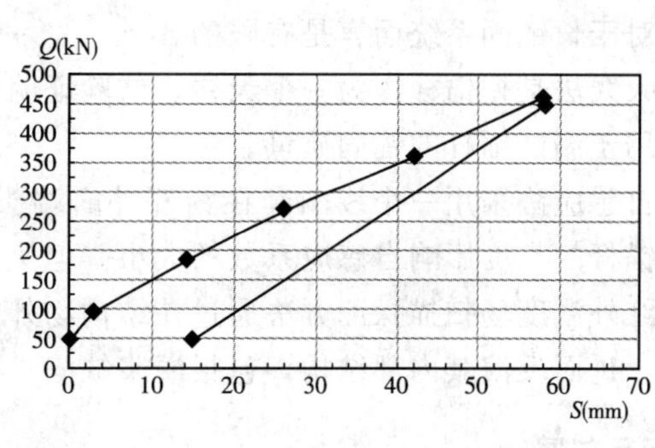

图 2　拉拔验收试验曲线

1）Boltometer

Boltometer 基本原理是从锚杆外露端头输入一个超声波，然后用同一个传感器接收从锚杆另一端头反射回来的波。根据反射波形的幅值大小确定锚杆的锚固质量。锚杆锚固质量越好能量散射到围岩以及锚固体中的越多，反射波的幅值就越小。因此用被测锚杆反射波的幅值和标准锚杆的反射波幅值进行比较就可以得到锚杆的锚固质量。

2）应力波反射法

目前锚杆锚固质量的无损检测主要集中在应力波反射法上。应力波反射法是基于一维杆件的波动理论，它将锚杆视作圆柱体且其直径 d 远远小于其长度 L，当锚杆端头受到瞬态力扰动作用后，引起锚杆头质点振动，以弹性波的形式沿杆体向底端传播。当波在各向同性体中传播时，波的传播速度、幅度和类型均保持不变。但当波在各向异性体（如多层介质）中传播时，由于波阻抗发生变化，它将产生反射、透射或散射现象，波的能量将会重新分配，一部分能量穿过界面向前传播称为透射波，另一部分能量反射回原介质，称为反射波。反射波反映锚固介质体内的信息，利用反射波内所含的信息，可以对锚杆的锚固质量进行分析（图 3）。

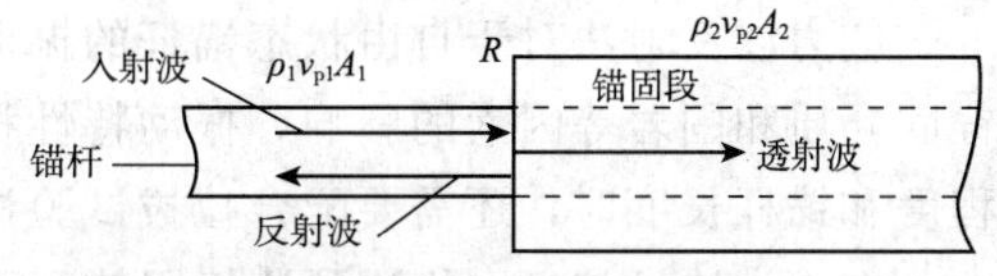

图 3　应力波在锚固界面上的反射和透射

3）小波—神经网络法

基于小波分析的时频局部化特性及人工神经网络的非线性映射特性，将小波分析和人工神经网络的优点结合起来。从锚杆动测信号小波分析的分量中提取特征向量，然后将这些特征向量输入人工神经网络进行训练，训练后的神经网络便能根据输入特征向量对锚杆锚固质量进行智能化的分类。

小波—神经网络的应用，为锚杆锚固质量检测结果的评定提供了一个有效的智能化手段。

4）电磁技术

电磁波法主要包括地质雷达、红外线温度场扫描探测、天线法、自感应法等。工作机理上是由电磁振荡激发电磁波，电磁波的工作频率可从十几兆赫至 2000MHz。

地质雷达法可沿任一方向的表面进行高密度连续扫锚探测，实时绘出彩色剖面图，通过图像处理与分析研究，可对锚的几何尺寸进行定量描述，对锚固系统中的灌浆饱和度及缺陷情况进行定性或半定量描述，对周围岩土结构和完整性及含水情况进行定性描述，但探测距离相对于长锚固系统而言是有限的。

天线法是把锚杆作为一个天线。试验证明，这一技术可以成功地测试锚杆的长度，但并不适用于测试锚杆的锚固质量。

自感应法采用一个线圈套在锚杆外露端头，把锚杆作为线圈的芯。然后测量自感应系数，锚杆的长度影响自感应系数的大小。但该法并不适用于测量锚固质量问题。

红外温度场扫描探测方法通过在结构物外表面连续扫描测量，反映其内部结构温度场的变化，进而反演其内部结构，包括灌浆缺陷、岩土体工程地质、水文地质变化等。

3 不足与展望

3.1 静力法检测的不足

拉拔试验是目前规范中要求的检测方法[10]。但这种机械的方法存在缺陷：①它是一种破坏性的检测方法；②抽检的样本数十分有限，难免以偏概全；③不能对锚杆的锚固质量作充分的肯定，因为当锚固的水泥砂浆长度大于钢制锚杆直径的40倍或少数石子卡死锚杆时，即使拉拔到锚杆杆体颈缩也不会使锚固力丧失，这种假象可能会使测试得出错误的结论；④不能检测锚杆的实际长度[11]。

实际上，拉拔工况下锚杆的界面剪应力并非沿杆长均匀分布，而是近似服从负指数分布，即由峰值强度只经历很短的一段杆长就衰减到零。这说明假定条件与实际情况相差较远，计算误差将随试验锚杆长度的增加而增加。而且拉拔试验破坏性大，只能用来抽检，对施工质量控制的评价不全面。

3.2 无损检测的不足[12]

锚杆锚固质量无损检测方法虽然具有快速、无损、科学等优点，但也有其不足。

应力波反射法对于自由状态锚杆的振动信息分析相对简单，现场实际被锚固的锚杆因受锚固介质和围岩等因素的影响，振动特性相当复杂。目前，应力波法检测水泥砂浆灌注饱满程度和锚杆长度时，还需要配合拉拔试验进行。

在用小波—神经网络法预测极限锚固强度时所需要输入的参数中最重要的一个是应力波的波速，但应力波波速的取得仍需要底端反射的准确识别，这对现场实测仍然是一个棘手的问题。

电磁技术目前也尚不成熟，有些还处于实验室阶段。

3.3 展望

无损检测是未来的发展方向。针对锚杆锚固质量无损检测技术存在的问题，建议今后应着重以下几个方面的研究：

（1）测试深度的问题。国内现阶段几乎所有的锚杆测试都是采用声频应力波检测锚杆锚固质量，而决定测试深度的因素是能量在锚杆中的衰减。因此通过试验与数值模拟的方法对不同激发波在锚固体系中的动态响应进行分析，寻找一种最优激发波用以产生最清晰的底端反射，从而获得最大的可测深度。

（2）加强检测理论研究。比如超声应力波法的正反演、应力波激发方式与波的传播规律的相互关系、不同激发接收方式对检测记录的影响等问题，还需要不断深入的研究，更好地指导实际检测工作。

(3) 检测软件系统的完善。进一步完善锚杆锚固质量检测的软件处理系统，加强数据采集及分析能力，使之更加准确地解决工程问题。

(4) 硬件系统的研究。对锚杆锚固质量检测的激发、接受装置、仪器设备开展系统的研究，提高精度，以更好地服务工程建设。

(5) 发展新的检测手段。随着科技的发展和理论研究的进一步深入，新技术和新方法也会迅速引进锚杆锚固检测技术中来，特别是智能化检测手段，随着电子计算机功能的日益强大和计算能力的飞速提高，其发展前景更加广阔。

4 结束语

拉拔试验和应力波法是目前两大锚杆锚固质量检测技术。随着锚固理论的不断完善，科技的不断进步，各种新技术、新方法不断地被应用到锚杆锚固质量的检测中来，这些技术和方法必将进一步促进锚杆锚固技术的应用，无损检测技术也必然成为锚杆锚固质量的主流检测技术。

参考文献

[1] 曹宇，张廷毅．锚杆锚固质量检测方法及应用 [J]．工程地球物理学报，2008，5 (6)．

[2] 郭凤卿，张昌锁．锚杆锚固质量无损检测技术及研究进展 [J]．太原理工大学学报，2005，36 (增刊)．

[3] 梁峰，田隽．锚杆锚固质量无损检测技术综合研究及应用 [J]．山东交通科技，2009，(5)．

[4] 周黎明，肖国强，王法刚．工程锚杆锚固质量的无损检测研究 [J]．矿山压力与顶板管理，2005，(3)．

[5] 许明，张永兴．锚固系统质量检测的小波分析法 [J]．岩土力学，24 (2)．

[6] 刘明贵，岳向红．基于小波神经网络的锚杆锚固质量分析 [J]．岩石力学与工程学报，2006，25 (1)．

[7] 唐树名，罗斌，刘涌江．岩土锚固安全性无损检测技术 [J]．公路交通技术，2005，(5)．

[8] 汪明武，王鹤龄．锚固质量的无损检测技术 [J]．岩石力学与工程学报 2002，21 (1)．

[9] 李义，王成．应力反射波法检测锚杆锚固质量的实验研究 [J]．煤炭学报，2000，25 (2)．

[10] 建筑基坑支护技术规程 [S]．中华人民共和国行业标准．

[11] 钟宏伟，胡祥云，熊永红．锚杆锚固质量声波检测技术的现状分析 [J]．工程地球物理学报，2005，2 (1)．

[12] 柯玉军，苗天德，薛有平．USR 检测锚杆的机理探讨及其应用 [J]．工程物探，2006，93 (2)．

屈服锚索的抗震作用

刘玉堂

（总参工程兵科研三所）

摘　要　屈服锚索是预应力锚索大家族中的一个新成员，它的受力特点是在保持支护力恒定的前提下允许围岩变形。当地下硐室遭受爆炸荷载或地震力等动载作用时，以围岩的变形动能来削减动载冲击作用的峰值，以“柔性克刚”的理念来提高硐室抗动载的能力。它不仅可用于国防工程的加固和改造，也可广泛用于采矿工业中遭受采动影响的巷道和硐室的支护，也可用于抗震工程的加固。在大变形边坡和硐室的支护中也有广泛的应用前景。

关键词　屈服锚索　动载　大变形边坡

1　屈服锚索在我国的研究与应用

屈服锚索在我国的研究起始于 20 世纪 80 年代中期，据不完全统计先后有近 10 个单位沿着不同的技术途径攻克同一个命题。煤科院建井所是利用高延伸率材料做杆体，利用杆体的伸长来实现屈服量；总参工程兵科研三所是利用螺纹滑丝来达到锚杆屈服的目的。当时我国正进行科研体制的变革，没有看到更多的研究成果和应用情况的报道，工程兵科研三所的研究成果在我国最后一次地下核试验中拿到了不少试验数据。实践证明，屈服锚杆具有良好的抗爆性能，已在高抗力国防工程设计中得到了推广。20 世纪 90 年代后期，孙钧院士为了解决马鞍山铁矿尾矿开采的支护难题，研究了一种屈服锚索和一种屈服锚杆，供不同的地质情况选用，应用中取得了令人满意的支护效果。2004 年山东一家公司从美国引进了一种屈服锚杆[1]，在地压大、地质条件复杂、又遭受采矿爆破影响的煤矿巷道支护中得到了成功应用。尽管这种锚杆的屈服量不到 10mm，但也解决了煤矿多年来采用多种支护形式都没有解决的难题。2006 年，总参工程兵科研三所研究成功了一种大吨位屈服锚索[3]，这种锚索主要用于在建国防工程的加固和已建国防工程的改造，目前正在某国防工程中应用。

2　屈服锚索的受力特性

目前，岩土工程界已出现的锚索有 10 余种类型，已成为岩土加固的主要手段。它们的共同受力特点是锚索的变形必须与岩土体的变形相协调，岩体的变形量超过了锚索允许的最大变形量就要被拉断。屈服锚索整体受力状态似乎是“弹塑”性，如图 1 所示。当岩体的变形量使锚索的拉力超过锚索的设计屈服力时，内锚固段和外锚固段之间的锚索体会在保持拉力不变的情况下自动

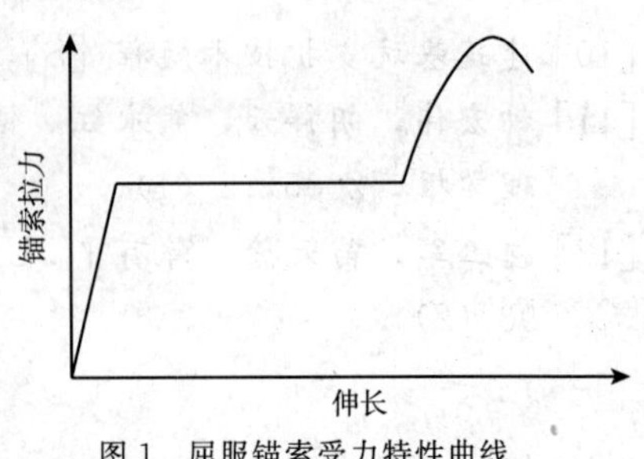

图 1　屈服锚索受力特性曲线

"伸长"，正像做钢材的拉伸试验一样，拉应力达到屈服极限，拉力不变，杆体增长。不同的是钢材屈服时产生颈缩，横截面变小，意味着即将断裂。屈服锚索的"屈服"是依赖于具有恒定锚固力的屈服装置，使锚索体在恒定拉力作用下在该装置中平稳滑动，直至达到设计最大屈服量。屈服锚索有两个技术指标，一是屈服力，即锚索施工时安装的拉力，是限制围岩产生有害变形的支护力；二是屈服量，即锚索体在屈服装置中的最大滑移量。屈服力和屈服量是设计者根据岩体的性质和工程的规模预先设定的。屈服锚索还设计有增强机构，当屈服量达到最大值时，屈服锚索的受力状态重新恢复到弹性，如图 1 所示，锚索的拉力（支护力）随着围岩变形的增大而继续增大，直到锚索的拉应力储备耗尽而断裂。

3 屈服锚索在受动载作用的结构加固中的作用

（1）可以提高国防工程的抗爆能力

传统的国防工程是采用钢筋混凝土被覆，为了提高抗力，只能采用增大被覆的厚度和加大被覆的配筋率，这种被覆属于刚性支护。防护专家发现，刚性支护不仅造价高，防护效果也差，有些防护工程已经做成柔性，如遮弹层选用塑性或散粒材料等。伊拉克战争结束后，我国曾派考察团赴伊拉克考察美国炸弹的破坏威力和伊拉克地下掩体的结构和破坏程度。伊拉克的重要地下掩体都是建成双层钢筋混凝土结构，内外层之间放些泡沫材料或是空的，形成一个缓冲带，即使外层被覆被炸塌，破碎体只能经由缓冲带压在内层被覆上，炸弹的爆炸力不会直接作用于内层被覆上。考察报告显示，伊拉克战后双层被覆的保存率是很高的，双层被覆确实能够提高地下掩体的抗爆能力。我国的双层地下结构称为"离壁被覆"，内层结构是钢筋混凝土，外层结构是喷锚支护。双层被覆就是柔性结构的一种。

屈服锚索用于提高国防工程的抗爆能力就是利用其柔性，其机理是当炸弹的爆炸力迫使岩土体产生位移时，屈服锚索在保持支护力不变的状态下允许岩土体位移，以岩土体的位移动能来削减爆炸力的峰值，降低了爆炸威力，达到提高国防工程抗力的目的。

国防工程遭到炸弹的攻击后，围岩必然产生松动，力学指标下降，地层压力增大，依赖屈服锚索设计的加强机构提高支护力，继续维持常态下硐室的稳定。

（2）在既有国防工程改造中的加固作用

既有的国防工程是根据若干年前敌方炮炸弹的威力修建的，由于敌方进攻性武器在发展，炮炸弹的爆炸威力已加大，新形势要求把已有国防工程的抗力等级提高。按传统方法提高国防工程抗力的等级只有加厚被覆的厚度。有两种加厚的方法：一是在原被覆内部加一层钢筋混凝土结构，使用空间变小，影响正常使用；二是把原有被覆撤除后再扩挖，以便修筑厚度更大的钢筋混凝土被覆，这样做不仅造价高，难度大，甚至无法实现。如果用屈服锚索提高既有国防工程的抗力等级，只需在坑道内部的适当部位施加适当数量和参数的屈服锚索即可，不必破坏或改变原有被覆的结构和内部使用空间。

（3）在采矿工程中的抗震作用

各种矿藏的开采要用爆破，巷道和地下硐室会遇到高地压和采矿爆破的双重影响。前边已经提到，山东华丰煤矿用让压锚杆支护高地压和爆炸双重作用的巷道已取得了明显的支护效果[1]。比较典型的工程是位于甘肃镍都的金川二矿区[2]，无论采用什么支护形式都难以抵挡高地压和采动压力的作用，巷道支护十分困难，多数巷道都是前面掘进和支护，后面进行返修。据调查，已完工的 1000m 巷道，竟有 559m 严重破坏需返修，甚至局部巷道曾返修两次。笔者曾在现场看到锚索被拉断、外锚头弹飞的惨状。为了解决金川二矿区的巷道支护问题，聚集了全国各部门的著名岩土工程专家，经多年的探索认识到：仅靠刚性支护无法解决金川二矿区的巷道稳定问题，提出了柔性支护的理念。为了增加锚索的柔性，对锚索只施加很小的预应力或不加力，依靠钢绞线的应力－应变伸长提供围岩的变形空间，取得了初步支护效果。这样处理有两个问题：一是锚索安装时不加力，失去了锚索维持围岩稳定的早期支护力；二是锚索的变形量是一个定值，很难与围岩实际发生的变形量一致，如果围岩产生的变形量小于锚索预留的变形量，锚索的拉力达不到应有的支护力，是一种浪费；相反，如果围岩实际产生的变形量大，锚索拉力将超过极限拉力，仍然会断裂。

可以预料，金川二矿区的巷道支护如能采用屈服锚索与其他支护手段相结合，一定会取得更好的支护效果。

（4）在高地震区抗震工程中的加固作用

研究屈服锚索的初衷是用于国防工程的加固，从作用原理分析也可用于抗震工程的加固。不管是采矿中炸药的爆炸，或是国防工程中炮炸弹的爆炸，或是地震中的地层错动，对建筑物的破坏都是由于它们引起了建筑物附近岩土体的运动。虽然地层错动的能量（地震烈度）很大，一般都相当于几个甚至几十个氢弹爆炸的威力，由于地层错动都是发生在地下十几甚至几十千米以下，对地表建筑物的破坏程度（地震级别）并不比常规武器和核弹严重。唐山和汶川两地强烈地震后的调查结果显示，整体性好、建筑质量高的建筑物震后仍能正常使用就是证明。因此，屈服锚索同样适用于高地震区各种建筑物的加固，如公路边坡及建筑物的基础等。

4　在大变形硐室加固中的作用

近几十年来，新奥法一直指导着地下硐室的开挖与支护，它的先进性在于不是单纯把岩体当作荷载作用于各种支撑上，而是通过一系列的施工原则，充分发挥岩体的自承能力，把围岩改造成为支撑的一部分。新奥法的理论基础如图 2 所示，曲线表示围岩变形与围岩压力的关系，AB 段是变形压力，随着围岩变形的释放，围岩压力逐渐减小，到达 B 点围岩压力最小。如果这时给予强有力的支护，最经济、最理想，也最难实现，稍不留意就会产生塌方，围岩的变形压力将转变为松动压力（BC 段）。新奥法的施工准则有近 20 条，其精髓在于硐室开挖后的支护（第一次）既允许围岩变形，又限制围岩产生有害的变形（松动），使围岩变形终止于最小支护力之前，再进行二次（永久）支护。新奥法在我国称为“信息化”施工，硐室开挖后立即喷一层不太厚的混凝土。新奥法定义为柔性支护，同时进行围岩变形观测。当围岩不稳定时不是增厚喷射混凝土，而是安装锚杆甚至钢拱架。新奥法的施工准则，理论是先进的，但是，因为缺乏强有力的初期支护手段，施工中的准确度很难把握，只能试着来。

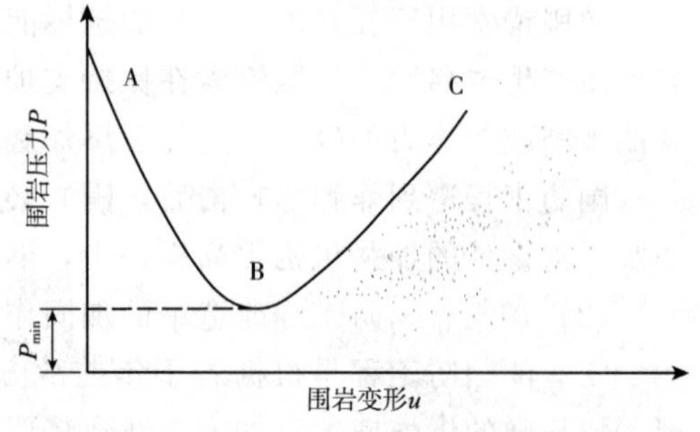

图 2　围岩压力与围岩变形的关系

在地下硐室施工中，如果能把屈服锚索或屈服锚杆与新奥法结合，必将取得很好的支护效果。硐室开挖后立即喷混凝土并安装屈服锚索，其安装拉力（即屈服力，为极限拉力的 50%～60%）与喷射混凝土共同限制围岩有害变形的发生。当围岩变形时，锚索在保持支护力不变的情况下“屈服”，围岩松弛，变形压力得到释放而逐渐减小，直至变形压力与锚索屈服力相等时，围岩停止松弛而稳定。实践中也可能出现设计的锚索屈服力不足以在最小支护力之前稳定围岩，这时就要查看和分析围岩变形观测结果，如果变形速率明显变小，无须增强支护，因为屈服锚索设计有增强机构，当锚索的屈服量达到极值后，锚索拉力将继续增大，最大可达设计屈服力的1.8～2.0倍，足以与逐渐变小的变形压力平衡；如果围岩变形速率较大，收敛的趋势缓慢，必须增强支护时，首先，根据屈服锚索的设计参数，计算出屈服锚索达到屈服量后、锚索断裂前的剩余变形量。例如，锚索的安装应力为钢绞线强度的50%、自由段长度为10m的锚索，对于强度为1860kN的钢绞线，尚有90mm的变形余量。根据已测得的围岩变形速率，即可算出施工增强支护的时间，以选择相应的支护手段，如果时间短，可选用树脂锚固锚杆等早强型支护。

5 在大变形边坡加固中的作用

高大边坡的施工是由上到下逐层开挖、逐层支护，上层锚索及其他支护手段完成之后才开挖下一个台阶。开挖的力学概念就是对边坡的应力解除，边坡松弛而向外位移，从而引起上层已安装完成的锚索拉力增大。地下硐室的开挖也是应力解除，同样会引起岩体松弛，即常说的收敛，使已安装的锚索拉力增大。锚索拉力增大的量仅取决于岩体的变形量，是不可控的，增加的过多就有可能把锚索拉断，黄河上游某水电站高边坡加固中就曾出现过锚索拉断的事故。对于这类工程的处理方法通常是选用可调预应力的锚索加固岩体，当锚索拉力超过设计拉力的1.2倍时，把锚索拉力调整至设计值，确保锚索始终处于设计的安全工作状态。调整锚索拉力的方法常用旋转螺帽法，也有用垫片法的，操作起来并不复杂，但是，张拉设备必须运至锚索附近，对于高边坡来说是一件虽不困难却是相当烦琐的工作。有些环境根本无法调整锚索拉力，例如水电站地下厂房的拱顶。这些大跨度高边墙硐室的施工是首先完成拱部的锚索，待拱部的所有支护都完成后才开始一层层下挖，无论施工期或是开挖结束后都很难进行锚索拉力的调整。河南小浪底水利枢纽地下厂房拱部是采用可调预应力锚索加固，在拱部支护完成后，下挖核心岩体前，将所有锚索拉力都调低至设计拉力之下，使锚索在安全应力下有较大的变形空间。但是，锚索自由段的长度是恒定的，锚索的安装应力与最大允许应力之间的应力差决定了锚索的最大允许伸长量，该伸长量必须与由于开挖核心岩体引起的硐室收敛量相匹配，否则，不是浪费了锚索材料（前者大于后者），就是对锚索的工作状态构成威胁（前者小于后者）。

对那些需要调整锚索预应力的工程，如果选用屈服锚索，既可始终保持锚索的设计支护力，又允许围岩变形，省去调整锚索拉力的工序。

6 结束语

到现在为止对屈服锚索的认识仍处于初级阶段，它的抗震和抗爆作用仅仅是有限的实验和几个工程的实际应用结果。文中提到的在其他领域的应用，仅限于作用机理的分析，并无应用实例证实。要完全弄清爆炸的当量和地震的级别与屈服锚索的设计参数（屈服力和屈服量）的确切关系，要证实屈服锚索在其他领域的应用效果，仍需锚索工作者作长期而艰苦的努力。然而，理论总是落后于实践，毕竟已有工程试验和工程实践证明屈服锚索有显著的抗动载作用。我们相信，不久的将来，屈服锚索必将在抗爆、抗震等工程中发挥巨大的作用。

参考文献

[1] 孙国庆，等．千米埋深小煤柱顺槽让压锚杆支护技术研究［J］．岩土锚固工程，2007，(3)．

[2] 高建科，等．采场巷道综合控制技术及在二矿区的应用［M］．锚固技术在岩土工程中的应用．北京：人民交通出版社，2006.

[3] 刘玉堂，等．屈服锚索在国防工程中的应用研究．总参工程兵科研三所，2007.

全长粘结预应力锚索长期运行效果研究

任爱武[1] 陈祖煜[1] 汪小刚[1] 汪彦枢[2] 姜昭群[2]

（1. 中国水利水电科学研究院岩土所 2. 中国地质科学院探矿工艺研究所）

摘 要 目前国内运行 10 年以上的预应力锚索绝大多数采用的是全长粘结工艺。使用这一工艺的锚固工程长期运行效果如何，会不会成为重大工程的隐患，本文采用归纳分析国内外锚固工程失效案例和对漫湾水电站服役 20 年锚索现场进行开挖试验两种手段，从防止锚索失效、阻止钢绞线锈蚀和岩土锚固效果等三个方面，对全长粘结预应力锚索长期运行效果问题进行了初步探讨。最终得到如下结论：①全长粘结工艺可以提高预应力锚索的长期运行安全性能。锚索损伤失效存在“从局部开始进而迅速损伤演变导致整体失败”的发展规律。全长粘结工艺能够有效的截断“一处断，整根完”的失效链条，从而，提高预应力锚索的长期运行安全性能；②水泥砂浆可以起到很好的防锈效果。研究表明：全长粘结工艺预应力锚索运行若干年后，有砂浆握裹部位，仍然基本无锈蚀；无砂浆或砂浆握裹不良部位，则有坑蚀发生。③全长粘结工艺可以联合孔壁围岩共同作用，从而达到较好的岩土锚固效果。

关键词 岩土工程 全长粘结预应力锚索 长期运行效果 锚索现场开挖试验 失效案例分析

1 引言

我国水利水电工程中，锚索应用的数量极大，近年来在建的工程耗资均在亿元左右[1]。对国内运行 10 年以上锚固工程资料统计显示，绝大多数锚索均采用全长粘结结构[2]，即内锚段和张拉段均采用水泥浆防护。这些被用作永久支护的全长粘结的预应力锚索的使用寿命究竟有多长？在恶劣岩土地质环境中，会否成为工程中的“定时炸弹”，使工程毁于一旦，[3,4]近年来这一问题受到越来越多的关注，国内外学者采用现场调研、锚固工程案例收集分析、室内相似试验、理论分析和现场试验等手段为这一问题的解决做了大量的研究工作。

在国外，对岩土锚固的长期性能研究已相当重视[5~9]。1997 年在英国召开的“地层锚固与锚固结构”国际学术研讨会上，交流的 54 篇论文中，主要内容涉及岩土锚固长期性能的就有 11 篇[10]。英国、南非和德国等国，采用全面现场调研和检测的手段，对部分使用 10～22a 的岩土锚固工程的长期性能进行了全面的调查与检测，对避免工程风险和提高工程的安全性发挥了重要作用[11]。

我国对全长粘结岩土锚固工程的安全性与耐久性问题的研究起步较晚。1985 年 7 月至 1987 年 7 月，总参工程兵科研三所曾宪明等以“砂浆锚杆的腐蚀与防护研究”为题，开展了锚杆使用寿命问题初步研究[12]。1996～1997 年，总参工程兵科研三所周世峰[13]等开展了“地下工程水泥砂浆在腐蚀环境下的耐久性试验”研究，制作 516 个试件进行了为期 720d 的单因素腐蚀试验。2003 年总参工程兵科研三所赵健、冀文政、肖玲、曾宪明等[14,15]，挖出一批服役20年的煤矿锚杆，研究了腐蚀环境与腐蚀量的关系，得到了许多有益的成果。

河海大学戴会超、彭刚[2]对国内运行10年以上的锚固工程资料进行了整理分析，指出全长粘结工艺在防止锚索失效和防腐方面存在优势。总参三所刘玉堂先生全面分析了全长粘结工艺防锈的优势和劣势，并推荐"营造不锈蚀环境的全长粘结锚索"作为永久性锚索[16]。总参工程兵科研三所曾宪明[4]，长江规划勘测研究院杨启贵、高大水[21]，中治集团建筑研究总院程良奎（2008）[11]等，通过现场调研和概述中已产生的破坏实例等手段，对岩土预应力锚索的腐蚀机理和特点、国内外岩土锚固规范防腐要求的差别，以及岩土锚固工程安全评价模式等进行了研究。河海大学夏宁[1]（2006）、北京交通大学李英勇、山东建筑大学张思峰[18]等，通过室内相似模拟试验和数值分析，对腐蚀对于锚固结构力学性质的影响进行了研究。中国科学院成都山地所何思明、四川大学雷孝章等[19]，通过理论分析，研究了锚杆锈胀导致灌浆或岩体开裂机制及相关影响问题。

前人的研究成果为后续的研究奠定了基础。同时，也证明了概述中已发生的破坏案例和合理的现场试验是进行耐久性研究的有效手段。本文依托国家"十一五"科技支撑项目"复杂条件下水利水电工程高陡边坡、超大洞室群安全及监测关键技术"，通过概述岩土锚固失效工程案例，并结合漫湾水电站现场一根服役20年的锚索开挖试验结果，从防止锚索失效、阻止钢绞线锈蚀和岩土锚固效果三个方面，对全长粘结预应力锚索的长期运行效果进行揭示。

2 失效案例收集与现场开挖试验

通过岩土锚固工程失效案例分析，可以得到锚固工程失效的基本特征和对全长粘结工艺效果的一个初步判断，接着，结合锚索现场开挖试验得到的分析结果，则能够进一步证明全长粘结在防止预应力锚索失效中的特殊效果。

2.1 国内外岩土锚固工程失效案例

锚固工程失效案例分析是进行长期性能评价的基础，也是证明锚固工程效果的最直接有效的手段。为了充分利用前人的研究成果，本文收集了从1963年至今的国内外16个岩土锚固工程失效案例。收集案例地区涵盖了南非、英国、美国、瑞士、中国香港和中国内地等，工程范围则涉及了包括公路、铁路、水电、基坑和矿业等工程行业的锚固工程，并按照这些岩土锚固的防腐工艺、失效的特征和原因，进行了初步整理，见表1。

2.2 漫湾锚索现场开挖试验

试验对漫湾水电站左侧坝顶一根已运营20年的锚索进行了开挖。

锚索工艺：全长粘结拉力集中型锚索，由8股钢绞线组成，张拉预应力为1000kN，采用yc20D型千斤顶单根张拉。钢绞线标号为GB5224－85，强度级别为150kg/mm^2（1470kN/mm^2），长度为25m，内锚固端长度6.5m。打开后锚索孔倾角为18°，在0＋9m处变为19°（以洞口锚垫板处为桩号记录0点，与文中其他出现桩号0点相同）；孔径Φ115mm；自由段注425号纯水泥浆，水灰比为0.4；锚固段注425号水泥砂浆，水灰比为0.8，灰砂比为1∶1。

施工方案：为了保证锚索砂浆包裹体以及周围岩（土）体的完整性，锚索挖取施工方案确定为小断面隧道施工方案，如图1所示。为节约成本和方便施工，隧道宽1.5m，高1.7m，断面形状为马蹄形，平行于锚索砂浆包裹体轴线开挖。施工方法采用取芯钻进＋静爆剂松动爆破＋小型机械开挖法。

国内外岩土锚固工程失效案例

表 1

国家或地区	工程名称	锚杆(索)安设年份	锚固锁定荷载(kN)	使用年限	防腐工艺	长期运行失效特征简述	原因分析
南非	娄里爵士通道高架桥	1983～1984	1062	10a	无粘结	抽样拉拔试验结果显示情况良好。锚头有轻微腐蚀,筋体未有腐蚀	锚头轻微腐蚀是由于验收试验后混凝土封闭的时间延误 28d
南非	德班外环线与萨尼亚道路立交桥	1975～1981	500～750	5a	—	锚杆荷载增加,开挖检查到某些锚杆在紧挨锚头之下出现腐蚀	附近有一条铁路存在杂散电流;锚杆暴露于地下水的侵蚀环境中
南非	佛罗伦萨奥赛斯特边坡工程	1989	300～2170	6a	—	对 10%(312 根)的工程锚索进行了抗拔试验,描索现存的承载力比锁定荷载低 15%～20%	地下水呈酸性(pH 值为 4.78～5.00),75%锚索在锚固段上部未封孔灌浆
英国	泰晤士河锚拉抗桩	1969	500	21a	无粘结	锚杆断裂,钢板桩倾斜,离开原来的起重机平台近 30m	锚杆的防护存在严重缺陷,1～2 根锚杆首先腐蚀破坏,引起相邻锚杆超载,出现成排钢板桩倾倒
美国	某挡土墙锚固工程	1974	210	2a	无粘结	其中几根锚索断裂,并像标枪一样由墙内飞出	筋体未加防护,该区域有烧煤的火车头掉下的煤渣形成硫酸,使地下水具有腐蚀性
瑞士	某管线桥桥墩锚固工程	1976	1130～1150	5a	锚固段水泥砂浆;自由段无粘结	有 3 根锚索锚固段筋体(距自由段 0.5m)处出现腐蚀断裂,导致锚固桥墩破坏引发倒塌	(1)锚索锚固段地下水中含硫酸盐和氯化物;(2)施工质量低劣,注浆量不足
中国香港	某挡土墙锚固工程	1977	1050	3a	索体采用透油套管防护	有 1 根锚索自由段处的 2 根钢绞线腐蚀破坏,直径分别减少 2.7% 和 12.0%	锚头下方无防腐保护。自由段锚筋采用涂油套管保护前裸露 1～8 个月及 16～36 个月

续上表

国家或地区	工程名称	锚杆(索)安设年份	锚固锁定荷载(kN)	使用年限	防腐工艺	长期失效特征简述	原因分析
中国	焦作冯营矿		—	8a	水泥砂浆 ϕ16 砂浆锚杆为光面钢筋	有砂浆握裹部位，基本无锈蚀；无砂浆或砂浆握裹不良部位，坑蚀最深处为 0.65mm，腐蚀速率为 0.041mm/a	取样巷道已经废弃不用，潮湿多水
	焦作焦东矿			12a	ϕ16 砂浆锚杆为螺纹钢筋	表层中性化深约 0.8mm，杆体表面有浮锈	—
	鹤壁四矿			28a	ϕ22 楔缝式砂浆锚杆	坑蚀深度分别为 0.4～1.5mm	有渗漏水
	三峡水电站船闸高边坡加固工程观测锚索	1994～2001	3000	1～3a	86 个观测孔，其中 3 根为全长粘结，其余均无粘结	观测孔锚索预应力损失最大 16.23%，一般为 3%～15%	预应力损失与群锚效应和墩下岩体蠕变有关
	某铁路边坡加固工程			3a	—	检测锚索 386 孔，剩余预应力<40% 的 116 孔	存在严重的施工质量问题
	安徽梅山水库坝基锚固工程观测锚索	1963	2400～3240	8a	观测锚索无粘结：924 号绝缘胶浸泡，再用沥青麻袋包裹；混凝土柱式锚头	3 根观测锚索的部分钢丝（直径 ϕ5.0mm）出现断裂	一根由于钢丝受力不均，引起应力腐蚀；一根由于地下水侵蚀；第三根则因为无防锈措施
	某铜矿区			2a	普通硫酸盐水泥砂浆灌注	锚杆表层砂浆变为豆腐渣一样的松散体	地下水有严重的腐蚀性
	河南焦作焦东煤矿现场试验	1986	—	17a	缩尺锚杆，水泥砂浆全长粘结	对 34 根锚杆腐蚀情况分析发现，坑蚀程度不一，但表现出明显的阶段性	现场环境腐蚀等级为中等
	济南南部山区某公路边坡锚索加固工程	2001	—	5a	锚头无防护、索体采用油脂防护，无粘结	锚头锈蚀严重，锚索体局部出现轻微腐蚀	地下水有腐蚀性
	西南某大型边坡加固工程	1990	1500～2000	10a	水泥砂浆	部分锚索锚头拆开后检查，锚具与钢绞出现锈蚀	外露筋体及锚具未及时封闭，锚头处封闭层太薄，仅有厚 10mm 的砂浆

地质条件：施工区域的岩（土）体岩性为流纹岩，没有流纹构造，岩性坚硬。开挖硐室走向NE47°，开挖揭露结构面主要有两组：一组平行于硐室走向，一组垂直与硐室走向。结构面一般发育短小，延伸贯通整个硐壁的结构面总共发现有5条，均重度锈染、夹泥。

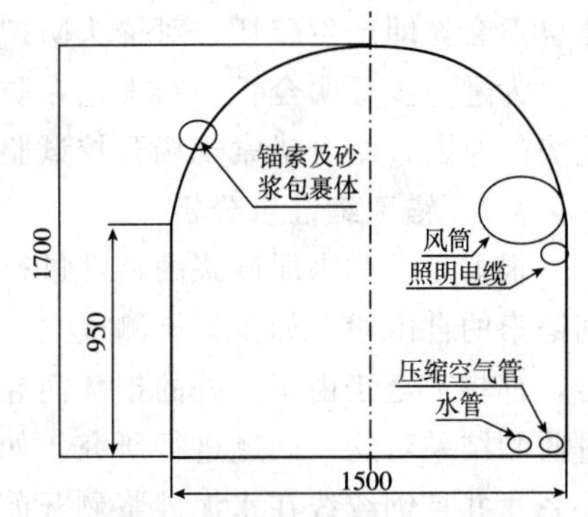

图1　锚索开挖施工方案图（尺寸单位：mm）

试验过程：2009年11月17日，锚索开挖试验开始；2010年1月23日凌晨，锚索现场开挖试验圆满结束，共历时68天。硐室开挖期间未遇到地下水，硐壁干燥。锚索现场开挖试验进行期间，恰逢云南百年一遇的大旱，没有雨水补给。施工中采用pH试纸测定钢绞线周边pH值为11。根据规范GJB 3635—99[24]，地层腐蚀等级为弱。

锚固失效案例统计分析表　　表2

统计分类		项目数
锚固工作时间	2年以上	15
	10年以上	6
	20年以上	2
防腐工艺	全长粘结	5
	无粘结	7
	未知	4
失效方式	超载拉断	13
	预应力损失松弛	3
锚固失效阶段	防腐保护层损坏	2
	钢绞线局部损伤断裂	8
	锚索失效	3
破坏部位	锚头附近	4
	自由段	7
	内锚固段附近	2

3　防止锚索失效效果分析

3.1　失效案例统计分析

由表1可以看出，岩土锚固工程失效主要表现为：钢绞线预应力损失松弛和超载拉断两种形式，其中预应力损失松弛3例，可能发生超载拉断破坏形式的有13例，本文重点考虑钢绞线超载拉断的失效形式。同时，按照损坏部位的不同，又可以将这种失效形式分为：锚头损失、自由段损失（或者叫张拉段损失）和内锚固段损失三种。考虑到受力特征，这里的锚头损失指的是锚头及其1m范围内的操作破坏；内锚段损失指的是内锚段及其1m范围内。按照锚固工作时间、防腐工艺、失效的方式和破坏的部位的不同，将收集的锚固工程案例进行了分类，具体结果见表2。在收录的失效锚固案例中，采用全长粘结工艺的工程有5项，无粘结的有7项，其他4项因为资料不全，防锈工艺不能确定。

在资料整理分析的过程中发现，预应力锚索失效存在三个阶段。第一阶段，钢绞线防锈系统损坏；第二阶段，钢绞线局部出现锈蚀损坏，或者整束钢绞线中个别钢丝有断裂现象；第三阶段，钢绞线拉断，整体失去加固效用，严重的造成伤人或者工程整体垮塌。本文收集的案例中，处于第三阶段的有3个。然而，这3个失效案例采用的防腐工艺全部为无粘结。显然，全长粘结工艺在防止锚索失效中具有一定的独特优势。这样的分析结果与戴会超、彭刚等的研究结果不谋而合。在文献［2］中，戴会超等通过调研发现，国内运行10年以上锚固工程绝大多数锚索均采用全长粘结工艺，而全长粘结锚杆索即使锚具失效，锚固体也不会立即产生破坏，对锚头防护要求低。

为进一步证明全长粘结工艺在防止锚索失效方面的特殊优势，同时为揭示产生这种特殊优势的原因，结合锚索现场开挖试验结果进行了进一步研究。

3.2 锚索缩进量分析

根据力学和水泥砂浆的特性进行推测：水泥的粘结作用可以将钢绞线的变形均匀地锁定到锚索的自由段。如果该推测成立，那么全长粘结工艺下锚索在任何一个位置发生损坏断裂后，都将不至于由于一处的损坏而导致锚固工程整体的破坏。本节通过分析开挖锚索的缩进量监测结果对这一问题进行研究。如果锚索在开挖过程中，钢绞线剥出量与缩进量存在直接关系，并且钢绞线在水泥砂浆剥开前始终存在一定的预应力，那么就可以证明上述推测。

在开挖施工过程中，发现自由段包裹体的强度非常低，局部位置水泥甚至没有凝固。这些包裹体一经剥出即会产生平行于钢绞线的裂纹，从而致使钢绞线暴露于空气中。现场施工进度为 2.5d/m。因此，每隔 2～3d 便有钢绞线局部或者整体剥出。

(1) 钢绞线剥出量与缩进量关系分析

2009 年 12 月 11 日至 2010 年 1 月 5 日，项目组在 2～4m 段每隔 0.5m 设一个钢绞线缩进量监测点，共设监测点 5 个。设点时锚索剥出长度为 7m，监测结束时，锚索剥出至 18.5m，即进入内锚固段。监测缩进量采用游标卡尺进行测量。测得在监测时间段内，锚索的最大缩进量为 30.90mm，平均为 30.38mm。

由图 2 可以看到，锚索的缩进量随着监测时间（也即钢绞线的剥出量）的不断增加呈递增趋势，并最终趋于稳定。这样的变化趋势证明水泥砂浆粘结作用与钢绞线变形之间存在直接关系。

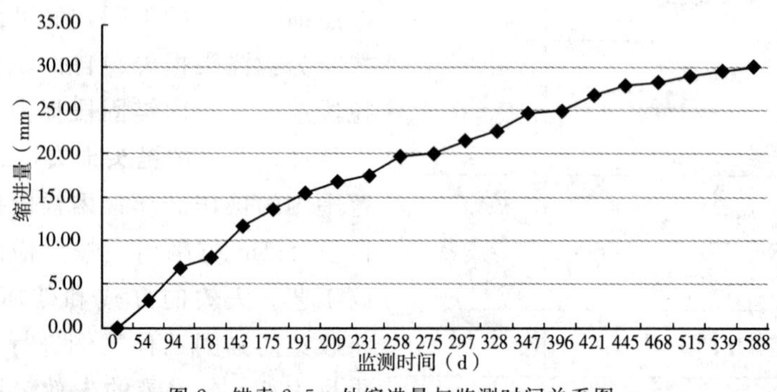

图 2 锚索 2.5m 处缩进量与监测时间关系图

(2) 剥出前钢绞线中锁定预应力分析

开挖锚索孔径 115mm，根据规范 GB 5224—85，每股钢绞线公称直径 12mm，开挖锚索为 8 股，从而锚索直径为 96mm。根据胡克定理，计算 7～18.5m 锚索内存在的预应力：

$$F = E\frac{\Delta l}{l}A$$

式中，E 由国家建筑工程质量监督检验中心试验获得，平均为 198GPa。前已述及，Δl 为 30.38mm，l 为 11.5m，A 为 $9.0432e^{4}\,m^{2}$。从而，可以求得 7～18.5m 锚索内残余应力为 470kN。由该值反推锚索整体拉力值。假设锚索拉力沿钢绞线均匀分布，从而可以求得整根锚索拉力为 756kN。

显然，这样获得的锚索拉力偏小。偏小的原因：一方面，由于锚索在长期运行过程中的预应力损失；另一方面，由于锚索开挖试验过程中，水泥砂浆包裹体断续脱落。在缩进量监测时，部分钢绞线仍然被砂浆包裹。

由上述计算和分析可以得到这样一个结论，水泥砂浆的粘结作用可以将钢绞线变形锁定到锚索的各个自由段。这样的特性也保证了锚索的预应力不会因为锚索工程某一处的损坏而整体失效。

这样就证明了该节开始时的假设，全长粘结工艺下锚索在任何一个位置发生损坏断裂后，都将不至于由于一处的损坏而导致锚固工程整体的破坏。全长粘结工艺可以有效地阻止失效链条的进一步发展，起到了延缓锚索失效的作用，提高了预应力锚索的长期运行安全性能。

4 防锈效果分析

4.1 失效案例统计成果

分析表1水泥砂浆的防锈效果知道：虽然运行了若干年，在砂浆握裹部位，仍然基本无锈蚀；无砂浆或砂浆握裹不良部位，有坑蚀发生。这样的分析结果，与我国学者梁炯均先生在《岩土工程技术与概念发展》著作中，以“砂浆锚杆永久性问题的研究”一文介绍的对砂浆锚杆的工程抽样调查结果一致[20]。同时，与戴会超先生在文献［2］中得到的“水泥浆体对钢材有良好的防腐作用”的结论吻合。

以下结合漫湾水电站服役20年的锚索开挖试验结果进行进一步分析。

4.2 水泥砂浆防腐效果现场开挖试验研究

漫湾锚索试验钢绞线剥山后，初始颜色基本为黑色到亮黑色，越往锚索孔深部钢绞线的颜色越鲜亮，有金属光泽，未见明显黄色锈斑，如图3。但在局部位置，如0＋6.5～0＋9m处，钢绞线剥出后发现有黄色小斑点，锈斑凸向外，抚摸有凹凸不平的感觉。经分析，原因是由于锚索孔在0＋9m位置处角度发生变化，造成在该段附近钢绞线底部有明显贴壁现象，水泥握裹层非常薄，从而导致锈蚀的产生。这样的结果表明：开挖试验中水泥砂浆起到了很好的防锈作用。虽然经过了20年，凡是砂浆包裹完好的地方，钢绞线就可以保存完好，反之，则锈迹斑斑。

图4为漫湾开挖锚索锚尾部分照片，这张照片更加直观的证明水泥砂浆的防锈效果。从图4中可以明显看到，没有砂浆包裹的钢绞线为褐黄色，见图4中A处；砂浆包裹位置的钢绞线，经过20年后仍为乌黑色，见图4中B。A、B两处，两种颜色、两种结果形成了鲜明的对比，充分证明了水泥砂浆的防腐效果。

图3 漫湾开挖锚索钢绞线剥出后初始状态图

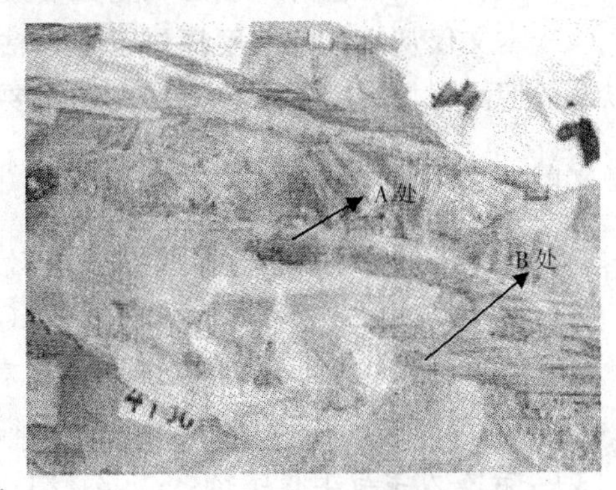

图4 漫湾锚索水泥砂浆防锈效果图

5 锚固效果分析

前人的研究指出，与无粘结筋相比，有粘结筋的极限承载力将提高15%～30%，这是个不容忽视的数据[16]。这一研究成果表明全长粘结在提高锚固效果方面具有一定的特色。现场开挖试验结果进一步证明了这一点。

图 5 为漫湾开挖锚索内锚固段砂浆包裹体与岩体的照片。开挖锚索从 0+18.5m 处进入锚固段，锚固端总长 6.5m。由图 5 可以看到，水泥砂浆浆体密实坚硬，开挖剥出后相对比较完整。

图 5　漫湾开挖锚索内锚固段砂浆包裹体特征

锚固段最为关注的问题，是进行预应力张拉后锚固段水泥浆体是否会产生裂纹，从而影响锚固效果。从剥出的锚固段水泥浆体特征可以看出，水泥浆体与周围岩石胶结良好，在 6.5m 长的锚固端范围内未发现任何横向裂纹（垂直于锚索方向）。前已述及，锚索的拉力大于 756kN，显然，全长粘结工艺充分调动了周围岩体的作用，使得水泥浆体与岩石的胶结摩擦力可以提供产生张拉反力，并且不产生破坏。这一结果进一步证明了，全长粘结工艺可以达到较好的锚固效果。

6　结论

通过国内外岩土锚固失效案例归纳分析和预应力锚索现场开挖试验两种手段，对全长粘结预应力锚索的长期运行效果开展了研究，从防止锚索失效、防锈效果和锚固效果等三个方面，讨论了全长粘结预应力锚索的长期运行效果，最终得到如下结论：

（1）全长粘结工艺可以提高锚索的长期运行安全性能。锚索损伤失效存在“从局部开始进而迅速损伤演变导致整体失效”的发展规律。全长粘结工艺能够有效的截断“一处断，整根完”的失效链条，从而提高预应力锚索的长期运行安全性能。

（2）水泥砂浆可以起到很好的防锈效果。研究表明：全长粘结工艺预应力锚索，虽然运行若干年，有砂浆握裹部位，仍然基本无锈蚀；无砂浆或砂浆握裹不良部位，有坑蚀发生。

（3）全长粘结工艺可以联合孔壁围岩共同作用，从而达到良好的岩土锚固效果。

（4）本文仅从定性的角度探讨了全长粘结预应力锚索的使用寿命，但对于锚索的使用寿命以及长期耐久性的定量评定方法，还需要进一步深入研究。

参考文献

[1] 夏宁，锈蚀锚固体的力学性能研究及耐久性评估初探［D］．南京：河海大学博士论文．

[2] 戴会超，彭刚．我国岩土预应力锚索（杆）的防护特点及状况［A］．第十届全国岩石力学与工程学术大会论文集［C］．北京：中国电力出版社，2008.

[3] 曾宪明，雷志梁，张文巾，等．关于锚杆“定时炸弹”问题的讨论——答郭映忠教授［J］．岩石力学与工程学报，2002，21（1）：143－147.

[4] 曾宪明，陈肇元，王靖涛，等．锚固类结构安全性与耐久性问题探讨［J］．岩石力学与工程学报，2004，23（13）：2235－2242.

[5] Rokhlin Sl. Kim JY. NagyH. et al. Effect of pitting corrosion fatigue crack initiation and fatigue life［J］. Engineering Fracture Mechanics. 1999，62（4）：425－444.

[6] Harlow D G, Wei R. Probability modeling for the growth of corrosion pits [A] . In: Chang C I. Sun C T ed. Structural Integriny in Aging Aircrafts [C] . [S. l.]: ASME, 1995. 185－194.
[7] Bamforth P. Predicting the risk of reinforcement corrosion in marine structures [A]. In: Corriosion Prevention and Control [C] . Agosto: [s. n.], 1996: 91－99.
[8] Amey S, Johnson D, Miltenberger M, et al. Predicing the service life of concrete marine structures: an environmental methodology [J] . ACI Structural Journal, 1998, 95 (2): 205－214.
[9] ACI Commlttee 365. Service－life prediction, state－of－the－art report, ACI 65 [R] . Cleveland, OH, USA: American Concrete Institute, 2000.
[10] 程良奎，岩土锚固研究与新进展 [J] . 岩石力学与工程学报，2005，24 (21): 3803－3811.
[11] 程良奎，韩军，张培文 . 岩土锚固工程的长期性能与安全评价 [J] . 岩石力学与工程学报，2008，27 (5): 865－872.
[12] 曾宪明，陈肇元，王靖涛，等 . 锚固类结构安全性与耐久性问题探讨 [J] . 岩石力学与工程学报，2004，23 (13): 2235－2242.
[13] 周世峰，董遂成，严东晋，地下工程水泥砂浆在腐蚀环境下的耐久性试验研究 [J] . 防护工程，1998，6 (1): 43－48.
[14] 赵健，冀文政，肖玲，等 . 锚杆耐久性现场试验研究 [J] . 岩石力学与工程学报，2006，25 (7): 1377－1385.
[15] 肖玲，李世民，曾宪明，等 . 地下巷道支护锚杆腐蚀状况调查及力学性能测试 [J] . 岩石力学与工程学报，2008，27 (增 2): 3791－3797.
[16] 刘玉堂，翟金明，张勇 . 锚索的锈蚀、防锈及永久锚索的合理结构 [J]. 预应力技术 . 2005, (1): 18－27.
[17] 杨启贵，高大水，吴海斌 . 对我国岩土预应力锚索防腐措施和标准的探讨 [J] . 岩土工程学报，2007，29 (10)，1558－1562.
[18] 李英勇，张思峰，王松根，等 . 预应力锚固结构腐蚀介质作用下的耐久性试验研究 [J] . 岩石力学与工程学报，2008，27 (8): 1626－1633.
[19] 何思明，雷孝章 . 全长粘结式灌浆锚杆锈胀机制研究 [J] . 四川大学学报 (工程科学版)，2007，39 (6): 30－35.
[20] 梁炯均 . 岩土工程技术与概念发展 [M] . 徐州：中国矿业大学，1998.
[21] 高大水，曾勇 . 三峡永久船闸高边坡锚索预应力状态监测分析 [J] . 岩石力学与工程学报，2001，20 (5): 653－656.
[22] 郑静，韩龙，朱本珍，曾辉辉 . 边坡锚固工程质量问题及其影响 [J] . 铁道工程学报，2009，1 (24): 27－31.
[23] 张思峰，宋修广，周健，等 . 预应力锚固结构耐久性及其二次加固技术研究 [J] 公路交通科技，2008，25 (2): 30－33.
[24] 总参工程兵防护工程研究所 . GJB 3635—99 岩土工程锚索设计与施工技术规范 [S] .

锚杆锚固段设计的新理念及合理锚固长度的研究

冯申铎　付文光　姜晓光

（中国京冶工程技术有限公司深圳分公司）

摘　要　阐述了锚杆锚固长度上限设置的不同观点；对“临界锚固长度”和“合理锚固长度”作了简要比较；分析了国内外相关规范规定以临界锚固长度作为锚固段上限的设计方法的缺陷；提出了“安全系数（安全储备）后置法”的新理念和设计方法以及适用的锚固长度上限建议值。

关键词　锚杆　锚固段上限　临界锚固长度　合理锚固长度　安全系数（安全储备）后置法

1　问题的提出——一个矛盾的技术领域

锚固段的设置技术是预应力锚杆的核心技术，锚固段长度是其中最基本和最重要的内容之一，其合理与否，直接关系着工程的安全、造价，甚至成败。随着“临界锚固长度”概念的提出和逐渐被接受，过去那种认为锚固段愈长愈安全的思想认识在很大程度上得到了纠正，并在国外和国内的相关规范中相继出现了以“临界锚固长度”作为锚固段上限的规定和建议。然而，20 余年来，上述规定并未得到岩土锚固界的普遍赞同和工程实践的强力支持。

概括起来，存在于锚固长度上限问题上的矛盾集中表现在以下三个方面：

（1）学术观点和认识上的矛盾。目前岩土工程界对锚固段上限的认识有三种不同的观点：

第一种观点，认为锚杆锚固长度上限应按临界锚固长度确定，超过此值，其后的超出部分将作无用功，是一种浪费。这种观点本文下称临界锚固长度设计理论或临界锚固长度设计法。

第二种观点，承认临界锚固长度的存在，锚固长度应该适当限制；但同时认为预应力锚杆的合理锚固长度不等于所处地层的临界锚固长度。工程锚杆的合理锚固长度上限约等于 K（K 为安全系数）倍临界锚固长度时，其综合效益最佳，工程的安全性、经济性实现最优化。这种观点，本文下称合理锚固长度设计理论或合理锚固长度设计法。这种观点的立足点，是建立在临界锚固长度理念、工程实践经验以及对工程稳定的宏观把握上。这也是本文的观点。

第三种观点，还有一些技术人员缺乏临界锚固长度的观念，在实际工程中仅按理论计算盲目加长锚固段的长度，致使有些工程锚固长度达到 30～40m；还有的无所适从，不知所以然。

（2）我国有关技术标准对锚固段长度（特别是上限），目前尚无统一规定。以土层锚杆为例，有的规定锚固段长度不宜超过 10m[1]，有的规定锚固段长度宜为 6～12m[2]，有的未作规定[3]，有的规定不宜大于 18m[4]。

（3）工程经验与规范规定的矛盾：根据对近年部分已完成的中、超深基坑的统计资料，土层预应力锚杆的锚固段长度大部分在 14～20m，锚固长度上限多在 18～20m，见表 1。

部分既有工程锚杆应用实例 表1

序号	工程名称	工程规模（基坑深度）	支护型式	锚杆参数（锚固长度）	地质条件
1	深圳华润中心二期	三层地下室，基坑开挖深度15.3～16.7m	桩—锚支护体系，三排预应力锚杆	预应力锚杆长22m，25m，28m，锚固段长16m，18m，20m，设计拉力（500～600）kN	人工填土层，埋藏植物层 海陆交互沉积层，冲洪积层，残积层等
2	长虹深圳研发基地基坑	基坑形状近梯形，周长292m，深12.6～14m，设三层地下室	①北、东二侧为复合土钉墙（预应力锚杆＋钢管土钉＋搅拌桩帷幕）②西、南二侧为桩—锚方案	锚杆长度20～25m，锚固段长度15～18m，单根锚索设计抗拔力400kN	人工填土层，淤泥质粘土，粉质粘土，粗砾层，残积砾质粘土层等
3	深圳香江时代广场	基坑平面尺寸176m×151m，深22m	上部土钉墙，下部桩—锚支护体系，设3排预应力锚索	锚杆长度24～27m，锚固段长度18～20m，设计锚固力（600～700）kN	人工填土层，粉砂粘土层，粉质粘土层，粗砂，砾质粉质粘土，砾砂
4	深圳福田香格里拉酒店基坑工程	基坑平面尺寸182m×169m，深15.6～18.2m	典型剖面为上部4.5m放坡做土钉墙，下部做桩—锚支护，3排预应力锚索	预应力锚索长24～25m，锚固长度18～19m，单根锚杆设计抗拔力（650～680）kN	人工填土层，粉质粘土层，细砂层，中粗砂层，砾砂层，残积层等
5	深圳东海商务中心基坑	$a\times b\times h$＝335m×100m×19.8m（四层地下室）	桩—锚支护体系，预应力锚索3～4排	锚杆长度28～35m，锚固段长度18～20m，单根锚索设计抗拔力400kN	人工填土层，淤泥质粘土层，粉质粘土，粗砾层，残积砾质粘土层等
6	深圳证券交易所营运中心基坑	$a\times b\times h$（深）＝183m×177m×15.5m（地下三层）	桩—锚支护体系，预应力锚索大部分为3排	锚杆长度19～31m，锚固段长度14～24m，设计抗拔力（400～700）kN	人工填土层，冲洪积层（粉质粘土，淤泥质粉质粘土，粉砂，砾砂等）；残积砾质粉质粘土
7	北京地铁北土城东路站基坑	明挖基坑最大深度18.9m	主要为桩—锚支护体系，3排预应力锚索	锚索长23m，锚固段长度16～18m，设计抗拔力（400～900）kN	无资料
8	北京地铁十号线亮马河站基坑	站长209m，两端为明挖段，标准段深22m，端头井深23.8m	桩—锚支护体系，4排预应力锚索	锚索长21～26m，锚固段长度12～21m，设计拉力（163～1119）kN	人工填土层，冲洪积层（粉土，粉质粘土，中粗砂，卵石层等）
9	北京京温市场二期地下车库基坑	四层地下室，埋深18m	桩—锚支护体系，预应力锚索2～3排	锚杆长度19～25m，锚固段长度最长20m，设计拉力最高600kN	人工填土层，第四纪沉积层（粉细砂，圆砾，中细砂，砂质粉土，卵石层等）

续上表

序号	工程名称	工程规模（基坑深度）	支护型式	锚杆参数（锚固长度）	地质条件
10	烟台阳光100广场基坑	不规则长方形 $a\times b\times h$＝204m×54m×(16～18)m	上部复合土钉墙，下部桩－锚－斜撑，预应力锚索2排	锚杆长度18～22m，锚固段长度14～18m；设计抗拔力200～250kN	杂填土，细砂层，粉砂层，砾砂层，粉质粘土，全风化云母层岩等
11	北京新兴大厦基坑	$a\times b\times h$＝63m×52.4m×17.5m	地下连续墙－预应力锚杆支护体系，3排预应力锚杆	锚杆长17.5～23.5m，锚固段长14.5m，16.5m，19.5m，设计抗拔力750kN，950kN，1200kN	杂填土，轻亚粘土，亚粘土细砂，中砂，卵石层等
12	福州屏山综合楼基坑	h＝10m，（局部12m）	人工挖孔桩－预应力锚杆支护体系，1排锚杆	锚杆长24m，锚固段长18m，设计轴向拉力200kN	杂填土，砾质轻粘土，砂质粘土等
13	北京朝阳广场基坑	200m×（160－179）m×（19.31～22.31）m	复合土钉墙－桩锚联合支护体系，2～3排预应力锚杆	锚杆长20～25m，锚固段长15～20.5m，设计拉力（600～1060）kN	填土层，粘粉砂粉，中砂，细砂，卵石层等
14	北京某深基坑	h＝23.22～23.72m	桩－锚支护体系（上部为砖砌小挡墙），4排预应力锚杆	锚杆长23～26m，锚固段长18～20m	填土层，粉质粘土，粘土，粉细砂层，卵石层，中砂层等互层

上述诸多矛盾，特别是工程实践的经验向人们提出了一个值得深思的问题：以临界锚固长度作为锚固长度上限的规定是否合理？根据笔者长期从事岩土工程和锚固技术研究、设计和施工的经验体会，认为以临界锚固长度作为锚固段长度上限是有弊端的，经济上也是不合理的，在某些工程和某些条件下甚至是潜伏危险的。预应力锚杆合理锚固长度的研究，不但是一个技术和学术问题，而且具有现实的工程意义和巨大的经济意义。笔者深知，本文提出的认识和观点与已有多年影响的临界锚固长度设计理论和规范规定可能产生碰撞。我们希望借此引起岩土锚固界同仁的共同探讨和争论，以促进锚固技术更加合理的应用和发展。

2 两个基本概念——临界锚固长度与合理锚固长度

“临界锚固长度”概念的提出始于20世纪70年代，Ostermays等人通过试验先后发现了临界锚固长度现象。所谓“临界锚固长度”是指特定地层中锚杆的极限受力长度，亦即锚杆峰值应力达到极限粘结强度时的有效受力长度。临界锚固长度与具体地层的性质密切相关。目前，国内外采用现场试验和模型试验以及解析方法等取得了一些具体地层的临界锚固长度数据。国外有些国家在20世纪80年代后开始在相关技术标准中对预应力锚杆锚固长度做出了限制性“建议”。我国有些相关标准近年来在重新修编时也加入了类似内容。

“合理锚固长度”则是一个建立在稳定计算、技术经济分析以及具体工程条件基础上，由综合指标确定的最合理的锚固长度。一般而言，它应该满足受力合理（满足安全计算要求），经济合理（锚杆总长度最小，腰梁等辅助设施最少），施工工期短，对复杂地层和意外因素的适应能力和调节能力强等几项基本指标。此外，在具体工程中，它还应该满足特定工程的特殊要求。

由此可知，“临界锚固长度”和“合理锚固长度”是两个不同的概念。前者是某种具体地层的特定属性，后者则是设计者通过方案优化确定的最佳参数。在概念上，“临界锚固长度”不同于“合理锚固长度”；在数量上（长度上），“临界锚固长度”也不等于“合理锚固长度”。

3 现行设计方法和“规定”的缺憾——“临界锚固长度”不宜作为锚固段上限的几点思考

（1）几项前提条件说明

临界锚固长度不宜作为锚固长度上限的命题是相对于合理锚固长度设计理论而言的。有比较才有鉴别。为了使问题的讨论具有可比性、合理性和说服力，讨论之前有必要先明确几个前提条件：

①锚固长度总量一定，即对于同一特定工程两种设计方法的锚固长度总量相同，讨论问题的焦点只是如何设置锚杆及其锚固段长度（上限）问题。

②临界锚固长度按 10m 考虑（国内外有关规范的规定锚固段上限多为 10m）；合理锚固长度上限按 18m 考虑（其量级等于 K 倍临界锚固长度，理论分析详见本文第 4 部分）。

③文中论点和论述重点围绕着普通拉力型预应力土层锚杆和深基坑工程展开。这是因为临界锚固长度的现场试验多采用普通拉力型锚杆；而且这种锚杆用量最大，应用最普遍；同时，锚固段上限的分歧目前在超深基坑中表现最为突出。

（2）临界锚固长度的研究及其作为锚固段上限的规定，目前依据均显不足。原因有四：

其一，资料积累不足。临界锚固长度的研究和测试虽然取得了一些成果，“但直接的研究仍较为少见，尤其是系统的研究未见先例，目前仍处于定性阶段。”[5] 所以，目前只宜进行概念设计，而难精准计算。因此，规范应允许设计者根据具体工程条件和地区经验以及“临界锚固长度”理念，灵活地、实事求是地确定具体工程的锚固长度。

其二，单一规定难以满足工程客观条件的复杂性。既然临界锚固长度与地层性质有关，不同土层的物理力学性质又差异极大，那么，以一个指标笼而统之显然有失科学性。例如，工程中经常遇到的软土（淤泥质土）或回填土等，由于其工程性质与普通土层差异很大，如果硬拿规范规定限制其锚固长度，显然是不合理的。

其三，立论根据不足。目前国内外规范关于临界锚固长度上限的规定基本上是根据现场拉拔试验得到的有效受力长度。但是将一个局部的、静态的、具体地质条件下的试验结果照搬到一个庞大的、动态的、地质条件复杂多变的工程环境中，适用条件必然要发生变化。在工程应用中，临界锚固长度并不是锚固长度设计的唯一根据和充分条件，而临界锚固长度之外合理的超长部分则是岩土工程不确定性的安全保障措施（见后述）。

其四，规范规定的锚固长度上限，在某些工程应用中受到限制。根据笔者的经验，厚层淤泥质土和填土层、超深基坑工程及软岩高边坡，或者因为锚固力过低，或者因为锚杆布置上的困难，或者由于变形难以控制等原因，实际上成了临界锚固长度设计理论的

"禁区"

(3) 对地质变化的适应能力和调节能力较差

实际工程中，地质条件的复杂性、多变性和不确定性（某种程度上，还有地质报告的不准确性）往往造成锚固段所处地层与设计条件存在着不同程度的差异。假设，在给定的一般地层中意外遇到1m厚的淤泥和淤泥质土，预应力锚杆设计锚固长度10m，倾角15°。简单计算可知，锚杆将有约4m的锚固段（占锚固长度的40%）处于软土中，锚杆承载能力将有明显的降低而难以弥补。如果按照合理锚固长度设计理论，锚固段长度上限可达18m左右，由于存在较大的安全储备段，当遇到上述意外情况时，锚杆将有能力进行自我调整，所以对于锚杆设计承载力并无明显影响。

(4) 宏观把握和动态调控方面有局限性

所谓锚固长度超过临界锚固长度，其后的锚固段将作无用功的观点是建立在一定的地质条件和工程环境条件不变的假定基础上的。实际上，对岩土工程而言，固定的地质条件和恒定的使用环境是根本不存在的。相反，实际工程中经常遇到的情况是：地质条件复杂多变，可以变好，可以变差，甚至很差；由于附加荷载增加，荷载条件经常有变，地震、爆破等甚至带来巨大的冲击荷载；由于水患（长时间暴雨、水管爆裂等）带来荷载的增加，地层物理力学性质的恶化，潜在滑动面的后移和整体稳定性的降低等。凡此种种，必然带来锚杆应力的调整，（由于地层性质变化）锚杆受力长度的调整，锚固段作用位置的调整等。这种意外因素及其伴随的变化和动态发展对锚杆提出的调整要求，特别是锚固段位置后移的要求，临界锚固长度是无能为力的。由于临界锚固长度设计法已考虑了锚固段的全长受力，而且锚固段长度较短，所以，一旦锚固段的一部分甚至全部落入潜在滑动区以内时，那将是十分危险的，有可能引起锚杆的失效和边坡的整体失稳。而合理锚固长度设计法，由于在受力长度之外留有（$K-1$）$L_{临}$（$L_{临}$为临界锚固长度）的安全储备段，而且一般而言该储备段可能处于深部较好的地层中，所以其动态调控能力有较大增强而大大增加工程的安全性，前者出现问题的工程后者有可能避免。

(5) 经济上不合理

对于一个特定的工程，支护所需的预应力锚杆锚固段总量是确定的。与合理锚固长度相比，临界锚固长度由于单根锚杆锚固段较短，故其锚杆根数相对较多。相应的，锚杆钻孔总量、排数及腰梁、监测锚杆、检验锚杆、施工工期等均有增加，从而造成工程造价较高。根据工程分析，合理锚固长度设计法锚杆系统直接成本约降低25%～30%。

4 一种新的设计理念——安全系数（安全储备）后置法

(1) 定义

所谓安全系数后置法，是指将锚杆的锚固长度在概念上分为两个部分：前一部分为设计锚固长度，即锚杆在正常受力状态下的长度，该部分长度按照临界锚固长度控制；后一部分为安全储备长度，其长度根据安全等级确定的安全系数与第一部分的乘积确定。

安全系数后置法是根据岩土工程（特别是基坑工程和边坡工程等）的特点，并在总结归纳大量的工程经验和实测资料的基础上提出的一种新理念和独特的设计方法，这个方法的第一部分计算受力长度，即正常受力状态下的有效受力长度等于临界锚固长度。因此后置法与临界锚固长度的概念是一致的。它不仅更加合理地应用了临界锚固长度的研究成果，而且在实际工程中，比现行临界锚固长度设计方法更科学、更安全、更经济。

(2) 安全系数后置法与现行方法异同点

①相同点

在相同轴向拉力和相同安全等级的条件下，二者计算所得的锚固长度值相同。对于一个特定的工程，二者计算所得的锚固段总量相同。

②不同点

二者的理念不同，表达式内涵不同，单根锚杆锚固段上限和锚杆根数均不同。

(3) 表达式比较

为了便于叙述和比较，设定两个条件：锚杆的承载能力按一般情况由锚固体与地层之间的粘结力控制；计算公式采用安全系数法。由此可知：

①传统计算方法（临界锚固长度设计法）锚固段长度表达式为：

$$L_{a1设} = \frac{KN_t}{\pi D q_{sk}} \leqslant 10\text{m}$$

式中：N_t——锚杆轴向拉力设计值（标准值）；

D——锚固体直径；

q_{sk}——锚固段与地层的粘结强度标准值。

②安全系数后置法（合理锚固长度设计法）锚固段长度表达式为：

$$\begin{aligned} L_{a2设} &= \frac{KN_t}{\pi D q_{sk}} = \frac{N_t}{\pi D q_{sk}} + (K-1)\frac{N_t}{\pi D q_{sk}} \\ &= L_{临} + L_{a安} = 10\text{m} + (K-1) \times 10 \approx 16 \sim 18\text{m}(设\ K = 1.6 \sim 1.8) \end{aligned}$$

式中：$L_{临}$——临界锚固长度；

$L_{a安}$——锚固段安全储备段长度。

(4) 形象比较

两种方法的区别可用图1所示的简图加以形象说明。假设 $N_t = 400\text{kN}$，$K = 1.8$，根据粘结强度和孔径计算得到锚固体与地层的粘结力为 40kN/m，则计算锚固长度：

$$L_a = \frac{1.8 \times 400}{40} = 18\text{m}$$

按临界锚固长度设计法，由于锚杆锚固段不宜超过 10m，所以需布置 2 排锚杆；而合理锚固长度设计法一排锚杆即可，如图 1。

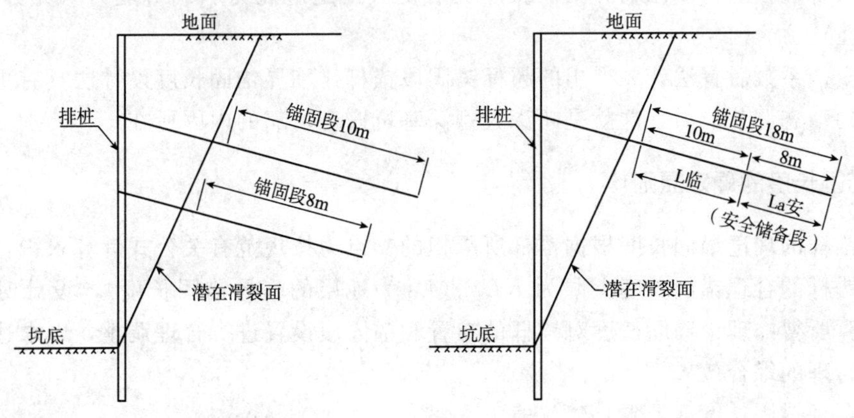

图 1　两种设计方法比较示意图

（5）二种设计方法区别的本质

现行方法（临界锚固长度设计法）与后置法（合理锚固长度设计法）的最本质区别是如何合理利用锚杆的安全储备能力。前者是将安全储备含于受力段内；后者则是将安全储备置于受力段之后（这种方法由于岩土工程的特殊性而成立）。两种观念，两种设置，在实际工程中往往会带来两种不同的结果。前者在较短的范围内安全储备较高，但遇到意外事件时宏观调节能力较弱。根据实测资料，这种设计方法往往造成锚杆较短范围内的安全储备过剩，以及这部分过剩的安全储备“无事”不需要，“有事”（例如，潜在滑裂面后移）用不上的不合理状态。而后者在保证受力段安全的前提下（详见下述），使锚杆对意外影响因素有更大的适应能力和调节能力。这一点对工程安全至关重要，这正是前者所不具备的。

（6）安全系数后置法的安全性分析

①正常情况下，计算锚固长度$\left(L_{a计}=\frac{N_t}{\pi D q_{sk}}\right)$完全可以满足实际工程所需的锚固长度，而且具有一定的安全储备，其依据是：

a. 由于现行土压力计算理论原因，锚杆实际受力一般均小于设计拉力值（$S<S_{计}$）这已由许多工程实测资料所证实。根据部分工程的统计资料，在基坑稳定和变形正常情况下，锚杆拉力实测值多数不到设计拉力的50%，只有少数达到60%以上。例如，某16m深基坑，采用系统桩—锚支护，预应力锚索设计拉力500～600kN，整个施工期间测得的最大拉力只有309kN；另一个17m深基坑，二侧采用桩—锚支护，7根监测锚杆中，二根达到63%和65.9%，其余5根只有12.5%～48.1%。

b. 锚固体与土层间的计算粘结强度标准值小于极限粘结强度（实测粘结强度），即实际承载力高于设计抗力值（$R>R_{计}$）。

c. 锚杆的高压注浆、加筋及预应力效应对地层力学指标的提高和受力状态的改善作用，目前设计均未考虑（$S\downarrow$，$R\uparrow$）。

d. $L_{a计}$之外（后边）未参与受力计算的锚固段（安全储备段）实际上要分担一部分荷载。

②遇到意外因素（地层变化、荷载增加、水患影响等）时，安全储备段可以扮演后备队的角色，故合理锚固长度比临界锚固长度具有更大的适应能力和调节能力（充分考虑了S、R的随机性）。

采用安全系数后置法计算得出的超标锚固段锚杆比临界锚固长度设计法具有更高的安全度和更大的动态调节能力，这就是超深大型深基坑安全可靠的内因所在。

5 合理锚固长度的确定原则

（1）锚杆的理论锚固长度根据锚杆所承担的支点力按规范有关公式计算求得；

（2）锚杆的合理锚固长度上限为$KL_{临}$（$L_{临}$为地层的临界锚固长度），设计时可以按此原则和计算所得的理论锚固长度对锚杆的布置和锚固段设置进行合理调整，以求达到安全经济、技术合理的综合效果。

（3）合理锚固长度（上限）建议值

限于临界锚固长度研究的现有水平，目前可根据工程类比法按表2的建议值确定锚固长度的上限。

锚固长度范围及较佳锚固长度上限建议值 表 2

土层类型	锚固长度范围（m）	较佳锚固长度上限（m）
一般土层	6～20	18
软土、填土层等	10～24	24

注：①表中锚固长度上限根据具体地层可适当调整，例如，厚砂层、砂卵石层可适当减短。

②表中锚固长度上限为中等安全度，如设计安全度有悬殊差异可适当增减。

6 结束语

（1）“临界锚固长度”的提出和研究，在技术上是一个有益的进步。它为合理确定锚固长度上限提供了一个理论根据，但不是唯一的根据和充分条件。国内外规范以临界锚固长度作为锚杆锚固段上限的依据不足，工程应用有诸多弊端。因此，“临界锚固长度”不宜作为锚固长度上限。

（2）锚杆的合理锚固长度上限是 K 倍（K 为安全系数）临界锚固长度。这一合理锚固长度使工程的安全性、经济性等综合效益达到最佳。

（3）安全系数（安全储备）后置法是在充分考虑了岩土工程的特性和现行土压力计算理论，并在大量工程实践经验和实测资料的基础上，提出的一种新的设计理念和设计方法，它能更加合理有效地使用规范规定的安全储备，在保证受力段具有合理安全度的前提下，巧妙地增设了一个安全储备段，从而增加了锚杆支护对意外变化的适应能力和动态调节能力，提高了锚杆支护工程的安全性，并具有显著的经济效益。

（4）国外在岩石力学和土力学方面的许多研究成果（包括临界锚固长度的研究成果）值得我们学习和借鉴。但近年来，中国在岩土工程领域的发展和应用却是世界领先的。我国岩土工作者有责任研究和总结国内的研究成果和先进经验，并对国外技术标准中的一些具体规定进行有分析的鉴别和修正。鉴于“临界锚固长度”目前的研究水平，建议总结已有的工程经验，并按照工程类比法对现行规范的有关规定进行修正，以真正起到指导工程实践的作用。

参考文献

[1] 中华人民共和国国家标准编写组．GB 50330—2002 建筑边坡工程技术规范［S］．北京：中国建筑工业出版社，2003.

[2] 中国工程建设标准化协会标准编写组．CECS 22：2005 岩土锚杆（索）技术规程［S］．北京：中国计划出版社，2005.

[3] 中华人民共和国行业标准编写组．JGJ 120—99 建筑基坑支护技术规程［S］．北京：中国建筑工业出版社，1999.

[4] 深圳市标准编写组．SJG 05—96 深圳地区建筑深基坑支护技术规范［S］．深圳：［s. n.］，1996.

[5] 曾宪明，赵林，李世民，等．锚固类结构杆体临界锚固长度问题综合研究［C］．/苏自约，林强有，丁国贵等编．岩土锚固技术的新发展与工程实践［M］．北京：人民交通出版社．2008：166－176.

[6] 冯申铎，付文光，李鑫权．深基坑预应力锚杆合理锚固长度的研讨［J］．岩土工程学报，2008，30（增刊）：192－197.

我国煤巷锚杆支护产品的应用及发展趋势

王继勇

（煤炭科学研究总院检测研究分院）

摘　要　近十几年来，我国的煤巷锚杆支护技术得到了飞速发展，也带动了我国煤巷锚杆支护产品的快速发展。本文介绍了我国煤巷锚杆支护产品的主要类型、技术特点及目前在我国煤巷的应用情况。详细分析了锚杆支护产品的锚固力、极限载荷等性能指标及产品在应用中的优缺点，并就我国煤巷锚杆支护产品的发展趋势作了探讨。

关键词　煤巷　锚杆支护　锚固力

国外锚杆支护始于20世纪40年代，经过快速发展，现已成为地下工程的主要支护形式[1]。我国的锚杆加固在20世纪50年代就已起步，但发展较慢，直到1975年全国第一次锚喷会议召开，才大大带动了锚喷支护的快速发展，尤其是在我国煤巷支护的发展。近十几年来在引进、吸收国外先进技术的基础上，我国的煤巷锚杆支护技术得到了飞速发展，也取得了一大批研究成果[2~5]。这些研究成果带动了我国煤巷锚杆支护产品的快速发展，锚杆支护产品也呈现出多样性、先进性的特点，本文将简要介绍近年我国煤巷锚杆产品的应用情况及发展趋势。

1　锚杆支护产品的应用

1.1　机械式锚杆

机械式锚杆属于端头锚固形式，并且安装时一般需要施加预应力，属于主动式锚杆，为全长无需进行灌浆或树脂粘结的岩石锚杆。现在常用的类型有楔缝式锚杆和倒楔锚杆，二者都是通过预先施加的力使活动楔发生位移，并使锚杆的锚头部分与岩石形成强大的挤压力来实现支护。

这类锚杆的锚固力主要取决于锚头与孔壁的接触情况、岩石性质和锚固位置岩石的完整性，通常这类锚杆配套杆体是屈服强度235MPa直径16mm的热轧光圆钢筋，锚固力可达到配套杆体的屈服载荷，约50kN。该类锚杆适用于有一定抗压强度的岩巷支护，不适用于破碎的顶板及煤帮的支护，该类锚杆目前在鸡西、双鸭山等具备条件的矿区有少量使用。

1.2　摩擦式锚杆

摩擦式锚杆是全长锚固形式的一种，为20世纪70年代发明的新型锚杆，通过钢管与孔壁之间形成连续的摩擦作用达到锚固效果，我国煤巷普遍使用的是缝管锚杆和水力膨胀锚杆。

20世纪70年代后期，J. 斯科特发明了缝管锚杆，因其管体全长有一道10mm左右的隙缝而得名。直径比钻孔直径大2mm左右，使用时利用锚杆表面压向孔内壁，由此产生径向力，进而形成锚杆轴向的全长摩擦力。缝管锚杆能随应力的变化产生相应变形，因此能有效阻止围岩变形，其锚固力一般可达 60～100kN，并随围岩变形的增大而增大。该类锚杆在兖州、义马、平顶山、等矿区及云南贵州等地区有使用较多。

水力膨胀锚杆将厚度约 2mm、直径约 48mm 的钢管挤压皱叠成直径为 30mm 的异形钢管。利用高压水泵使钢管全长膨胀并形成挤压作用，在管壁与孔壁之间形成高摩擦力和挤压力来实现支护，形成的初锚力可达 50kN/m 以上。它不但对围岩岩体产生锚拉与悬吊作用，而且环向对围岩施压，使部分岩体恢复到或接近原始三向受力状态，从而减少围岩塑性区，进一步发挥围岩自身承载拱作用，增加了硐室的承载能力[6]。适用于大变形的软弱围岩及受强震动的围岩的支护，该产品在新汶、开滦矿区有所使用。

1.3 树脂锚杆

树脂锚杆属于粘结式锚杆，是以高分子合成树脂为粘结剂，把锚杆的杆体与围岩连为一体的一种锚杆，因其施工快、锚固力大、操作简单、安全有效等突出特点受到广泛使用。树脂锚杆最早由埃森采矿研究中心于 20 世纪 60 年代研制成功，70 年代后树脂锚杆在世界各地得到广泛推广使用。我国的树脂锚杆是 20 世纪 70 年代由北京煤科院建井所和淮南矿务局合成材料厂等单位研制成功，并首先在煤矿获得应用[7]。树脂锚杆是一种能提供主动、及时支护的新型锚杆，能有效控制围岩的变形。主要由两部分组成——树脂锚固剂组分和配套杆体及附件。

（1）树脂锚固剂

作为树脂锚杆的重要组成部分，树脂锚固剂的研制成功大大带动了我国树脂锚杆的发展，为我国煤矿的安全、高效生产提供了有力保障。目前我国的树脂锚固剂生产技术大都来自煤科院和原淮南矿务局合成材料厂。在科研工作者对锚固剂机理、配方和产品性能等方面研究的基础上[8～11]，我国的树脂锚固剂生产技术基本成熟，并形成了不同类型的系列产品。比如，有凝胶时间在 10s 左右的超快（MSCKa）型锚固剂，也有凝胶时间大于 200s 的慢速（MSM）型锚固剂，锚固剂的直径和长度也得到了广泛发展。这些得益于生产企业对锚固剂生产设备的升级改造，现在很多企业采用半自动化的上料、搅拌和高压气动罐装设备，不仅提高了生产效率，而且改善了作业环境，提高了产品的性能。

（2）麻花式树脂锚杆金属杆体

麻花式树脂锚杆金属杆体是应用较早的一类产品，通常选用屈服强度为 235MPa 的热轧光圆钢筋为原料，经过热或冷轧制成麻花形状。该类锚杆常用在煤巷的帮锚或顶板较好的顶板支护中。其锚固力不大（约 50～100kN），且加工较复杂，国内各矿区的使用有所下降。

（3）螺纹钢式树脂锚杆金属杆体

以热轧带肋钢筋为原料的带肋螺纹钢式树脂锚杆金属杆体，具有更高的屈服强度（335MPa）和断裂强度（500MPa），锚固力可达 100～150kN。但另一方面，由于杆体全长带有纵向肋，容易造成因锚固剂与杆体接触不紧密而损失部分锚固力。在我国贵州、河南平顶山、义马及河北峰峰等部分矿区有所使用。

煤矿开采过程中巷道围岩的稳定性差，尤其是松软煤层和受外应力煤体产生新的节理、裂隙更易造成煤巷的片帮，增加了支护的难度。为此，出现了全长螺纹状等强螺纹钢式树脂锚杆金属杆体，它是经特殊轧制模具轧成的，全长可以旋拧特制螺母，可随时对片帮煤巷进行及时支护。锚杆的锚固力可达 100～150kN，能有效支护易片帮的煤巷。但它也有缺点；

全长螺纹的杆体在搅拌安装过程中容易造成树脂锚固剂与杆体接触不牢固，从而减弱了锚固力；另外螺母与杆体配合处的承载力常常是树脂锚杆受力中的薄弱点，它也影响了树脂锚杆的锚固力。这类杆体在山东兖州、新汶、淄博、肥城及开滦、平顶山等矿区用量较大，东北部分矿区有少量使用。

随着煤矿开采强度和深度的增加，对煤矿的安全、高效支护技术提出了新的要求，因此，出现了高强度的无纵肋螺纹钢式树脂锚杆金属杆体。我国经过近几年的研究和试验，逐步认识到高强度高刚度锚杆支护材料的重要性。它良好的价格性能比使锚杆支护的优越性得到充分发挥，并保证了巷道支护的可靠性[3]。目前，我国已能生产屈服强度在400MPa、500MPa甚至600MPa的锚杆杆体，相应的抗拉强度将分别达到600MPa、700MPa和800MPa以上。以直径为20mm的无纵肋螺纹钢式树脂锚杆金属杆体为例，其锚固力将分别达到190kN、220kN和250kN以上。这类锚杆杆体的已在我国多个矿区获得广泛应用，并取得了明显的技术经济效益。

（4）玻璃纤维增强塑料杆体

采煤时，金属杆体与采煤机切割部位接触产生火花，这不仅损坏切割部位，而且容易引发煤尘、瓦斯爆炸，给煤矿的安全高效生产带来威胁，尤其是在高瓦斯矿井。为此出现了玻璃纤维增强塑料杆体，它具有密度小、耐腐蚀、可切割等优点，能有效改善作业环境，而且由于其很好的阻燃抗静电性，不会带来火灾和爆炸的危险，使得其在煤巷的锚杆支护中得到了广泛应用。

通过生产工艺和配方的不断改进，我国的玻璃纤维增强塑料杆体的性能指标得到稳步提高。以常用的直径为16mm、18mm、20mm直径的杆体为例，杆体的抗拉强度在400MPa左右，抗剪切强度在120MPa左右，尾部螺纹承载力也得到了不断提高（70～110kN），扭矩均在40N·m以上，锚固力可达80～120kN。由于杆体尾部螺纹承载力的不足以及杆体的断裂延伸率小，一般仅使用在煤巷的煤帮支护中。目前广泛使用在淮北、徐州、平顶山、焦作、义马、阳泉、晋城、神东等矿区。

（5）其他杆体

涨壳式树脂锚杆金属杆体也是一种高强度的金属杆体，其屈服强度级别为500MPa、600MPa。杆体外形与高强度的无纵肋螺纹钢式树脂锚杆金属杆体类似，主要区别在于其锚头部为增加了涨壳结构，通过安装旋转过程中产生的涨壳结构增强树脂锚杆对煤巷的支护作用，其锚固力可达250kN，在我国山西部分矿区有所使用。

柔性锚杆的外形类似于矿用锚索用钢绞线，加工中通过特殊工艺将钢管固定在钢绞线尾部并滚制成丝扣与螺母、托盘配套使用。配套使用的钢绞线一般为15.24mm、17.8mm，强度级别一般为1860MPa，因此锚固力非常大。相比矿用锚索，它的优势在于节约了矿用锚索锚具的生产成本，而且安装使用更加方便。

1.4 其他形式锚杆

近年又出现了可回收式锚杆——塑料胀套式锚杆和树脂锚杆塑料复合式杆体。前者安装时用外力施加在胀套上，胀套与锚头部分的锥体产生一定摩擦力，锚杆安装过程中，通过杆体给锥体向外的拉力，增加了胀套和锥体的挤压力，进而增加了胀套与煤巷的锚固力，又属于机械式锚固。后者是利用塑料复合锚固套加工成螺纹状，改善对树脂锚固剂的搅拌效果，因金属杆体前端旋拧在塑料复合锚固套内部，不会造成锚固剂的粘结，因此可实现回收。二者配套的金属杆体为16mm直径、屈服强度为235MPa的圆钢，锚固力在50kN以上，在我国晋城、潞安等矿区有所使用。

可回收锚杆的最大特点是金属杆体可以回收，不仅节约了资源，而且减小了损坏采煤机械和摩擦火花的危险，在我国煤巷发挥一定的作用。

中空注浆锚杆是利用厚壁无缝钢管滚压成型的一类锚杆，常配有连接套管、专用止浆塞、托盘、特制螺母等配件。利用中空结构进行灌浆来实现对地下工程的支护。中空注浆锚杆可分为普通中空注浆锚杆、钢质胀壳中空注浆锚杆和自钻式中空注浆锚杆等类型。

普通中空注浆锚杆可用于各类岩土的支护工程，宜用于中长锚杆支护或地下工程顶部的锚固工程。钢质胀壳中空注浆锚杆适用于需提供初始预应力的岩石支护工程。自钻式中空注浆锚杆适用于松散破碎、成孔困难地层的支护工程[12]，其具有良好的锚固效果和耐久性，能有效控制围岩松动变形。以直径 27mm 的普通中空注浆锚杆为例，其极限抗拉力、锚固力、杆体连接套抗拉力均大于 200kN，在改善巷道支护条件方面发挥了积极作用，在我国淮北、新汶、潞安等矿区有少量使用。

1.5 矿用锚索及矿用锚索锚具

随着高地应力巷道、特大断面巷道、受强烈采动影响巷道等困难条件煤巷的出现，单纯依靠树脂锚杆不能满足煤矿巷道的安全要求。因此煤巷支护中出现了矿用锚索锚具和矿用锚索。

首先在煤巷得到推广使用的是 KM15－1860 型矿用锚索锚具。使用中发现配套锚索钢绞线直径偏小，与钻孔直径不匹配。钢绞线的破断载荷小，经常出现拉断现象[13]。因此，又研制出了 KM18－1860、KM19－1720、KM21－1720 及 KM22－1720 等多种型号的矿用锚索锚具，与相应强度级别的钢绞线组装成为矿用锚索。矿用锚索所用钢绞线可直接使用，也可以在钢绞线锚固段加工几个鸟笼形状，前者称为普通型矿用锚索，后者称为笼型矿用锚索。由于笼型矿用锚索改善了树脂锚固剂的搅拌效果和受力状况，其锚固效果好于普通型矿用锚索。根据配套钢绞线强度级别及直径的不同，矿用锚索的极限载荷可达 260～500kN，在我国煤矿获得越来越广泛的应用，为煤巷的安全支护提供了重要保证。

提高安装过程中锚索的预应力，改善了预应力扩散效果，提高了系统的支护刚度，能有效控制围岩的变形，进一步防止顶板离层、破坏。矿用锚索施加的预应力一般在 200kN 以上。

2 锚杆支护产品的发展趋势

经过近十几年的深入研究和实践，我国的锚杆支护产品得到了全面推广。锚杆支护产品类型齐全、性能稳定，为我国煤巷支护的安全有效性提供了可靠的保证。但随着千米深矿井开采强度的加大、高地应力和松软破碎岩层的增加以及高瓦斯矿井的不断出现，煤矿开采对锚杆支护产品提出了越来越高的要求，因此，我国的煤巷锚杆支护产品的发展将有以下发展趋势：

（1）高强度、高预应力树脂锚杆在改进巷道支护效果，保证巷道安全方面发挥着重要作用，因此，高强度、高可靠性的树脂锚杆必将成为今后的一种发展趋势。

（2）锚索锚固深度大、承载能力强、可施加较大预应力，具有提前主动支护的特点。因此，能提供高强度支护的大直径矿用锚索及矿用锚索锚具的推广使用也将成为一个新的趋势，尤其是极限载荷下大应变矿用锚索的发展。

（3）玻璃纤维增强塑料杆体的突出特性，使其在高瓦斯矿井具有广阔的市场，但其尾部螺纹承载力及断裂延伸率不高的现状一定程度地限制了它的推广。随着性能的不断完善，玻璃纤维增强塑料杆体的应用前景将更加光明。

(4) 大断面软岩及松软、破碎巷道的出现，为传统的锚杆支护产品提出新的挑战，高性能的化学注浆材料将在煤岩的加固、破碎带的提前支护等方面发挥更大作用。

3 结束语

经过各方深入系统的研究，我国煤巷支护产品已发展成为品种齐全、性能可靠的一类产品。随着锚杆支护技术的不断提高，锚杆支护产品得到了更快的发展——高强度、高预应力树脂锚杆以及大直径矿用锚索在我国煤巷得到了广泛应用，玻璃纤维增强塑料杆体及化学注浆材料在煤巷支护中发挥了越来越大的作用。实践证明锚杆支护产品的成功应用必将在我国煤巷的安全支护方面发挥越来越重要的作用。

参考文献

[1] 张向东，张树光，刘松．锚杆支护配套技术设计与施工．[M] 北京：中国计划出版社，2003.

[2] 康红普．我国煤巷锚杆支护技术新进展 [J]．岩石力学与工程学报，2002 (21)．

[3] 张农，高明仕．煤巷高强预应力锚杆支护技术与应用 [J]．中国矿业大学学报，2004，33 (5)．

[4] 王金华．我国煤巷机械化掘进机现状及锚杆支护技术 [J]．煤炭科学技术，2004，32 (1)．

[5] 贯金河．煤巷锚杆支护设计与监测软件的开发及应用研究 [J]．煤矿开采，2004，9 (1)．

[6] 张成新，李海燕，庄金波．水力式膨胀锚杆的试验应用 [J]．煤炭科学技术，2002，30 (2)．

[7] 郑重远，黄乃炯．树脂锚杆及锚固剂 [M]．北京：煤炭工业出版社：1983.

[8] 黄乃炯，范世平．CK 型速凝树脂锚固剂的锚固剂机理及性能 [J]．煤炭科学技术，1995，23 (12)．

[9] 张伟民，周菊兴．不饱和聚酯树脂快速固化剂的研究 [J]．热固性树脂，1997，12 (2)．

[10] 王继勇，郭建明，秘洁芳，等．温度对树脂锚杆锚固剂凝胶时间的影响 [J]．煤炭学报，2008，33 (6)．

[11] 勾攀峰，陈启永，张盛．钻孔淋水对树脂锚杆锚固力的影响分析 [J]．煤炭学报，2004，29 (6)．

[12] CECS22：2005 岩土锚杆（索）技术规程 [S]．

[13] 王金华．我国煤巷锚杆支护技术的新发展 [J]．煤炭学报，2007，32 (2).

树脂锚杆标准（MT 146）述评

丁全录

（煤炭科学研究总院检测研究分院）

摘　要　树脂锚杆已在我国矿山井巷支护中广泛应用。本文就树脂锚杆标准中有关技术指标确定，检验方法等进行了评述。

关键词　树脂锚杆　树脂锚固剂　标准

1　前言

树脂锚杆标准分《树脂锚杆　锚固剂》（MT 146.1）和《树脂锚杆　金属杆体及其附件》（MT 146.2）两个部分。1986年首次发布实施，1995年进行了第一次修订，目前实施的MT 146.1—2002、MT 146.2—2002标准，是第2次修订。

近年来，我国树脂锚杆发展很快，除采用普通圆钢左旋麻花端锚锚杆杆体，配中速树脂锚固剂外，高强左旋螺纹钢锚杆杆体、精轧右旋螺纹钢锚杆杆体、快速和超快速树脂锚固剂、全长锚固树脂锚杆都已得到大量推广应用。在执行1995版标准中，有些规定已不适应当前树脂锚杆快速发展的状况，有些不易操作，有些不利于产品质量监督、管理。为此，锚杆标准起草单位结合我国实际，参照国外的锚杆标准，吸收了近年来的先进技术，对标准的某些条款进行了修订。新版标准的全部技术内容为强制性的。

2　新版标准主要特点

与1995年版标准比较，2002年版的标准有以下特色。

2.1　产品分类

参照国外标准，突出了按凝胶时间（gel time）对产品进行分类。

1985年、1995年的标准，参考树脂行业的标准，引进了凝胶时间、固化时间（cure time）的概念，而欧美主要采煤国家的树脂锚杆标准，和相关产品说明中，则不用“固化时间”的规定，只强调凝胶时间、搅拌时间（spin time）和安装上紧螺母的等待时间（hold time）。实际上，树脂锚固剂中，因添加了许多填料，从凝胶到固化的放热峰值，锚固剂固化时间的峰值往往比较平缓，不易操作判断，不像树脂固化时放热峰值那样明显；而搅拌时间、到安装上紧螺母时的等待时间则直接影响锚杆支护质量。同时为方便井下工人的操作、辨认、识别各种类型锚固剂，亦按国际惯例用不同颜色作为产品的标记。国外，有对锚固剂中的胶泥加色标，也有的在固化剂中加颜色，也有用不同颜色包装薄膜区分的，2002版标准中，取消了固化时间，增补了等待时间，并规定引用色标。

为实现快速支护、提高效率，2002版标准中的凝胶时间比1995版标准缩短了，更接近国外先进水平。

近年来，随着我国树脂锚杆支护技术的发展，高效率的锚杆钻机普遍使用，全长锚固的树脂锚杆应用日益增多，使用超快速锚固剂时，有许多用户还认为超快速的30s凝胶时间“太慢”！不能做到快速支护。所以，超快速的凝胶时间调整到国外最快水平8～40s，当然，其他快、中、慢凝胶时间均比以前缩短了。

特别指出，标准上的凝胶时间，是指在规定条件下测定的，在井下实际工作中，由于搅拌工具、方式、时间和环境温度的不同，它们的凝胶时间是完全不同的，用户要注意！

我国1995年版、2002版，英国2001年修订确认版树脂锚固剂产品分类的凝胶时间对照见表1。

凝胶时间对照表 表1

型号	中国1995版（20～25℃）	中国2002版（22℃±1℃）	英国2001版（27℃）
CK	30～60s	8～40s	—
K	90～150s	41～90s	13～18s
Z	180～360s	91～180s	40～55s
M	600～1200s	＞180s	70～200s

需说明一点，由于树脂胶泥的凝胶时间受环境温度影响较大，不能只从具体时间数值上分析其快慢，还需和环境温度一并分析才能作出准确判断。表1中，因我国2002版标准规定试验温度为22℃±1℃，英国标准为27℃，因而其时间数值是不可比的。试验表明，如果环境温度改为22℃时，那么英国的标准中，其凝胶时间变化见表2。

凝胶时间变化表 表2

型号	27℃时	22℃时
K	13～18s	18～26s
Z	40～55s	55～75s
M	70～200s	90～300s

环境温度不同，凝胶时间也变化，所以，国外有的标准还规定了，生产厂家的产品说明书中必须注明该产品在不同温度段（20～35℃）时的凝胶时间、搅拌时间、等待时间。

对产品规格，1995版标准中规定的长度、体积，已远不能适应全长锚固、加长锚固的需求。实际上锚固剂的长度600mm、800mm已较普遍，因此，新版标准把长度改由供需双方商定，以适应当前市场需求的多样化。

2.2 关于试验温度

1995版标准规定是20～25℃，几年实践表明，在此较大的温度范围内，同一配方产品容易出现两种不同型号的凝胶时间，给生产管理、检测试验或仲裁都带来不便。国外，对此也不统一，如英国标准是27℃，澳大利亚规定是25℃，美国规定是70 ℉（21.1℃）。结合我国实际生产情况，2002版标准温度控制更严格些，改为22℃±1℃，以利质量检测数据的可比性。

2.3 关于抗压强度指标

1995版标准规定不同类型锚固剂，在不同龄期时的抗压强度不小于40MPa。实际操作表明，对CK型，K型锚固剂，要求在10～60s内完成搅拌、成型、振捣3个试块，往往不容易保证质量，造成人为操作误差较大，不能准确反映锚固剂的真实性能。2002版标准中把抗压强度试验龄期改为24h，用5～15min慢速凝胶时间的锚固剂作为主要试验条件，并把全锚和端锚分别对待，试块数量增加到6块，这样，更方便操作，使测试数据更科学、准确、可靠。

2.4 关于锚固力指标

锚固力是一个综合指标，它不仅与锚固剂的性能有关，也与操作条件、岩体、杆体结构形式密切相关。国外的锚固剂标准（规范）中，对相关条件作了严格规定，如对锚孔、杆体、锚长，以及安装时的搅拌速度、扭矩、搅拌时间、试验方法都有限制。考虑到国内多年的习惯，对试验条件、方法作了规定。对锚固力的测试要求，依我国当前技术进步和实际情况，取消了过去只作一种ϕ16mm普通圆钢左旋麻花杆体的规定，修改为不同材质、不同杆径有不同锚固力要求。

2.5 有效期及检测

考虑到国内多数生产厂家均以供应本矿区用户为主的情况，2002年版标准还是把有效期定为大于3个月，但不影响部分厂家产品的有效期更长的规定。事实上，目前许多厂家生产的产品，在矿区自用时，有效期是按3～4个月考虑，而远销外地时，有效期都按6个月以上考虑。关于有效期检测，1995版标准是存放3个月后再做试验。现在为方便生产、提高效率，增加了一项80℃恒温热稳定性快速试验方法。它的依据是结合我们对全国20多个厂家产品的对比试验结果，也参考了国内外不饱和聚酯树脂的国家标准而推荐采用的。国外某公司的锚固剂质量控制手册中也用70℃高温加速试验来评价有效储存期，他们规定：70℃恒温存放10d（中速），或7d（快速），可认为室温下有效储存期为一年。

为稳妥起见，2002版标准规定，有效期试验，两种方法选一即可。仲裁试验，按实际存放为准。

2.6 关于凝胶时间的试验方法

这是参照国外的标准及质量控制手册中规定所写，由于其操作的局限性，目前无更好的办法。正如美国ASTM方法中，对试验精度、误差的表述那样，这种差异到底是操作因素还是仪具因素很难判断，并欢迎各用户、厂家提出好的建议，以提高本方法的可靠性。我们认为，这是到目前为止较为合理的方法，也是参照国外质量控制手册和我们多年经验修订的。我们也正在征集更好的试验方法。

1995版标准定义凝胶时间为“从树脂胶泥与固化剂混合起，到锚固剂开始发热时的时间”。实际上，“开始发热时的时间”说得较含糊，不易度量，从化学反应角度看，树脂胶泥的凝胶固化是放热反应，热的度量是温度，理论上说，固化剂与树脂胶泥接触后就开始反应放热，只是开始时放热少，较难测量；同时，在实际操作中，测定时间用手工隔着薄膜快速揉搓搅拌8～15s，甚至更长，此时即使没有固化剂，也会由于摩擦、手的体温传导而使树脂胶泥温度上升达1℃左右，所以，2002版标准中，定义开始“发热”为胶泥温度上升2℃的时间，作为凝胶时间。

国外，不同国家、不同生产厂对凝胶时间定义也不尽相同，有的定义为“从软到硬”，有的定义为“从流动态到固态”。我们认为这种定义也不够准确，特别是“从流动体到固体”，并不符合胶泥凝胶的实际。树脂才是液体，而锚固剂则是柔软的胶泥，所以，我们才把凝胶时间定为上升2℃的时间。我们认为，实际判断凝胶时间以此较好，同时也可用手摸捏，从“软到变硬”的变化作辅助手段。

在此，我们特别指出，凝胶时间测定，是一个技术性很强，要求很熟练的工作，否则所得误差很大，影响产品定位、分类。同时，也需说明，这是实验室的测试，与井下实际操作完全是两回事，井下操作时，因高速搅拌、摩擦，其凝胶固化时间比实验室要快。

2.7 锚固力试验

原则未作大的修改，但规定了锚杆孔与杆体的径差、锚固长度、搅拌工具、搅拌时间，作这样修订，主要是考虑到更接近井下实际。这种方法，与国际岩石力学协会规定的一致，而与英国、德国的锚杆标准规定的试验方法有些不同。英国的锚固力试验，是采用双端锚固，仅测定胶泥与杆体的粘结力，如图1所示。

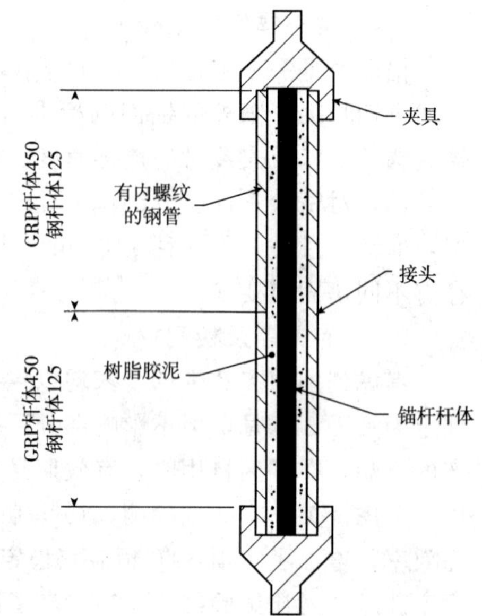

图1 两端锚固试验装置

从数值要求看，英国的标准比我们高，即：当杆径为21.7mm，锚长为125mm时，其锚固力要大于200kN；而2002版标准中，相对于ϕ22mm螺纹钢树脂锚杆，锚固长度330mm时，其锚固力要求为大于125kN，其主要原因在于，我们目前国产锚杆钢材和力学性能远低于英国材质，暂时无法较大幅度提高锚固力指标。

2.8 杆体

为更好地学习国外先进技术，也便于高承载力锚杆的选用，增加了锚杆结构图，规定了应优先采用屈服强度大于335MPa或强度更高的高强钢材；并强调了优先选用螺纹钢杆体。同时，还参照英美澳等国标准对杆体的延伸率作了规定，因而对一般冷拉钢材的应用就作了限制，这主要考虑到冷拉钢材性脆，破断时无预兆，不能保证支护安全。对普通左旋麻花杆体，最短的锚固长度从原12d增加到15d。以利支护安全，提高支护效果。

国外，对锚杆杆体要求较高，为提高支护强度，杆体材质有进一步提高的趋势，杆径也普遍比国内高。以英国2001年版标准为例，他们除了规定钢材的C、Mn、S、P含量外，还规定：(1) 双线左旋螺纹钢，公称杆径21.7mm，屈服极限640～720MPa，抗拉强度大于屈服强度1.2倍，延伸率$\delta_5>18\%$，玻璃钢杆体极限破断载荷≥300kN；(2) 不同杆体长度在尾部螺纹截面上必须用红、绿、黄白标出；(3) 尾部螺纹、螺母承载力大于295kN；(4) 快速安装时的扭矩：顶板锚杆95～175N·m，帮锚杆、玻璃钢锚杆40～125N·m。

上述要求，我国只是在个别矿区才能做到，尚不能普遍应用，无法写进现行标准，在此，可作为参考，也是我们追赶的目标。

在2002版标准中，对杆体尾部螺纹规定了其承载力不小于杆体屈服强度，这样，一般只能用滚压法才能加工，限制了切削加工的应用，以保证杆体承载能力及延伸性能的充分利用。

2.9 关于锚杆螺母

2002版标准规定应优先选用能实现快速安装的专用扭矩螺母，如螺母内有已固化的树脂、尼龙塞，或压入金属片或其他金属销等形式。但是，考虑到各矿采用的锚杆直径与安装工具差别很大，对安装扭矩未作规定。我们认为，各应用单位应视本局矿使用杆体材质、直径、井下地质情况作出规定。建议，对 ϕ22mm 的锚杆，顶板锚杆安装拧紧扭矩应大于 80N·m，帮锚杆、玻璃钢锚杆应大于 40N·m 为佳。

3 中外锚杆标准比较，及我们努力方向

树脂锚杆在煤炭工业中应用已 30 多年，为规范产品质量，保证安全生产，国外采煤国家都制定了相应的标准、规范。我国从 1976 年首次开发成功应用树脂锚杆，到 1986 年发布第一版标准、1995 年修订到现在的 2002 年第二版修订版，也经历了二十多年。标准的采用，可以促进产品质量健康发展，标准的编制，体现了产品的技术水平。2002 版树脂锚杆标准中，到底体现出我们的什么样技术水平，下面我们从中外的锚杆标准技术参数、试验方法比较中，探讨一下我们的位置。为便于比较，我们选定版本年度与我们最相近的英国 BS 7861－1（2001 年版）进行对比。并提出几点意见。

（1）中国的树脂锚固剂主要技术指标，达到了世界先进水平。

从产品分类、型号看，基本上和英国、美国标准一致。树脂锚杆支护的最大特点是快速锚固、强力锚固，我们的超快速 CK 型锚固剂的凝胶时间 8～40s，和英、美、法等国家的 8～30s 几乎一致，可在几秒内凝胶，等待几秒、10 多秒上紧螺母托盘达到快速即时支护。20 世纪 90 年代中期，在邢台矿务局井下和澳大利亚产品对比试验中得到了证实。

（2）锚固剂生产技术仍较落后，原材料性能及试验方法还有待进一步提高。

我国锚固剂生产分散化、小型化，据不完全统计，目前全国树脂锚固剂、杆体生产企业 400 多个，树脂锚杆年用量超 2 亿套，各厂的技术力量、设备配置参差不齐。除 1985 年淮南矿务局引进一套美国杜邦公司的树脂锚固剂生产线外，多数锚固剂生产厂的技术装备、现代化程度都较落后，这从标准的技术参数中可见一斑。如杆体材质，考虑到大多数局矿应用实际，我国标准规定，生产的杆体只能推荐“优先选用屈服强度大于 335MPa 螺纹钢杆体”，也还允许“采用屈服强度大于 235MPa 的普通热轧圆”。而英国标准中规定，锚杆钢材屈服强度要 640～780MPa 以上，比我们大 1 倍多。对锚固剂力学性能，我们规定了最主要的抗压强度为端锚 60MPa，全锚 40MPa，锚固力（ϕ22mm 螺纹钢）＞125kN；英国标准除规定抗压强度＞80MPa，锚固力＞200kN 外，还规定了抗剪强度、弹性模量、蠕变、刚性系数等多个性能指标。

（3）努力方向：

进一步开发低成本高活性专用锚固剂专用树脂；开发推广屈服强度＞500MPa 甚至更高的优质锚杆材料，探讨更好的树脂快速固化体系，才能较快提高树脂锚杆支护技术水平。

各生产厂都应严格做好各自产品监控管理，保证检验条件，加强人员培训，完善规章制度，做好安全质量认证。严格按标准的要求一项一项落实，因为它是判定质量的唯一指标，是强制性的法定指标。

我们相信，经过大家共同努力，几年以后再修订树脂锚杆标准时，其各项技术指标，定会和国外先进的技术不相上下，我国整体锚杆支护技术将达到更高水平。

岩土锚固技术新发展

程良奎　胡建林　张培文

（中冶建筑研究总院有限公司）

摘　要　近年来，为了适应我国土木、水利水电、矿山和建筑等工程建设高速发展的需要，加强了对岩土锚固综合技术的研究，在岩土锚杆的荷载传递机制、设计、结构形式、灌浆工艺以及长期性能与安全评价等方面取得了一系列创新成果，使我国岩土锚固的综合技术水平得到了提升和跨越。岩土锚固的工程应用水平已进入世界先进行列，这主要表现在以下几方面：(1) 开发了可重复高压灌浆型和旋喷灌浆扩体型锚杆，有效克服了软土地层或复杂地层中锚杆承载力低、蠕变量大的缺陷；(2) 加深了对锚杆荷载传递机制的认识，提出了锚固长度对粘结强度的影响因子，划定了岩土锚杆锚固段长度的合理区间；(3) 开发并广泛应用了能使锚杆粘结应力分布均匀、显著提高承载力和防腐特性的荷载分散型锚固（单孔复合锚固）体系；(4) 岩土锚杆长期性能与安全评价的研究取得了明显进展；(5) 建立了我国岩土锚固技术标准体系；(6) 工程应用领域与规模不断扩大，我国的岩土锚固综合应用技术水平已进入世界先进行列。

关键词　岩土锚固　承载力　荷载传递机制　防腐　安全评价

引言

岩土锚固是岩土工程领域的重要分支[1]。在岩土工程中采用锚固技术，能充分发挥和提高岩土体的自身强度和自稳能力，显著缩小结构物体积和减轻结构的自重，有效控制岩土工程（体）的变形。岩土锚固可控、可测以及可靠的突出特点已经成为提高岩土工程稳定性和解决复杂岩土工程问题最为经济、最为有效的方法之一，在我国水利、水电、交通、铁道、矿山、城市基础设施等工程建设中正发挥越来越重要的作用。近年来，随着我国土木、水利和建筑工程建设力度的加大，岩土锚固技术的发展尤为迅速。岩土锚杆（索）（以下统称锚杆）的品种已达 60 余种；土层锚杆最大承载力达 1500kN，岩石锚杆的最大承载力达 8.0MN，锚杆的最大长度已超过 80m。

围绕有效提高锚杆承载能力问题、锚杆施工工艺和锚固段传力机理方面展开了系统研究。通过压力灌浆、可重复高压灌浆、旋喷灌浆以及扩孔技术解决软土层和复杂地层的锚杆承载能力低的缺陷，有效提高承载能力 0.5～1 倍；通过对锚杆锚固段渐进性破坏的研究，成功开发载荷分散型锚杆（压力分散型、拉力分散型）技术，解决了传统拉力集中型锚杆承载能力不能随锚固长度增加而线性增长的局限，从而显著提高了锚杆承载能力。在相同锚固段长度情况下，提高锚杆承载能力约 50%；在相同锚杆承载力的情况下，降低工程造价约 20%以上。基于此提出的锚固长度对粘结强度的影响因子，较好地解决了锚杆承载力设计计算的理论问题。

锚杆的长期工作性能一直困扰着岩土工程师们，特别是近 20 年来，我国岩土锚固技术在土木水利水电、铁（公）路交通，以及市政基础工程建设中得到空前的广泛应用，其规模之大，应用量之多已跃居世界之首。因而研究岩土锚固的长期工作性能，对重大岩土锚固工程实施安全性评价，对安全度不足或出现病害的锚固工程采用有效的处治措施，不但保障了岩土锚固工程的安全性，而且对于永久性岩土锚固工程的设计、施工、防腐以及岩土锚固工程标准制定等方面都具有重要的意义。对锚杆长期性能及其安全评价的研究主要包括：岩土锚固工程的危险源辨别、锚杆长期性能的检测与监测、危险度评价及锚固工程病害处治。

锚杆承载能力的提高，极大地增强了其经济性，而锚杆长期性能的研究及改善又增强了人们对永久性锚固结构的信心。近年来，在城市市政工程建设、水利水电大型地下洞室、高陡边坡、结构抗浮以及混凝土大坝加固等永久性工程中得到了越来越广泛的应用。

1 可重复高压灌浆型[2]及旋喷灌浆扩体型锚杆[3]

针对软土层和复杂地层锚杆承载力低、蠕变变形大无法满足工程使用要求的突出难题，以及工程经济性对高承载力锚杆的需要，相继开发了可重复高压灌浆型及旋喷灌浆扩体型锚杆。

可重复高压灌浆型锚杆的技术关键是采用独特的注浆套管和注浆枪（图 1）对锚杆锚固段圆柱形注浆体实施一次或多次高压劈裂灌浆，从而有效地提高锚固体与土体的粘结强度和锚杆承载力，通常锚杆承载力可提高 1.0 倍左右。处于淤泥质土中的上海太平洋饭店基坑工程，钻孔直径 168mm 的土层锚杆采用重复灌浆技术后，其极限抗拔力达 800～1000kN。天津、武汉、厦门等地的许多软土锚固工程，采用钻孔内预埋二次注浆管，待第一次注浆体的强度达 5MPa 时即向预埋的注浆管进行高压灌浆，也获得较好效果，锚杆承载力约可提高 0.6 倍以上。

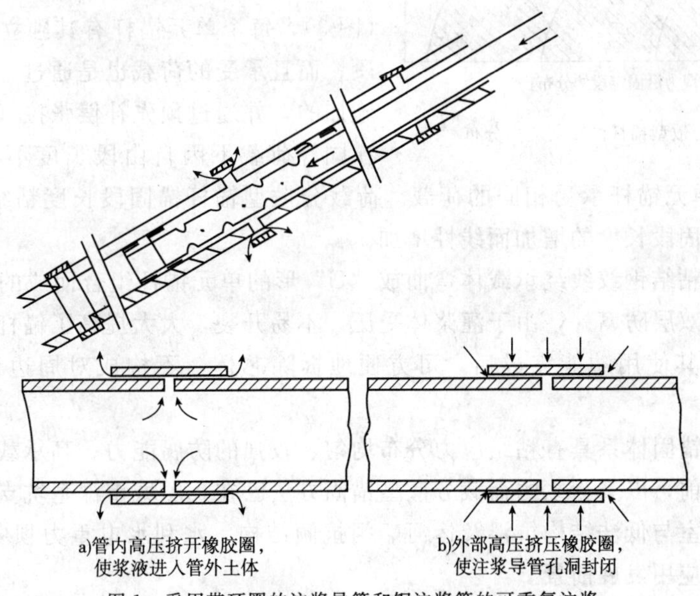

图 1 采用带环圈的注浆导管和钢注浆管的可重复注浆

旋喷灌浆扩体锚杆即采用高压喷射原理在锚杆锚固段范围内对土体进行水力切割扩孔并置换充填水泥浆，形成一个圆柱状的扩大头，从而充分发挥扩大头的端承作用，极大地提高锚杆承载能力，通常扩大头直径可达 0.7～0.8m，最大可达 1.2m。青岛奥帆广场工程锚杆锚固段长度10m（其中扩大头长度5m），锚杆承载力到达1500kN。通常，锚杆承载力与传统圆柱形锚杆相比能提高3.0倍，从而极大提高了锚杆的经济性并拓展了其应用领域。

2 荷载传递机制与荷载分散型锚固体系[4]

由于组成锚固体系的杆体、灌浆体与岩土体的弹性力学参数及接触面粘结强度存在较大差异，因而拉力型锚杆（索）在其受荷时，不能将荷载均匀地作用于固定长度上，而是在近端出现严重的应力集中现象，随着锚杆（索）荷载的不断增大，在荷载传至锚固段长度最远端之前，锚固段前端灌浆体与岩土体界面的粘结应力已超出了极限值，从而导致灌浆体与岩土体界面上会出现粘结效应逐渐弱化或脱开的现象，仅具有某些残余强度，在荷载达到极限值时，应力峰值传递到锚固段的远端（图2）。这种渐进性破坏模式大大降低锚杆（索）周围岩土体强度的利用率，限制了锚杆承载力的提高，并会引起锚杆蠕变的增加，因而，锚杆承载力不能随锚固段长度增加而成比例增加。

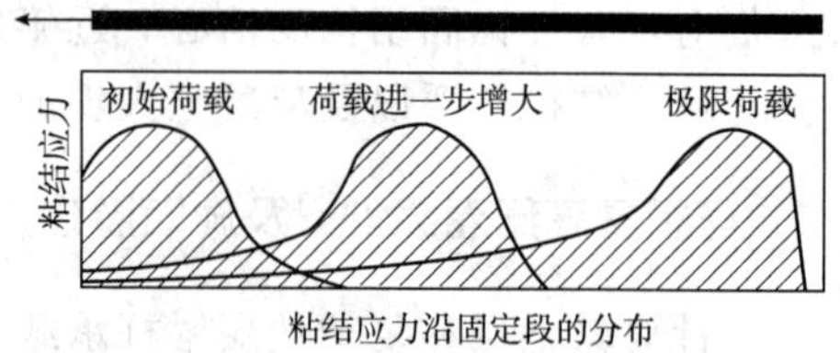

图2 拉力集中型锚杆的粘结应力分布形态

基于此，程良奎教授在现场抗拔试验、现场测试以及有限元数值分析的基础上，在锚杆承载力设计的计算公式中引入锚固长度对粘结强度的影响因子Ψ的概念。当锚固长度大于6.0m（岩锚）和10m（土锚）时该值可取0.6～1.0；当锚固长度小于6.0m（岩锚）和10m（土锚）时该值可取1.0～1.6，从而界定了岩土锚杆锚固段长度的合理范围。

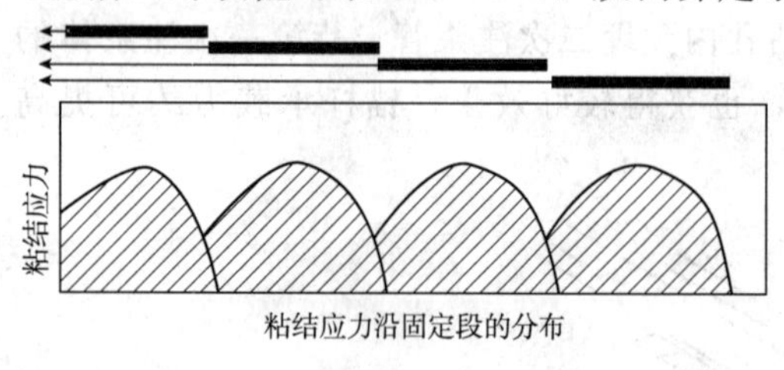

图3 压力分散型锚杆的粘结应力分布

基于上述锚杆传力机制，研究开发了荷载分散型锚固体系及其综合配套技术。该锚固体系是在同一钻孔中布设若干一定间距配置的单元锚杆（图3），每个单元锚杆有其独立的自由段和锚固段，而且承受的荷载也是通过各自的张拉千斤顶施加的，并通过预先补偿张拉（补偿各单元锚杆在同等荷载下因自由段长度不等而引起的位移差），而使所有单元锚杆承受相同的荷载。荷载分散型锚杆锚固段长度粘结应力分布均匀，其承载力能随锚固段长度的增加而线性增加。

特别是由无粘结钢绞线绕承载体弯曲成“U”形的单元锚杆组合而成的压力分散型锚杆体系，除能形成双层防腐外，由于灌浆体受压，不易开裂，大大提高了锚杆的耐久性。若用于临时工程，在其使用功能完成后，可方便地拆除芯体，不构成对周边地下工程开发的障碍。

压力分散型锚固体系具有粘结应力分布均匀、较强的防腐能力、高承载力、蠕变变形小的显著特点，目前，以其为主的荷载分散型锚固方法已在我国城市深基坑支挡、复杂地层高边坡加固、地下室与低洼结构抗浮及运河船闸抗倾结构、水利水电重力坝中得到广泛应用，并展示了广阔的应用发展前景。

3 岩土锚固工程长期性能与安全评价[5]

目前，岩土锚杆在我国隧道、地下洞室、混凝土坝以及抗浮抗倾构筑物等永久性工程得到了广泛应用，岩土锚固工程长期性能与安全评价逐步成为岩土工程科技工作者关注的热点，并取得了一些成果。

清华大学、重庆交通科学研究院[6]以示范工程渝黔公路的一段岩土锚固结构实例进行腐蚀程度评估研究，将物元理论引入层次分析法，建立了包括锚固段（自由段）与锚头等岩土锚固结构腐蚀程度的多层次评估模型及其评估指标，并确定各项指标的评估标准和评估模型各部分的初始权重。

中冶建筑研究总院有限公司[4]在长期荷载传递机制、长期性能与安全评价研究成果的基础上，提出了包括锚杆锁定荷载（初始预应力）变化量、锚杆现有承载力降低率、被锚固的岩土体与结构物变形速率以及锚杆的腐蚀损伤程度为主的安全控制指标；建立了包括风险源识别、长期性能检测、监测项目与方法、安全评价的临界技术指标以及安全度不足锚固工程的处治方法等项内容的安全评价模式，并对所收集到的国内外17项被检验岩土锚固工程的长期性能状况进行了分析研究。研究结果表明：具有足够安全度的锚杆设计、锚杆全长完善的防腐措施，采用能改善力学与化学稳定性的锚固结构、规范的锚杆验收试验、完善系统的长期性能监测与维护管理体系，是提高岩土锚固的长期性能、确保锚固工程的长期安全工作的主要途径和方法。

4 标准化建设[7,8]

随着我国岩土锚固技术的广泛应用，岩土锚固的标准化建设也得到了迅速发展。至今，已建立了较完整的岩土锚固技术标准体系。国家标准《锚杆喷射混凝土支护技术规范》（GB 50086—2001）及中国建设标准化协会标准《岩土锚杆（索）的技术规程》（CECS 22：2005）等技术标准对岩土锚杆的设计、材料、防腐、施工、试验、监测与验收都作了明确的规定，为我国岩土锚杆的设计、施工沿着安全可靠、技术先进、经济合理和有利环保的轨道发展发挥了重要作用。

要特别提及的是，在国标GB 50086—2001和行标CECS 22：2005中，除列入了关于荷载分散型锚杆设计、施工的条款外，还对确定锚杆锚固段长度的计算公式进行了修正，引入了锚固长度对粘结强度的影响系数，这在国际上同类标准中尚属首次，反映了我国岩土锚固及其标准的先进性。

5 工程应用领域和规模

随着岩土锚固技术的进步与发展，岩土锚杆作为埋设于地层中的受拉杆件，既能有效加固岩土体的不稳定部位，又能可靠地将结构物的拉力传递给深处的稳定地层，因而其应用领域日益拓宽，工程规模不断扩大。目前，我国已成为岩土锚固工程应用量最大的国家。

在矿山巷道工程中，几乎完全由岩土锚杆与喷射混凝土或配筋喷射混凝土相结合的支护取代了传统的钢木支架及混凝土衬砌，仅煤矿巷道和采场的锚喷支护工程量每年就有10000km以上。

在水利水电工程中，无论是开挖大型洞室群还是维护高大边坡的稳定，岩石锚杆都扮演了重要角色，是关系地下厂房和边坡工程长期稳定和安全使用的关键技术。已建成或即将建成的龙滩、彭水、溪洛渡、三峡、锦屏等大型（跨度30～33m，边墙高度75～87m）洞室工程采用预应力锚杆、张拉锚杆和配筋喷射混凝土（钢纤维混凝土）等相结合的围岩支护方法，保持了洞室的稳定。

锦屏Ⅰ级电站左坝肩边坡陡峻，高550m，地质条件复杂，卸荷裂隙发育，是当今世界上技术难度和工程规模最大的岩石边坡锚固工程之一。采用5000余束长60～80m，拉力设计值为2000～3000kN的压力分散型锚杆，局部地段还设置了混凝土抗滑等结构，满足了高边坡稳定的要求。

在混凝土坝工程中，继石泉等混凝土重力坝成功采用30根6.0～8.0MN高承载力预应力锚杆加固后，2005年，石家庄市新建的用于拦挡垃圾及洪水的峡石沟混凝土重力坝，高32m，长127.5m，坝基局部地段岩层节理裂隙发育严重，采用62束承载力2300kN的压力分散型锚杆抵抗坝的倾覆力矩，并在设计施工中采取一系列有利于控制群锚效应和锚杆预应力损失的措施，取得了良好成效。建成后半年内的锚杆预应力损失为3.47％～3.61％，随后趋于稳定，4年来大坝工作状况良好。该坝采用预应力锚固后，节省混凝土量37％，节约工程投资30％。

在基坑工程中，预应力锚杆背拉的桩（墙）结构与土钉、复合土钉结构已成为我国城市基坑工程的主要支护形式，应用极为广泛，大大加速了工程建设速度和节约了工程成本。

在受拉（抗拔型）基础工程与抗浮结构中，岩土锚杆技术也已取得日益广泛的应用，随着风能及输电工程的发展，其发展潜力也是十分广阔的。

6　进一步的研究方向

为了适应工程建设的需要和推动本学科的发展，应紧紧围绕以下课题，展开科学研究和技术创新。

（1）新型锚固结构及其综合配套技术研发；（2）岩土锚固结构与周围介质传力力学机制研究；（3）在地震、冲击、交变等动荷载作用下，岩土锚固结构力学性能及破坏机制研究；（4）永久型岩土锚固工程长期性能评估及安全评价；（5）岩土锚杆工厂化生产及其标准化建设。

参考文献

[1] 程良奎．岩土锚固研究与新进展［J］．岩石力学与工程学报，2005，24（21）：3803－3810.

[2] 胡建林．可重复高压灌浆土层锚杆［J］，岩土工程学报1998.

[3] 钱玉林，蒋爱祥．旋喷灌浆锚杆的结构设计及其工程应用［J］．路基工程，2003（1）．

[4] 程良奎，韩军．单孔复合锚固法的理论和实践［J］，工业建筑2001，31（5）：35～38.

[5] 程良奎，韩军，张培文．岩土锚固工程长期性能与安全评价［J］，岩石力学与工程学报2008，27（5）．

[6] 陈奕奇，郭红仙，宋二祥．岩土锚固结构腐蚀程度评估［J］，岩石力学与工程学报，2006，26（7）．

[7] 中国工程建设标准化协会标准．岩土锚杆（索）技术规程（CECS 22：2005），北京：计划出版社，2005.

[8] 中华人民共和国国家标准．锚杆喷射混凝土支护技术规范（GB 50086－2001）．国家质量技术监督局发布．

二 理论研究与工程测试

预应力锚索地梁弯矩的变形梁法及现场测试分析

刘涌江

（招商局重庆交通科研设计院有限公司岩土工程所）

摘　要　预应力锚索框架在边坡防治工程中因其显著的优越性而被越来越多地应用，但在具体计算与设计方法上还存在一些需要进一步改进的地方。本文结合锚索框架梁的具体受力特点，推导了计算框架梁内力及弯矩的变形梁法，并通过具体工程实例的对比分析，验证了该方法的正确性，对类似工程的建设具有十分重要的参考价值和理论实际意义。

关键词　框架梁　弯矩　变形梁法

1　前言

预应力锚索框架作为一种重要的锚固支护技术，由于其能改善岩土体应力状态，最大限度地发挥岩土体自身强度和自稳能力，大大减轻结构自重，节约工程材料，具有显著的加固优点和社会经济效益，正越来越多地应用于边坡病害的加固治理。但由于预应力锚索框架作用机理十分复杂，影响因素众多，且在地梁内力的计算方法上，基本是按建筑地基上的地梁来设计计算，是否适用于高边坡工程的具体特点，尚需要理论与实践测试加以验证。鉴于此，本文将针对高边坡预应力锚索框架梁的内力计算方法进行探讨，并通过具体工程实例加以验证。

2　工点概况

实例测试工点为汕梅高速公路汕揭段 K53＋760～K54＋022 高边坡，边坡坡高 86m。边坡地处剥蚀丘陵地貌单元，山丘基本沿 NW－SE 向展布，其山脊线呈逆时针指向的弧形，山坡自然坡度为 25°～30°，线路从位于两个山丘之间的马鞍形垭口地带通过。路线前进方向山坡左侧坡顶高程 170m，右侧坡顶高程 108.5m，垭口两端谷地高程 24～28m，路基面标高 47.88～49.25m。坡体表面孤石较多，D＝2～5m，坡面圆顺、植被较发育，以乔木和灌木为主。垭口两侧山坡均发育有自然冲沟。

坡体岩性主要为粗粒花岗岩风化而成的类土质，边坡揭露地层由上而下情况如下：

（1）坡面表层为残积土，稍密，含水量中粗砂，为坡积成因。

（2）全风化花岗岩，灰黄色，岩芯呈砂土状，遇水易软化。全风化层深度达 50m。

（3）强风化花岗岩，黄褐色，粗粒结构，岩芯呈半岩半土状、块状，岩体完整性较差，强度较低。

两侧边坡位于花岗岩全风化及强风化层内，岩土强度及含水状态控制该边坡的稳定性。

该边坡分 9 级，所采用的加固方案是在第 3、4、6 级边坡分别设置锚索框架，其余各级边坡设置锚杆格子梁，如图 1 所示。本文的试验主要是在第 3 级边坡的锚索框架中进行的。

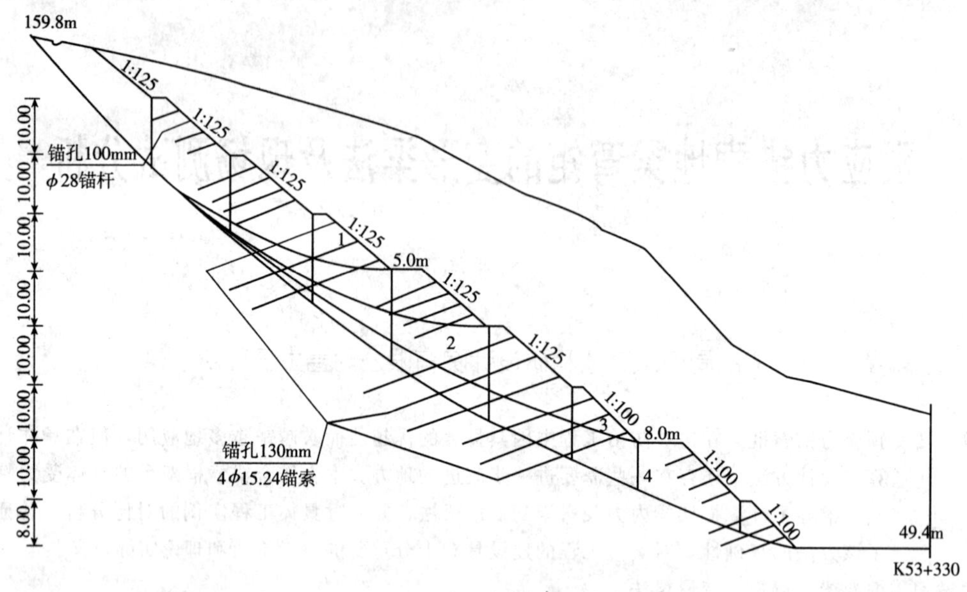

图 1 试验工点边坡典型断面图（尺寸单位：m）

3 地梁弯矩计算的变形梁法

针对锚索地梁弯矩的计算，以前的计算通常采用反梁法，即将梁视为刚性体，认为梁是不可变形的，这样梁底反力就是直线分布或均匀分布。但事实上，由于锚索预应力的施加，首先以集中力的方式作用于纵横梁的节点，必然会在梁体不同部位产生不同的弯矩，因而也会发生不同程度的变形。因此，对锚索框架梁内力的计算应采用变形梁法。

3.1 计算假定条件

图 2 为预应力锚索框架梁的计算简图及坐标系。进行框架梁内力计算时作如下假定：

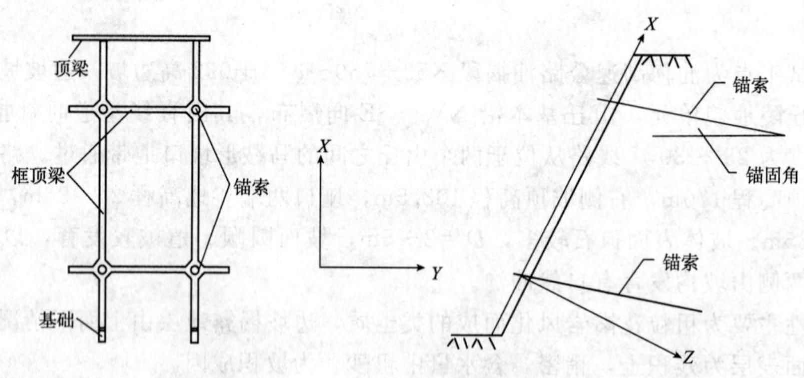

图 2 锚索框架示意图

（1）不考虑框架中顶梁和基础的作用。因为实际工作中，顶梁和基础对框架的受力影响很小，为分析方便，可作此假定。

（2）框架梁为弹性梁。

（3）边坡对框架的反力符合 Winkler 假定，即将边坡坡体视为弹性地基。坡面反力 p 与框架垂直于坡面的位移 z 成正比，即

$$p = k \cdot z \tag{1}$$

式中：k——岩土反力系数，可由试验测定或依岩土体种类按相应规范取经验值。

由于对框架梁内力的计算是按单梁进行的，因此，首先应确定节点锚固力的纵、横梁上的分配。按照土与结构物相互作用的原理，锚固力在纵、横梁间的分配应满足如下两个条件：

①变形协调条件：仍然只考虑锚固力所引起的梁沿垂直坡面的位移，分配后的锚固力对纵、横梁引起的垂直坡面的位移必须相等，记节点 i 处的纵梁和横梁沿垂直坡面的位移分别为 z_{ix}，z_{iy}，则有：

$$z_{ix} = z_{iy} = z \tag{2}$$

②静力平衡条件：纵、横所受垂直梁纵截面的力之和应等于节点上的锚固力沿垂直坡面方向的分量。记 F_i 为节点 i 处的总锚固力；α、θ 分别为边坡坡角及锚索锚固角；F_{ix}、F_{iy} 分别为分配到纵、横梁上的锚固力，有：

$$F_{ix} + F_{iy} = F_i \cos(90° - \alpha - \theta) \tag{3}$$

计算过程中，根据实际工程情况，设同一榀框架上的几个锚索力相等。再由框架的对称性可知，各个节点处锚固力的分配情况应相同，因此，各处锚固力于纵、横梁的分量均可设为 F_x、F_y。将 F_x、F_y 看做已知量，分别计算框架的横梁和竖肋的位移，将其代入（2）式，再与（3）式联立即可解出 F_x、F_y。

3.2 地梁内力计算

按前述的假设条件，将框架拆分成纵梁（竖肋）和横梁后，分别将其当成紧贴坡面的有限长弹性地基梁，利用叠加法计算。以竖肋为例进行计算。图 3 为其力学模型。

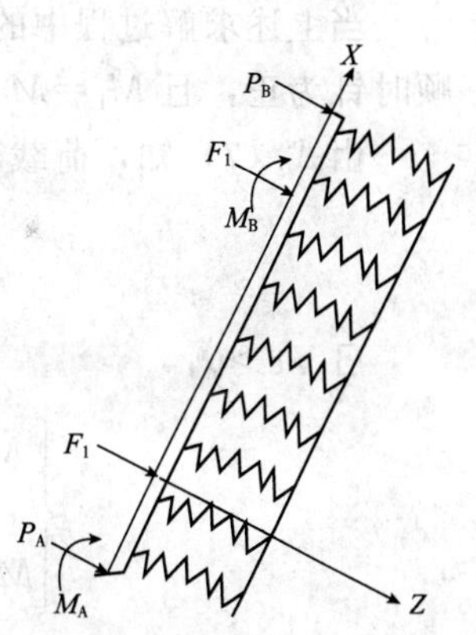

图 3 框架梁力学计算模型

竖肋受两节点处锚固力于该梁的分量 F_1、F_2 作用，由上述静力平衡条件中的分析可知，可将这两个集中力均设为 F_x。先只考虑单个集中力 F_1 的作用，取其作用点为坐标原点，则梁的微分方程为：

$$EI \frac{d^4 z_x}{dx^4} + Bkz_x = q(x) \tag{4}$$

式中：B——梁的宽度；

E、I——梁的弹性模量和截面惯性矩；

$q(x)$——梁上的荷载。

通常情况下，锚索框架梁上无外力，即 q（x）=0，于是上式变为：

$$EI \frac{\mathrm{d}^4 z_x}{\mathrm{d}x^4} + Bkz_x = 0 \tag{5}$$

上式通解为：

$$Z_x = e^{\beta x}(C_1 \cos\beta x + C_2 \sin\beta x) + e^{-\beta x}(C_3 \cos\beta x + C_4 \sin\beta x) \tag{6}$$

式中：C_1、C_2、C_3、C_4——常数；

$\beta = \sqrt[4]{\dfrac{BK}{4EI}}$，$1/\beta$——梁的弹性特征长度。

式（6）的边界条件及其定解为：

$$\begin{cases} Z_x \big|_{x \to +\infty} = 0 \Rightarrow C_1 = C_2 = 0 \\ Z_x \big|_{x \to -\infty} = 0 \Rightarrow C_3 = C_4 = 0 \end{cases} \tag{7}$$

$$\left.\frac{\mathrm{d}Z_x}{\mathrm{d}x}\right|_{x=0} = 0 \Rightarrow (C_1 = C_2 = C) \vee (C_3 = C_4 = C) \tag{8}$$

$\exists\, \forall \varepsilon > 0$：

$$\left.\begin{aligned} V\big|_{x=0+\varepsilon} = EI \left.\frac{\mathrm{d}^3 Z_x}{\mathrm{d}x^3}\right|_{x=0+\varepsilon} = -\frac{F_x}{2} \\ V\big|_{x=0-\varepsilon} = EI \left.\frac{\mathrm{d}^3 Z_x}{\mathrm{d}x^3}\right|_{x=0-\varepsilon} = \frac{F_x}{2} \end{aligned}\right\} \Rightarrow C = \frac{F_x\beta}{2Bk} \tag{9}$$

于是可得：

$$Z_x = \frac{F_x\beta}{2Bk} e^{-\beta|x|} (\cos\beta x + \sin\beta|x|) \tag{10}$$

$$M_x = -EI \frac{\mathrm{d}^2 Z_x}{\mathrm{d}x^2} = \frac{F_x}{4\beta} e^{-\beta|x|} (\cos\beta x - \sin\beta|x|) \tag{11}$$

$$V_x = \pm EI \frac{\mathrm{d}^3 Z_x}{\mathrm{d}x^3} = \begin{cases} \dfrac{F_x}{2} e^{-\beta x} \cos\beta x & (x > 0) \\ -\dfrac{F_x}{2} e^{-\beta|x|} \cos\beta x & (x < 0) \end{cases} \tag{12}$$

式中：M_x、V_x——梁在 x 截面处的弯矩和剪力。

当上述求解过程中的集中力（锚索应力）F_1、F_2 换作集中力偶 M_1、M_2 时，记 M_1、M_2 顺时针为正，且 $M_1 = M_2 = M$，求解过程如下：

由式（7）知，荷载和基底反力是关于原点反对称的，因此有：

$$\begin{cases} Z_x \big|_{x \to 0^+} = 0 \Rightarrow C_3 = 0 \\ Z_x \big|_{x \to 0^-} = 0 \Rightarrow C_1 = 0 \end{cases} \tag{13}$$

$\exists\, \forall \varepsilon > 0$：

$$\begin{cases} M\big|_{x=0+\varepsilon^+} = -EI \left.\dfrac{\mathrm{d}^2 Z_x}{\mathrm{d}x^2}\right|_{x=0+\varepsilon} = \dfrac{M}{2} \Rightarrow C_4 = \dfrac{M\beta^2}{k} \\ M\big|_{x=0-\varepsilon^-} = EI \left.\dfrac{\mathrm{d}^2 Z_x}{\mathrm{d}x^2}\right|_{x=0-\varepsilon} = -\dfrac{M}{2} \Rightarrow C_2 = -\dfrac{M\beta^2}{k} \end{cases} \tag{14}$$

联立式（6）、（7）、（13）和（14）可得：

$$Z_x = \begin{cases} \dfrac{M\beta^2}{Bk} e^{-\beta x} \sin\beta x & (x > 0) \\ \dfrac{M\beta^2}{Bk} e^{\beta|x|} \sin\beta x & (x < 0) \end{cases} \tag{15}$$

$$V_x = -\frac{M\beta}{2} e^{-\beta|x|} (\cos\beta x + \sin\beta|x|) \tag{16}$$

$$M_x = \begin{cases} \dfrac{M}{2} e^{-\beta x} \cos\beta x & (x > 0) \\ -\dfrac{M}{2} e^{\beta x} \cos\beta x & (x < 0) \end{cases} \tag{17}$$

上述计算方法与以往常用的反梁法不同，不再将梁视为刚性体，而是认为梁是可以变形的，故将该方法称为变形梁法，不仅克服了反梁法中将梁底地基反力人为假定为直线分布或均匀分布的不足，而且其受力状态也与锚索框架梁的实际情况更为相符。

4 实例测试与分析

针对前面介绍的依托工程实际情况，选择了三级边坡上的一榀框架中的一根纵梁和一根横梁上，采用在梁中钢筋上焊接钢筋计的方式进行实际测试。纵梁上的钢筋计绑扎在靠山侧钢筋中的中间两根钢筋上，横梁上的钢筋计绑扎在靠山侧自上而下第三根钢筋上。钢筋计的埋设位置如图 4 所示。

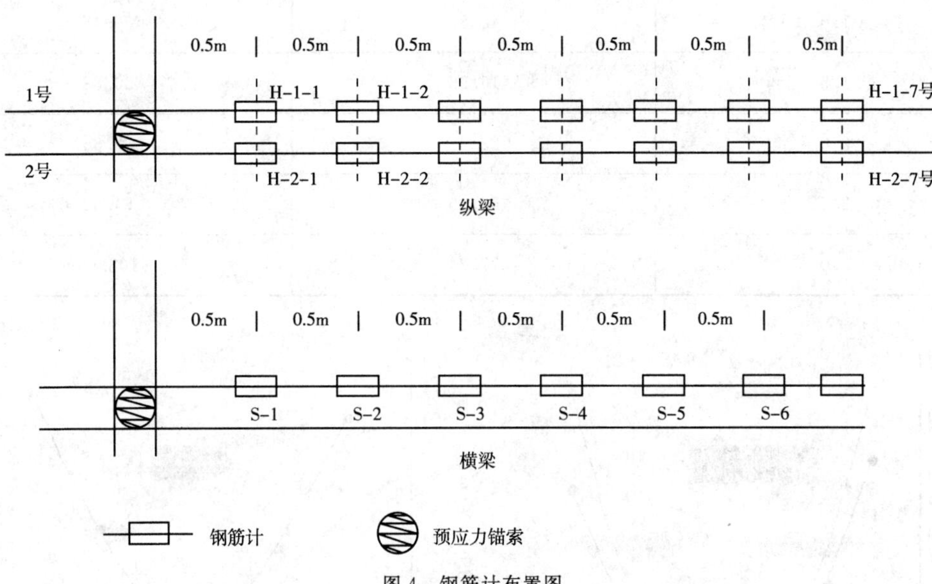

图 4　钢筋计布置图

工程实例计算参数见表 1。表 2、表 3 及图 5 分别列出了纵梁和横梁的现场测试与理论计算的结果对比。图 5 所示的曲线分别为纵、横梁按上述变形梁法计算的结果。

工程实例参数　　表 1

边坡坡角 α（°）	锚固角 θ（°）	框架梁截面（m^2）	纵向锚索间距（m）	横向锚索间距（m）
45	30	0.3×0.4	4	3.3

纵梁弯矩现场测试与理论计算结果对比　　表 2

距顶部距离（m）	弯矩（kN·m）	
	现场实测	理论计算
0.5	211.97	271.45
1.0	102.16	125.68
1.5	43.46	49.87
2.0	23.07	31.26
2.5	44.81	49.87
3.0	96.54	125.68
3.5	190.06	271.45

横梁弯矩现场测试与理论计算结果对比　表3

距端部距离（m）	弯矩（kN·m）	
	现场实测	理论计算
0.5	67.79	99.63
1.0	44.89	60.45
1.5	16.98	30.88
2.0	22.22	33.56
2.5	50.36	64.62
3.0	77.24	108.96

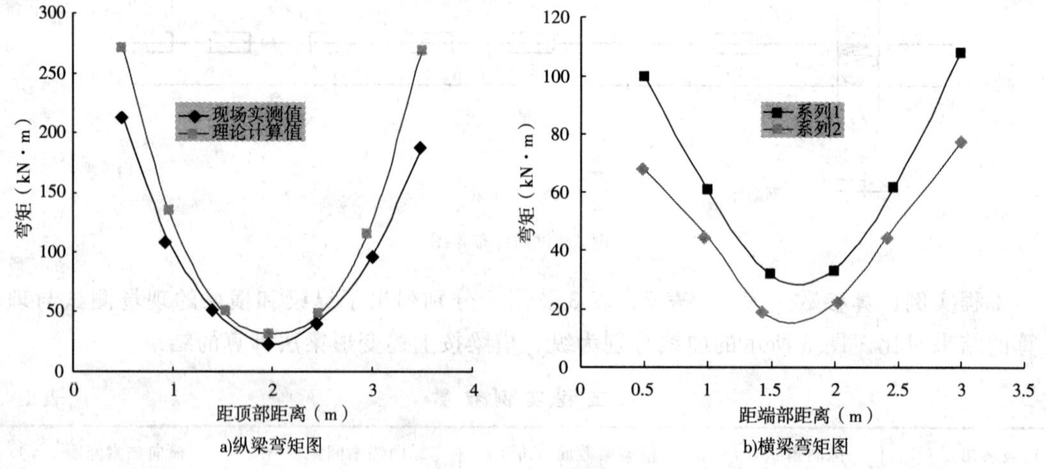

图5　锚索框架梁弯矩图

通过与现场实测弯矩结果的对比可知，实测弯矩分布规律与变形梁法计算结果基本一致，说明了变形梁法的正确性。但实测结果在一定程度上要小于理论值，特别是在峰值附近（即靠近锚索集中力附近附近），究其原因，可能是由于该计算方法没有考虑巨大锚固力作用下阻碍构件变形的摩擦力作用和岩土反力系数选取的差异性，以及预应力的损失等因素所致。

5　结论

（1）纵梁与横梁弯矩由预应力锚索位置向中间逐渐减小，这与变形梁法的理论计算结果相符，说明所采用的测试方法是可行的。并由此可推知，在框架梁配筋时，应特别注意预应力锚索附近的钢筋截面应达到要求，而不可为了通长配筋的方便，忽视锚索附近部位的加强配筋。

（2）变形梁法由于认为框架梁自身是可以变形的，并在计算过程中充分考虑了梁的变形，这更符合工程实际情况，因而具有较大的优越性。

参考文献

[1] 杨明．路堑类土质边坡锚固技术研究．西南交通大学硕士学位论文，2002.

[2] 赵晓彦．类土质边坡特性及锚固设计理论研究．西南交通大学博士学位论文，2005.

[3] 夏雄，周德培．预应力锚索地梁在边坡加固中的应用实例．岩土力学，2002，23（2）．

[4] 李德芳，张友良，陈从新．边坡加固中预应力锚索地梁内力计算．岩土力学，2002，21（2）．

[5] 宋从军，周德培．预应力锚索框架型地梁的内力计算．公路，2004，（7）．

预应力锚索支护参数优化研究及在金川二矿区的应用

高 谦[1] 杨志强[2] 王正辉[2]

（1. 北京科技大学 2. 金川镍钴设计研究院矿山分院）

摘 要 针对金川二矿区深部高应力采场巷道支护面临的困难，研究采用了以预应力锚索为主要支护手段的综合控制技术，并在1178m分段巷道进行了现场试验研究。首先，基于工程经验，确定了长锚索支护的初步设计参数；然后，采用了数值分析方法，进行了正交数值试验和支护参数的优化设计，由此表明，对Ⅲ类偏上的围岩（RMR为40）和受中等采动影响（$\beta=1.20$）的巷道，预应力锚索长度应为6.5m；对于受剧烈采动影响的1178m分段巷道，采用6.5m长锚索支护，其稳定安全系数达到1.28，故5.5～6.5m长的锚索可满足分段巷道的稳定要求。

关键词 采场巷道 长锚索支护 数值模拟 优化设计

1 前言

金川二矿区是金川集团公司的主力矿山，存在着矿区地应力高、矿体埋藏深、地压大、矿岩体节理裂隙发育、稳固性差等不利条件，导致采场地压活动剧烈，巷道破坏严重。随着矿体开采水平的延深，地压活动日趋剧烈，采矿工程的稳定性问题更加突出[1～3]。1178m分段是1250m和1150m两中段开采所形成的水平矿柱，采动影响更为剧烈。尽管采取了各种支护形式，但巷道变形仍难以控制。经过国内外调研和综合分析后，首次在该矿采用了以长锚索为主的综合控制技术[4]，并在二矿区1178m分段巷道进行现场试验研究。为了支护效果评价和支护参数优化，数值分析技术已经在岩土工程分析与设计中得到广泛地应用[5～8]。为此，结合金川矿山的工程地质条件，进行了试验段巷道锚索支护的正交数值模拟和回归分析，由此给出了最优设计方案，并应用于工程实践，获得了较好效果。

2 数值模拟方案与评价指标

2.1 模拟方案

1178m分段巷道围岩基本上属于Ⅳ类，但在16行勘探线东、西两侧，围岩存在一定的差异。为了考虑围岩条件的变化，选取地质力学分类指标RMR分别为40、35和30三种围岩质量进行计算。根据围岩分类评分指标确定围岩岩体的力学与变形参数[9]，又根据金川地应力测试结果，地应力的垂直应力取自重应力，而水平应力取侧压系数$\lambda=1.2$。为考虑1178m巷道受采动的影响，采用了三种“影响系数”加以分析，影响系数定义为承载区的垂直采动应力与自重应力之比，即（1）不受采动影响，影响系数$\beta=1.0$；（2）较低采动影响，影响系数$\beta=1.2$；（3）较高采动影响，影响系数$\beta=1.4$。

根据经验，试验段的三种一次支护方案均采用3m的短密锚杆，因此，数值模拟不考虑

1 次支护参数的变化。根据试验段采用的支护方案，二次支护采用的长锚索分别取 5m，6m，7m。考虑 3 种围岩质量（RMR）、3 种采动影响系数（β）和三种锚索长度（L），进行三因素三水平的正交数值试验研究，由此优化支护参数。

2.2 巷道稳定性评价指标

数值分析采用由美国 Itasca 公司开发的适用于岩土工程分析的有限差分程序 FLAC。该程序不仅包含适用于岩土体介质的材料模型，可以模拟材料的大变形，而且可以通过设置计算步来模拟开挖、支护的施工工艺，已经成为目前国内外广泛应用地较实用软件之一。

数值分析能够获得巷道支护结构和围岩的应力场、位移场以及围岩弹塑性区分布（塑性分析），并不能直接给出巷道稳定评价指标（安全系数）。如何基于数值分析进行围岩稳定性评价，研究者提出了不同的评价指标，比如巷道关键部位的位移、最大应力以及塑性区范围等。基于 FLAC 程序的分析结果，研究给出了系统稳定性的判断指标，即以系统不收敛（物理上的不收敛）作为判断围岩系统失稳的条件，由此计算围岩稳定安全系数。在前人研究成果基础上，本文采用综合量化评价指标。

（1）关键控制点最大位移（u_{max}）。巷道顶底板和两帮中部位移通常是巷道变形最显著部位，这些点的位移影响结构的稳定和使用状态，对其关键点位移进行监测，并以此位移作为巷道稳定性评价指标之一。

（2）巷道顶底板相对收敛率（K_g）。同一围岩条件和应力环境，关键点位移随巷道高度或跨度的增大而增大。为了统一判断标准，引入顶底板相对收敛率 K_g，定义为顶、底板收敛位移与巷道高度之比：

$$K_g = \frac{|v_T| + |v_B|}{h} \tag{1}$$

式中：v_T、v_B——巷道顶、底板位移（收敛）；

h——巷道高度。

（3）巷道两帮相对收敛率（K_b）。两帮相对收敛率 K_b，定义为巷道两帮中部相对收敛与巷道跨度之比：

$$K_b = \frac{|u_L| + |u_R|}{b} \tag{2}$$

式中：u_L、u_R——巷道左帮和右帮位移（收敛）值；

b——巷道跨度。

（4）巷道稳定性安全系数（F_s）。为了计算巷道稳定安全系数，通常采用了两种方法：①荷载裕量法；②材料储备法。

荷载裕量法是通过逐次增大作用在结构上的荷载（对于岩土工程是增大重力加速度 g），直至结构破坏（迭代不收敛），此时施加的荷载与结构的正常荷载之比即为结构安全系数；材料安全储备法是按同一比例依次降低结构材料参数，直至结构失稳，此时材料降低的比例即为结构安全系数。前者多用于结构荷载，而后者一般用于岩土工程。本文采用材料储备法来计算支护巷道的安全系数。由于岩土工程变形破坏主要表现为剪切破坏。因此，将实际岩体抗剪强度参数，c、φ 值，同时按一定比例降低，直至系统失稳为止，由此可求出系统安全系数。当所取的围岩凝聚力 c 和内摩擦角 φ 减小到 c_r、φ_r 时，巷道发生破坏，此时巷道安全系数即为 F_s。

$$c_r = c/F_s \tag{3}$$

$$\varphi_r = \arctan(\tan\varphi / F_s) \tag{4}$$

式中：c、φ——围岩实际抗剪强度参数。

3 分段巷道工程支护数值模拟

3.1 计算模型与计算参数

分段巷道毛洞跨度为 5m，计算范围为 49m×35m（10 倍洞跨）。划分为 38×34＝1292 个单元和 1365 个节点。根据地应力测试结果，采用应力边界条件模拟水平构造应力场，即在模型的上、下边界赋予相应的自重应力；在左、右边界赋予水平构造应力，并施加重力加速度，进行迭代循环获得初始应力场模拟。

根据初步设计，1178m 分段巷道拱顶为半径 2.5m 的半圆，边墙高 2m，底板下挖 0.6m 半径为 5.51m 的反弧。根据施工工艺，巷道采取全断面一次开挖，开挖后立即 10mm 厚喷射混凝土，随即进行初次锚杆支护，在底板采用自锚式锚杆支护，回填混凝土。巷道断面与初次锚杆支护如图 1 所示。

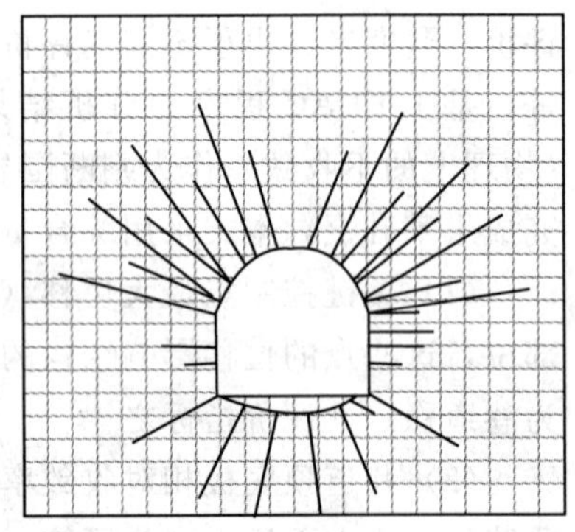

图 1　分段巷道断面及支护计算网络

巷道围岩在达到屈服破坏后，由于节理裂隙的扩张，不仅使围岩强度迅速降至残余强度，而且围岩体积也发生剪胀扩容，并随时间的增加而加剧。这就是碎裂蠕变效应。该效应对于金川深部节理化岩体更为显著，在数值模拟中采用剪胀角 ψ 来模拟。研究表明，剪胀角 ψ 一般为 0°～20°。

为了合理模拟深部岩体的变形规律，考虑岩体强度弱化也是计算的关键问题之一。为此，采用了应变软化模型。该模型需要确定岩体强度与应变之间的函数关系，在此采用分段线性的折线本构关系。根据孙钧等[12]的研究结果，一般岩体应变大于 1%时，围岩就发生屈服破坏，此时岩体强度已下降至残余强度。结合金川岩体力学试验结果，给予适当的修正。由此给出了 1178m 分段巷道应变软化模型塑性应变与岩体强度参数的计算参数。

采用 FLAC 程序中的锚杆单元和梁单元，分别模拟锚杆、锚索和钢筋网喷层结构。根据锚杆的直径、锚固方式（全长或端锚）、间、排距等支护参数，并考虑锚杆排距的空间问题，计算出采用平面问题的等效参数。

3.2 锚杆支护围岩强化效应模拟

研究表明，锚喷支护的锚固作用不仅提供围岩的支护抗力，而且还提高了锚固体的围岩强度[6]。这种支护围岩的强化效应在以往的数值分析中通常没有考虑。

一般情况，锚杆支护的强化效应与锚杆长度和预应力成正比，与间排距乘积成反比。由此提出了支护强度指标 ID 概念。支护强度指标 ID 定义为

$$\mathrm{ID} = K_T \frac{l}{ei} \tag{5}$$

式中：ID——锚杆支护强化指标；

l——锚杆或锚索的长度，m；

e、i——锚杆间、排距，m；

K_T——预应力锚杆修正系数；

$$K_T = 1 + \frac{1}{20}\frac{Q}{ei} \tag{6}$$

Q——单根锚杆施加的预应力，10kN。

预应力锚索使松散岩体之间的接触应力增大，避免或减小围岩松动变形对此产生的松动影响，在一定程度上维护了受扰动围岩的固有强度，提高了塑性变形区的围岩残余强度。根据支护强化指标 ID，对围岩峰后效应进行修正，其计算表达式为：

$$R_c^P = R'_c\left(1+\frac{ID}{10}\right), R_t^P = R'_t\left(1+\frac{ID}{10}\right) \tag{7}$$

$$c^P = c'\left(1+\frac{ID}{10}\right), \varphi^P = \varphi'\left(1+\frac{ID}{10}\right) \tag{8}$$

式中：R_c^P、R_t^P、c^P、φ^P——围岩峰后抗压、抗拉、凝聚力和内摩擦角的修正参数；

R'_c、R'_t、c'、φ'——峰后围岩对应的岩体参数。

根据三种不同支护方案的支护强化指标 ID，由此可计算对应的峰后围岩强度参数[12]。

3.3 三因素三水平支护巷道正交数值模拟

基于已经建立的数值模型和计算方案，采用有限差分程序 FLAC 进行正交数值试验，由此获得计算结果。表 1 列出了不同围岩质量、不同采动影响系数和三种长锚索支护参数的计算结果。

4 计算结果分析与评价

4.1 巷道稳定性与影响因素的关系

根据获得的计算结果可绘制出采动影响系数 β、锚索长度（L）与巷道稳定安全系数 F_s 之间的关系曲线。图 2 为 L 与 F_s 的关系曲线。由此可见，对于具有不同围岩质量的巷道，围岩的稳定性则随锚索长度的增加而提高。其稳定安全系数与锚索长度呈近似的线性关系。图 3 为 β 与 F_s 之间的关系曲线。由此可见，巷道稳定性随采动影响程度的提高，巷道稳定安全系数呈近似线性关系降低。

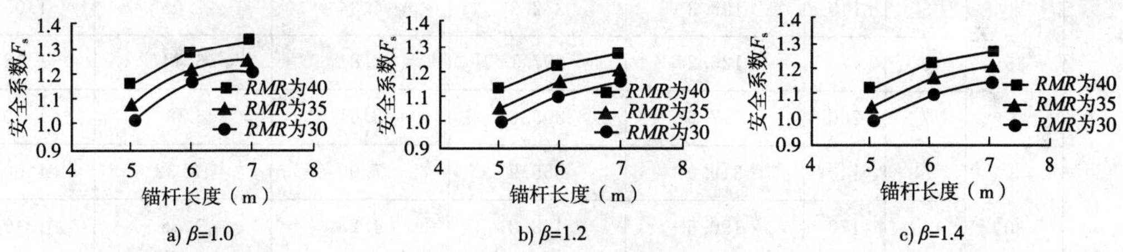

图 2 巷道安全系数与锚索长度的关系

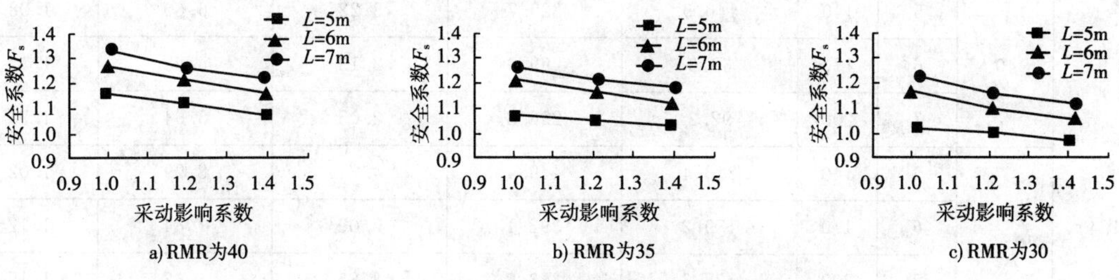

图 3 巷道安全系数与采动影响系数的关系

4.2 计算结果回归分析

对表 1 计算结果进行回归分析，可以获得巷道稳定安全系数 F_s 与围岩评分 RMR、采动影响系数 β 和锚索长度 L 之间的回归函数：

$$F'_s = 0.011667\mathrm{RMR} + 0.078889L - 0.230556\beta + 0.538333 \quad (9)$$

式中：F'_s——拟合巷道安全系数；

RMR——围岩地质力学分类指标参数。

不同情况下三种支护方案计算结果　　表 1

采动系数	围岩分类指标 RMR	锚索长度（m）	预应力（kN）	评价指标				
				顶底板相对收敛值 v（mm）	两帮相对收敛值 u（mm）	顶底板相对收敛率 K_g（10^{-2}）	两帮相对收敛率 K_b（10^{-2}）	巷道稳定安全系数 F_s
不考虑采动应力	40	5	140	153.6	199.2	3.41	3.98	1.16
		6	170	102.4	172.0	2.27	3.44	1.28
		7	200	90.8	168.0	2.02	3.36	1.33
	35	5	140	206.5	271.0	4.59	5.42	1.07
		6	170	145.5	237.7	3.23	4.75	1.22
		7	200	121.9	228.4	2.70	4.57	1.25
	30	5	140	301.0	445.3	6.69	8.91	1.02
		6	170	229.4	443.1	5.10	8.86	1.17
		7	200	171.4	371.5	3.81	7.43	1.22
		5	140	155.7	268.6	3.46	5.37	1.22
1.2	40	6	170	101.9	234.5	2.26	4.69	1.26
		7	200	91.0	231.0	2.02	4.62	1.05
	35	5	140	195.3	352.3	4.34	7.05	1.05
		6	170	126.2	307.1	2.81	6.14	1.16
		7	200	117.6	303.6	2.61	6.07	1.20
	30	5	140	319.0	665.9	7.09	13.32	1.00
		6	170	190.5	468.2	4.23	9.36	1.10
		7	200	172.3	457.8	3.83	9.16	1.15
1.4	40	5	140	140.9	329.7	3.22	6.60	1.08
		6	170	69.0	299.0	2.13	5.98	1.17
		7	200	92.2	296.8	2.05	5.94	1.21
	35	5	140	213.4	449.4	4.74	8.99	1.02
		6	170	139.2	392.1	3.09	7.84	1.12
		7	200	128.3	283.5	2.85	7.67	1.17
		5	140	340.8	789.8	7.57	15.80	0.96
	35	6	170	202.8	567.4	4.51	11.35	1.05
		7	200	189.1	555.6	4.20	11.11	1.11

由此可见，巷道安全系数与影响因素之间存在明显的线性关系。拟合函数的量大误差仅为3.79%，其精度完全满足工程的要求（小于5.0%）。

将式（9）变换为

$$L = 2.9225\beta - 0.1479\mathrm{RMR} + 12.676[F_s] - 6.824 \quad (10)$$

式中：$[F_s]$ ——巷道许用安全系数，一般根据工程类型查设计规范确定，对于矿山工程，$[F_s]=1.2\sim1.3$，在此取1.25。

对于Ⅲ类偏上的围岩和受中等采动影响的情况，锚索长度应为6.612m，取6.5m即可。

5 结论

金川二矿区1178m分段巷道是受深部采场地压困扰的主要工程之一。由于是水平矿柱结构，受采动影响极为剧烈。为此，选择该水平分段巷道作为高应力采场巷道支护设计和现场试验研究的地段。为此，在基于工程经验提出初步参数的基础上，采用数值分析方法进行支护参数优化，由此获得具有指导意义的研究成果。

针对不同围岩质量（分类指标RMR）、采动影响程度（影响系数β）和不同支护方案（锚索长度）进行了正交数值试验，给出了不同组合条件下巷道变形与稳定性之间的关系如下：

（1）采用3m的短密锚杆的初次支护，若不受采动应力影响，巷道自稳最长时间为26d；如果受采动影响，巷道自稳时间会更短。因此，巷道的初次支护不仅要保证支护质量，而且要尽早实施二次长锚索支护。二次支护时间应限制在15～20d内完成。

（2）对于不同质量围岩，巷道的稳定性随锚索长度的增加而提高，其稳定安全系数与锚索长度呈近似线性关系。巷道稳定性随着采动影响的增加，稳定安全系数呈近似线性降低。

（3）根据正交数值试验结果的回归分析，可以建立巷道稳定安全系数与影响因素的函数关系，由此揭示了巷道稳定性与影响因素之间的关系，也为巷道支护参数优化奠定基础。

（4）由上述分析可知，对于Ⅲ类偏上的围岩（RMR为40）和受中等采动影响（$\beta=1.20$）的情况，合理的预应力锚索长度应为6.5m。

（5）针对采场巷道工程的使用功能，允许稳定安全系数取1.25，允许最大相对收敛率取3%，可以满足使用功能和安全的要求。因此，对于受剧烈采动影响的1178m分段巷道，采用6.5m长锚索支护，其稳定安全系数可达1.28，故5.5～6.5m长的锚索可满足分段巷道的稳定要求。

（6）1178m分段巷道围岩分为两类：较好者RMR为38～40；较差者RMR为25～30。如果考虑采动系数为1.2（中等影响），取允许安全系数$[F_s]=1.2$，锚索长度分别为6m和8m，可满足稳定要求。

在二矿区1178m分段巷道的试验中，根据工程围岩质量，采取了上述的锚索参数，试验段巷道的稳定状态得到很大改善。但由于锚索增长，其钻孔效率较低，直接影响该支护技术的推广应用。

参考文献

[1] 王小卫，高谦．金川二矿区深部开采的关键技术问题与研究思路［J］．采矿技术，2002，2（2）：12－14.

[2] 王永前，杨志强，高谦．金川高应力深部开采技术的地压控制［J］．采矿技术，2002，2（3）：15－19.

[3] 高谦，刘同有，方祖烈．金川二矿区开采潜在问题与优化控制研究［J］．有色金属，2004，56（4）：2－5．

[4] 李莉，高谦，王正辉．金川二矿区深部 1 178m 中段采场巷道支护设计与稳定性分析[J]．有色金属，2005，57（1）：19－22.

[5] 张玉军．非饱和地质体中水－应力耦合二维有限元方法及对锚杆支护的分析［J］．岩土力学．2006，27（2）：233－237.

[6] 秦四清，贾洪，李厚恩，等．预应力土钉支护结构变形与破坏的数值分析［J］．岩土力学，2005，26（9）：1356－1362.

[7] 高谦，刘福军，赵静．一次动压煤矿巷道预应力锚索支护设计与参数优化［J］．岩土力学，2005，26（6）：859－864.

[8] 赵静波，高谦，李莉．层状岩质边坡预应力锚索加固工程应用分析［J］．岩土力学．2005，（8）：1338－1341.

[9] 高谦，乔兰，吴顺川，等．地下工程系统分析与设计［M］．北京：中国建材工业出版社，2005.

锦屏一级水电站地下厂房系统锚索监测分析

王启睿[1,2]　邓建辉[1]　张福明[2]

（1. 四川大学水利水电学院　2. 总参工程兵科研三所）

摘　要　锦屏一级水电站是我国在建的世界级的大型水电工程，是雅砻江干流下游河段规划的5个梯级电站的龙头电站。本文对该水电站地下厂房系统主厂房支护措施中的监测锚索进行了描述，选取了厂纵0+031.70m和厂纵0+126.80m两个断面的监测数据并对其进行分析，反映出相应部位锚索锚固力的变化规律，进而推导主厂房洞室开挖过程中边坡的变形趋势，为优化设计提供依据。

关键词　锚索　监测　地下厂房　锦屏一级水电站

1　工程概况

锦屏一级水电站位于四川省凉山彝族自治州木里县和盐源县交界处的雅砻江干流河段上，是雅砻江干流下游河段的控制性水库梯级电站。坝址位于普斯罗沟与手爬沟间1.5km长的河段上，河流流向约N25°E，河道顺直而狭窄。坝区两岸山体雄厚，谷坡陡峻，基岩裸露，相对高差千余米，为典型的深切"V"形谷。岩层走向与河流流向一致，左岸为反向坡、右岸为顺向坡。地貌上右岸呈陡缓相间的台阶状。

锦屏一级水电站总装机容量360万kW，年均发电166.2亿kW·h。电站主要由拦河坝、右岸泄洪洞、右岸引水发电系统及开关站等组成，拦河坝为混凝土双曲拱坝，最大坝高305m，为世界第一高坝。电站总库容77.65亿m^3，调节库容49.1亿m^3。水库正常蓄水位1880m，死水位1800m，正常蓄水位以下库容77.6亿m^3，调节库容49.1亿m^3，属年调节水库，对下游梯级电站的补偿效益显著。作为雅砻江干流下游卡拉至江口河段规划的五个梯级电站的龙头电站，其开发任务主要是发电。它与二滩水电站联合运行共有150亿m^3多的库容，补偿效益还可延伸至金沙江下游和长江三峡及葛洲坝电站，同时具有重要的拦沙、蓄洪作用，减轻长江中下游防洪负担。

引水发电系统布置于坝区右岸，地下厂区硐室群规模巨大，主要由引水洞、地下厂房、母线洞、主变室、尾水调压室和尾水洞等组成，三大硐室平行布置。地下厂房位于大坝下游约350m的山体内，水平埋深约110～300m，垂直埋深约180～350m，由里向外依次按"一"字形布置安装间、主机间和第一副厂房。安装间和第一副厂房分别布置在主机间的两端。厂房轴线N65°W，厂内安装6台600MW机组，厂房全长276.99m，吊车梁以下开挖跨度25.60m，以上开挖跨度28.90m，开挖高度68.80m；其中主机间尺寸为204.52m×25.90m×68.80m（长×宽×高），顶拱高程为1675.10m。主变室位于主厂房下游，顶拱中心线与主厂房轴线间距67.35m，厂房和主变室之间的岩柱厚度为45m（吊车梁以下）。

2 监测锚索布置

2.1 主厂房区域地层岩性

主厂房区域出露地层主要为三叠系中上统杂谷脑组第二段第2～4层大理岩（T2－3Z2－4），上部岩性以中薄层状大理岩为主夹少量绿片岩，下部为角砾状大理岩，角砾成分以大理岩质岩块、岩屑为主，其次为透镜状、团块状绿片岩和石英片岩。此外后期侵入少量云斜煌斑岩脉（X），呈平直延伸的脉状产出，部分地段可见尖灭现象，后期构造运动使煌斑岩脉与围岩接触面多发育成小断层。地质构造主要发育NE向的f13、f14、f18等断层，以及NEE向和NW～NWW向的小断层以及煌斑岩脉等，主要断层基本地质特征见表1。

厂房区域主要断层表 表1

编号	产状	破碎带宽度（m）	长度（m）	主要地质特征
f13	N50°～70°E，SE∠60°～80°	1.0～2.0	>1000	沿重结晶的方解石、胶结好的碎裂岩上接触面发育，有角砾岩、糜棱岩，见断层泥
f14	N50°～70°E，SE∠65°～85°	0.5～1.0	500	胶结良好的角砾岩为主，糜棱岩有软化、泥化现象，上断面附泥膜
f18	N70°E，SE∠70°～80°	0.2～0.4	>200	主要有灰黑色糜棱岩、角砾岩组成，局部有软化、泥化现象。主要沿煌斑岩脉与大理岩的上盘接触界面发育
X	N60°～80°E，SE∠70°～80°	2.0～3.0	>1000	煌斑岩脉，后期构造运动使煌斑岩脉与围岩接触面多发育成小断层

另外，锦屏一级水电站枢纽区现今构造应力与高自重应力叠加造成天然状态下地应力量值高，分布不均一。厂房等洞室开挖过程中围岩强烈劈裂剥落，前期勘探过程中的钻孔岩芯崩裂和平硐硐壁片帮、弯折内鼓现象普遍。

2.2 监测部位与工况

针对主厂房围岩稳定和支护系统安全监测主要布设了9个监测断面，其中括号内为断面桩号，分别为：安装间部位进厂交通洞轴线（厂纵0－035.62）、1号机组横剖面（厂纵0＋000.00）、2号机组横剖面（厂纵0＋031.70）、3号机组横剖面（厂纵0＋063.40）、3～4号机组正中横剖面（厂纵0＋079.20）、4号机组横剖面（厂纵0＋095.10）、5号机组横剖面（厂纵0＋126.80）、6号机组横剖面（厂纵0＋158.50）。根据设计，各监测断面附近选择一些锚索进行监测，主要用于评价锚索工作状态，间接验证围岩变形监测成果。锚索应力变化情况也可以定性预测分析变形的发展趋势，较锚杆应力变化值的覆盖范围更大一些。

监测锚索具体桩号及高程见图1，其中第一副厂房正中横剖面（厂纵0＋196.27）未标于图中。断面的纵剖面示意图见图2。

根据主厂房地下洞室群的分布形式以及施工顺序，按照设计要求，重要的监测断面为2号机组横剖面和5号机组横剖面，即厂纵0＋031.70和厂纵0＋126.80两桩号，以这两个断面的监测数据为基础，分析监测锚索的受力变化。

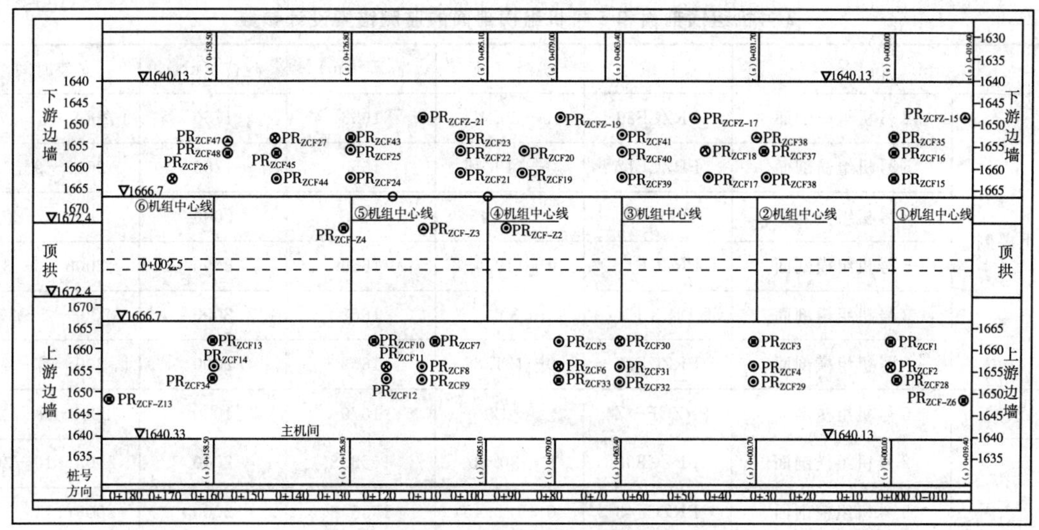

图 1　主厂房锚索布置状态分布图

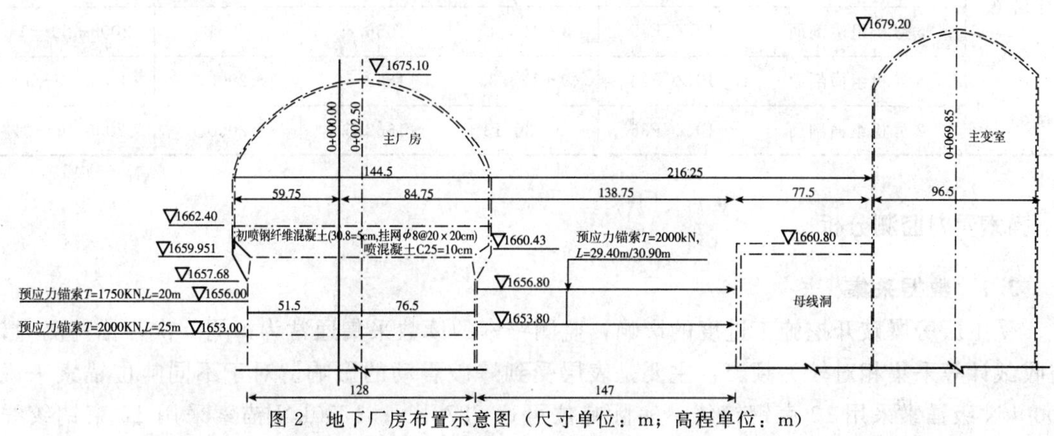

图 2　地下厂房布置示意图（尺寸单位：m；高程单位：m）

2.3　监测锚索的设计

主厂房按照桩号选择监测断面，每个断面均布置有锚索测力计，另外还布置有锚杆应力和围岩变形监测仪器及收敛计等仪器，各种仪器各有优点与不足，在使用上互相补充。每个断面又按顶拱及上、下游侧进行布置，其中上、下游侧则根据开挖进度按具体高程设计监测锚索的具体参数。各监测锚索根据具体的施工部位和检测要求，采用不同的吨位形式，典型的锚索结构形式如图 3。2 号机组横剖面和 5 号机组横剖面和监测锚索设计参数见表 2。

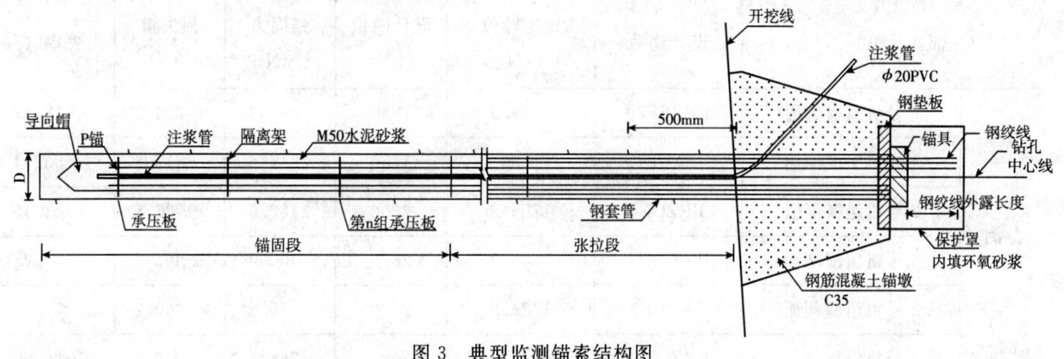

图 3　典型监测锚索结构图

2号机组横剖面和5号机组横剖面的监测锚索设计参数 表2

部 位		设计编号	桩号（m）	高程（m）	吨位（kN）	安装时间
上游侧	2号机组横剖面	PRZCF29	0+30.45	1653	1750	2008-8-17
	5号机组横剖面	PRZCF12	0+119.45	1653	1750	2008-9-6
	2号机组横剖面	PRZCF4	0+30.45	1656	2000	2008-5-30
	5号机组横剖面	PRZCF11	0+119.45	1656	2000	2008-6-3
	2号机组横剖面	PRZCF3	0+30.12	1662	2000	2008-5-27
	5号机组横剖面	PRZCF10	0+121.87	1662	2000	2008-7-4
顶拱	5号机组横剖面	PRZCF-Z4	0+128	1670	1000	2008-9-12
下游侧	2号机组横剖面	PRZCF38	0+30.45	1653.8	2000	2008-10-30
	5号机组横剖面	PRZCF43	0+125.45	1653.8	2000	2008-11-13
	2号机组横剖面	PRZCF37	0+30.45	1656	2000	2008-11-6
	5号机组横剖面	PRZCF25	0+125.45	1656.8	2000	2008-11-14
	5号机组横剖面	PRZCF24	0+125.33	1662.5	2000	2008-5-17
	2号机组横剖面	PRZCF36	0+30.13	1662.5	2000	2008-5-21

3 锚索受力监测分析

3.1 数据采集

受主厂房爆破开挖施工进度的影响，监测锚索的读数采集通常为每周一次，锚杆测力计与收敛计等采集相对较为频繁，主要是表层受到爆破震动的影响。对于不同吨位锚索来说，2000kN级锚索采用13束钢绞线，实际吨位可达2270kN；1750kN锚索采用12束钢绞线，实际吨位可达2062kN；1000kN锚索采用7束钢绞线，实际吨位可达1222kN，而实际在安装测力计的过程中，受安装工艺的影响，以及为测量预留一定的范围，实际锁定的吨位均比设计吨位略小，为其值的85%左右。从安装开始时间截止到2009年3月底为止，锚索测力计监测成果见表3，其中损失率负值表示测力计受力增加。1662高程锚索测力随时间变化见图4～图7。

锚索测力计监测结果（截至2009年3月底） 表3

部 位		设计编号	锁定吨位（kN）	设计吨位（kN）	锚固力（kN）	损失量（kN）	损失率（%）
上游侧	2号机组横剖面	PRZCF29	1599.9	1750	1893.8	-293.9	-18.37
	5号机组横剖面	PRZCF12	1530	1750	2347.6	-817.6	-53.44
	2号机组横剖面	PRZCF4	1755.3	2000	2482.9	-727.6	-41.45
	5号机组横剖面	PRZCF11	1745.2	2000	738.8	1006.4	57.67
	2号机组横剖面	PRZCF3	1724.8	2000	1925.5	-200.7	-11.64
	5号机组横剖面	PRZCF10	1724.3	2000	1764.8	-40.5	-2.35

续上表

部位		设计编号	锁定吨位(kN)	设计吨位(kN)	锚固力(kN)	损失量(kN)	损失率(%)
顶拱	5号机组横剖面	PRZCF－Z4	507	1000	868.9	－361.9	－71.38
下游侧	2号机组横剖面	PRZCF38	1798.8	2000	1932.2	－133.4	－7.42
	5号机组横剖面	PRZCF43	1777.5	2000	1883.2	－105.7	－5.95
	2号机组横剖面	PRZCF37	1765.5	2000	1916.3	－150.8	－8.54
	5号机组横剖面	PRZCF25	2017.6	2000	2131.1	－113.5	－5.63
	2号机组横剖面	PRZCF36	1748.7	2000	2529	－780.3	－44.62
	5号机组横剖面	PRZCF24	1754.2	2000	2407.4	－653.2	－37.24

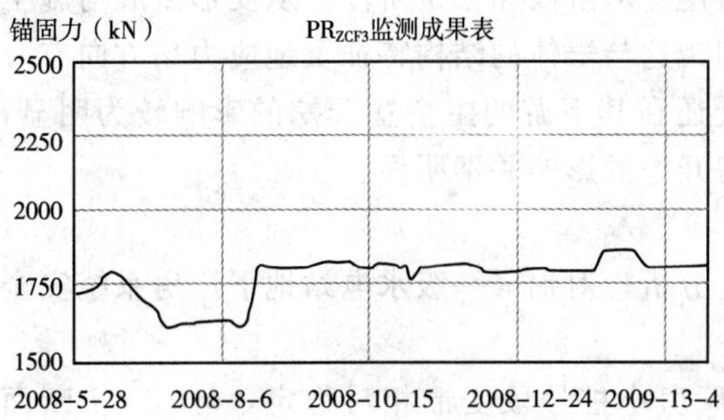

图4　PRZCF3监测锚索变化

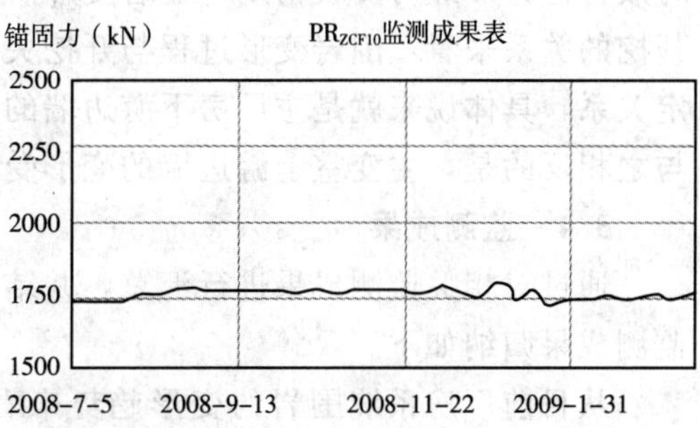

图5　PRZCF10监测锚索变化

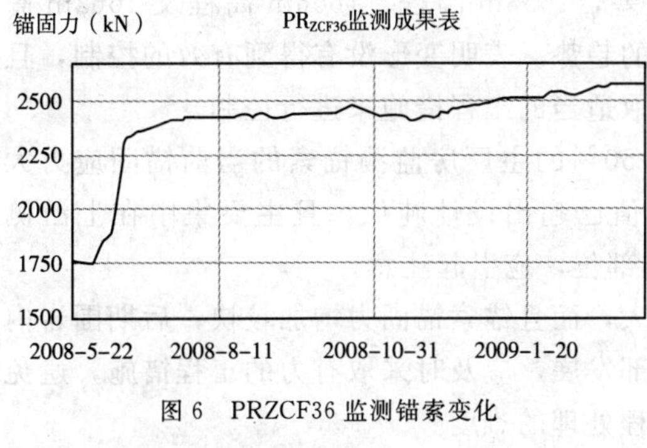

图6　PRZCF36监测锚索变化

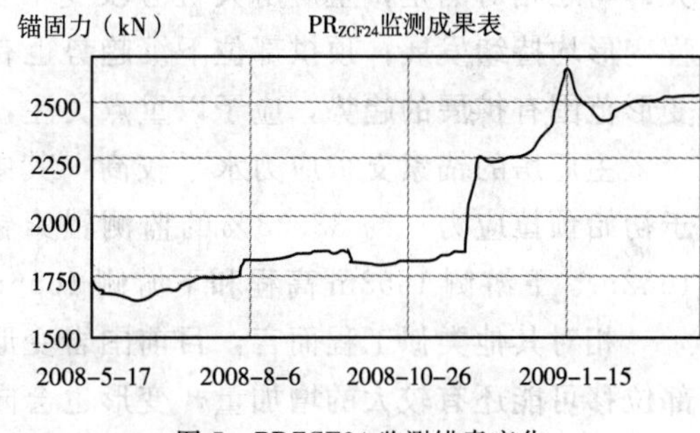

图7　PRZCF24监测锚索变化

3.2　变化规律

监测结果分析表明，监测锚索锚固力绝大多数都处于不断增加状态，只有5号机组横剖面1656高程的编号为PRZCF11的监测锚索锚固力损失严重，达到57.67%，已超出监测使用的范围。

锚固力处于不断增加状态的监测锚索共计12根，有6根超出设计吨位，占总量的近半数，其中有4根已超过设计吨位的20%，分别位于上游侧5号机组1653高程、2号机组1656高程以及下游侧5号机组1662高程、2号机组1662高程。

相对于锁定吨位来说锚固力亦均处于增加状态，其中，增加超过30%的有5根，分别位于上游侧1653m、上游侧1656m高程、顶拱部位以及下游侧1662m高程；增加10%～30%的有2根，均为2号机组断面上游侧增加0%～10%的有5根，集中在上游侧1662m、下游侧 1653m 高程和下游侧 1656m 高程部位。

按照高程考虑，对于 1653m 高程及 1656m 高程，上游侧增长较快，平均超出锁定使用吨位 30%左右，下游侧增长较缓，只有 7%；对于 1662m 高程，上游侧增长较缓，平均超出锁定使用吨位 10%左右，下游侧增长较快，平均超出超过 40%。

尤其值得指出的是顶拱部位，该部位监测锚索属于新增锚索，但锚固力增加非常快，已经超出设计吨位 71.38%，远超过锁定值，可见该处锚索锚固力发展较快，变化大，但是该锚索尚未达到设计值，因此属于正常工作范围。

3.3 原因分析

之所以出现上述较复杂的变化情况，可以从主厂房洞室所处的地质构造状态、围岩情况以及开挖支护施工措施等方面的影响加以考虑。主厂房附近存在发育 NE 向的 f13、f14、f18 等断层，以及 NEE 向和 NW～NWW 向的小断层以及煌斑岩脉等，这些软弱界面受高地应力场的影响，在开挖卸荷时变形显著增加，造成锚索锚固力的提高。围岩变形同时表现出时效特性，即经历安装初期、显著变形阶段、缓慢变形阶段和稳定阶段。从变形发展与施工开挖的关系来看，围岩变形过程与开挖关系密切，这与岩体的结构特征及地应力场方向有一定关系，具体说来就是主厂房下游边墙的变形受还在其下游的主变室开挖的影响较为明显，与之相反的是，主变室上游边墙的变形受主厂房开挖的影响并不明显。

3.4 监测成果

通过对相关监测成果进行汇总，并结合以上分析，对锦屏一级水电站地下厂房系统安全监测成果归纳如下。

从目前厂房系统围岩的变形趋势来看，主厂房小桩号段变形相对稳定，0＋31.7 断面 1662m 高程和 1656m 高程变形未稳定，1662m 高程变形却趋于稳定，与支护措施的强度有关；与之相对的是，主厂房大桩号段变形稳定较差，1653m 高程、1656m 高程及 1662m 高程变形均持续发展；顶拱部位下沉趋势也有扩展的趋势。表明变形没有得到有效的控制，且变形范围有扩展的趋势，应予以重点关注，并采取适当的工程措施来进行控制。

主厂房的锚索支护应力水平较高，其中约占 50%的主厂房监测锚索的当前锚固应力大于初始预拉应力；约 33.33%的监测锚索锚固力值已超出设计吨位，且主要集中在上游侧 1662m、下游侧 1653m 高程和下游侧 1656m 高程部位，应引起注意。

相对其他类似工程而言，目前围岩变形值较大，而且锚索锚固力增加较快，后期围岩内部位移可能还有较大的增加量，变形也会向较深部发展，应及时采取有力的工程措施，避免围岩变形加剧而导致松弛范围扩大，增加后期工程处理的难度。

需要说明的是，仅采用锚索测力计的监测形式获得的资料非常有限，且只反映锚索施工部位的支护效果，因此，对于主厂房乃至整个厂房系统，需要采用多种监测方式，监测多个部位，使各种检测仪器设备协调工作，才能获得详实的第一手资料，为优化设计施工提供依据。

4 小结

限于关联资料不足和时间原因，监测的分析是初步的，下一步需要加强监测资料与施工进度、支护措施和进度、地质资料等的关联分析，及时反馈，优化设计。

监测结果反映，锚索锚固力以增加为主，一些监测锚索锚固力值已超出设计值，应引起注意。

参考文献

[1] 彭强 .21 世纪中国水电工程 [M] 北京：中国水利水电出版社 .2005.

[2] 黄志鹏，董燕军 . 锦屏一级水电站右岸施工期安全监测及围岩稳定性分析 [J] . 岩土力学，2007.

[3] 刘康 . 锦屏一级水电站左岸高边坡变形监测设计及成果初步分析 [J] 水电自动化与大坝监测，2008.

[4] 刘兴远，雷用，康星文. 边坡工程——设计·监测·鉴定与加固 [M]. 北京：中国建筑工业出版社，2007.

[5] 於三大，杜俊慧，三峡工程双线五级船闸中隔墩岩体变形监测分析 [J]，大坝与安全，2004.

[6] 刘祖强，裴灼炎 . 三峡永久船闸高边坡深层岩体变形分析与预测 [J] 人民长江，2002.

非腐蚀地层中用作永久支护的全长粘结预应力锚索

刘玉堂

（总参工程兵科研三所）

摘　要　全长粘结预应力锚索在我国应用最早，应用范围最广，针对全长粘结锚索不能作为永久支护的观点，详细论述了全长粘结锚索的防护原理，并用大量的事实证明全长粘结锚索在无腐蚀地层中完全可以用作永久支护。全长粘结锚索具有造价低、结构简单、施工速度快、能最大限度地调动岩体的自承能力、与无粘结锚索相比承载力更大、长期使用中外锚头无须特殊保护等优点，在无腐蚀地层中应当优先选用，但要注意遵循使用条件。

关键词　全长粘结锚索　锚索　岩土加固

1　全长粘结预应力锚索的结构与施工

受力筋采用表面无任何涂层的光面钢绞线或钢丝，锚固段有两种组装形式，一为“枣核形”，另一种为“直列形”，即整根钢绞线无弯曲。实践证明，枣核形锚固段受力更合理，同样长度的锚固段锚固力更大，目前工程中应用较普遍。施工时先对锚固段注浆，张拉后再对张拉段注浆，因此也称为二次注浆预应力锚索。由于张拉锚索时锚固段的注浆体受拉剪作用，归类于拉力型锚索。注浆体既是把锚索体与岩体粘结为一体的中间介质，提供足够的锚固力，又是锚索的永久防护组成，因此，注浆体的饱满度和连续性是保证全长粘结锚索有效预应力和永久性的重要因素。

2　为全长粘结预应力锚索正名

全长粘结预应力锚索在我国应用最早，岩土加固工程中应用数量最多，应用范围最广，许多国家重点工程，如云南漫湾水电站、黄河李家峡水电站、长江三峡水电站等都选用全长粘结锚索用于永久支护。不知道从什么时候开始，在岩土工程界的部分专家中产生了一种误解，认为全长粘结锚索没有防护，只能用于服务年限不长的临时支护，甚至2005年颁布执行的锚索规程[6]也认定它只能用于服务年限不大于2年的临时性工程，永久性锚索只能采用隔离防护。

这种观点是缺乏对钢材防护原理的全面认识，钢材的防护手段有很多种。隔离防护是采用化学性质稳定的材料把钢材与外界完全隔离，它只是钢铁防护的一种，除此之外还有阴极防护、阳极防护以及钝化膜防护等，全长粘结预应力锚索的防护就是利用钝化膜防护，其原理在下节论述。

只能作为临时支护的观点也不符合几十年来锚索的应用实践，我国应用最早的全长粘结锚索是1965年用于加固梅山水库的坝肩，已安全服务40多年。从1973年开始，国防、人防、水电等系统采用全长粘结锚索加固了大量的永久性工程，较长的服务年限是某地下飞机库断裂被覆的加固，也有30多年，这些工程至今都在安全工作。

20世纪80年代在河南鹤壁煤矿的一个巷道内钻取了3根20世纪60年代施工的砂浆锚杆，在室内小心地剥去水泥浆后发现，虽然在环境恶劣的煤矿内已工作20多年，仍然没有发现钢筋上有任何锈蚀，有的地方虽然仅有不足1mm厚的水泥浆包裹，却仍然保持着新鲜的金属光泽。

国际预应力协会曾对全世界的锚索工程进行了调查[5]，在35个锚索工程中发现100多根锚索在不同的部位产生了破坏，仅有两个工程中的几根属于全长粘结锚索，是因为灌浆不饱满，受力筋在锚具下锈蚀。我国40多年来用全长粘结锚索加固了无数个岩土工程和结构，也从未见到全长粘结锚索破坏的报道，相反，有几个锚索破坏的例子倒是属于无粘结锚索。

由此可见，认为全长粘结锚索没有防护只能做临时支护的观点毫无实践依据。

搞基建需要对一些早年修建的钢筋混凝土结构拆除，这给我们考察钢筋在混凝土中的锈蚀提供了机会。在工人们剥离出的钢筋中，有的一点也没有锈蚀，这说明混凝土确实能保护钢筋不锈蚀；有的钢筋已产生严重的锈蚀，这说明不是所有的混凝土都能对钢筋起保护作用，混凝土保护钢筋不锈蚀是有条件的。

3 锚索的锈蚀与防护原理

在无腐蚀地层中锚索遭到的唯一危害是锈蚀，锈蚀就是通常说的生锈或氧化，仅发生在钢铁的表面，属于电化学腐蚀的一种。铁是多价元素，依氧化条件的不同可生成3种氧化物：FeO（魏氏体）、Fe_3O_4（磁铁矿）和Fe_2O_3（赤铁矿）。氧化铁和其他氧化物一样，导电率都比金属低，化学性质相对稳定，如果氧化铁是均匀而连续的，氧化铁对钢铁还是有一定保护作用的。然而，一般情况下钢铁表面的氧化速度是不均匀的，形成的氧化铁的厚度有厚有薄，氧化铁内部会产生自应力，有压应力，也有拉应力，压应力过大可使氧化铁与母材剥离而鼓起，拉应力过大又会使氧化铁断裂，裸露的钢铁将继续氧化。

研究指出[1]，钢铁在pH≥11的碱性环境中，钢铁氧化后将在钢铁表面形成均匀而连续的Fe_2O_3薄膜，它的厚度大约是100nm，结晶形式是r－Fe_2O_3，属于尖晶石结构，就是我们常说的钝化膜，只要钝化膜不被破坏，钢铁就不会锈蚀。这就是为什么很多钢筋混凝土中的钢筋几十年后仍保持新鲜的金属光泽而不锈蚀的道理。其实，只要满足一定条件，很多金属都可以在表面形成钝化膜而不锈蚀。例如，铝是一种多见而且比较活泼的多价金属，但是，生活中常见的纯铝或合金铝用品非常耐用，就是因为有Al_2O_3钝化膜的保护作用。“不锈钢不会生锈”的说法也不够严格。当钢中加入的铬不小于12%时，不锈钢的表面可以形成Cr_2O_3钝化膜，是钝化膜保护了钢材不锈蚀。这种钝化膜与r－Fe_2O_3钝化膜不同，r－Fe_2O_3钝化膜破坏后钢铁就失去了保护，仍然会生锈；而Cr_2O_3钝化膜有“自愈性”，一旦不锈钢受到机械擦伤，甚至机加工削去了Cr_2O_3，不锈钢会立即在表面生成新的钝化膜。

锚索的防锈蚀完全可以利用钝化膜，但是必须满足两个条件，第一，锚索所处环境必须能生成钝化膜。用硅酸盐水泥拌制的混凝土和浆液pH≥11，恰巧满足r－Fe_2O_3的生成条件；第二，保护钝化膜长期不被破坏。研究指出，氯离子和硫酸根离子能浸入钝化膜，依据环境的不同，一个氯离子或一个硫酸根离子可以引起15～40个锈分子的形成，造成晶格缺陷，这些缺陷逐步扩大连成一片，使钢材失去钝化膜并形成锈斑。因此，锚索规范都限定了锚索工程采用的一切建筑材料中氯离子和硫酸根离子的含量。前面提到的鹤壁煤矿的锚杆及旧混凝土中没有锈蚀的钢筋，就是因为满足了这两个条件；混凝土中锈蚀的钢筋，或者是混凝土的碱度不够，例如用火山灰水泥或硫铝酸盐水泥拌制的混凝土，或者是后期有有害成分侵入，破坏了已形成的钝化膜。

4 全长粘结预应力锚索的优点

（1）能最大限度地调动岩体的自承能力。

粗看起来，注浆体只能把锚索周围的岩块粘结起来，然而岩块之间还有一种互相咬合的镶嵌作用，著名的"冠石理论"就是以此为基础。互相咬合的岩块以与其粘结为一体的锚索体作坚强的支撑，共同形成有一定支护作用的"结构"，把岩体的自支承能力充分调动起来，与锚索一起共同抵抗岩体的变形。

（2）全长粘结锚索有受力的局部性。

无论什么原因造成锚索某处断裂，由于锚索与围岩被注浆粘结为一体，锚索对围岩的加固作用仅影响断裂面附近的有限距离，岩体强度越大，影响距离越小，其余的锚索仍正常工作，并不受锚索断裂的影响。正是这种特性使全长粘结锚索具有外锚具无须特殊保护的优点，外锚具一旦遭到破坏，锚索对岩体深层滑动面的加固作用并无大碍。实际上，工业与民用建筑中许多先张法预应力钢筋混凝土根本就不用外锚具，如预应力混凝土屋面板及其他先张法预应力混凝土构件等。

（3）全长粘结锚索极限承载力高。

有研究指出[8]，用粘结筋加固的结构的极限承载力比用无粘结筋加固的同种结构高15%以上，这是一个不容忽视的数据。这项研究成果同样可以推论到全长粘结锚索和无粘结锚索。

此外，还可以列出全长粘结预应力锚索许多优点，比如：结构简单、造价低、绝大多数技术人员熟悉施工工艺、施工速度快等。

5 全长粘结锚索的缺点

（1）长期使用中不能调整锚索的拉力。

锚索张拉锚固后，张拉段注浆前，张拉段的锚索体仍处于自由状态，锚索的拉力还是可调的，由于没有任何防护，无特殊要求应尽快回填灌浆。有时设计要求调整锚索预应力的时间较长，如群锚效应及岩体变形等，应对张拉段采取临时防护。一旦回填灌浆结束，锚索体、注浆体及围岩将结合为一体，锚索体的伸缩受围岩的制约，不仅锚索的预应力无法调整，锚索应力的自调能力也很差。

（2）张拉时锚固段注浆体易开裂。

水泥浆与钢材的变形特性极不匹配，张拉锚索时锚固段注浆体的自由面及其附近将被拉裂，特别是锚索设计拉力较大时。张拉段回填灌浆的浆液也不可能渗入所有裂缝，这将对锚索的永久性构成威胁。为了保证锚索的永久性，可采用分次注浆分次张拉锚固的施工工艺，每级张拉力取锚固段注浆体不开裂的最大值，每段注浆体上的剪应力都是从零开始，而锚索的拉力却是逐级增加的，如图1所示。随着水泥外加剂的迅速发展，在浆体中添加超早强外加剂，1～2d即可达到设计强度，采用分次注浆分次张拉锚固工艺对施工进度的影响

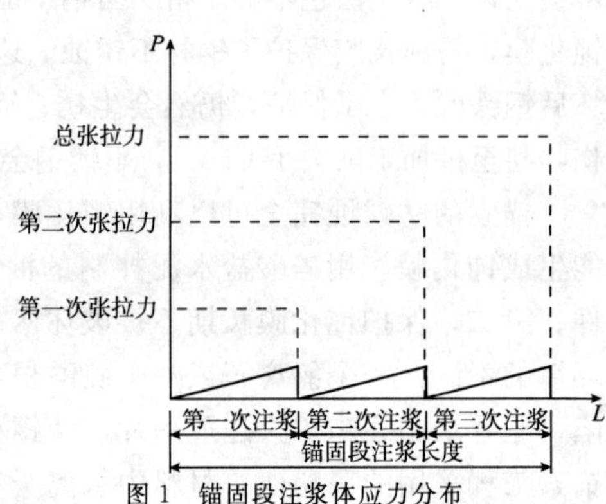

图1 锚固段注浆体应力分布

已很小。我国已有不少工程采用了这种施工工艺，如云南漫湾水电站、河北潘家口水库、石家庄黄壁庄水库等。

6 全长粘结锚索用于永久支护时应注意的问题

(1) 只有在无腐蚀性地层中才能作为永久性支护。

所谓无腐蚀地层就是 pH>6、岩体中无腐蚀性化学成分的地层。其实，除了某些矿山、近海地区、附近有化工厂和污水处理厂的地区之外，绝大部分地层都属于无腐蚀性地层，特别是山区公路、高速公路、水电站及其他一些大型基建项目，一般都远离城市，绝大多数都属于无腐蚀地层。

(2) 营造锚索表面能形成钝化膜的环境。

硅酸盐水泥拌制的水泥浆或水泥砂浆 pH≥11，与钢绞线接触能生成钝化膜，因此，锚索工程中锚孔注浆、垫墩的浇筑及锚头的封堵应全部采用硅酸盐水泥。为了改善浆体的性质，施工中常掺加一些外加剂，如早强剂、减水剂、助流剂、膨胀剂、抗冻剂等，这些外加剂以及拌和水都不得降低浆体的碱度，也不得含有妨碍钝化膜形成的有害成分。

(3) 长期使用中不得破坏已形成的钝化膜。

很多化学物质都能破坏已形成的钝化膜，如地下水中的酸性物质能降低浆体的碱度而炭化，锚索表面的钝化膜会逐渐消失而失去保护。有些化学物质还会直接破坏钝化膜，当工程环境有重大变化，如锚索工程附近建化工厂、污水处理厂、发电厂时，应注意岩体成分的变化，如有有害物质的侵入，应及时采取相应的补救措施。

7 结束语

锚索的永久性只能是一个相对概念，不能理解为永远不坏。按哲学观点，任何事物都有一个产生、发展和消亡的过程，不可能存在永远不坏的东西。作为岩土加固手段的锚索，没有理由要求它永远不坏，要求了也做不到，何况任何建筑物也都存在有效使用年限的限制。究竟锚索的有效使用期多少年才是永久性锚索，即使锚索不可能永远不坏，但我们也不同意某锚索规程[6]简单地以两年为界“设计使用期超过 24 个月的就是永久性锚索”的观点。我们认为，只要锚索与用其加固的结构物同龄就是永久性锚索。全长粘结锚索虽然在我国应用历史最长，毕竟只有不足 50 年的应用实践，应该说仍然是一项年轻的技术，对它的认识还在不断深化，只能根据我们目前的认识水平，把锚索可能遭到的危害加以防范，尽量做到在它的有效服务期内不坏。

参考文献

[1] J·C 库斯里．腐蚀原理 [M] (2 版)．李启中译．北京：水利电力出版社，1984.

[2] 梁炯鋆．锚固与注浆技术手册 [M]．北京：中国电力出版社，1999.

[3] A·A·斯塔谢尔斯基．钢筋混凝土的电腐蚀 [M]．北京：冶金建筑研究总院情报室，1983.

[4] N·N 瓦西连科．钢的应力腐蚀开裂 [M]．陈石卿译．北京：国防工业出版社，1983.

[5] 高大水．岩土预应力锚索腐蚀与防腐 [J]．岩土锚固工程，2003 (1)．

[6] 中冶集团建筑研究总院．岩土锚杆（索）技术规程 [M]．北京：中国计划出版社，2005.

[7] 刘玉堂，翟金明．常用预应力锚索的结构和特点 [J]．防护工程，2005，27 (3)：47—57.

[8] 章建庆．缓粘结预应力筋的研制和应用 [J]．欧威姆预应力技术，2003 (1)．

关于拉力型锚杆剪应力分布规律的讨论

林雪辉[1,2]　夏柏如[1]　赵　体[1]

（1. 中国地质大学　2. 深圳市工勘岩土工程有限公司）

摘　要　本文分析比较了拉力型锚杆几种有代表性的锚固体表面剪应力分布理论，指出其中的不足之处；并采用岩土的应力－应变曲线定性地分析了锚固体表面的应力－应变状态，指出锚杆受力时其边界条件十分复杂，各种理论在分析时都要充分考虑到这一点。

关键词　锚杆　剪应力分布　应力－应变　边界条件

1　前言

锚杆在工程中得到了广泛的应用，岩土锚固的研究工作也一直得到重视，锚杆中应力分布的规律是大家最关心的问题之一。在锚固理论发展的早期，人们认为，作用在锚固体上的剪应力沿杆长呈均匀分布，锚固段的锚固力与锚固长度成正比。目前，国内外多数关于锚固的计算方法及规范都是建立在这一认识上的。然而锚杆中的应力并不是均匀分布的。OSTERMAYER 发现锚固力和锚杆长度不是呈线性增长的关系，而且锚固长度越大，锚固力增长的幅度越小[1]。程良奎在上海太平洋饭店和北京京城大厦两个深基坑工程中发现，锚固段的粘结应力分布不均匀，应力峰值随着锚杆拉力的增大向远端转移；而且还发现粘结应力主要分布在锚固段前部的 8～10m 范围内[2]。大量的工程实践表明，锚杆的破坏主要发生在锚固体与岩土体的界面上，当施加的荷载很小时，剪应力随着深度的增加而逐渐减小；随着荷载的增加，锚杆和岩土体之间出现了滑移，锚固体的前段因为滑移应力下降，剪应力向深部传递；荷载进一步增加，锚固体整体被拔出而破坏。

2　对锚杆应力分布理论的讨论

在锚杆应力分布规律的理论分析方法中，Phillips 假定摩阻力沿锚杆长度按幂级函数分布[3]；尤春安按弹性力学的 Mindlin 解，给出了全长粘结式锚杆的受力规律[4,5]；张季如分析了荷载传递机理的双曲函数[6]；战玉宝采用 Drucker－nrager 屈服条件模型对锚固体的应力分布规律进行了数值模拟分析[7]；陈国周得出了锚杆与土体界面渐进破坏的解析解[8]。这些理论可归结为不考虑及考虑强度破坏准则两类。下面对这些理论进行一些讨论。

2.1　不考虑强度破坏准则的理论

尤春安[4]假定全长粘结型锚杆与粘结材料之间的变形为弹性状态，由 Mindlin 的位移解推导出在拉力 P 的作用下，剪应力沿杆长 z 的分布为

$$\tau = \frac{P}{\pi a}\left(\frac{1}{2}tz\right)\exp\left(-\frac{1}{2}tz^{2}\right)$$

$$t = \frac{1}{(1+\mu)(3-2\mu)a^2}\left(\frac{E}{E_a}\right)$$

式中：a——锚固体半径；

E——岩体的弹性模量；

E_a——锚固体的弹性模量。

根据文献［4］，只要材料的参数确定，应力分布与锚杆长度无关，在锚杆的每一点应力都随拉力 P 的增长而呈线性增长。所以，该理论需要 2 个前提条件：(1) 锚杆足够长，(2) 拉力 P 不能使锚杆与材料超过弹性极限。该方法得出的剪应力分布如图 1 所示，在孔口剪应力为零，孔口以下迅速增大并达到最大值，随后逐渐减小，并很快趋于零。然而 Mindlin 位移解具有的数学奇异性，在数值求解时难以严格消除，尤春安[4]中的求解原理远非严谨[9]，已有研究得到的分布曲线仅属定性成果。用锚固体轴线上的计算位移代替该深度处锚固体表面上的计算位移，存在不合理的地方，在孔口附近仍然忽略锚固体的尺寸导致得出孔口处剪应力为零的不符合实际情况的结论。

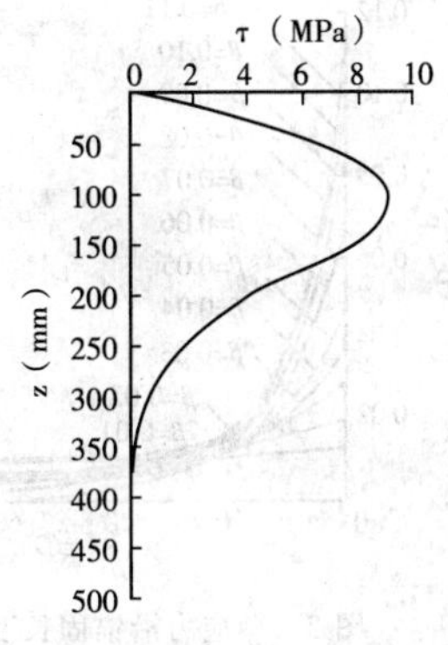

图 1　全长粘结式锚杆剪应力分布曲线[4]

张季如[6]假定发生剪切破坏之前，锚固体表面摩阻力与剪切位移呈线弹性关系，得到锚固体表面位移及摩阻力分别为

$$s = \frac{4P}{\pi D E_a \beta} \cdot \frac{\mathrm{ch}\left(\beta \cdot \dfrac{L_a - x}{D}\right)}{\mathrm{sh}\left(\beta \cdot \dfrac{L_a}{D}\right)}$$

$$\tau = \frac{\beta P}{\pi D^2} \cdot \frac{\mathrm{ch}\left(\beta \cdot \dfrac{L_a - x}{D}\right)}{\mathrm{sh}\left(\beta \cdot \dfrac{L_a}{D}\right)}$$

$$\beta = \sqrt{\frac{4G_s}{\pi E_a}}$$

式中：D——锚固体直径；

L_a——锚固段长度；

E_a——锚固体的弹性模量；

G_s——锚固体与锚固层界面的剪切模量。

根据试验的 $P-s$ 曲线就可以算出 β 和 G_s，从而求出摩阻力和位移。

文献［6］虽然假定锚固体表面的摩阻力与锚固体和锚固层界面的剪切位移成正比，但是在计算中用锚杆的总位移代替了相对位移，在运用上不严谨。该理论需要 2 个前提条件：(1) 锚杆长度要使锚固体底部的剪应力正好衰减到零；(2) 拉力 P 不能使锚固界面超过弹性极限，所以得出的分布曲线仅属定性成果。该方法得到的剪应力分布如图 2 所示，在锚固体顶部剪应力最大，随后逐渐减小，并趋于零。

2.2　考虑强度破坏准则的理论

战玉宝[7]在对锚固体的应力分布规律的数值模拟分析中采用了 3 个参数（c－凝聚力；φ－内摩擦角；φ_i－膨胀角）的 Drucker－nrager 屈服条件模型，得到全长粘结锚杆剪应力沿锚杆长的分布，如图 3 所示。在荷载不大时，在孔口周围剪应力较小，但是孔口以下就急剧地增大并达到最大值，随后逐渐减小；随着拉力的增加，最大剪应力也不断增加，但最大剪应力的位置几乎不变，同时剪应力的分布深度不断向下扩展。该分布形式与大多数锚杆的实际工作状态有较大的差距。

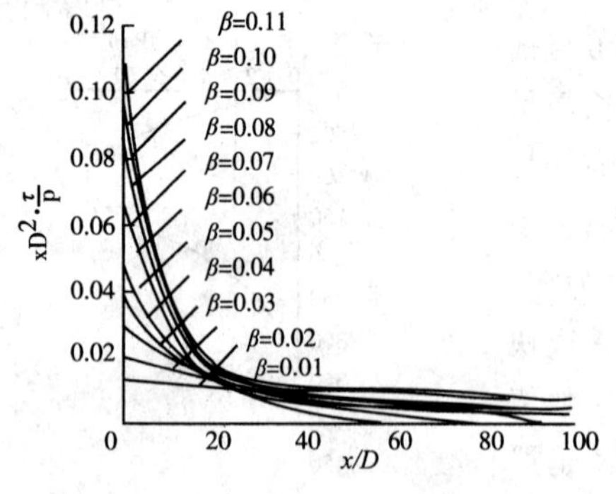

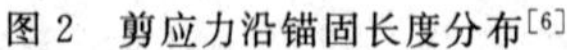
图 2　剪应力沿锚固长度分布[6]

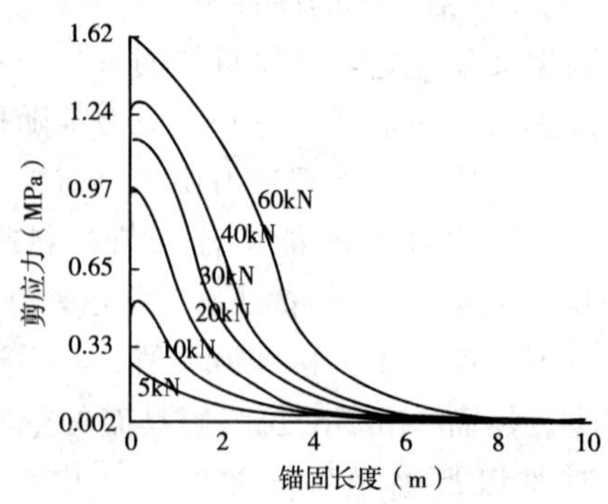

图 3　不同荷载作用下剪应力分布情况[7]

陈国周[8]仍采用 Mindlin 位移解，考虑锚固界面上所能承受的最大剪应力为 f_{max}，当超过这个值后剪应力逐渐减小到 f_s 并以这个定值均匀分布在锚杆（滑移段）表面。计算中先取一个滑移长度进行试算，取计算出来的 f_{max} 能满足要求的滑移段长度，然后再计算应力分布。同尤春安[4]一样，该理论采用 Mindlin 位移解的求解原理并不严谨。虽然其得到的位移曲线与工程实际相似性较好，但也只能是定性的解。该方法得到的剪应力分布如图 4 所示。在荷载不太大的情况下，同文献［4］的一致，都是在孔口处剪应力为零，沿锚固段先是快速增大然后逐渐减小到零；随着荷载的增加，剪应力的峰值向深处移动，锚固段前端发生滑动，锚固段底部的剪应力仍为零；荷载进一步增加，滑动段变长，剪应力峰值继续向深处移动，锚固段底部剪应力不为零（可以看出该结果和锚固段足够长的假设条件不相符）。

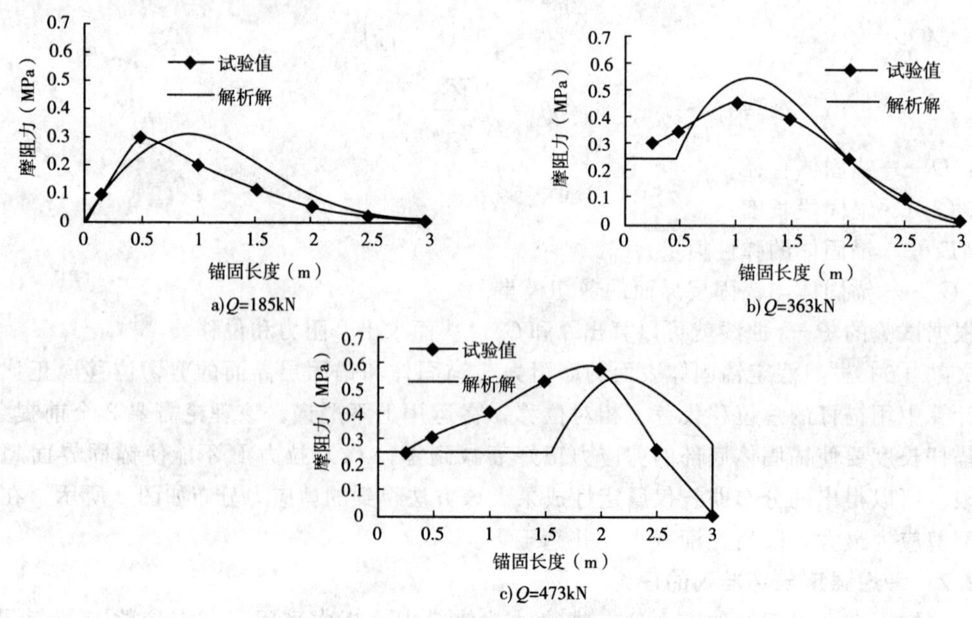

图 4　剪应力沿锚固长度分布[8]

3 拉力型锚杆应力应变分析

变形固体力学一般假设材料是均匀的和连续的，并且有无限变形能力而不出现裂隙或断裂，而岩土材料具有剪胀性。岩土材料在应力水平比较低的情况下应力应变关系近似线性，随着应力的增大出现弹塑性，出现应变软化，最后只剩下残余强度。岩土材料还遵循摩尔一库伦强度准则。图 5 为岩土材料的剪应力剪应变曲线。

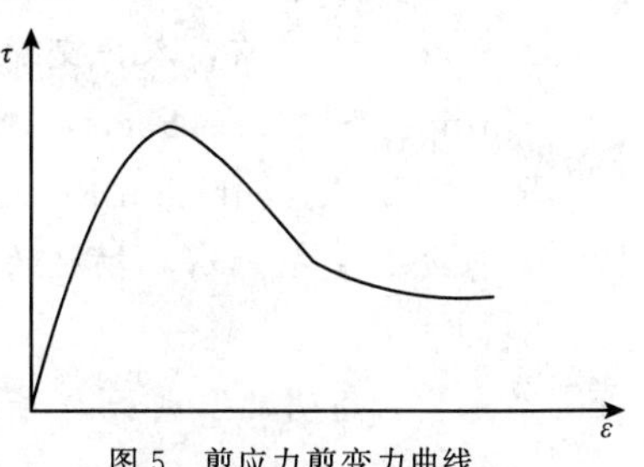

图 5 剪应力剪变力曲线

现根据岩土材料的应力应变特点，分析拉力型锚杆的应力及应变，取锚固体底部应力为零，自由段足够长，锚固段在稳定土体内。锚固体表面剪应力分布及土体变形分析如图 6 所示。

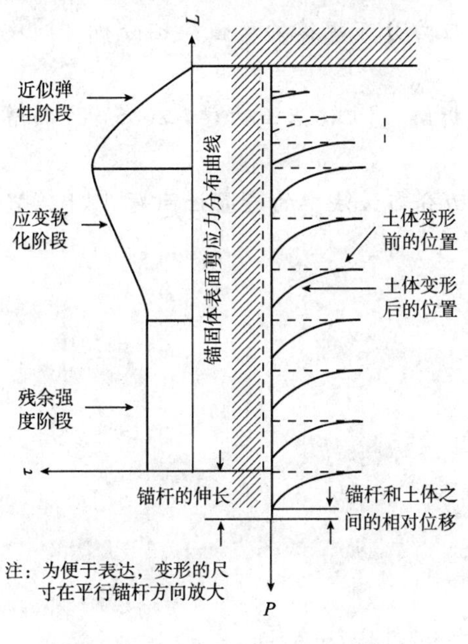

图 6 锚固体表面应力一应变分析图

具体分析如下：

（1）锚固体表面的剪应力是应力一应变曲线上不同路径上的应力状态。锚固体前面的各点已经经历过后面各点的应力路径。

（2）锚杆受拉时带动周围土体一起变形，锚固体周围的土体伸长量永远不会超过锚杆的变形量，锚杆的伸长量往往大于土体的伸长量。同钢筋混凝土受拉时混凝土会出现裂缝一样，土体内部也可能会出现裂缝。

（3）当锚杆底部的剪应力为零时，锚固体底部的土体也不受力，这时锚头所测到的位移完全是锚杆的弹性变形；当锚杆底部的剪应力不为零时，锚杆底部的土体才会受力，这时锚头所测到的位移包括杆体的弹性变形和底部土体的塑性变形。当卸荷时，杆体收缩，由于土体内存在不可恢复的塑性变形以及杆体和土体的变形不协调，在杆体内可能会存在残余应力，导致杆体的一部分弹性变形不能恢复。

4 结束语

（1）在研究锚固体表面剪应力的分布时，应考虑岩土材料的强度破坏准则及变形特点。

（2）现有分析理论都对应力一应变特点做出一定的假设，因而是特定条件下的近似解。

（3）现有拉力型锚杆剪应力分布理论，在求解过程中往往取锚杆的顶部和底部作为边界条件，但锚固体的应力和应变状态很复杂，在这两个看似简单的部位其边界条件的确定仍然很困难，所以各理论在计算时在这一点上都有待完善。

参考文献

[1] OSTERAYER，H. Construction，carrying behaviour and creep characteristics of ground anehors. Thelma J Dawent. Diaphragm walls & anchorages：proceedings of the conference organized by the Institution of Civil Engineers and held in London. London，Insti-

tution of Civil Engineers. September, 1974: pp. 141－151.

[2] 程良奎，胡建林．土层锚杆的几个力学问题［C］．中国岩土锚固工程协会编．岩土锚固工程技术．北京：人民交通出版社，1996：1－6.

[3] Phillips, S. H. E. Factors Affecting the Design of Anchorages in Rock. Research Report R48/70. Cementation Research Ltd., London, 1970.

[4] 尤春安．全长粘结式锚杆的受力分布［J］．岩石力学与工程学报，2000，19（3）：339－341.

[5] 尤春安，高明，张利民，等．锚固体应力分布的实验研究［J］．岩土力学，2004，25（增）：63－66.

[6] 张季如，唐保付．锚杆荷载传递机理分析的双曲函数模型［J］．岩土工程学报，2002，24（2）：188－192.

[7] 战玉宝，毕宣可，尤春安，芦兴利，孙锋．锚固体应力分布规律的数值模拟分析［J］．岩土力学，2006，27（增刊）：935－938.

[8] 陈国周，贾金青．锚杆与土体界面渐进破坏的解析解［J］．岩土力学，2006，27（增刊）：935－938.

[9] 蒋良潍，黄润秋．Mindlin位移解推求锚固段侧阻力分布方法中的奇异性问题［J］．岩土工程学报，2006，28（9）：1112－1117.

磁致伸缩导波在锚杆检测中的初步研究

林俊明[1]　周昌智[1]　李　松[1]　沈建中[2]　王　弼[3]

（1. 爱德森（厦门）电子有限公司　2. 中国科学院声学研究所

3. 核工业华南工程勘察设计院厦门分院）

摘　要　本文提出了一种利用磁致伸缩效应在锚杆中产生导波以实现对锚杆长度检测的方法，并搭建了相应的试验平台予以试验验证。在多种试验确定相应的最佳工作模式后，分别进行了室内和室外检测试验。结果表明，这种方法可以用于实际的锚杆长度检测中，且具有使用方便、成本低廉、效果显著等特点。尽管目前最多只能完成长 10m 左右锚杆的埋土检测，但通过后续对发射接收电路的改进以及工作模式的选择，这种方法完全可以符合更长锚杆的检测需求，满足绝大部分现有的锚杆长度检测需求。

关键词　磁致伸缩　导波检测　锚杆检测

1　引言

在水利水电、路桥建设、城市建筑中使用着大量的锚杆支护技术（即将锚杆埋入岩石或土等中以增强支护能力）[1]。它是在表面按一定距离、方向和深度钻孔插入金属杆，然后灌浆固定的一种方法，因此锚杆的施工质量严重影响着结构的安全性和稳定性。锚杆的施工属于隐蔽工程，由于多方面的原因，我国金属杆锚固质量及受力状态的检测仍然停留在利用液压千斤顶进行破坏性拉拔试验阶段。该种检测手段需耗费大量人力物力，更重要的是它对结构产生了较强的扰动，实际上已经破坏了锚固结构。因此对锚杆长度以及锚固质量实施无损检测逐步成为人们关注的热点。

导波作为一种被限定在波导（例如棒、管和板）中传播的声波，具有传统超声检测方法难以比拟的效率优势和成本优势。英国的 M. D. Beard[2] 将超声导波方法用于矿山锚杆完整性检测中，已完成了初步的试验与理论研究，并取得了一定的进展，验证了利用超声导波对锚杆检测的可能性，只不过目前仍限于实验室研究阶段。国内的何在富[1] 和王成[3,4] 等人随后也开展了一定的实验性研究。这里，我们提出一种利用磁致伸缩效应在锚杆中产生导波对锚杆的长度进行检测的方法。

磁致伸缩效应及其逆效应是由 Janes P. Joule 和 Villari 于 19 世纪中后期分别发现的[5,6]。目前，对于磁致伸缩元件的研究主要是巨磁致伸缩和超磁致伸缩材料的开发与应用，例如用于液位的检测，大功率超声清洗换能器，微动电动机等。国外 L. Laguerre 等人[7] 对磁致伸缩激励传感器进行了较细致的研究。而 H. Lee 和 Y. Y. Kim[8] 则研究了通过设置合适偏置磁场的方法实现缺陷检测的模式选择。国内的康宜华、柯岩[9,10]、王悦民[11,12] 等人则对利用磁致伸缩效应在钢管中激励导波进行过大量的研究。利用磁致伸缩效应在锚杆中激励产生导波对锚杆实施检测的方法具有两点突出优势：利用磁致伸缩效应，避免了因耦合而导致的各种干扰，使操作变得更为简便（采用压电换能器在锚杆中激励导波的方法[1,3]对锚杆端面的要求非常苛刻，因此不利于实际检测）；充分利用被检测对象的材料特性，将被检测对象作为磁致伸缩探头的一部分，在被检测对象中激励形成导波，从而有效提高信号的转换效率。

2 磁致伸缩导波激励系统

图 1 所示的是用于在锚杆中激励产生导波的试验性装置。其中激励探头部分设计为最基本的磁致伸缩探头，即线圈加偏置磁场。其中线圈为与锚杆同轴的螺线管，用以产生交变的磁场并在磁性介绍中形成相应的应力波；偏置磁场的磁力线方向与锚杆轴心方向一致，主要用于提高转换效率和导波模式选择。接收探头的设计也与之类似，只不过当接收线圈中通过声波时由于逆磁致伸缩效应会引起通过线圈的磁通量发生变化，该磁通量的变化引起检测线圈中电动势的变化，从而测量检测线圈的感应电动势就可以间接测量超声波信号。当发射线圈中通以大电流的脉冲信号时，线圈将产生交变磁场。磁场中的铁磁性材料受此交变磁场的作用产生相应的应力波；声波在锚杆中沿轴向传播，经过一定复杂的反射折射和模式转换等过程最终形成稳定的导波。导波在传播时遇到锚杆的端部将会发生反射，因此在已知导波声速的前提下，通过获得发射和接收信号之间的时间差就可以计算出锚杆的长度。

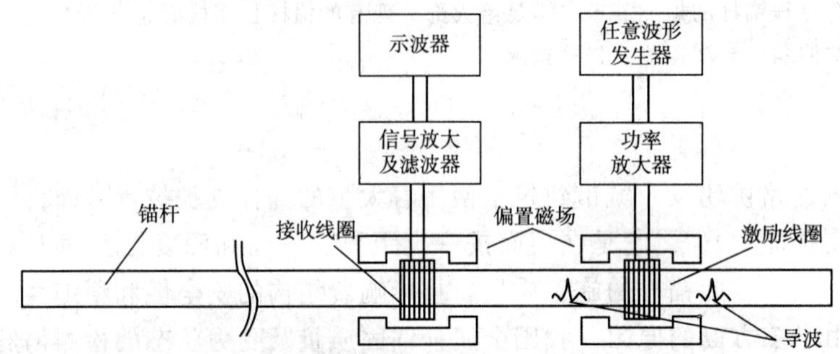

图 1 磁致伸缩导波检测系统示意图

激励导波所用的信号通常为采用对边续正弦波加窗进行幅度调制的脉冲信号，也就是常见的猝发信号（Burst）。以这种方式激励导波的主要优点是：降低检测信号的复杂程度；减小频散的影响，使声波更适宜于长距离传播；信号能量更为集中。由于激励线圈需要较大的电流，因此通过任意波形发生器产生所需 Burst 微弱信号后进行功率放大的方式得到可以用于激发发射线圈的信号。通常产生的 Burst 信号周期数为 3～10，相应的频率则根据实际需要而加以调整。

接收线圈所感应出的微弱感生电压通过放大器和滤波器后直接送入示波器进行观察。放大器的变化倍数为 500、2500 和 5000；波滤器为 10KHz～10MHz 的带通滤波器以减少噪声的干扰。在采集信号时，有时会采用示波器自带的平均滤波，对信号进行 4 次平均或 16 次平均，从而有效降低信号中的白噪声。此外接收线圈进行接地处理也能在一定的程度上减少噪声对信号的干扰。

如图 1 所示，试验设计时将发射线圈和接收线圈放置得很近，且接近于锚杆的某一端。这主要是由锚杆在实际工程应用中的现状所决定的：实际工程中的锚杆往往只会露出很短的一部分，而大部分都被埋藏于构件中。但将发射线圈和接收线圈紧靠放置还有这样的好处：实现偏置磁场的共享；利用接收线圈感生激励信号的现象计算传播时间，从而省去了外部同步电路。试验中，当接收线圈离发射线圈很近的时候，由于其中存在着发射部分的偏置磁场，因此可以实现偏置磁场的共享，后来的试验也验证了这一点。此外，当发射线圈中通以大电流的激励信号时，接收线圈几乎同时感应出感生信号。这一现象被用于确定发射信号的起始时间，从而有助于传播时间的确定。

由于磁致伸缩在锚杆中激励产生的导波是双向传播的，因此当发射线圈靠近端头时，向右传播的导波（如图 1 中所示）在经过短暂的传播后立即被反射，并紧跟着向左行进的导波进行传播；如果波长较长，波的个数较多时，这两个波将会产生叠加并形成一个波。因此，通过调整发射线圈的位置，就可以实现对该叠加波信号的增强或减弱。

3 试验参数的确定

对如图 1 所示的实验系统，需要确定的参数包括：Burst 信号中正弦波的频率、波的个数、重复频率、电流值、偏置磁场的强度、接收信号的放大倍数、发射接收线圈的匝数等。这里主要讨论一下频率的选择以及偏置磁场强度的选择。

3.1 频率的选择

在圆柱和圆柱壳中传播的超声导波称为柱面志波。在杆中传播的超声导波存在三种模态，即纵向轴对称模态（L 模态）、扭转模态（T 模态）和弯曲模态（F 模态）[13]。但正如文献［8］中所阐述的那样，不同的偏置磁场可以选择不同的导波模态。当交变磁场与偏置磁场的方向一致，均为声波传播方向时，接收线圈所获得的导波模式为纵向波模式（L 模式）。因此在这个问题中，我们只要计算出 L 模式的频散曲线并对其考察即可。在进行室内试验时，选用的锚杆长度为 3m，直径为 15mm。相应的频散曲线可以参考文献［7］，如图 2 所示。

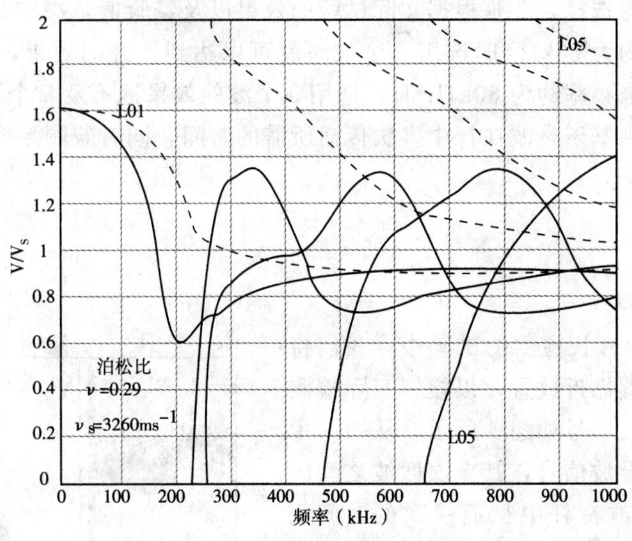

图 2　钢杆直径为 15.5mm，泊松比为 0.29 时，L 模式的归一化频散曲线

（其中实线表示的是导波的相速度，虚线则是导波的群速度，V_s 表示钢的横波声速）

从图中不难看出，只要选择频率低于 200kHz，就可以接收到单一的 L（0，1）模态的导波。实际试验中，通过比较接收信号的幅值而将工作频率最终选择在（20～50）kHz 范围以内，这一范围远远小于 L（0，2）的截止频率，因此足以保证其中导波模式的单一性。同时，从图中我们也可以看出，此频率范围内所对应的 L（0，1）模式的导波声速都在 5000m/s 附近，并且随着频率的变化而略有改变。需要指出的是，当锚杆处于空气中时，杆

的群速度是与能量速度基本一致的；但是在存在能量泄漏的体系中（如埋入土中的锚杆），锚杆的群速度与能量速度是有所差别的，此时应该以能量速度作为参考速度[14]。在实际试验中，我们还采用了一根同等规格、长度为1m的锚杆作为参考，将它所对应的能量速度作为试验测量的能量速度的参考。

3.2 偏置磁场强度

偏置磁场的强度对激励信号的转换效率有着非常重要的影响，因此，我们用直径为0.83mm的漆包线绕制了两个605圈的线圈作为产生磁场的电磁铁。当两个线圈的线圈走向一致时，对其中通以可变的直流电源来产生磁场。改变电流的大小，就可以改变偏置磁场的强度，而观察接收信号的幅值就可以比较出不同偏置磁场强度下所对应的转换效率。以1m的标准锚杆进行试验，发射和接收线圈分别位于杆的两端。当直流电流从0A开始逐步增大时，相应的接收信号幅值也随之增大，在0.58A时，第一个回波的峰－峰值达到440mV；随着电流的进一步增大，该回波的峰－峰值反而有所减小，并在电流为1.82A时降为100mV左右；进一步增大电流，回波信号的幅值迅速回升并在一段时间后趋于平缓：在3.6A时对应的峰－峰值820mV；在5.2A时峰－峰值为1040mV。这一结果和文献［7］中的对某一样品试验所得到的结果完全吻合。这也就说明了，实际检测时所附加的偏置磁场并非必须为强磁场——不恰当的强磁场反而会降低转换效率。本试验在完成偏置磁场的试验测量后用相应的永磁铁进行了替代。实际试验时我们还发现，当接收线圈位于发射偏置磁场外时，也能够接收到较明显的声波。只是考虑到这样的磁场磁力线方向未必沿锚杆的轴向分布，因此在检测中还是布置了与激励线圈一致的偏置磁场。

3.3 其他参数的选择

至于其他参数的选择，多是根据实际试验的效果以及经验值来决定的。比如Burst信号波的个数，在频率约为30kHz时选用3个波时就可以达到较好的效果，同时还可有效缩短激励信号的长度；当频率约为60kHz时，选用3个波的效果远不及5个波的情形。Burst信号重复频率的选择则基于声波在杆中多次传播所需的时间，同时兼顾系统整体工作的稳定性等因素而选择为10Hz。

4 试验结果

4.1 室内试验

在室内进行3m杆长检测的试验中，我们将发射线圈和接收线圈靠近放置，以模拟实际检测的情形，所得的回波信号如图3所示．从图3中可以看出叠加后的导波信号，其多次回波之间的时间差就对应着导波在杆中往返一次的时间间隔，约为1.2ms，与估算值3m×2/（5000m/s）＝1.2ms一致。从图中可以看出，尽管进行了均值滤波，但由于此时得到的结果未加低频滤波，信号中存在着大量低频干扰成分。

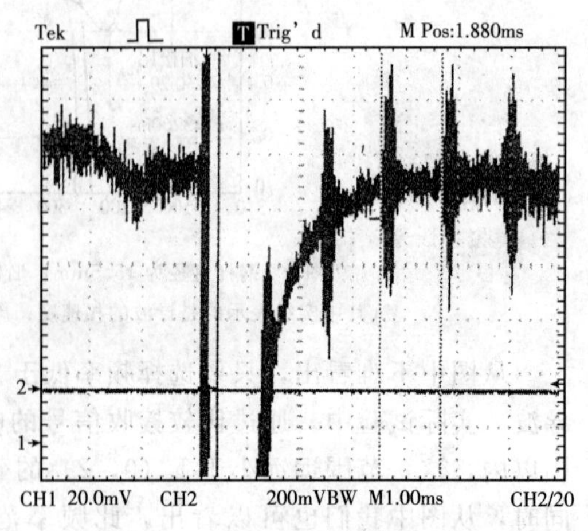

图3 3m杆的多次回波信号

4.2 室外试验

室外试验是目前进行得最多的部分，其主要分为长杆（包括圆钢和螺纹钢）的埋土与非埋土实验。

图 4 给出的是对一根长约为 5.2m 的圆钢杆进行导波检测的试验的结果，其中 Burst 信号的个数为 3，接收信号放大倍数为 2500。a）图给出的是杆裸露在空气中时得到的多次回波信号；而 b）图给出的则是杆埋入土中加水压实后的回波信号，其中埋土部分长度约为 3.4m。比较这两个图可以看出，埋土后，由于杆被土所包围而构成了能量泄露体系，从而导致回波信号幅值的减小。但从此次试验的结果来看，这种影响是有限的。以第三组回波而言，它的幅值从埋土前的 2.38V 下降为 1.18V，即下降了 6dB。这通过后续的信号处理方法是可以进行补偿的。需要特别说明的一点是：这两幅图中所对应的信号并未进行过均值滤波，换而言之，只需通过简单的均值滤波处理就可以得到信噪比更高的信号。而杆环境的变化也没有对导波传播的时间产生明显的变化：第三组回波对应的传播时间分别为 5.94ms 和 5.96ms。计算峰一峰之间的时间差得出所对应的声速约为 5092m/s。这里每组回波中均包含了两个回波，它的形成与发射接收线圈之间存在一定的距离有关。

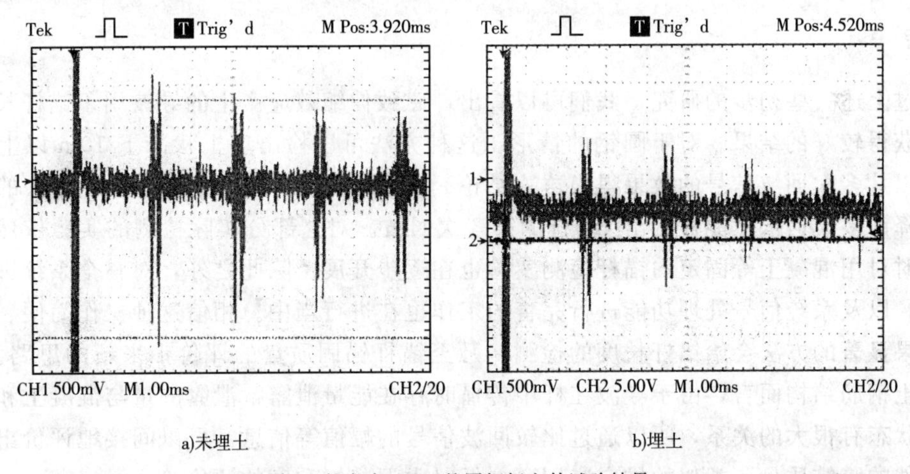

图 4 长度为 5.2m 的圆钢杆室外试验结果

图 5 给出的是对一根长约为 4.2m 的螺纹钢杆进行导波检测的试验的结果，其中 Burst 信号的个数为 3，接收信号放大倍数为 2500。a）图给出的是杆裸露在空气中时得到的多次回波信号；而 b）图给出的则是杆埋入土中加水压实后的回波信号，其中埋土部分长度约为 3.3m。这些信号都进行了平均滤波处理，平均次数为 16。工程中常用的螺纹钢锚杆与普通

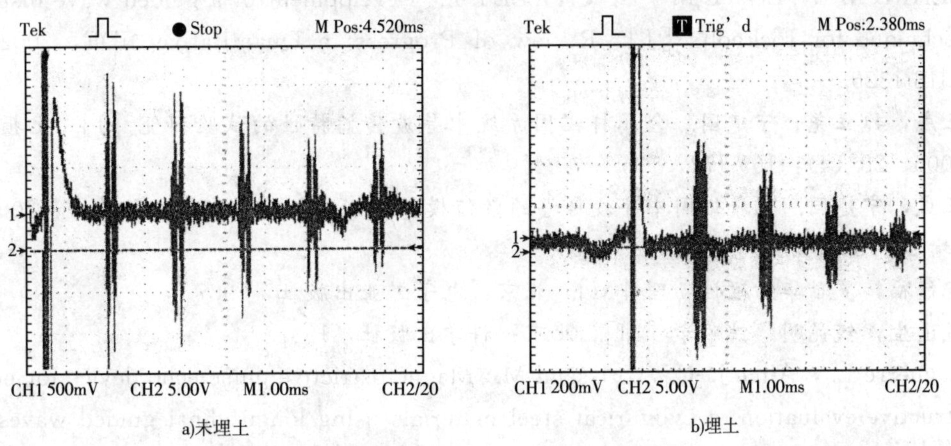

图 5 长度为 4.2m 的螺纹钢杆室外实验结果

钢杆的不同就在于螺纹钢杆表面上带有螺纹和肋。在选用的频率较低的导波模式进行理论计算时，可将螺纹杆看作普通的圆钢进行处理[1]。从实际检测效果看，二者的区别还是非常明显的；螺纹钢检测时，埋土前后第三组回波对应的峰一峰值也从2.3V骤降到408mV，即下降了15个dB。比较圆钢和螺纹钢的回波信号幅值也可以看出螺纹钢表面的螺纹及肋结构对检测信号的影响。当然第三组回波所对应的传播时间分别为4.98ms和5.00ms。计算峰一峰值间的时间差得出所对应的声速约为5090m/s。

实际实验中还比较了不同发射和接收线圈的直径对结果的影响：用直径约为20mm的发射和接收线圈分别在直径为15mm的杆中激励导波，所得到的结果与用直径约为16mm的发射接收线圈的情形差别较小。另外一个现象是：实际检测时钢杆表面的锈层某种程度上还提高了信号的转换效率，这对实际应用检测的前景无疑是利好的。还有一点结论是有利于实际检测的：杆端头的状态对检测结果影响不是非常明显，即当端面存在一定的倾斜时，所得的回波信号几乎不受影响，这与导波本身的传播特性有关。

5 小结

通过上述一些初步的研究，我们可以看出，磁致伸缩效应产生的导波用于锚杆长度检测时可以获得较好的结果。对于圆钢的情形，这种方法可以检出埋土状态下10m以上杆的长度（可以从多次回波信号的效果得出这一结论）；但结合螺纹钢的情形，这种方法的检测能力会下降许多，但依然能检测出4m杆的第3次回波。对这部分实际检测的实验依然在进行中，同时对用混凝土等固定的锚杆检测实验也在逐步开展。除此之外，对整个系统进行设备化研究，以及系统信号处理功能进行完善的工作也在进行当中。相信这种操作简便、成本低廉、效果显著的方法会给锚杆长度的检测，乃至锚杆锚固质量的评价带来新的思路。例如，对混凝土钢筋结构而言，由于导波在杆中传播时存在能量泄露，泄露的量与混凝土和钢筋接触面的状态有很大的关系，所以通过比较回波信号的幅值等信息，可以间接地评价出钢筋混凝土构件的胶结质量。类似的推广应用还包括对水泥浆饱和度的评价等。

参考文献

[1] 何丰富，孙雅欣. 超声导波技术在埋地锚杆检测中的应用研究 [J]. 岩土工程学报，2006，28（9）：1144-1147.

[2] BEARD M D，LOWE M J S，CAWLEY P. Development of a guided wave inspection technique for rockbolts [J]. Review of Progress in Quantitative NDE，2002，21：1318-1325.

[3] 王成，魏立尧，宁建国. 金属杆锚固系统中导波传播特性的试验研究 [J]. 无损检测，2006，28（4）：169-172，176.

[4] 王成，宁建国. 锚杆锚固中导波传播的数值模拟 [J]. 岩石力学与工程学报，2007，26（增2）：3946-3953.

[5] 宛德福，罗世华. 磁性物理 [M]. 北京：电子工业出版社，1987.

[6] 戴道生，钱昆明. 铁磁学 [M]. 北京：科学出版社，1987.

[7] Laguerre L.，Aime J.-C.，Brissaud M. Magnetostrictive pulse-echo device for non-destructive evaluation of cyligurical steel materials using longitudinal guided waves [J]. Ultrasonics，2002，39（4）：503-514.

[8] Kim YY, Park CI, Cho SH, Han SW. Torsional wave experiments with a new magnetostrictive transducer configuration [J]. Journal of the Acoustical Society of America. 2005, 117 (6): 3459-3468.

[9] 柯岩，武新军，康宜华，程顺峰. 基于磁致伸缩效应的钢管导波检测可行性 [J]，无损检测，2007，29 (3): 113-116.

[10] 柯岩，基于磁致伸缩导波的钢管无损检测实验研究，[硕士学位论文]. 华中科技大学，2006.

[11] 王悦民，谢俊丽，刘东，沈立华，孙丰瑞. 基于磁致伸缩效应的导波无损检测技术研究进展 [J]，无损检测，2007，29 (5): 280-284.

[12] 王悦民，康宜华，武新军. 磁致伸缩效应及其在无损检测中的应用研究 [J]，华中科技大学学报（自然科学版），2005，33 (1): 75-77.

[13] ROSE J L. 固体中的超声波 [M] 何存富，吴斌，王秀彦，译. 北京：科学出版社，2004.

[14] Malcolm David Beard, Guided wave inspection of embedded cylindrical structures [D]. London: Imperial College, 2002.

锚索预应力实时遥测系统在地质灾害中的应用

姜昭群　郭启锋　胡时友　房　勇

（中国地质科学院探矿工艺研究所）

摘　要　本文分析了锚索预应力监测技术的现状，重点介绍了锚索预应力实时自动遥测系统和该系统在宜宾县喜捷场滑坡灾害治理工程的应用效果，最后得出了结论。

关键词　锚索　预应力　遥测　地质灾害

随着我国经济建设的快速发展，工程建设和资源开发强度逐年增加，对地质环境的扰动日趋严重，导致了各类地质灾害频繁发生，严重威胁着人民生命财产安全。因此，国家对地质灾害防治工作更加重视，加大了地质灾害监测预警和治理工作的投入力度。在地质灾害工程加固中，以锚索为代表的岩体锚固技术已成为当今岩体边坡加固设计的主要手段。

预应力锚索在张拉、锁定时，预应力的大小和锁定后预应力的损失情况，以及随着岩（土）体蠕变或受外界条件影响下，锚索预应力的变化规律，这些都是设计、施工和建设单位十分关心的问题。因此，在锚索施工和锚索服务期间，精确测定其预应力的大小具有十分重要的意义。

1　锚索预应力检测技术的现状

通过多年的努力，我国在锚索预应力监测技术方面有了长足的进步，开发了机械式、液压式、振弦式、比例电桥式、应变片式等多种传感器，但总体来说，目前预应力传感器不同程度地存在着信号不能远距离传输，传感器防潮、防水、防雷电、抗干扰性能和长期可靠性差，数据还是有线传输，检测和数据处理自动化程度低，不能完全适应地质灾害野外长期工作的恶劣环境等缺陷。大多数传感器在装上之后 2～3 年内就失效了，满足不了长期监测的要求，与国外的先进仪器相比还有较大的差距。因此，我国锚索预应力长期监测仪器的自动化程度和可靠性有待提高，研究新型自动化锚索预应力实时遥测技术与仪器势在必行。

2　锚索预应力实时自动遥测系统

锚索预应力实时自动遥测系统是“十一五”国家科技支撑计划项目的科研成果，目的是研制开发出一种具有数据传输稳定、自动化程度高、可靠性高、适合野外恶劣环境使用的新型长效锚索预应力实时自动遥测系统，提高锚索预应力监测技术水平。

锚索预应力实时自动遥测系统由锚索预应力传感器、多通道智能数据采集装置、数据无线收发装置、专用数据管理软件等组成，具有多路预应力实时监测、数据储存、远传、处理和超限报警功能，可实现锚索预应力监测预警自动化。

2.1 锚索预应力传感器

锚索预应力传感器由合金钢经锻打、热处理和时效处理后，加工而成的圆筒式结构，敏感元件为精度高、灵敏度高的电阻应变片，并进行了零点和温度补偿，具有自然线性好、灵敏度高、零点稳定、抗侧向能力强等性能特点。

2.2 多通道智能数据采集装置

多通道智能数据采集装置由 MS32 巡检仪和 BMS—3 锚索预应力测量仪组成，可实现对 32 台锚索预应力传感器进行数据的全自动采集存储。BMS—3 锚索预应力测量仪是数据采集和存储装置，BMS—3 锚索预应力测量仪既可以单独采集和存储单个传感器的数据，也可以与 MS32 巡检仪相配合，实现 32 台传感器数据的全自动采集和存储。联机工作情况见图 1。

图 1 BMS—3 锚索预应力测量仪、MS32 巡检仪和传感器联机照片

传感器和 BMS—3 锚索预应力测量仪经具有法定计量检测资格的中国测试技术研究院进行计量测试，共测试了 1000kN、1500kN、2000kN 3 个规格传感器，主要技术性能指标为：线性（精度）误差 $L \leqslant 0.5\%$F. S；分辨率 $d \leqslant 0.03\%$F. S，完全能够满足设计施工规范的要求。

2.3 数据传输方式

数据传输方式采用 GSM 方式。工业级 GSM 模块，自主开发终端接口。通过高速单片机控制完成数据分发、采集、报警。

2.4 专用数据管理软件

锚索预应力实时监测系统管理软件（平台），可完成离线分析、视图分析、报表制作、图文资料及数据库的管理，以不同方式在线显示监测对象的状态。用户只需进行简单的设置，而不必关心采用的是何种具体的通信方式即可进行数据采集，并对采集的数据形成数据库文件。数据处理系统应包括用来完成数据处理任务的应用软件和支持它运行的软硬件、网络环境。

3 锚索预应力实时自动遥测系统在宜宾县喜捷场滑坡灾害治理工程的应用

3.1 滑坡体概况

喜捷场滑坡位于四川省宜宾县喜捷场镇，且处于长江支流岷江的左岸。据调查，滑坡将危害村民住房 232 栋、房屋面积 102508m^2，居住村民 4805 人；滑坡下滑会造成当地县乡公路毁坏中断，使当地的出境通道受阻，极大地影响喜捷场的地方经济发展；另外，滑坡失稳后堵塞于岷江河道内，有可能阻断河流，这将对位于其下游的宜宾市部分房屋建筑和设施造成危害，同时对附近岷江航道设施及过往船只安全都构成严重威胁。

宜宾县喜捷场滑坡属一古滑坡。整个滑坡分为两个小滑坡，即 H1 滑坡和 H2 滑坡。H1 滑坡东西向平均长 650m，南北向平均宽 140m，主滑段长约 154m，前后缘相对高差达 35m，面积 $9.1\times10^4m^2$，滑体平均厚度 5.2m，总体积 $47.32\times10^4m^3$，属浅层中型土质滑坡。H2 滑坡为顺层岩质滑坡，东西向平均长 233m，南北向平均宽 130m，主滑段长约 134m，前后缘相对高差达 37m，面积 $3.0\times10^4m^2$，滑体平均厚度 12.1m，总体积 $36.30\times10^4m^3$。整个滑坡位于龙崩槽以下的斜坡地带。

滑坡前缘有乡镇公路和码头，危害人数近 5000 人，可能财产损失逾 2 亿元，根据地质灾害危害对象、危害人数和可能造成的经济损失，按照地质灾害危害分级指标，将喜捷场滑坡地质灾害防治工程等级确定为Ⅰ级。

3.2 工程设计治理方案

3.2.1 设计标准

（1）本工程防治工程安全级别为Ⅰ级；安全系数：H1 滑坡 $Ks=1.25$，H2 滑坡 $Ks=1.15$。

（2）场地地震基本烈度为 7 度，设计基本地震加速度为 0.10g。

（3）设计合理使用年限为 50 年。

3.2.2 治理工程设计

H1 滑坡采用抗滑桩进行支挡，分别设计四种桩型。抗滑桩均采用矩形截面桩，桩芯混凝土强度等级为 C30，桩混凝土保护层 50mm，护壁钢筋保护层 50mm，抗滑桩共 90 根。

H2 滑坡采用“格构＋预应力锚索”进行支挡，格构梁的截面尺寸为 400mm×500mm，共分为 7 种类型。预应力锚索采用 φ15.24（1860MPa）钢绞线，锚索 225 根。治理后的滑坡体如图 2 所示。

图 2　治理后的滑坡体全貌

3.2.3 监测目的

监测目的是对施工后工程治理效果监测，设计为一个水文年，监测期内为每月监测一次，雨季每 10 天观测一次。

宜宾县喜捷场滑坡治理工程监测项目的监测点数、监测频率、监测次数、监测周期和监测目的见表 1。

变形体监测工作量统计表 表1

监测项目＼工程量	监测仪器	监测点数（个）	监测频率（次/d）		监测次数（次）	监测周期（d）	监测目的	备注
			雨季	非雨季				
预应力锚索应力衰减变化监测点	测力计	8	1/10	1/30	21	365	监测预应力衰减变化	按90天雨季计

中国地质科学院探矿工艺研究所受业主单位宜宾县国土资源局的委托，承担了预应力锚索应力衰减变化监测项目，监测使用的仪器系统为锚索预应力实时自动遥测系统。监测周期为2008年7月31日至2009年7月31日。

4 预应力锚索应力衰减变化监测

4.1 室内监测站建站

选择位于四川省成都市的中国地质科学院探矿工艺研究所的办公室作为室内监测中心站。室内监测站有计算机一台，用来安装锚索预应力实时自动遥测系统软件，管理现场所有的传感器。计算机通过串口、RS232/485转换器与室内数据终端DT101连接。

4.2 锚索预应力传感器安装

宜宾县喜捷场滑坡灾害治理工程预应力锚索应力衰减变化监测共安装了8个锚索预应力传感器，两种型号和规格，各4个。一种型号为BHR1000，规格是1000kN，用于6根钢绞线的锚索预应力衰减变化监测；另一种型号为BHR2000，规格是2000kN，用于11根钢绞线的锚索预应力衰减变化监测。安装时间为2008年7月31日至8月31日，根据施工单位的锚索张拉锁定进展情况，分两批次安装完成。安装现场人员有设计单位代表、监理工程师和施工单位。

8个锚索预应力传感器的安装位置根据设计图由设计单位代表、监理工程师现场考量确定。施工单位负责锚索张拉，锚索张拉锁定采用的是单根钢绞线张拉，而不是锚索整束整体张拉。8个锚索预应力传感器安装顺利、到位，并测读了所监测预应力锚索的第一次锁定应力值。传感器安装情况见图3～图6。

图3 正在安装传感器

图4 正在张拉和测读预应力

图 5　正在张拉和测读预应力

图 6　正在张拉和测读预应力

4.3　锚索预应力实时遥测系统调试及工作

室内监测站和野外仪器安装完成后，2008 年 9 月，锚索预应力传感器与数据采集和数据传输装置进行联机调试，专用数据管理软件也同时在进行联机调试。联机调试效果很好，8 个锚索预应力传感器的数据根据指令，自动进行采集、遥传、接收和处理，数据自动采集频率设定为 1 次/10 天。为了检测锚索预应力实时自动遥测系统的可靠性和加密监测，2008 年 10 月 16 日，数据自动采集频率设定为 1 次/4h。到 2008 年 12 月 18 日，由于预应力锚索应力衰减已进入平稳期，衰减缓慢，又将数据自动采集频率设定为 1 次/10 天，一直到 2009 年 7 月 31 日监测任务结束。每个锚索预应力传感器共自动采集了 360 组数据，全部实现了无线遥传、接收和处理。8 个锚索预应力传感器所监测的预应力锚索应力衰减数据变化曲线见图 7～图 8。

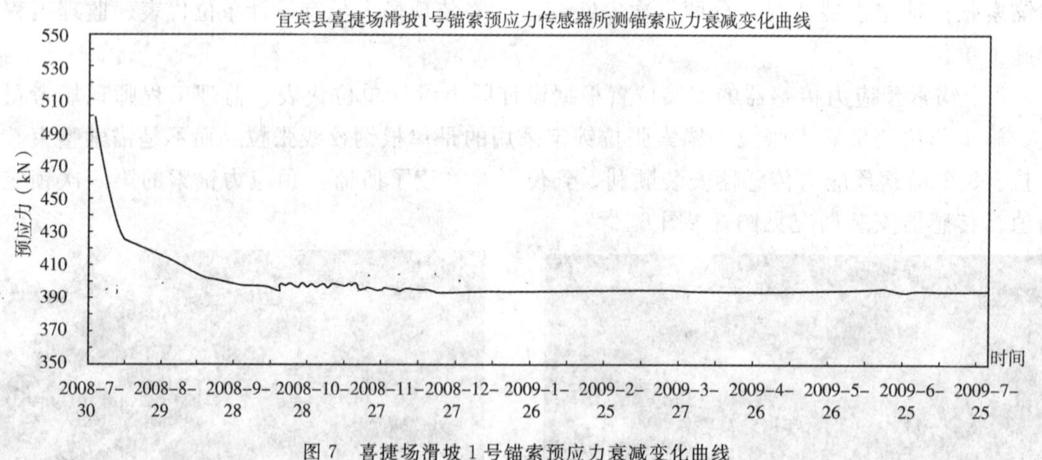

图 7　喜捷场滑坡 1 号锚索预应力衰减变化曲线

4.4　监测数据与分析

从 2008 年 7 月 31 日至 2009 年 7 月 31 日，共采集了 360 组数据。根据监测发现，在预应力锚索在锁定后的 60 天内，应力衰减明显，尤其在前 10 天应力衰减显著，60 天内应力衰减程度达到张拉锁定值的 20%，后期应力衰减不明显，应力衰减缓慢，但总趋势是继续衰减。

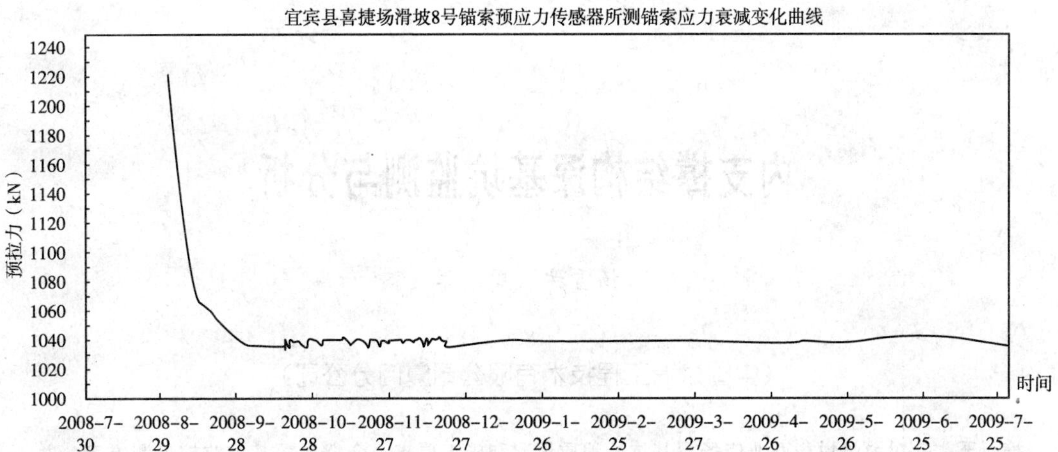

图 8　喜捷场滑坡 8 号锚索预应力衰减变化曲线

5　结论

现场应用表明，锚索预应力实时自动遥测系统可以有效地解决目前在锚索预应力检测中不同程度地存在的信号不能远距离传输，传感器防潮、防水、防雷电、抗干扰性能和长期可靠性差，数据检测和数据处理自动化程度低的问题。该系统主要有以下特点。

（1）实现了多路预应力检测与数据无线远传、存储和数据处理，既可单点检测，也可多点巡回检测，检测的时间间隔可以任意设定。

（2）锚索预应力检测结果以数据表格和曲线图两种形式输出，方便直观。

（3）传感器采取了零点和温度双重补偿措施，密封性能好，能满足野外温差大和长期监测的需要。

（4）系统可扩展性强，测力范围与检测通道数可根据用户要求扩展，特别适合对大型锚固工程进行远距离长期自动监测。

（5）系统软件中文菜单提示，人机界面友好，操作简便，易于掌握。

从监测结果分析可以得出如下的结论：

（1）宜宾县喜捷场滑坡灾害治理工程预应力锚索应力衰减的影响因素主要是地质、降雨、地下水、气温变化等自然因素和钢绞线杆体材料的蠕变、锚具的效率损失等。

（2）预应力锚索应力衰减属正常衰减，目前已基于平稳，应力衰减缓慢，但总趋势是继续衰减。

（3）监测数据表明，宜宾县喜捷场滑坡灾害治理工程框格梁预应力锚索有群锚效应，相邻锚索相互间有影响。

（4）监测数据表明，目前锚索处于稳定受力状态。

（5）建议继续监测。

内支撑结构深基坑监测与分析

杨雪林　周颖军

（中国京冶工程技术有限公司厦门分公司）

摘　要　针对漳州悦华商业广场深基坑的地质情况和施工要求，介绍了深基坑监控量测方案，并对基坑围护结构变形和邻近建筑物沉降监测数据进行了分析整理，对该次工程实践归纳了几点认识。

关键词　内支撑结构　深基坑　监测　分析

基坑开挖与支护是一个涉及多学科和多种复杂因素相互影响的系统工程，限于水平，目前一般还难于在设计时对其做精确的计算和预测，而只能主要依靠工程经验指导设计和施工，借助现场监测对设计和施工方案的合理性进行检验，以保证工程质量和施工安全[1]。

1　工程概况

漳州悦华商业广场工程位于漳州市芗城区南昌路与丹霞路交汇处，为综合性商业广场。建筑物主楼为 20 层的商住楼，地下二层，裙楼为一到三层的商场，框架－剪力墙结构，占地面积约 12485m^2，基础为静压 PHC 管桩。拟建建筑物场地四周紧邻已有建筑或市区主要道路，基坑四周不具备放坡条件。

地层岩性从上到下依次为：杂填土、淤泥、粉质粘土、中砂、粘土、粗砂、残积砂质粘性土。该工程地下水位在结构底板以上约 7.1m，地下水赋存于中砂、粗砂等强透水层中，按埋藏条件划分，属第四系孔隙潜水，含水层综合渗透系数为 88.2m/d，地下水主要补给来源为大气降水垂直入渗补给。

2　深基坑支护概况

拟建地下室二层，基坑土方开挖深度最深达 10m，基坑平面为矩形，长 102m，宽 95m，面积约 9500m^2，基坑围护结构类型采用排桩、钢筋混凝土内支撑体系。围护结构上部 2.5m 范围内采用自然放坡开挖，下部深基坑用排桩支护。排桩采用外径 ϕ1500 内径 1100mm 现浇 200mm 厚的沉管薄壁管桩，桩长 12.6m，嵌固深度 6m；桩顶用冠梁连接成整体，采用现浇混凝土圆环式内支撑体系。围护桩间采用旋喷桩作止水帷幕，坑内设置降水管井 20 余口。

3　监测内容

按设计要求，为保证基坑开挖及结构施工安全，基坑施工应与现场监测相结合，根据现场所得的信息进行分析，及时反馈并通知有关人员，以便及时调整设计、改进施工方法、达到动态设计与信息化施工的目的。本工程监测项目为桩顶水平位移、支撑体系及周边建（构）筑物和道路沉降、围护桩和内支撑结构钢筋应力及深层土体位移等 4 项内容。

4 测点布置和测试方法

基坑围护体系近似矩形，采用圆环形内支撑，其角点由于两边相交且有角撑对称刚度大，位移相对较小，而边的中部位移和沉降较大，相对比较危险，故选择冠梁的中部作为监测的重点断面，配套布置位移、沉降、测斜、轴力、应力等监测点。为了摸清整体受力和变形关系，围护结构上均匀布置位移和沉降监测点，较大跨度中部支撑布置钢筋应力观测，具体布置情况见图 1 和表 1。

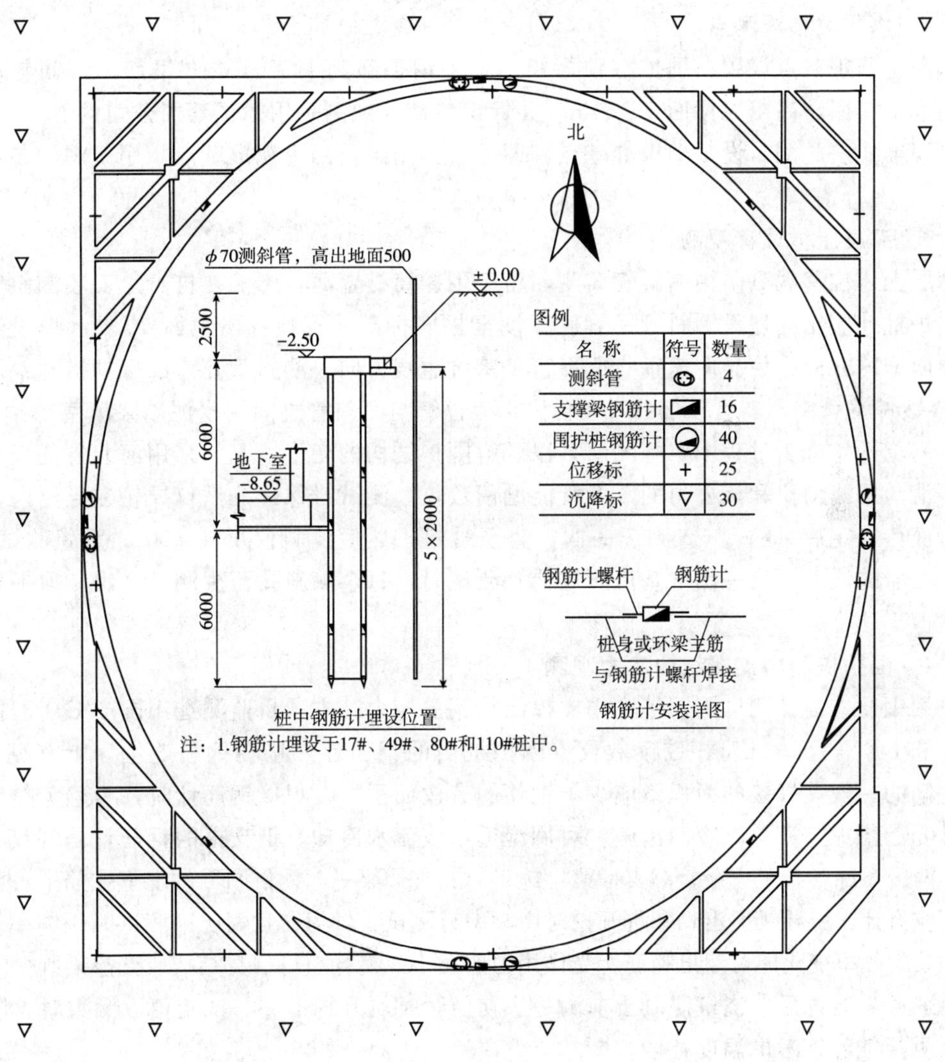

图 1 监测点平面布置图（尺寸单位：mm，高程单位：m）

监测点平面布置情况 表1

序号	观测点位置	沉降测点（个）	水平位移测点（个）	测斜管（个）	钢筋应力计（个）	
					支撑系统	围护桩
1	北侧围护结构	8	6	1	4	10
2	东侧围护结构	7	7	1	4	10
3	南侧围护结构	8	6	1	4	10
4	西侧围护结构	7	6	1	4	10

4.1 沉降观测点

沉降观测点设置在场地周边道路边缘。观测采用日本尼康公司的NE－10LA型精密水准仪，以三等水准施测。在离基坑60m以外相对稳定处设两个水准工作基点，加上南昌路西侧的原有基准点，组成复合水准网。

4.2 水平位移观测点

水平位移观测点设置在围护桩顶冠梁上，采用顶部刻十字的Φ16钢筋，钢筋与冠梁内侧钢筋焊接牢固，高出冠梁面3～5cm，并标识清楚。观测采用德国蔡司公司的Ni50型的经纬仪以视准线法施测，设8个视准基点，即4个方向各设两个视准基点，用于观测各条边的位移情况。

4.3 深层土体位移观测

深层土体位移观测采用测斜管监测，由于围护筒桩壁薄，不能在桩身上安装测斜管，只能在围护桩外侧钻孔埋设测斜管，管底深度至桩底标高，管顶露出地面50cm。埋设时，需校正导向槽的方向，使导向槽垂直或平行于基坑边线方向。测斜管孔口的保护措施：用小于100mm镀锌钢管将测斜管顶部约1m套住，镀锌管与测斜管之间用水泥砂浆填塞。

在基坑开挖施工过程中实施测斜，以了解围护结构的变形情况。采用河北省任丘市新北仪器厂滑动式测斜仪和该公司的338智能型读数仪。测试时保证测试仪导轮在导槽内，轻轻滑入管底待稳定后每隔50cm测读一次，直至管口。然后测斜仪反转180°，重新测试一遍，以消除仪器的误差。第一次（基坑开挖前）测试时，每个测斜孔至少测试2次，取平均值作为初始值。

4.4 围护桩和内支撑结构应力观测

采用钢筋应力计测试围护桩和内支撑结构钢筋应力。本项目监测选用国产GJJ型振弦式钢筋计和DKY—51—2型振弦读数仪。围护桩内的钢筋计焊接在钢筋笼主筋上（见图1），作为主筋的一段，焊接的面积不应少于钢筋的有效面积。在焊接钢筋计时，为避免热传导使钢筋计零漂增加，需采取冷却措施，可用湿毛巾或流水冷却。钢支撑的钢筋计是焊接在端头附近，两侧对称各布置一个。对支撑梁，施工时在支撑梁每个测试断面的上下主筋上各焊接一只钢筋应力计，将导线引出。基坑开挖时由频率计测试其轴力变化情况。测试时用频率仪测试测得钢弦的频率变化即可测出钢筋所受作用力的大小，换算而得桩身结构或支撑梁所受的力。

钢筋计安装好后，浇筑混凝土前测一次初值，基坑开挖前测一次初值。测数时，同时用温度计测量气温，考虑温度补偿。

4.5 监测预警值

为确保基坑安全，设计要求加强基坑监测，将监测数据及时反馈给有关人员，实行信息化施工。对各监测项目按规范要求设置预警值，超出预警值时迅速报有关部门处理（见表2）。

基坑监测设计预警值　　表 2

项目	冠梁位移（mm）	地面沉降（mm）	桩身位移（mm）	钢筋应力（MPa）	
				HRB335	HRB400
容许值	30	30	50	300	360
预警值	20	25	40	250	300

5　基坑监测及数据分析

基坑开挖从 2008 年 4 月 25 日开始，至 7 月 18 日结束。开挖方式为分层开挖，第一层土方开挖至冠梁顶面以下，浇筑内支撑梁混凝土。混凝土达到设计强度的 75％后开挖第二层土方，深度至底板面标高，然后进行地下室施工，至 11 月 18 日完成施工并回填土方，历时约 7 个月。

监测过程由 3 人组成的专业监测小组，测读人员固定，测试方法固定，保证了监测数据的准确性。基坑监测从基坑土方开挖开始至地下室施工完成并回填完毕为止。土方开挖施工期间，每 3 天监测 1 次；地下室底板施工期间，每 6 天监测 1 次；地下室施工并土方回填期间，根据施工工况和暴雨状况调整监测频率；

由于监测点多，数据冗长，现仅以典型数据资料进行分析。

5.1　基坑冠梁水平位移观测

冠梁水平位移能直观反映围护结构平面变形量和变形速率，是所有安全等级的基坑必备监测项目。根据各边冠梁位移监测数据看，中部位移量最大，角点位移量最小，见图 2。整体特征是变形量都随时间而增长，基本都有前后两个增长阶段，分别是基坑开挖阶段和结构换撑拆撑阶段，且都初期增长较快，以后渐趋缓慢；处于稳定状态时，变形量随时间而变化的曲线为收敛曲线。南侧和西侧冠梁位移较大，见图 3，且南侧测点位移曲线出现一个波峰，然后有所回落，跟当时的开挖状况和土体变形模量有关。施工时土方未按锅底式均匀开挖，而是南侧大面积开挖，造成该侧变形过快，达到 1.5mm/d，且南侧淤泥土较厚，变形模量也小。在监测发出预警警报后，施工方调整了开挖顺序和速度，及时向相反方向开挖，且局部进行回填。观测得变形量逐渐反弹趋小，表明调整施工顺序是有效的，且围护结构处于弹性变形工作阶段，能恢复部分变形。尽管监测数据已超出设计允许变形指标，但基坑始终是处于安全状态。

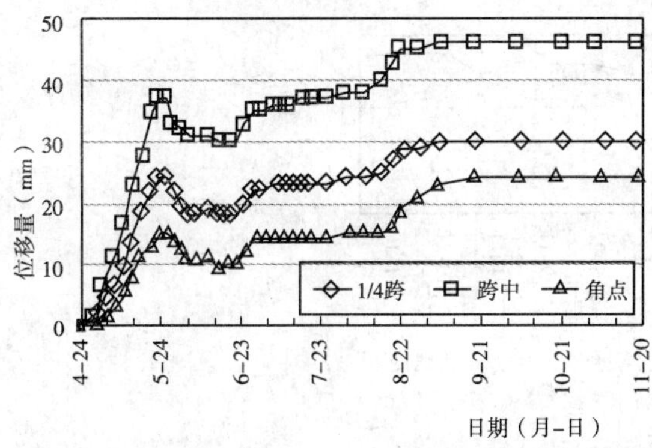

图 2　南侧冠梁位移历时曲线图

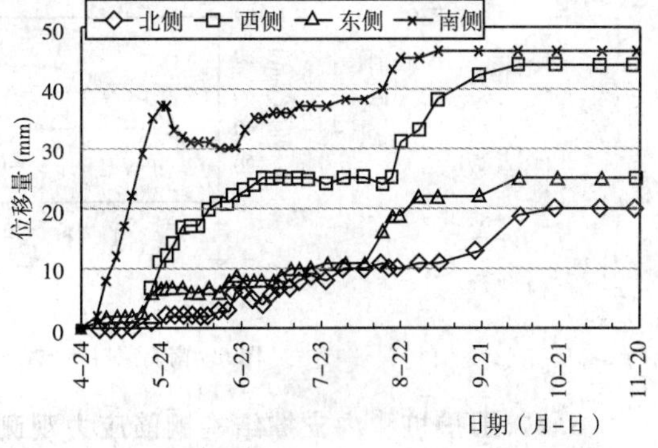

图 3　各侧冠梁跨中位移历时曲线图

5.2 管线及周边建筑沉降观测

沉降观测能反映基坑开挖对周边环境的影响，可预知周边建筑和管线的安全。沉降变形总体跟冠梁位移相似，也是南侧和北侧沉降量较大，但各侧的变形量特征不像冠梁位移中部大，边角小，而是显得较为复杂，反映土方开挖过程土层应力场平衡被破坏，导致周围土体出现变形使应力重分布，见图4。在土方开挖完成施工地下室阶段，沉降变形仍继续增加但逐渐趋缓，反映了土体孔隙水压力的消散往往要经历较长的时间，因而周边地层变形的发展一般也需在经过较长一段时间后才能稳定。同位移监测一样，沉降变形观测数据已超出设计允许变形指标，但周边建筑和管线未出现破坏迹象。

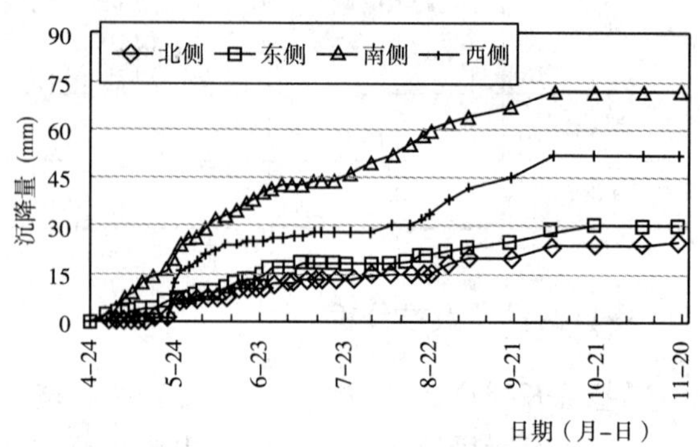

图4 各侧最大沉降点历时曲线图

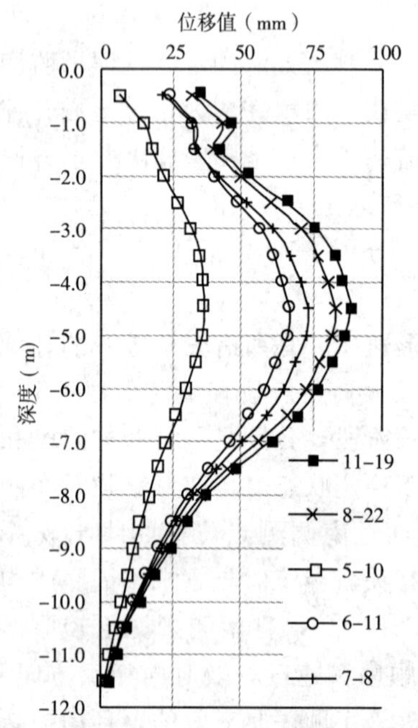

图5 不同施工阶段测斜孔土体位移－深度曲线图

5.3 土体深层位移观测

由于测斜管埋设在冠梁跨中，测得深层位移较其他部位大，观测数据具有代表性。深层同冠梁位移相似，也是南侧和北侧沉降量较大，最大位移值分别为88.7mm、91.9mm。此处取南侧测斜管监测数据进行分析，大致过程见图5。从图中看，桩身变形曲线形态大体呈弓形，桩顶水平位移在土方开挖3.0～4.0m范围内达到最大值，曲线顶点随开挖深度的增加而随之下移，最大值在桩顶以下5.5～6.0m范围。水平点位移值变化呈前期增大快，后期曲线缓慢收敛，也同冠梁位移一样出现一个波峰后回落，在土方开挖完成后仍呈变形增长但逐渐趋缓，也符合沉降观测的变化特征，见图6。尽管最大变形值也超过设计允许指标，但未发现围护结构有任何破坏迹象。

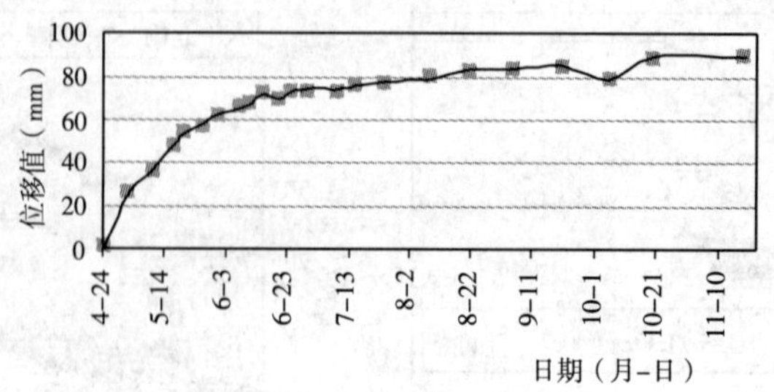

图6 南侧测斜孔－4.5m位置水平位移历时曲线图

5.4 围护桩和内支撑结构钢筋应力观测

本基坑的围护桩为现浇薄壁筒桩，为新技术工艺，传统认为其施工质量同沉管灌注桩相类似，易出现缩径断桩等质量弊病；支撑体系采用钢筋混凝土环形内支撑结构，主要为承受桩顶支撑压力和结构弯矩。因此，采用钢筋应力监测可以及时判断围护桩结构和支撑系统的受力安全状况，及时比较设计所预期的性状与监测结果的差别。预测下一阶段施工过程中可能出现的新动态，为后期开挖方案与开挖步骤提出建议，从而保证围护基坑的稳定性。

围护桩钢筋笼上应力计受施工影响，每根桩都有1～5个应力计损坏，但仍有27个应力计可以正常工作，直至土方回填完成，将各桩测得最大数据汇总如表3。桩身钢筋应力值都不大，不超过设计允许值的1/3，表明围护桩处于安全工作状态。桩身弯矩未达到设计状态，这在工程监测实践中都比较普遍，不排除应力计受施工影响的原因。

围护桩钢筋应力监测数据统计 表3

日期	桩号	部位	最大值（MPa）
2008－6－18	17	桩顶以下6m	83.9
2008－10－5	49	桩顶以下6m	38.5
2008－5－3	80	桩顶以下10m	49.0
2008－7－25	109	桩顶以下2m	30.6

支撑梁上钢筋应力计施工条件好，安装了16个都能正常工作，典型历时曲线见图7。通过监测数据的统计与分析，钢筋应力在施工过程中变化有下列几个特征，在施工过程中要加强监测，及时反馈监测信息，以保证施工质量安全。

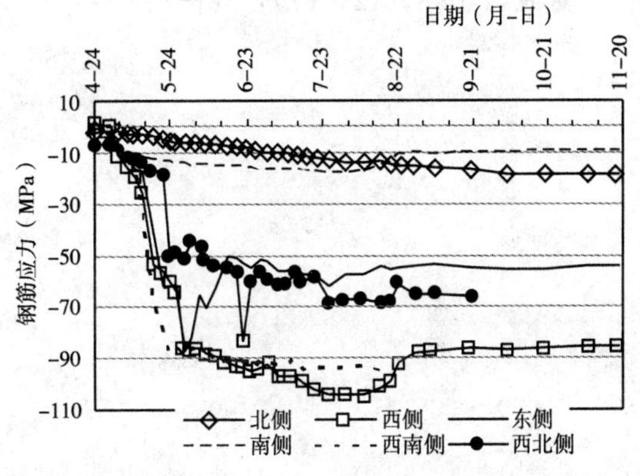

图7 支撑梁钢筋应力历时曲线图

（1）支撑梁钢筋应力都随开挖长度和深度的增加而有所增大，直至土方开挖到基坑底部后，轴力基本趋于稳定。西南侧和西北侧应力都同位移观测曲线相似，出现一个波动峰值，表明应力监测物理量能同位移监测相互验证，支撑结构处于安全状态。在土方不平衡状态结束后，桩体发生微小变形，使应力短时间内有下降的趋势。

（2）支撑梁相对两侧一般受力相近，即受作用力和反作用力的关系，图中看南侧和北侧值都较大，而西侧和南侧则相对较小。

（3）底板没有浇注之前随着时间的增加支撑应力会略有增大，在一定的范围内波动。这是由于外侧土层随时间而发生变形使围护桩的受力重新分布造成的。在底板强度达到要求后进行换撑拆撑，由于支撑跨度的变化，局部支撑的应力又会小幅度变化。

6 结束语

通过对围护结构的各项监测监测结果分析，归纳有以下几点认识：

（1）混凝土内支撑排桩结构对淤泥软土地质条件的基坑稳定性、减小基坑围护桩向内发生水平位移、保证周边建筑和管线安全具有重要作用。现浇混凝土薄壁筒桩作为基坑围护桩使用是成功的，其具有施工时振感小、桩身混凝土质量有保证、施工速度快、工程造价低、挤土效应相对较少等特点，值得推广使用[2]。

(2) 土方分层均衡开挖对软土基坑是影响基坑均匀受力的主要因素，施工中能否很好控制该因素是施工安全的重要保障。

(3) 钢筋应力计在围护桩的安装使用容易受损坏，很难有效进行监测控制，需同其他监测指标相互验证。

(4) 土体深层位移监测对于软土地层的内支撑结构是必需的，能有效监控围护桩的变形状况，以补应力监测的不足。

(5) 对于基坑周边没有重要建筑物时，软土地区基坑设计变形允许值可适当增大，对于桩顶位移、桩身位移、沉降变形分别可取基坑深度的 0.5%（一般不大于 60mm)、1%（一般不大于 100mm)、1%，变形速率一般连续不大于 2mm/d。

参考文献

[1] 二滩水电开发有限责任公司．岩土工程安全监测手册［M］．北京：中国水利水电出版社，1999.

[2] 章巧怡，陈泉．现浇混凝土薄壁筒桩在漳州都市阳光基坑支护工程中的应用［J］．福建建筑，2008，121（7)：56－57.

一种测量井壁二维变形方法的研究

刘亮平

（北京中煤矿山工程有限公司）

摘　要　井壁作为井筒的永久支护结构，关系到整个矿井的生产安全和人身财产安全。井壁是承受水平地压和竖向荷载作用的筒体结构，它必须具有足够的强度。因此为了显示井壁在不同阶段的变形情况，提供结构的安全信息以及对今后提供有参考价值的信息，研究一种准确可靠的井壁变形监测方法，是十分必要的。

关键词　井筒　井壁　磁阻传感器　二维

井壁作为井筒的永久支护结构，关系到整个矿井的生产安全和人身财产安全。井壁是承受水平地压和竖向荷载作用的筒体结构，它必须具有足够的强度。几十年来，国内从事井壁结构研究的单位进行过大量研究工作，使井壁承受地压力的能力从不足300m井深提升到约600m井深。井壁结构承载能力的提高，已成为井筒安全的重要条件之一。然而，地层构造是复杂的，井壁受力也会出现异常，甚至出现井壁破损现象。因此对井壁变形进行测量，是十分必要的，它既可显示井壁在不同阶段的变形情况，提供结构的安全预报信息，还可根据测试结果为今后的研究与设计提供有参考价值的信息。[1]。本文的主要内容是对井壁二维变形测量方法的研究。

1　概述

目前对井壁变形的监测主要有数值模拟，根据井筒地层结构、井筒深度、填充材料等参数进行模拟试验，误差较大；也有一些光栅、应力应变、位移等传感器，但是只能监测径向或竖向一个方向的受力，难于适应现代化监测手段的要求。

本文提出使用磁定位原理对井壁进行二维测量，磁定位是利用磁阻传感器检测环境中的磁诱导信号，以此得到自身定位信息的技术。磁定位系统具有很高的定位精度，横、纵向磁定位方法根据磁场匹配原理，利用两维磁阻传感器能够在较大范围内实现高精度的横、纵向同时定位。另外，系统在磁尺硬件电路中加入了置位/复位脉冲电路，结合相应的软件设计可以使传感器迅速从不稳定状态转到稳定状态，解决了系统受强磁干扰后的失效问题［2］。本方法采用HMC1022磁阻传感器，实现井壁二维变形测量也弥补了过去单一方向测量的不足，对于煤矿的自动化、信息化以及安全建设都具有重要意义。

2　磁阻传感器工作原理

从磁钉磁场的理论模型出发，利用磁场强度匹配的原理，可得到一种能够同时提供横向和纵向位置信息的磁定位方法。磁钉采用钕铁硼材料的圆柱形，长时间使用不会退磁，磁钉的磁场是信号源，把磁钉看成是一个磁偶极子，并以其为原点建立三维坐标系，任一点 $P_{(x,y,z)}$ 处的磁场强度 $B_{(x,y,z)}$ 为：

$$B=\frac{\mu_0 M}{4\pi r^5}[3xyi^{\rho}+3yzj^{\rho}+(2z^2-x^2-y^2)k^{\rho}] \tag{1}$$

式中：$r=\sqrt{x^2+y^2+z^2}$；

μ_0——充磁系数；

M——磁力矩。

磁钉在同一高度平面内某点的垂向磁场强度可由式（1）推出：

$$B_z=\frac{\mu_0 M}{4\pi r^5}(2z^2-x^2-y^2) \tag{2}$$

在相应的极坐标中表示为：

$$B_z=\frac{\mu_0 M}{4\pi r^5}(2z^2-r_{x,y}) \tag{3}$$

式中：$r_{x,y}$——极坐标半径，$r_{x,y}=\sqrt{x^2+y^2}$。

磁阻传感器沿 x 方向的磁场强度也可由（1）推导出来：

$$B_x=\frac{\mu_0 M}{4\pi r^5}3r_{x,y}\cos(\theta)z \tag{4}$$

式中：$\theta=a\cos\ (x/r_{x,y})$。

由式（4）可以看出：高度 z 不变时，x 方向磁场强度只与半径 $r_{x,y}$ 和角度 θ 有关。在根据检测到的垂向磁场得到半径 $r_{x,y}$ 后，利用 x 方向磁场与理论值进行匹配可以得到角度 θ，此时得到的角度有两个相差 180°的值，也就得到了 2 个以传感器为中心对称的角度信息。

3 磁阻传感器结构

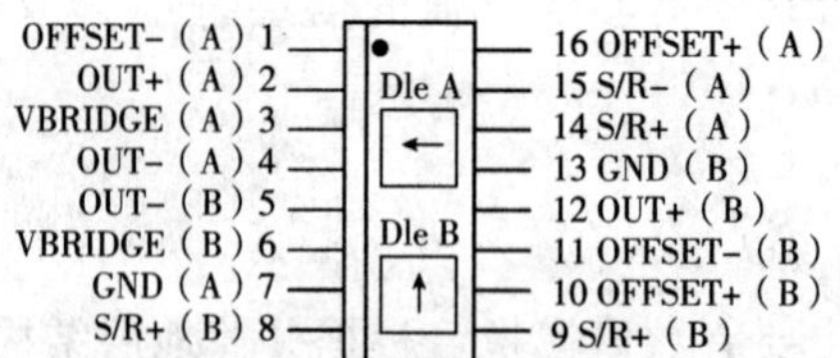

箭头指示外加磁场的方向在 SET（置位）脉冲后会产生一个正输出电压。

4 测试硬件设计

整个测试结构如图 1 所示，主要包括：磁钉、磁阻传感器阵列磁尺、单片机处理等，磁钉一般固定在井壁基层处，磁阻传感器阵列磁尺安装在井壁加固层。测试时磁尺通过磁阻传感器采集井壁基层中的磁钉信号，经单片机处理实现井壁变形的二维测量。

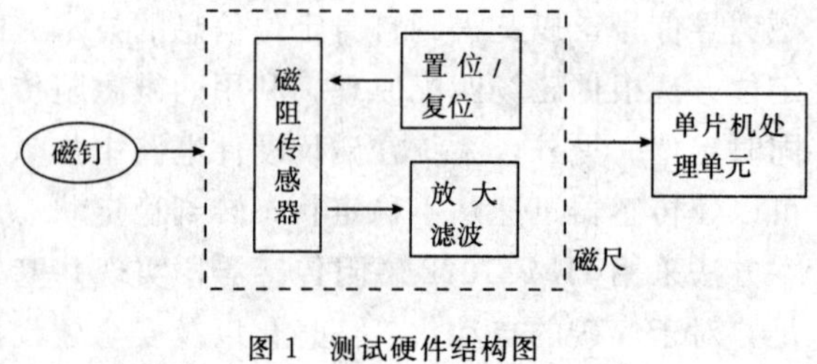

图 1 测试硬件结构图

5 测试软件设计

软件部分由单片机控制，程序采用 C 语言编写，主要负责：磁阻传感器的置位/复位脉冲信号控制，A/D 数据采集处理，A/D 数据采集为 1 次/0.1ms。在硬件电路中低通滤波器的滤波频率是 300Hz，所选采样时间完全满足采样定理。单片机在数据采集后会进行脉冲干扰平均值数字滤波之处理，程序流程图如图 2 所示。

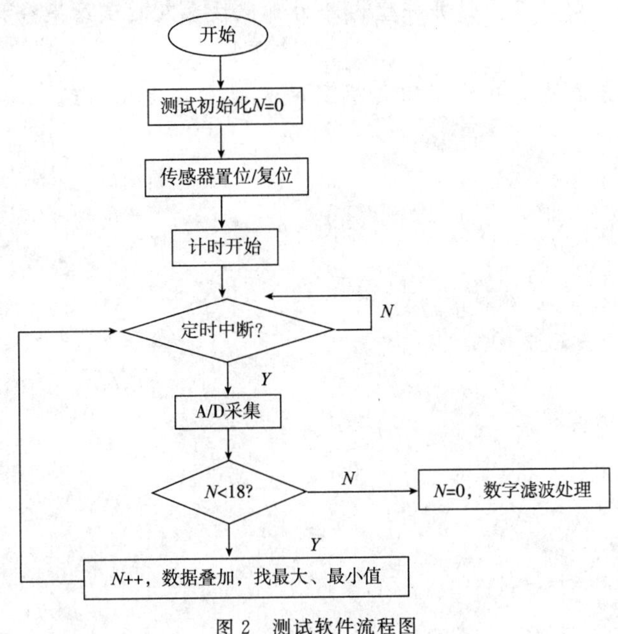

图 2　测试软件流程图

6　测试结果及分析

上文所述的定位方法是基于磁钉的理论磁场分布，在实际环境中，磁钉磁场会受到地磁场及环境干扰的影响，其中地磁场是一个主要干扰源，但它在较大区域环境中是基本不变的，因此测试利用磁场补偿的方法对其进行了消除。本次试验对磁尺相对磁钉横、纵向各偏移 20cm 的共 400 多个点进行了检测，试验结果如表 1 所示。

测试结果分析　　表 1

项　目	横　向	纵　向
算术平均误差	0.615	0.259
标准误差	0.954	0.538
最大误差	0.2	0.2

从表 1 可以看出：基于二维磁阻传感器和磁匹配算法的定位方法实现了横向纵向的同时定位，且在大范围内具有较高的精度。

7　结束语

实验验证了利用两维磁阻传感器能够在较大范围内实现高精度的横、纵向同时定位。另外在磁尺硬件电路中加入了置位/复位脉冲电路，结合相应的软件设计可以使传感器迅速从不稳定状态到稳定状态，解决了受强磁干扰后的失效问题。综上所述，磁阻传感器应用于井筒井壁变形测量，既能解决过去精度不高的问题，又使检测手段变得简单，更重要的是能够同时测量出井筒井壁的横、纵二维变形。

参考文献

[1] 张国鑫，赵亚平，刘日辉．钻井井壁内外力测试技术及测试结果分析．北京：煤炭工业出版社，2005.

[2] 张营，徐海贵，王春香．基于磁阻传感器的智能车辆定位系统．《仪表技术与传感器》编辑部出版，2008.

自动化监测及信息管理系统的设计与开发

高爱林　吴　昊　赵　敏

（北京城建勘测设计研究院有限责任公司）

摘　要　本文阐述了如何利用先进的计算机信息技术、自动化监测技术、无线传输技术，优化自动化监测流程，形成“监测—传输—解算—展示—报警”的一体化的自动过程，实现自动化监测及信息管理的综合系统。系统可对广地域、多工点实现集约化监测及管理，让政府、业主监管部门，社会专家、监测单位等能够及时、准确的掌握监测信息。

关键词　自动化监测　无线传输　静力水准　信息系统

1　概述

近年来，随着城市建设的加快，高风险土建施工不断出现，存在的风险包括基坑、隧道等结构自身的，也包括对周边建构筑物、管线、桥梁等环境的高风险影响。高风险工程的出现，对监控量测的要求逐渐提高。监控量测分为人工监测、自动化监测两种类型。人工监测较为灵活、成本低，但实时性不强，且监测条件较苛刻。因施工风险不断提高，对监测的实时性要求越来越高，另外高温、高压、地铁、高速路行车等外部条件比较恶劣的前提下，人工监测已不能满足高精度、高频率的监测需求。因此，对自动化监测提出了更高的要求，包括监测仪器的选择、监测数据传输方式、监测数据的展示等。

目前，自动化监测已经广泛用于大坝建设[1]、滑坡等地质灾害监测[2-3]等工程中，在既有地铁监测中也有了部分应用[4]，如在地铁施工采用静力水准监测隧道结构及轨道结构沉降、变位计监测尖轨及基本轨变形、测量机器人监测隧道结构水平位移等。但目前各种自动化监测应用往往是一种传感器独立运行，采用有线或无线点对点的传输方式，没有进行集成管理。以北京地铁既有线监测为例，每一个工点、每一种监测设备均分别采用单独的控制软件，采用单独数据采集单元进行管理，不利于工程技术人员对多个工点集中管理，且不利于业主、政府等管理部门集中监管。

随着信息化技术的发展，以数字化信息为核心的信息系统对土木工程领域原有的设计模式、检测和监测技术产生了深远的影响。信息系统的自动化、网络化以及分布式数据库技术，为解决现存地铁监测工作的不足提供了重要途径[5]。

本文阐述了整合多种自动化监测仪器、选择高效便捷的无线传输方式以及完善的数据展示平台，解决工程中对自动化监测要求逐渐提高的难题问题，形成“监测—传输—解算—展示—报警”的一体化的自动过程，实现自动化监测及信息管理的综合系统。

2　系统结构及功能设计

根据系统各组成部分所实现的功能，系统共包括现场监测传感器及数据采集单元（简称

DAU，布置于监测现场）、无线传输系统、自动化监测控制程序、WebService服务程序、监测数据发布系统、监测数据配置系统六部分（系统结构框架图如图1所示）。

（1）现场监测传感器及数据采集单元

现场监测传感器及数据采集单元布设于监测现场。监测传感器完场监测原始数据的采集工作，数据采集单元即为参考文献［3］中集中器，主要组成部件有：智能数据采集模块、不间断电源、通信模块、防潮加热器和多功能分线排等，其主要功能包括①按照设定的频率控制自动化监测传感器进行现场监测；②接受控制程序数据传输指令上传监测原始数据；③接受控制程序关于加测、调整监测频率等指令，并按照指令控制自动化监测传感器进行现场监测；④内置蓄电池，且内存较大，能够独立进行现场监测；⑤对现场监测传感器进行管理等。

（2）无线传输系统

随着移动通信技术的不断发展，采用GPRS/CDMA 1x通信方式的移动数据通信网络已经覆盖了全国各地，网络运行稳定，GPRS理论带宽可达171.2kbps，实际应用带宽大约在40～100kbps，在此信道上提供TCP/IP连接；CDMA 1x理论带宽可达300kb/s，目前的实际应用带宽大约在100kb/s左右（双向对称传输）。GPRS/CDMA 1x移动数据网络的信道可提供TCP/IP连接，可以用于INTERNET连接、数据传输等应用。目前，电力系统自动化、工业监控、交通管理、气象、环保、管网监控、金融、证券等行业已大量应用。利用GPRS/CDMA 1x网络平台实现数据信息的透明传输，同时考虑到各应用部门组网方面的需要，在网络结构上实现虚拟数据专用网，特别适合中心对多点、点多分散的中小数据量的传输。该传输方式具有高速、永远在线、透明数据传输等特点。

无线传输部分在该系统为监测数据及控制指令的传输介质，以一对多的方式，实现对多个工点的集中管理，且融合GPRS \ CDMA两种数据方式，操作更灵活。

（3）自动化监测控制程序

该系统作为服务程序运行在服务器上，通过GPRS/CDMA通信模式，控制各个监测仪器。控制程序在该系统起到的功能主要有：①管理测点（监测仪器），设置监测仪器参数，包括测点的添加、删除和修改；②设置算法，不同的监测仪器有不同的结算方法，相同的监测仪器，运行模式不同，算法也不同；③管理现场数据采集模块，包括添加、删除和更改；④系统通信资源管理，数据采集通信资源包括采集计算机（也就是直接与测量模块相连的计算机）、通信端口、中继和中继链路以及通信路由。系统中应根据通信设备连接的实际情况对上述通信资源进行设置；⑤监测成果的自动采集、结算、存储等。

（4）Webservice服务程序

Web Service是一个应用组件，它逻辑性的为其他应用程序提供数据与服务。各应用程序通过网络协议和规定的一些标准数据格式（Http，XML，Soap）来访问Web Service，通过Web Service内部执行得到所需结果。该服务程序在系统中起到的作用主要有：

收发监测频率：作为数据发布系统和监测控制程序的中间层，一方面要接收发布系统的监测频率，另一方面，要这个监测频率传递给控制程序，由控制程序传送给现场的自动采集箱；

收发取数指令：发布系统取数的时候，必须将要取的监测点的各个参数发送给Webservice服务程序，该程序根据把这些参数发送给监测控制程序数据库，以定位监测点（监测仪器）；

发送监测数据：控制程序根据 Webservice 提供的监测点（监测仪器）参数，从相应的监测控制程序数据库取回监测数据，并返回到客户端程序。

（5）监测数据配置系统

监测数据配置系统主要用途是配置监测工程数据，监测控制指标，用户数据和运行所需的基础数据等。监测工程数据主要包括区域、项目、工点和测点的属性数据和空间数据。用户数据主要包括用户信息、所在部门、所在公司等信息。根据用户不同的身份和权限，管理用户可以使用的功能和查看数据的范围。基础数据主要包括公司类别（业主、施工单位、监测单位、监理单位等）、监测类别（施工监测、第三方监测等）、文档类型等。

根据配置好的属性数据和空间数据，通过监测数据发布系统，把监测成果发布给有关参建各方。

（6）监测数据发布系统

监测数据发布系统（图 1）主要途径是使用浏览器，通过网络实施，准确地反映监测数据；计算监测成果；根据通知指标判断监测成果，如有异常数据，记录历史报警记录；根据监测成果绘制时程曲线和断面曲线；根据监测数据变形情况及现场施工情况，工程技术人员通过发布系统调整现场监测传感器的监测频率。

实现实时采集监测数据，自动计算监测成果，自动判断监测成果状态。整个处理过程有系统自动完成，避免由于人工操作而造成错误。

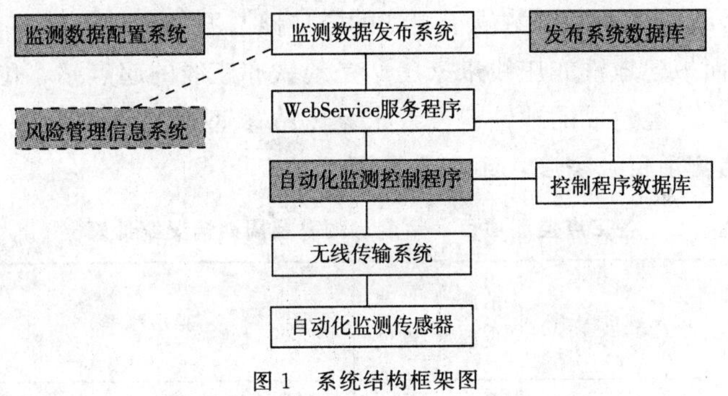

图 1　系统结构框架图

3　系统数据库设计

系统根据结构设计特点，包括自动化监测控制程序数据库及监测数据发布系统数据库两个数据库。自动化监测控制程序数据库存储各监测点信息、原始数据，结算中间成果及最终成果等信息。监测数据发布系统数据库存储发布系统各监测点工点信息、测组信息、监测最终成果等信息。

（1）自动化监测控制程序数据库

控制程序数据库主要包括 DAU 数据、NDA 数据、测点数据、监测采集数据、NDA 类型信息、数据传输通道信息。

数据传输通道信息，主要存储各种传感器类型和数据处理方法。根据传感器类型，把现场采集的模拟信号，通过网络传输到服务器，进行处理，转化为监测所需要的数字信号。

（2）监测数据发布系统数据库

监测工程数据主要包括区域信息、项目信息、工点信息、测组信息、测点信息等。

区域信息包括区域名称、区域概况等。

项目信息包括项目名称、所在区域、项目负责人、项目概况等。

工点信息包括工点名称、所在项目、工点类型、工点概况、工点负责人、工点状态等。

测组信息包括测组名称、所在工点、测组类型、监测类型、测组的控制指标等。

测点信息包括测点编号、所在测组、测点类型、监测类型、监测对象、监测仪器、监测模块、测点的控制指标等。

4 应用实例

该系统目前应用于“北京站至北京西站地下直径线工程平行既有地铁 2 号线试验段第三方监测”（以下简称 2 号线试验段监测）和“北京地铁新建 10 号线二期、亦庄线宋家庄站穿越既有地铁 5 号线宋家庄站工程第三方监测”（以下简称 5 号线宋家庄站监测）两个对既有线的监测工程。

4.1 工程概况

直径线为连接北京站与北京西站之间的地铁路线，隧道主要采用盾构法施工（双线单洞断面，外径 12.04m）。为了掌握盾构施工对既有地铁线的影响情况，选取盾构施工进入既有线影响区域的一段距离作为实验段，试验段里程范围为地铁二号线复兴门～长椿街区间 B167＋30～B168＋80（对应直径线里程 K5＋710～K5＋560），长度为 150m。直径线在该段与地铁 2 号线长椿街西喇叭口区间斜向并行，水平距离由约 17.4m 渐变到 2.2m。

拟建地铁 10 号线二期宋家庄站位于规划的宋庄路与石榴庄路十字路口，与五号线平行，位于五号线北部。而拟建地铁亦庄线宋家庄站是地铁亦庄线的起点站，位于现状的宋家庄路路面下，车站北侧与已经建成的地铁 5 号线宋家庄站 T 型连接。

4.2 自动化监测项目、精度、频率及周期（见表 1）

各工点监测项目、精度、频率及周期情况统计表 表 1

工点	序号	监测项目	监测仪器	监测精度	监测频率	监测周期
2 号线试验段监测	1	隧道结构竖向变形及差异变形	静力水准	0.1mm	1）施工关键期 1 次/20min 记录一次数据，每天四小时一次提交监测报表；平时状态：两小时记录一次数据 2）盾构出现异常情况时，加密自动化监测频率至 5～10min 采集一次数据	盾构掘进前 6B 测得可靠的初始数据，掘进后 10B，监测数据稳定后
5 号线宋家庄站监测	2	隧道结构上浮及差异变形	静力水准	0.1mm	施工关键期：1 次/30min；一般施工状态：1 次/2h	施工前一周开始至施工完成后监测数据稳定为止
	3	岔区轨道结构上浮及差异变形	静力水准	0.1mm	施工关键期：1 次/30min；一般施工状态：1 次/2h	施工前一周开始至施工完成后监测数据稳定为止

注：B 为盾构直径

4.3 测点布设

2 号线试验段监测：隧道结构竖向变形及差异变形监测点分别布设于结构变形缝两侧，

影响区监测范围内共有 9 条结构变形缝，每条变形缝两侧分别在左右线隧道结构边墙布设测点，共布设 36 个测点。

5 号线宋家庄站监测：隧道结构上浮及差异变形监测分别布设于影响区监测范围内共有 10 条结构变形缝两侧的 40 个测点；岔区部轨道结构上浮及差异沉降测点布设于 2 条伸缩缝两侧的 8 个测点，测点布设于左右线线路中间的水槽内的道床结构上。

4.4 无线传输设备选择

系统自动化传输部分融合了 GPRS \ CDMA 两种数据业务方式，可有效根据现场通信数据业务调整传输模块，避免了个别地铁工点无 GPRS 或 CDMA 数据业务造成无线传输障碍。

系统首先在 5 号线宋家庄站监测工点试运行，通过现场测试可知该工点监测现场无 GPRS 数据业务，因此选用了 CDMA DTU 数据传输模块。系统在 2 号线试验段监测工点试运行时，现场均有 GPRS \ CDMA 两种数据业务，选择了 GPRS DTU 模块进行数据传输。

2 号线试验段监测工点通过试运行情况可知，对现场 40 台仪器的全部监测数据进行一次数据发布到获取的过程约需 2.5min，通信效率较高，满足高频率通信的要求。

4.5 自动化监测控制程序

自动化监测控制程序根据现场施工情况及数据变形情况，设置现场监测频率，并根据现场监测情况设置取数周期并定期发布取数命令，数据通过无线传输至控制计算机后，进行自动结算，并将各传感器原始观测成果及结算成果存储于自动化监测控制程序数据库。同时，控制程序将监测数据发布系统所需的监测时间、测点编号、监测成果等信息通过 WebService 服务程序存储于发布系统数据库。

4.6 监测数据发布系统

发布系统打开时，数据查询界面自动更新至最新监测数据，查询界面设置有定期刷屏功能，可通过刷屏将发布系统数据库最新数据调入查询界面，并更新数据变形曲线，便于信息查阅人对监测数据实时把控。

5 结论

自动化监测及信息管理系统在已有技术和研究成果基础上，完成了自动化监测仪器、无线通信设备和网络 GIS 数据发布系统的集成，对自动化监测技术、无线通信技术和现代计算机网络技术在工程监测领域进行了一次探索和综合应用。通过在既有地铁自动化监测实例中应用该系统，不仅简化了监测单位的监测生产管理流程，提高了生产效率，降低了人工成本，而且为现场安全监控提供及时有效的决策依据。该系统不仅在既有地铁自动化监测领域，而且在类似的市政设施、地质灾害、大坝等监测领域，都具有一定的实际应用价值及推广意义，对监测领域自动化程度发展起到一定的推动作用。

参考文献

[1] 吕永宁，王玉洁，沈海尧．水电站大坝安全监测自动化的现状和展望［J］．大坝与安全，2007（5）．

[2] 过静珺，李冬航，周百胜，等．四川雅安滑坡自动化远程监测系统示范工程［J］．测绘通报，2006（4）．

[3] 曹修定，戚国庆，阮俊，等.GPRS技术及其在地质灾害监测中的应用［J］.中国地质灾害与防治学报，2006（1）.
[4] 崔天麟，肖红渠，王刚，自动化监测技术在新建地铁穿越既有线中的应用［J］.隧道建设，2008（3）.
[5] 谢伟，吕培印.地铁施工监测信息系统的设计与开发［J］.施工技术，2006（4）.

地下结构应力检测误差的产生和消除

萧　岩　刘　勇

（北京市市政工程研究院）

摘　要　地下工程结构应力检测的误差不仅和检测仪器自身的精度有关，而且和检测工作所处环境条件、传感元件安装布置情况以及信号采集、传输方法密切相关。本文分析了常见地下工程结构应力检测误差产生的主要原因，并提出了减小、消除地下工程结构应力检测误差的有效方法。

关键词　地下工程　应力检测　误差

1　前言

地下工程的主体结构（车站、洞室）和临时支护结构（衬砌、坑槽、锚杆、对撑）的应力检测是地下工程信息化施工必不可少的技术手段，也是对地下构筑物进行运营安全评估的重要环节。如果应力检测数据存在过大的误差，就极有可能导致错误的结论，酿成事故，造成一定的经济损失。工程技术人员必须要深入了解测量系统中潜在的误差源和可能引起的误差大小以及消除、补偿、修正或减小这些误差的方法，以便有效地提高应力检测工作的准确性。

2　应力检测的原理和基本仪器

作用在结构上的外力会引起结构内部应力的变化。结构内部应力的检测，一般是借助于应变检测来进行的：在弹性变形阶段，假定结构材料的弹性模量为 E，测得结构某截面的应变为 ε，通过 $\sigma = E\varepsilon$ 的计算，就可以得到该结构相应截面的应力值。

在实际工程检测过程中，需要在待测结构上布设应变传感器，通过信号电缆将采集到的信号输送到包含放大-指示单元的应变仪或类似的仪表装置，完成输出和应变记录的整个检测流程。

目前在地下工程上应用最多的静态应力检测系统有两种，一种是采用电阻应变式传感器和静态应变仪，一种是采用振弦式传感器和激励—测频读数仪。其系统框图见图1、图2。

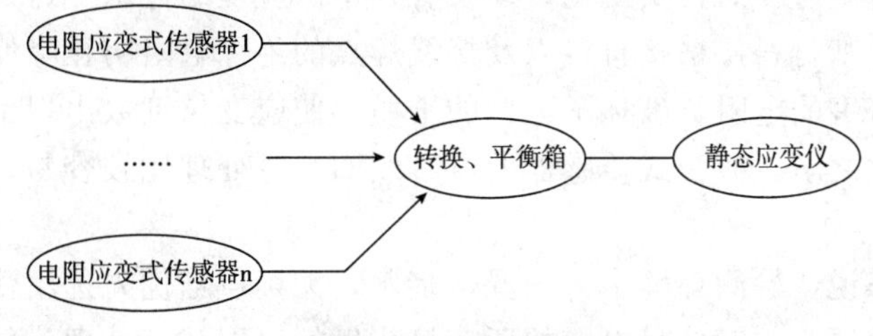

图1　电阻应变式静态应力测试系统

3 应力检测阶段容易产生的各种误差

在应力检测过程中，由于检测方案存在缺陷或实际操作存在疏漏，往往会引入较大的检测误差，严重影响检测结果的准确性。地下工程现场应力检测阶段常见的检测误差主要包括环境温度和湿度变化引入的误差、传感元件安装引入的误差和信号传输环节引入的误差等几大方面。

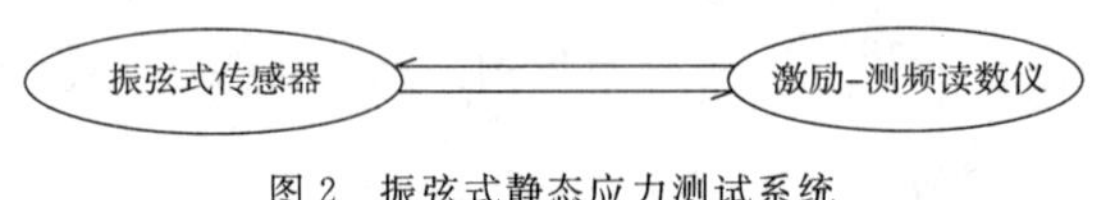

图 2 振弦式静态应力测试系统

3.1 环境温度变化产生的误差

几乎所有的导体都存在电阻-温度效应，电阻式应变片的电阻率也会随环境温度的变化而变化。此外，不同物质的热膨胀温度系数不同，把应变片粘贴到与其热膨胀系数不同的试件材料上，温度的变化将在试件材料和应变片之间形成微小的变形差异，导致应变片产生变形，使其阻值发生变化。上述两种变化的综合效应相当于机械应变，可称之为温度引起的“视在应变”，这是应用应变片进行静态应变测量时最重要的潜在误差源之一。对于振弦式传感器，由于振弦和传感器外壳、传感器外壳和试件之间的热膨胀系数差异，同样也会产生“视在应变”，引入检测误差。此外，采用直流电桥的应变仪，检测过程中桥路持续通电，电流的热效应会使应变片自身发热，导致温度误差增加；而采用交流电桥的应变仪，检测阶段有效通电时间短，应变片自身热耗散小，此项影响也相应较小。

环境温度变化产生误差的最主要的表现形式是零点漂移，即应力传感器布设完成后，虽然没有对结构物加载，但是仪器的零点缓慢浮动，且仪器读数会随着昼夜温差的变化缓慢波动。分析表明，将最常用的康铜类材料电阻应变式传感器粘贴在钢结构上，当环境温度由－20℃变化到＋70℃的时候，其温度影响造成的应变输出大约是 260～270$\mu\varepsilon$（且为非线性）[1]。对于地下洞室，环境温度的变化也许不算剧烈，但是对于基坑的型钢或钢管类的支撑结构，昼夜温差所引起的应变值的变化有可能超过坑壁侧土压力或预加轴力所引起的实际应变。这表明，如果不采取修正措施，环境温度所引起的传感器的输出误差将有可能淹没待测的应力数据，所以应力检测阶段环境温度变化所引入的误差绝对不容忽视。

优先选用具有温度自补偿特性的应力传感器，优先考虑采用交流桥路应变仪，使用之前把应力传感器放在烤箱和冰箱里进行温度漂移标定，在现场温度变化最平缓的时段（通常是夜间和清晨）进行观测等，这都是减小环境温度变化产生的误差的有效手段。

3.2 环境湿度变化产生的误差

环境湿度对检测影响的表现形式主要有两种：一是在潮湿的环境下，开机后仪器读数剧增（减），根本无法调出零点；二是虽然可调零，但是试验加载时，仪器读数变化却极为迟钝，对于预估数十个微应变的真实变化，却仅有几个微应变的显示。这是因为受到潮湿环境的影响，应变片的片基材料、粘接材料以及接线焊点的绝缘电阻明显降低，相当于在测量电桥的桥臂上并联了有害的电阻，破坏了电桥的平衡，使应变仪读数出现了极大的误差，甚至完全不能工作。相比之下，振弦式传感器的电磁线圈绝缘处理比较容易，因而受环境湿度的影响就比较小。

对于地下工程来说，检测环境多为潮湿、多水，无疑应当优先选用受环境湿度影响比较小的振弦类应力传感器，并对信号电缆的所有接头做好多层防潮处理。如果由于精度要求必须采用应变片类传感器（毕竟一般情况下电阻应变式传感器的精度要比振弦式传感器高 1 个数量级），也应从根本上杜绝现场贴片工艺，而直接采用厂家生产的附着式传感器。除对传感器表面进行防水处理外，还需要对信号电缆的所有接头做好多层防水处理（缠绕和涂刷交替进行）。此外，对于所采用的应变仪在使用前长时间预热，驱除湿气，也是保证潮湿环境下检测成功的必要手段。

3.3 传感元件安装不当所产生的误差

在地下工程的检测过程中也会遇到以下一些“异常”现象：在杆件一侧粘结应变片检测拱架或支撑杆件压力，读数却有时显示为拉应力；薄壁钢箱支撑应力检测数据往往缺少规律；布置在工程结构中的大直径钢筋应力计读数意外偏小；结构根部或腋部的应力传感器读数有突变现象等。这些现象大多数是源于传感元件安装不当而产生的检测误差。

杆件类元件很容易存在着目测不容易发现的初始弯曲，而且大多数情况下杆件两端也不是理想的铰接，所以结构承载时杆类元件上往往有附加弯矩作用存在。在杆类元件表面粘贴应力传感器所测得的应力，往往是轴力和弯矩的综合作用值。

$$\sigma = N/A \pm M/W \tag{1}$$

式中：σ——实际应力；

N——杆件轴力；

A——杆件截面积；

M——杆件承受的附加弯矩；

W——杆件抗弯矩。

在附加弯矩的作用较小时，误差不易被察觉；当附加弯矩作用较大时，组合应力 σ 很可能会改变符号。因此进行杆件类的应力检测，应选取平直杆件的对侧位置成对的布置应力传感器（图 3）。由公式（1）可以看出，此时取两侧传感器实际读数的算数平均值，就可得到待测截面的真实轴向应力数值 N/A。

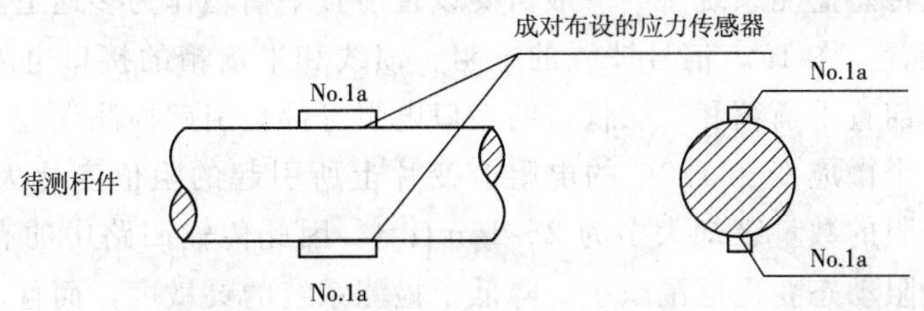

图 3 应力传感器在杆件类元件上的合理布设位置

对地下结构进行应力检测时，如果检测实体是混凝土结构，由于混凝土梁、板的厚度较大，厚度偏差或表面平整度对结构受力影响很小，所以粘贴应变片检测其应力的效果较好。如果检测对象是薄壁钢箱或焊接深梁，其壁板或腹板厚度只有其长度、宽度的百分之一或数百分之一，而板材不可能是理想的平整状态，必然存在初始翘曲和内应力，在壁板或腹板上单侧粘贴应变片检测应力，其误差必然较大。因此应当仿照测杆件应力的方法，在壁板或腹板两侧对应位置成对布设传感器，以消除壁板或腹板初始翘曲和内应力的影响，避免测值出现较大的偏差。

大直径的钢筋应力计多由本体和两伸出端构成（图 4）。伸出端的长度应满足钢筋混凝土规范关于钢筋锚固长度的要求，本体与伸出端之间多采用螺纹连接。按照公差与配合的知识，内、外螺纹之间必然有间隙存在。如果两伸出端各长 0.5m，轴向间隙累计为 0.1mm，那么加载时就可能会有 $100\mu\varepsilon$ 左右的变化被轴向间隙“吸收”而没有传递到传感器本体，从而严重影响了检测的准确性。因此在大直径的钢筋应力计布设前，必须用专用工具将两伸出端切实上紧，并拧紧外螺母（俗称“备母”）以消除轴向间隙。

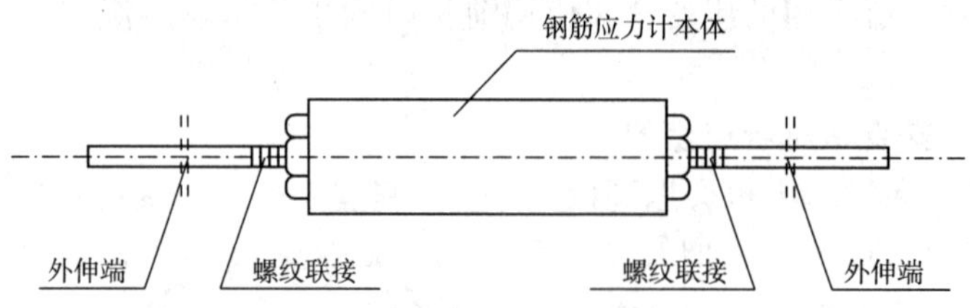

图 4　常用钢筋应力计的构造图

此外，在结构物上布设传感器还应当充分注意以下原则：根据结构力学原理，在断面急剧变化部位应力变化梯度很大，因此传感器不宜紧贴结构根部或腋部布置；传感器布设的位置应与所要测的结构点位尽可能一致，以避免几何型位误差；传感器的轴线方向与检测的应力方向应尽可能一致，以避免角度误差；对于平面弯梁加载要在两侧壁板同时贴片以消除弯梁加载时翘曲效应的影响；钢筋传感器应切断待测钢筋布设，并尽量做到轴线与原钢筋轴线重合；表面附着式应力计应当采用可充分固化的硬质粘接剂固定，而不得采用软质玻璃胶粘接；混凝土内埋式应力计应当尽可能具有和混凝土相似的弹性模量，并应和周边混凝土紧密结合等等，总之，在制定传感器布设方案时要充分注意力学合理性，才能尽可能减少由于传感元件安装不当所引入的检测误差。

3.4　信号传输环节产生的误差

随着城市轨道交通建设的发展，目前施工应力监测已成为应力观测的一项主要内容。多测点、长时间的远距离应力巡检过程中，信号传输也会引入新的误差。多数测点读数不稳定、数值有突变或是数值分布缺乏规律性是这种误差的主要表现形式。

在电阻应变式传感监测系统中，一般需要设置前置平衡箱作为多通道测点和单通道二次仪表的转换连接装置（图 1）。信号馈线的电阻、馈线和平衡箱的接口电阻、触点式平衡箱的开关接触电阻、前置平衡箱和二次仪表的接口电阻等都会引起检测误差。电桥电路的桥臂灵敏度很高，每 1 个微应变在 120Ω 的电阻应变片上所引起的阻值变化大约只有 0.06mΩ，而上述各种接触电阻的数量级却大多为 2～15mΩ[2]。因此传输回路中的有害电阻不但会使荷载引起的桥臂电阻动态变化范围减小，降低了检测系统的灵敏度，而且还会破坏桥路的平衡，带来极大的误差。某些现场检测采用了“即插即测”的快速插接式传感器和便携袖珍式应变仪。这种快速插接方法无法保证电桥的初始平衡不变和初始零点不浮动，相邻两次读数之差不仅包含了待测应力的变化，也包含了很多的不确定因素，因此是不可靠的。

优先考虑选用振弦类应力传感器，采用桥路供电为矩形波的应变仪，采用优质接线箱或无触点转换开关、测量过程中尽量避免反复插接，使用截面积较大的优质信号电缆等，这些都是减小地下工程结构应力检测过程中信号传输环节产生误差的行之有效的方法。

4　小结

地下工程结构的应力检测已经成为地下铁道和市政地下工程建设和运营管理的必不可少的技术手段。在现场应力检测过程中，环境温度和湿度变化、传感元件选择安装不当或者信号传输环节设置缺陷都有可能引入很大的检测误差。工程技术人员必须清醒地分析、了解这些误差产生的原因，并通过精心制定检测方案、细心选择检测仪器和提高操作人员所具有的技能、知识和综合才智有效地消除、补偿、修正或减小这些误差，才能提高地下工程结构应力检测结果的准确性。

参考文献

[1] A.L温杜．应变计技术．北京：中国计量出版社，1989.
[2] 王云章．电阻应变式传感器应用技术．北京：中国计量出版社，1991.

巴贡水电站预应力锚杆现场试验

王泰恒[1]　宋怀德[2]　李　毅[2]　黄志雄[2]

（1. 中国水电顾问集团北京勘测设计院　2. 中国水电建设集团基础工程局）

摘　要　巴贡水电站1MN级预应力锚杆长度分别为41m、36m和31m，预应力筋直径为50mm、内锚段设计长度6.5m，杆体强度利用率不到0.5，降低发生应力腐蚀的风险。利用塑料套管和水泥浆体对锚杆长期防腐，保证锚杆的耐久性。通过现场适应性试验，确认锚杆性能稳定，设计参数合理，施工措施可行。施工的120根锚杆逐根通过严格的验收试验，全部达到具有1.5MN承载力的设计要求，从而可确保溢洪道挑流坎边坡的长期稳定。

关键词　巴贡　预应力锚杆　适应性试验　验收试验

1　前言

将预应力锚杆与系统锚杆、挂网喷混、排水系统等相结合，综合整治不稳定边坡，有见效快、效果好、费用适中等优点，因而此种措施在水电工程中得到广泛应用。马来西亚巴贡水电站在加固厂房边坡与溢洪道挑流鼻坎前缘边坡时就采用大吨位预应力锚杆等措施综合整治边坡，并收到良好地加固效果。大吨位预应力锚杆的设计荷载为1MN，锚杆预应力筋为一根直径为50mm的高强钢筋。由于预应力锚杆设计结构简单、施工方便，且杆体刚度大、抗剪及抗腐蚀能力强，因而在热带多雨环境中就显示出此类锚杆独特的优越性。此种大吨位预应力锚杆在巴贡的应用数量已超过250根，累计钻孔进尺8000余米，对边坡岩体施加的预应力超过250MN。仅在溢洪道挑流鼻坎前缘边坡（以下简称挑流坎边坡）加固中，就布置了7排120根1MN级预应力锚杆，其中在边坡正面布置了4排、在侧面边坡布置了3排。预应力锚杆间距2.5m、排距不小于2.5m。锚杆孔钻孔深度分别为41m、36m和31m，造孔总进尺4300余米。大吨位预应力锚杆的大量使用保证了挑流坎边坡在溢洪道泄流等工况下的长久稳定。

预应力锚杆在工程应用过程中均要经过严格的试验验收，一般来讲预应力锚杆要经过三种试验检验，即：锚杆的验证试验、现场适应性试验、现场验收试验。根据施工现场实际情况，此次仅做了后两种试验：现场适应性试验和现场验收试验。由于是在马来西亚施工，施工所依据的规范（英国地锚规范BS8081：1989）及要求与在国内有所不同。

2　工程地质及水文地质简况

巴贡水电站溢洪道是经深切7个自然山峰后形成的，挑流坎边坡岩体由厚层杂砂岩、块状或薄层页岩（泥岩）及杂砂岩/页岩互层构成。岩层曾遭受褶皱、断裂与抬升的强烈作用，岩层呈陡倾角状态，倾向SE（向坡内倾斜）、倾角50°～70°，走向NE60°，与边坡走向基本平行。杂砂岩坚硬、强度高、抗磨性强，页岩（泥岩）属中硬岩～较软岩，易受侵蚀，失水，极易崩解泥化。坡内发育的层间剪切带、糜棱岩化带及缓倾角节理，它们相互切割，可构成滑动块体，对边坡长期稳定构成威胁。

边坡内地下水受大气降水补给，大雨后地下水位较浅，长时间不降水，水位将降至较深处，水量不大。地下水对混凝土无侵蚀性。

3 锚杆结构设计

预应力锚杆采用具有多重防腐结构的拉力型端头锚，其结构详见示意图1。

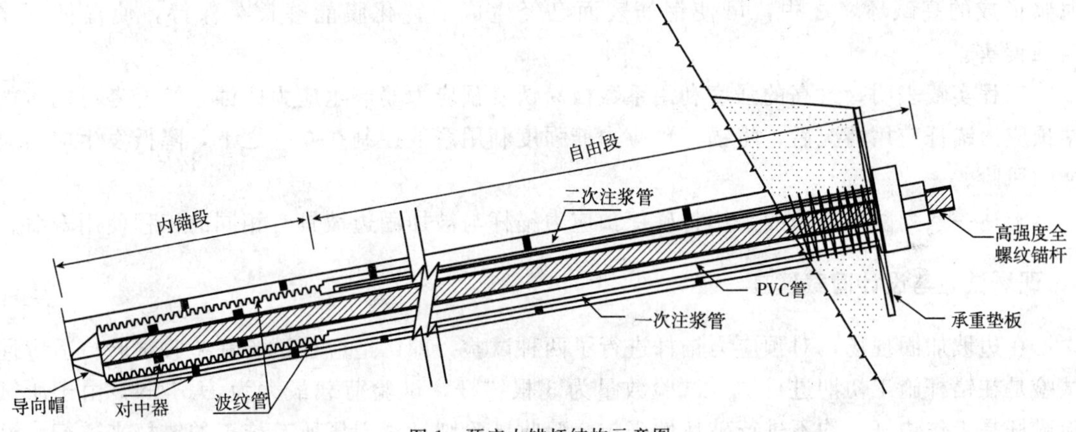

图1 预应力锚杆结构示意图

3.1 预应力筋参数

选择刚度大、强度高、直径粗的全螺纹MACALLOY预应力筋，钢筋破断强度为1030MPa，公称直径50mm，单根预应力筋的破断荷载2022kN，符合BS4486（英国标准）要求。

锚杆设计荷载DL＝1000kN。

现场最大试验荷载：P_t＝1.5DL＝1500kN

预应力筋强度利用系数：γ_c＝1000/2022＝0.495＜0.5，锚杆强度有足够的安全储备。

3.2 内锚段长度计算

内锚段是锚杆主要及关键受力部位，确定内锚段长度时不仅要考虑地层状况，也要考虑锚杆具体结构形式。根据锚杆结构，此类锚杆在内锚段处，存在三种可能破坏的薄弱界面，即：围岩与水泥浆体界面，塑料波纹管与水泥浆体界面及预应力钢筋与水泥浆体界面。分别计算三种界面所需锚固长度，从中选择最长者，为锚杆内锚段设计长度。现将有关计算结果汇总于表1。

内锚固段长度计算结果　　表1

序号	界面类型	界面强度（MPa）	安全系数	内锚段计算长度（m）	备注
1	地层/水泥浆	1.02	3.0	6.24	
2	波纹管/水泥浆	2.0	2.0	3.75	
3	钢筋/水泥浆	2.0	2.0	6.37	

根据表1计算结果，巴贡1MN级锚杆内锚段设计长度最终取值为6.37m，取整后为6.5m，内锚段将具有2.0的安全系数。内锚段波纹管的长度也取为6.5m。

3.3 锚杆长期防护设计

采用套管法防腐与碱性防腐相结合的多重防腐方式，来确保锚杆防护效果，提高锚杆长期运行的可靠性和耐久性。在锚杆内锚段钢筋外面套装高压聚乙烯波纹塑料管，在自由段钢筋外面套上外壁光滑的 PVC 塑料管，使伸入地下的预应力钢筋，被密闭封装在连续的塑料管内。用高浓度（水灰比≤0.4）水泥浆，注满塑料管内外空间，形成高碱环境。对外露的锚杆外锚头，用厚度为 0.5m 的二期混凝土包裹保护。

连续密闭隔离套管的使用阻断了地层中可能存在的有害离子侵入接触钢筋的通道，使钢筋免受侵害，同时也会使钢筋周围的高碱环境更加持久、耐用。将预应力筋置于由水泥浆形成的高碱环境之中，可使钢筋表面已经生成的钝化膜能够长久保持，使锚杆不受腐蚀侵害。

工程实践表明，过高的强度利用系数极易诱发预应力筋产生应力腐蚀。综合考虑巴贡电站预应力锚杆应用情况后，将锚杆预应力筋强度利用系数控制在 0.5 之下，降低发生应力腐蚀的风险。

上述一系列防护措施的采用将确保预应力锚杆与被加固边坡具有相同的工程使用寿命。

4 现场试验与设计荷载建立

在边坡加固现场，对预应力锚杆进行了两种试验，即：适应性试验和验收试验。适应性试验是在锚杆施工初期进行的，试验数量为 3 根锚杆，试验荷载最大为 1.5MN，由于所试验锚杆是工作锚杆，均不进行破坏性张拉。验收试验则针对现场所有施工的锚杆来进行，没有例外，最大试验荷载也为 1.5MN。通过验收试验的锚杆可立即建立设计要求的预应力工作荷载（1.0MN）。

4.1 试验设备、仪表

张拉设备为 YDC2000B－200 型空心式千斤顶，公称张拉力为 2MN，油缸最大行程 200mm；高压油泵额定油压可达 80MPa；与油泵配套使用的油压表，最大量程为 500bar（1bar＝0.1MPa），表盘每小格刻度示数为 10bar，油压表在使用前到当地计量部门检验合格，满足试验要求。

测力计型号为：BGK－4900－200，主要用于监控锚杆的张拉荷载和锁定后荷载的变化状况。测力计和千斤顶在现场经配套标定，获得千斤顶出力与油泵油压表关系曲线，方便张拉时用油压表控制实际张拉力。

锚杆张拉伸长值用分度值为 0.02mm 的游标卡尺测量，锚杆外锚墩的位移，则用分度值为 0.01mm 的防震百分表量测。

4.2 适应性试验

适应性试验采用从初始荷载逐级加荷至最高荷载后再逐级降回至初始荷载的大循环加载方式，要求循环施荷 3 次。在每级荷载处，要保持千斤顶出力的稳定，并测读锚杆伸长值。第一循环，每级持荷时间为 1min，在第二、第三循环，最高荷载处的观察时间要适当延长，对于硬岩持荷 5min，已经足够，而对于软岩则需要 15min 或更长时间，像巴贡这种软硬相间岩层，初步选定为 15min。在每个荷载等级处，锚杆稳定后方可继续试验，否则要提高观测级别，判定锚杆稳定标准也会更严格。锚杆稳定是指在张拉荷载持续作用下锚杆位移没有变化或变化量没有超过规定值，此次试验位移限值规定为：锚杆弹性位移的 5%。具体施荷程序见表 2。

适应性试验的施荷程序 表 2

序号	第一施荷循环			第二、三施荷循环			备注
	设计荷载（DL）	千斤顶施荷（kN）	稳定时间（min）	设计荷载（P_w）	千斤顶施荷（kN）	稳定时间（min）	
1	0.1	100	1	0.1	100	1	初始荷载 P_0
2	0.5	500	1	0.5	500	1	
3	1	1000	1	1	1000	1	设计荷载 DL
4	1.5	1500	1	1.5	1500	15	MaxP_t
5	1	1000	1	1	1000	1	
6	0.5	500	1	0.5	500	1	
7	0.1	100	1	0.1	100	1	

4.3 验收试验

验收试验施荷程序与适应性试验相同，也采用大循环加、卸荷载方式，只是循环次数为 2 次，即执行表 2 中第一、第二循环施荷程序。

4.4 设计荷载建立

通过验收试验的锚杆可立即建立设计荷载。从初始荷载开始，千斤顶缓慢升荷直至超张拉荷载，量测、记录锚杆位移后，即用专用扳手拧紧锁定螺母，千斤顶回油，完成锚杆设计荷载的建立。

5 试验资料整理分析

试验资料以每根锚杆为单位整理成试验报告，报告除反映锚杆主要设计参数、试验数据及锁定荷载外，还要依据实测资料绘制两种图：荷载-位移图和实测锚杆弹性位移图。图 2、图 3 就是依据 2－1 号锚杆验收试验实测资料整理、绘制的此类图形。

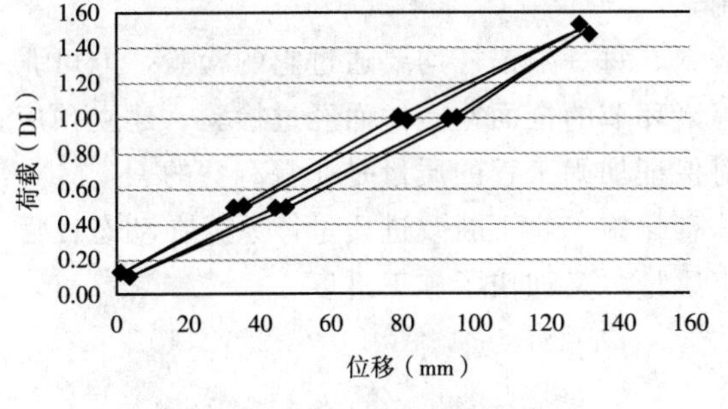

图 2 2－1 号锚杆的荷载-位移图

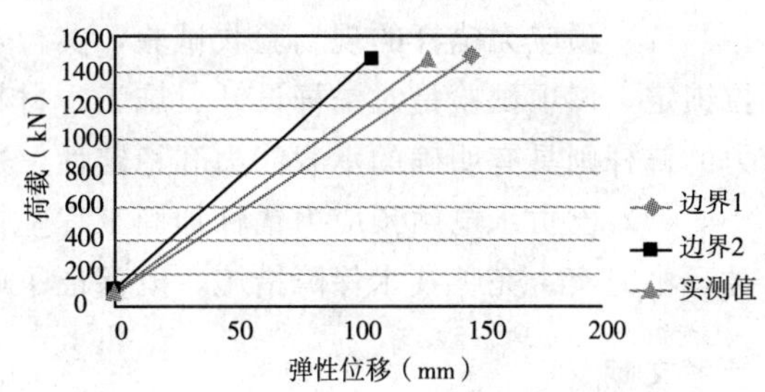

图 3 2－1 号锚杆的弹性位移图

弹性位移图中的边界线 1 是指：锚杆设计的自由段长度增加内锚段长度一半后，在荷载作用下的理论位移线；边界线 2 则指：锚杆设计的自由段长度减少 20％后，在荷载作用下的理论位移线；2－1 号锚杆实测弹性位移线处于两条边界线之中，表明锚杆的自由段长度符合设计要求，且有着良好的将张拉力传递至内锚段的能力。在荷载一位移图中曲线头部较尖，表明在 1.5MN 试验荷载反复作用下，内锚段持力性能稳定；在两次循环加、卸载后，两次测得的塑性位移仅差 1.61mm，实测最终塑性位移仅占总位移的 4.38%，表明内锚段塑性位移发展缓慢、内锚段与地层有着良好粘结性。2－1 号预应力锚杆符合设计要求。

加固现场施工的 120 根预应力锚杆逐根通过验收试验检验，全部合格。

通过埋设在锚垫板下的测力计，观察预应力锚杆荷载在锁定后的变化状况。图 4 是两根典型试验锚杆在 13 天观测期内，荷载变化情况。两根锚杆的荷载处于窄幅波动变化之中，第 13 天荷载分别是锁定荷载的 98.8%和 99.3%，平均为 99.1%，表明锚杆长期工作状态良好，满足边坡加固工程要求。

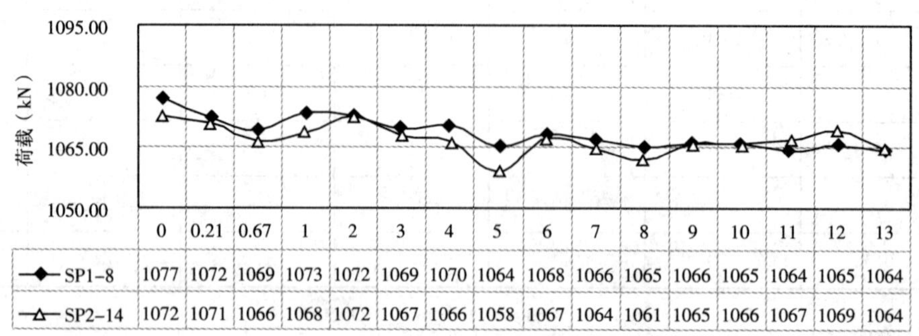

	0	0.21	0.67	1	2	3	4	5	6	7	8	9	10	11	12	13
SP1-8	1077	1072	1069	1073	1072	1069	1070	1064	1068	1066	1065	1066	1065	1064	1065	1064
SP2-14	1072	1071	1066	1068	1072	1067	1066	1058	1067	1064	1061	1065	1066	1067	1069	1064

图 4　锚杆荷载长期观测曲线

适应性试验中的预应力锚杆在 1.5 倍设计荷载三次反复作用下，内锚段持荷稳定，自由段长度处在规定范围内，锚杆荷载长期运行平稳，损失小，从而验证了锚杆结构设计的合理性、可靠性，以及在软、硬交变地层中应用的实用性。同时也完善了锚杆施工技术措施，例如：依据试验结果，将锚杆内锚段预制待凝时间，由 20 余天，提前至 10 至 15 天，加快了日后施工速度；依据测力计荷载检测结果，将超张拉荷载由 1150kN，改为 1123kN，使锚杆锁定荷载满足设计要求等。

6　几点体会

（1）预应力锚杆的现场适应性试验，尽管锚杆试验数量少，但要精心策划，规范实施，方能使试验结果具有完善和指导日后施工的作用。

（2）预应力锚杆的现场验收试验，实行全检制。每一根锚杆均要通过它的检验，方可张拉锁定。该项试验是对锚杆设计、施工、材料等诸环节的全面检验。而经过检验、建立预应力的锚杆则具有明确的承载能力和稳定性，这对保证加固工程的质量是非常有益的。

（3）巴贡水电站预应力锚杆加固工程坚持信息化施工，不断改进质量体系，在动态良性循环中充实、完善技术保障措施，既保证了施工质量，又加快了施工进度。

参考文献

[1]〔英〕汉纳 TH. 锚固技术在岩土工程中的应用. 北京：中国建筑工业出版社. 1987.

[2] L. Hobst and J. Zajic. Anchoring in Rock and Soil. Elsevier Scientific Publishing company. New York. 1983.

地震作用下拉力型集中型锚索索体轴力动力响应的数值模拟分析

孟 芹[1] 孙祺华[2] 罗 斌[3] 谭万波[4]

（1. 贵州省交通职业技术学院 2. 贵州省交通规划勘察设计研究院
3. 重庆交通科研设计院 4. 贵州省交通科学研究院）

摘 要 基于FLAC－3D程序，对拉力型集中型预应力锚索在地震作用下的破坏模式进行了数字模拟。通过不同岩体强度、砂浆强度、预应力大小和地震烈度等参数的变化，进行数值模拟试验，分析了不同情况下索体轴力动力响应的变化趋势，为拉力型集中型预应力锚索在地震荷载作用的锚固效果研究提供一定的参考。

关键词 拉力型锚索 索体轴力 数值模拟 地震

1 引言

近年来地震灾害的频繁发生使得工程界针对道路的安全和稳定展开了深入研究，预应力锚索作为现在常用的边坡加固措施，在地震荷载的作用下能否起到加固边坡防止滑坡的作用，能否保证自身的安全性是一个值得研究的课题。目前，国内预应力锚索抗震性能研究开展得很少，且无设计规范可循，所以，进行正确的抗震研究，确保其抗震安全性具有非常重要的意义。

2 模型的建立

2.1 边坡模型

模型坐标采用直角坐标系，坐标原点在模型前侧面的底部。计算模型取 30m×5m×20m 含软弱夹层的斜坡体，岩体结构层如图 1。建模时先采用 FLAC－3D中的 brick 单元建立第二层岩体，然后再叠加 brick 单元的软弱层，最后在上部叠加 brick 单元建立第一层岩体。采用拉力型锚索，自由段穿过软弱层大约 1.5m（图 1）。

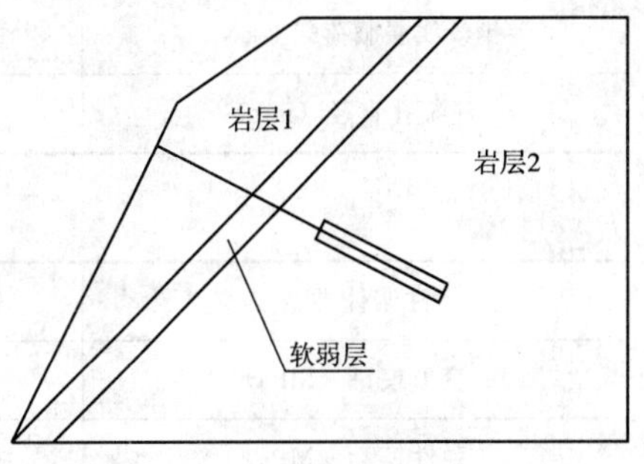

图 1 岩层示意图

为了对比不同岩体的参数对锚索应力分布的影响，本模型采用两组围岩参数，且在一组围岩参数中将结构中的岩层一和岩层二设置为同一种岩石参数，岩组 1 近似粘土，岩组 2 近似软岩，两组围岩采用同一组软弱层参数。具体参数值列入表 1。将模型进行划分网格，划分后模型共有 63200 个单元，划分网格后的边坡模型如图 2 所示。

围岩的力学参数　　　　表 1

参数名称	岩组 1	岩组 2	软弱层
重力密度（kN/m^3）	2380	2680	2100
体积模量（GPa）	0.641	1.281	0.064
剪切模量（GPa）	0.403	0.808	0.040
粘结力（MPa）	1.0	1.6	0.01
抗拉强度（MPa）	1.0	1.6	0.01
抗压强度（MPa）	35	50	0.4

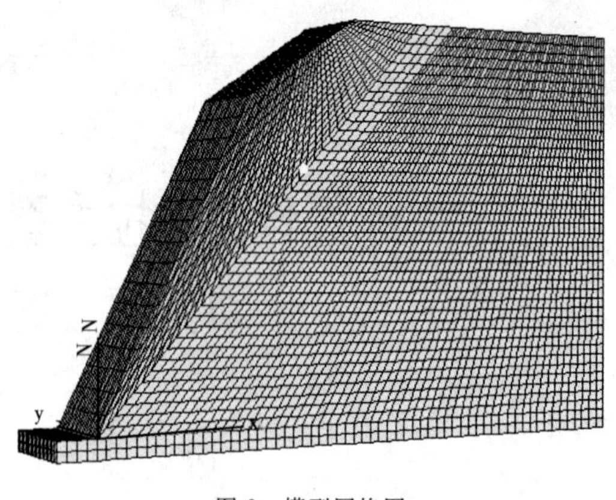

图 2　模型网格图

2.2　锚索模型

FLAC－3D 提供了 cable 单元来进行锚杆、锚索的支护模拟，通过删除建立 link 连接来模拟托盘。通过删除锚索锚头及 cable 单元头部的 node 与岩体单元 zone 之间自动建立的连接，然后在它们之间建立刚性连接来模拟托盘。锚杆（锚索）自由端和锚固段通过设置不同锚固剂参数来模拟，预应力加在锚杆（锚索）自由端。

鉴于物理力学性能是锚固体系优化设计的关键，当前国内的锚固规范对注浆体也没有制定统一的行业标准，大部分情况下，设计单位在进行锚固工程设计时对注浆体的要求主要体现在强度等级方面，以此来保证其锚固性能。比如对拉力型锚索，一般都规定其注浆体抗压强度标准值应大于或等于 30MPa，而对其具体的配合比则不做要求。本研究在查阅规范并调研某些实体工程所使用的注浆体的情况下，设计了 2 种强度不同的注浆体，对锚的极限承载能力、荷载变位特性的影响进行了深入而全面的研究，为后续锚固工程的优化设计、施工提供了一定的参考依据。

索体和浆体所采用的具体参数列入表 2、表 3。

锚索的力学参数　　　　表 2

钢绞线弹模（GPa）	190	钢筋直径（mm）	4×Φ15.24
钢绞线密度（kg/m^3）	7.87×10^3	钢绞线破坏荷载（kN）	260.7×4
钢绞线屈服荷载（kN）	234.6×4	钢筋屈服强度（MPa）	1860
注浆孔直径（mm）	130		

注浆体的力学参数　　　　表 3

注浆体类型	浆 1	浆 2
变形模量（MPa）	21944	19098
弹性模量（MPa）	23406	20677
泊松比	0.2	0.19
剪切模量（MPa）	9753	8688
压缩模量（MPa）	9753	8509

续上表

注浆体类型	浆 1	浆 2
抗压强度（MPa）	53.5	49.9
极限剪切强度（MPa）	1.6	1.5
凝聚力（MPa）	4.0	3.0
内摩擦角（°）	52.6	52.1

根据前人的分析可以知道，不同预应力作用下锚索锚固段界面剪应力分布形态与锚索轴力分布大致相同，在锚固段起点处最大，向下逐渐衰减，直至为 0。在本模型中拟采用的拉力型锚索总长度为 13.5m，锚固段为 4.5m。为方便数据监测，利用软件将其自由段平分为 3 段，即 3 个锚索构件，每个构件约长 3m；将其锚固段平分为 9 段，即 9 个锚索构件，每个构件约长 0.5m，共计 13 个节点。锚索的构件号和节点号如图 3 所示。

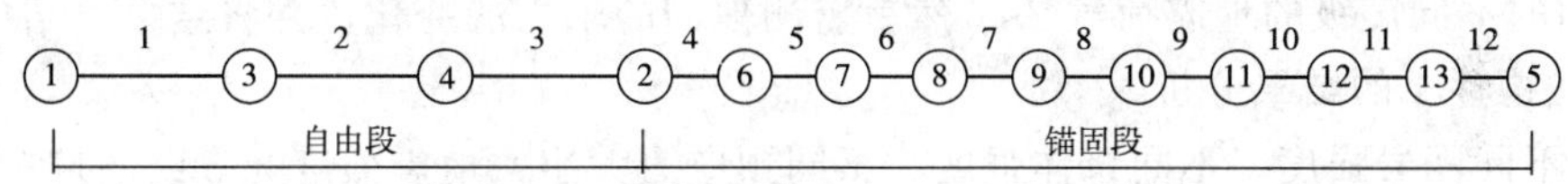

图 3　锚固段节点和单元号示意图

一般的锚索加固工程中均采用多根锚索来加固，没有只用一根锚索对边坡进行加固的情况，因为这里主要研究锚索在地震荷载下所引起的力学变化，因此对数值仿真试验的应力条件进行一定的简化，把锚索的应力分布体现得更清晰。而且，模型的受力状态越简单，预应力锚索的应力变化就表现得越清楚，具体如下：模型除了一个受到垫墩压力作用的侧面为自由面外，其他五个侧面均采用法向约束；不考虑建筑物荷载的影响，也忽略地下水作用。

拟采用本模型研究不同围岩强度（岩组 1、岩组 2）、不同浆体强度（浆体 1、浆体 2）、不同的预应力作用（500kN、650kN 级）和不同地震烈度四种因素作用下，钢绞线沿着轴向的轴力的分布规律分析钢绞线可能产生的破坏。

3　地震烈度值的选取

仅采用挂网喷混凝土防护功能的边坡破坏最为严重；重力式挡土墙虽然体积大抗压抗倾覆能力强，但圬工砌体抗拉、抗弯、抗折能力较弱，在地震中也受到不同程度的破坏；而采用锚固、锚杆框架梁、预应力锚索桩防护措施的边坡，在地震中能较好的抵抗地震力作用的影响。因此在本模型中对地震烈度的考虑仅在Ⅶ、Ⅷ、Ⅸ三个级别上，轻烈度的地震因破坏力较小不做考虑。

一般地震作用持续时间虽可达到 20s 以上，但峰值持续的时间仅为数秒，因此本文选取地震作用时间为 2s。

FLAC－3D 程序允许的动力荷载输入方式可以是：①加速度时程，②速度时程，③应力（压力）时程，④集中力时程。在本模型中选取加速度时程方法进行动力荷载输入。中国的新地震烈度表（1980）规定，烈度为Ⅶ、Ⅷ、Ⅸ时相对应的峰值加速度平均值分别为 0.125g（g 为重力加速度）、0.25g、0.5g。在本文中，选取的各级地震的地震加速度按此选取，并采用自由场边界来模拟模型周围边界上会存在的波反射。采用理论与常规动力分析方法类似的瑞利阻尼，使得分析结果就更好。

考虑围岩强度、浆体强度、预应力大小、地震烈度大小四种因素对锚索及围岩的影响，模型拟进行的模拟试验包括六组：

①岩体1浆体1－500kN预应力下－8级地震烈度，峰值持续时间为2s

②岩体2浆体1－500kN预应力下－8级地震烈度，峰值持续时间为2s

③岩体2浆体2－500kN预应力下－8级地震烈度，峰值持续时间为2s

④岩体2浆体2－650kN预应力下－7级地震烈度，峰值持续时间为2s

⑤岩体2浆体2－650kN预应力下－8级地震烈度，峰值持续时间为2s

⑥岩体2浆体2－650kN预应力下－9级地震烈度，峰值持续时间为2s

4　索体的轴力动力响应分析

因自由段的索体可以自由调整拉力，整个自由段的受力和应力大小相等，自由段设置的监测部位在首构件（构件1），锚固段在轴力较大的两个构件设置监测（构件4、构件5），它们的位置如图3所示。此后构件轴力较小，对高强钢绞线影响不大，所以不多做分析。施加X方向的不同震级的地震荷载2s，然后监测他们的轴力的变化，并将结果总结如下。

4.1　构件1的结果分析

(1) 不同围岩强度、不同浆体强度、不同预应力大小、地震烈度为8级的情况下，构件1的轴力变化如图4a)、b)、c)、e)，在持续2s的正弦波中，轴力皆表现为单调上升曲线，曲线上升的趋势为“急－平－急－平”，表现出一定的周期性，且“急”升的幅度值在锐减，可知上升的空间不大。

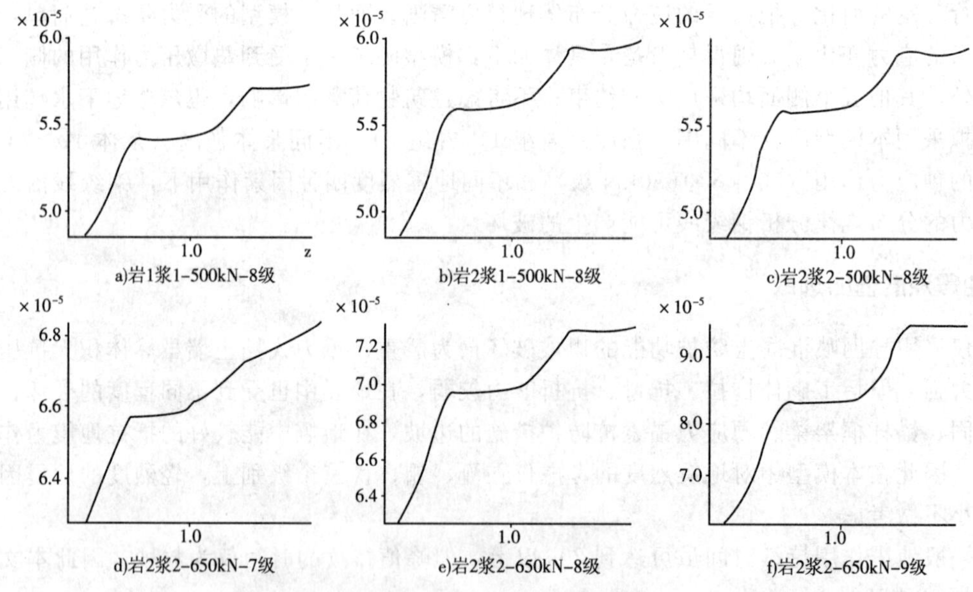

图4　不同地震烈度下构件1的轴力

四组曲线区别仅在于轴力上升的幅度，对比图a)、b）可知，不同围岩强度下，围岩强度大的一组（即图b）轴力上升的幅度较大，最大轴力上升至600kN，为原轴力的123%。对比图b)、c）可知浆体强度较大的一组（也即图b)，轴力上升较大。对比图c)、e)，锚索轴力上升的幅度相同，说明地震荷载下自由段轴力按一定的比例增加。

(2) 预应力为650kN、地震烈度为7级的情况下，构件1的轴力变化如图4d)，在持续

2s 的正弦波中，轴力变为单调上升曲线，曲线上升的趋势为“急－平－缓”，最大轴力上升至 680kN，为原轴力的 108%。

（3）预应力为 650kN、地震烈度为 9 级的情况下，构件 1 的轴力变化如图 4f)，在持续 2s 的正弦波中，轴力变化为单调上升曲线，曲线上升的趋势为“急－平－急－平”，表现出一定的周期性。此时最大轴力上升至 950kN，为原轴力的 150%，虽“急”升的幅度值在锐减，但随着地震荷载作用时间的持续，在几秒钟之内，必将达到索体的极限值。

4.2 构件 4 的结果分析

（1）不同围岩强度、不同浆体强度、不同预应力大小、地震烈度为 8 级的情况下，构件 4 的轴力变化如图 5a)、b)、c)、e)，在持续 2s 的正弦波后，轴力皆表现为单调上升曲线，曲线上升的趋势为“急－平－急－平”，表现出一定的周期性，且“急”升的幅度值在锐减，同构件 4 相似但又有些不同。

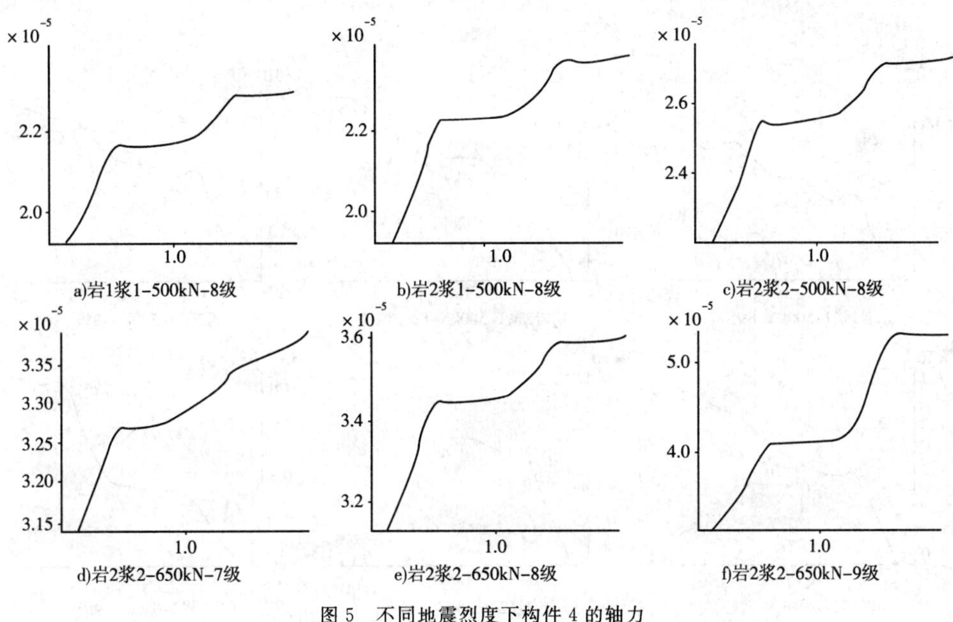

图 5 不同地震烈度下构件 4 的轴力

区别在于轴力上升的幅度，对比图 a)、b) 可知，不同围岩强度下，围岩强度大的一组（即图 b）轴力上升的幅度较大，最大轴力上升至 240kN，为原轴力的 123%。对比图 b)、c)，轴力上升的幅度相同。对比图 c)、e)，预应力大的一组锚索轴力上升反而小些，上升倍数为 1.15 倍。

（2）预应力为 650kN、地震烈度为 7 级的情况下，构件 4 的轴力变化如图 5d)，在持续 2s 的正弦波中，轴力变为单调上升曲线，曲线上升的趋势为“急－平－缓”，最大轴力上升至 680kN，为原轴力的 108%，与自由段相同。

（3）预应力为 650kN、地震烈度为 9 级的情况下，构件 4 的轴力变化如图 5f)，在持续 2s 的正弦波中，轴力变为单调上升曲线，曲线上升的趋势为“急－平－急－平”，表现出一定的周期性，此时最大轴力上升至 520kN，为原轴力的 165%，与自由段变化相似。

4.3 构件 5 的结果分析

（1）不同围岩强度、不同浆体强度、不同预应力大小、地震烈度为 8 级的情况下，构件 5 的轴力变化如图 6a)、b)、c)、e)，在持续 2s 的正弦波后，轴力皆表现为上升曲线，曲线上升的趋势为在小幅度波动中不断上升。

对比图a)、b）可知，不同围岩强度下，围岩强度大的一组（即图b）轴力上升的幅度较大，最大轴力上升至37kN，为原轴力的123%。对比图b)、c)，轴力上升的幅度相同。对比图c)、e)，预应力大的一组锚索轴力上升反而小些，上升倍数为1.15倍。

（2）预应力为650kN、地震烈度为7级的情况下，构件5的轴力变化如图6d)，在持续2s的正弦波中，轴力变现为上升曲线，曲线上升的趋势为“急一平一缓”，最大轴力上升至64.2kN，为原轴力的108%。

（3）预应力为650kN、地震烈度为9级的情况下，构件5的轴力变化如图6f)，在持续2s的正弦波中，轴力变现为单调上升曲线，曲线上升的趋势为“急－平－急－平”，表现出一定的周期性，此时最大轴力上升至100kN，为原轴力的165%。

（4）构件5与构件4轴力增加的幅度相同，存在的区别为在曲线变化中出现了一些小的波动。

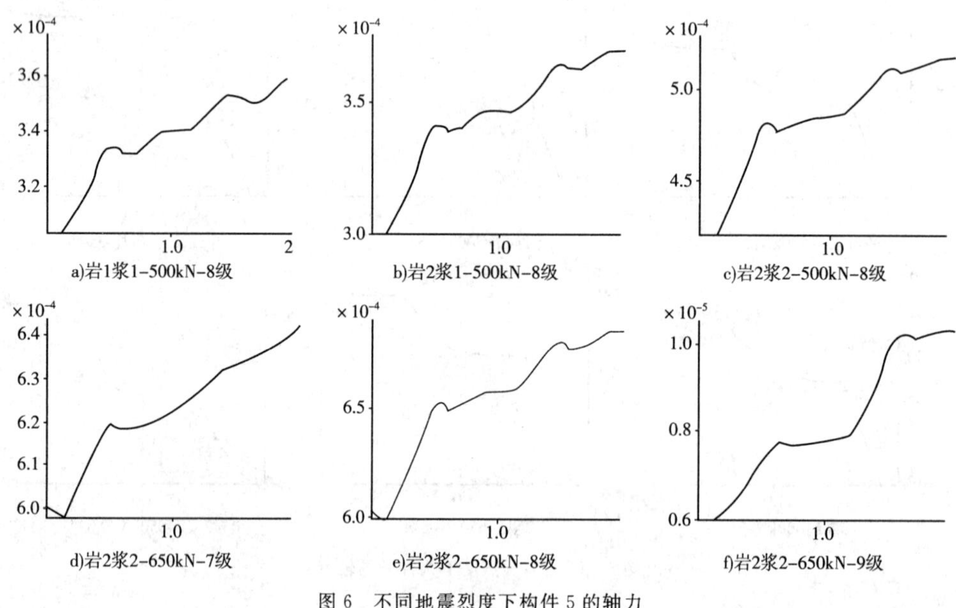

图6 不同地震烈度下构件5的轴力

5 索体的轴向受力特征小结

（1）不同围岩强度，相同浆体强度、预应力、地震烈度的情况下，围岩强度大的情况下，自由端轴力上升的幅度较大，而锚固段近似相同。不同浆体强度，相同围岩强度、预应力、地震烈度的情况下，浆体强度大的情况下，自由端轴力上升的幅度较大，而锚固段反而较小。不同围岩强度，相同浆体强度、围岩强度、地震烈度的情况下，整个索体轴力上升的幅度相同。

（2）预应力为650kN、地震烈度为7级的情况下，自由段在持续2s的正弦波后，最大轴力上升至原轴力的108%，并持续小幅增长，说明锚固段轴力随着锚固段深度的增长轴力上升的速度小幅度减小。

（3）预应力为650kN、地震烈度为8级的情况下，自由段在持续2s的正弦波后，最大轴力上升至原轴力的123%，并持续小幅增长，说明锚固段轴力随着锚固段深度的增长轴力上升的速度小幅度减小。

(4) 预应力为650kN、地震烈度为9级的情况下，自由段在持续2s的正弦波后，最大轴力上升至原轴力的150%，并持续小幅增长，但随着地震荷载作用时间的持续，在几秒钟之内，必将达到索体的极限值。这说明锚固段轴力随着锚固段深度的增长轴力上升的速度小幅度减小，因其静力平衡后的轴力较小而没有达到极限值的趋势。

参考文献

[1] 张军龙，申旭辉，等．汶川8级大地震的地表破裂特征及分段 [J]．地震，2009，1：161-162.

[2] 黄河水利学校主编．水利电力工程地质学 [M]．北京：水利出版社，1980：115-117.

[3] 王茂，罗庆．汶川大地震中道路破坏及设计反思 [J]．铁道工程学报，2009，2：22-24.

[4] 阎莫明，徐祯祥，苏自约．岩土锚固技术手册 [M]．北京：人民交通出版社，2004.

[5] 郭长庆，梁勇旗，等．公路边坡处治技术 [M]．北京：中国建筑工业出版社，2007：104-105.

[6] 彭文斌．FLAC 3D实用教程 [M]．北京．机械工业出版社．2007. 8.

[7] Cornell C A. Engineering seismic risk analysis [J]．BSSA，1968，58 (5)：1583-1606.

[8] Kiureghian A der，Ang A H－S. A fault rupture model for seismic risk analysis [J]．BSSA，1977，67 (4)：1173-1195.

[9] 盛谦．深挖岩质边坡开挖扰动区与工程岩体力学性状研究 [M]．中国科学院研究生院博士学位论文．2002. 6.

[10] 刘波，韩彦辉．FLAC 3D原理、实例与应用指南 [M]．北京．人民交通出版社．2005.

某地铁基坑工程土层锚杆拉拔试验分析

刘继尧[1,2]　张建锋[2]　丁振明[1,2]　赵智涛[1,2]

（1. 北京市市政工程研究院　2. 北京市建设工程质量第三检测所）

摘　要　对锚杆现场极限承载力拉拔试验及验收试验进行介绍，对比不同规范中的相关规定。结合工程实例中的拉拔试验结果进行分析，验证设计及施工质量，并得出经验和提出建议。

关键词　深基坑　土层锚杆　极限承载力　拉拔试验

1　引言

土层锚杆由受拉杆件和锚固体两部分组成，其作用机理是受拉杆件一端通过高压注浆技术固定于滑移面之外的岩土中，将预加锚杆拉力通过锚固体握裹力传递到周边稳定地层中，一端通过腰梁或冠梁与围护桩联结。

土层锚杆在围护结构的应用上具有以下优点：提供开阔的施工空间，改善施工条件，提高挖土和结构施工的效率和质量，节省大量钢材，减少土方开挖量，降低围护结构的造价。为了充分发挥土层锚杆的上述优点，在北京地铁基坑支护工程设计中采用的钻孔灌注桩与土层锚杆相结合的支护方案，已有大量工程应用。

2　试验目的和意义

对于土层灌浆锚杆的极限抗拔力主要考虑以下三个方面：(1) 钢筋或其他材料本身需有足够的截面积承受拉力；(2) 锚固段的砂浆对于钢拉杆的握裹力需能承受极限拉力；(3) 锚固段地层对于砂浆的摩擦力需能承受极限拉力。而国外学者则认为结构能否成功地锚固于地层取决于岩层抵抗锚杆被拉出的抗力，该抗力主要由地层的力学性质，特别是它的剪切强度，即承受锚杆根部压缩力的那部分地层和不受这种应力直接作用的地层之间的剪切强度决定的。地层的抗力还取决于锚杆的构造，特别是锚杆根部的宽度和长度以及锚杆固定于岩层的方法。

锚杆是一种十分有效的支护手段，但就其设计方法而言仍为传统的安全系数法，即定值的力学分析加上经验的安全系数。这种方法总体上并未脱离定值分析的范畴，而安全系数的选取又具有极大的主观经验性，从而导致了设计过程中安全度不足或盲目保守现象的发生。实际工程中锚杆的抗拔力受诸多因素的影响，如岩土地层的性质参数、锚孔的几何尺寸及倾角、锚固长度的大小、灌浆介质的强度，以及杆体的力学性质等，这些因素中的绝大部分通常表现出较强的随机变异性，无法用准确的定值对其进行描述，因此实际工程中需要对锚杆进行现场拉拔试验，验证设计及检验施工质量。

3 锚杆拉拔试验方法

锚杆现场拉拔试验主要分为基本试验、验收试验、蠕变试验三类。

基本试验是锚杆性能的全面试验，目的是确定锚杆极限承载力与锚杆参数的合理性，为锚杆设计、施工提供依据。新型锚杆或锚杆用于未应用过的地层时应进行锚杆的极限承载力抗拔试验，基本试验所用锚杆采用与工程锚杆相同地层条件、施工工艺、杆体材料和锚杆参数；

验收试验为按照工程锚杆数量的一定比例进行抽样检验，用于锚杆施工质量的检验。

蠕变试验为对塑性指数大于17的土层锚杆、极度风化的泥质岩层或节理裂隙发育张开且充满粘性土的岩层中的锚杆，在长时间持荷状况下的蠕变性进行的试验。

通常北京地区采用锚杆支护的土层多为粉土、粘土、砂土、砂卵石地层，所进行的锚杆拉拔试验主要为基本试验及验收试验，通常锚杆试验依据的规范有：

①《建筑地基基础设计规范》GB 50007－2002；②《建筑基坑支护技术规程》JGJ 120－99；③《土层锚杆设计与施工规范》CECS 22：2005；④《建筑边坡工程技术规范》GB 50330－2002。

其中，对于锚杆基本试验（锚杆极限承载力试验）方法要求，规范①、②、③、④均有详细的规定；对于验收试验，仅规范②、③、④有相应规定，规范①未作要求；对于蠕变试验，仅规范②、③有相应要求，规范①、④未见相关规定。锚杆基本试验方法的对比分析见表1。

不同规范对锚杆基本试验方法的对比分析 表1

<table>
<tr><th></th><th>《建筑地基基础设计规范》GB 50007－2002</th><th>《建筑基坑支护技术规程》JGJ 120－99</th><th>《土层锚杆设计与施工规范》CECS 22：2005</th><th>《建筑边坡工程技术规范》GB 50330－2002</th></tr>
<tr><td>一般规定</td><td>不少于3根</td><td>浆体强度达15MPa或设计的75%</td><td>不少于3根</td><td>灌浆强度达到设计强度的90%</td></tr>
<tr><td>最大荷载</td><td>$0.8A_sf_y$</td><td>$0.9A_sf_y$</td><td>$0.8A_sf_y$</td><td>$0.9A_sf_y$</td></tr>
<tr><td>加荷方式</td><td>6循环4级</td><td>6循环5级</td><td>6循环4级</td><td>4循环6级</td></tr>
<tr><td>测读时间</td><td>前三级5min，第四级10min</td><td>前四级5min，第五级10min</td><td>前三级5min，第四级10min</td><td>每级5min</td></tr>
<tr><td>每级荷载稳定标准</td><td colspan="3">每级加载观测时间内，当锚头位移增量不大于0.1mm时，可施加下一级荷载；不满足时应在锚头位移增量2小时以内小于2mm时，再施加下一级荷载</td><td>每次加、卸荷测读位移二次，连续二次变形量：砂质土、硬粘性土中锚杆小于0.1mm时，加下一级荷载</td></tr>
<tr><td>试验终止或破坏条件</td><td>（1）后一级荷载位移增量达到或超过前一级荷载2倍；（2）锚头总位移不收敛；（3）锚头总位移超过设计允许值</td><td colspan="2">（1）后一级荷载锚头位移增量达到或超过前一级荷载位移增量的2倍时；（2）锚头位移不稳定；（3）杆体拉断</td><td>（1）锚头位移不收敛，锚固体或锚杆拔出；（2）锚头总位移量超过设计允许值；（3）后一级荷载的锚头位移增量，超过上一级荷载增量的2倍</td></tr>
<tr><td>锚杆极限承载力</td><td>锚杆的极限承载力应取终止试验荷载的前一级荷载的95%</td><td colspan="3">锚杆极限承载力取破坏荷载的前一级荷载，在最大试验荷载下未达到前述规定的破坏标准时，锚杆极限承载力取最大荷载</td></tr>
</table>

通过对上述不同规范的对比，通常对地铁基坑支护锚杆按照《土层锚杆设计与施工规范》CECS 22：2005 进行基本试验，对该规范中规定未尽之处，应同时参照其余规范进行试验。

4 实例工程概况

北京地铁某车站基坑深约 29m，采用桩锚支护体系。3 根进行基本试验的锚杆为临时性锚杆，位于砂卵石地层中；选用跟管钻进成孔，成孔直径为 150mm，钻孔倾角 15°；预应力筋材料为 5 根强度等级为 1860 级 $7\phi5$ 钢绞线，其弹性模量为 $192kN/mm^2$；注浆材料采用水灰比为 0.6 的 M_{20} 素水泥浆；锚杆设计轴向拉力值为 580kN；自由段长度为 5m，锚固段长度皆为 19m。

本工程锚杆拉拔试验按照《土层锚杆设计与施工规范》（CECS 22：2005）进行，根据规范要求及现场情况，采用穿心式液压千斤顶进行加荷，荷载读数采用穿心式力学传感器测读，锚头位移采用大量程百分表读数，百分表采用地面固定支架安装，见图 1 和图 2。

图 1　现场拉拔试验

图 2　现场拉拔试验装置

5 现场拉拔试验结果及分析

根据锚杆设计文件及规范要求，按表 2 中加载等级和时间进行试验。

加荷等级及观测时间表　　表 2

循环荷载（kN）	初始荷载	—	—	—	130	—	—	—
	第一循环	130	—	—	391	—	—	130
	第二循环	130	391	—	521	—	391	130
	第三循环	130	391	521	651	521	391	130
	第四循环	130	391	651	781	651	391	130
	第五循环	130	391	781	911	781	391	130
	第六循环	130	391	871	1042	781	391	130
观测时间（min）		5	5	5	10	5	5	5

图 3 为 1 号锚杆基本试验曲线，测试中在前五级循环过程中没有出现任何异常现象，每级加荷后锚头位移稳定较快，位移变化正常。在第六循环过程荷载为 1042kN 时，锚杆位移（28.26mm）明显增大，超过前一级位移增量（13.56mm）的 2 倍，锚杆破坏。实测锚杆极限承载力取上一级荷载为 871kN，锚头总位移量为 68.93mm。

在测试 2 号锚杆时，在前四级循环过程中没有出现任何异常现象，每级加荷后锚头位移稳定较快，位移变化正常，见图 4。在第五循环过程荷载加至 911kN 时，锚杆位移（23.31mm）明显增大超过前一级位移增量（10.74mm）的 2 倍，锚杆破坏。实测锚杆极限承载力为上一级荷载 781kN，锚头总位移量为 31.29mm。

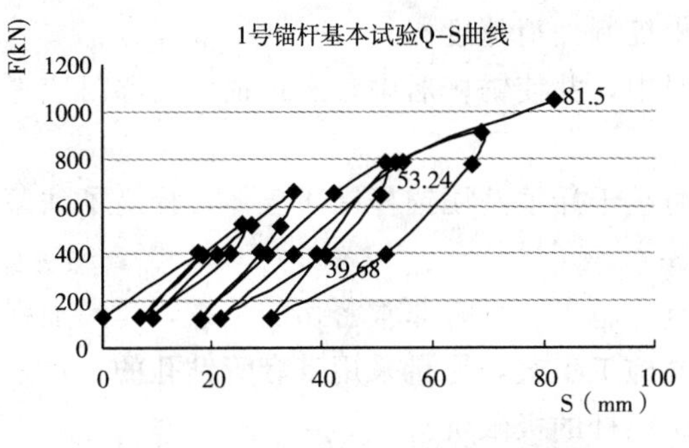

图 3　1 号锚杆基本试验曲线

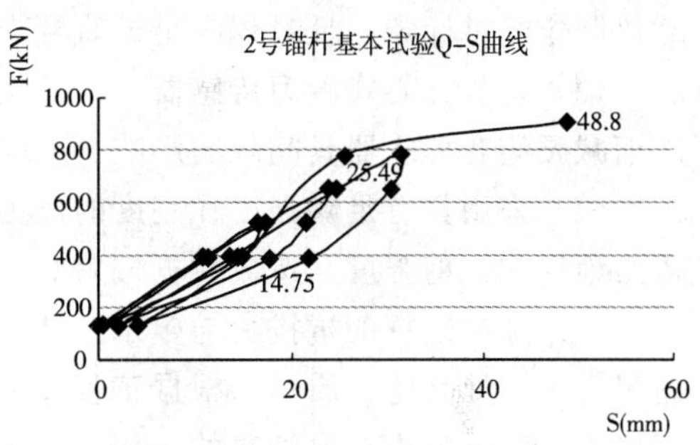

图 4　2 号锚杆基本试验曲线

在测试 3 号锚杆时，在前四级循环过程中没有出现任何异常现象，每级加荷后锚头位移稳定较快，位移变化正常，见图 5。在第五循环过程荷载为 911kN 时，锚杆位移（33.13mm）增量超过前一级位移增量（16.14mm）2 倍，锚杆破坏。实测锚杆极限承载力为 781kN，锚头总位移量为 49.05mm。

由基本试验结果可见，试验锚杆的极限抗拔力约为锚杆设计轴向拉力的 1.3～1.5 倍，极限抗拔力大于锚杆设计轴向拉力，且具有一定安全储备，说明该锚杆锚固段与自由段长度适中，锚杆参数设计合理，可不进行调整。

图 6 为该工程相同条件下的 6 根工程锚杆验收试验曲线，验收试验锚杆为随机抽取。由验收试验结果可见，所进行试验的锚杆的弹性位移大于相应荷载下自由段杆体理论弹性伸长值的 80%，且小于杆体自由段长度与 1/2 锚固段长度之和的理论弹性伸长值。说明工程锚杆自由段长度在合理范围，未小于设计值，当出现锚杆位移时不增加锚杆预应力损失；且锚固段注浆体与杆体之间的粘结作用有效，锚杆承载力满足工程使用要求。

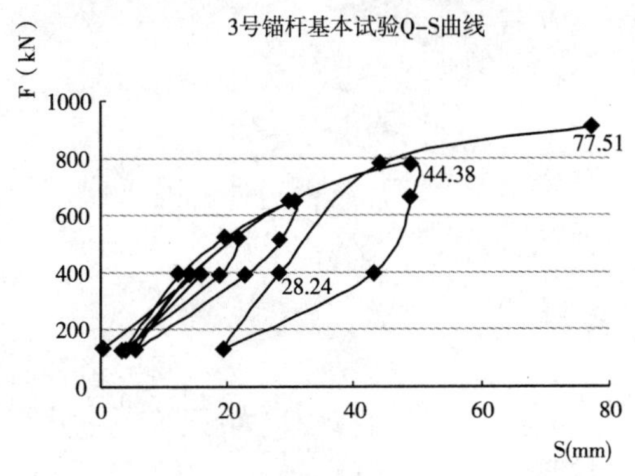

图 5　3 号锚杆基本试验曲线

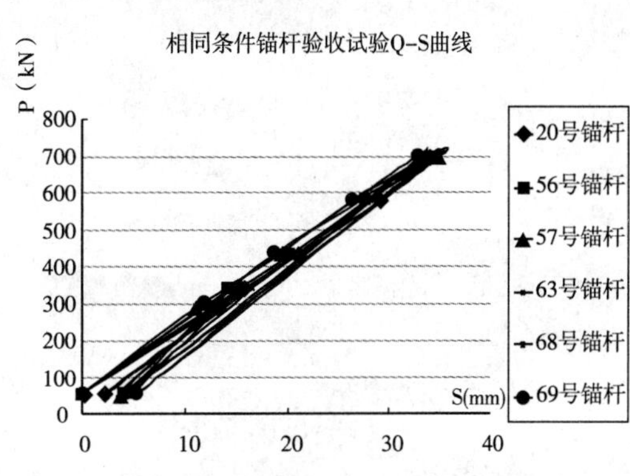

图 6　6 根相同条件锚杆验收试验曲线

6 结束语

锚杆拉拔试验是验证设计和施工质量较为直观的手段，本工程试验锚杆的承载力均大于设计要求的荷载，锚头位移符合相关规范要求，但在锚杆的试验实施、结果分析和实际应用中，仍需进一步进行研究。

通过本工程实践，得出一些体会并提出建议：

（1）锚杆锚固体应达到一定强度，通常大于 15MPa 时，可进行锚杆试验。

（2）加荷千斤顶额定压力和精度应满足极限承载试验要求，用于试验的测力、位移、计时仪器应经过标定，且量程满足试验要求，试验中控制加荷速度。

（3）安装穿心式测力传感器与千斤顶应严格对中，并使锚杆居中，测量锚头位移时应考虑消减腰梁变形、器具间隙的影响。

（4）采用具有足够强度和刚度的反力承载，防止千斤顶挤压锚杆周边土体，提高了注浆体与地层的抗剪强度，造成数据偏差。

（5）土层锚杆的抗拔力与施工工艺、施工器具、施工质量有非常密切的关系，建议加强施工管理，提高施工质量，根据工程实际采用不同施工工艺，尽量采用带套管钻孔的机械进行施工，注重发挥二次注浆的作用，显著提高土层锚杆的极限抗拔力。

（6）土层锚杆的群锚效应的最小间距，以及群锚效应对单根锚杆极限抗拔力的影响还值得进一步的研究分析。

参考文献

[1] 闫莫明，徐祯祥，苏自约．岩土锚固技术手册．北京：人民交通出版社，2004.

[2] GB50086—2001 锚杆喷射混凝土支护技术规范．

[3] CECS22 2005 岩土锚杆（索）技术规程．

[4] GB 50007－2002 建筑地基基础设计规范．

[5] GB 50330－2002 建筑边坡工程技术规范．

[6] JGJ 120－99 建筑基坑支护技术规程．

基于孔底预埋反射装置的锚索质量检测与安全监测技术

唐树名　罗　斌　饶枭宇

（招商局重庆交通科研设计院有限公司）

摘　要　预应力锚索在边坡工程中使用量很大，并且直接关系工程的安全稳定。长期以来，锚索的施工质量与工作状况一直受到高度关注。采用基于孔底预埋反射装置的锚索无损检测技术，探索建立锚索无损检测的分析模型，介绍孔底监测器的基本功能和使用方法。以云南蒙新高速公路为例，采用锚索无损检测技术，通过在锚索底端预埋孔底监测器，成功用于锚索锚固质量检测、评价与监测。

关键词　锚索　无损检测　孔底监测器

预应力锚索广泛用于公路边坡加固。作为主动加固结构，工程的安全稳定在很大程度上依赖于预应力锚索的加固作用。

锚索施工质量无损检测与工作状况监测一直受到高度关注。锚索的施工质量如何，工作状况是否良好，是否有一天会失效，成为工程中的“定时炸弹”，使工程毁于一旦，这些问题一直困扰着工程界。

目前，锚索锚固状态评价主要有4种手段：破坏性试验、拉拔试验、长期监控、无损检测。其中，无损检测能够对正在或已经施工的工作锚索进行检测，并且成本低、方便快捷，对结构不产生破坏，具有明显的优势。但是，锚索无损检测还需要解决一系列技术问题，如反射信号微弱及长度识别困难、灌浆饱满度如何判断、换能器在锚索上无法安装等。

1　基于孔底监测器的锚索质量检测与安全监测的技术原理

采用无损检测技术，以应力波反射法为基础，通过锚索（或长锚杆）锚固状态下的动力响应规律建立检测模型。下锚前，在锚索（或长锚杆）底端安装孔底监测器，并随锚索（或长锚杆）一起安装进钻孔中。检测时，在锚索（或长锚杆）外露端激发弹性波，通过仪器采集反射装置反射的回波，分析反射回波，得出锚索（或长锚杆）的长度、灌浆饱满度等锚固状况数据。该无损检测方法可在不破坏锚固结构的情况下，通过分析锚索（或长锚杆）底端反射回波的反射点位置准确判断锚杆锚索的长度，通过反射波幅值与入射波波幅值的比值判断锚杆或锚索的灌浆饱满度，从而分析得出锚索（或长锚杆）的锚固状态。

2　孔底监测器

现有锚索及锚杆锚固质量无损检测中，对于锚索及长锚杆，由于弹性波传播距离较长，在传播过程中能量不断衰减，当弹性波到达锚索（长锚杆）底端后，大部分继续往前传播和透射，少部分反射回去，因此，难以判断锚索（长锚杆）的底端，也就无法准确确定锚索或锚杆的长度。同时，也无法根据反射波幅值与入射波波幅值的比值判断锚索或锚杆的灌浆饱满度。总之，准确识别锚固的底端是锚固质量检测的前提，否则无法确定锚索或锚杆的长度和灌浆饱满度，就会严重影响检测的可靠性和准确性，不能真实反映锚索及锚杆的锚固质量。孔底监测器（见图 1）具有以下功能与作用：

（1）显示锚索（锚杆）底端及长度，增强反射信号；

（2）增强灌浆饱满度检测判读的准确性，增强灌浆饱满度评价标准的统一性；

（3）辅助监测锚索的工作状况和安全性；

（4）替代锚索导向帽；

（5）锚索内锚段端部的腐蚀防护。

图 1　锚索孔底监测器

3　锚索无损检测分析模型

通过建立锚固结构系统低应变纵向动力响应的数学力学模型，为锚固系统的动力检测奠定相应的理论基础。

3.1　完整锚固结构系统

锚固结构同时承受着锚固介质和围岩的多重影响，锚固结构系统共同工作时，锚筋的纵向动力响应是复杂的。

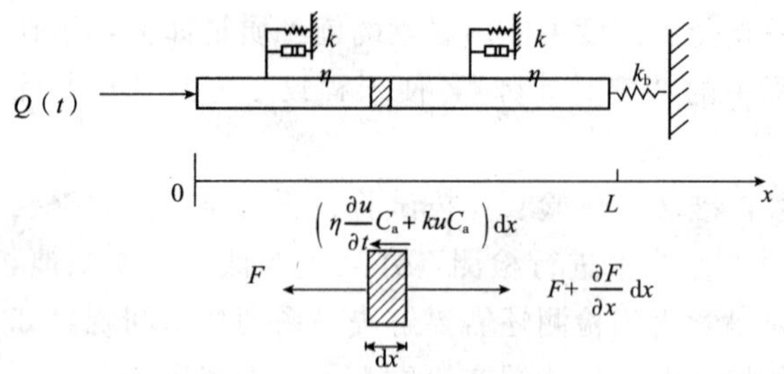

图 2　完整锚固结构低应变动力响应问题数学力学模型

图 2 是完整锚筋低应变动力响应问题数学力学模型，锚筋长为 L，截面积为 S，截面周长为 C_a，锚筋的材料密度 ρ。对于完整锚固结构，作如下假设：

（1）锚筋为有限长等截面均质体，材料为质量连续分布的线弹性体，其杨氏模量为 E，冲击激励所引起的最大位移远小于锚固介质的弹性位移，不考虑非线形因素。

（2）锚固体及围岩均质，且对锚筋的作用用一个线性弹簧和线性阻尼器以平行的方式耦合，其分布式弹簧系数为常量 k，阻尼系数 η 为常量。

（3）底部围岩对锚筋的作用简化为线性分布式弹簧，其弹簧常数为 k_b。

（4）锚筋纵向振动时，锚筋、浆体及围岩只发生线弹性变形。

（5）激励力沿锚筋纵轴线方向，且均布于锚筋顶部。

取锚筋体微元作动力平衡分析得

$$F+\frac{\partial F}{\partial x}\mathrm{d}x-F-\left(\eta\frac{\partial u}{\partial t}C_a+kuC_a\right)\mathrm{d}x=\rho S\mathrm{d}x\frac{\partial^2 u}{\partial t^2} \tag{1}$$

式中：u——锚筋体质点位移，它是 x 及 t 的函数；

F——内力，$F=SE\frac{\partial u}{\partial x}$。

经代入简化得：

支配方程：
$$\frac{E}{\rho}\cdot\frac{\partial^2 u}{\partial x^2}-\frac{\eta}{\rho}\cdot\frac{C_a}{S}\cdot\frac{\partial u}{\partial t}-\frac{k}{\rho}\cdot\frac{C_a}{S}u-\frac{\partial^2 u}{\partial t^2}=0 \tag{2}$$

边界条件：
$$\left.\frac{\partial u}{\partial x}\right|_{x=0}=-\frac{Q(t)}{ES};\quad \left[\frac{k_b}{E}u+\frac{\partial u}{\partial x}\right]_{x=L}=0 \tag{3}$$

初始条件：
$$u(x,0)=0;\left.\frac{\partial u}{\partial t}\right|_{(x,0)}=0 \tag{4}$$

3.2 缺陷锚固结构纵向动力响应

缺陷锚固结构低应变纵向动力响应问题的数学力学模型见图 3。锚固系统的缺陷主要体现在锚杆杆侧胶结体和围岩对锚杆作用的等效特征参数的变化。

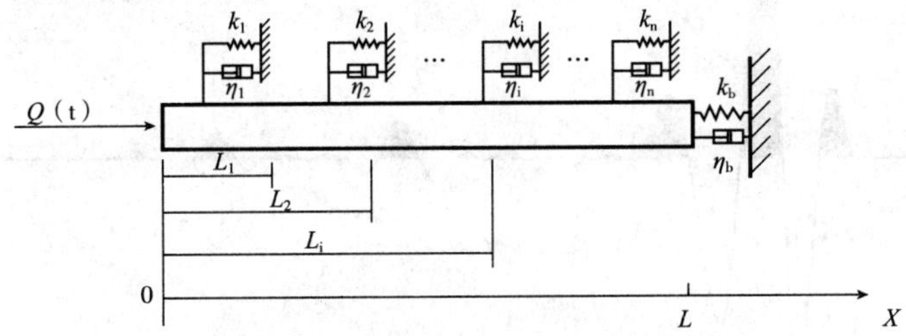

图 3 缺陷锚固结构低应变动力响应问题数学力学模型

把筋材侧分为 n 段，其等效弹性系数和阻尼系数分别为 k_i、η_i，等效特征参数变化处离锚头的长度为 L_i，其中 $L_0=0$，$L_n=L$，底部等效弹性系数为 k_b，底部等效阻尼系数 η_b，令

$$C=\sqrt{E/\rho},T_c=L/C,\tilde{t}=t/T_c,\tilde{x}=x/L,m_i=L_i/L$$

$$\alpha_i=T_c\frac{\eta_i C_a}{\rho S},\beta_i=T_c^2\frac{k_i C_a}{\rho S},\alpha_b=\frac{\eta_b}{E}C,\beta_b=\frac{k_b}{E}L$$

式中：α_i——杆侧阻尼因子；

β_i——杆侧刚度因子；

α_b——杆端阻尼因子；

β_b——杆端刚度因子。

对支配方程及初边值条件统一量纲化。令 U_i $(\tilde{x},s)$、Q_L (s) 分别为 u_i $(\tilde{x},\tilde{t})$、Q $(\tilde{t})$ 的拉普拉斯变换，即

$$U_i(\tilde{x},s)=L[u_i(\tilde{x},\tilde{t})]=\int_0^\infty u_i(\tilde{x},\tilde{t})e^{-s\tilde{t}}\mathrm{d}\tilde{t},Q_L(s)=L[Q(\tilde{t})]=\int_0^\infty Q(\tilde{t})e^{-s\tilde{t}}\mathrm{d}\tilde{t}$$

经变换，得到如下定解问题：

支配方程变为：
$$\frac{\mathrm{d}^2U_i(\tilde{x},s)}{\mathrm{d}\tilde{x}^2}-\lambda_i^2U_i(\tilde{x},s)=0 \tag{5}$$

其中，$\lambda_i^2=s^2+\alpha_i s+\beta_i$，$i=1, 2, 3, \cdots\cdots, n$

边界条件变为：

$$\frac{\mathrm{d}U_1(0,s)}{\mathrm{d}\tilde{x}}=-\frac{Q_L(s)L}{ES} \tag{6}$$

$$\frac{\mathrm{d}U_n(1,s)}{\mathrm{d}\tilde{x}}+(\alpha_b s+\beta_b)U_n(1,s)=0 \tag{7}$$

位移应力连续条件为：

$$U_i(m_i,s)=U_{i+1}(m_i,s),\frac{\partial U_i(m_i,s)}{\partial \tilde{x}}=\frac{\partial U_{i+1}(m_i,s)}{\partial \tilde{x}}$$

4 应用实例

以云南蒙新高速公路锚索施工质量检测为例，通过在锚索底端预埋孔底监测器，成功用于锚索锚固质量检测、评价与监测。图 4 为锚索安装孔底监测器后的检测波形。

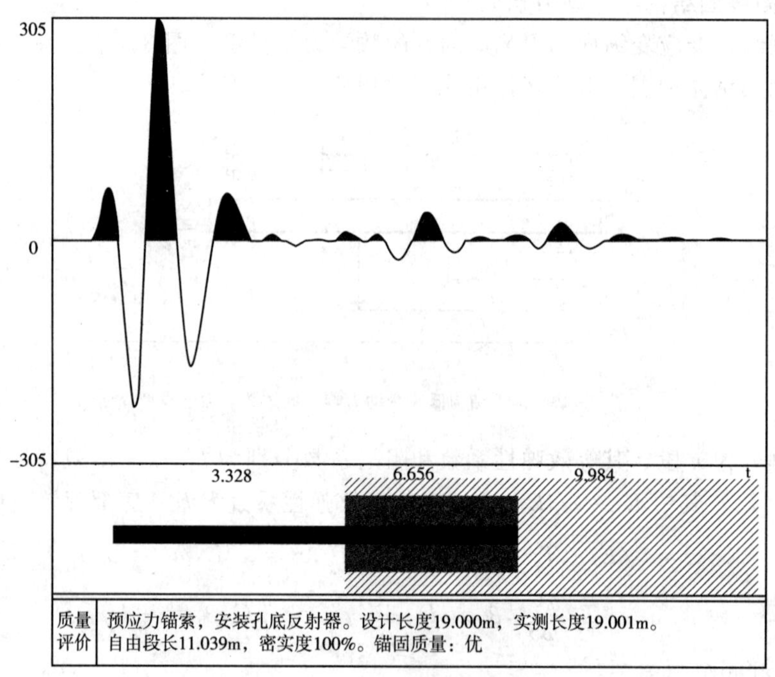

图 4 安装孔底监测器的锚索无损检测波形

图 4 中，第 1 个反射点为锚索自由段与锚固段的分界点，第 2 个反射点为锚索的底端，由此分别得出了锚索自由段及锚固段的长度。灌浆质量需与相同工况条件下的标准信号比照。图 4 中，根据波形特征和能量反射情况，灌浆密实度判断为 100%。

5 结论

（1）锚索无损检测在技术上已经实现，能够满足生产检测的需求，可以广泛推广使用。

（2）安装孔底监测器可大大提高锚索及长锚杆无损检测的可靠性和准确性。在锚索及长锚杆检测中，由于波的传播距离较长，当底端反射信号不能满足检测要求时，需要在锚索及长锚杆底端安装孔底反射器，以增强反射率和反射回波的强度，并准确判断锚索（或长锚杆）的底端，提高检测的可靠性和准确性。

参考文献

[1] 罗斌，唐树名．边坡锚索（杆）无损检测技术现状与仪器开发对策［C］//公路边坡及其环境工程技术交流会论文集．北京：人民交通出版社，2005.

[2] 李喜孟．无损检测［M］．北京：机械工业出版社，2004.

预应力锚索锚下预应力检测技术

罗　斌[1]　黄庆龙[2]　唐树名[1]　饶枭宇[1]

（1. 招商局重庆交通科研设计院有限公司　2. 中国市政工程西南设计研究总院）

摘　要　根据预应力锚索的结构，采用反拉预应力锚索，实时记录反拉过程中的反拉力及相应的位移，采用计算机对反拉过程进行实时数据采集与分析，在测得所需数据时便发出警报终止反拉，从而实现对锚索锚下预应力的检测。通过大量生产现场检测，取得满意的结果。

关键词　预应力锚索　锚下预应力　反拉　检测

1　概述

预应力锚索是一种高效经济的锚固技术，在岩土工程中广泛使用，如高边坡加固、滑坡治理等。目前，对新建预应力锚索的施工张拉有效预应力及既有预应力锚索的工作预应力（统称为锚下预应力）的检测，除了在施工时预埋力传感器，没有别的行之有效的办法。采用预埋传感器监控的方法，难以大量实施。一方面，必须预先埋设；另一方面，传感器在野外受到诸多因素影响，容易失效，而且一旦传感器失效将无法补救。研究高精度、低成本、实用性强、无破损的锚索锚下预应力的检测手段，成为预应力锚索检测中的一个需要解决的问题。

针对上述情况，本文通过对预应力锚索结构及其受力情况的研究，提出一种利用反拉法检测预应力锚索锚下预应力的原理，利用该原理设计出一套检测设备，从而实现对预应力锚索锚下预应力的检测及对运营中预应力锚索锚下有效预应力的检测诊断。

2　检测原理的提出

预应力锚索是一种可承受拉力的结构系统，它的一端被固定在稳定地层中，另一端与被加固物紧密结合，形成一种结构复合体，从而改变岩体本身的力学状态，以保持结构物和岩土体的稳定。它的核心受拉体是高强预应力筋（预应力钢丝、钢绞线等），可视为弹性结构体，利用这些材料的应力应变特性，对锚索进行反拉，通过仪器实时跟踪反拉力 F 和反拉产生的位移 S 的连续变化值，并进行拟合绘制出 $F-S$ 曲线（图1），同时跟踪验算曲线的切线斜率变化率，进行判别从而终止反拉。

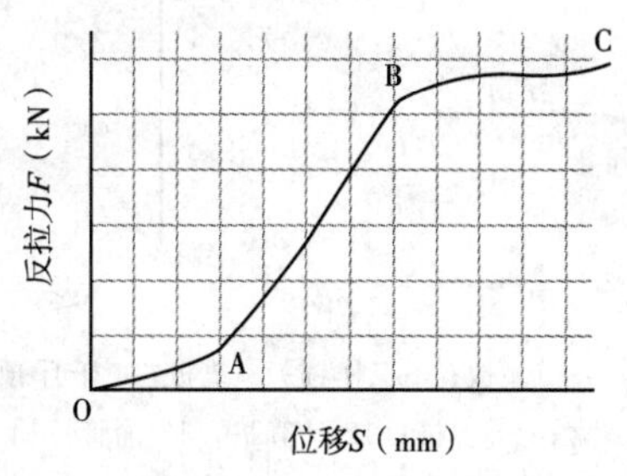

图1　跟踪 $F-S$ 曲线

反拉开始时，设备间空隙被压紧，反拉力增大较小，而位移迅速增大，曲线切线的斜率较小，但缓慢增大，图1中表现为OA段；当设备间空隙完全压紧后，反拉力与位移之间的关系表现如图中的 AB 段，为外露段钢绞线的弹性变形；当反拉力达到一定大小，使得锚索的外露段与自由段共同受力，此时反拉力增加很小但位移增加很大，在曲线中 B 点出现很平缓的一段，通过记录该瞬间的反拉力来推算预应力锚索的锚下预应力，同时由于曲线切线斜率突然变小，于是可以通过监视这个突变值来发出报警从而终止反拉，防止继续反拉造成对锚索的破坏。

3 检测设备开发

根据以上检测原理，开发的检测设备共由五部分组成：应力传感器，位移传感器，检测主机，分析处理软件，张拉设备。

其中应力传感器可采用钢弦式测力计；位移传感器应该精确到百分之一毫米；应力传感器和位移传感器采集的数据传输到主机上，主机可连续记录、存储数据，并传输到计算机系统，计算机通过处理软件分析记录仪传输过来的数据，进行曲线拟合、自动跟踪曲线斜率变化并分析其一定时间间隔内的变化率、在坐标中绘制出相应的 $F-S$ 曲线、并在曲线切线斜率突变时发出声音进行报警提示等；张拉系统由空心千斤顶、油泵、油管、锚夹具、锚垫板和限位板等组成，油泵采用电动加压。

4 检测实施过程

设备安装布置如图 2，工作锚后依次安装锚垫板 3，空心千斤顶 4，限位板 14，应力计 8，限位板 14，工具锚垫板 3 和工具锚 9，安装好夹片。磁性表座吸附在千斤顶表面，如果表面不能稳定吸附，需要设置支撑平台，安置表座，但需要保证稳定牢靠，在检测过程中不能有丝毫晃动。位移传感器顶在限位板 14 上，记录伸长的位移，将位移传感器和应力传感器引出线分别接到记录仪后接入计算机系统。

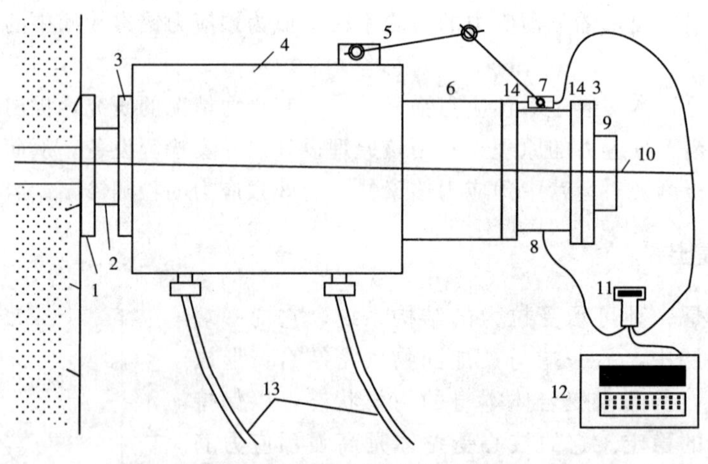

图 2　锚下预应力检测安装示意图

1-锚垫板；2-工作锚；3-垫板；4-千斤顶；5-固定支架；6-千斤顶缸；7-位移传感器；8-应力传感器；9-工具锚；10-锚索；11-主机；12-计算机；13-油管；14-限位板

开始检测时，通过油泵加压，装置被压紧，位多传感器 7 产生位移，应力计 8 受压量测出应力，通过记录仪传输到计算机系统，进行实时采集数据并进行分析，同时显示 $F-S$ 曲线。当反拉力达到预应力锚索锚下预应力大小时，曲线出现拐点，斜率明显变化，据此推算出锚索的锚下预应力，同时发出警报停止加压反拉，不破坏锚索结构。

5 应用实例

为验证该设备检测锚索的锚下预应力的精确度和可靠性，在云南蒙（自）新（街）高速公路边坡上进行了检测测试，蒙新路 K53＋070～＋200 段高边坡采用锚索加固，岩质主要是页岩、泥岩，最大坡高 50m，设计采用 4 束钢绞线预应力锚索，锚索长 20m，单根预应力锚索设计荷载 350kN。

为对比试验，锚索施工时在四级边坡中两孔预埋了锚索测力计，用以长期监测和试验对比分析。检测时间安排在锚索张拉后 24h 至 48h 之内，其中锚索测力计 1 测得锚索 1 锚下预应力为 304.5kN，预应力损失量约为 13%，锚索测力计 2 测得锚索 2 锚下预应力为 292.81kN，预应力损失量约为 16.34%。同时我们通过该套设备进行检测，绘制出锚索 1、2 的 $F-S$ 曲线如图 3 和图 4，分析得出锚下预应力分别为 310kN 和 297kN，和锚索测力计差别分别为＋1.77%和＋1.41%左右，表现出良好的准确性。其余锚索检测出预应力损失均为 12%～35%，也检测出 1 根预应力只有设计力的 62%，即只有 133kN，估计原因是施工时工人的疏忽导致没有完全张拉到位，暴露出该根锚索施工不合格。同时，通过监视一定时间间隔内曲线切线的斜率的变化来报警停止反拉，在检测过程中并没有出现由于反拉力过大破坏锚索结构的情况，说明这个报警系统能有效防止对被检测锚索的破坏。

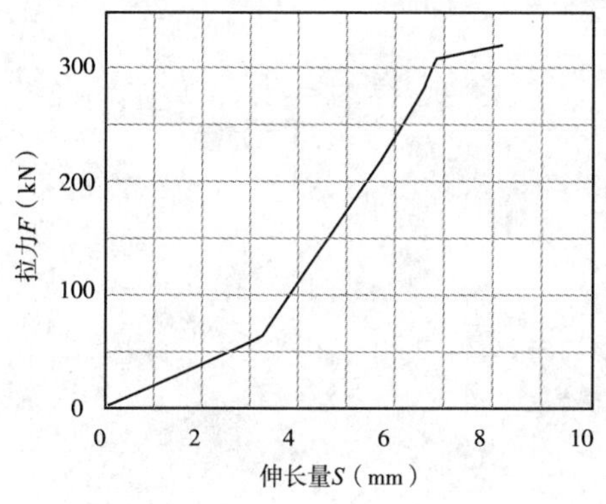

图 3 实测锚索 1 的 $F-S$ 曲线

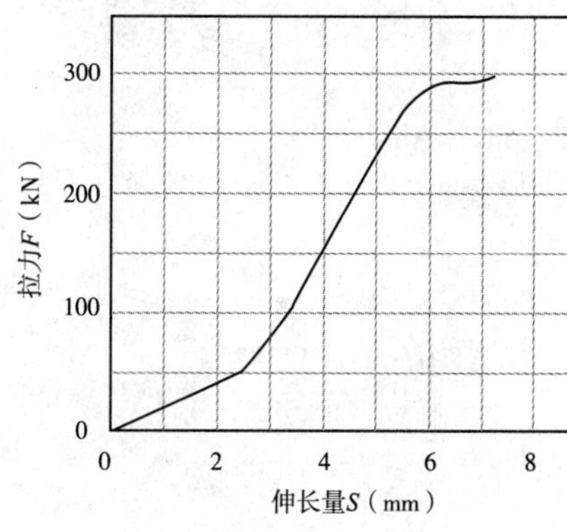

图 4 实测锚索 2 的 $F-S$ 曲线

现场检测测试表明，该套技术对锚下预应力的检测可靠度较高，既能验收刚刚施工张拉完毕的锚索锚下预应力，也能检测运营中锚索的锚下预应力，该技术实现了对锚下预应力的检测，对控制预应力锚索的施工质量、掌握锚索的运行状况具有重要作用。

6 结束语

反拉法既能对刚张拉施工完毕的锚索施工张拉有效预应力进行检测，也能对运营中的既有锚索的工作预应力进行检测。该技术操作简便，可靠性较高，对数据的采集及分析自动化程度较高，成本低，对预应力锚索结构不破坏，适用性强。

反拉法不仅可以检测预应力锚索的锚下预应力，并对其他的预应力锚固体系（如桥梁预应力）同样可以进行检测。

参考文献

[1] GB/T14370－2000 预应力筋用锚具、夹具和连接器.

[2] JTJ 041—2000 公路桥涵施工技术规范.
[3] 程良奎，范景伦，韩军，许建平，等. 岩土锚固 [M]. 北京：中国建筑工业出版社，2003，1.
[4] 闫莫明，徐祯祥，苏自约. 岩土锚固技术手册 [M]. 北京：人民交通出版社，2004，5.

单束中置校验法在现场张拉机具配套标定试验中的应用

尹　衡　陈雁鸿　赵海兵

（四川准达岩土工程有限责任公司）

摘　要　本文介绍了采用单束中置钢绞线校验法，解决轻型千斤顶单根对称、分级循环张拉分散型锚索时不能一次同时提供大吨位锚索测力计所需压力的情况下轻型千斤顶、油压表、高压油泵与大吨位锚索测力计配套标定问题。

关键词　单束中置钢绞线校验法　分散型锚索　轻型千斤顶　大吨位锚索测力计　配套标定

1　引言

张拉是锚索施工中最为关键的工序之一，张拉提供的预应力是否满足设计要求、预应力是否能持续保持（损失在设计、规范要求的范围内），是衡量锚索是否合格的最重要指标。

锚索张拉时，采用张拉力机具（油泵、千斤顶、油压表以及供它们连接的高压油管等）的出力来控制锚索实际需要的应力，通过有相应资质的检验机构配套率定的张拉机具中油压表的读数，按照率定得出的方程进行计算，或者按率定绘制的油压表读数与系统出力曲线读取（装有锚索测力计的锚索，在张拉中可同步读取换算）。锁定后的预应力及损失则靠率定合格的锚索测力计读取（换算）。

虽然张拉力机具、锚索测力计都各自经过了有相应资质的检验机构合格率定，但由于两者精度及安装环境差异等原因，其测定的应力在一定程度上存在差异。因此，规范《水电水利工程预应力锚索施工规范》（DL/T5083－2004）明确规定“张拉千斤顶、压力表、测力计必须配套标定，绘制张拉——压力表（测力计）读数关系曲线”、“锚索受力性能试验的张拉力值应以测力计读数为准”。

在实际施工过程中，由于现场实际工况与试验室环境存在较大差异，张拉千斤顶、压力表、测力计配套标定，不论是采用主动法、还是被动法率定，压力表与测力计的读数不可避免地存在误差。

目前针对复杂岩层，大多设计了分散型锚索，采用小型千斤顶单根对称、分级循环张拉工艺。试验室率定试验基本仍采用整体张拉试验，张拉千斤顶、压力表、测力计配套标定资料的针对性、指导性满足不了施工的需要。

为此，笔者就四川大渡河长河坝水电站锚索施工过程中油泵、千斤顶、油压表以及供它们连接的高压油管、锚索测力计等的现场配套标定试验作简单介绍，抛砖引玉，请同行交流指正。

2　配套标定试验

2.1　概述

长河坝水电站是大渡河干流水电规划调整后的第 10 个梯级电站，位于甘孜州康定县境内，地处大渡河上游金汤河口下游约7km，为一等大（1）型工程，挡水、泄洪、引水及发电等永久性主要建筑物为1级建筑物，永久性次要建筑物为3级建筑物，临时建筑物为3级建筑物。

在引水发电及泄洪放空系统边坡、坝基及坝肩开挖支护施工中，由于断层、裂隙发育，破碎岩体、堆积体等存在，锚索是最主要的深部支护手段之一。

由于岩体的特殊性，部分锚孔在设计的内锚段（多点位移计孔揭示超过设计孔深），仍存在裂隙、破碎岩体，出现垮孔等现象，地质条件极为复杂，为改善内锚段应力分布，降低工程投资，设计为压力分散型无粘结预应力锚索（自由式单孔多锚头防腐型预应力锚索，一根锚索由多组锚头构成），通过锚索结构形式的改变，提高锚固段锚固的可靠度。

自由式单孔多锚头防腐型预应力锚索每级钢绞线不等长（同组等长，每级不等长），要保证每股钢绞线受力尽可能均匀，降低钢绞线受力不均匀系数，防止每股钢绞线受力不均匀，而使受力较大的首先拉断，继而全部相继拉断结果，不宜采用整体张拉（整体张拉在钢绞线长度不同、张拉伸长值等长的情况下，钢绞线受力必不一致）。

设计明确选用的张拉机具应与锚具的类型、锚索的设计张力相匹配。采用轻型千斤顶张拉大型锚索是水工预应力锚固发展方向，其优点是轻便、安全、采用单根对称和分级循环，可调整补偿，减少应力的不均匀性（特别是钢绞线长度不同，要求张拉伸长值不同的锚索）；其缺点是在张拉某一根钢绞线时必定对其他钢绞线产生影响，但随着分级循环次数增加，其相互影响和应力不均匀性将显著减少。

根据《水利水电工程预应力锚索施工规范》（DL/T5083－2004）要求，预应力工程锚索张拉前，所有张拉机具应进行配套标定。

我部将千斤顶、油压表、高压油泵送至具备有相应资质的检验机构进行了配套标定（校验），并将标定（校验）成果提交报送了监理单位。监测单位也将相关资料报监理单位。

由于轻型千斤顶采用单根对称，分级循环不同于整体张拉，轻型千斤顶提供的张拉力能满足单根钢绞线提供预应力即可。单个轻型千斤顶不能一次同时提供大吨位锚索测力计所需压力，多家具备有相应资质的检验机构均暂不接受轻型千斤顶、油压表、高压油泵、大吨位锚索测力计配套标定。

根据业主、设计、监理、施工、监测单位多次专题会议研究，多方咨询，整体张拉所要求的配套标定不适宜现场实际情况，借鉴其他类似工程情况，同意采用现场配套标定。

2.2　试验目的

试验的主要目的：

(1) 校验锚索测力计与张拉设备（千斤顶、油压表、油泵）之间的对应关系。

(2) 了解锚索张拉锁定过程中应力损失，校验目前设备、工艺是否满足设计超张拉要求。

(3) 满足设计张拉力的情况下，直观检查配装P挤压锚、锚垫板、钢绞线、锚具等的合格情况。

(4) 发现标定过程中的其他问题，并分析解决。

(5) 优化张拉工艺、方案。

(6) 通过试验，完成试验锚索的张拉，并指导下步锚索张拉施工。

2.3　试验依据

(1) 《水利水电工程预应力锚索施工规范》（DL/T5083－2004）及溯源相关规范、

标准。

(2) 《水利水电工程预应力锚索设计规范》(DL/T5176－2003) 及溯源相关规范、标准。

(3)《四川省大渡河长河坝水电站引水发电及泄洪放空系统边坡开挖及支护技术要求》。

(4)《开关站张拉机具千斤顶油压表和测力计配套标定专题研讨会会议纪要》［华咨CHB/SG037－施1会字［2009］012－(总030号)］。

(5) 类似工程经验。

2.4 试验材料、机器具

(1) 配装材料

配装P挤压锚、锚垫板、钢绞线、锚具等。

(2) 配套标定张拉机具参见表1。

张拉机具型号 表1

	名称	型号	编号	厂家	备注
配套机具	千斤顶	ESYDC250－200	2	成都东泉	
	油压表	0～60MPa	3947	成都天威	
	油泵	ZB_{2X2}/500	53	柳州	
	差阻式锚索测力计	NZMS－2000	RKZD0608	南京南瑞	
	差阻式锚索测力计	NZMS－1500	RKZD0604	南京南瑞	

2.5 配套标定试验

1) 准备

将千斤顶、压力表、高压油泵送至具备有相应资质的检验机构进行了配套标定(校验),获得千斤顶出力与油压表读数值的对应关系资料,获取监测单位提供符合要求、监理工程师认可的锚索测力计有关资料,进行安全防护,张拉前安全技术交底,邀请业主、设计、监理等有关方全程旁站,指导、检查。

2) 试验

组装现场试验台,将P挤压锚、锚垫板、钢绞线、锚具、差阻式锚索测力计在试验台进行配装,安装千斤顶、油压表、油泵等张拉设备。张拉用设备应先空载运行,检查运行的状态及可靠性,确保张拉设备器具正常、可靠。

接装锚索测力计读数仪,将用于试验的钢绞线(一端已采用P型挤压锚固定),模拟施工,依次穿过锚具(中孔)、钢垫板、锚索测力计、锚具(中孔),再穿过预应力穿心式千斤顶,千斤顶前端抵在锚具上;启动油泵,开始向千斤顶供油,同时不断调整节流阀,控制张拉速度和稳定油压高低;按照设计的分级加载原则,达到所需要的预应力值(预应力的施加通过向张拉油缸加油使油表指针读数升至张拉系统标定曲线上预应力指示的相应油表压力值来完成)后,使油路保压,进行持荷,并读数记录,同步进行锚索测力计读数记录。

试验过程中,加载及卸载缓慢平稳,加载速率每分钟不宜超过设计应力的10%,卸载速率每分钟不宜超过设计应力的 20%。持载时间 2～5min。最大张拉力不超过预应力钢绞线强度标准值的 75%。

试验各方对试验数据签证认可。

3 试验成果及应用

将获取的数据，进行整理分析，提交关系曲线图、读数值与荷载的对应关系资料，报送监理工程师批复同意，用于指导施工。

3.1 试验成果

目前，长河坝水电站仅对表 1 所示张拉器具进行配套率定。

1）配套标定曲线

（1）TMS6－2（NZMS－2000，RKZD0608）锚索张拉机具配套标定曲线见图 1。

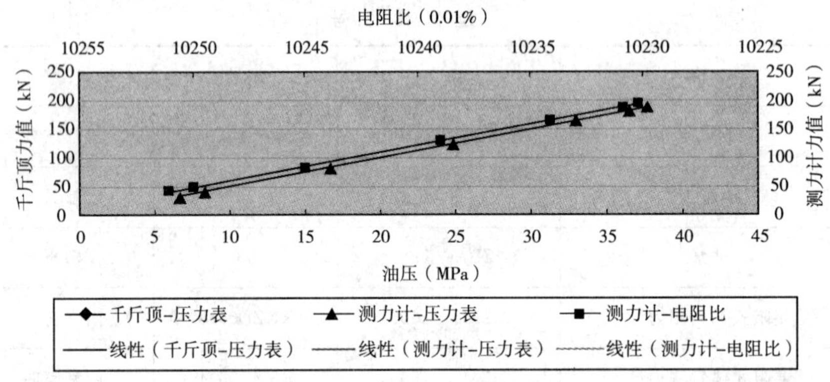

图 1 TMS6－2（RKZD0608）锚索张拉机具配套标定曲线

（2）MS3－2（NZMS－1500，RKZD0604）锚索张拉机具配套标定曲线见图 2。

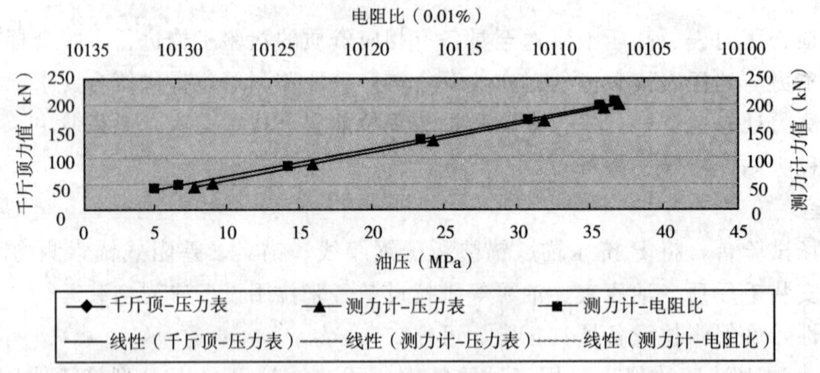

图 2 MS3－2 锚索张拉机具配套标定曲线

2）误差值与误差率（见表 2，表 3）

3.2 应用情况

配套率定的 NZMS－2000 锚索测力计（编号 RKZD0608）安装在开关站后边坡 TMS6－2 孔。NZMS－1500 锚索测力计（编号 RKZD0604）安装在 MS3－2 孔。

依据现场配套率定成果，有效控制了锚索测力计的安装与锚索张拉，现测力计工作正常，满足了规范及设计要求。

TMS6－2（NZMS－2000，RKZD0608）**锚索张拉机具配套标定测力误差** 表 2

持荷稳定时间（min）			5	5	5	5	5	5	5	5
锚索张拉级数（%）			20	25	50	75	100	110	115	120
配套标定机具	油泵、千斤顶、压力表	压力表读数（MPa）	6	7.5	15	22.4	29.9	32.9	34.3	38.8
		千斤顶测值（kN）	29.95	37.49	75.18	112.36	150.05	165.12	172.16	194.77
	锚索测力计	测力计读数（电阻比）	10133	10131	10124	10118	10113	10111	10110	10105
		测力计测值（kN）	29.80	41.72	83.44	119.21	149.01	160.93	166.89	196.69
校验		测值误差量（kN）	－0.15	4.23	8.27	6.84	－1.04	－4.20	－5.27	1.92
		测值误差率（%）	－0.50	10.15	9.91	5.74	－0.70	－2.61	－3.16	0.97
材质直观检查		P 型挤压锚	无损伤	无损伤	无损伤	无损伤	无损伤	无损伤	无损伤	无损伤
		钢绞线	正常	正常	正常	正常	正常	正常	正常	正常
		锚具	无损伤	无损伤	无损伤	无损伤	无损伤	无损伤	无损伤	无损伤

MS3－2（NZMS－1500，RKZD0604）**索张拉机具配套标定测力误差** 表 3

持荷稳定时间（min）			5	5	5	5	5	5	5
锚索张拉级数（%）			20	25	50	75	100	110	115
配套标定机具	油泵、千斤顶、压力表	压力表读数（MPa）	6.7	8.3	16.6	24.9	33.2	36.5	38.2
		千斤顶测值（kN）	33.47	41.51	83.22	124.92	166.63	183.21	191.76
	锚索测力计	测力计读数（电阻比）	10251	10250	10245	10239	10234	10231	10230
		测力计测值（kN）	37.20	44.64	81.84	126.48	163.68	186.00	193.44
校验		测值误差量（kN）	3.73	3.13	－1.38	1.56	－2.95	2.79	1.68
		测值误差率（%）	10.03	7.01	－1.68	1.23	－1.80	1.50	0.87
材质直观检查		P 型挤压锚	无损伤	无损伤	无损伤	无损伤	无损伤	无损伤	无损伤
		钢绞线	正常	正常	正常	正常	正常	正常	正常
		锚具	无损伤	无损伤	无损伤	无损伤	无损伤	无损伤	无损伤

4 结束语

现场配套标定采用中置单束钢绞线校验，锚索测力计不能校验到设计量程，依据趋势线，锚索张拉到设计量程存在误差，校验不能测定钢绞线间、应力不均匀性相互影响关系，这是单束中置校验法的不足之处。

但单束中置校验法可在现场进行张拉机具配套标定试验，模拟了现场的情况，完全采用现场机器具，校验锚索测力计与张拉设备（千斤顶、油压表、油泵）之间的对应关系，其误差较小，特别是最终锁定力误差完全满足设计及规程、规范要求，解决了分散型锚索、轻型千斤顶单根对称、分级循环张拉，不能一次同时提供大吨位锚索测力计所需压力，轻型千斤顶、油压表、高压油泵、大吨位锚索测力计配套标定问题。同时，在满足设计张拉力的情况下，可直观检查配装 P 挤压锚、锚垫板、钢绞线、锚具等的合格情况，其方法简单、实用、有效、经济。

锚索测力计安装技术及测量误差的预防

谭　斌　侯新华

（基康仪器（北京）有限公司技术部）

摘　要　本文介绍振弦式锚索测力计在安装过程中可能出现的误差以及对应处理方法，以提高锚索测力计的测量精度。

关键词　锚索　测力计　负载传感器　安装　测量误差　失配　预防措施

1　概述

作为一项应用成熟的技术，振弦式锚索测力计（也称负载传感器、荷载盒，简称锚索计，下同）在国内外数千个工程的岩土锚固方面已得到广泛应用。但由于振弦式锚索测力计工作特性，部分用户在安装使用过程中时常因应用存在欠缺或使用不当，出现锚索测力计安装中或安装后的测值与实际荷载存在偏差，导致测量精度降低甚至产生极大偏差。

本文结合实际应用中经常遇到的问题，从锚索计的结构、现场率定、安装及数据计算处理来分析说明，并介绍一些锚索计安装及应用上的技巧，以最大限度消除因安装不当产生的测量误差。

2　振弦式锚索计主要类型及其工作原理

按照外形结构（或锚具类型），基康锚索计分为圆筒形锚与异形锚。

圆柱形锚索计应用最为广泛，且使用效果最好。异形锚索计有正方形、长方形、椭圆及多孔型，仅用于一些特殊的场合。这类锚索测力计在安装时对承载基面及张拉方式要求较为严格，并且只有在受力非常均匀的条件下才能取得较好的测量效果，否则将会导致较大的测量误差。

根据量程的不同，基康锚索计是在一个均匀的弹性合金筒体（承载体）上沿圆周内置3～6个高精度的振弦式传感器（微型应变计），如图1所示。其工作原理为：当锚索计安装后，荷载均匀地施加到锚索计环形的承载面上，使承载体压缩变形，其变形量通过振弦式应变计感应并测量，通过测量这些传感器的变化量平均值，即可计算获得锚索的荷载变化。

锚索计的上下两个承载面设计为相互平行且精度较高的平面，理论上与荷载方向垂直，理想工作状态下，荷载均匀分布在承载面上，这将使得每支振弦式传感器所感应的变形是相同的。但实际应用中锚索计承载面上施加的荷载不一定是完全均匀的，各传感器所感应的变形也有大有小，在荷载偏心不大的条件下，通过计算传感器的平均值，可消除因荷载的局部偏心导致的测量误差。

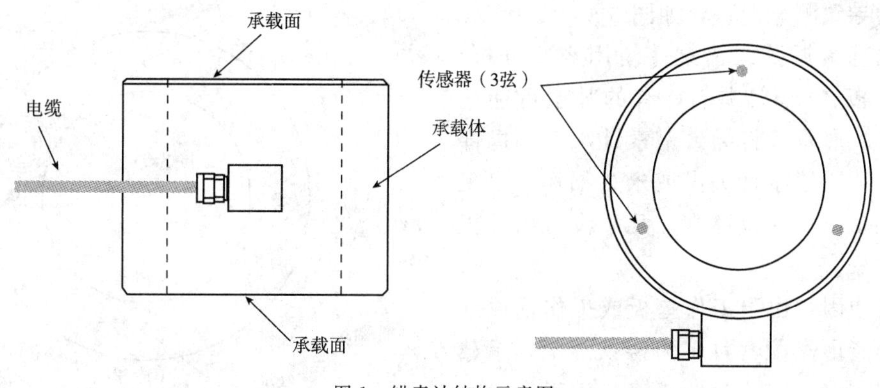

图 1　锚索计结构示意图

3　锚索测力计安装使用过程中常见问题及误差原因分析

3.1　锚索计的安装

严格地讲，锚索计应工作在理想或接近理想的条件下，即保证锚索计安装在受力均匀的环境中才可获得良好的测量效果。但由于现场条件的限制，锚索计通常安装在承载基面较为粗糙的工作垫板与工作锚之间，通常按图 2 所示的方式进行安装。

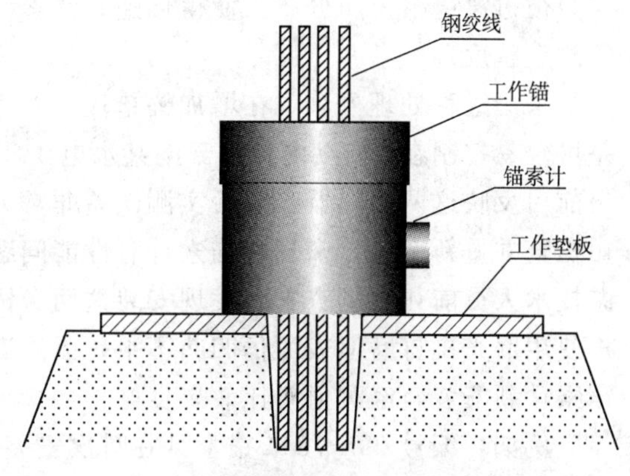

图 2　锚索计常见安装示意图

若要获得最佳的测量精度，保持锚索计的良好工况是必要的前提条件，一般体现在如下几点：

(1) 锚具的尺寸必须与锚索计尺寸相匹配，即锚索计承载面必须与锚具或工作垫板保持圈全接触。

(2) 承载基面必须平整，或增加锚垫板进行适配过渡。

(3) 承载面与锚索的受力方向尽可能保持垂直，即承载面与锚索孔出口段（喇叭口）轴线的夹角应控制在±1°以内，以减小偏心荷载。

(4) 逐级张拉，平稳加载。推荐使用整体逐级张拉方式，不宜使用单根张拉，以减小加载误差。

3.2　锚索计安装过程中常见问题、测力测力误差分析与处理预防方法

1) 安装方式不当带来测量误差

锚索计的测量性能不仅仅取决于锚索计本身，还取决于锚索计的安装质量，通常有以下几种原因会导致测量精度下降。

(1) 直接安装在粗糙的承载面而产生测值误差。

由于锚索计设计工作在近于理想的环境条件下，但现场的工况往往与预期的不一致，如工作垫板承载基面不平整，或因工作锚与锚索计相接触的一面凹凸不平，施加在锚索计承载面上的荷载为点荷载或形成边缘效应，使得锚索计承载体受力不均匀，导致某一个或多个传感器受力状态小于（当传感器远离点荷载区域）或高于（当传感器靠近点荷载区域）真实荷

载，从而导致测量误差，如图 3 所示。

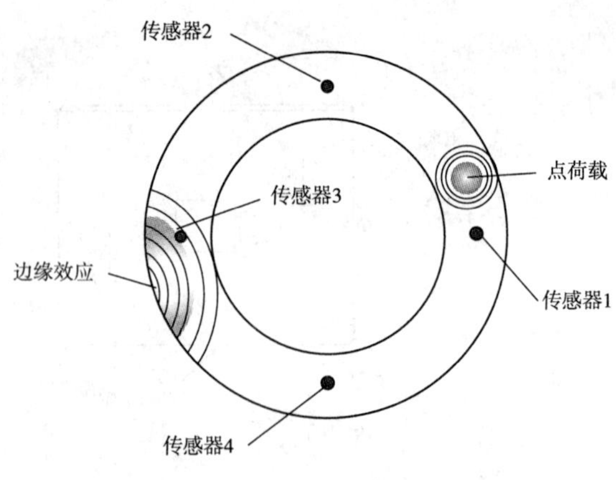

图 3 点荷载及边缘效应导致锚索计荷载分布不均匀

根据基康振弦式锚索计使用经验分析，该误差大多在－5%左右，有的甚至可能达到－15%，严重者将导致锚索计承载体局部过载变形造成锚索计失灵或永久损坏。出现的误差大多以负误差体现，几乎没有出现正误差的现象。

主要原因：由于工作垫板或工作锚通常为锚具生产厂家配套且多为铸铁加工，承载面（或限位槽）凹凸不平或铸造过程中变形严重、锈蚀等，用户无法在现场进行平整处理或再加工，这种承载面因本身不平整而易于形成点荷载。

解决办法：增加厚度适宜的锚垫板作为过渡垫板，将因原承载面本身不平整导致的集中应力被过渡垫板重新分布，使得传递到锚索计受到的应力成为均布荷载，从而提高了锚索计的测量精度。

采用这种处理方法，在增加锚垫板并不存在偏心荷载的前提下，锚索计在锁定后实测误差可轻易控制在 2%以内。以云南某水电工程使用两台基康 4900～2000kN 锚索计为例，用户前后反映这两台仪器安装后实测误差非常大，怀疑是锚索计本身性能问题，后送回基康公司检查并重新率定，未发现锚索计有性能问题。在直接将这两台传感器返回给用户后，厂家派技术人员前往现场查看，发现安装这两台锚索计的工作垫板上的限位槽非常粗糙，虽经用户使用磨光机打磨但表面仍凹凸不平，无法满足安装要求。后经增加锚垫板后，并将这两台锚索计新安装，经测值对比效果良好。

例如，编号 08－7844 锚索计在首次安装时，在张拉过程中与千斤顶的读数误差最大可达－9.4%。后经增加锚垫板处理，该锚索计二次安装时读数对比见表 1。在张拉过程中，其读数误差也非常小，其误差产生的主要原因为张拉过程中千斤顶压力不能稳住，读数是不能与压力表同步，略有滞后现象。通过数据可见，在拉至最大荷载 2012kN 时，计算荷载与千斤顶对比仅为 0.6%，并且在该荷载下锁定后，出现了 11.2%的锁定损失。

锚索计 08－7844 二次安装过程中数据记录表 表 1

仪器编号	08－7844	仪器系数 G	1.303kN/digit	计算零读数	7607.7
	千斤顶表压换算压力（kN）	温度（℃）	锚索计读数平均值	计算负载（kN）	备注
现场零读数		27.3	7619.1		
预紧后读数		27.1	7474.1	174.1	
1 级张拉	350	27.1	7286.4	418.6	
2 级张拉	875	17.1	6947.0	860.8	
3 级张拉	1312	27.0	6640.9	1259.8	
4 级张拉	1750	27.9	6328.3	1667.1	
5 级张拉	2012	27.9	6072.8	2000.0	锁定
千斤顶卸载后		26.8	6245.7	1774.7	产生锁定损失

可见，直接安装在粗糙的承载面上的锚索计，增加锚垫板的处理措施，对避免产生测值误差具有良好的预防作用，可以达到事半功倍的效果。

对增加的锚垫板，其尺寸推荐为：垫板外径大于锚索计外径 5mm，内径小于锚索计内径 5mm，承载面（接触面）的平整度应在±0.1mm 内。相关垫板的厚度在后续章节中予以说明。需要注意的是，不可使用多块厚度较薄的钢板叠加后替代较厚的垫板，它不会对测量结果有任何改善。

(2) 工作垫板强度不足产生凹陷变形或锚固墩强度不足造成测量误差。

由于锚具生产厂家配套工作锚板较薄在受力后产生凹陷，导致锚索计承载面形成点荷载或线荷载；或因锚固墩浇筑质量不佳在张拉过程中产生破裂而产生应力损失或锚固失效。

基康公司的试验表明，因垫板过薄使得锚索计外边沿形成的线荷载将会导致锚索计产生“撮口”效应，“撮口”效应可使得锚索计测值小于真实荷载，误差最大的测值仅为实际荷载的 96%。

预防措施：严格按照规范工艺对锚固墩进行施工，确保浇筑质量。若仅因工作垫板厚度不足，可增加厚度适宜的垫板来提高安装质量。

(3) 偏心荷载造成测量误差。

偏心荷载造成的测量误差是锚索计安装中最常遇到的问题，其引起的因素是多方面的，如锚固墩浇筑工艺不佳、工作锚错位、滑移引起的偏心，或因张拉方式引起的偏心等。

①非正交偏心。由于在浇筑锚固墩时未将工作垫板所在平面与孔口段轴线保持正交，导致安装时锚索计与锚固墩均与受力方向产生偏斜角（一般指超过±2°时），加载到锚索计上的荷载本分解为轴向与切向两个分量，而锚索计测到的荷载仅为轴向荷载，其测值将小于锚索实际荷载。这种安装属于不安全的安装，存在失稳的隐患，如图 4 所示。

非正交偏心安装实例：某水电站闸墩由于不规范的锚索施工，使得锚索孔与垫板严重斜交导致锚索计失稳造成安装失败。最终虽采取了强制防滑措施（不推荐），但其测值误差仍达−17%。

该情况下锚索计已工作在非正常状态，只能预防但难以纠正。预防方法为：在浇筑锚固墩时严格控制工艺质量。

②正交偏心。正交偏心存在两种情形。

情形一：尽管钢绞线安装时与锚索孔口段轴线平行，但有的锚索在注浆后使得孔口处的锚索包络圆轴线偏离了锚索孔中心轴而产生偏心（其实质又类似于非正交偏心），在排除其他缺陷的前提下，其正交偏心带来的误差可达到 10%左右，如图 5 所示。

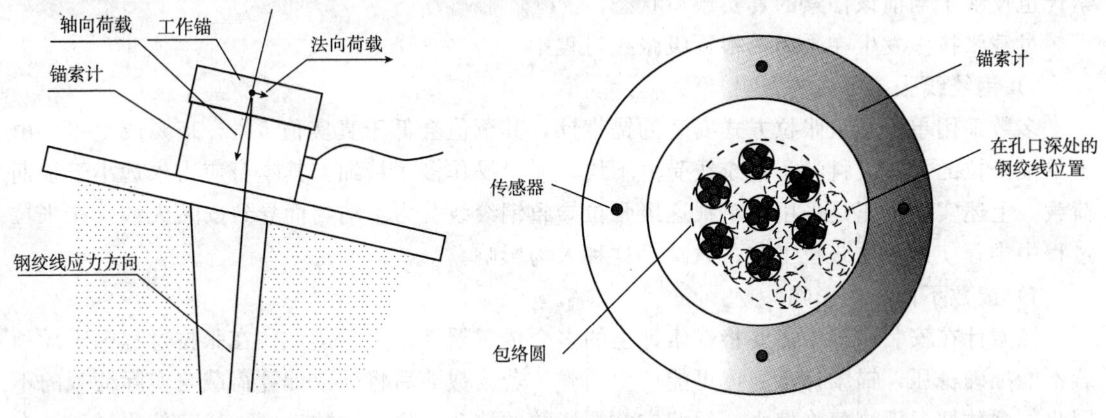

图 4　非正交偏心荷载

图 5　正交偏心导致锚索计荷载平面分布示意图

该现象可预防也可在安装时进行纠偏处理，处理方法为：在锚索计与工作垫板之间增加一块厚度足够的垫板进行过渡，使得锚索计的轴线与钢绞线包络圆轴线保持一致，通过垫板过渡，将钢绞线的应力重新均布在锚索计上，如图6所示。

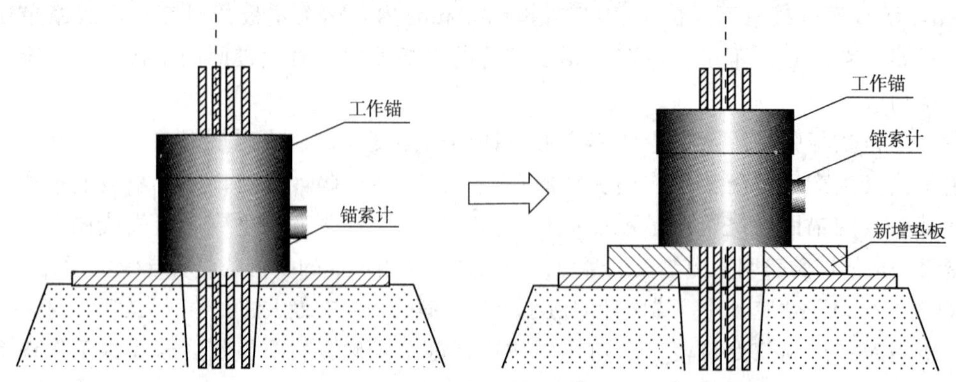

图6　正交偏心的纠偏处理示意图

情形二：在安装过程中因操作控制不当，工作锚产生偏心滑移错位（如图7所示），导致工作锚与锚索计不同轴，使得锚索计与工作锚之间的接触面积减少，荷载不能均匀有效地加载到锚索计上，应力集中在局部区域，这种误差随偏心的程度其大小不一致。

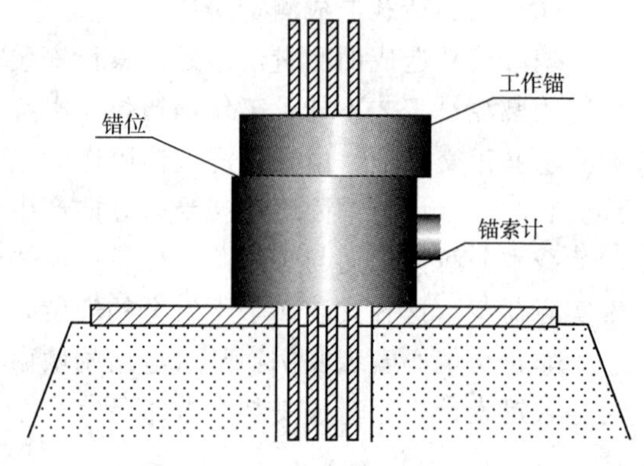

图7　工作锚移位影响

2）过载张拉导致钢绞线断裂产生的影响

以某水电站用户使用的基康公司4900－2000kN锚索计安装为例，用户对锚索计进行了现场率定检验，并在安装时增加了合格的锚垫板，在锁定时为减小锁定应力损失对锚索超张拉了15％（即张拉到标称荷载的115％），锁定后锚索计读数为1600kN，与预期值2000kN相差约－17％。随后到现场分别检查该锚索计上各传感器在张拉过程中读数的变化量，发现有一根钢弦读数偏大即钢弦有张紧现象（表明荷载释放），且有2根钢绞线夹片松弛回弹，进一步检查发现这两根钢绞线已经断裂，而这两根钢绞线承受的荷载理论上应为300kN。考虑到锁定应力损失影响，检查结果表明锚索计也反映了当前该锚索的真实载荷状态。

过载张拉多发生在采用单根逐级张拉过程中

3）钢绞线张拉方式的影响

多数采用单根逐级张拉方式安装的锚索计，其测值会低于真实值5％～15％或更多。由于单根张拉的方法欠科学，钢绞线受力不均，无论操作多么精细，其本身应力永远小于预期荷载。上述实例也正是采用了单根逐级张拉导致钢绞线受力不均匀而导致安装失败。在张拉过程中推荐使用整体张拉工艺，以减小这种人为影响。

4）读数不同步的影响

锚索计在安装过程中需要将锚索计上的多个传感器逐个进行读数。在张拉过程中千斤顶若不能准确稳压，锚索计承载体可能产生回弹，若读数滞后将导致计算荷载与实际荷载的不同步，多数情况下测值将偏小。因此应掌握读数的技巧，提高读数速度，推荐使用锚索计专用读数仪或数据记录仪以提高读数的工效。

5）锁定时或锁定后的应力损失带来的误差

为消除或降低锚索的锁定应力损失，施工中通常需要进行超张拉。为减小锁定损失，应在最大预定荷载稳定数分钟后再进行锁定。在安装环境满足技术要求的前提下，基康锚索计设计超张拉量应控制在标称荷载的105%～110%，超张拉超过限值将会导致锚索计承载弹性性能下降甚至永久损坏。此外，在对钢绞线进行预紧时应保持钢绞线均匀受力，否则将会导致部分钢绞线在超张拉后出现过载可能。

4 结束语

实践证明，几乎所有的锚索计测值误差都与锚索计的安装不规范或操作方法不当有关。除推荐用户采取上述各预防处理措施外，对锚索计的安装推荐如图8所示方式，即根据锚具锚索计的尺寸在锚索计的上下两个承载面均增加具有限位槽的锚垫板，其好处是：①能有效消除点荷载；②保持安装的同轴度；③降低或消除锚索在张拉过程的失稳可能。

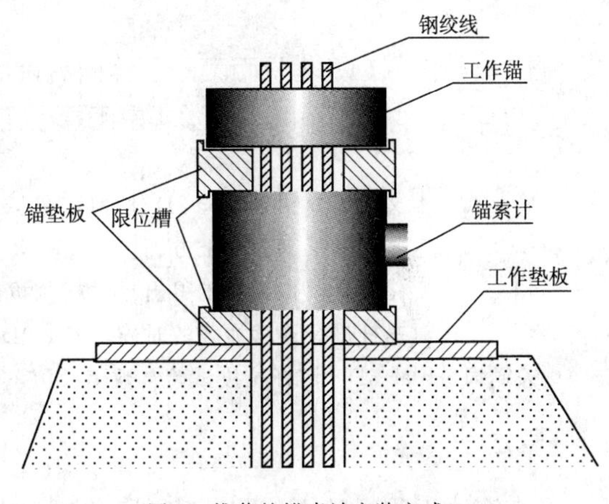

图8 推荐的锚索计安装方式

需要说明的是，这种安装方法当不存在或略有偏心荷载的情况下测量精度才会有保证，此外在加工锚垫板时限位槽的深度不应小于2mm，大吨位的限位槽深应适当加大。

Flac 3D的Cable单元
模拟锚杆拉拔试验中锚杆的位移变化初探

杨三资[1]　刘　军[2]　邹　彪[1]　张建峰[3]　刘继尧[1][3]

（1. 北京市市政工程研究院　2. 北京市政建设集团有限公司
3. 北京市建设工程质量第三检测所）

摘　要　本文简要介绍了Flac 3D软件的cable单元（锚索单元）的原理及使用方法，并以北京市东城区的某工程的土方、护坡及降水工程为例，对其护坡的锚杆拉拔试验中锚杆的位移变化进行模拟。初步得出在锚杆拉拔试验中，运用Flac3D软件的意义。结果表明：在对锚杆进行连续加载的时候，Flac 3D可以近似模拟出锚杆拉拔试验中锚杆的位移变化。

关键词　Flac 3D　锚杆拉拔试验　数值模拟　位移

1　概述

在交通工程、地下工程、水利工程中，锚杆支护是一种常用的方法。锚杆支护有工艺简单、支护及时、成本低廉，能充分调动围岩自承能力的技术特点。锚杆插入预先钻凿的孔眼并固定于底端，固定后，通常对其施加预应力。锚杆外露于地面的一端用锚头固定。锚杆安装后，通过锚固剂将相邻的岩层“粘结”到一起，增强了岩层的强度和刚度，从而抑制岩层的变形。岩层与土体的锚固是一种把锚杆埋入地层进行预应力的技术。岩土锚固的基本原理就是依靠锚杆周围地层的抗剪强度来传递结构物的拉力或保持地层开挖面自身的稳定。为了能够检验锚杆的安装质量，评估锚杆的锚固能力，需要在锁定锚杆之前对锚杆进行拉拔试验。为了能够准确地描述锚杆拉拔试验的位移，可以利用Flac 3D软件中cable单元（锚索单元）对试验过程进行模拟，并将模拟数据与现场试验数据进行对比和分析。

2　Flac 3D软件中cable单元（锚索单元）的力学性能的计算机理

cable单元（锚索单元）的参数包括杆体的物理参数，注浆体和地层之间的耦合参数。一个锚索构件假设为两节点之间具有相同横截面及材料参数的直线段，任意曲线的锚索则由许多锚索构件组合而成。锚索构件是弹、塑性材料，在拉、压中屈服，但不能抵抗弯矩。水泥浆填满的锚索与土体（网格）发生相对移动时会产生抵抗力。

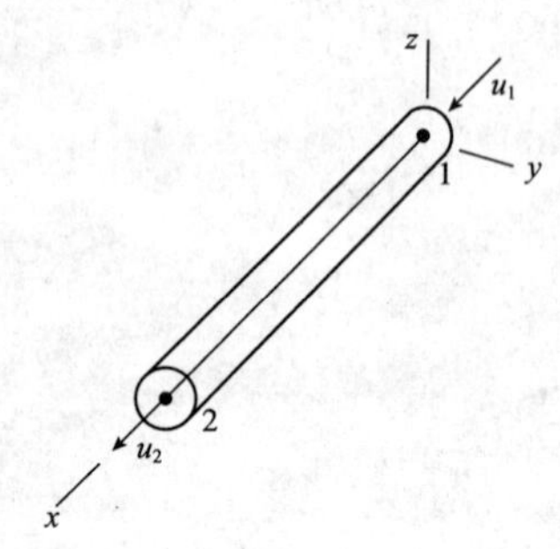

图1　锚索单元的坐标系统及两个自由度

每个锚索构件有其局部坐标系统，由两个节点的位置来定义它，规则如下：重心与x轴一致；x轴的方向为从节点1到节点2；y轴与不平行局部x轴的全局y轴或全局x轴在横截面上的投影对齐（见图1）。锚索单元有两个自由度，对每个轴向位移相应有轴力，锚索单元的刚度矩阵在每个节点对锚索的轴向相应包含一个自由度。

通常认为，加固系统的轴向强度完全取决于系统加固件本身，加固件一般是钢筋或钢索，不能提供弯曲抗力（尤其是锚索），是仅提供轴向抗拉的一维结构单元。所以采用一维本构模型来描述锚索的轴向特性，轴向刚度 K 与加固横截面 A、弹性模量 E 及构件长度 L 的关系表示如下：

$$K=\frac{AE}{L}$$

由轴向位移增量 Δu^{t}，计算轴向力增量 ΔF^{t}：

$$\Delta F^{t}=-K\Delta u^{t}$$

其中 $$\Delta u^{t}=(u_{i}^{[b]}-u_{i}^{[a]})t_{1}+(u_{2}^{[b]}-u_{2}^{[a]})t_{2}+(u_{3}^{[b]}-u_{3}^{[a]})t_{3}$$

式中：$u_{i}^{[b]}$，$u_{i}^{[a]}$——节点位移，$i=1，2，3$；

$[a]$，$[b]$——a，b；

t_1，t_2，t_3——锚单元轴线方向的方向余弦。

可以指定锚索的拉伸屈服强度 F_{t} 和压缩屈服强度 F_{c}，锚索的单元轴力就不能超过这个极限，如图 2 所示。如果没有指定 F_{t} 和 F_{c}，则说明相应方向无强度极限。

锚索和土的接触面具有粘结性和自然摩擦，理想情况下（见图 4a），在节点轴向上采用弹簧一滑块来描述系统。如图 3 所示，锚索与水泥浆的接触面和水泥浆与岩石的接触面发生相对位移时（见图 4b），对水泥浆加固环的剪切描述如下：水泥浆剪切刚度 K_{g}；水泥浆粘结强度 c_{g}；水泥浆摩擦角 φ_{g}；水泥浆外圈周长 P_{g}；有效周边应力 σ_{m}（见图 4c）。

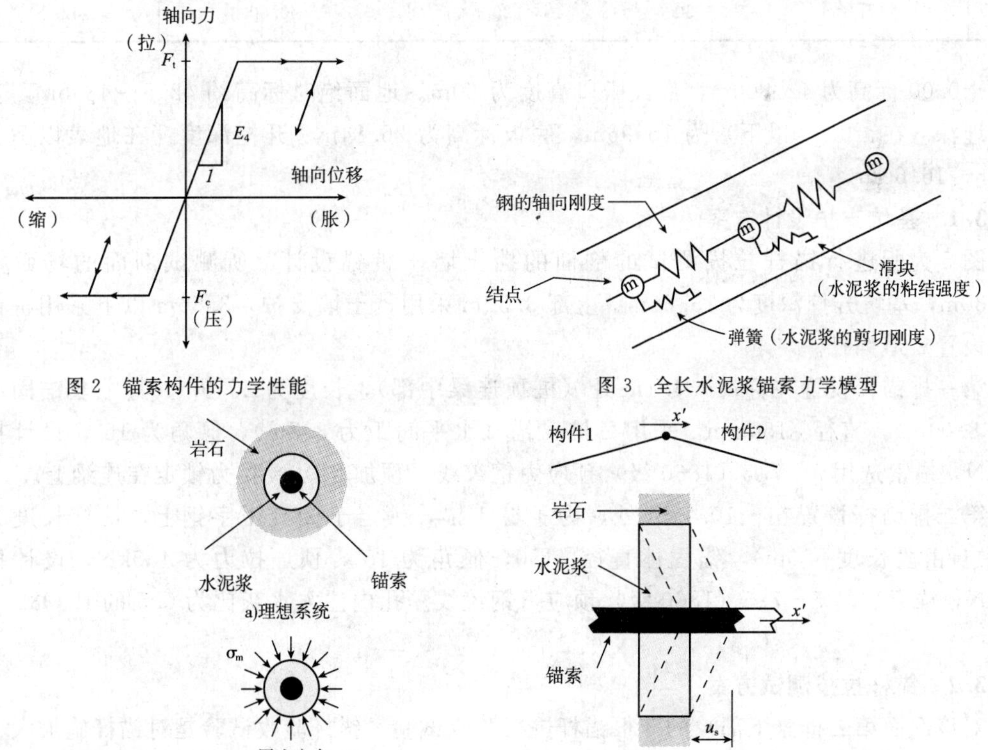

图 2 锚索构件的力学性能

图 3 全长水泥浆锚索力学模型

图 4 理想水泥浆、锚索系统

3 应用实例

文中所模拟的工程位于北京市东城区，在地貌单元上位于永定河冲洪积扇的中部，地层岩性为粘性土、粉土及砂土、卵砾石土层，地层土质在垂向分布上具有典型的粗细颗粒土多旋回沉积的特征。土层参数见表1。

软件所模拟的剖面地层参数表 表1

层号	土类名称	层厚（m）	重力密度（kN/m^3）	凝聚力（kPa）	内摩擦角（°）
1	杂填土	4.70	18.0	10.00	15.00
2	粉土	3.70	20.1	32.00	27.60
3	细砂	6.10	20.0	0.00	35.00
4	卵石	3.90	20.5	0.00	40.00
5	粘性土	2.40	19.0	52.00	11.70
6	粉土	3.80	20.3	30.00	18.90
7	粉土	0.80	20.5	24.00	25.10
8	中砂	1.00	20.0	0.00	38.00
9	卵石	3.60	20.5	0.00	42.00

±0.00标高为42.800m，最大檐口高度为60m。地面绝对标高约42.5～43.5m，基础设计埋深（在±0.00以下）为15.96m，底板标高为26.84m。开挖深度（在地表以下）为15.66～16.66m。

3.1 基坑支护设计方案

图5为所进行锚杆拉拔测试的剖面的挡土墙＋桩锚设计，所测试剖面的场面标高－0.30m，基坑开挖深度为15.66m。上部3.50m采用挡土墙支护，3.50m以下采用桩锚支护。设置2道锚杆。

第一排锚杆设置在标高－4.1m处（桩顶连梁中部），长度为25.0m（其中非锚固段长度为8.00m），直径ϕ150mm，采用2桩1锚（水平间距为3.2m），倾角为15°，设计拉力410kN，锚索选用3－7ϕ5（1860级）预应力钢绞线。预加310kN拉力锁定在连梁上。

第二排锚杆设置在－10.70m处，为1桩1锚，锁定于28B工字钢上，锚杆长度23m（其中自由段长度5.0m），锚固体直径ϕ150，倾角为15°，预加拉力为450kN，设计拉力760kN，锚索选用5－7ϕ5（1860级）预应力钢绞线。孔内注入水灰比为0.5的P.O32.5水泥浆。

3.2 锚杆拉拔测试方案

对该剖面第二排（下部）的3根锚杆进行验收试验。锚杆验收试验是对锚杆施加大于设计轴向拉力值的短期荷载，以验证工程锚杆是否具有与设计要求相近的安全系数。初始荷载以轴向拉力设计值N_t的0.1倍进行加载，以此时锚杆位移为位移零点，然后以0.5N_t，0.75N_t，1.0N_t，1.2N_t对锚杆进行分级加载。每级荷载均稳定在5～10min，并记录位移增量。最后一级试验荷载维持至 10min，并记录下锚头位移增量。卸载至 $0.1N_t$，再加载至锁定荷载锁定，绘制 P－S 曲线。

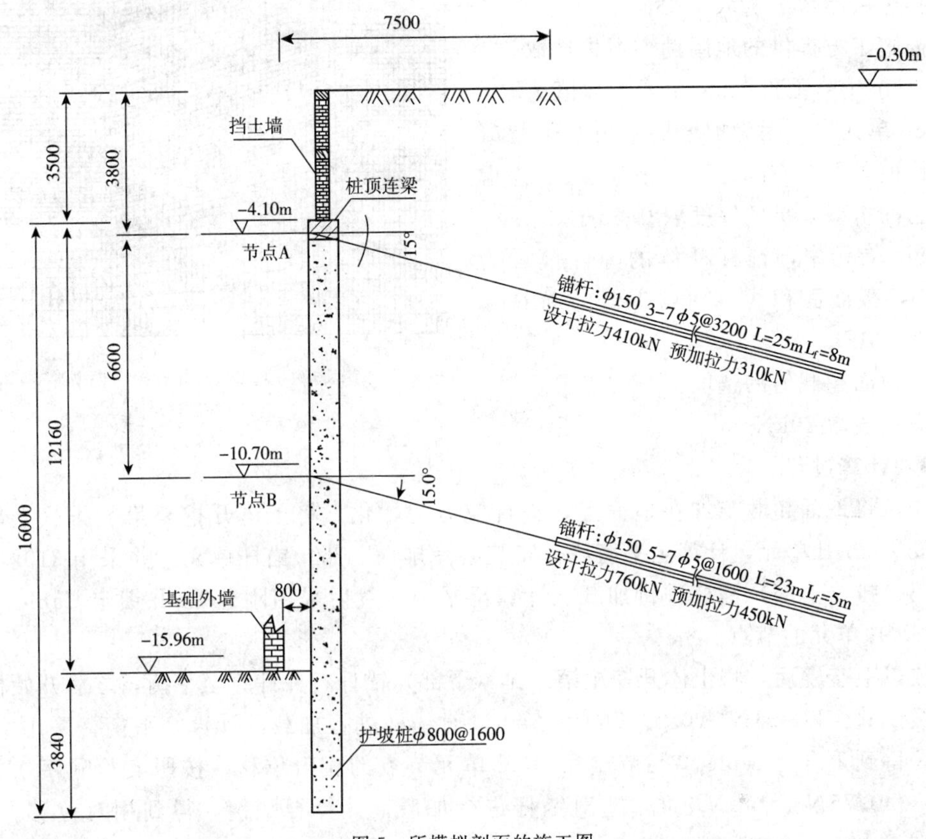

图 5　所模拟剖面的施工图

4　计算模型的建立与计算

4.1　建立模型

数值分析处理问题通常在有限的区域内进行离散化，为使这种离散化不产生误差，必须选定好计算范围。对于本模型的计算范围，垂直边界范围 H 取为两倍桩长即 39.5m。由于在对第二排锚杆测试时只是开挖到了第二排锚杆处，所以坡高 h 取 10.7m。计算的水平边界 L 取 50m。鉴于相邻锚杆间距为 1.6m，沿纵向取 1.6m 进行分析。

模型采用 CAD 进行关键点控制，并将关键点数据导入 ANSYS，建立点、线、面并进行网格划分，采用 FORTRAN 编制程序，并结合 APDL 将 ANSYS 中的网格数据结构转换为 FLAC 3D 中的网格数据结构，再导入到 FLAC 3D 中。

基坑的挡墙采用 shell 单元（壳单元）模拟，并通过 FLAC 3D 自动生成的 Link 与地层（实体 Zone）连接，该 Link 的属性为刚性。

锚杆采用 40 个 cable 单元（锚索单元）模拟，同样通过 FLAC 3D 自动生成的 Link 与地层（实体 Zone）连接，与 shell 单元的 Link 不同的是，cable 单元的 Link 属性为弹塑性，用于模拟锚杆注浆体与地层的耦合作用。

为模拟锚杆的预应力效应，在 shell 单元和 cable 单元的重合处，分别建立节点，即采用不共节点模拟。在张拉完毕后，采用刚性 Link 将该二节点锁定。

开挖后所建模型效果如图 6 所示。

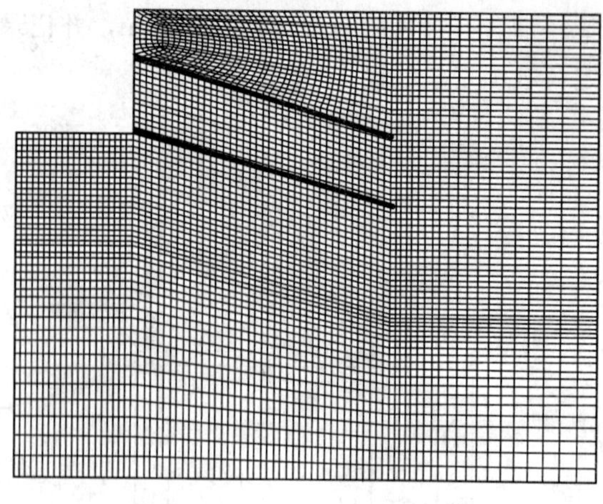

图 6　第二次土体开挖后模型

4.2　参数选取

（1）土层参数的选取

根据施工方提供的地层勘察报告选取。

（2）shell 单元和 cable 单元的数值选取

Shell 单元中，因为护坡桩采用 C25 混凝土，弹性模量取 28Gpa；泊松比取 0.2。考虑到桩间土的折减，桩的厚度取 0.6m。

Cable 单元中，锚杆杆体的弹性模量为 1.95GPa，截面面积为 0.000206m^2，抗拉强度取 0.383MPa。

（3）地面超载值的选取

地面超载取 20kN/m^2。

4.3　计算过程

首先，将地面超载施加在地面上，进行应力初始化。将土体开挖至第一排（上部）锚杆，并安装 shell 单元，计算至平衡后，安装第一排（上部）锚杆单元，并采用 310kN 的张拉力对第一排（上部）锚杆进行加载，计算至平衡。然后采用刚性 Link 锁定 Cable 单元的节点和 Shell 单元的节点。

完成以上步骤后，将土体开挖至第二排（下部）锚杆，并计算至平衡，之后开始模拟锚杆的拉拔试验。以 $0.1N_t$（0.1×760＝76kN）对锚杆进行加载，计算至平衡，采用 Fish 编制程序，得到重合处 cable 单元节点和 shell 单元节点的相对位移。按照实验顺序，分别按照 $0.5N_t$、$0.75N_t$、$1.0N_t$、$1.2N_t$ 对锚杆进行加载，计算至平衡，得到相对位移。之后，分别回到 $0.1N_t$，再加到锁定荷载，再计算至平衡，得到相对位移。

5　结果分析

由于实际工程中只完成了 50 号、69 号锚杆的锚杆拉拔试验，还有一根尚未完成，故只将模拟数据与 50 号和 69 号锚杆的试验数据进行比较。

计算结果与实验结果比较见表 2。

计算结果与实验结果比较　　表 2

荷载值（kN）	$0.1N_t$	$0.5N_t$	$0.75N_t$	$1.0N_t$	$1.2N_t$	$0.1N_t$	锁定荷载
	76	380	570	760	912	76	450
模拟位移（mm）	0	22.12	35.7	49.43	60.61	0.13	27.03
50 号锚杆试验位移（mm）	0	22.42	35.96	47.8	58.59	13.34	28.79
与模拟位移比较（%）	0	＋1.36	＋0.73	－4.31	－3.33	＋10162	＋6.51
69 号锚杆试验位移（mm）	0	20.14	33.38	46.22	57.50	10.36	28.04
与模拟位移比较（%）	0	＋8.95	－6.50	－6.49	－5.13	＋7869	＋3.74

如表 2 所示，在加载阶段，加载值与试验值之间有一定的误差，产生误差的原因可能在

于施工中锚杆没有安装在孔的中心位置产生偏移，或者是锚杆本身材质不均匀。由于产生的误差均不超过10%，可以确定，在加载阶段，Flac 3D 中的 Cable 单元可以对锚杆拉拔试验中锚杆的位移进行预测。

模拟数据在卸载到 $0.1N_t$ 之后，其位移值与第一次加载到 $0.1N_t$ 的位移基本一致，没有产生位移。而在试验数据中，将拉力由 $1.2N_t$ 卸载到 $0.1N_t$ 后，产生了一定的位移，产生的原因在于锚杆具有蠕变性。蠕变是指固体材料在保持应力不变的条件下，应变随时间延长而增加的现象。它与塑性变形不同，塑性变形通常在应力超过弹性极限之后才出现，而蠕变只要应力的作用时间相当长，它在应力小于弹性极限时也能出现。

程序模拟的锚杆是一个弹塑性构件，在 $1.2N_t$ 虽然还没有进入塑性阶段，但是也会产生蠕变现象。而 Flac 3D 没有对锚杆单元的蠕变性进行定义，所以模拟结果在卸载后基本没有产生位移，未能准确反映试验结果。锚杆现场试验的荷载位移曲线见图 7。

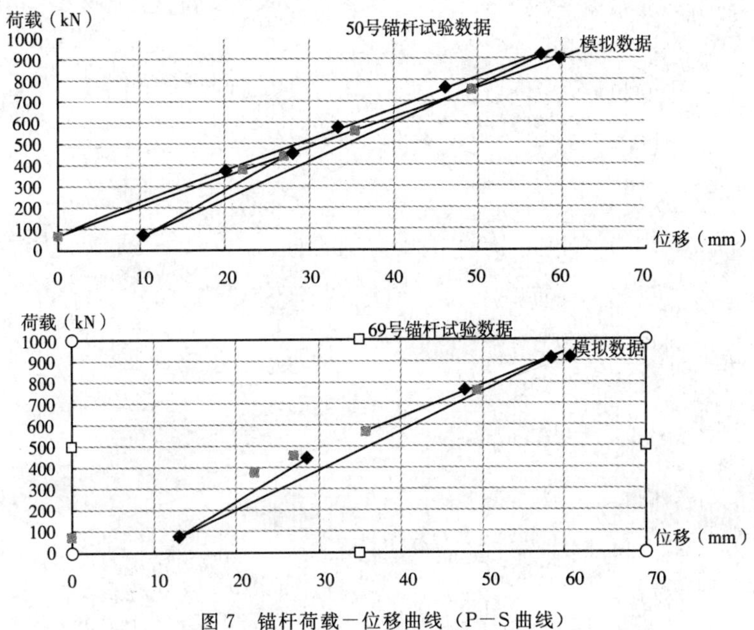

图 7　锚杆荷载—位移曲线（P—S 曲线）

6　结论

锚杆拉拔试验的目的是为了能够检验锚杆的安装质量，评估锚杆的锚固能力。通过模拟结果和试验结果的比较可以看出，建立的试验模型基本准确。在模拟对锚杆进行连续加载时，加载过程中锚杆位移的模拟结果与试验数据中锚杆的位移值基本相符。可以说，在加载过程中采用 Flac 3D 中的 Cable 单元可以对锚杆拉拔试验中锚杆的位移进行预测。卸载之后，由于程序中未能考虑锚杆的蠕变性，其模拟结果与试验数据产生一定差距。

在下一步研究中需要进一步进行探讨和分析的是：

(1) 对 Flac 3D 中锚杆的蠕变性进行研究，以便于对锚杆拉拔试验的卸载过程进行模拟和对卸载后锚杆的位移进行准确的预测。

(2) 以本模型为基础，对其他各种地层的状态下的锚杆拉拔试验进行模拟，与其试验结果进行比较并进行总结，得出各种地层的状态模拟结果与试验结果的关系，编制出一个对各种地层通用的软件，以便于更有利地在锚杆拉拔实验时对锚杆位移进行数值预测。

参考文献

[1] 彭文斌．Flac 3D 实用教程［M］．机械工业出版社，2008.1.

[2] 刘军，郑知斌，丁振明．北京地铁基坑土钉与锚杆支护现状［J］．岩土锚固技术新发展与工程实践，人民交通出版社，2008.10.

[3] CECS 22：2005 岩土锚杆（索）技术规程［S］．中国计划出版社，2005.

[4] FLAC 3D 的锚杆拉拔数值模拟试验［J］．哈尔滨工业大学学报，2009，41（10）．

[5] 汤雷，陆士良，高加胜．锚杆拉拔实验的意义［J］．矿山压力与顶板管理，1996（2）．

AS－10 预应力张拉监控系统及其应用

廖　强　罗　斌

（招商局重庆交通科研设计院有限公司）

摘　要　本文介绍一种新型的预应力施工监控系统，该系统将传感器技术、现代电子技术和计算机软件技术应用于传统土木工程之中。文中首先介绍了该系统的各组成部分和工作原理，最后介绍系统的工程应用，结果表明该系统使用方便、测量准确、性能稳定可靠，具有重要的应用价值。

关键词　预应力张拉　荷载传感器　位移传感器　数据采集

1　引言

预应力技术从工程应用开始至今已有半个多世纪，由于其具有施工简便、高效、适用性强、跨度大等特点，使其迅速发展。随着我国交通基础建设的迅猛发展，预应力技术很快占领了公路桥梁建设市场。预应力工程的安全性、运行状况和耐久性在很大程度上依赖于预应力张拉施工质量，如：对桥梁预应力，有效预应力过小，梁体将会下挠甚至垮塌；有效预应力过载，可能导致梁体变形过大及开裂。对采用预应力锚索加固的边坡，锚索预应力大小直接关系到边坡的稳定性与变形。

预应力施工不当会导致很多工程事故，在传统的施工过程中，荷载值和钢绞线伸长量分别采用油压表和百分表（或钢卷尺）人工测读，数据处理也是人工计算完成，由于人为因素影响，测量精度较低，极易出现失误。另外，施工报告容易被人为修改，导致记录不够客观可信，施工质量难以保证。

AS－10 预应力张拉监控系统采用先进的传感器技术、无线通信技术和计算机技术，在施工过程中实时采集数据，张拉两端数据无线互传，自动保存数据，自动绘制荷载位移曲线、荷载时间曲线、位移时间曲线，自动生成带有防篡改功能的监控报告，提高了数据的精确度和可靠性，从根本上改变预应力施工中的质量控制问题，确保工程质量，并可减轻劳动强度。

2　系统总体组成及工作原理

AS－10 预应力张拉监控系统由张拉系统、传感器系统、便携式现场数据采集系统和计算机数据分析系统 4 部分组成，系统组成框图如图 1 所示。

该系统在传统预应力施工的基础之上结合传感器技术、电子信息技术和计算机软件技术，首先利用传感器来直接获取工程状态信息，然后将这些信息集合于便携式现场数据采集系统中，最后利用相关数据处理软件对其进行分析，从而完成对整个施工过程的有效监控。

在该系统中，张拉系统主要由油泵、千斤顶、锚具等传统张拉施工设备构成，用于进行工程施工。传感器系统主要由荷载传感器和位移传感器构成，用于对施工中重点关注的荷载和伸长量信息采集。数据便携式现场数据采集系统采用嵌入式开发技术，主要完成对传感器信号的采集调理以及现场处理。计算机数据分析系统是一款集控制、分析、报告打印等功能于一体的专用软件系统。

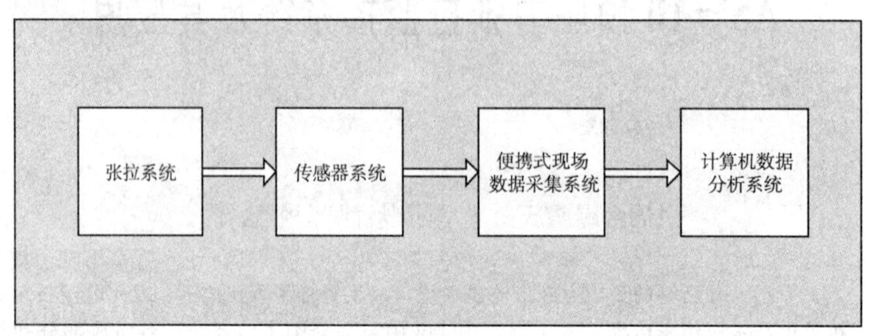

图1　AS—10 预应力张拉监控系统组成框图

2.1　传感器系统

传统施工中张拉荷载和伸长量的获取主要依靠人工读取油压表和测量油缸伸长量来得到。由于油泵和千斤顶在使用过程中性能的降低，加之人为读数的误差，使得张拉施工的精度很难得到准确的控制。近年来，也有采用油压传感器来获取荷载的数据采集系统应用于张拉施工中，但是该方法需要对张拉设备的结构进行一定的更改，尤其是高压油管连接部分，在改装过程中容易留下安全隐患，加之该方法不能直接测得张拉过程中有效荷载，而是需要根据油压关系来进行换算取得，因而该方法在安全性和准确度上都难以得到大面积的推广。AS—10 预应力张拉监控系统从安全和准确的角度出发，采用高精度传感器来直接获取工程数据，在确保施工安全的情况下，从根本上解决了测量不准确的问题。

在张拉施工荷载测量中，目前常用的有电阻应变式和振弦式两大类。振弦式传感器因其具有结构简单、长期稳定性好、输出信号稳定、准确度高及重复性好等优势，在国内外工程试验中得到了及其广泛的应用，并迅速发展起来，越来越得到工程技术人员和理论研究者的认同。通过长期的试验和综合比较之后，AS—10 预应力张拉监控系统中采用了振弦式测力传感器（下文简称测力计）。该测力计本身为高强度合金钢圆筒，不同荷载的测力计分别内置有 3～6 支高精度钢弦式传感器。传感器用于监测作用在测力计上的总荷载，同时通过测量每只传感器，还可以测出不均匀荷载和偏心荷载。该测力计的主要技术指标见表1。

测力计主要技术指标　　表1

标准量程	250～999kN	1000～2999kN	>3000kN
非线性度	直线：1%F.S；　多项式：0.5%F.S		
分辨率	0.07%F.S		
温度范围	−40～+65℃		
过载能力	25%		
弦数	3	3～4	4～6

在充分考虑施工现场环境和测量需求的情况下，系统在测量张拉伸长量上选择了一种回弹式直线位移传感器，通过特定装置可以便捷地固定在张拉设备之上进行张拉伸长量的测量。该位移传感器具有 0.01mm 的分辨率以及±0.05%的线性度，且具高达 5 千万次的使用寿命。

2.2 便携式现场数据采集系统

便携式现场数据采集系统是整个监控系统的核心组成部分，负责完成传感器信号的采集调理、分析处理、存储显示等重要工作。该系统依据模块化思想，根据功能将系统划分为各种不同模块进行独立设计，这样提高了系统的设计效率，同时也方便了系统运营的维护。

数据采集系统内部分为中央处理系统、传感器信号调理模块、数据存储模块、数据分析模块、人机交互模块、通信接口模块和系统电源模块 7 个子系统模块。各子系统模块在中央处理系统的综合调度控制下进行工作，系统电源模块为中央处理系统以及其余子系统模块进行供电，其内部的电源管理等功能由中央控制系统来完成，如电量管理、充电管理等。传感器信号调理模块在中央处理系统的控制下负责对传感器信号进行前端处理，如控制传感器工作、信号模数转换等。经过前端调理之后的信号在中央处理系统的调度之下顺利进入数据存储模块，除此之外，数据存储模块还要存储与工程物理量相关的监控数据，如工程编号、工作时间等重要信息，便于在计算机软件系统中对数据进行分析和管理。数据分析模块主要完成对采集数据进行处理变换，根据工程需要以直观可见的形势对采集数据进行表达，例如生成各种工程数据关系以数据或曲线的方式直观地显示给操作者，及时发现施工中的问题，以便针对相应的情况采取对应措施。人机交互模块主要由显示模块和功能按键模块组成，负责完成操作过程中各种功能的设置。通信接口模块分为上位机通信接口和无线通信接口两部分，前者负责与计算机软件通信，实现仪器的上位机控制、数据传输、参数配置等功能，后者主要用于两端施工中双方数据的互通，保持施工的同步性。

2.3 计算机数据分析系统

AS－10 预应力张拉监控系统中，便携式数据采集仪在监控过程中采集到的数据含有丰富的信息，计算机数据分析系统的主要任务是对这些信息进行充分挖掘和利用，以及进一步的深入分析。图 2 所示为 AS－10 预应力张拉监控系统的数据分析软件。

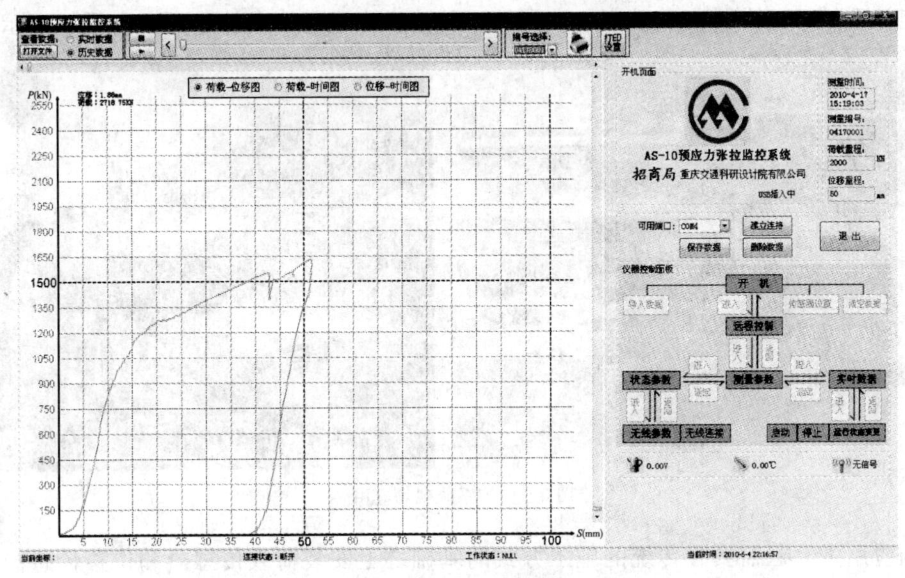

图 2　数据分析软件系统

该数据分析软件是一个集系统控制、数据管理、系统参数配置和报告打印为一体的专业软件系统。系统采用C++和C#开发，具有丰富的数据分析功能和简洁美观的操作界面。通过该软件系统，可以实现对数据采集仪的控制，可以在计算机上清晰详细地进行监控施工过程。软件中数据管理功能可以直接对采集仪独立工作所采集的数据进行管理，例如数据导入、数据查看以及数据删除等。系统参数配置包含对传感器参数进行修正设置、工程信息设置等。报告打印功能中采用防伪码和数字水印相结合的双重防伪技术来保证监控报告的真实可靠性，彻底排除报告被篡改的可能性。

3 系统的工程应用

AS－10 预应力张拉监控系统通过重庆市计量质量监测研究院进行监测标定，荷载测量采用 0.05 级 2000kN 标准测力仪进行标定，位移测量采用 0.02mm 精度级 200mm 游标卡尺进行标定，标定结果表 2 所示。

表 2 的标定结果表明系统荷载测量精度可以很好地控制在 0.5%以内，完全满足工程应用的要求。

AS－10 系统标定结果 表 2

序号	标准值		AS－10 系统测量值		测量精度	
	荷载（kN）	位移（mm）	荷载（kN）	位移（mm）	荷载（%）	位移（%）
1	400	/	399.5	/	0.1%	/
2	800	50	796.7	49.8	0.4%	0.4%
3	1200	100	1194	99.6	0.5%	0.4%
4	1600	150	1595.5	149.6	0.3%	0.3%
5	2000	200	1999.5	199.4	0.0%	0.3%

目前该系统已经在云南、重庆、四川等工程建设中进行了具体应用，如图 3 所示。

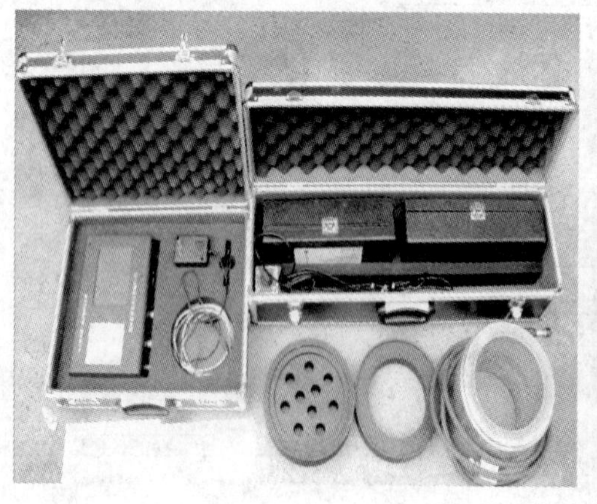

图 3　监控系统现场应用

现场应用中，只需要在传统的施工方式的基础之上安装荷载传感器和位移传感器，将传感器连接在数据采集仪上，启动仪器即可进行监控数据采集。最后通过软件系统可以将数据自动形成报告，如图 4 所示。

T07pQnFyK5+w5zawrBdzH08hJ++XBcbUOrZNhfJ3mrw=

No:

桥梁预应力张拉监控报告

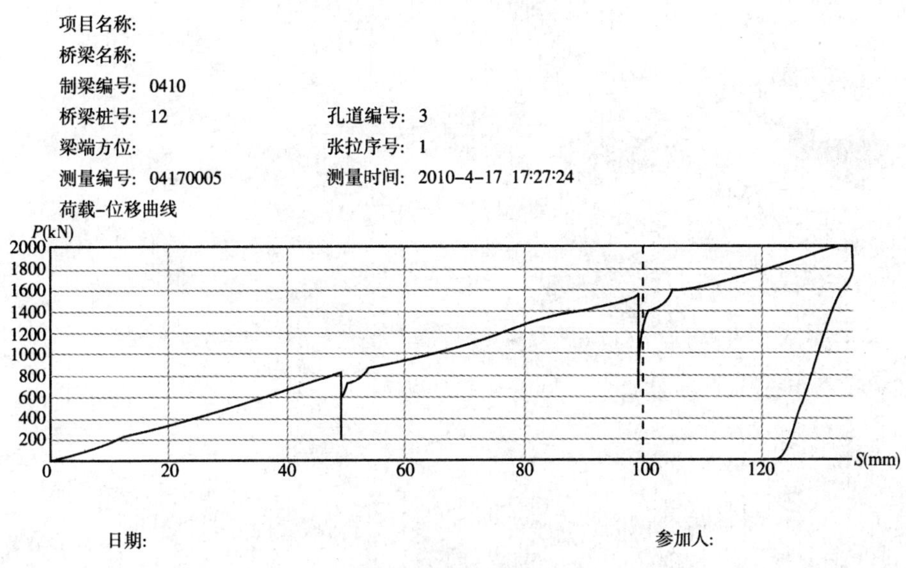
项目名称:

桥梁名称:

制梁编号: 0410

桥梁桩号: 12　　孔道编号: 3

梁端方位:　　张拉序号: 1

测量编号: 04170005　　测量时间: 2010-4-17 17:27:24

荷载-位移曲线

日期:　　参加人:

图 4　现场监控报告

图 4 中的报告直观体现出了施工过程中荷载与伸长量之间的关系、荷载与施工时间的关系以及伸长量与施工时间的关系，从中可以直观判断出该施工过程中油泵稳压持荷性能较差。

4　结束语

本文介绍了一种新型的预应力施工监控的系统及其应用，详细介绍了系统的各组成部分。实际应用表明，该系统对预应力张拉全过程进行有效监控，可以准确控制张拉荷载，及时发现工程隐患，客观记录施工全过程的相关信息，对提高工程质量，保障工程安全很有实效，具有重要工程应用价值。

参考文献

[1] 李惠民，魏辉．张拉控制应力过高或过低对混凝土预制构件结构性能的影响 [J] 混凝土，1999，(06)．

[2] 李兵，刘弘，李珠．自控技术在预应力结构中的试验研究 [A] 第 14 届全国结构工程学术会议论文集（第二册）[C]，2005.

[3] 王远平，魏剑伟，杨秋学，郭全全，李珠．计算机在预应力混凝土结构张拉中的应用 [A] 第十届全国结构工程学术会议论文集第Ⅱ卷 [C]，2001.

[4] 刘山洪．预应力混凝土桥梁张拉技术的发展与应用 [J]．重庆交通学院学报，2006，(05)．

[5] GB 50010—2002 混凝土结构设计规范．北京：中国建筑工业出版社，2002.

三 工程设计与施工技术

锚固设计的关键机理路径分析法及实例分析

高　谦[1]　余伟健[1]　姚维信[2]

（1. 北京科技大学 土木与环境工程学院　2. 金川集团有限公司）

摘　要　本文针对地下工程难支护问题，基于岩石工程系统（RES）理论中的关键机理路径分析法，提出了一种锚固设计的理念。然后在结合实例的基础之上，根据各因素之间的关系建立了二元交互作用矩阵；并应用关键机理路径分析算法进行耦合过程获得了关键路径收益值和反馈回路，第一次提出了良性循环作用路径这一概念。最后，针对某矿区一采准巷道确定了主要承载区和支护参数。数值分析和监测数据表明，支护达到了预定的效果。

关键词　关键路径　锚固设计　耦合　良性循环作用路径　支护参数

1　前言

地下锚固工程是一个异常复杂的系统工程，存在着许多不明影响因素，而这些因素又是同时存在、并行及连续地作用。因此，随着岩石工程向复杂化、深度化、模糊化发展，现有的设计理念及方法已经表现出许多的局限性[1～3]，而分析支护结构的可靠性也很难准确考虑到每个因素影响。据于此，本文基于 J. A. Hudson 教授的岩石工程系统（RES）理论中的关键路径分析法，提出一种基于关键机理路径的锚固设计理念，并综合考虑地下工程中所有岩石力学和施工因素相关的影响因素，通过这些因素交互作用、联合影响的结果，建立关键机理路径模型，作为施工设计的依据。

2　关键机理路径及锚固设计理念

根据 RES 理论观点，把所有可能影响岩石工程稳定性的状态变量都置于矩阵的主对角线上，而非对角线则表明当变量间相互作用，则构成多元的、同时和连续作用矩阵，形成二元交互矩阵（BIM）[4]。通过对 BIM 矩阵进行关键机理路径分析算法（CMPA），最后形成关键路径收益矩阵模型（CPGM）和关键路径矩阵模型（CPM），最终分析得到工程的关键作用机理，从而为设计提供可靠的依据。

为了建立机理路径矩阵，Jiao 提出的关键机理路径分析算法[5]～[8]是在 JRA（the Jordan Recursio Algorithm）算法的基础上建立起来的，它是一种遗传算法，它是用来寻找系统内任意一对变量之间不同机理路径中的最优路径（或最关键路径）以及一个系统变量如何以系统的规模来影响另一个系统变量。

总的说来，此锚固设计理念遵循岩石工程系统理论，在建立二元交互作用矩阵和关键路径矩阵的基础上，找出关键路径收益及关键路径，最后根据关键路径进行锚固设计。此设计理念重视设计、施工、使用及监测，充分发挥围岩自身承载能力，根据监测结果适时动态地分析工程的主要机理路径，明确影响工程稳定性的主要根源。其具体技术路线见图 1。

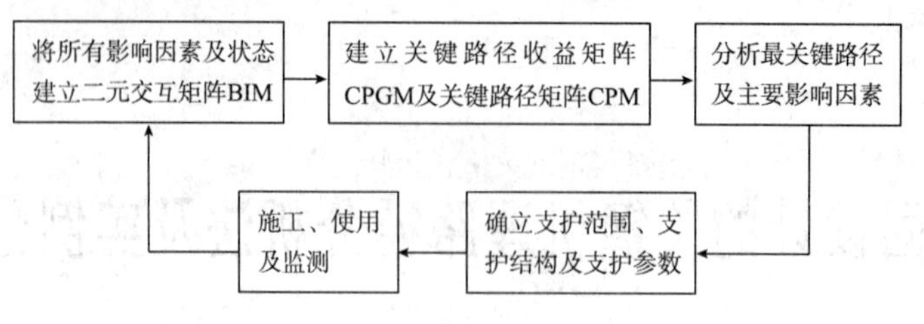

图 1 设计思路图

3 实例分析

3.1 工程概况

某矿区的一采准巷道所在的围岩条件较为复杂，位于断层影响带之内，使顶板的岩体呈破碎结构，极易落块。巷道平均埋藏深度为380m左右，巷道跨度4.5m，高度4.8m。岩层的坚固系数 f 为3～5。据现场巷道调查，在掘进后，部分地段由于支护时间不合理及受到附近工作面采矿的影响而导致顶板变形严重，甚至产生冒顶现象。而且局部地区可见裂隙水，该类岩体具有膨胀性，易泥化。因此，这些地段的支护问题是目前该矿迫切需要解决的重点及难点问题。

3.2 支护系统的关键路径分析

据调查分析，影响巷道稳定性的因素包括地质因素、工程因素及人为因素等，而直接导致工程不稳定的主要原因又是由许多不明可变因素所决定的。因此，在进行机理路径分析时，应主要考虑可变因素，表1给出了可变影响因素及对应的可变量。

各影响因素及其对应可变量 表1

序号	影响因素	对应可变量	序号	影响因素	对应可变量
1	原岩应力（MPa）	X_1	6	地下水的渗漏（L）	X_6
2	采动应力（MPa）	X_2	7	巷道收敛量（mm）	X_7
3	节理裂隙密度（个数/m）	X_3	8	裂隙开合程度（mm）	X_8
4	岩体摩擦角（°）	X_4	9	隧道的尺寸（m）	X_9
5	水压力（MPa）	X_5	10	支护程度（MPa）	X_{10}

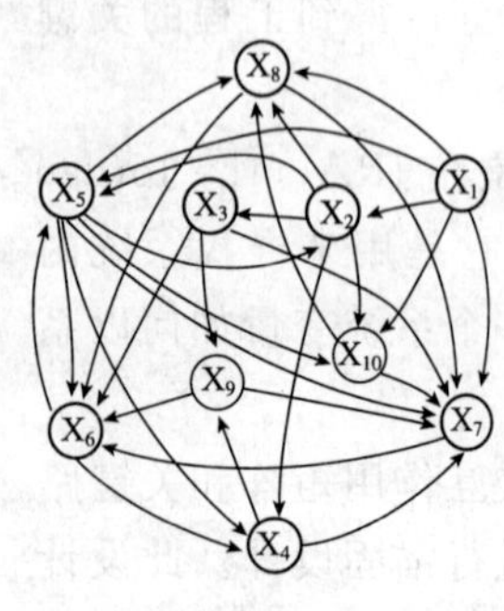

图 2 机理路径网络图

为了建立作用矩阵，先建立起交互作用网络图2所示，所有变量之间存在的二元交互作用都是线性的，如 $\sigma_{\theta\theta}=2\sigma$ 可表示离采动范围较远的应力（即为原岩应力）和采动应力之间的关系（$\sigma_{\theta\theta}$ 为扰动切向应力），因此二元作用矩阵中（1，2）单元的二元交互作用值为2。

由关键机理路径分析CMPA全耦合过程得出的关键路径收益矩阵CPGM见表2，在此仅为了研究对支护方案的影响，不列出所有关键路径矩阵CPM，而是通过CPGM矩阵找出对支护程度影响最大的关键路径。

关键路径收益矩阵 CPGM　表 2

系统量	X_1	X_2	X_3	X_4	X_5	X_6	X_7	X_8	X_9	X_{10}
X_1	1.00	2.00	0.20	0.20	0.40	0.80	0.80	−0.80	−0.20	−0.67
X_2	0.00	1.00	0.10	0.10	0.20	0.40	0.40	−0.40	−0.10	−0.20
X_3	0.00	0.14	1.00	−0.04	−0.16	0.40	−0.50	−0.05	−1.00	0.03
X_4	0.00	−0.01	0.01	1.00	−0.08	0.20	0.25	0.00	0.50	0.01
X_5	0.00	−1.00	−0.10	−0.10	0.84	0.16	0.20	0.01	0.40	0.20
X_6	0.00	0.34	0.04	−0.10	−0.40	0.99	−0.07	0.02	−0.14	0.07
X_7	0.00	0.07	0.01	−0.02	−0.08	0.20	1.00	0.00	−0.03	0.01
X_8	0.00	0.85	0.10	−0.25	−1.00	2.50	0.30	1.00	−0.35	0.18
X_9	0.00	0.14	0.02	−0.04	−0.16	0.40	0.50	0.00	0.98	0.01
X_{10}	0.00	0.21	0.03	−0.06	−0.25	0.63	−0.50	0.25	−0.09	1.05

表 2 中的每一项代表一个变量对另一个变量的关键影响程度，由此可以推断出关键路径对相关系统的综合交互作用的影响程度。为讨论各状态量对支护程度 X_{10} 的影响程度，给出相应于 CPGM 矩阵中 X_{10}（支护程度）收益值的影响最大的关键路径，如表 3 所示。

X_{10}的关键路径收益值与关键路径值　表 3

序号	收益值	对应关键路径作用链	序号	收益值	对应关键路径作用链
1	−0.67	$X_1 \to X_{10}$	6	0.07	$X_6 \to X_5 \to X_{10}$
2	−0.20	$X_2 \to X_{10}$	7	0.01	$X_7 \to X_6 \to X_5 \to X_{10}$
3	0.03	$X_3 \to X_6 \to X_5 \to X_{10}$	8	0.18	$X_8 \to X_6 \to X_5 \to X_{10}$
4	0.01	$X_4 \to X_7 \to X_6 \to X_5 \to X_{10}$	9	0.01	$X_9 \to X_7 \to X_6 \to X_5 \to X_{10}$
5	0.20	$X_5 \to X_{10}$	10	1.05	$X_{10} \to X_8 \to X_7 \to X_6 \to X_5 \to X_{10}$

从表 2 和表 3 中可得出，除支护程度（X_{10}）本身形成的反馈回路外，原岩应力（X_1）、采动压力（X_2）和水压力（X_5）对支护程度（X_{10}）收益值最大，也就是这三个因素是对支护系统的设计的影响程度最大的。从关键机理路径来看，也是直接作用于支护程度。而裂隙的开合程度（X_8）对支护程度的影响是通过这样一个路径：裂隙的开合度增大造成了地下水渗漏严重，继而引起水压力加大，并最终导致作用在支护结构上的应力加大，因此，在支护设计上必须考虑到止水、防水措施，例如注浆、浇灌混凝土或防水材料等。从支护程度（X_{10}）形成的反馈回路来看，有一条非常重要的作用机理路径，即岩体中的裂隙张开程度增强引起巷道的变形严重，从而引起水渗透力的增加，最终导致支护结构的受力情况差、变形严重，支护结构变形大又致使裂隙进一步发育，如此下去，形成了一种不良循环，如不采取合理的锚固方式，最终必将导致整个工程的失稳甚至塌陷。因此，根据此机理路径，应首先

考虑如何阻止岩体内部裂隙的发育，减少水的渗透，从而整体提高岩体强度。对于此工程，可以考虑锚带网锚索加喷射混凝土的支护形式，主要作用机理是将巷道的破碎岩体挤压形成一个承载体，再由锚索将这个承载体悬吊在硬岩中。这样采用外力介入，将不良循环转变为良性循环。支护系统的机理路径解释可参照图 3。

锚索及喷网支护
减小
裂隙张开程度
减少
岩体移动
降低
地下水的渗透
提高
岩体承载能力
抑制

图 3　支护作用下的良性循环作用路径

3.3　支护承载区的确定

本巷道的顶板呈松软破碎结构，变形较大，原支护为锚喷支护，破坏严重。考虑采用的锚带网锚索支护方式，锚索起的作用非常重要，它发挥着力的传递作用，将力最终传到锚固端的稳定围岩中。因此，确立承载区也是关键的一步。在此，采取数值分析法得出主要承载区，并利用库仑一摩尔准则计算所得的分别离顶板 0m、2m、4m、6m、7m、9m（分别对应用于图的 1、2、3、4、5、6 号曲线）处的竖向位移，见图 4。

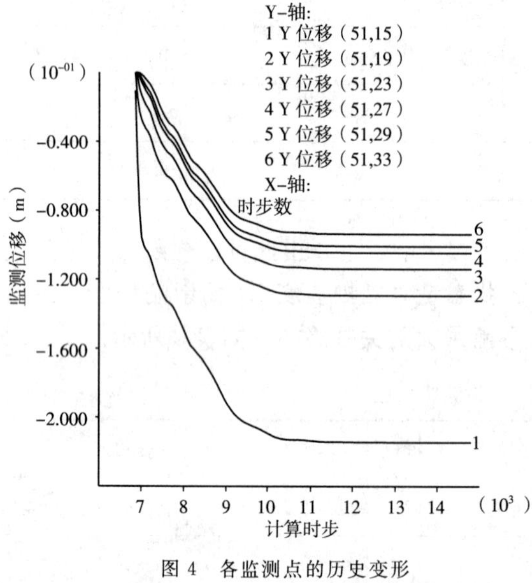

图 4　各监测点的历史变形

从图 4 中可以看出，直接顶板（0m 处）变形最大，发生冒顶现象；而距顶板 4m 处的最大位移也达到了 11cm。由于重力及上覆岩层的压力，如锚固范围少于 4m 时，变形将会进一步加大，不利于支护。在此巷道的 7m 以上深度的围岩基本上都是深部围岩，岩层之间基本上不产生垮脱现象，而且岩体承载力较高，从图 4 中也可以看出在不支护时，7m 深处顶板变形不到 10cm。因此，锚索的长度至少 7m，也就是顶板 7m 以上可认为都是承载区域。

3.4　支护参数的确定及监测

本例中系统地遵循支护优化设计原则，进行几个优化方案拟选后，考虑选用锚杆和锚索联合支护，得出锚固参数如表 4 所示。而其他支护参数为：长锚索的钢绞线长度 8.3m，锚固长度 8m；托梁采用 U 型钢，长度 1.0m，托梁上方加垫 300mm×300mm×10mm 的钢板；下方加垫 10mm 的钢板垫片，预拉力 150kN。两帮支护采用锚杆，采用直径为 20mm、长度为 2.5m 的普通螺纹钢锚杆，间排距 0.8m×0.8m，每排每帮 4 根。锚杆托板采用350mm×100mm×10mm 的钢板，锚固力不小于 50kN，预紧力矩 100N·m。

主 要 支 护 参 数　　表 4

顶板锚杆支护参数			顶板锚索支护参数			两帮锚杆支护参数		
长度（m）	根数（根）	排距（m）	长度（m）	根数（根）	排距（m）	长度（m）	每一帮锚杆数（根）	排距（m）
2.0	6	0.8	8.3	2	1.4	2.5	4	0.8

数值计算得出的各收敛量见表5，支护后的巷道顶板位移变化监测见图5。从实际监测可知顶板最大下沉量不到2.5cm，因此可满足生产服务要求。

支护后的数值计算结果 表5

顶底板位移（cm）		收敛率（%）	两帮位移（cm）		收敛率（%）	安全系数 F_S
顶板	底板		左帮	右帮		
−5.38	1.49	1.53	2.91	−2.55	1.95	1.34

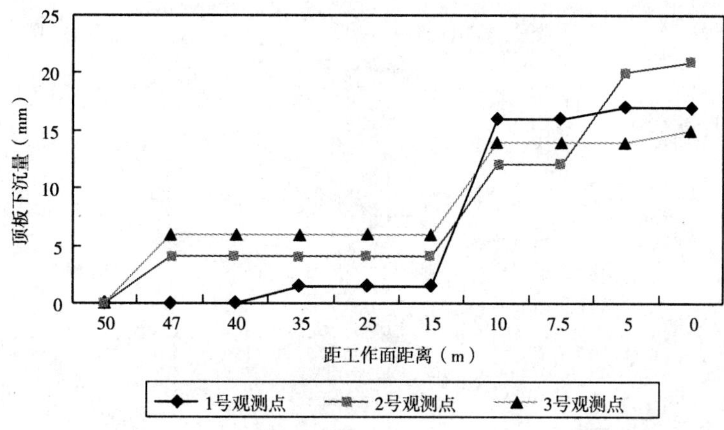

图5 巷道顶板位移监测曲线

4 结论

可见，在进行地下工程支护时，先应用关键机理路径分析影响整个工程的稳定性能，寻找各因素之间的作用机理，以及这些机理之间的作用路径是至关重要的。再在此基础之上，考虑在支护设计中应当避免哪些因素，应当采用哪种锚固方式尽量减少或抑制围岩的变形，并在人为因素的外力作用下如何将整个工程系统转化成良性循环，最终达到提高围岩自身承载力的目的，这样就有了一个明显的指导思想。数值分析和监测表明，本文提出的这种基于关键机理路径的锚固设计新理念有较高的实用价值。

参考文献

[1] 张乐文，汪稔．岩土锚固理论研究之现状［J］．岩土力学，2002，23（5）：628～632.

[2] 余伟健，高谦，余良晖．松散围岩强化支护技术研究及其可靠性分析［J］．金属矿山，2006（6）：23～24.

[3] 余伟健，高谦，韩阳，等．全耦合分析法在巷道安全评价中的应用［J］．湖南科技大学学报（自然科学版），2007，22（1）：1～4.

[4] 杨效华，祝玉学，蒙立军．岩石工程系统理论与应用：第一讲岩石工程系统概论［J］．金属矿山，2000（7）：1～4.

[5] 陈清作，方祖烈，高谦，刘淑云．地下矿山岩石工程设计机理路径分析方法［J］．金属矿山，2000（3）：9～11.

[6] J. A. Hudson. Rock Engineering Systems：Theory and Practice [M] . Horwood. Chicester，1992.

[7] Jiao. Y. and Hudson. J. A. . Int. J. Rock Mech. Min. Sci. Geomech. Abstr [M] . 1995，32：491～512.

[8] Hudson. J. A. and Jial. Y. . Analysis of Rock Engineering Projects. Imperial College Press [M] . London. 1998.

预应力锚索主要参数设计方法

闫莫明

（煤炭科学研究总院）

摘　要　本文对预应力锚索主要参数设计方法进行了初步分析，引入张拉应力控制系数、锚具效率系数等计算因子，提出了预应力锚索设计承载力、预应力锚索极限承载力和锚索安全系数等一组计算公式。对张拉应力控制系数、锚具效率系数及常用的安全系数进行了详细阐述，明确了上述系数的真正含意和特定用法，对正确计算预应力锚索主要参数提出了合理建议。

关键词　锚索　参数　设计方法

1　引言

预应力锚索在岩土工程中的应用日益广泛，有关预应力锚索设计与施工的技术标准和各种规范也相继出版，其中包括了国家标准和行业标准，这无疑对指导预应力锚索的设计和施工起到了规范与促进的作用。但这些标准和规范相互之间缺乏沟通与联系，因而对一些关键问题的理解和处理还存在差异。比如对张拉应力控制系数和安全系数的运用以及锚索极限承载力与钢绞线最大力的关系等，均存在不同认识。凡此种种，有必要提出来与业内同行商榷。

预应力锚索通常由各种规格的钢绞线和锚具及一些附件组成，也就是说锚索主要是钢绞线和锚具的组合件。说到锚索不能只想到钢绞线，因为还有一个重要组件，那就是锚具，认识到这一点是最基本的。况且由于施工方式的差别，预应力锚索还可细分为不同的类型，那就更复杂了。为了说清主要问题，本文只谈及一般常用的、简单的、主要参数，至于更多的如几何参数、施工参数等，这里就不讨论了，这也与现行的标准和规范所涉及的内容一致。

众所周知，预应力锚索一个突出特点就是“预应力”这三个字。为了这个目标，锚索采用了高强钢材——钢绞线，而且在施工中必须有一道重要工序——预应力张拉。因此，下面讨论的问题必然要紧紧围绕“预应力”这三个字来做文章。引入什么样的计算参数来反映设计阶段和施工阶段的锚索预应力水平，是用张拉应力控制系数还是用安全系数，显而易见，用张拉应力控制系数更能直观明确地反映出锚索的这一特点。

2　预应力锚索主要参数设计

2.1　锚索设计承载力

锚索设计承载力计算按公式（1）或公式（2）。

$$N_t \leqslant m \cdot n \cdot S_n \cdot R_m \tag{1}$$

式中：N_t——锚索设计承载力，kN；

m——锚索张拉应力控制系数，取0.60；

n——组成锚索的钢绞线根数；

S_n——钢绞线参考截面面积，mm^2；

R_m——钢绞线抗拉强度，MPa。

若以 $F_m=S_n \cdot R_m$ 代换，公式（1）也可以公式（2）表示。

$$N_t \leqslant m \cdot n \cdot F_m \tag{2}$$

式中：F_m——整根钢绞线的最大力（kN）。

2.2 锚索极限承载力

锚索极限承载力计算按公式（3）或公式（4）。

$$R_u \leqslant \eta_a \cdot n \cdot S_n \cdot R_m \tag{3}$$

式中：R_u——锚索极限承载力，kN；

η_a——锚具效率系数，取0.95；

n——组成锚索的钢绞线根数；

S_n——钢绞线参考截面面积，mm^2；

R_m——钢绞线抗拉强度，MPa。

若以 $F_m=S_n \cdot R_m$ 代换，公式（3）也可以公式（4）表示。

$$R_u \leqslant \eta_a \cdot n \cdot F_m \tag{4}$$

式中：R_u——锚索极限承载力，kN；

η_a——锚具效率系数，取0.95；

n——组成锚索的钢绞线根数；

F_m——整根钢绞线的最大力，kN。

2.3 锚索安全系数

锚索安全系数计算按公式（5）。

$$K=\frac{R_u}{N_t} \tag{5}$$

式中：K——锚索安全系数；

R_u——锚索极限承载力，kN；

N_t——锚索设计承载力，kN。

代入公式（2）和（4），即得出 $K=\frac{\eta_a}{m}$，因此，锚索的安全系数与锚具效率系数 η_a 和张拉应力控制系数 m 有关。

锚索的安全系数是锚索极限承载力与锚索设计承载力之比，由此得出公式（5）的关系。按公式（5）计算锚索的安全系数，当锚具效率系数取0.95时，即可得出锚索安全系数与张拉应力控制系数之间的数值对应关系，其结果见表1。

系数 m 与系数 K 对应关系 表1

张拉应力控制系数（m）	0.60	0.68	0.59	0.53	0.48
锚索安全系数（K）	1.58	1.4	1.6	1.8	2.0

3 讨论

3.1 关于张拉应力控制系数

采用张拉应力控制系数来确定锚索的主要参数，还是采用安全系数来确定锚索的主要参数，从公式（5）即可清楚看出安全系数实际上与张拉应力控制系数密切相关。因为张拉应力控制系数又叫钢材利用系数，而安全系数也是对材料的一种安全储备，因此，两种系数都可以采用，只不过采用张拉应力控制系数更直观、更明确。

张拉应力控制系数的取值本文推荐取 0.60 为宜。

以下引用参考文献［1］的一段文字，简要说明选取 0.60 的理由。

在岩体中实施锚固，由于岩体的力学性质差异较大和围岩的各向异性，再加上地质条件中不可预见的影响因素，影响预应力保持的因素要比水工建筑物多。考虑到这种情况，当对岩体中的预应力锚杆施加设计张拉力时，要求锚杆中的平均应力不宜大于材料抗拉强度标准值的 60%。为了保证设计需要的锚固力，张拉时必须进行超张拉。超张拉荷载一般不超过设计张拉力的 115%，此时锚杆材料的平均应力不大于钢材抗拉强度标准值的 70%。

日本 VSL 锚固协会编写的《VSL 锚固施工法设计施工规范》中，对于永久性锚固工程，锚索材料允许的设计应力为 $0.6\sigma_b$，此处 σ_b 为锚索材料的抗拉强度。

作者执笔编写的煤炭行业标准《矿用锚索》（MT/T 942—2005）已颁布 5 年，行业内部对矿用锚索产品的质量监督检验就依据这一标准。在这部行业标准中规定了张拉应力控制系数为 0.60。

3.2 关于锚具效率系数

锚索主体实际上就是钢绞线和锚具的组合件。影响锚索极限承载力的因素不只是钢绞线，还有锚具。如果以钢绞线的最大力来表示锚索的极限承载力显然是不恰当的。从锚具效率系数的含意和试验结果就可清楚地认识到这一点。以下引用参考文献［2］一段条文进行说明。

锚具的静载锚固性能，应由预应力筋－锚具组装件静载试验测定的锚具效率系数（η_a）和达到实测极限拉力时组装件受力长度的总应变（ε_{apu}）确定。锚具效率系数（η_a）应按下式计算：

$$\eta_a = \frac{F_{apu}}{\eta_p \cdot F_{pm}}$$

式中：F_{apu}——预应力筋－锚具组装件的实测极限拉力；

F_{pm}——预应力筋的实际平均极限抗拉力。由预应力钢材试件实测破断荷载平均值计算得出；

η_p——预应力筋的效率系数。η_p 应按下列规定取用：预应力筋－锚具组装件中预应力钢材为 1～5 根时，$\eta_p=1$；6～12 根时，$\eta_p=0.99$；13～19 根时，$\eta_p=0.98$；20 根以上时，$\eta_p=0.97$。

在预应力筋强度等级已确定的条件下，预应力筋－锚具组装件的静载锚固性能试验结果，应同时满足锚具效率系数（η_a）等于或大于 0.95 和预应力筋总应变（ε_{apu}）等于或大于 2.0%两项要求。

对于合格的锚具，锚具效率系数为 0.95。

实际上影响锚索极限承载力的因素还有其他，但作为锚索产品的主要参数计算，锚具的影响是主要的。

讨论的结果，应当认为锚索的极限承载力不能用钢绞线的最大力来表示，这是最起码的认识。

3.3 关于安全系数

安全系数实际上就是一个安全储备。各种各样的安全系数，含意不同就用法各异。在诸多影响因素不明确时，往往以一个安全系数来摆平，也就是把复杂的问题简单化。

在岩土锚固工程中，有两个安全系数常见到，一个是工程稳定性安全系数，一个是本文提到的锚索安全系数。一般讲这两个安全系数有联系但又不相同。在具体应用时一定要区别运用，不能把这两个安全系数混搭起来。

锚索作为产品时，它的一些参数如力学指标是固有的，明确的。如何在工程中应用是另外一码事，不能以工程的重要性程度来直接作为锚索产品性能指标取值的依据。比如对重要工程，稳定性安全系数取值大一点是正确的，但直接用这个系数来设计锚索，就容易出现问题。因为用锚索加固岩土工程靠的是“预应力”，只有保证锚索具有一定水平的“预应力”才能保障锚固工程的安全度。

4 结束语

（1）预应力锚索作为一种支护产品，应当出示一些性能参数供工程选用。本文浅议了预应力锚索主要参数的计算方法，其中引入张拉应力控制系数和锚具效率系数，从而使本文推荐的计算公式更明确、更实用。

（2）预应力锚索的极限承载力不能用钢绞线的最大力表示，这是本文一再强调的最起码的认识。实际上还有一些影响因素，都会或多或少影响锚索的极限承载力。但作为锚索产品性能指标，锚具影响因素是主要的。

（3）对于安全系数要正确理解其真实含意，不能把工程稳定性安全系数简单的运用到锚索的主要参数设计中去。

参考文献

[1] DL/T 5176—2003 水电工程预应力锚固设计规范．北京：中国电力出版社，2003.

[2] GB/T 14370—2000 预应力筋用锚具，夹具和连接器．北京：中国标准出版社，2000.

新建混凝土坝采用基础锚固的设计原则简介

吴 浩 朱 玲

（中国水电顾问集团北京勘测设计研究院）

摘　要　在参与编修《锚杆喷射混凝土支护技术规范 GB 50086－2001》过程中，在对国内一些新建重力坝和拱坝采用预应力基础锚固情况调研后，提出了基础锚固的适用范围，对重力坝和拱坝基础锚固的原因、措施及特点进行了分析，进而对基础锚固的设计原则进行了总结和提炼。

关键词　新建坝　预应力　基础锚固　设计原则　锚固特点

1　前言

在水利水电工程中，预应力锚固技术在基坑开挖、边坡加固、坝基坝肩处理、地下洞室支护等方面得到广泛应用，具有特色优势，同时也是调整与改善结构内力及分布、阻止结构开裂、防止工程坍塌和滑坡的有效手段。

在新建重力坝中遇到坝基或坝肩严重地质问题或受制于地形地质条件需要增加坝后坡度时，或者老坝的加高、改扩建时，如若需要将预应力锚固技术用于坝体或坝基稳定，可通过细致的技术经济比较，如若表明其可明显地减少坝体重量，收到显著的经济效果，即可选用预应力基础锚固方案。例如，苏格兰的 Alltna-Lairige 坝、阿尔及利亚舍尔法坝以及巴西厄奈斯庭纳（Ernestina）坝。

新建拱坝的锚固主要针对拱座抗力体等的地质缺陷处理，锚索可以将坝体和岩土体紧紧地连结起来共同发挥作用，且拱坝坝后抗体力一般较为雄厚，布置锚索的条件较好。对坝肩表层破碎岩体的加固应采取以锚固为主，混凝土衬护、固结灌浆、排水相结合的综合处理办法。拱坝基础锚固的实例有法国卡斯提朗（Castillon）拱坝、意大利瓦伊昂（Vajont）拱坝，中国的龙羊峡、李家峡、沙牌、小湾等拱坝。

在参与开展《锚杆喷射混凝土支护技术规范 GB 50086－2001》修编工作过程中，我院对中国水电顾问集团所属昆明院、西北院和成都院进行了调研，重点是漫湾、景洪、小湾、李家峡、拉西瓦、沙牌、锦屏一级和溪落渡等高混凝土重力坝和高拱坝工程。通过对已有资料和书籍的收集整理，对新建混凝土坝基础锚固的适用范围，重力坝、拱坝基础锚固的特点、设计原则、通用技术要求等进行了研究和提炼。

本文对上述工作进行了简单介绍，抛砖引玉，希望同行们在大胆求证的基础上，积极实践，促进基础锚固设计方法的进一步完善与提高。

2　适用性及设计原则

2.1　重力坝基础锚固适用范围及特点

分析在水电水利工程重力坝中采用预应力锚固的原因，总结起来主要有四个方面：(1)

坝体存在侧向稳定问题；(2) 坝基存在深层抗滑稳定问题；(3) 坝踵存在拉应力问题；(4) 提高坝基岩体的整体性，使得坝体受力尽可能传到坝基。

另外，应特别重视大江大河上进行分期导流时，纵向围堰或者中导墙在不同运行工况下的侧向稳定问题。此种情况下，往往从经济性和工期方面考虑，需要设置预应力锚固，例如景洪、向家坝、龙开口等工程。

重力坝的锚固主要针对抗滑等问题，用于加固的预应力锚索单索吨位一般较大，但是总的根数一般不多，因为锚索的布置受到有限的施工场地的制约。国内新建重力坝采用预应力锚索提高抗滑稳定安全系数时，一般将预应力锚索提供的阻滑力作为安全储备，并且辅以抗剪键槽、回填置换混凝土、加强排水等辅助措施；预应力锚索加固重力坝时，内锚段一般位于新鲜岩石内，但锚头的布置受制于最优的锚固角和场地，可以布置在坝内灌浆排水廊道、坝顶或者埋植于坝体内。

由于重力坝坝基抗滑的锚索在重力坝整个工作周期内都必须发挥作用，因此，其耐久性、工程防护、预应力损失等问题需要引起特别关注。基础锚固的锚索正常运行时，一般处在水下，有时承受的水压力还比较大，因此对锚索的防护特别重要，应按照规范规定的标准进行防护。

2.2 拱坝基础锚固适用范围及特点

分析在水电水利工程拱坝中采用预应力锚固的原因，总结起来主要有6个方面：

(1) 坝肩抗力体单薄，通过预应力锚固使得表层岩体和深部岩体联合受力，提高坝体整体超载能力。

(2) 坝肩抗力体存在不利结构面组合，抗滑稳定不满足要求，需要通过联合使用抗剪洞塞、混凝土置换、固结灌浆以及预应力锚固等方法来提高抗滑稳定安全度。

(3) 坝踵在正常水载或者较低的超载倍数下，存在拉应力偏大的问题，容易产生裂缝并且裂缝扩展后可能穿透防渗帷幕，引起坝体扬压力的升高，因此，需要采用预应力锚固降低坝踵拉应力。

(4) 坝肩抗力岩体受多组卸荷裂隙和节理组合切割，岩体较为破碎，而固结灌浆虽然能提高岩体的完整性，但是无法提高结构面的抗剪强度参数，此时，采用预应力锚固，使之处于三向受力状态，能够提高岩体的抗剪强度。

(5) 在岸坡较缓部位，拱坝拱端推力存在顺坡向上分力，可能存在浅层抗滑稳定问题，经过研究，在坝址设置预应力锚索，可以提高坝体的浅层抗滑稳定能力。

(6) 目前西南地区在建的特高拱坝均处于高山峡谷地区，河谷部位地应力较大，开挖卸荷后使得建基面岩体变差，目前已有工程对拱坝下部及河床建基面采取锚固保护设计之后开挖，取得较好效果。

通过对龙羊峡、李家峡、沙牌等拱坝工程在近场地震中的表现进行考察，以及结合瓦伊昂拱坝在滑坡引发的巨大水荷载中没有垮坝的经验，发现采用预应力锚固之后的坝肩抗力体，具有良好的抗震性能和抗超载能力。在高地震区修建拱坝时，宜在坝肩抗力体上设置预应力锚索，并采取混凝土衬护、固结灌浆、排水相结合的综合处理办法。

拱坝坝肩岩体锚固设计应充分考虑坝肩的受力特点、地形地质条件、坝肩岩体应力分布、坝肩建筑物布置及施工条件等因素，兼顾各方面的影响。坝肩加固工程属于永久性隐蔽工程，对锚索耐久性、可靠性、抗锈蚀等要求高，在选用锚固方案时需要加以注意。拱坝坝肩的锚固范围、锚固力、最优锚固角等，宜通过对坝体—坝肩体系的非线性不平衡力计算分析确定。目前拱坝基础锚固一般分为坝踵加锚、坝址加锚和开挖锚固保护设计。如果基础软弱破碎，在锚固措施施加之前，应进行固结灌浆处理，以提高锚固效果。固结灌浆的技术措施、灌浆压力选择、浆液配比选择等均应符合相关规范的要求，防止措施不当引起附加应力增加，或降低锚固效果。大坝的基础中，有时存在对基础稳定有一定影响的软弱结构面，或者由于基础岩体软弱、破碎，使大坝的安全系数降低，为了增加大坝的稳定，采用预应力锚索是经济有效的锚固措施之一。

2.3 基础锚固设计原则

水电工程中，新建混凝土坝基础锚固设计的主要依据是：GB 50287 水利水电工程地质勘察规范、DL/T 5176 水电工程预应力锚固设计规范、DL 5108 混凝土重力坝设计规范、DL/T 5346 混凝土拱坝设计规范和 DL/T 5083 水电水利工程预应力锚索施工规范。

具体设计时，还需要遵循以下一些原则：

(1) 挡水坝预应力锚固的地质勘察，根据工程规模和挡水坝等级按 GB 50287 及相应坝型行业规范的规定执行。已建坝采用预应力锚固时，应进行坝体混凝土质量勘察。

(2) 挡水坝基础（坝肩）的锚固范围和总锚固力的大小，应按相应规范进行的抗滑稳定计算或应力分析结果确定，并满足其要求。重要工程可采用数学模型或物理模型进行锚固效果论证。

(3) 单根锚杆设计张拉力、锚杆数量与锚杆型式：

①单根锚杆的设计张拉力，应根据挡水坝基础（坝肩）锚固所需总锚固力、锚固介质和胶结材料力学指标、锚杆材料力学指标、锚夹具类型、张拉设备、施工场地条件、经济性等因素确定。

②锚杆数量，根据总锚固力和单根锚杆的设计张拉力确定。

③锚杆型式应综合考虑单根锚杆设计张拉力、坝基（坝肩）地质条件、坝体材料强度、施工条件等因素确定。

(4) 预应力锚杆布置应满足以下要求：

①应与坝体结构布置、其他基础处理措施、施工条件、运行情况综合考虑。

②根据锚固场地、锚杆数量，平面上宜均匀布置；根据锚固场地、锚固力大小，合理选择锚杆间、排距；轴线方向宜按可提供可能最大抗力进行布置是。

③坝体上的外锚固段宜优先布置在坝顶、坝坡、坝内廊道等利于检查和修复的位置。

④外锚固段布置在大坝过水结构面上时，不宜突出结构表面，否则应设置防汽蚀措施。

⑤内锚固段应布置在稳定的岩体或坝体混凝土内，且宜深浅错开布置。

(5) 挡水坝基础（坝肩）预应力锚固工程，应布置一定数量的试验性锚杆。必要时按试验结果调整预应力锚杆有关设计参数。

(6) 挡水坝基础（坝肩）预应力锚固工程，应进行原位监测。根据监测结果，分析、评价锚固效果。当长期监测发现预应力损失超过设计预期时，应对基础（坝肩）进行二次加固。

3 新建坝采用基础锚固的情况

挡水坝基础采用预应力锚固技术，国内最先应用于已建坝基础补强锚固的工程是梅山水库，此后一系列的已建坝基础采用了该技术。随着预应力锚固技术的发展及其优越性，国内在新建坝中也逐步采用该技术进行基础锚固，重力坝工程实例见表 1、拱坝工程实例见表 2。

国内部分新建重力坝基础预应力锚固工程实例 表1

坝 名	年份	坝高/坝长	锚固原因	锚固措施
漫湾	1995	132/418	坝基顺坡小断层发育，岩体节理发育，结构面相互切割；坝基开挖时坝肩发生大范围坍滑，16号、17号坝段丧失抗力岩体。16～18号坝段有沿软弱结构面和建基面整体滑动的两种可能	在坝体和压重板上布置锚索，以抗滑并平衡坝踵拉应力；坝趾设混凝土齿墙；坝后设混凝土压重板，回填石渣；设置锚固洞；进行基础固结灌浆；采用3000kN/6000kN级预应力锚索，总锚固力25200t
海甸峡	2006	45/317.5	①施工时修改了建基面高程，溢流坝段抗滑稳定系数不能满足规范要求；②右岸碾压混凝土坝，由于坝前铺盖施工滞后，洪水倒灌淹及上游基坑使坝前铺盖无法封闭，造成坝前铺盖失效，2个坝段抗滑稳定不能满足要求	①在溢流坝段斜坡段上布置2排16根2400kN级压力分散型预应力锚索；②2个坝段均在基础廊道内布置1排锚索、在斜坡段上布置2排锚索；总根数分别为18根、15根；均采用2400kN级压力分散型预应力锚索
长滩河	1999	74.8/273.6	溢流坝段0＋200m～0＋218m处存在向下游倾斜的软弱夹层，对大坝抗滑稳定不利	在坝体270m高程设置1200kN级压力分散型预应力锚索进行加固处理，总锚固力67200kN
景洪	2009	108/704.5	左岸坝肩岩体风化深，风化层厚度大，26号坝段建基面采用全、强风化岩体作为坝基，岸坡存在侧向稳定问题	采用锚拉板锚固边坡，即用厚0.5m混凝土板封闭边坡，其上设置1800kN级预应力锚索，并辅以灌浆和排水措施等
			右岸工程过流及左岸基坑开挖后，在施工期汛期右冲沙底孔坝段出现左侧基础临空和右侧承受较大侧向水压力的不利情况	为保证坝段的整体稳定及二期基坑施工安全，进行预应力加固处理，分两层（边墙、底板各一层）采用4800kN级预应力锚索锚固

国内部分新建拱坝基础预应力锚固工程实例 表2

坝 名	年份	坝高/坝长	锚固原因	锚固措施
沙牌	2003	132/281.2/	两坝肩单薄，坝肩稳定是工程的关键技术问题	左、右岸坝肩采用200t级锚索，总工作吨位19800t
李家峡	2000	165/438.4	左坝肩由于断层、裂隙的影响存在不利滑动块体，局部剪摩安全系数偏低	采用预应力锚索、抗剪传力洞、灌浆、置换等综合措施进行加固
小湾	在建	294.5/892.8	①坝基（肩）部位存在对拱坝抗滑、变形稳定有不利影响的软弱带，及风化、卸荷、松弛岩体 ②地应力值高，河谷下部高程地应力集中，开挖后浅表层岩体普遍存在开挖卸荷松弛现象，坝趾部位部分区域点安全度偏低，存在浅层抗滑稳定问题	①坝趾：固结灌浆，设置锚筋桩，在坝趾贴角混凝土上布置4000kN级、6000kN级拉力分散型锚索； ②拱座：左、右岸坝肩采用3000kN级、6000kN级、1800kN级拉力分散型锚索
锦屏一级	在建	305/552.2	左坝肩存在黄斑岩脉、F5断层，需提高左岸抗力体的安全裕度	采用200～300t级锚索，总吨位约10万余吨

注：以上表中数据来自于公开发表的文献以及调研过程中搜集到的资料，由本文作者汇总编排。

4 结束语

对于中低高度的重力坝，在各方面条件具备的情况下，采用预应力锚索可以降低工程造价。预应力锚索在提高重力坝抗滑稳定安全度中的应用问题，需要着重解决预应力锚索的耐久性问题、二次加固问题和与坝体混凝土的良好结合问题。在导墙等双向挡水建筑物、受制于工程建设条件而存在抗滑稳定问题的坝段中，采用预应力锚索进行加固是很好的办法，并且在工程实践中已广泛应用。

对于拱坝的预应力锚固，在工程中已有成功应用。预应力锚固可以提高抗力体的整体性、加固较为破碎的岩体并提高其抗剪强度、提高抵御地震或滑坡涌浪等极端情况下的超载能力，此外，预应力锚固还可以降低坝踵拉应力，提高坝基浅层抗滑稳定安全度，以及抑制卸荷松弛变形和减免后续的清基处理工作量。我们应及时总结在建高拱坝在基础处理和高边坡加固中的先进经验和失败教训，使预应力锚固在拱坝中的应用更加广泛。

参考文献

[1] 程良奎，张作眉，杨志银．岩土加固实用技术［M］．北京：地震出版社，1994.
[2] 赵长海．预应力锚固技术［M］．北京：中国水利水电出版社，2001.
[3] 程良奎，范景伦，韩军，等．岩土锚固［M］．北京：中国建筑工业出版社，2003.
[4] GB 50086—2001 锚杆喷射混凝土支护技术规范［S］．
[5] 梁炯鋆．锚固与注浆技术手册［M］．北京：中国电力出版社，1999.
[6] 林可冀，刘志彬．水工预应力锚固技术论文集［M］．北京：地震出版社，1997.
[7] 阎莫明，徐祯祥．岩土锚固新技术［M］．北京：人民交通出版社，1998.
[8] 刘宁，高大水，戴润泉，等．岩土预应力锚固技术应用及研究［M］．武汉：湖北省科学技术出版社，2002.
[9] 中冶集团建筑研究总院．岩土锚杆（索）技术规程［M］．北京：中国计划出版社，2005.

边坡支护结构形式选择及其多因素分析

林金福[1]　张　杰[2]　徐国民[1]

（1. 西南有色昆明勘测设计（院）股份有限公司　2. 玉溪大红山矿业有限公司）

摘　要　不同的边坡所处的地质环境有所不同，影响边坡稳定及治理工程的因素变化多端且十分复杂，需具体问题具体分析。边坡支护可供选择的支护结构形式很多，边坡支护需要考虑的因素也很多，本文就边坡支护形式选择需要考虑的主要因素进行了阐述，并结合工程实例就如何选择边坡支护结构形式进行了分析，仅供同行参考。

关键词　边坡　支护　结构形式　多因素

工程建设和运营以及自然地质环境中都会涉及到众多的边坡问题。边坡按其形成有自然边坡和人工边坡；按其介质又分为土质边坡、岩质边坡和土岩组合边坡；按其稳定状态又分为稳定边坡、不稳定边坡和潜在不稳定边坡等。

边坡支护结构的形式很多，有挡墙、抗滑桩、锚固等等。究竟选择什么样的支护结构，要针对实际情况进行多方论证，从比选方案中推荐最优方案，最重要的方面，就是要看所采用方案是否做到了安全、经济、合理、可行。

1　支护结构选择需要考虑的因素

支护结构选择需要考虑地质环境条件、边坡性质与边坡变形失稳机理、经济合理与可实施性、环境保护、新技术新工艺新材料、经济社会发展水平等多方面的因素。

1.1　地质条件

地质条件是边坡稳定性分析和支护设计最基础、最重要的方面，笼统地说包括地形地貌、地质构造、工程地质、水文地质及地表水、不良地质作用等。

（1）地形地貌：其反映边坡的原始面貌，是边坡稳定性的控制因素之一，也是边坡稳定性分析可以作出参考借鉴的宏观判据，如地形地貌复杂、高陡边坡对稳定不利。另一方面，地形地貌还影响着边坡的水文地质条件，如地下水的埋藏深度、地下水的季节性变化幅度、地下水的汇集与排泄、汇水面积与地下径流、坡面冲刷强度等，坡头上有冲沟地形对边坡的稳定也是不利的。那些位于陡峻斜坡上的人工边坡，其支护力度往往要大些。

（2）地质构造：对于岩质边坡而言，深入研究地质构造是十分重要的，地质构造不仅影响边坡的地形地貌，更重要的是影响边坡岩体的力学性质。如断层破坏边坡岩体的完整性，促使岩体风化进程加快，使岩体节理裂隙更加发育，形成断层破碎带等；褶皱改变岩层的产状、轴部岩体节理裂隙发育，揉曲使岩体错动和破碎等。地质构造还为地下水提供了蕴藏和运移的场所，使地下水的活动性增强。把结构面纳入地质构造中来研究是一个非常重要的且必不可少的环节，结构面的类型很多，就边坡而言，主要是研究对边坡稳定性起控制作用的软弱结构面，如构成顺倾结构的层面、土岩结合面、岩层风化界面、软弱和泥化夹层、贯通节理面、断层破碎带、构成块体不稳定的组合结构面等。在一定程度上，地质构造决定着边坡变形失稳的机理，如顺倾滑动、楔形块体滑动、贯通节理面的折线型滑动、陡倾岩体的倾倒破坏、碎裂岩体危岩崩塌等。

工程地质，概略地说，主要就是研究边坡的介质条件，即边坡的岩土的空间分布形态，构成边坡的介质是土质边坡还是岩质的，或者是土岩组合的，结构面的发育程度及其产状如何，弄清边坡土岩介质的物理力学性质、岩土体工程地质特征、边坡稳定性的主控因素等，为边坡稳定性计算及支护结构计算提供必要参数。

(3) 水文地质及地表水：俗语道“十滑九水”可见水在边坡变形失稳中起着“推波助澜”的作用。地下水的补径排关系、埋藏条件、变化幅度、活动方式、对岩土物理力学性质的影响、水压力、腐蚀性等影响着边坡稳定性计算及支护结构选择。地表水包括大气降水及其形成的坡面流、溪沟河流地表水等。大气降水及其坡面流可能冲刷边坡、使边坡岩土的重度增加、土质及软岩边坡强度的明显降低，从而促使边坡发生不稳定。另一方面，大气降水通过渗透作用形成地下水，可能形成地下水位产生水压力、可以使边坡土体软化和强度降低、降低软弱结构面的强度、恶化泥化夹层及风化破碎带，使软质岩石软化与崩解。雨季期间，地下水活动在相对隔水层的顶板一带十分活跃，因此，支护结构必须和排水措施一并考虑，此外，大气降水使边坡干湿交替，促进边坡岩体尤其是软质岩石风化，故考虑阻止风化进程所需的措施也是必要的。溪沟及河流地表水可引起坡脚的冲刷与淘蚀甚至下切，边坡坡脚软化或临空高度增加，从而使边坡稳定性降低。

(4) 不良地质作用：与边坡稳定性有关的如冲沟（尤其是活动性冲沟)、岩体风化与卸荷裂隙、采空区地面塌陷和地裂缝、岩溶塌陷、岩土的膨胀性、岩体的风化、岩性的软体和崩解等不良地质作用是边坡不稳定的影响因素或潜在不稳定因素，选择支护结构形式时要根据不同的情况具体问题具体分析，并从它们影响边坡变形失稳的未来发展趋势方面加以考虑。

1.2 边坡性质与变形失稳机理

(1) 边坡性质：除了地质因素决定的边坡固有特性之外，边坡还有其他一些重要性质也是必须考虑的，如是自然边坡还是人工边坡，是挖方边坡还是填方边坡或者是半挖半填边坡，坡高与坡比、边坡的使用年限、边坡的重要性与安全等级、边坡上方的附加荷载、是否有震动因素等，这些性质都会影响边坡支护结构形式。

(2) 边坡变形失稳机理：彻底搞清边坡的变形失稳机理是较为困难然而又是至关重要的，不同的边坡其变形失稳机理有所不同，至少其变形失稳的主导因素是不尽相同的。边坡变形失稳机理主导着设计者的设计思路和支护形式的选择。因此，必须认清边坡产生变形失稳的类型，是崩塌或是滑坡，是浅层滑动或是深层滑动，是土质滑坡还是岩质滑坡，是弧形破坏还是折线形破坏或者是楔形破坏，是顺层破坏还是切层破坏，是倾倒式破坏还是错落式破坏，导致边坡变形失稳的主要原因是什么，支护工程必须从解决哪一个或哪几个方面着手，这些都是必须要搞清楚的。

1.3 安全合理与可实施性

不同用途、不同性质、不同安全等级的边坡，对稳定安全系数有不同的要求。边坡支护，首要的就是安全，但又必须是合理的安全。合理的支护必然是安全的，但安全的支护不一定都是合理的，这就有一个安全度的把握问题，如临时支护比永久支护采用的安全系数要低，因为它可能不考虑或者说少考虑那些潜在的不利因素。我们都知道，在支护结构类型相同的情况下，边坡设计安全系数越高，投入的成本也就越高，如果只需三级支护的边坡，采用了二级甚至是一级支护，那就是不合理的。评判支护结构的合理性，要考虑的方面也很多，首先要看其是否有针对性，是否因地制宜，支护结构是否恰如其分，既不冒险也不保守，既考虑了现状又考虑了未来。其次还要看交通条件、设备投入、原材料、工期、场地条件，用水用电等方面是否合理。合理的方案一定是要可实施的，不可实施的方案显然是欠合理的，如在垂高 20m 的松软填土边坡上设置挡土墙，肯定是难以实施的，又如在有保通要求的道路下边坡设置需要大开挖施工的挡土墙也是难以实现的，再如在松散土体中设置大吨位的预应力锚索也是很难的，同样，要对很高的陡崖危岩进行锚固也是一件非常困难的工作。

1.4 新技术新工艺新材料的应用

新技术新工艺新材料的应用，对推进边坡支护技术的发展是一件非常好的事情，可以提高工效、降低成本、保护环境、降低难度。如新型成孔设备的使用，可以使工效大大提高，同时让施工难度降低；注浆技术的改进，可以提高锚固力；压力分散型、拉力分散型、拉力结合型锚杆的应用，可以充分发挥锚固段的潜力并提高单根锚索的抗拔力；自进式锚杆可以解决破碎、坍塌地层的锚固问题；生态混凝土的使用可以让环境变得美观，三维植被网等新型土工材料的应用，可以实现较陡边坡的绿化，保护环境；GIS 的应用，可以使边坡的调查分析变得容易；物探手段的应用使边坡勘察资料更加准确；监测系统的应用可以使边坡的动态变化置于我们的掌控之中；支护结构的创新可以解决使用常规支护形式难以解决的难题。

1.5 环境保护

随着环境意识的提高，支护形式在体现环境保护的要求方面是必须要考虑的。例如尽量减少对原始地质及生态环境的扰动破坏，不大挖方和不大填方，对支护坡面进行绿化，尽可能让边坡景观与自然环境和谐等。有的方法如喷锚支护作为边坡支护的一种手段，其对增强边坡稳定是有效的，也是比较经济的，但其弱点是最后形成的坡面缺少生机。又如削坡减载也是稳定边坡的一种行之有效的方法，但削坡面积过大，会对生态环境造成破坏。选择合适的支护结构进行支护，减少削坡数量，可以保护生态植被，减少对地质环境的扰动破坏。

1.6 经济社会发展水平

支护结构的选择，还应考虑与地方经济社会发展水平相适应。发达国家在边坡支护的投入总体上要比发展中国家要高，手段也更加先进，因而其经过治理的边坡在稳定性、环境保护、美观程度等方面都是比较好的，而且在预见性和主动性方面都有很好的体现。同样，发达地区的边坡支护要好于欠发达和落后地区。好的支护体系，理应得到应用，但若超出了经济承受能力就难以实现。但尽量使用一些较为简易的支护方法，而顾及不到长期稳定和环境保护方面的需求，动辄使用大量的削坡减载，以牺牲生态和地质环境为代价来换取边坡的稳定，也是不可取的。也有的在支护后本该进行植被恢复或坡面防护处理的边坡，因为投资有限而得不到实现，形成光秃秃的一片，留下坡面冲刷、水土流失、雨水下渗的隐患，这些做法也是欠科学的。在新技术新工艺新材料应用上，由于其先期投入（尤其是新设备）方面的问题，在经济不发达地区推广应用也是较慢的。因此，在边坡支护形式的的选择上，适当考虑地方经济发展水平，兼顾各个方面是理所应当的。

2 工程实例

2.1 工程概况

某公司要在高差超过130m的斜坡场地上建水泥生产线，场地整平分为4个主要平台，平台间的边坡有挖方边坡、填方边坡和半挖半填边坡，有土质边坡，也有风化岩质边坡，有直立坡，也有斜坡。边坡高度从几米到大于30m不等。平台上有水泥生产线之窑系统、筒库、磨机、中控、电力、堆场、运输道路、办公设施等，最下一级边坡即超过30m的高填方边坡紧邻村庄和小学校学生上学道路。

2.2 地质概况

场地自然斜坡坡度5°～25°不等，局部深切冲沟沟壁55°左右。勘察揭露的场地岩土分布情况是：覆土以第四系残坡积粘性土为主，下伏岩层除场地东北角为岩溶化灰岩外，其余均为二叠系峨眉山组风化玄武岩。①素填土，由粘性土夹碎石组成，欠压密。②粉质粘土，褐红色～黄褐色，硬塑状，中压缩性，由玄武岩风化而成的残坡积土，厚2～5m不等。$③_1$全风化玄武岩，褐黄色，呈坚硬粉质粘土状，具弱膨胀潜势。$③_2$全风化玄武岩，褐黄色，呈密实粉土状。全风化层厚度一般2～5m不等。$③_3$强风化玄武岩，黄褐色，斑状结构，块状构造，节理裂隙十分发育，岩体破碎，呈碎石～碎块状，具软岩特性，易软化，崩解。厚度一般为3～10m。$③_4$中风化玄武岩，褐灰色，斑状结构，块状构造，节理裂隙发育。边坡坡向180°左右，对块体滑动起控制作用的主要节理有四组，分别为128°∠72°（3条/m）、220°∠67°（3条/m）、173°∠47°（2条/m）、340°∠75°（2条/m），节理面交线包括不稳定块体，岩体碎裂，差异风化明显，局部呈强风化并具软岩特性。岩土层主要物理力学性质指标如表1。

岩土层主要物理力学性质指标 表1

土岩名称	重力密度（kN/m³）	凝聚力（kPa）	内摩擦角（°）	饱和抗压强度（MPa）
①素填土	16.5	12	8	
②粉质粘土	16.6	32.5	12.8	
$③_1$全风化玄武岩（粘性土状）	16.6	68	22.6	
$③_2$全风化玄武岩（粉土状）	16.6	77	18.6	
$③_3$强风化玄武岩	24.6		（2.7～3.4）	
$③_4$中风化玄武岩	26.7		（7.0～30.0）	

场地地下水为潜水，分为孔隙型和裂隙型两种。地下水位埋藏较深，大气降水补给，汇水面积较大，连续集中降雨期间，可在风化层之上形成上层滞水。

2.3 边坡概况

分台阶场平台，该场地所形成的南向边坡高度＞10m的主要有5个，长度均在300m以上，由于用地要求，除走南北向边坡有放坡挖填条件外，占主导地位的东西走向边坡多为高陡边坡，局部为直立边坡。主要有高度为11m、22m、24m、25m、34m等的挖方、填方、半挖半填边坡。其中，最高的填方边坡为34m，最高的挖方边坡为24m。填方边坡所用填料为风化玄武岩及其残坡积土，挖方边坡介质有残坡积土、全风化玄武岩、强风化玄武岩、中风化玄武岩及它们的组合，情况复杂，开挖暴露玄武岩的风化进程很快、软化崩解快，局部在开挖期间已发生崩塌或楔形块体滑动。根据边坡介质特性及空间分布、组合形态分析，这些边坡可能产生的变形破坏形式有滑坡和崩塌。滑坡有填土的弧形滑动、全～强风化玄武岩的似弧形滑动、节理岩体的楔形滑动、沿陡倾土岩结合面的线性滑动等；崩塌有陡边坡的土体崩塌、风化破碎岩体崩塌。

2.4 支护结构类型选择

根据边坡使用及周边环境特性，分别确定边坡重要性等级为一级、二级、三级，设计计算采用不同的边坡稳定安全系数。综合各方面情况，在分析利弊和进行方案比选后，本项目边坡采用了如下的一些支护形式：

2.4.1 挡墙支护

(1) 重力式挡墙支护：用力边坡高度在6m以内，土压力较小、填方力坡有合适的放坡条件的地段。

(2) 衡重式挡墙：用于边坡高度在6m以上12m以内，挖填方边坡有合适的放坡条件且地基承载力和稳定性验算满足要求的地段，如图1。

(3) 桩上衡重式挡墙：用于原始地势较低、直立边坡较高、挡墙需建在填土上、地基承载力等验算不能满足的地段，如图2。

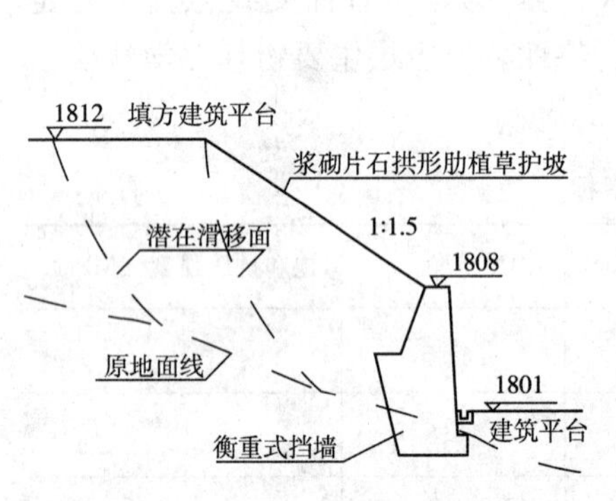

图1 填方区衡重式挡墙支护

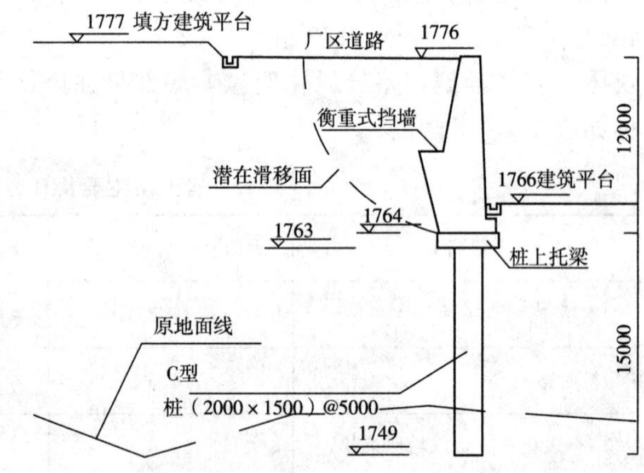

图2 填方区桩上衡重式挡墙支护（尺寸单位：mm）

2.4.2 喷锚支护

(1) 喷锚护面：使用短锚杆挂钢筋网喷射细石混凝土，用于边坡不高、坡比略缓、开挖后自身稳定性满足要求的风化岩石边坡，意在防止局部小型崩塌、雨水冲刷、阻止边坡风化，如图3。

(2) 锚杆支护：使用全孔注浆锚杆挂钢筋网喷射细石混凝土，用力边坡不是太高、坡比略缓，但开挖后总体自身稳定性满足要求的风化岩石边坡，意在防止局部小型崩塌和滑坡、雨水冲刷、边坡风化。对坡高及荷载较大、只用锚杆不能满足安全稳定要求的部位，采用锚杆与锚索联合支护，如图4、图5。

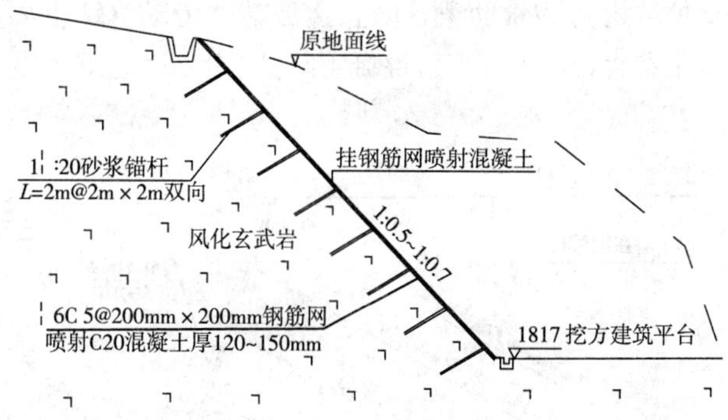

图 3 短锚杆挂网喷射混凝土支护

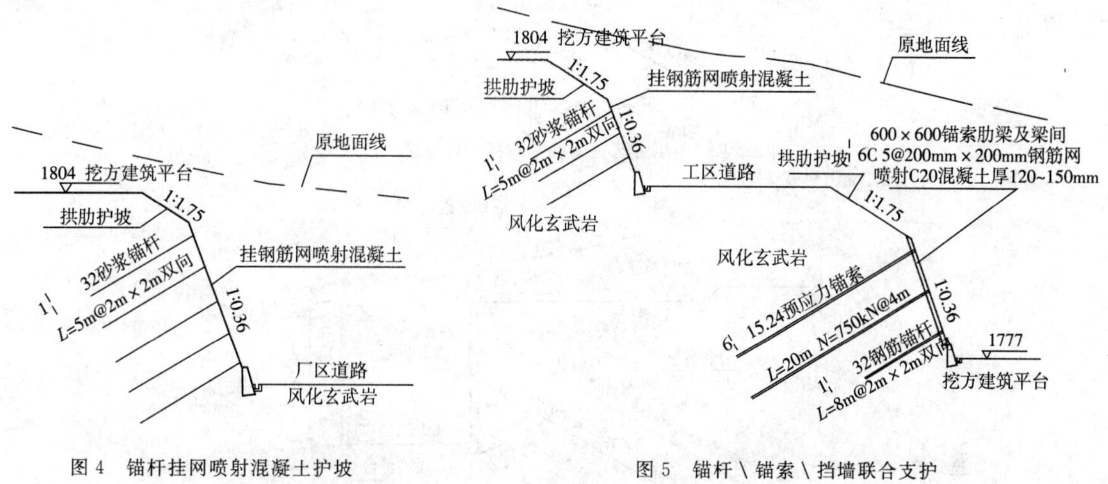

图 4 锚杆挂网喷射混凝土护坡

图 5 锚杆 \ 锚索 \ 挡墙联合支护

2.4.3 锚索支护

(1) 锚索肋梁喷射混凝土：主体支护结构为锚索肋梁，以阻止边坡产生较大规模的滑移和崩塌破坏，锚索肋梁间喷射细石混凝土，以防止雨水冲刷、阻止边坡风化。此种支护结构形式主要用于由风化玄武岩组成的高陡挖方边坡和直立边坡，如图 6～图 8。

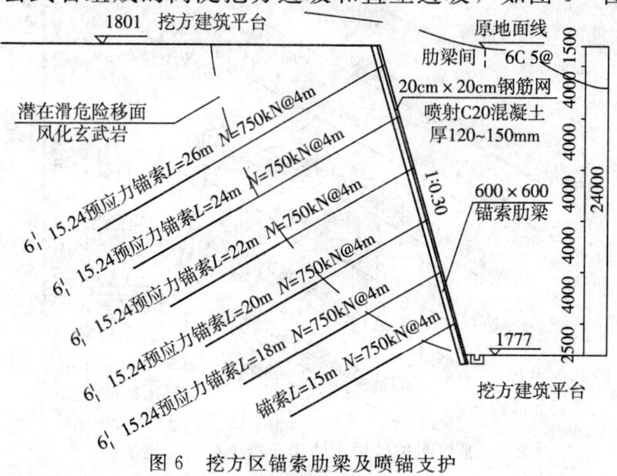

图 6 挖方区锚索肋梁及喷锚支护

（2）锚索肋梁挡土板：此种支护结构形式主要用于上部是填土、下部是风化玄武岩的半挖半填的高陡边坡中。主体支护结构为锚索肋梁，防止边坡整体滑动（填土界面滑动、切层滑动）。锚索肋梁间，下部挖方风化玄武岩段进行喷射混凝土防护，上部填土段用钢筋混凝土板支挡，如图 9。

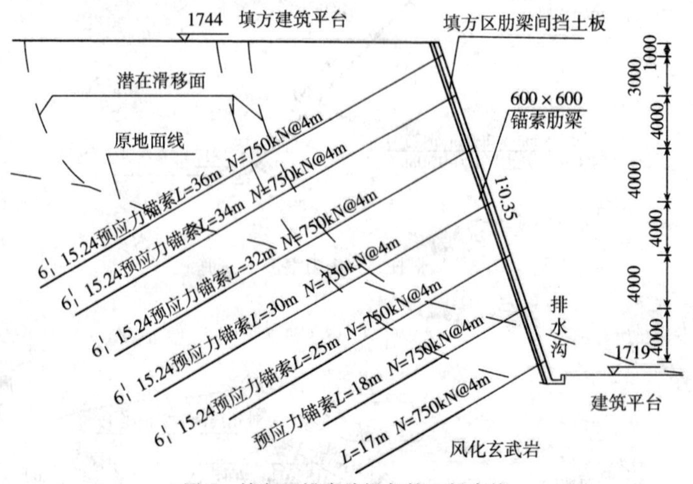

图 7　填方区锚索肋梁与挡土板支护

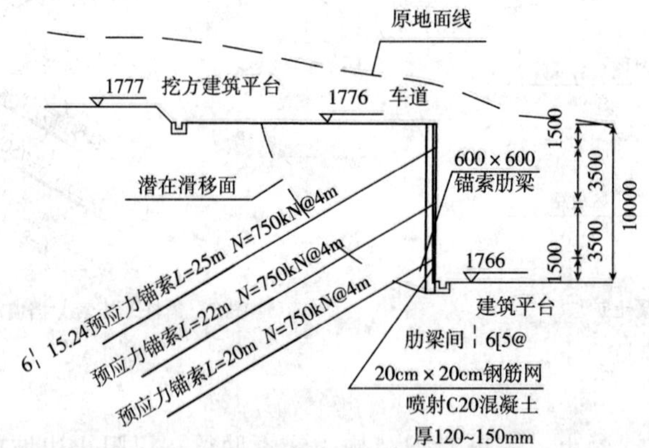

图 8　直立方区锚索肋梁与喷锚支护

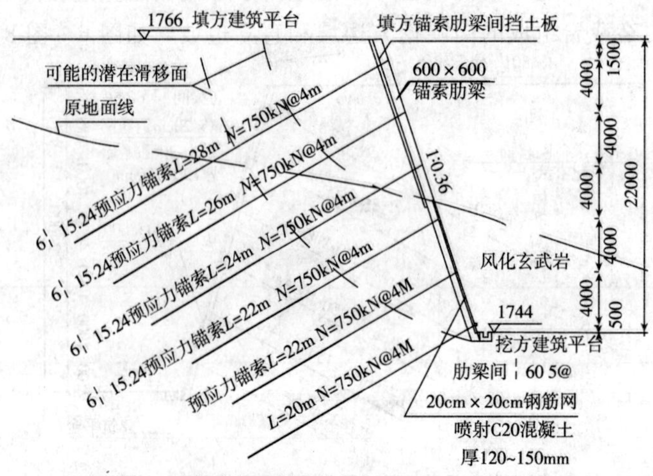

图 9　半挖半填区锚索肋梁与挡土板及喷锚支护

2.4.4 锚索桩板墙支护

锚索桩板墙支护用于以填方为主或完全填方的，且悬臂桩不能满足要求的高陡边坡段。以锚索抗滑桩为主体支护结构来维护边坡稳定，桩间设预制钢筋混凝土挡土板挡土。

（1）水平墩锚与管锚：此种结构形式是要将锚索置于稳定性较好的岩层中，难度较大，因此采用水平锚拉桩板墙，用设于稳定填土区域内的混凝土锚墩或管式锚索提供拉力，如图10、图11。

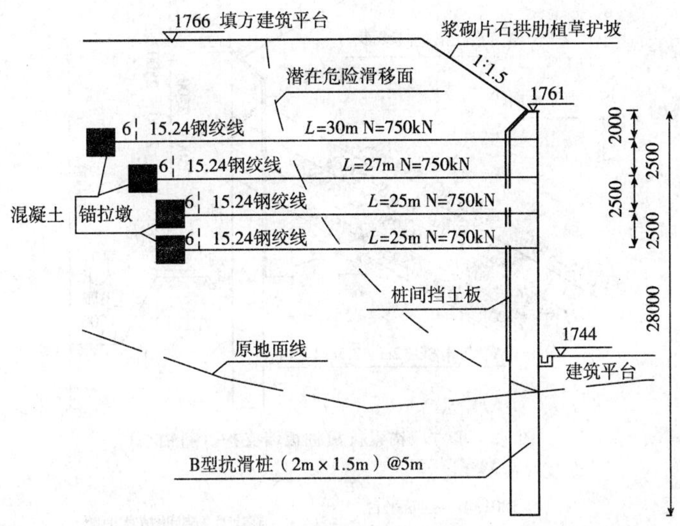

图10 填方区水平墩式锚拉抗滑桩板墙支护

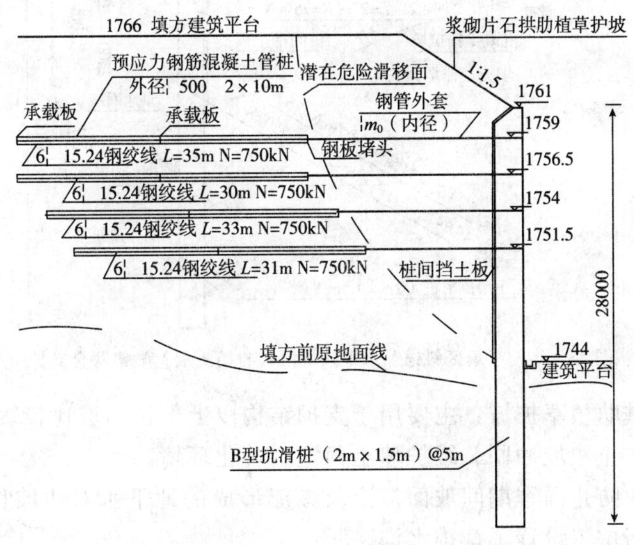

图11 填方区水平向管式锚拉抗滑桩板墙支护

（2）斜锚：此种支护结构用于可以将锚索施工于原生岩土中的地段，如图12。

（3）斜锚与水平锚组合：将水平拉锚和斜锚组合起来使用，此种支护结构用于可以将部分锚索施工于原生岩土中的地段，如图13。

2.4.5 坡面防护与截排水

(1) 浆砌片石护坡：用于坡高较小且边坡稳定性能满足要求的较陡挖方边坡段，主要防止局部小型崩塌和雨水冲刷、阻止边坡岩体风化。

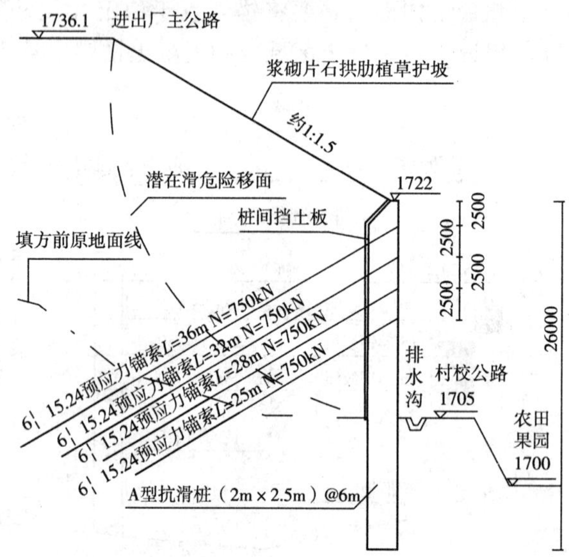

图 12 填方区锚索抗滑桩板墙支护（斜锚）

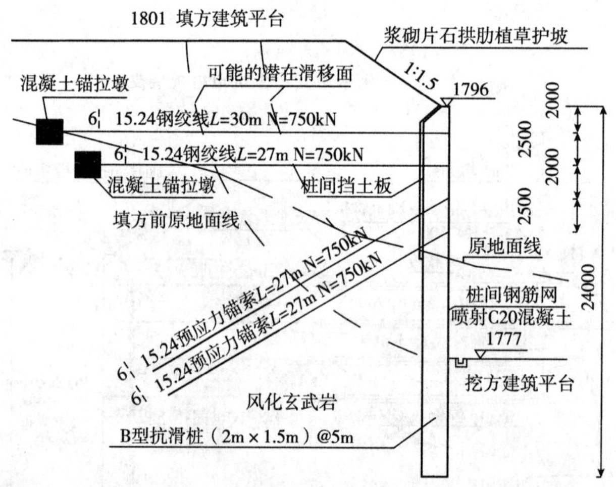

图 13 半挖半填区斜锚\水平锚抗滑桩与挡土板\喷锚联合支护

(2) 浆砌片石拱肋植草护坡：主要用于支护结构以上部位的坡比较缓，又有绿化条件的填土边坡中，意在防止边坡冲刷、维护填土稳定、美化环境。

(3) 截排水：为防止雨季期间坡面汇流及渗流形成的地下水对边坡稳定带来不利影响，在场外及场内的适当位置设置了截排水沟。

3 结束语

边坡支护是一项科学、严谨的重要技术工作，同时又是一个综合性较强的工作，需要综合考虑地质、边坡性质、工艺技术、环境保护、安全经济与合理可行等多方面的因素，并且维护边坡稳定的可选支护形式很多，需要设计者进行综合研究。因此，一是要占有丰富翔实的基础资料并进行综合研究；二是要因地制宜，针对性强；三是进行多方案比选，推荐最为合理可行的方案；四是注意综合支护手段的应用，根据不同情况，采用不同的支护结构形式，做到有的放矢。

参考文献

[1] GB 50330—2002 建筑边坡工程技术规范 [S]. 北京：中国建材工业出版社，2002.
[2] GB 50086—2110 锚杆喷射混凝土支护技术规范 [S]. 北京：中国计划出版社，2001.
[3] 岩土工程手册 [M]. 北京：中国建筑工业出版社，1995.
[4] 工程地质手册（第四版）[M]. 北京：中国建筑工业出版社，2007.

糯扎渡电站地下厂房系统工程钢锚墩的优化设计及应用

李伟泉

（中国水利水电第十四工程局有限公司）

摘　要　随着社会的进步和科学技术的发展，地下厂房系统工程的施工工期越来越短，施工压力越来越大。锚索是大型地下厂房系统中必不可少的支护类型之一，且工程量大、锚索的施工工序多、工艺复杂、耗时长，是地下厂系统施工的关键线路之一，其施工进度对整个厂房系统工程的影响非常大。糯扎渡水电站地下厂房系统工程施工中将锚索钢锚墩优化为钢垫板并成功应用。锚索钢垫板加工方便、成本低、重量轻、便于施工、施工更安全，降低了劳动强度，提高了工作效率，促进了施工进度，为实现地下厂房系统工程高效、快速施工起了重要的作用。本文详细介绍了锚索钢垫板的设计计算及在糯扎渡工程中的应用。

关键词　优化设计及应用　钢锚墩　地下引水发电系统　糯扎渡电站

1　工程概况

糯扎渡水电站位于云南省思茅市翠云区和澜沧县交界处的澜沧江下游干流上。电站坝址距思茅市98km，距澜沧县76km。糯扎渡水电站工程属大（1）型一等工程，永久性主要水工建筑物为一级建筑物。工程以发电为主兼有防洪、灌溉、养殖和旅游等综合利用效益，水库具有多年调节性能。该工程由心墙堆石坝、左岸溢洪道、左岸泄洪隧洞、右岸泄洪隧洞、左岸地下式引水发电系统及导流工程等建筑物组成。水库库容为237.03×10^8m^3，电站装机容量5850MW（9×650MW）。

厂区均位于花岗岩内，岩石坚硬，微风化～新鲜，岩体质量指标（RQD）均在85%以上，主要为块状结构或整体结构岩体，地质构造不发育，没有属于Ⅱ级结构面的断层，属于Ⅲ级结构面的断层有F20、F22和F23三条，断层影响带较宽，岩体破碎，不规则节理发育。F20断层产状为N20°～30°E，NW∠60°～64°，断层破碎带宽度为0.3～0.4m，主要由角砾岩、片状岩组成，局部有少量断层泥（宽1～2mm）、糜棱岩及花岗岩透镜体，胶结差。F22断层产状为N0°～22°W，SW∠42°～58°，断层破碎带宽度为0.5～1.2m，断层带主要由角砾岩、碎裂岩、糜棱岩组成，局部有少量石英脉及断层泥（宽1～4mm，呈软塑状），胶结差，断层带及影响带多为散体结构和碎结构岩体。F23断层产状为N20°～32°E，NW∠75°～85°，断层破碎带宽度为4.8m，断层带由角砾岩、松散岩块、石英脉及少量糜棱岩、断层泥组成。

引水发电系统工程预应力锚索集中于厂房、主变室、尾闸室及调压井边墙，锚索分为无粘结式、全长粘结式、无粘结式对穿锚索，预应力有1000kN、2000kN、2500kN三级，共计有2469根。引水发电系统工程预应力锚索工程量大、类型多、施工工艺复杂、工序干扰大、技术难度多，是地下工程施工的难点之一，同时锚索施工又必须及时与开挖跟进，因此锚索的施工进度是开挖支护工程进度的重要影响因素之一。

2 锚墩施工图设计

施工图设计的锚墩采用钢锚墩，钢锚墩体型为正方形锥体，钢板采用 $\delta=50$mm 加工制作，下垫板尺寸 1000mm×1000mm，上垫板尺寸 400mm×400mm，加强肋每 45°安装一条，锚墩高度 400mm，上下垫板间采用 ϕ219mm，$\delta=20$mm 钢管立柱连接，孔内设 $L=400$mm 导向管，管径根据不同级别锚索选用不同的管径。钢锚墩安装前先采用 M40 砂浆找平，由四根 M22L=200mm 螺栓固定于岩面。锚索施工结束后采用环氧砂浆封锚防锈，锚墩重 685.72kg。钢锚墩具体尺寸见图 1（以 2500kN 为例）。

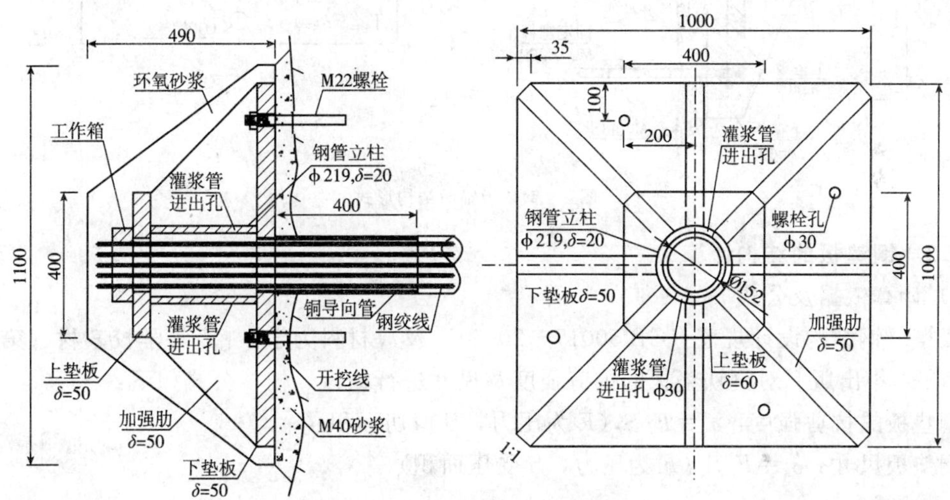

图 1　钢锚墩结构图

3 钢锚墩的优化设计

3.1 钢垫板的结构设计

由于钢锚墩体型复杂，加工及安装难度大，且由于加强肋的影响，在采用环氧砂浆封锚防锈时其下部不宜填充密实，影响封锚质量。因此，基于预应力锚固的设计理念，提出对预应力锚索钢锚墩进行优化，改为钢垫板锚墩。钢垫板采用环氧砂浆进行封锚保护及防锈，钢垫板、钢绞线等金属物的保护层不小于 3cm。钢板由上下两垫板组成，钢垫板锚墩结构形式如图 2 所示（1000kN 为例），各级别锚索钢垫板参数表见表 1。

各级别锚索钢垫板参数表　　表 1

序号	锚索级别	下垫板		上垫板		导向管直径（mm）	总重量（kg）
		厚度（mm）	尺寸（mm）	厚度（mm）	尺寸（mm）		
1	1000kN	40	500×500	40	300×300	110	107.44
2	2000kN	40	600×600	40	400×400	140	164.32
3	2500kN	50	700×700	50	500×500	150	292.30

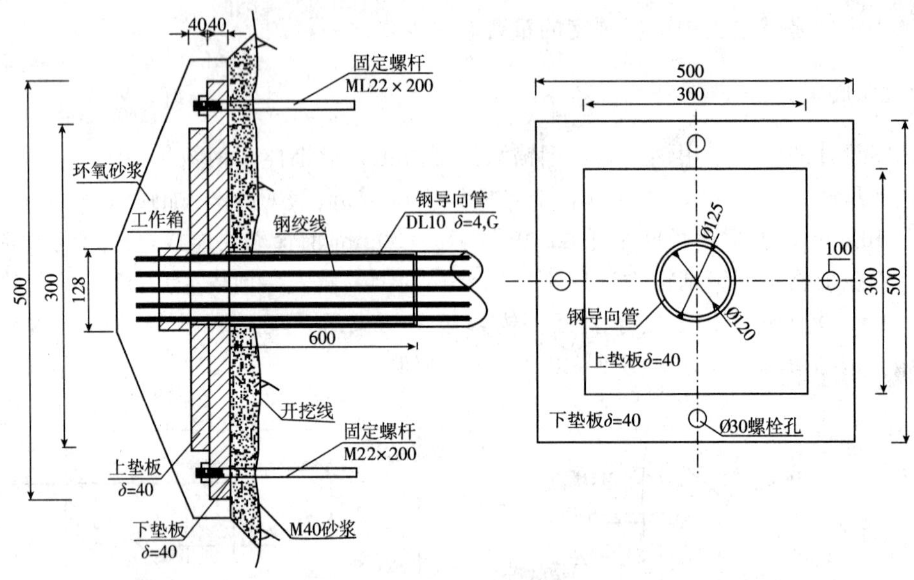

图 2 钢垫板锚墩结构形式

3.2 钢垫板的结构计算

1）计算依据及公式

根据《钢结构设计规范（GB 50017－2003）》及《材料力学》［高等学校教材（第三版）上册/1994 年出版］对钢铁垫板的抗剪强度及尺寸进行校核，校核公式如下：

钢垫板的抗剪强度：$\sigma_v = F/S$（F 为压力，S 剪切面积）

钢垫板尺寸：$\sigma_s = F/S$（F 为压力，S 受压面积）

2）计算参数

（1）根据《钢结构设计规范（GB 50017－2003）》：厚度＝40～60mm 的 Q235 钢材抗压强度 f_c 为 200N/mm^2；抗剪强度 f_v 为 115N/mm^2。

（2）厂区花岗岩抗压强度 90～160N/mm^2，M40 砂浆抗压强度 40N/mm^2。计算时取砂浆的抗压强度进行承载力计算。

（3）锚具型号选用 OVM 型系列；1000kN 级直径为 ϕ128mm；2000kN 级直径为 ϕ175mm；2500kN 级直径为 ϕ180mm；

（4）从钢板的抗剪应力与岩面接触部位的抗挤压应力两个方面对锚索钢垫板进行校核，从而确定该种结构是否满足设计要求。

3）结构计算

以 1000kN 级锚索钢垫板计算为例。

（1）荷载：F＝1000000N；

（2）锚具外直径 128mm；

（3）下钢垫板尺寸为 500mm×500mm，上钢垫板尺寸为 300mm×300mm，垫板厚度为 40mm，垫板开口直径为 110mm。

①校核钢垫板的抗剪强度

$\sigma_v = F/S = 1000000/(\pi\times128\times40) = 62\text{N/mm}^2 < f_v = 115\text{N/mm}^2$。

②校核钢垫板尺寸

$\sigma_s = F/S = 1000000/(500\times500-\pi\times110^2/4-4\times\pi\times30^2/4) = 4.25\text{N/mm}^2 < f = 6.0\text{N/mm}^2$。

由于钢垫板对岩面的挤压应力小于 $f=6.0\text{N/mm}^2$ 的外锚墩地基承载力（找平砂浆），因此钢垫板尺寸满足规范要求。

同理

2000kN 级：$\sigma_v=90.9\text{N/mm}^2<f_v=115\text{N/mm}^2$

$\sigma_s=5.85\text{N/mm}^2<f=6.0\text{N/mm}^2$

2500kN 级：$\sigma_v=88.46\text{N/mm}^2<f_v=115\text{N/mm}^2$

$\sigma_s=5.17\text{N/mm}^2<f=6.0\text{N/mm}^2$

经上计算，各级锚索钢垫板结构满足设计要求。

4 钢垫板加工、安装及防护

4.1 钢垫板加工

钢垫板在加工厂加工完成，钢垫板根据体形尺寸采用粉笔或彩笔按结构尺寸绘轮廓线后用氧焊切割成型，再用打磨机打磨圆滑、修整。将下垫板放置于钢板加工成的水平施工平台上进行导向钢管的安装，导向钢管的安装采用水平尺、垂线法等方法进行校核，确保与下钢垫板垂直，并与下钢垫板牢固焊接。将上垫板、下垫板对中压紧并沿四周焊接牢固。为便于钢垫板的吊装，在下垫板边沿用 $\phi6.5$ 钢筋焊接两个吊钩。

4.2 钢垫板安装

锚索钻孔结束后，采用手风钻或电钻钻孔进行注浆及安装连接螺栓。为保证螺栓孔位的精度，采用薄铁皮板制作样板定位螺栓孔位。钢垫板运输至工作面后采用吊车或手动葫芦进行吊装并进行检查，满足要求后扭紧连接螺栓固定、回填砂浆找平层，进行后续正常的锚索施工工艺施工。为便于砂浆找平层的回填施工，钢垫板距岩面最小距离约 5cm，以便人工振捣密实。

4.3 钢垫板防护

锚索施工结束后采用环氧砂浆进行封锚防护。封锚前先用钢刷对钢垫板进行除锈处理并涂刷一层环氧基液后再进行环氧砂浆的施工，以增强环氧砂浆与钢垫板粘结力。环氧砂浆封锚施工采用常规的立模浇筑方法进行。环氧树脂：E－44 号（6101）其软化点 12～20℃，环氧值（当量/100g）0.41～0.47，为淡黄色粘稠透明液体；二甲苯（稀释剂）：无色透明液体；乙二胺（固化剂）：纯度大于 70%，无色透明液体；填料：普通水泥、机制砂。环氧基液配合比：环氧树脂∶二甲苯∶乙二胺＝100∶40∶8；环氧砂浆配合比：环氧树脂∶二甲苯∶乙二胺∶填料＝100∶60∶8∶1028；填料配合比：水泥∶砂＝1∶1。

5 总结及建议

（1）钢垫板锚墩在糯扎渡水电站地下厂房系统工程中的应用加快了施工进度，各项技术指标正常，未出现异常状况。

（2）锥形钢锚墩使用在小湾水电站地下工程中得到了较好的实践应用，但锥形钢锚墩加工工艺复杂、难度大、质量不易控制，而优化为钢垫板后，不仅加工艺简单、质量控制容易、钢料用量减小、成本降低、施工方便，而且降低了劳动量、施工更安全、工效更高、施工进度更快。

（3）固定螺栓安装时，若偏差较大，则钢垫板可能无安装或安装角度无法满足锚索方向要求，从而在锚索张拉时形成偏心力影响锚索施工质量，因此要高度重视固定螺栓的安装精度。

（4）本工程中岩石承载力要求达到 0.4MPa 以上，当岩石承载力不满足要求时，需进一步分析研究后方可采用。

（5）如有条件，钢垫板最好由钢材生产厂家加工成形。在现场采用氧焊切割，加工精度相对较差，另一方面由于受过热处理，对钢材性能有一定的影响。

（6）环氧砂浆在配制过程中会产生有害气体，因此操作人员应配戴相应的劳保用具，并将拌和点选在通风、干燥的环境下。砂子在使用前必须预先干燥。可对采用喷混凝土封锚保护替代环氧砂浆封锚保护进行可行性研究，进一步简化封锚施工工艺。

参考文献

[1] GB 50017—2003 钢结构设计规范.

[2] 材料力学［高等学校教材（第三版）上册/1994 年出版］.

浅谈压力分散型锚索的设计与施工

戴立涛[1]　曾力娟[2]

(1. 总装工程兵科研二所　2. 北京爱地地质勘察基础工程公司)

摘　要　压力分散型锚索广泛应用于各地边坡、地基加固工程，本文通过压力分散型锚索的作用原理、试验文献资料研究，结合工程实例，阐述压力分散型锚索的设计与施工要点，对压力分散型锚索的应用有一定借鉴作用，为类似工程提供参考。

关键词　压力分散型锚索　设计　施工　注浆质量

近年来，因房地产的带动，建筑市场异常繁荣，预应力锚索加固技术也随之蓬勃发展，新技术不断涌现并得到广泛应用，压力分散型锚索即是其中一种预应力锚索类型。该型锚索较之传统的拉力型锚索具有诸如单锚承载力大而长度短等诸多优点而受到业界的广泛关注和应用。针对该类锚索的理论、试验研究及工程实践也相当可观，本文根据公开的文献资料及工程实践总结分析了该类锚索的构造原理、设计与施工要点，供相关的工程技术人员参考。

1　压力分散型锚索的原理及特点

拉力型锚索存在显而易见的缺点：一是锚固段的注浆体与锁体应力集中现象严重，易出现张拉裂缝，导致递进破坏；二是单根锚索极限承载力受到岩土强度的限制。而压力分散型锚索与拉力型锚索的区别主要是锚索作用时，锚固段的注浆体是受压而不受拉，其优点是锚固体不易开裂，应力分布均匀，如图1所示；压力分散型锚索采用全长无粘结预应力钢绞线，锚索受到的载荷通过钢绞线直接传递到锚固段底部的承载体上，而一个锚孔可按一定间距设计成多个承载体，构成压力分散型的锚固体系[1]。

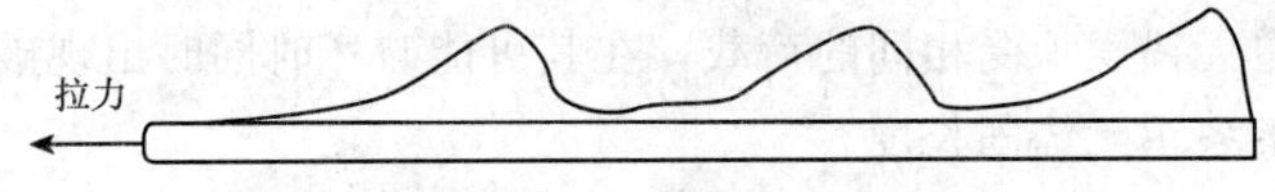

图1　压力分散型锚索锚固段粘结应力分布示意图

根据大量的理论及试验研究成果资料[2]，压力分散型的锚固力可大幅度增长，而不受岩土与锚固体的粘结强度的限制，从而可缩短锚索的总长度、降低成本，提高了单位长度锚索的使用效率。

2　压力分散型锚索的设计

2.1　锚索的极限承载力设计

根据压力分散型锚索的构造，该型锚索的承载力由多个承载体承担，而不存在承载力受“临界锚固长度”限制的问题，因而承载力也可大幅度提高。通常，压力分散型锚索的极限承载力应满足以下三个基本条件[3]：

$$P \leqslant F_{a} \cdot f_{ptk}$$

$$P \leqslant n \cdot F_{c} \cdot f_{c}$$

$$P \leqslant \pi D \cdot \sum q_{sn} \cdot L_{n}$$

式中：F_a——钢绞线的截面积；

f_{ptk}——钢绞线的强度标准值；

n——承载体个数；

F_c——注浆体受压面积；

f_c——浆体抗压强度标准值；

q_{sn}——第 n 承载区段上的粘结强度标准值；

D——锚固段浆体直径；

L_n——第 n 承载区段的长度。

2.2 岩土与锚固体界面粘结强度取值

压力分散型锚索具有多个单元锚索，如果锚固段所处地层的岩土参数不同，则岩土与锚固体界面粘结强度取值是设计的关键因素。目前常用土体的排水抗剪强度和标准贯入数两个参数[4]、岩石的天然单轴抗压强度[5]来确定，也有采用相关标准规范中的经验值。但在相同或相近的地层中进行拉拔试验是最可靠的获取界面粘结强度的手段。如有相似工程可参考，则在进行初步设计后，应通过现场试验来验证。

2.3 承载体的设计

目前，承载体的设计大体分两种，一种是采用挤压套将钢绞线锁定在承压板上，另一种方法是将钢绞线套上承压钢管弯曲180°与承压板共同承担压力。两种方法各有优缺点，前一种方法钢绞线的强度没有损失，但对端部钢绞线的防腐有较高要求，且施工相对较复杂；后一种方法虽然钢绞线弯曲后强度有15%的损失[3]，但钢绞线在端部未切断，整体性好，无裸露，无需增加防腐处理措施，且施工工艺更简单，造价经济。

此外，承载体设计还应根据地层条件、设计锚固力、钻孔参数来确定承压板材料、外径，同时还应考虑承载体的加强筋设计，以使承载体有更强的抗压强度。

2.4 单元锚固长度设计

由极限承载力公式计算得到的单元锚固长度还需进行优化设计，主要考虑的因素是：

(1) 为使每个单元锚索承受相同的荷载，在其可能破坏时同时出现破坏，必须考虑在非均质地层的锚固段的各单元锚固长度。

(2) 各承载体间距应合理，以使粘结应力沿整个锚固段上分布相对较均匀。根据文献[4]的试验结果，在粉质粘土层中，当单元锚索的承载力为300kN左右时，压应变的分布范围大致在承载体后部约5m左右，该作者建议单元锚索的锚固长度应在4～5m左右，而在岩层中单元锚固长度可相对较小。

(3) 应保证钻孔近端的单元锚固段在地层中有足够的压力，即有足够的埋置深度。

2.5 防腐设计

对采用无粘结钢绞线的压力分散型锚索，在锚固段，钢绞线除自身的油脂层、聚乙烯外皮防护外，还有锚固水泥浆的隔断保护，可阻挡地下水的浸蚀，而在非锚固段则没有，因此，通常在锚索体外加一层波纹套管作为保护层。

2.6 锁定荷载的设计

压力分散型锚索的张拉方式在相关规程和规范中有一些介绍和原则性的规定，但这些方法都是基于各单元锚索具有相同的锁定荷载。而实际上，当锚固结构发生位移时，因单元锚索的长度不同，其发生的反力必然不同，越短的锚索受力越大，显然这给整个锚索体的安全储备带来隐患。文献［3］介绍的计算方法可一定程度地消除这种隐患，名为“等极限荷载张拉方式”，其计算方程是：

$$N_L = N_1 + N_2 + \cdots\cdots + N_n$$

$$(N_m/n - N_1) : (N_m/n - N_2) : \cdots\cdots : (N_m/n - N_n) = 1/L_1 : 1/L_2 : \cdots\cdots : 1/L_n$$

式中：设锚索承载体数量为 n，锚头到最近承载体的距离为 L_1，依此类推，锚头到最远承载体的距离为 L_n，锁定时从距锚头最近的承载体到距锚头最远的承载体承担的荷载分别为 N_1，N_2，…，N_n，锚索锁定荷载 N_L，锚索极限承载力 N_m，各承载体承担的荷载是锚索极限承载力为 N_m/n。

3 施工要点

压力分散型锚索具有承载力高、制作安装简单、造价经济等诸多优点，但也是最容易出现问题的一种类型的预应力锚索。从其构造原理上看，如果某单元锚索端部失效，则该单元锚索提供的支护力为零，必然导致整根锚索的支护力减少 1/n，后果可想而知。而拉力型锚索的注浆体与钢绞线、岩土间依然存在粘结效应，仍然可发挥一定的锚固作用。鉴于此，压力分散型锚索施工应特别注意以下几个问题。

3.1 承载体的制作、安装

压力分散型锚索所有压力均作用在单元锚索端部承载体上，因此必须保证承载体的结构安装到位、材料强度合格，以及加强筋的质量可靠。

3.2 注浆体的质量

压力分散型锚索对注浆质量要求较之拉力型锚索更高，主要是因为该类锚索的单元锚固段一般较短，一旦控制不好，某个单元锚索的锚固力损失将使整个锚索损失 30％～50％（单元锚索一般数量为 2～3 个），而拉力型则没有那么严重。这就是压力分散型锚索验收试验中经常出现拉力不合格现象的主要原因之一，因此对压力分散型锚索必须保证所有单元锚固段内注浆质量饱满密实。

4 应用实例

某医院拟建一住院楼，需对山体切坡为此建筑创造空间，山体开挖后形成高约 30m、坡度约 70°、长度约 150m 的高大边坡，因此，该边坡对安全等级、美观要求比较高，且为永久性护坡工程，故确定该边坡属 I 级边坡。

开挖山体地层从上至下为含砾土、强风化灰岩、中分化灰岩，开挖深度范围内无地下水。该工程采用锚网喷支护，设置 5 排压力分散型锚索，钢绞线套上承压钢管弯曲 180°与承载板制成锚索承载体，边坡中部设 3m 左右水平台阶。其中西侧坡面锚索间距 3m，排距 5m，顶部 2 排锚索用横梁连接，其余为独立锚座；南侧坡面上部有上山马路，可能有重车通过，故锚索间距 2m，排距 5m，顶部 3 排锚索用格构梁连接，其余为独立锚座。见图 2。

工程施工后，为检验施工质量，对已施工的部分锚索进行验收试验，发现西侧边坡有相当一部分锚索承载力不足。为此，施工方按设计要求进行补强施工，同时进行了施工质量问题分析。在施工前进行的拉力试验均表明设计时采用的地层岩土参数、锚固体与地层界面的粘结强度参数是合理的，通过仔细检查锚索制作、施工过程，发现两个问题：一是施工人员在制作锚索承载体时，将承压板与端头套管留有间隙，且套管太短、承载板直径偏小，二是注浆质量不高。这两个原因造成承载体强度不足，致使整个锚索拉力达不到设计值。经过改进工艺和加强施工质量后，后续的拉拔力验收试验结果表明，锚索的抗拉力可满足设计要求。

图 2　某山体边坡锚固工程

5　小结

压力分散型锚索与普通拉力型锚索相比有很多优点，且在一些工程中得到实际应用，但其荷载传递机理尚不完全清楚，相关的设计计算理论、施工方法要点尚不完善[1]，目前的规范、规程相关规定也不多。鉴于此，我们建议，应提倡相关部门开展专门研究，摸清其机理，完善设计计算理论、施工方法要点，不断补充到相关规程、规范中。

参考文献

[1] 吴晓琳．岩层中的压力分散型锚杆研究进展．重庆建筑．2009. No. 5.

[2] 张智浩．压力分散型锚杆在基坑支护工程中的应用．工业建筑．2007. 4.

[3] 黄春彩．压力分散型锚杆在瑞景公园三期支护中的应用．山西建筑．2009. 7.

[4] 盛宏光．压力分散型回收式锚索的设计与施工．工程勘察．2004. 4.

[5] GB 50330—2002. 建筑边坡规范.

金川Ⅲ矿区主井工程返修加固设计与稳定性分析

高　谦[1]　杨志强[2]　翟淑花[1]　靳学奇[2]

（1. 北京科技大学　2. 金川集团有限公司）

摘　要　针对金川Ⅲ矿区主井工程在施工过程所出现的问题，通过现场调查和数值分析，研究了影响主井稳定性的主要因素，并就设计支护方案进行分析和评价。为主井不稳固段的返修加固设计，进行了不同衬砌厚度和不同让压量的数值模拟，揭示了井筒的稳定性随衬砌厚度和释放位移量的变化规律，由此获得一些重要结论。

关键词　立井工程　变形破坏　返修设计

1　前言

金川Ⅲ矿区主副井是Ⅲ矿区贫矿资源开采的重要开拓工程。该工程位于Ⅲ矿区22行勘测线以北的主矿体北翼岩体中，主井与副井相距70m。主井深675m，井筒净直径5.3m，净断面22.062m^2。主井在掘进过程中以及支护后，不同程度地发生变形破坏，部分地段还不得不进行返修。由于主井属于永久性重要工程，一旦投入使用，井筒的变形破坏会给矿山生产带来极大影响和严重后果。因此，针对在施工过程中所揭示的不良地质条件以及地压显现特征，进行主井的稳定性分析，为主井的返修加固设计提供合理的理论依据。基于本研究所提出的返修方案进行了返修实施，获得较好的效果。返修后的井筒目前处于安全稳定状态。

2　主井井筒变形现状

主井工程地质条件如图1所示。可见，主井围岩出露有4种主要岩层。图2显示了主井井筒支护形式与变形状况调查结果。由此可知，主井井筒支护总体上可分为3类。

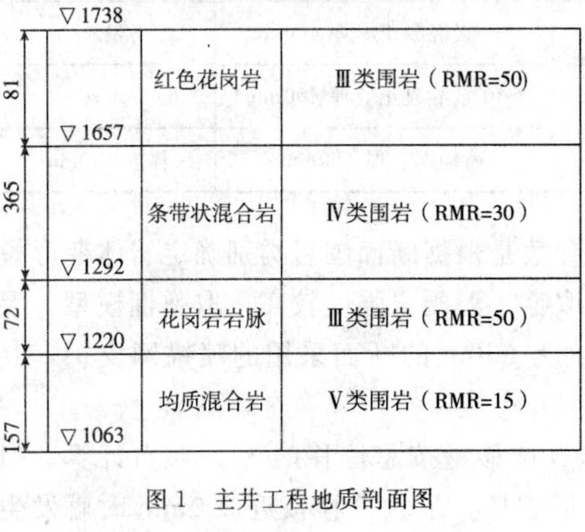

厚度	标高	岩性	围岩类别
81	▽1738 ▽1657	红色花岗岩	Ⅲ类围岩（RMR=50)
365	▽1292	条带状混合岩	Ⅳ类围岩（RMR=30）
72	▽1220	花岗岩岩脉	Ⅲ类围岩（RMR=50）
157	▽1063	均质混合岩	Ⅴ类围岩（RMR=15）

图1　主井工程地质剖面图

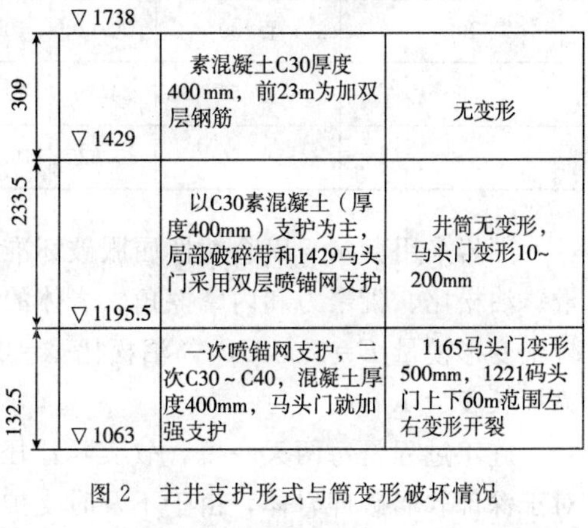

长度	标高	支护形式	变形情况
309	▽1738 ▽1429	素混凝土C30厚度400mm，前23m为加双层钢筋	无变形
233.5	▽1195.5	以C30素混凝土（厚度400mm）支护为主，局部破碎带和1429马头门采用双层喷锚网支护	井筒无变形，马头门变形10~200mm
132.5	▽1063	一次喷锚网支护，二次C30~C40，混凝土厚度400mm，马头门就加强支护	1165马头门变形500mm，1221码头门上下60m范围左右变形开裂

图2　主井支护形式与筒变形破坏情况

3 主井变形稳定性数值分析

根据主井的工程地质条件和支护形式，采用二维数值分析程序，进行了3类不同稳定段的井筒进行数值分析和模拟，由此获得的研究结果用于返修加固设计。实际上马头门属于三维结构问题，马头门的三维数值分析另文介绍。

3.1 实际支护条件下的主井数值模拟

模拟井筒在不同深度的变形与稳定状态，实际上一个真三维问题。但考虑到井筒深度远远大于井筒断面尺寸。因此，可以采取垂直于井筒深度的水平剖面作为计算模型，将其简化为平面应变问题进行分析。图3为垂直于井筒的水平剖面的计算模型图。

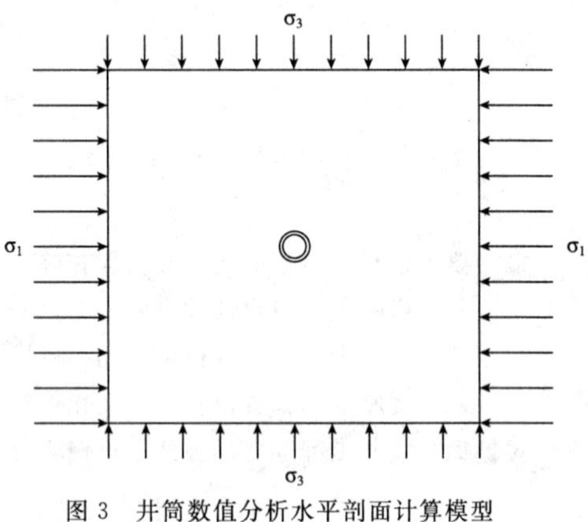

图3 井筒数值分析水平剖面计算模型

主井井筒直径（毛洞）6.1m，影响范围不超过10倍的断面直径，故计算模型的取值范围为80m×80m即可满足计算精度。将计算范围划分成160×160＝25600个单元。在模型的x和y方向分别作用于最大和最小水平主应力来考虑矿区两个不同的水平构造应力。在垂直于平面的z方向上，作用于自重应力（$\sigma_2=\gamma H$）。

根据矿区实测地应力结果，水平最大主应力$\sigma_1=3+0.0425H$MPa，最小主应力$\sigma_3=0.5\sigma_1$。计算模型如图3所示。根据井筒深度H，计算该深度的三个构造主应力；并根据该深度的岩性及工程地质条件，确定岩体参数。考虑井筒支护参数和施工工艺，进行井筒变形和应力分析。

为了围岩与支护结构变形随深度的变化规律，分别计算了深度为250m、400m、500m和650m四个深度的井筒的平面应变分析，计算参数见表1。

主井不同深度的计算参数 表1

计算参数 / 井筒深度（m）	围岩类别（RMR）	围岩应力（MPa）			支护形式与参数	让压释放变形与总变形量之比
		σ_1	σ_2	σ_3		
250	Ⅳ/30	13.65	6.50	6.81	C30素混凝土，厚400mm	30%
400	Ⅳ/30	20.00	10.40	10.00	C30素混凝土，厚400mm	30%
500	Ⅲ/50	24.25	13.00	12.125	C30素混凝土，厚400mm	30%
650	Ⅴ/20	30.625	16.900	15.312	喷锚网，厚400mm	释放150mm

围岩采用莫尔－库仑塑性屈服破坏准则，计算参数是根据断面围岩类别确定岩体变形模量、泊松比、凝聚力和内摩擦角。岩体的抗拉强度取零。混凝土强度较高，取弹性模型。混凝土变形模量$E=31.4$GPa，泊松比$\mu=0.25$。深度为650m的断面采用的喷锚网支护，其锚杆长度为1.8m。

施工过程是每两天一模，故实际让压过程的释放位移量按总位移的30%左右计算。但对于深部软弱破碎岩体，由于不及时支护就发生变形破坏，最大位移接近200mm时就发生井筒失稳，因此按释放 150mm 的位移进行计算。现分别对 $H=250\text{m}$ 和 $H=650\text{m}$ 两个深度的计算结果进行对比分析。

图 4 和图 5 分别为深度 $H=250\text{m}$ 和 $H=650\text{m}$ 的位移矢量。由此可见，对于受两个不等的水平构造应力时，井筒围岩最大位移均出现在平行于最大主应力的方向上（x 方向）。深度 250m 的井筒衬砌收敛为 13.8mm，深度 650m 的井筒衬砌收敛超过 60mm（表 2）。

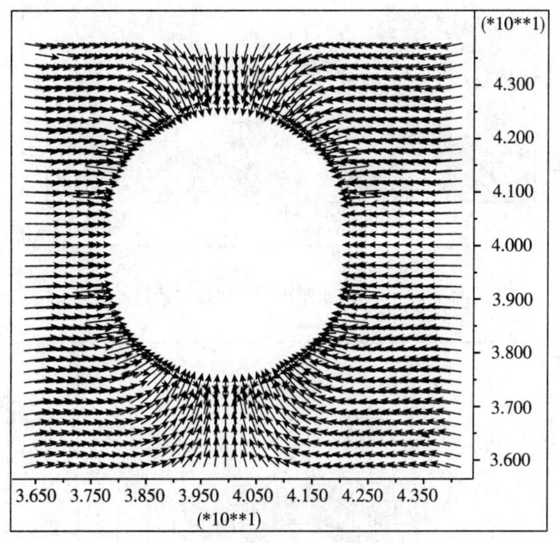

图 4　深度 $H=250\text{m}$ 的水平剖面井筒围岩的位移矢量图

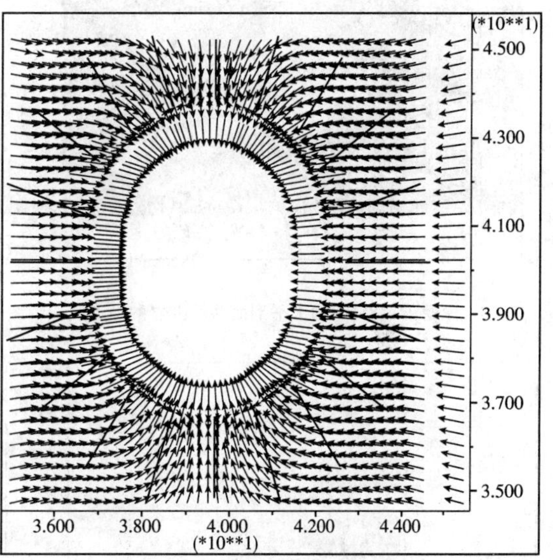

图 5　深度 $H=650\text{m}$ 的水平剖面井筒围岩的位移矢量图

主井不同深度的计算结果（衬砌厚度 $\delta=400\text{mm}$）　　表 2

计算结果 / 井筒深度（m）	围岩收敛量（cm）	衬砌收敛量（cm）	围岩最大塑性区厚度（m）	衬砌中最大主应力（MPa）
250	4.4	1.38	1.95	50
400	7.8	1.83	2.58	70
500	1.93	0.98	1.15	46
650	33.80	6.05	5.68	175

图 6 和图 7 给出了两个深度的最大主应力图。由此可见，井筒围岩和衬砌的最大主应力均出现在垂直于最大主应力方向（y 方向）。显然，井筒衬砌应力高于围岩内应力。深度 250m 的井筒衬砌的最大主应力已达到 50MPa，深度 650m 的衬砌最大主应力已接近 190MPa，均超过衬砌强度。因此，衬砌出现局部的挤压变形是不可避免的。图 8 为 $H=250\text{m}$ 深度围岩塑性区图。图中绿色表示曾屈服过的围岩范围，厚度不到 2m；红色表示正在处于剪切破坏范围，仅出现零星的破坏区。图 9 为 $H=650\text{m}$ 的围岩塑性区图。图中浅红色表示曾经出现屈服破坏的区域，最大深度达到 5.7m；深红色为正在屈服破坏区域，范围比 $H=250\text{m}$ 扩大很多，表明围岩出现较大范围的剪切屈服破坏。

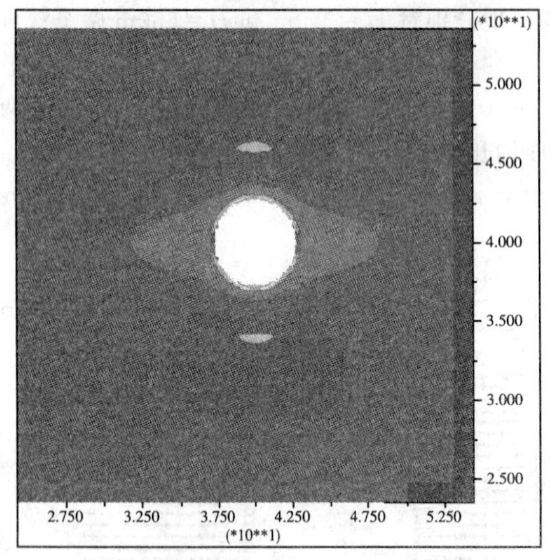

图 6　深度 H=250m 的水平剖面井筒围岩的最大主应力图

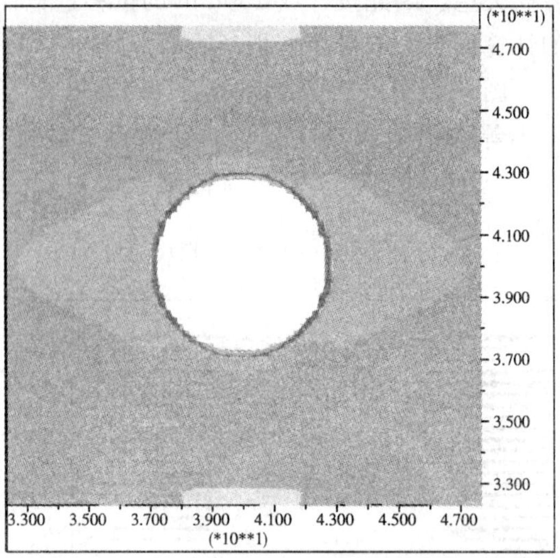

图 7　深度 H=650m 水平剖面井筒围岩的最大主应力图

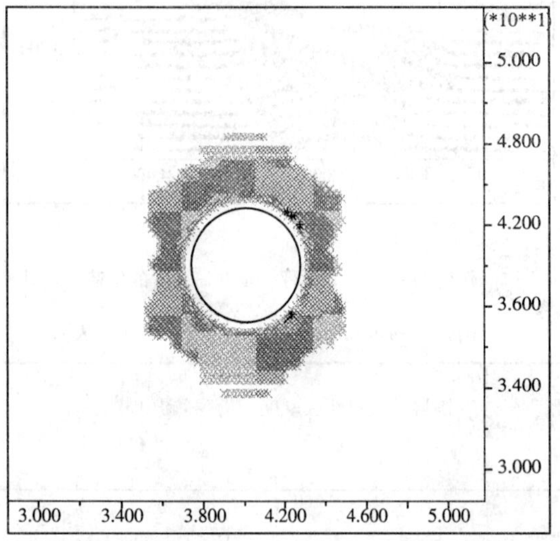

图 8　深度 H=250m 的水平剖面井筒围岩塑性区图

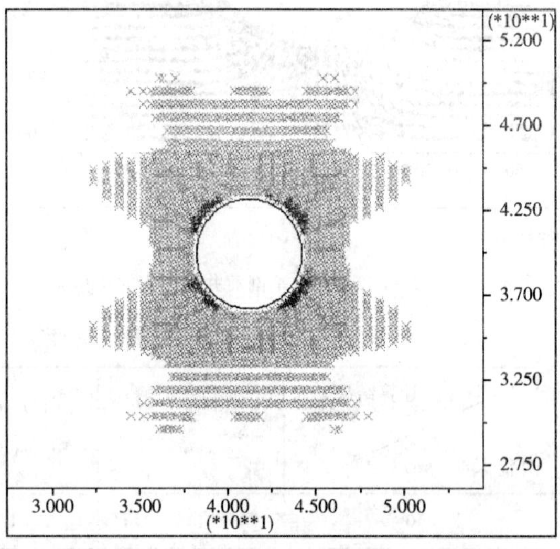

图 9　深度 H=650m 的水平剖面井筒围岩塑性区图

图 10 和图 11 分别显示 H=25m 和 H=650m 井筒围岩的最小主应力图。由此可见，圆形井筒围岩的最小主应力均沿着“X”形状向围岩深部发展，形成剪切破坏区。比较两个最小主应力图发现，埋深越大，深入围岩的范围越远，围岩受剪切破坏范围也越大。深度分别为 H=250m、H=400m、H=500m 和 H=650m 四个水平断面的计算结果列入表 3 中。

主井不同深度的计算结果（衬砌厚度 δ=400mm）　表 3

计算结果 / 井筒深度（m）	围岩收敛量（cm）	衬砌收敛量（cm）	围岩最大塑性区厚度（m）	衬砌中最大主应力（MPa）
250	4.4	1.38	1.95	50
400	7.8	1.83	2.58	70
500	1.93	0.98	1.15	46
650	33.80	6.05	5.68	175

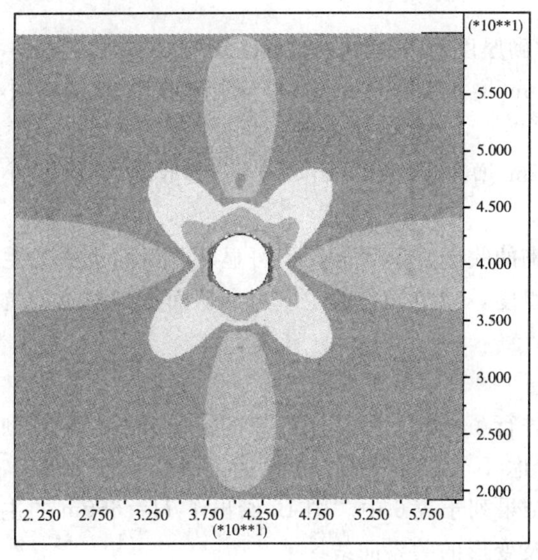

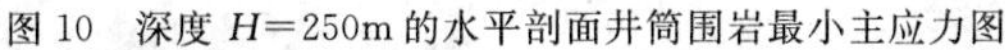

图 10 深度 $H=250$m 的水平剖面井筒围岩最小主应力图

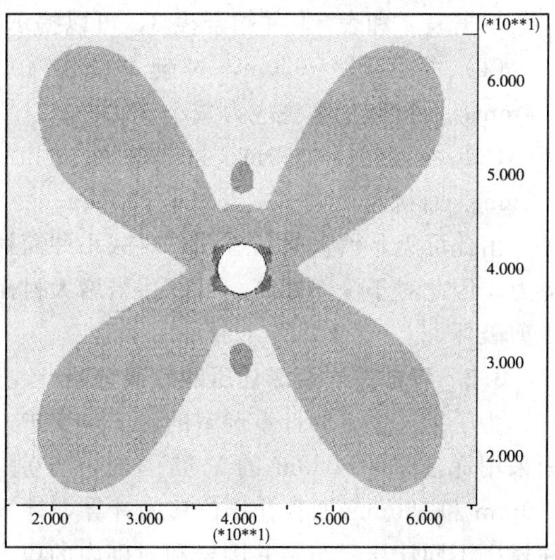

图 11 深度 $H=650$m 的水平剖面井筒围岩最小主应力图

由此获得如下结论：

(1) 主井在 1195.5m 标高以上的 542.5m 范围的正常段，衬砌收敛量小于 20mm，围岩收敛量不超过 80mm，最大塑性区范围在 2.6m 范围内，表明井筒基本处于静力稳定状态。但衬砌中的最大主应力超过衬砌的单轴抗压强度，均存在局部挤压破碎的区域。

(2) 对于 1195.5m 以下深部的井筒正常段，即使不考虑马头门的影响，衬砌收敛量也超过 60mm，围岩收敛量大于 330mm，最大塑性区范围接近 6m，表明井筒处于较不稳定状态。衬砌中的最大主应力最大达到 175MPa，超过衬砌抗压强度，必然存在较大范围的挤压破碎区。

3.2 衬砌厚度对井筒变形和稳定性的影响分析

为了分析不同厚度衬砌对井筒稳定性的影响，分别考虑衬砌厚度为 450mm、500mm 两种衬砌厚度的计算方案。计算结果列于表 4 和表 5 中。

主井不同深度的计算结果（衬砌厚度 $\delta=450$mm） 表 4

计算结果 / 井筒深度（m）	围岩收敛量（cm）	衬砌收敛量（cm）	围岩最大塑性区厚度（m）	衬砌中最大主应力（MPa）
250	4.35	1.36	1.95	50
400	7.6	1.79	2.53	65
500	1.96	1.02	0.9	45
650	28.34	6.00	5.44	175

主井不同深度的计算结果（衬砌厚度 $\delta=500$mm） 表 5

计算结果 / 井筒深度（m）	围岩收敛量（cm）	衬砌收敛量（cm）	围岩最大塑性区厚度（m）	衬砌中最大主应力（MPa）
250	4.28	1.23	2.48	45
400	7.7	1.70	3.12	60
500	1.88	0.90	0.85	40
650	30.40	5.71	6.19	165

根据表 4 和表 5，并结合表 3，可以揭示衬砌厚度对衬砌收敛变形的影响规律。

（1）深度 $H=650$m，衬砌厚度由 400mm 增加到 500mm 时，衬砌收敛变形减小 3.4mm，而衬砌最大主应力减小 5MPa。

（2）深度 $H=250$m，衬砌厚度由 400mm 增加到 500mm 时，衬砌收敛变形减小 1.5mm，而衬砌最大主应力减小 10MPa。

由此可见，增大衬砌厚度，对减小井筒衬砌的收敛并不明显，但可显著降低衬砌中的主应力。因此对于深部井筒，可以适当增大衬砌厚度，减小衬砌的主应力，从而提高衬砌的抗压剪破坏。

3.3 释放围岩变形让压的效果分析

为了指导主井的计量洞室的施工与支护，进行了释放变形让压效果的定量分析。计算剖面采用深度 $H=650$m 的Ⅴ类围岩，分别考虑不让压（释放位移为零）、释放 50mm、100mm 和 150mm 四种让压位移的计算，计算结果列于表 6 中。图 12 给出了 $H=650$m 的主井衬砌不同让压量与主井围岩和衬砌内的应力及变形的关系曲线。

不同让压（释放位移）对主井变形的计算结果（衬砌厚度 $\delta=400$mm） 表 6

释放位移（mm）\ 计算结果	围岩收敛量（cm）	衬砌收敛量（cm）	围岩最大塑性区厚度（m）	衬砌中最大主应力（MPa）
0	8.08	8.19	1.63	250
50	14.77	5.39	2.60	175
100	23.02	2.52	3.89	100
150	32.26	0.79	8.10	60

根据表 6 和图 12 获得如下几点认识：

（1）随着释放位移量的增加，围岩收敛量随之近于线性增加，而衬砌收敛量则近于线性减小。由此可见，释放位移让压，可以减小衬砌的收敛量。

（2）随着释放位移量的增加，围岩塑性区范围先线性增加，在达到某一量值后（由图 12b）可知此值为 95mm）急剧加大。可见，通过适当让压可提高围岩的自承能力，但释放位移过大（在此为 95mm），塑性区急剧扩大，不仅围岩稳定性降低，而且围岩塑性位移加大，减小主井使用空间。

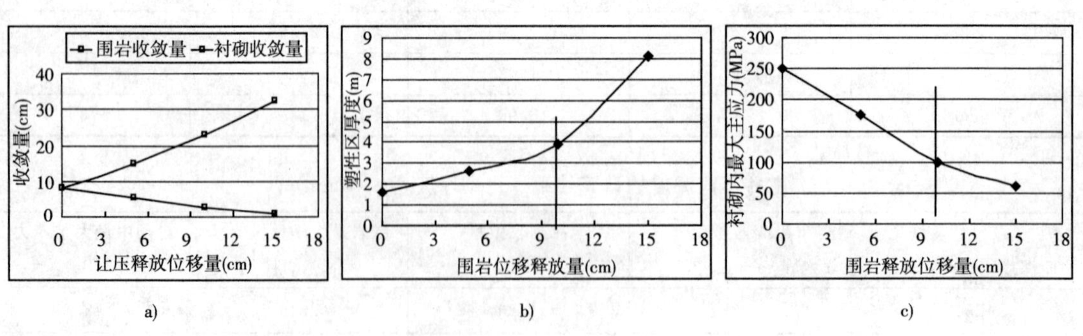

图 12 深部 $H=650$m 水平断面主井衬砌让压量与应力及变形的关系曲线

（3）从图 12c）图也可发现，随着释放位移量的增加，主井衬砌中的最大主应力也随之减小。与围岩塑性区范围类似，变化曲线存在一个拐点（释放位移量约为 95mm），当释放位移量越过该拐点，释放位移量对减小衬砌最大主应力的效果随之降低。

图 13 至图 16 给出了不同让压位移所对应的围岩塑性区范围及分布位置（图中浅红为围岩曾经屈服过，而后恢复弹性状态；深红色为目前正在屈服破坏的围岩区域）。

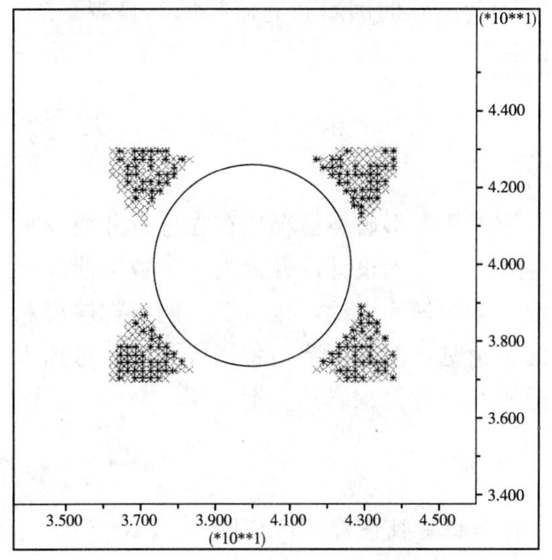

图 13　不让压情况（让压位移 $\delta=0$）的围岩塑性区分布图

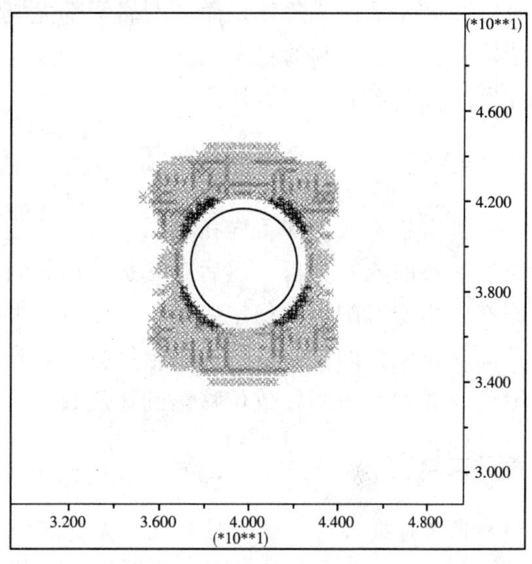

图 14　让压释放位移 $\delta=50$mm 时的围岩塑性区分布图

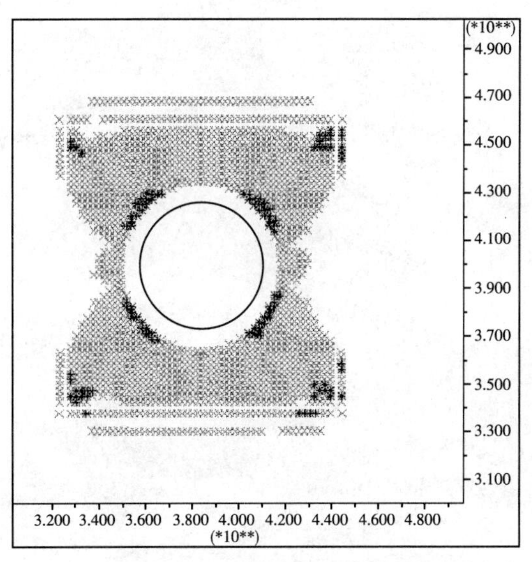

图 15　让压释放位移 $\delta=100$mm 时的围岩塑性区分布图

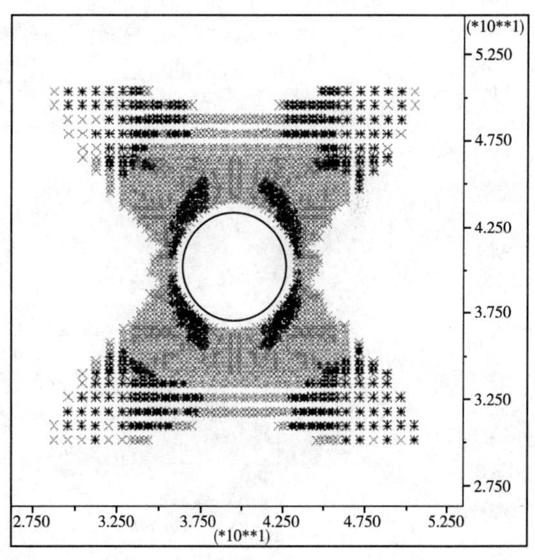

图 16　让压释放位移 $\delta=150$mm 时的围岩塑性区分布图

比较上述不同让压围岩塑性区图，可以获得如下结论：

(1) 不让压（图 13）时，围岩塑性区集中在主井的四个角，且塑性区几乎全部处于剪切破坏状态。这种处于剪切破坏状态的围岩，不利于围岩和衬砌的稳定。

(2) 当释放位移为 50mm（图 14）时，围岩塑性区分布较为均匀，且围岩在应力调整过程中产生的部分瞬时屈服围岩（浅红色区域）恢复到弹性状态，仅在主井周边较均匀分布处存在剪切破坏的区域。显然，此释放量缓解了围岩应力集中，利于围岩稳定。

(3) 当释放位移为 100mm（图 15）时，围岩塑性区分布与图 14 类似。大部分屈服区得到恢复，不同之处在于主井附近剪切屈服破坏区略有减少，但在围岩深部（主井围岩的四个角）开始出现正在发生剪切屈服破坏区。

（4）当释放位移为150mm（图16）时，围岩稳定状态恶化。不仅主井附近围岩剪切屈服破坏区几乎连成整体，而且围岩深部尤其主井的四个角处的围岩屈服破坏区域显著扩大，使主井处于极不利的稳定状态；同时，随着时间的推移，屈服破坏围岩还继续发展，直至主井发生大变形和垮冒破坏。

4 结束语

针对Ⅲ矿区主井工程在施工过程中所出现的井筒严重变形破坏情况，首先进行井筒变形破坏状态的调查分析，然后对支护井筒进行稳定性分析，显示设计的井筒支护参数不能满足深部碎裂变形围岩的稳定要求。为了进行井筒返修方案的加固设计，进行了不同支护厚度和不同让压位移的数值模拟的稳定性分析，所获得的结论是：对于深部不稳固段井筒，可加大厚度，并采取适当释放位移达到让压目的，才能适应深部井筒围岩的变形地压。

参考文献

[1] 北京科技大学．金川Ⅲ矿区主副井工程变形分析与稳定性评价［研究报告］．2005.5.

[2] 金川镍钴研究设计院矿山分院．金川Ⅲ矿区主副井工程地质条件分析报告 2005.5.

[3] 金川集团有限公司三矿区．金川Ⅲ矿区主井工程施工情况及存在的问题．2005.5.

某水库库区人行悬索桥锚碇设计研究与实践

李小榜　徐祥昆　汤永福　万　军

（中国水电工程顾问集团昆明勘测设计研究院）

摘　要　锚碇是悬索桥的主要承载结构，其安全性能是悬索桥能否经受桥体自重及外部荷载的关键。本文简述了某水库库区人行悬索桥锚碇设计情况，并对岩土工程锚固问题提出了一些看法，期望达到探讨的目的。

关键词　岩土工程锚固技术　重力式锚碇　隧道式锚碇　锚碇设计

在工程建设过程中，构筑物与岩土体的锚固连接问题是目前岩土工程界的重要课题之一。岩土锚固工程的锚固机理是通过改造和利用岩土体自身的力学性能，将构筑物周边岩体改变为部分承载体，进而保证工程整体的稳定性和安全性。岩土锚固工程技术已应用于工程建设的各个领域，如边坡加固和整治工程、隧道与地下支护工程、深基础工程、抗浮结构工程、大坝加固工程、抗震工程、公路拓宽工程以及悬索桥桥墩锚固等工程[1]。

某水库库区人行悬索桥工程是某电厂的配套工程，对于复杂地形条件的工程区来讲，其建设的安全可靠性是电厂稳步建设的前提和保证。悬索桥锚碇是悬索桥的主要承载结构，其安全性能是悬索桥能否经受桥体自重及外部荷载的关键。

1　工程建设条件

工程区属中等切割中山峡谷地貌，河谷狭窄，两岸陡峭，基岩裸露，河谷呈“V”型。桥基地层整体为三叠系下统飞仙关组上段（T_1f^b）紫红～灰紫色粉细砂岩夹泥质岩。受区域构造控制，工程区岩层倾角较缓，为一较稳定的单斜构造。桥区 50 年超越概率 10% 的地震动峰值水平加速度为 0.05g，地震动反映谱特征周期值为 0.35s，相应地震基本烈度为Ⅵ度。

该水库为满足库区两岸居民交通需要，需修建 4 座人行悬索桥，主跨分别为 218.5m、116m、113.8m、58.0m。4 座桥桥址处左右岸地质条件差异较大，左岸相对较好，右岸较差。

根据工程地质实际，本工程 1 号桥、4 号桥左右岸均采用重力式锚碇，2 号桥、3 号桥左岸采用隧道式锚碇，右岸采用重力式锚碇。

限于篇幅，本文仅就 1 号桥、2 号桥进行论述。按照《公路桥梁通用设计规范》(JTGD 60—2004)荷载效应基本组合，1 号桥单个锚碇受到的来自主缆的最大水平力为 3107kN，2 号桥单个锚碇受到的来自主缆的最大水平力为 1100kN。

2　锚碇设计原则

锚碇作为悬索桥主要的承力结构物[2,3]，其承受主缆的拉力，并将拉力传给地基，锚碇通常由基础、锚固系统、锚体组成。在悬索桥的发展历史上，针对锚碇设计原则经历了几个阶段[4]。锚碇的安全主要反映在以下几个方面：(1) 锚碇在主缆拉力作用下不应滑移，因为一旦发生，全桥都将变形破坏，所以应严格保证基底抗滑安全系数；(2) 在主缆拉力和锚碇自重等的作用下，在其基底面任意一点竖向应力不应超过基础持力层地基的容许承载力，基底应力不应有大的突变；(3) 整体抗倾覆应满足稳定性要求；(4) 边坡稳定；(5) 变位计算，保证不能有过大沉降量，沉降在施工阶段已大部分完成且各部分不能有太大沉降差；(6) 局部应力不应过大[5,6]。

3 锚碇结构形式

3.1 重力式锚碇

左岸锚碇（见图 1）以粉细砂岩夹泥质岩作为持力层，基底地基容许承载力要求不小于 200kPa。为增加锚碇的抗滑动、抗倾覆稳定性，减小使用阶段地基最大工作应力，同时减少土石方开挖。在基础底面设置 1 个台阶，台阶高度 1.0m，并且在锚碇基础底面设置 14 根 ϕ32 长度 4.5m 抗滑锚杆，伸入基础不小于 35d。为进一步降低造价，锚碇分两部分设置，下部为 C30 混凝土，上部为 C20 埋石混凝土，在混凝土内部预埋钢筋网片和 16 根 ϕ50 钢拉杆，钢拉杆与主索通过热铸锚头内锌铜合金连接（见图 4）。左岸锚碇总体轮廓尺寸长×宽×高为 6.5m×5.5m×7.0m。基底设置 0.3m 厚混凝土垫层。

右岸锚碇（见图 2）以粉细砂岩夹泥质岩作为持力层，根据工程类比，基底地基容许承载力不小于 250kPa。与左岸锚碇一样，为增加锚碇的抗滑动、抗倾覆稳定性，减小使用阶段地基最大工作应力，同时减少土石方开挖，在基础底面设置 1 个台阶，台阶高度 1.0m，并且在锚碇基础底面设置 17 根 ϕ32 长度 4.5m 抗滑锚杆，伸入基础不小于 35d。为进一步降低造价，锚碇分两部分设置，下部为 C30 混凝土，上部为 C20 埋石混凝土，在混凝土内部预埋钢筋网片和 16 根 ϕ50 钢拉杆，刚拉杆与主索通过热铸锚头内锌铜合金连接（见图 4）。右岸锚碇总体轮廓尺寸长×宽×高为 7.2m×6.5m×8.5m。基底设置 0.3m 厚混凝土垫层。

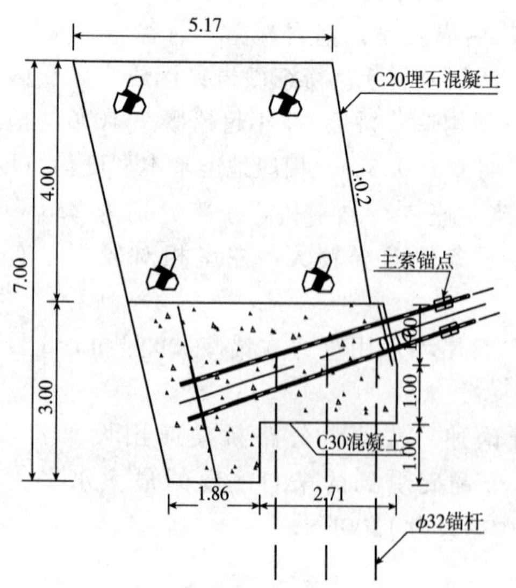

图 1　1 号桥左岸重力式锚碇

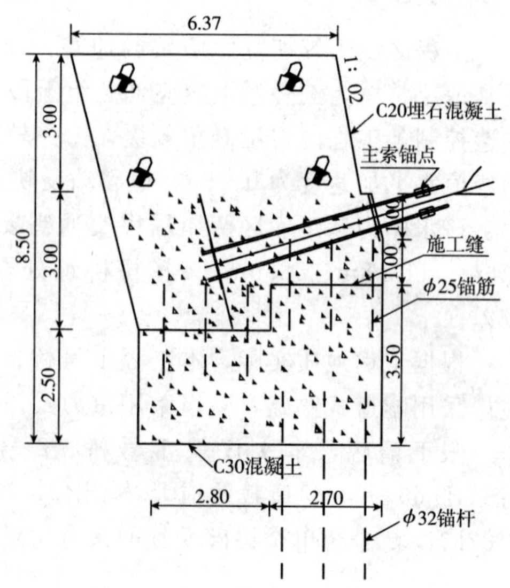

图 2　1 号桥右岸重力式锚碇

3.2 隧道式锚碇

左岸锚碇选址处地形陡峭，岩体呈弱风化～微新状态，若采用重力式锚碇，土石方开挖量较大，因此采用C30混凝土隧道式锚碇（见图3）。为增加锚碇的抗滑性能，在基础底面设置1个台阶，台阶高度1.0m，在混凝土内部预埋钢筋网片和4根ϕ50钢拉杆，钢拉杆与主索通过热铸锚头内锌铜合金连接（见图4）。左岸锚碇锚洞开挖深度6.5m，锚碇长度4.0m，宽度2.7m，前端高度2.3m，后端3.3m。

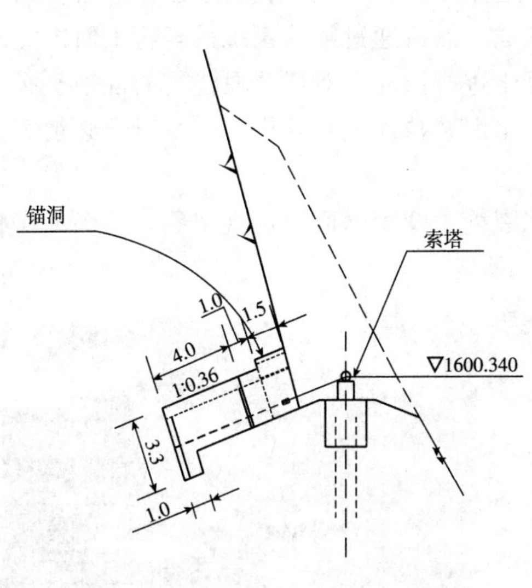

图3 2号桥左岸隧道式锚碇

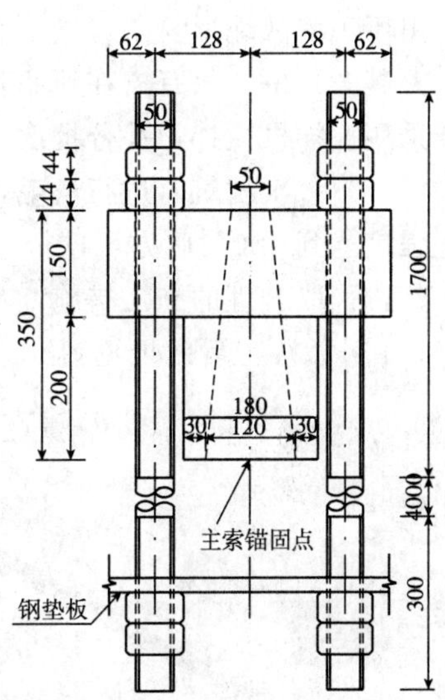

图4 锚碇锚固系统钢拉杆

右岸锚碇选址处岩体较破碎，采用重力式锚碇，其结构型式类似1号桥重力式锚碇，这里不再赘述。

4 锚碇设计计算

4.1 桥重力式锚碇验算

对1号桥采用的重力式锚碇，文献［7］认为只要满足滑移的安全性要求，抗倾覆要求一般就能满足。抗滑移安全性的验算一般也是按刚体模式，利用力的平衡来计算。

本工程分别对左右岸锚碇承载力、抗倾覆、抗滑移进行了验算，经计算，左岸锚碇基底最大应力为146kPa，右岸锚碇基底最大应力为163kPa，均小于地基承载力，满足要求。锚碇抗滑移、抗倾覆稳定性计算成果见表1。

1号桥锚碇计算成果 表1

计算项目	左岸锚碇	右岸锚碇	规范要求值	结论
抗滑移	4.02	3.52	2	满足要求
抗倾覆	2.54	3.85	1.5	满足要求

注：表中地基承载力为最大基底应力。

4.2 桥隧道式锚碇验算

悬索拉力通过索股、钢拉杆传入隧道中填充的混凝土，再通过混凝土与隧道岩体的粘结力传递给周围的岩体[7]。隧道式锚碇破坏形态主要有5种：（1）沿锚碇体与岩土体接触面破坏；(2) 围岩体的锥台破坏模式，(3) 复合剪切面破坏，(4) 局部滑移破坏，(5) 边坡整体失稳[8]。

本工程 2 号桥隧道式锚碇只考虑第一种和第二种破坏模式进行验算。计算第一种破坏模式下抗滑移系数为 6.4＞2，按照第二种破坏模式下抗滑移系数为 5.2＞2，均能满足要求。

5 锚碇安全监控

由于工程区地形复杂，交通极不便利，混凝土浇筑用砂石料直接运至施工现场难度很大，尤其 2 号桥，只有先在河底将混凝土搅拌完成，然后通过缆吊系统吊至施工面。混凝土搅拌采用搅拌机搅拌，并分批次、分部位对混凝土进行取样。对于分段浇筑的混凝土必须采取插筋、下一次浇筑时进行凿毛，并使用高标号水泥浆抹面等粘结措施，并要求必须等到混凝土强度达到 100％后方可进行主索安装。

经过采取合理的施工措施，最终锚碇未出现裂缝、蜂窝麻面等病害现象，锚碇工作状态良好，1 号桥竣工后效果见图 5、图 6。

图 5 1 号人行吊桥竣工图

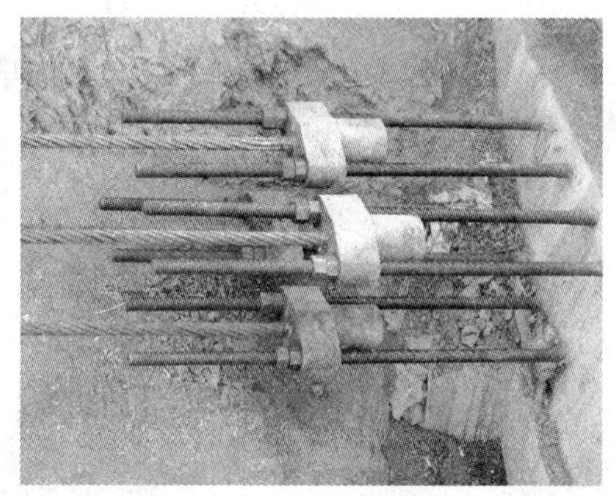

图 6 锚碇锚固系统

由于地质力学参数的随机性与地质模型的模糊性，在设计阶段对桥梁基础的安全性难以做出十分准确的判断，桥梁地基基础在施工期与运营期存在难以预测的地震、人为破坏与材料性能劣化等偶然因素导致的结构变异，也会引起桥梁基础的不安全，同时大型桥梁破坏后修复周期长，耗费大，因此大型桥梁地基基础的破坏对经济建设影响巨大[9]。

本工程重点对 1 号桥重力式锚碇进行了施工期监测和工后监测。施工期间，随着荷载的施加，锚碇水平向位移累积变形量 5mm，沉降量 3.5mm，工后半年水平向累积变形量 2.6mm，沉降量 2.1mm，并趋于稳定。

6 结束语

(1) 本文着重探讨了某水库库区人行悬索桥重力式、隧道式锚碇设计与施工的技术。其实本工程涉及到的锚固工程还有索塔基础锚固、抗风锚桩锚固、主缆锚固、缆吊系统锚固等，由此可见岩土工程锚固技术可以在工程建设的各个领域起到至关重要的作用。它是一个非常有前景的课题，无论是在水利水电工程、公路交通工程、港口工程、矿山工程，还是在城市大型地下工程、基础工程等这些以岩土体作为基本载体的工程中，岩土锚固工程技术的应用都在发挥着稳定结构和保证安全的关键作用。

（2）锚碇的稳定性是锚碇系统的关键问题之一。目前锚碇设计的理论还不是很成熟，由于涉及基础与地基的相互作用，其力学机制较为复杂，有必要进行进一步研究和力学仿真，为地基加固提供可靠的参考意见。另外，隧道锚的锚块与岩体在主动拉力作用下的稳定性，尤其应对反倾平面滑动面的岩桥效应、锚块与岩体相互作用的机制等加以研究[10]。

（3）受客观条件和人类认识自然能力的限制，影响锚碇稳定性接触面的凝聚力、摩擦系数、岩土体参数、地应力的动态、人类工程活动等因素的不确定性，目前工程界对锚碇的计算只能做粗略的估算，以简化计算指导初步设计，业界应加强原位试验与数值模拟相结合的手段，对岩土体力学机理进行探讨。

参考文献

[1] 徐祯祥．岩土锚固工程技术发展之回顾与展望．市政技术，2009，27（2）：136～140.

[2] 肖本职，吴相超．隧道式锚碇围岩稳定性研究现状及探讨．地下空间与工程学报，2006，2（3）.

[3] Ammann O H. George Washington Bridge：general conception and development of design [J]. Trans A S C. 1933，9（7）：56～62.

[4] 王峰君．伶仃洋东航道悬索桥方案锚碇设计与施工技术探讨．华东公路，2000，（2）：39～42.

[5] 张杰，钱冬生．大跨悬索桥塔和锚碇的合理设计 [J]．桥梁建设，2000，（4）：20-22.

[6] 刘明虎．悬索桥重力式锚碇设计的基本思路 [J]．公路，1999，7（7）：16-23.

[7] 沈华春．吊桥设计技术 [M]．北京：人民交通出版社，1995.12.

[8] 汪海滨，高波．悬索桥隧道式复合锚碇承载力计算方法．东南大学学报，2005，35（1）：89～94.

[9] 卢江，朱晓文，赵启林．悬索桥锚碇基础的计算与安全监控技术进展．贵州工业大学学报，2008，37（4）.

[10] 赵启林，陈斌，卓家寿．悬索桥锚碇及地基基础中的力学问题研究动态．水利水电科技进展，2001，21（1）.

锚索施工中破碎岩层的灌浆问题

王启睿[1,2] 张福明[1] 邓建辉[2] 曾宪明[1]

(1. 总参工程兵科研三所 2. 四川大学水利水电学院)

摘 要 在各类工程的预应力锚索施工中，常遇见破碎岩层。该类岩层风化卸荷，节理裂隙发育，故其灌浆问题也是个重要且复杂的问题。如果灌浆量过大，既增大材料、设备、时间与人力上的投人，又不能保证工程质量与施工进度。本文结合实际工程，总结出可采取处理破碎锚索孔、使用包裹土工布的非粘结钢绞线和改变灌浆方式等措施来控制灌浆量，并进行优劣性分析。可在工程的成本控制、工期进度、施工优化等方面用以参考。

关键词 锚索 破碎岩层 灌浆 优化施工

破碎地层常常出现在水利、矿山、公路、铁路、工业与民用建筑以及国防军事工程的各类边坡处理中，是岩层在构造地质作用下受到物理化学风化作用及堆积作用而形成。主要表现特点是岩体松散、机械性能脆弱、岩石风化卸荷严重、节理大量发育，并且常为地下水富集带[1]。破碎地层的松散性、大变形与高渗透特性是各类工程的主要危险源，也是施工的高危险部位，容易诱发边坡垮塌与滑坡等灾害，因此属于需要加固处理的主要部位。

目前加固边坡的常用方法有抗滑桩、挡土墙以及喷混凝土、锚杆、预应力锚索等锚固类结构[2]。其中，锚固类结构发展应用非常迅速，经过了大量工程实践的检验与改进，现在的运用已经越来越普遍，是一种有效的边坡加固手段。

当在岩体深层部位需要锚固，或者要求提供较大的锚固力时，常使用预应力锚索。预应力锚索作为一种加固措施，由于其空间跨度长，穿越的岩层复杂，并且通常要穿过破碎带，使锚固段到达完整岩体时才能发挥其最好作用，因此破碎地段灌浆量大耗灰严重的问题急需解决，即对灌浆控制提出了要求。

1 灌浆控制问题的要求

在破碎地层施工预应力锚索，用普通冲击钻造孔，经常发生塌孔、卡钻、漏气及无法排渣现象。采用固壁灌浆方式处理，虽能成孔，但耗浆量太大，成本高，同时施工速度无法满足工期要求。用总参工程兵科研三所研制的组合螺旋钻施工，虽然不用固壁灌浆即可成孔，但穿束后进行内锚段及张拉段回填灌浆时仍然存在耗浆量偏大的问题。在破碎地层成孔并安装好锚索后开始灌浆，当同一区域已完成多孔，对某一根锚索进行灌浆时，浆液很可能会从破碎处串入相邻孔内。孔内串浆如串至内锚段，则会堵塞内锚灌浆管，即使未堵塞灌浆管也会因有两次灌浆，内锚段水泥结石的强度会受到很大影响；孔内串浆如串至张拉段，则使预应力锚索内锚段增长而张拉段变短，都将使锚索降低或失去其应有的作用。如果当一根锚索灌浆固结后再开始施工相邻锚索，则会使锚索支护工作滞后，严重影响工期。

灌浆过程中也可以采用调整浆液配合比或添加外加剂等方式使浆液变浓变稠，或者直接使用含有大直径颗粒的水泥砂浆，减缓浆液的流动性，使其具有速凝的特性，在灌浆过程中快速封堵裂隙，达到节省浆液的目的。但这样做最大的缺陷就是改变了浆液的性质，达不到设计的要求，而且浓度稠的浆液也不好灌注。

目前控制灌浆的方式有很多，技术上与理论上都日趋成熟[3~9]。但是这些方式通常适用于一些较特殊部位，操作技术要求较高，难以广泛推广使用。

因此，如何有效控制灌浆量，降低工程成本，且不影响施工进度，是一个相当重要的问题，需要加大研究力度，以获得适当的可操作的方法。本文结合工程实际，总结施工经验，介绍以下几种灌浆控制方法。

2 灌浆控制方法之一：处理锚索孔

以云南小湾水电站右岸边坡数百根预应力锚索的施工为例。小湾水电站边坡地质条件复杂，破碎地层广泛分布，锚索施工中经常遇到[3,9]。因此可以采用处理锚索孔的方法进行灌浆控制。如，在锚索造孔时期即可判断岩层是否为破碎岩层，钻孔过程中一遇到跑风漏气现象，即说明孔底出现裂隙孔洞，通常应采用堵漏措施对破碎地层进行处理，封堵裂隙后再造孔[2]。具体措施如下：

1）水玻璃－水泥净浆封闭裂隙

工程中采用的方法是，用小型号的塑料桶装水玻璃置于孔口上方，用 ϕ10mm 的塑料管引至孔口内；水泥净浆拌制好后，用 ϕ25mm 的 PVC 管从注浆泵接至孔口内，与水玻璃同时注入，直至全孔注满。

此种方法可操作性强，加速凝结时间，裂隙不大时收效较好。对于裂隙较大的孔收效不大，同时水玻璃用量较多，水泥节约不多。

2）喷混凝土堵漏

由于喷射混凝土的专用喷头过大而不能深入孔内，需换用无开关控制阀喷头，并将 ϕ25mm 的 PVC 管绑牢于喷射管，拌制好较稀的浆液（水灰比 0.8：1 或 1：1）。同时打开混凝土喷射机和注浆泵，将拌制好的材料高压喷于孔内。喷射时从孔底向孔口拔管，注意拔管速度使孔内填实而又不让管子卡死拔不出。

向孔内喷混凝土对大的孔洞裂隙能得到较好的收效，如能将干喷机换为湿喷机效果会更好。存在问题是从孔底向孔口拔管速度难于掌握，注入混凝土和浆液量不好控制，对小裂隙收效不大。

3）水泥球堵漏

在钻进过程中一旦发现较大裂隙时，立即停钻，用塑料袋包裹水泥球投入孔内，用端部加了顶托钢板（钢板直径略小于钻孔直径）的钻杆向孔内推进挤压水泥球，利用孔底的顶托将水泥球挤入周边裂隙孔洞内，效果很好，但需在发现裂隙孔洞时立即停钻封堵，遇见一个封堵一个，一旦钻过裂隙，没有后壁顶托就难于封堵。

4）复合堵漏剂堵漏

复合堵漏剂主要成分为聚醚多元醇、泡沫稳定剂、催化剂和多苯基多次甲基多异酸酯等。利用风动设备把材料按一定比例送入孔内破碎部位，材料迅速反应生成大量气泡，体积膨胀，填充裂缝等破碎部位。材料初凝时间短，固化后有一定强度，达到封闭裂缝的效果。

泡沫堵漏剂材料有以下特点：

(1) 质量轻，密度小，体积膨胀大；(2) 水平向抗压强度0.2～0.3MPa，垂直向抗压强度0.15～0.2MPa，具有一定强度的握固力和粘结力、摩擦力；(3) 凝结时间可调控，终凝可控制在30min内：(4) 膨胀系数为250%～300%，作用迅速（15s)，具备爆发力；(5) 材料为无毒、不挥发、不易燃、不含对钢材料有腐蚀作用的卤素，适用温度范围为0～60℃。

当堵漏剂材料形成气泡状态时，材料性质如表1所示。

泡沫状堵漏剂性能指标 表1

密度 (kg/m³)	抗压强度（kPa)		导热系数	闭孔率 (%)	尺寸定性（Δv%)		氧指数 (%)
	水平方向	水平方向			(24h/－25°)	(24h/＋100°)	
36.6	200	151.3	0.021	91.89	0.34	0.34	21.5

使用堵漏剂进行堵漏，需配套使用GLP－1型堵漏机。堵漏前首先通过孔内摄像判断裂隙位置及宽度，用棉布或其他料做成布袋子放于孔内裂隙处。用一根ϕ25mmPVC管一端通至袋内，一端引出孔内。将堵漏剂与催化剂分别注入GLP－1型堵漏机两个容器，采用两根ϕ25mmPVC管接于堵漏机两个容器的出口，利用变接头与上述引入孔内的ϕ25mmPVC管相接。堵漏时打开空压机，使用高压风同时吹送两种液体于布袋内发生化学反应，堵漏剂膨胀挤入裂隙内凝固起到堵漏效果，30min后可移钻扫孔。

使用聚氨酯复合堵漏剂堵漏能有效缩短堵漏时间，减少二次固壁耗浆量。存在问题是堵漏前需准确判断孔内裂缝分布情况（做孔内电视），操作要求同步，工艺难于掌握且成本高。

3 灌浆控制方法之二：采用无粘结钢绞线并在自由段包裹土工布

在现场施工，如发现破碎岩石中各孔串风严重，堵漏固壁时浆液在各孔间互串，采用粘结锚索在送索完成后需分别进行内锚段、张拉段灌浆。但当同一区域已完成多处穿索，对某一根锚索进行灌浆时，浆液很可能会串入相邻孔内，影响锚索的后续工序，这时需采用无粘结钢绞线并在自由段包裹土工布。

使用无粘结锚索因为其内锚段为剥除PE套部分，不存在内锚段增长时张拉段变短问题，串浆后影响不大。无粘结锚索使用的钢绞线为外用PE套包裹、内用防腐油脂敷裹，使得钢绞线裸线不直接与水泥结石接触，张拉时钢绞线裸线在PE套内能自由伸缩不受影响，可在全孔一次灌浆后再进行锚索张拉，并可进行重复张拉，既保证了注浆质量，又简化了工序、提高了注浆工效。同时可采取外包土工布和细帆布的办法来减少灌浆量。通过对无粘结锚索张拉段外包土工布和细帆布隔离浆液流失，保证了水泥结石对锚索的保护作用。

采用400g/m² 长丝土工布包在内层防渗，采用细帆布包在外层抗磨，防止索体穿束过程中磨穿土工布导致堵漏失效。包裹直径为孔径的1.1～1.2倍，包裹长度视裂隙分布情况而定，最长为张拉段全长。包层均用缝纫机缝制。灌浆管路系统采用2根灌浆管并设止浆包。其中一根穿过止浆包插入导向帽中作为内锚段进浆管，在止浆包内将该进浆管割出楔形口以便浆液先填充止浆包起到封闭孔道的作用。另一根穿过止浆包至止浆包前10～15cm处，并在止浆包后20cm处割出楔形口，作为内锚段灌浆的排气管和自由段灌浆的进浆管。

在小湾水电站工地上，为验证土工布包裹锚索能有效减少灌浆量，施工单位特地做了实验。采用内径为168mm钢管替代锚孔，锚索自由段全长包裹土工布，自由段与锚固段之间用胀缩式止浆包。锚索安装于钢管中，按设计要求灌浆，待浆液凝结后割开钢管观察浆液分布状况以及浆液与管壁的粘结情况和浆液与钢绞线的握裹情况。结果表明：(1) 止浆包能充分打开，起到止浆作用；(2) 锚固段灌浆密实，水泥结石紧裹钢绞线，与钢管壁粘结；(3) 自由段灌浆时，土工布充分胀起，内部充满水泥结石，土工布和钢管壁之间没有流出浆液。

带止浆包的无粘结锚索形式如图 1 所示。

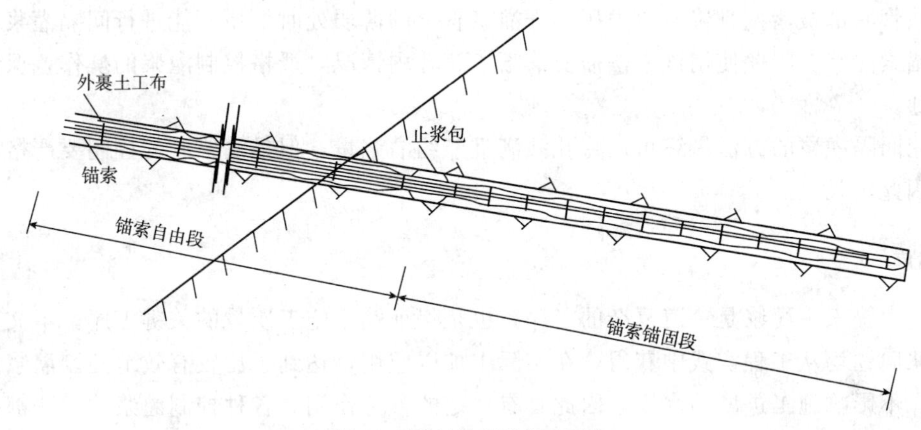

图 1　无粘结锚索形式示意图

从试验中可发现，土工布在减少浆液流失方面能起到较好的作用，而对浆液与管壁的粘结和浆液与钢绞线的握裹并不产生影响。

使用土工布对非粘结锚索进行包裹后再穿束的办法，能在保证锚索施工质量的前提下控制灌浆量，使单孔水泥消耗量大幅度降低，节省了成本，且可操作性强，值得广泛推广使用。

4　灌浆控制方法之三：改变灌浆方式

添加速凝剂、水玻璃等材料改变浆液的凝结时间；改变浆液配比，如减小浆液的水灰比，使浆液变浓、比重增大，或使用水泥砂浆等，都能起到减少浆液消耗的作用。但是以上方式虽可以减少浆液使用量，却改变了浆液的性质，并没有按照设计的要求进行施工，因此可能将对灌浆质量造成影响。

在难以进行堵漏的锚索孔深处，或者锚索锚固段部位不能采用土工布包裹，而且不能改变浆液性质时，控制灌浆量的方法则只有从改变灌浆工艺方面着手。常采用分时段间隔灌浆，即在破碎地层先灌浆，灌到一定时间或一定水泥量时停止，待浆液初凝后能将孔内裂隙闭合一部分，然后再灌注，到同标准时再停止，再将裂隙闭合一部分，依次重复下去，直到把孔内裂隙全部堵塞，保证浆液灌满。

采用的措施有两种：

(1) 安装数根灌浆管。多安装几根灌浆管，底端错开排列，外部记好顺序。间隔灌浆时，由于等待浆液初凝会把灌浆管堵死，所以要按顺序从最底部一根灌浆管开始使用，堵死一根后接着用另一根，直到用最后一根灌浆管把孔内灌满。

这种方法可以保证充分地灌浆直到把孔内灌满，但是却增加了编制和安装锚索的工序，增大了灌浆管和人工的投入，在灌浆时容易发生灌浆管不够用或者浪费，也常遇到浆液把未使用的灌浆管堵塞的现象。

(2) 使用一根灌浆管，在灌浆管底部按一定间距割开几个小豁口，并用胶布缠住，缠胶布处受到一定压力时能压破。第一次灌浆时浆液从灌浆管底端流出，等待浆液初凝时灌浆管底端被浆液堵塞，再次灌浆时的浆液压力将压破灌浆管上缠胶布的豁口薄弱处，浆液从豁口处流出，等等，依此类推，直到把空隙堵住，把孔灌满。

这样灌浆只使用一根灌浆管，减少灌浆管的投入，也没有增加编制和安装锚索的工序，但当灌浆管底部被堵塞且浆液压力压不开灌浆管上的薄弱处时，便不能进行间隔灌浆甚至不能进行锚索灌浆。因此使用该方法需要清晰了解孔内情况，严格控制灌浆的操作，保证灌浆管的畅通。

采用间隔灌浆的方法最终可以将孔灌满且节约灌浆量，但是灌浆时的控制要严格，灌浆时间也因此延长。

5 结束语

预应力锚索中灌浆是一道复杂的工序，也是保证锚索施工质量的关键工序。本文列举的有关灌浆问题均从工程实践中获得，在实际中加以应用，达到了比较有效地控制灌浆量、降低成本、不影响施工进度的水平，因此具有一定的参考作用。各种控制灌浆的方法都有优越性与不足之处，见表 2 所示，实际工程中需要统筹考虑，选择最适当的方法。

各种控制灌浆方式的优越性与不足 表 2

<table>
<tr><th colspan="2">控制操作方式</th><th>优越性</th><th>不足之处</th></tr>
<tr><td rowspan="4">堵漏（封闭裂隙）</td><td>水玻璃一水泥净浆法</td><td>可操作性强，适用于小裂隙迅速封闭</td><td>对大裂隙收效不好，节约水泥不多</td></tr>
<tr><td>孔内喷混凝土法</td><td>适用于大的孔洞裂隙</td><td>不易操作，对小裂隙收效不大</td></tr>
<tr><td>水泥球法</td><td>封闭效果好</td><td>见裂隙即需停机、拔钻、堵漏，重复工序，操作复杂</td></tr>
<tr><td>复合堵漏剂法</td><td>封闭效果好</td><td>需配备专门设备，操作复杂，工艺难掌握，成本高</td></tr>
<tr><td colspan="2">使用非粘结锚索并包裹土工布</td><td>工艺简单，能大量节约水泥，不需要过多处理锚孔</td><td>增加安装锚索的难度与材料的投入</td></tr>
<tr><td rowspan="4">改换灌浆方式</td><td>改变浆液凝结时间</td><td>可操作性强，能对裂隙进行封闭</td><td>改变了浆液的性质，可能影响锚索质量</td></tr>
<tr><td>改变浆液配比</td><td>可操作性强，能对裂隙进行封闭</td><td>改变了浆液的性质，浆液结石强度发生变化</td></tr>
<tr><td>采用水泥砂浆</td><td>可操作性强，能对裂隙进行封闭</td><td>改变浆液，没有按要求施工，影响使用效果</td></tr>
<tr><td>间隔灌浆法</td><td>能有效节约水泥使用量</td><td>操作困难，施工周期长，影响因素多</td></tr>
</table>

需要说明的是，锚索的最初设计要求就是穿过岩层中潜在的滑移面[10]，使外层的不稳岩层与内层稳定岩层连接在一起，形成稳定的整体，因此锚索底端（内锚固段）必须处于稳定的完好岩层上，即内锚固段不存在破碎地层问题。如实际施工中发现设计的锚固段正处于破碎地层上，从整个工程质量来考虑，需要作设计变更，通常是加长锚索以穿过破碎地层。

参考文献

[1] L·Hobst，J·Zajic. 岩层与土体的锚固技术［M］. 陈宗严，王绍基译. 北京：冶金部建筑研究总院.

[2] 高大钊. 岩土工程的回顾与前瞻［M］. 北京：人民交通出版社. 2001.

[3] 高小鱼，许水潮. 松散堆积体预应力锚索钻孔施工措施［J］. 土工基础，2009.1.

[4] 杨维武，文桂录，田维金，刘增跃，林振球. 八盘岭隧道富水断层破碎带预注浆［J］. 中国锚固与注浆工程实录选［C］. 北京：科学出版社. 1995.

[5] 刘招伟，张顶立，张民庆. 圆梁山隧道毛坝向斜高水压富水区注浆施工技术［J］. 岩石力学与工程学报，2005，24（10）.

[6] 王启睿. 浅谈预应力锚索施工中的造孔、灌浆和张拉［J］. 人防科技，2005.2.

[7] 杨米加，陈明雄，贺永年. 注浆理论的研究现状及发展方向［J］. 岩石力学与工程学报，2001，24（10）.

[8] 熊厚金，张良辉，张清. 袖阀管灌浆法工程实录［J］. 中国锚固与注浆工程实录选［C］. 北京：科学出版社，1995.

[9] 周小平. 周家包滑坡的成因分析及治理措施［J］. 土工基础，2009.2.

[10] 刘玉堂，庞有超，沈贵松. 锚索设计和施工中的几个问题［J］. 预应力技术，2005.3.

三重管法高压旋喷技术在某水库坝肩渗漏处理工程中的应用

刘文勇　周　永　杨智荣

（西南有色昆明勘测设计（院）股份有限公司）

摘　要　在建水绵羊冲水库右坝肩高压旋喷施工中，在半成岩地区，因地制宜，通过现场试验，科学、合理、经济、可行地确定技术参数，并严格按确定的施工工艺进行施工，达到了增强地基强度、防止砂土液化、防止渗漏等多项技术目的。文中还通过工程实例总结分析，对合理配置设备及科学使用，充分发挥设备性能，对从提高有效喷射压力、增大输浆量、选择适宜的转速及提升速度等方面来增大成桩直径和提高施工效率等进行了探讨。

关键词　半成岩地层　旋喷固结体　桩体置换率　防渗墙

1　高压旋喷技术原理

高压旋喷注浆法是把注浆管置入土层以后，使喷嘴喷出 20～40Mpa 的高压射流破坏地基土体，形成预定形状的空间，注入的浆液将冲下的土置换或部分混合凝成固结体，以达到改造土体的一种方法。高压旋喷注浆法可按喷射流的移动方式、注浆管类型和置换程度进行分类（表 1）。

高压旋喷注浆法的分类　　表 1

分类依据	类　别	主　要　特　点
喷射流的移动方向	旋转喷射（旋喷）	喷射时喷嘴一边提升一边旋转，固结体呈圆柱状
	定向喷射（定喷）	喷射时喷嘴只提升，不旋转或微摆，固结体呈板壁状
注浆管的类型	单管法	用单层注浆管，只喷射浆液
	二重管法	用双层注浆管，喷射浆、气同轴射流
	三重管法	用三层注浆管，喷射水、气同轴射流，同时注入浆液
	多重管法	用多重注浆管，喷射超高压水射流，被冲下的土全部抽出地面，再用其他材料充填
置换的程度	半置换法	被冲下的土部分排出地表，余下的和浆液搅拌混合凝固
	全置换法	被冲下的土全部排出地表，形成的空间用其他材料充填

2 右坝肩岩土工程特性

2.1 工程地质特征

建水绵羊冲水库右坝肩地层由于岩石本身沉积时间短，自身成岩作用差，组成岩石的颗粒呈半胶结状态，或因风化作用使岩石保留原岩结构，但其胶结物被风化成粘土物质，粗颗粒与胶结物间部分失去胶结作用，使其力学性质较岩石大为降低，地层中除具有裂隙以外还有孔隙，使其工程特性介于岩石和土之间。受成岩作用或原岩成分及风化影响，其工程特性，具备岩石的部分特性又兼具混合土部分特性。这类地层既无岩石的力学强度又区别于粘性土、砂类土、填土、其工程地质特性处于相对特殊的类型。

2.2 水文地质特征

该类地层中由于兼具裂隙、孔隙，自然状态下具有相对隔水或透水两类地层，粘土层、泥岩为相对隔水层，其余多为透水或含水层，单位吸水量 ω 为 0.06～1L/m·m，为弱～强透水层。作为坝基一般多需经防渗处理，才能满足防渗设计要求及地基强度设计要求。

3 高压旋喷试验与施工

3.1 现场喷射注浆试验确定技术参数

(1) 采用 360°高压旋喷注浆进行右坝基砂砾土、粉细砂层的防渗加固处理。

(2) 旋喷注浆孔布置在距主坝轴线上游 1m 处，单排孔，孔距 0.8m。

(3) 跳孔分两序进行喷灌。

(4) 按设计图中帷幕顶线及底线，现场确定孔位及孔口标高后，根据设计进行旋喷。

(5) 采用三重管法施工的技术参数见表 2。

技 术 参 数 表 2

高压水	水压（Mpa）	30～39
	输水量（L/min	75
空　气	气压（MPa）	0.5～0.75
	风量（m^3/min）	0.8
浆　液	浆压（MPa）	0.4～1.0
	输浆量（L/min）	50
卷扬系统	提升速度（cm/min）	6～8
	旋转速度（r/min）	5～6
喷嘴孔径及个数		（1.8～2.0mm）2 个
喷射管外径（mm）		110

(6) 浆液采用 425 号普通硅酸盐水泥拌制，水灰比 0.8∶1，比重 1.6。

(7) 防渗标准：ω≤0.05L/min·m·m

3.2 施工工艺及流程

(1) 对施工段过长且地形变化大时可分段进行施工，且先施工Ⅰ序孔后施工Ⅱ序孔。

(2) 钻孔定位：钻机就位安装在设计孔位上，并使机杆立轴垂直对准桩位中心，钻机安装平稳，施工中随时测孔斜，防止钻孔偏斜。

(3) 造孔：以清水作冲洗液自然造泥浆，先用110mm口径按设计要求钻至预定标高或层位孔深，然后再用130mm口径扩孔至孔深，用无泵干采岩芯以保证孔内清洁，终孔验收并防止孔口杂物入孔。

(4) 喷射注浆：旋喷机就位→将喷管下至预定孔深→送浆至孔口返浆→启动高压泵、空压机→开始旋喷并提升→结束旋喷→回填封孔。

启动：钻孔结束后，将旋喷机就位，下喷头和喷射管到预定孔深，改变孔内环境，使高压喷射流有效地对土体冲刷和切割。先启动高压水泵、空压机，然后加压至设计压力，其顺序是先送水，后送气，始终保持喷射流和空气同轴喷射。

高压扩径：用高压泵喷射清水，开始旋喷1～2min（只旋转，不提升），以保证孔底旋喷扩大桩径，扩径后再送气送浆；

注浆：启动注浆泵，将已配比好的水泥浆通过输浆管送入孔内，待孔口返出水泥浆后，启动孔口旋摆装置，调整提升机转速，表达到设计转速及提升速度，观察输浆管动态、浆桶内的浆量变化，测定井口返浆量及进浆比重（≥1.58g/cm^3）、返浆比重（≥1.2g/cm^3）。进浆比重低于1.5g/cm^{3}时及时调配，直至旋喷结束。在每根管（4m）结束后，开始喷射下根管时，搭接长度一般为30～50cm。

清洗注浆系统：旋喷结束后，停水、气、浆。提升喷射管至地面后，清洗喷射管，防止水泥凝固堵塞，清洗疏通喷头的水嘴、气嘴并用胶带纸把已清洗好的水嘴、气嘴包封好。

补浆回填：旋喷完毕的孔，及时进行补浆回填，即用注浆泵反复向孔内注入0.6∶1的水泥浆，浆面下沉后及时进行人工补浆，直至孔内浆面不再下沉为止。

3.3 特殊情况的处理

(1) 对高喷过程中的孔口返浆随时测定其浓度使其不小于1.2g/cm^3，返浆量控制在20%左右。如返浆量小或者是返出的浆液含水泥量少及不返浆等，及时查明原因。如果供浆量、水量、气量一切都正常，说明吃浆量大，供浆不足，应停止或者减慢提升速度，直到孔口返浆正常为止。对于返浆量大的地段，则应适当提高提升速度。

(2) 对孔口返浆的回收，应视旋喷地层而定，如返浆中含砂量过大，无法重新利用的应废弃，能重新利用的应尽量利用。

(3) 出现水嘴和气嘴堵塞，应及时疏通后重新复喷。

(4) 单孔旋喷深度应视孔底岩性现场确定，而不是机械地执行设计。

(5) 由于浆液回落，旋喷后顶部会形成凹穴，为了保证旋喷质量，应及时进行人工补浆回填，直至孔内浆面不再下沉为止。

(6) 喷射时遇岩粉沉淀，喷管无法下到孔深时，重新扫孔后再进行喷射注浆。

(7) 对地形高差较大地段，如一台浆机无法满足正常浆压、浆量要求时，应采用二级或多级送浆。

(8) 遇机械故障或机械工作不正常无法达到施工技术要求的各项参数，立即停止进行修复，恢复施工时喷射应搭接30cm以上。

4 质量检测与效果评价

4.1 主要检测内容

(1) 固结体的整体性，均匀性和防渗效果。

（2）固结体的有效直径或加固长度、宽度。

（3）固结体的强度特性（包括轴向压力、水平推力、抗酸碱性、抗冻性和抗渗性能）。

4.2 检测方法

（1）开挖检查。

（2）室内试验：包括制造试件，进行物理力学性试验和施工后开挖取样试验。

（3）钻孔检查：包括（a）钻孔取样观察，并做成试件进行物理力学性能试验；（b）渗透试验，包括钻孔压水试验和抽水试验；（c）标准贯入试验（一般距注浆孔中心0.15～0.20m，每隔2m深度作一次）。

4.3 工程效果评价

4.3.1 直观质量检查

（1）开挖检查：在已喷段任选一桩位进行开挖检查，开挖深度3.7m，其中0.0～0.2m为硬粘土，2.0～2.2m为旋喷桩顶，浆液收缩下沉后形成空洞，直径60～70cm，2.2～3.7m为旋喷桩板墙水泥固结体，呈灰黑色，主要由水泥组成，水泥含量80%以上，置换率较高。在坚硬～硬塑状粘土中，旋喷桩有效直径0.55～0.65m，扩散直径达0.80m，底部见一条宽10～15cm、长1.4m的水泥固结浆脉。

（2）钻探取芯：经过7个检查孔钻探取芯，在设计不同处理方法的粘土层处，有粘土水泥结石块，含量约10%～30%。在设计重点处理的粉砂、砂砾层处，为水泥固结体或水泥砂、砾固结体，水泥含量70%～88%。岩芯多呈柱状，少量块状，采取率为82%～92%。

（3）压（注）水试验，7个孔的压水试验统计见表3。

压水试验结果统计表 表3

孔号	段数	平均ω值 (L/min·m·m)	孔号	段数	平均ω值 (L/min·m·m)
J1	3	0.015	J5	3	0.016
J2	4	0.014	J6	2	0.021
J3	4	0.015	J7	1	0.011
J4	3	0.013			

4.3.2 效果评述

（1）水泥耗量：以水泥实际注入土层的数量来衡量注浆质量，单位注入量为523kg/m。

（2）桩体置换率在70%～88%，平均大于80%，满足设计75%的要求。

（3）桩径及搭接情况：有效桩径0.55～0.65m；J1～J7号孔检查位置距两个旋喷孔搭接中点0.4m处，钻探取出的岩芯都是较完整的水泥和砂的固结体，说明高压旋喷桩直径均超过0.8m，已形成隔水板墙。

（4）旋喷前后的渗透情况：旋喷前ω值为0.022～0.71L/min·m·m，平均0.27L/min·m·m。旋喷后经抽查10%检查孔进行压（注）水试验，ω值为0.008～0.028L/min·m·m，平均值0.016L/min·m·m，均小于防渗标准0.05L/min·m·m，旋喷桩防渗帷幕已形成，完全满足设计要求。

5 提高三重管法高压旋喷的成桩直径和施工效率的探讨

合理配置设备及科学使用，发挥设备性能可有效增大成桩直径并提高施工效率。

5.1 根据三重管法喷射压力理论计算公式

$$P=0.225\rho Q^2/(n\mu\phi d_0^2)^2$$

式中：P——喷射压力，MPa；

Q——喷射浆量，L/min；

n——喷嘴个数；

μ——喷嘴流量系数，圆锥形喷嘴 $\mu \approx 0.95$；

ϕ——喷嘴流速系数，圆锥形喷嘴 $\phi \approx 0.97$；

d_0——喷嘴出口内径，mm；

ρ——喷射液体的密度，g/cm^3。

喷射压力与固结体尺寸的关系，喷射压力愈高，固结体的尺寸愈大。现我院配备的高压水泵（3XB型）卧式三缸水泵，排量75L/min，额定压力50MPa，配用动力75kW。根据工程实践，喷射压力靠喷嘴直径大小来调节，而工程中尚没有发挥高压泵额定压力，如果在工程中采用ϕ1.6mm喷嘴，增大喷射压力，可有效扩大固结体尺寸又能保证最大限度地提高施工效率。

5.2 根据喷射泵量理论计算公式

$$Q=2.11nd_0^2\mu\phi\sqrt{P/\rho}$$

当喷射压力不变时，喷射泵量增大，固结体尺寸相应增大。现我院配备的输浆泵(HB50/15)，输浆量50L/min，额定压力1.5Mpa，配用动力4kW，在工程实践中几乎都难以达到设计额定功率。已施工的工程中用到的功率50L/min，不利于设备养护，要增大桩径，提高施工效率时，没有设备功率余额，建议输浆泵采用HB80/10型，以满足施工中输浆量的最大要求，达到有效增大固结体尺寸又能最大限度地提高施工效率的双重目的。

5.3 当浆量一定时，提升速度与桩径有以下关系

$$V=4q/(\pi D_e^2 K)$$

式中：q——合理的注浆泵量，m^3/min；

D_e——旋喷固结体直径，m；

V——注浆管提升速度，m/min；

K——设计充填率，可取0.75～0.9。

即一般情况下，旋转与提升速度减慢，固结体尺寸会增加，但减慢制约了施工效率且减慢到一定范围时，固结体直径增加甚微。当提升速度一定时，旋转速度有一最佳值，一旦低于此最佳值时，固结体的直径反而会减少。根据工程实践总结得出：一般每转一圈提升1～1.4cm为宜，可达到最大限度地增大桩径又可保证有效提高工作效率的双重目的。

6 结束语

在半成岩的砂土地层中，采用高压旋喷工艺，通过工程实践，只要各项参数选择合理、施工严格按设计参数进行，完全能达到改善土体的强度、有效防渗的目的。建水县绵羊冲水库右坝肩的施工经验证明，只要合理确定喷射压力，输浆量、旋转速度可最大限度增大桩径又能保证有效提高工作效率和经济合理使用水泥浆的多重目的。

参考文献

[1] 林宋元主编．岩土工程治理手册．辽宁科学技术出版社．1993.9.

[2] 叶书麟主编．地基处理．中国建筑工业出版社．1994.3.

[3] 西南有色昆明勘测设计院．绵羊冲水库坝基高压旋喷竣工报告．1997.7.

填充型环氧涂层钢绞线张拉工艺探讨

金　平

（江阴法尔胜住电新材料有限公司）

摘　要　随着环氧涂层钢绞线标准 GB/T 21073-2007 和 JT/T 737-2009 的颁布实施，具有卓越防腐性能的填充型环氧涂层钢绞线已开始在国内大量使用，但人们对其张拉锚固工艺还不太熟悉。为此，有必要对其特殊的张拉锚固工艺进行介绍，以免造成不必要的失误和损失。

关键词　填充型　环氧涂层钢绞线　锚固张拉工艺　应用

1　填充型环氧涂层钢绞线特点

填充型环氧涂层钢绞线解决的是普通钢绞线（光面钢绞线）的腐蚀问题，所以普通钢绞线应用的领域填充型环氧涂层钢绞线必须全适用。为此，出现了两种形式的产品：光滑型环氧涂层钢绞线和磨砂型环氧涂层钢绞线，见图 1、图 2。光滑型环氧钢绞线主要应用于岩土锚固及体外预应力结构，如：无粘结预应力锚索、斜拉索、体外索、拱桥系杆索等。磨砂型环氧钢绞线主要应用于岩土锚固及体内预应力结构，其通过特殊工艺在环氧层表面涂覆砂砾，以增强其与混凝土或水泥浆的粘结力，达到普通钢绞线与混凝土或水泥浆一样的粘结效果，如全粘结预应力锚索、悬索桥锚碇主缆预应力锚固系统、混凝土结构体内索等。

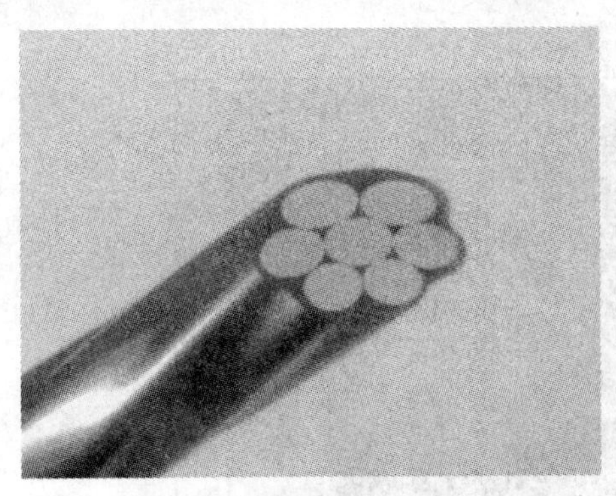

图 1　光滑型环氧涂层钢绞线

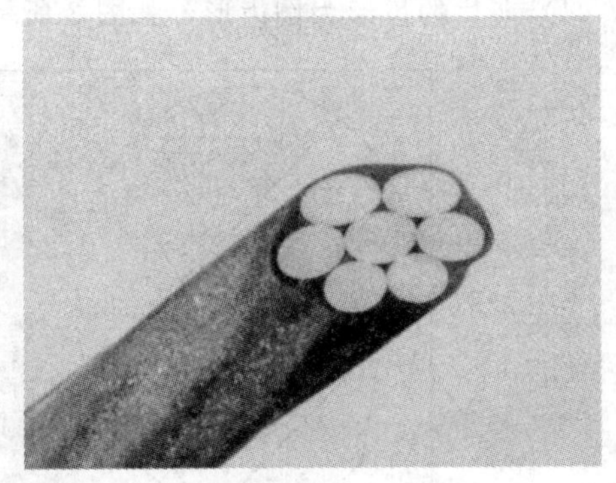

图 2　磨砂型环氧涂层钢绞线

根据标准 ISO14655-1999（E）、ASTM A882/A882M-04a、GB/T 21073-2007 和 JT/T 737-2009 的要求，环氧涂层厚度必须在 0.38mm 以上，见表 1。环氧涂层厚度必须大于 0.38mm，因为当环氧涂层厚度小于 0.38mm 时，表面出现针孔的概率会增加，降低抗腐蚀性能。当然环氧涂层厚度也不宜过厚，过分厚会影响夹片锚固效率。环氧涂层厚度受两个方面的约束，一是环氧涂层表面针孔，二是夹片锚固效率。因此，必须控制环氧层厚度在规范要求的范围之内，才能使环氧钢绞线既满足防腐要求，又能满足锚固性能要求。

环氧涂层厚度在标准中规定 表1

标准 项目	ISO 14655-1999（E）	ASTM A882/A882M-04a	GB/T 21073-2007	JT/T 737-2009
环氧涂层厚度（mm）	0.40～0.90	0.38～1.14	0.38～1.14	0.40～1.10

由于填充型环氧涂层钢绞线涂层较厚，人们自然而然地会担心其对锚固性能的影响，夹片是如何在有环氧层的条件下达到锚固效果；有效锚固需要有什么条件，张拉锚固工艺与普通预应力钢绞线又有何区别，我们在实践中解决了人们以上的担心的问题。

2 填充型环氧涂层钢绞线配套锚夹具

填充型环氧涂层钢绞线必须与其专用锚夹片配套使用。在国内，普通预应力钢绞线配套锚夹片不管是在制造工艺还是施工工艺已较成熟，而填充型环氧涂层钢绞线在2004年才进入中国市场，仅经历了6年的时间，人们对她的使用需要有个认识过程，特别是对锚夹片锚固机理的认识。

填充型环氧涂层钢绞线配套锚夹片是专用的，普通预应力钢绞线用的锚夹片不适用。在锚固时锚固部位的环氧层不需要剥除，锚固时夹片是咬破环氧层直接夹到钢基上而达到锚固效果。填充型环氧涂层钢绞线锚夹片与普通锚夹片比较具体有以下几个特点：

（1）锚板锚孔间距。锚板的外径大小主要受孔间距的限制，孔间距大锚板外径就大，为使填充型环氧涂层钢绞线配套锚板的外形尺寸不宜过大，锚板孔间距还是沿用普通钢绞线锚板的孔间距。

（2）为使夹片的齿能咬破不小于0.38mm厚度的环氧层，夹片的齿必须增大，因此，夹片的齿深度和齿间距都比普通夹片大，齿间距按2mm设计。

（3）齿间距大则夹片的长度增加，从而保证夹片有效的夹持长度。因此，与普通锚夹片相比，填充型环氧涂层钢绞线配套夹片长度长。

（4）夹片的齿形为倒齿形，如图3所示。

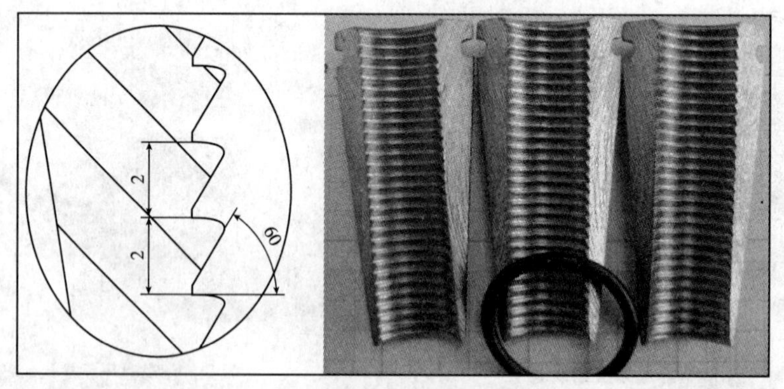

图3 夹片外形图

（5）由于锚板的孔间距与普通锚板一样，这样就限制了夹片大端外径，如以上所述，为保证有效的齿数，夹片长度须加长，此时夹片的外锥锥度则变小。当然，外锥锥度小，有利于增强夹片锚固力。

（6）为使夹片内齿能充分贴合钢绞线表面，增加接触面积，提高夹持力，填充型环氧涂层钢绞线配套夹片设计成三瓣式。目前国内普通预应力夹片都为两瓣式，两瓣式夹片锚固跟进好，如何保证三瓣夹片同步跟进的问题，将在下文进行描述。

3 填充型环氧涂层钢绞线锚固张拉工艺

填充型环氧涂层钢绞线本身的特性，决定了其锚固张拉工艺不同于普通预应力钢绞线。填充型环氧涂层钢绞线环氧层较厚和所用夹片为三片式的特点，使普通预应力依靠限位板自动跟进的锚固工艺已经不适用。而且，填充型环氧涂层钢绞线外径平均为 16.8mm，普通预应力钢绞线用单孔千斤顶穿心孔小，无法穿过，不能通用，见图 4、图 5。

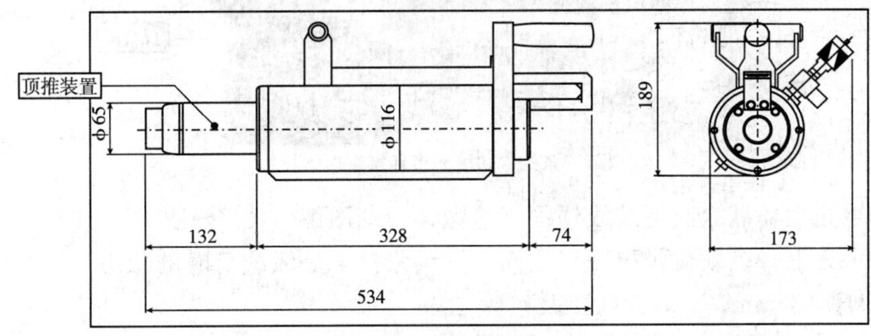

图 4 单孔千斤顶

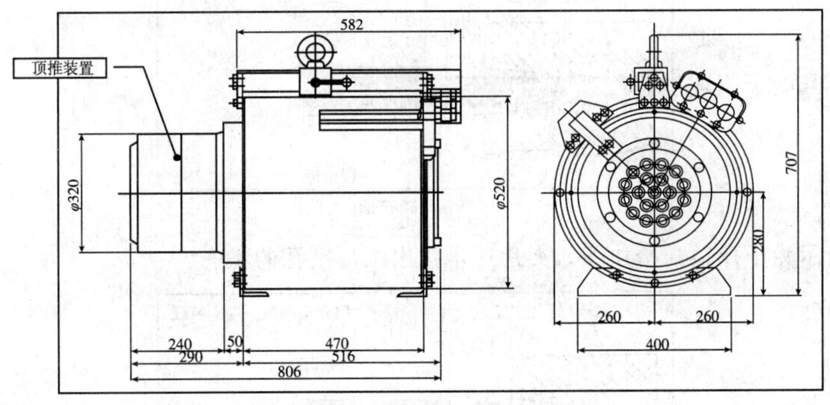

图 5 多孔整体式千斤顶

(1) 普通预应力钢绞线张拉工艺

普通预应力钢绞线直径一般为 15.2mm（或 15.24mm），单孔张拉千斤顶穿心孔径按钢绞线直径配套。不管是单孔千斤顶还是多孔整体式千斤顶，在千斤顶前面设置一个限位板，以限制张拉时夹片的拔出量。由于每家锚具加工厂夹片尺寸的不同，限位高度则不同，但具体数值上不会相差很大，一般为 10mm 左右。当钢绞线张拉至某一设计载荷时，夹片靠钢绞线自身的应力回缩自动跟进，达到锚固的目的。

(2) 填充型环氧涂层钢绞线张拉工艺

由于环氧涂层较厚，张拉时，夹片必须从锚孔中拔出 25mm 左右，才能使夹片齿与环氧层脱离，否则夹片齿会刮环氧层，造成环氧树脂粉末嵌入夹片齿间，从而影响下次锚固。所以，传统的靠 10mm 限位板限位的锚固方式，由于夹片的拔出量不够，夹片齿还嵌在环氧层内，当继续张拉钢绞线延伸时，夹片齿会刮环氧层，而 25mm 夹片拔出量，再靠自动跟进来锚固，会出现夹片跟进不齐的现象（特别是三瓣式夹片），影响锚固。因此，需采用不同的锚固工艺：

张拉、顶推、跟进、锚固。与传统张拉工艺相比，增加了顶推夹片这道工序，见图6。其靠张拉千斤顶顶端带一顶推装置来实现，顶推的动力是由主缸回油油路进行供油来完成。

图6 张拉中的填充型环氧涂层钢绞线

下面就填充型环氧涂层钢绞线锚固工艺做详细的图解（图7～图12）。

图7所示为上一级载荷张拉完、锚固，继续张拉下一级载荷时的状态。千斤顶端部顶压杆的限位高度为25mm。

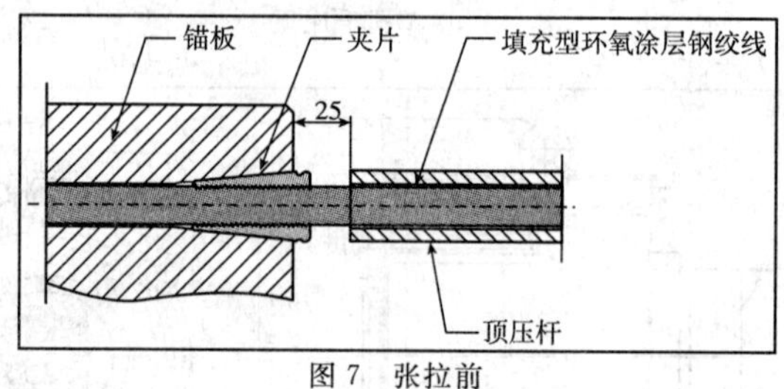

图7 张拉前

图8所示为千斤顶开始加载，夹片逐步拔出锚板锥孔的状态。

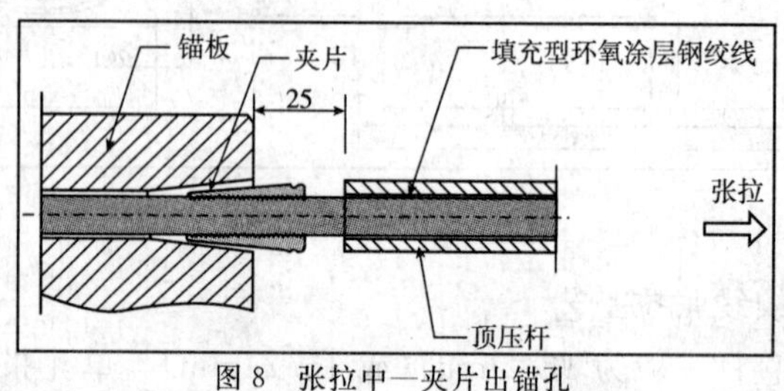

图8 张拉中—夹片出锚孔

图9所示为在加载过程中，夹片完全拔出锚板锥孔时的状态。夹片被拔出外移量已到达顶压杆的最大限位高度25mm，夹片齿与环氧层咬痕分离。

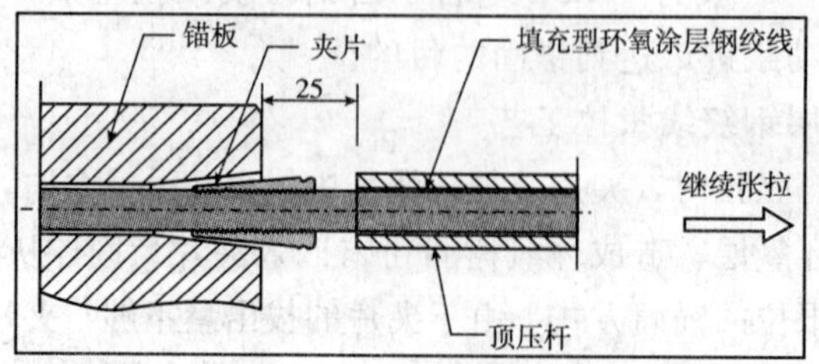

图9 张拉中—夹片出锚孔至限位高度

图 10 所示为继续加载，钢绞线继续延伸，夹片对钢绞线的原咬痕完全脱离夹片位置，延伸移动到夹片外端。当钢绞线较短时或前后载荷级差较小时，部分原钢绞线咬痕可能还在夹片里面。

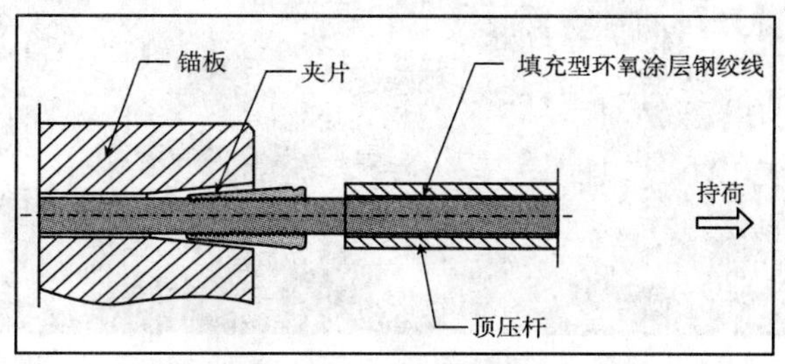

图 10　张拉中：钢绞线继续延伸

图 11 所示为载荷已加至设计值，持荷，同时顶压杆动作，顶推夹片往锚板锥孔内移动，移动距离为 14mm 左右。顶推力的大小决定了夹片进入锚板锥孔的位移量。顶推力不宜过大，过大时，夹片进入锚板锥孔的量过大，造成内齿刮环氧层；过小则后续夹片自动跟进的位移量大，三瓣式夹片跟进会不齐，影响锚固效果。

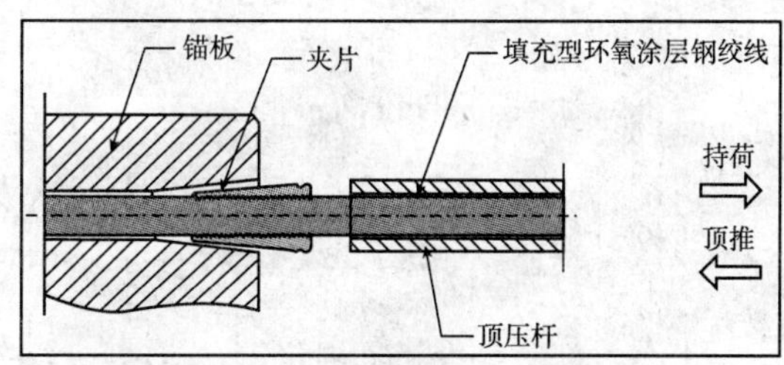

图 11　张拉到位，顶推夹片

图 12 所示为千斤顶卸载，工作夹片在钢绞线应力回缩的作用下自动进入锚板锥孔，在这一过程中顶压杆还以原来的压力顶在夹片端部，使三瓣夹片平整的进入锚板锥孔，达到可靠的锚固。

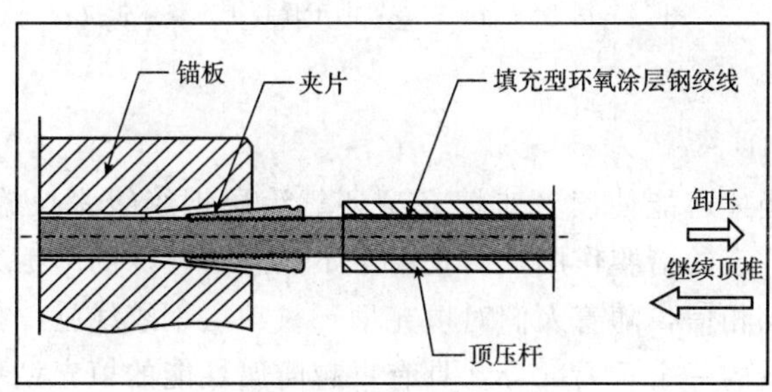

图 12　卸载，夹片自动跟进

4　使用案例

2006 年，云南景洪水电站监测索，采用填充型环氧涂层钢绞线，规格为 15-19。用 430t 千斤顶进行整体张拉，此千斤顶在前端有顶推装置，实施对夹片的顶推，使三瓣式夹片入锚孔时跟进整齐，见图 13。

a) 施工张拉　　b) 张拉完成

图 13　用 430t 千斤顶进行整体张拉

西南沿海高速公路珠海段 K21-K24 段边坡水毁工程，锚索规格为 15-4、15-5 和 15-7 三种规格，其中 15-4 有 224 套、15-5 有 122 套、15-7 有 94 套，填充型环氧涂层钢绞线为 80t。图 14 为 180t 带顶推装置的张拉千斤顶进行整体张拉。

a) 正在张拉中　　b) 张拉完成

图 14　用 180t 带顶推装置的千斤顶进行整体张拉

5　结束语

通过本文粗浅的描述，能使读者对填充型环氧涂层钢绞线张拉施工工艺有个初步的认识，对以后的施工有一定的借鉴作用，防止由于不熟悉其特殊的施工方法，而造成不必要的质量事故和损失。我们相信，随着人们对填充型环氧涂层钢绞线施工技术掌握日趋成熟，作为预应力材料必不可少的一个重要部分，具有卓越防腐性能的填充型环氧涂层钢绞线必将会被广泛使用。

复杂地层预应力锚索施工关键技术探讨

杜甫志　吴旭君　骆永生　郑　平　赵　伟

（中国京冶工程技术有限公司深圳分公司）

摘　要　预应力锚索因其锚固力大、变形小等优点而被广泛应用于水电、高速公路、铁路及城市建设的高边坡及基坑支护工程中。然而在复杂地层中进行预应力锚索施工经常会遇到成孔困难、无法下索和注浆失效等一系列的技术问题。笔者根据十多年在不同地层中预应力锚索施工经验，着重对复杂地层（含风化破碎地层、深厚堆积体地层、岩溶、煤层、砂层及软弱地层等）中进行预应力锚索施工关键技术进行探讨和总结，并提出一些较为实用的处理方法。

关键词　钻孔　注浆　预应力锚索　施工技术

1　概述

1.1　复杂地层的概念及分类

预应力锚索是对滑动体或潜在滑动体进行锚固的有效工法，和地质勘察或探矿钻孔一样需要在特定的地层中先用钻机成孔，然后将制作好的锚索放入孔内，再进行锚固段注浆、垫座浇筑、张拉等工序施工。锚索钻孔的特点是不需取芯，为提高锚固效果和成孔工效，一般采用风动干法成孔工艺。成孔后，需保持孔内干净，不塌孔，并保证制作好的锚索能顺利下入孔中预定深度。对完整岩土层而言，上述目的不难达到。然而对复杂地层，经常会遇到成孔困难、无法下索、注浆失效等一系列的问题。尤其在成孔、锚索安装和注浆工艺方面，甚至会直接导致锚索施工的失败或需改用其他的加固形式。复杂地层泛指在锚索施工中不易成孔或成孔困难，需采取护壁注浆、跟管或其他措施才能成孔；或成孔后锚索安装困难；或在注浆方面有漏浆、绕渗等现象无法确保锚索注浆质量及效果等情况。常见的复杂地层有：（1）风化破碎地层，（2）深厚堆积体地层，（3）岩溶，（4）夹泥、夹煤地层，（5）砂层及软弱地层等。

1.2　复杂地层中锚索施工常见的问题

常见的复杂地层及锚索施工中常见的问题见表1。

复杂地层类型及锚索施工中常见的问题　　表1

复杂地层类型	风化破碎地层	深厚堆积体地层	岩溶	夹泥、夹煤地层	冲积砂层及淤泥质地层
地层特点	主要为全风化及强风化岩层，局部夹断层及风化破碎带	粘性土夹风化孤石或与卵石、漂石互层出现，地层极不稳定，成分混杂，且富含地下水	在碳酸岩地区，有溶蚀裂隙、石芽、土洞、溶洞等溶蚀现象发育	多与沉积砂岩或灰岩地层互层存在。地层破碎，且富含地下水	主要为第四系冲积地层，富含地下水，地层松软，强度低

续上表

复杂地层类型		风化破碎地层	深厚堆积体地层	岩溶	夹泥、夹煤地层	冲积砂层及淤泥质地层
锚索施工中常见问题	成孔	漏风、掉块、埋钻	漏风、掉块、埋钻、钻孔偏差大	遇溶洞漏风、掉钻、卡钻、易偏差	漏风、掉块、埋钻、偏差大	缩颈、粘钻、塌孔、钻孔偏差大
	锚索安装	不易安装、易划破止浆胶囊	不易安装、易划破止浆胶囊	锚索掉入溶洞、不易安装	不易安装、易划破止浆胶囊	不易安装
	注浆	漏浆、绕渗	漏浆、绕渗	漏浆、绕渗、注不满浆	漏浆、绕渗	注浆不饱满、不吃浆

2 复杂地层锚索成孔关键技术及其特点

2.1 常见成孔技术及特点

锚索成孔的难易决定着锚索施工的成败，需针对每一种地层的特点，并结合设计锚索的孔径、长度、类型、吨位，综合分析各种可能的工法，从中找到相对合理、经济、高效的施工方法。目前常用的成孔施工方法主要为泥浆护壁合金钻进、护壁压力灌浆冲击钻进、后跟管合金或冲击钻进、偏心跟管冲击钻进、同心跟管冲击钻进等。

各种工法的主要技术特点、适用地层及存在问题见表2。

主要工法的技术特点、适用地层及存在问题　　表2

工法	主要工艺特点	适用地层	存在问题
泥浆护壁合金钻进	利用自身或泥粉造浆护壁防止塌孔，成孔快、经济	薄砂层、粘性土及全风化地层，富含地下水地层	(1) 孔壁易局部缩颈或坍塌； (2) 锚固段地层由于扰动和软化以及泥膜的影响，可能降低地层的锚固力
护壁压力注浆冲击钻进	对漏风、掉块、岩溶等先用水泥净浆或砂浆对破碎地层进行护壁灌浆	风化破碎地层、岩溶、夹泥、夹煤地层	(1) 时间较长； (2) 需二次或多次扫空作业，不利锚索高效施工； (3) 由于浆液强度一般大于周边地层的强度，因此易偏孔
后跟管合金或冲击钻进	先用冲击或合金钻具开孔并钻进破碎地层一定深度，然后将套管以回转或打入方式穿过破碎地层	主要适用于风化破碎地层、夹泥夹煤地层及富含地下水的冲积砂层、淤泥质地层	(1) 易导致套管变形或破裂，造成孔内事故； (2) 工效低； (3) 下套管不宜太深
偏心跟管冲击钻进	利用偏心冲击器在冲击破碎地层的同时，击打套管靴，将套管分段直接跟进，穿过破碎地层后，将偏心冲击器退出，然后改用符合设计终孔直径的冲击器钻进至孔底	主要适用于风化破碎地层、山前堆积体地层、夹泥夹煤地层	(1) 套管材质强度要求较高，否则易出现套管丝扣断、套管变形、套管靴被打毛使偏心潜头被卡等孔内事故； (2) 开孔孔径和终孔孔径必须匹配，否则不能满足设计要求； (3) 钻机动力和空压机供风要求高
同心跟管冲击钻进	利用中心潜头破碎地层，并通过套在中心潜头外的同心套钻具的扩孔作用，形成比套管直径稍大的钻孔，通过同心套与套管之间的连接顺利将套管带入孔内	主要适用于风化破碎地层、深厚堆积体地层、夹泥夹煤地层	(1) 目前的方法每一个钻孔需一个同心套，同心套在拔管后仍留在孔内，不仅造成经济上的浪费，而且一旦出现孔内事故，留在孔内的同心套将很难处理； (2) 开孔孔径和终孔孔径必须匹配，否则不能满足设计要求； (3) 钻机动力和空压机供风要求高

2.2 各种工法的适用性评价

各种常用工法在不同的复杂地层中有不同的适用性，其适用性评价见表3。

常用工法的适用性评价 表3

适用条件 常用工法	风化破碎地层	深厚堆积体地层	岩溶	夹泥、夹煤地层	冲积砂层及淤泥质地层
泥浆护壁合金钻进	#	#	#	*	* * *
护壁压力注浆冲击钻进	* *	*	* * *	* *	#
后跟管合金或冲击钻进	*	*	*	* * *	* * *
偏心跟管冲击钻进	* *	* *	*	* * *	#
同心跟管冲击钻进	* * *	* * *	*	* * *	#

注：#--不适用；*--适用；* *--较适用；* * *--很适用。

3 复杂地层锚索施工注浆关键技术分析

目前水电站锚索设计一般分锚固段注浆和自由段注浆，中间用止浆环隔开。先进行锚固段注浆，锚索张拉锁定后再进行自由段充填注浆。而铁路、公路及城市基坑支护工程锚索多为一次注浆，即锚固段和自由段一次注浆，或对锚固段进行二次高压注浆。笔者着重探讨水电站锚索注浆关键技术。

3.1 常见的注浆问题

(1) 一次注浆管堵管：由于锚索孔底有残渣或泥浆，在下锚索过程中堵塞了注浆口，或相邻锚索注浆绕渗等。采取的措施是在锚索安装好后，立即用高压水打通注浆管，并持续送水至注浆开始。

(2) 止浆胶囊破裂：锚索安装过程中，由于孔内地层破碎掉块等原因，止浆胶囊与孔壁摩擦后破裂，止浆胶囊无法达到止浆的效果。此时只有将锚索拔出，重新进行锚索制作和安装，不仅费时费力，而且成本加大。在锚固段注浆的并浆过程中，由于对回浆管回流浆液压力控制不当，也可能造成胶囊破裂，浆液到自由段，导致注浆失败。

(3) 绕渗：止浆胶囊压力正常，但由于地层裂隙发育造成部分浆液绕过止浆环到自由段，造成锚索张拉伸长值异常。

3.2 注浆技术的改进

(1) 胶囊式止浆环：目前尚无统一的标准可循，厂家是根据设计锚索结构自行加工的，质量得不到保证，尤其胶囊及送气管的强度无法满足设计要求，建议尽快制定相应的标准。

(2) 目前在实际施工中，多以布袋式止浆环代替胶囊式止浆环，尽管布袋式止浆环目前也没有统一的标准。图1是我公司在贵州构皮滩水电站上使用的为2000kN锚索定制的布袋式止浆环。布袋用咔叽布制作，可密水但不漏浆。尺寸为400mm×500mm，两端用铁线绑扎于固定环上。在一期注浆管经过布袋段预先开一个20mm的小孔，注浆时，浆液由于受压力的影响而先流入布袋内，并将布袋撑开与孔壁充分接触从而达到止浆的效果。

优点有：

①制作简单，安装方便，且固定环外径小，一般为 85mm，更便于锚索在孔内安装。避免了胶囊式止浆环被划破的隐患，且即使被划破，重新安装的工序也较简单。

②布袋式止浆环在充填浆液后与孔壁紧密接触，受力均匀，不宜破裂。止浆效果好。

③布袋式止浆环制作简单，成本低，一般不超过 50 元，仅是胶囊式止浆环的 1/3～1/4。

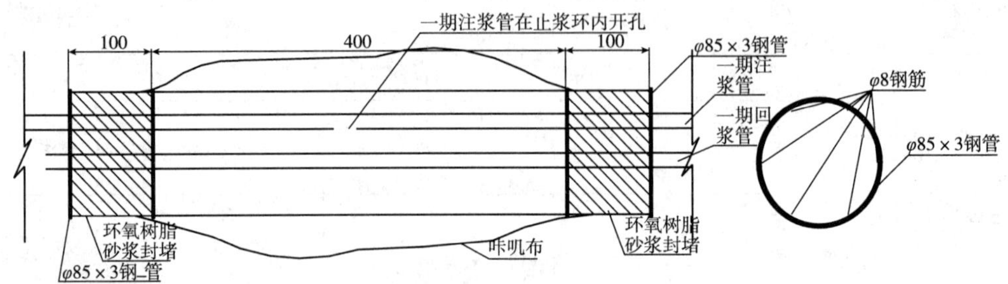

图 1　2000kN 级布袋式止浆环结构图

(3) 不论采用胶囊式止浆环是布袋式止浆环，均可能发生绕渗现象。处理绕渗的有效方法是对锚索孔先进行压水试验，并根据压水试验结果确定是否对孔壁进行固结注浆，只有满足设计要求后才能进行锚索安装和注浆。另外在锚固段注浆过程中，对自由段的二次注浆管不断注水，将绕渗的浆液冲洗干净也是一个有效方法。

4　施工实例

4.1　贵州构皮滩水电站锚索施工

4.1.1　工程概况

在主厂房、调压井及尾水管中设计有预应力锚索。端头锚吨位为 2000kN、1500kN，对穿锚为 2000kN，孔径分别为 ϕ165mm 及 ϕ150mm，锚索长 15～45m。其中端头锚内锚段长 8m，内锚段与自由端用胶囊式止浆环隔开。地层主要为弱风化灰岩，溶蚀及构造裂隙发育，局部有溶洞存在，见图 2。

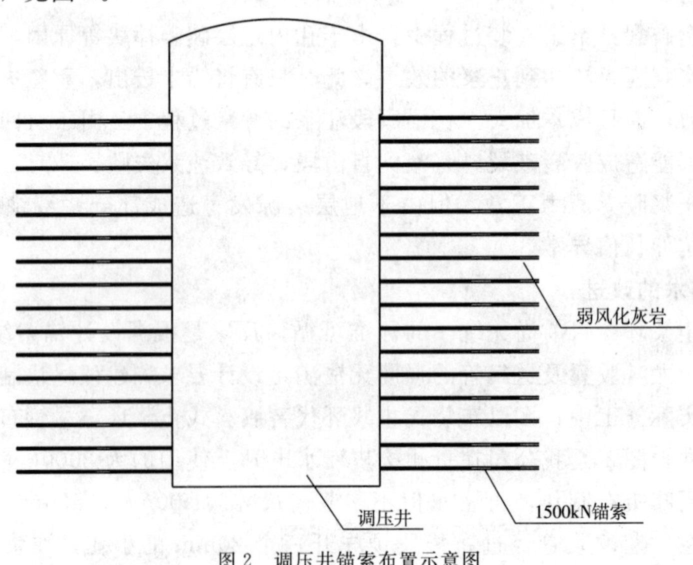

图 2　调压井锚索布置示意图

4.1.2 施工工艺流程

针对灰岩地区溶蚀裂隙发育的特点，特制定如图3所示的施工工艺流程。

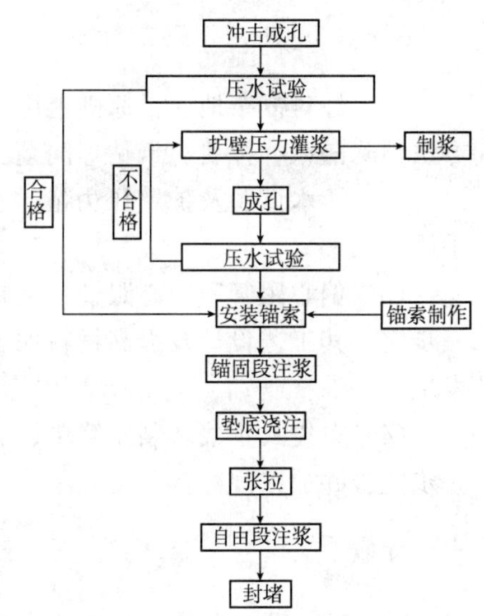

图3 锚索施工流程图

4.1.3 主要施工技术措施

(1) 成孔采用风动冲击工艺。若遇漏风、吊钻、夹泥等岩溶现象，及时停钻。根据揭露溶洞或裂隙的大小采用不同的处理方法。小的溶洞或裂隙及时采用灌浆处理。较大的溶洞，若发育在浅部，一般采用人工爆破法先将溶洞揭露，清除溶洞充填物后，回填片石混凝土，然后再进行灌浆处理。若溶洞发育在深部，则一般用充填灌浆方式处理。或与设计沟通适当加长锚索长度。

(2) 所有钻孔终孔后，先进行全孔段压水试验，通过压水试验单位吸水量指标确定锚索孔的岩溶发育程度。符合设计要求，即吸水量小于5L/min，可进行锚索安装；否则需进行全孔段护壁压力灌浆。灌浆终凝后，进行扫孔作业。经二次压水试验，若仍达不到设计，需进行二次护壁注浆，直到满足设计要求。

(3) 用布袋式止浆环代替胶囊式止浆环，锚索安装更加顺畅，止浆效果更佳。锚固段注浆失败率由原来的15%降低到1%以下，大大提高了锚索施工的工效。

(4) 由于采取了二次压水试验及护壁灌浆等手段，消除了锚索锚固段或自由段注不满浆的隐患，同时避免了锚固段浆液沿裂隙绕渗到自由段的情况发生。锚索安装正常，注浆正常。我公司共施工锚索699条，其中溶洞回填处理11处，护壁压力灌浆438孔。经灌浆处理后，孔道压水试验结果符合设计要求。除5根锚索重新成孔处理合格外，其余锚索张拉均符合设计要求，即锚索实际伸长值均在理论伸长值的−5%～+10%间。

4.2 京珠高速韶关段锚索施工

4.2.1 工程概况

京珠高速韶关段全长约100km，两侧路堑边坡所涉及地层主要为坡残积粘性土、全风化、强风化地层、夹泥夹煤地层、岩溶等。设计吨位500～1000kN，孔径ϕ100～150mm，深20～45m。锚索结构分锚固段和自由段，其中自由段采用涂防锈黄油并套聚乙烯胶管。注浆采用孔底一次注浆技术。

4.2.2 主要施工技术措施

(1) 在成孔方面，对于一般地层均采用常规的风动冲击器钻进。若地层破碎，漏风、易埋钻等复杂地层，一般采用后跟管钻进技术，下10～15m套管；对夹泥夹煤地层，采用偏心潜孔锤跟管或同心潜孔锤跟管技术，下15～25m套管。对于岩溶地层采用护壁压力灌浆技术，先对溶洞或溶蚀裂隙进行吹砂回填或回填片石混凝土处理，确保锚索顺利安装及注浆饱满。

(2) 注浆一般采用孔底一次注浆技术。对夹泥、夹煤地层采用二次注浆技术，即在第一次注浆后16～24h，利用二次注浆管对锚固段进行二次注浆，注浆压力控制在1～2MPa。

(3) 共完成锚索2880根，锚索张拉均符合设计要求。

5 结论

（1）针对复杂地层，原则上应先通过试钻以确定合理的成孔工艺。一般先用护壁灌浆的方法消除漏风、掉块、卡钻等问题。只有在该方法工效低时才考虑采用跟管钻进的方法。

（2）压水试验及护壁压力灌浆技术是对付破碎地层、岩溶地层锚索施工常用且有效的手段。

（3）偏心跟管和同心跟管钻具在对付风化破碎地层及深厚堆积体地层效果明显。但需进一步完善其工艺设计及提高材料加工水平，并开发出适应不同地层的钻具，减少孔内事故的发生。

（4）布袋式止浆环制作简单、成本低，安装方便、止浆效果好，应在今后锚索施工中进一步完善并加以规范。

参考文献

[1] 邓文明．同心跟管成孔工艺的应用与研究．湖南水利水电，2005（4）．

[2] 计胜利，郭威，张晓光，吴晓寒．卵砾石地层潜孔锤同心跟管钻具的研究．探矿工程（岩土钻掘工程），2006（7）．

预应力锚索张拉伸长值偏差原因分析与处理方法

张晓军　唐　海

（四川准达岩土工程有限责任公司）

摘　要　预应力锚索各工序作业中，张拉工序是重要环节之一，是评定锚索质量的一项重要指标。然而张拉由于各种原因会造成锚索实际张拉伸长值与理论伸长值之间存在偏差，这种差值在一定范围内是符合规范要求的，如果偏差过大会影响工程质量，同时会带来一定的危害，这就需要查明引起偏差过大的原因并进行处理。

关键词　预应力锚索　张拉　伸长值偏差

1　概述

预应力锚索支护被广泛应用于道路、桥梁、隧洞、边坡治理等各种加固处理工程。它是通过施加预应力来提高结构面的摩擦力或岩体的整体性，使得被加固物体的自稳能力提高。预应力锚索属隐蔽工程，锚索施工的质量评定主要取决于锚索的张拉力能否达到设计要求、张拉段的伸长值是否在规范要求范围之内。大部分锚索张拉实际伸长值与理论伸长值偏差不大，符合规范设计要求，然而在施工过程中由于地质条件、岩体变形、灌浆质量、各种材质质量、操作不当等各种原因，可能会造成部分锚索张拉力能满足要求但张拉伸长值却超出规范要求。这种情况下可能会带来工程上的危害，则需要对锚索伸长值偏差原因进行分析并进行处理，以保证锚索施工质量，避免危害的发生。

2　预应力锚索张拉伸长值偏差的产生

2.1　锚索张拉理论伸长值

按照规范锚索张拉伸长值计算公式为：

$$\Delta L=\frac{P\cdot L}{E\cdot A} \tag{1}$$

式中：ΔL——钢绞线理论计算伸长值，mm；

P——施加于钢绞线的载荷，为锚索总荷载除以钢绞线根数，N；

E——钢绞线弹性模量，kN/mm^2；

A——钢绞线截面积，mm^2；

L——钢绞线计算长度，mm。

2.2　锚索实际张拉伸长值

锚索张拉前因钢绞线在孔道内处于松弛状态，应采取预张拉的方法进行钢绞线调直，此时的张拉值与张拉力成非直线性关系。一般采用锚索张拉伸长值测记的第二级以后的各级张拉值与相对应的理论值做比较，这样所得到的是成直线性关系。假定钢绞线为弹性均质体，依照测记的$\Delta L_{0.25P}$～$\Delta L_{1.1P}$之间的伸长值计算锚索实际伸长值，计算式如下：

$$\Delta L_{实际}=\Delta L_1+\Delta L_2 \tag{2}$$

式中：$\Delta L_{实际}$——锚索实际伸长值，mm；

ΔL_1——从初应力到最终应力之间的实测净伸长值，包括多级张拉、两端张拉总伸长值，mm；

ΔL_2——初应力下的推算伸长值，mm。

2.3 伸长值偏差

理论伸长值与实际伸长值进行比较，之间会存在一定的差异，即为伸长值偏差δ，计算公式为：

$$\delta=\frac{\Delta L_{实际}-\Delta L_{理论}}{\Delta L_{理论}} \tag{3}$$

规范要求$-5\%\leqslant\delta\leqslant+10\%$。

3 伸长值偏差的危害

3.1 伸长值过大

由伸长值计算公式可知张拉力偏大是伸长值过大的原因之一。锚索的设计张拉力一般是钢绞线的极限承载力的70%左右。在张拉完成后边坡还可能存在一定的变形，这会致使钢绞线的拉力向极限承载力发展，一旦超过承载极限就会使钢绞线断裂，致使锚索失效，从而对边坡的稳定性带来大的隐患。这种张拉力过大时，也可能会使坡面压缩变形，在锚索张拉完成锁定后变形将会继续，造成锚索预应力损失，使锚索不能提供足够的预应力使边坡稳定，同样会造成边坡失稳等灾害。

根据计算公式可知长度问题也是伸长值过大的原因之一。若锚索体锚固段注浆不密实或没达到设计要求，使得张拉段长度变长，从而使伸长值过大。这种情况造成锚固段不能提供足够的锚固力，会导致锚固段破坏锚索失效。同时注浆不密实使钢绞线的防腐效果不好，时间一长容易造成钢绞线锈蚀断裂，致使锚索失效，最终边坡失稳。

如果钢绞线弹性模量和截面积偏小是引起伸长值偏大的原因，那钢绞线的极限承载力会更小，张拉力一旦超过极限承载力，钢绞线断裂锚索失效。

3.2 伸长值过小

根据锚索伸长值计算公式以及锚索施工过程中的情况，可能因孔道倾斜或锚索体扭曲等原因造成的摩擦阻力使得孔内锚索体张拉力受力不均、张拉段长度不够等原因都会造成锚索张拉伸长值过小。这种张拉伸长值过小带来的张拉力不够，会造成整体坡面施加设计的预应力达不到，不能保障边坡足够稳定，从而带来安全隐患。

4 伸长值偏差的原因分析

4.1 张拉伸长值偏小原因分析

4.1.1 客观方面的原因

(1) 由于钢绞线材质不均匀，实际弹性模量大于计算弹性模量或钢绞线实际截面积大于计算截面积。

(2) 钢绞线与PE套之间存在摩擦阻力，依照规范提供的钢绞线与PE套之间的粘结力系数，变化范围较大，当粘结系数较小时，摩擦阻力很小，可以忽略，但当粘结系数过大时则会产生一定的摩擦阻力影响较大。

（3）由于锚索孔施工过程中，较深孔道呈抛物线形，钢绞线拉直后与孔壁之间产生摩擦阻力，使得锚索张拉力由于摩擦阻力的原因出现衰减。

（4）设备经常使用导致实际压力达不到要求，张拉力不够从而使张拉值偏小。

4.1.2　主观方面的原因

（1）由于锚索体安装时控制不当，钢绞线出现扭曲，会使锚索张拉伸长值偏小。

（2）孔斜控制不当造成偏差导致钢绞线与孔壁产生摩擦阻力大引起张拉值偏小。

（3）钢绞线未保护好，保护套破损严重，使得浆液与钢绞线粘结，导致张拉段缩短引起张拉值偏小。

（4）设备操作过程中由于操作人员控制不当，施加张拉力偏小。

（5）由于测量记录人员操作不当也会造成锚索张拉伸长值偏差小。

4.2　张拉伸长值偏大原因分析

4.2.1　客观方面的原因

（1）由于钢绞线材质不均匀，实际弹性模量小于计算弹性模量或钢绞线实际截面积小于计算截面积。

（2）内锚固体系的材质硬度不够，张拉时存在一定变形量导致张拉值偏大。

（3）地层裂隙发育，张拉受力后裂隙收缩引起张拉值偏大。

（4）锚固段地层偏软，造成内锚段的滑移导致张拉值偏大。

（5）地面承载力不够，随着张拉力的增大导致锚墩接触面的徐变增大引起张拉值的增大。

（6）锚夹具材料的硬度达不到要求导致变形从而增大了张拉值。

4.2.2　主观方面的原因

（1）编索人员未按照操作规程进行编索作业，导致锚固段不符合要求引起张拉值偏大。

（2）灌浆过程中锚固段注浆不饱满，导致锚固段提供的锚固力不够或张拉段增长引起张拉值偏大。

（3）设备操作过程中由于操作人员控制不当，施加张拉力偏大。

（4）由于测量记录人员操作不当造成锚索伸长值偏大。

（5）张拉过程中快速加载、卸载。如果采取快速降载可能会导致锚固端受瞬时荷载冲击，使锚固端受到不利的影响，甚至会造成水泥结石中出现裂缝，导致水泥结石内部粘结力不够，在后续更大张拉力张拉时，造成内锚段产生局部滑移，导致伸长值偏大。

4.2.3　原因分析依据

锚索张拉伸长值偏差过大，会带来重大的灾害，所以要详细分析，找出原因，以采取有效措施，确保锚索的施工质量。以下是原因分析依据的几个方面。

（1）设备率定、强度报告资料分析：可以判断是否因设备、浆液结石强度、锚墩混凝土强度原因引起。

（2）材质检测参数分析：可以判断是否由钢绞线弹性模量、截面积、外保护层黄油粘结系数、材质硬度等材质参数原因引起。

（3）施工原始资料分析：可以判断是否由地质条件、锚索孔偏斜等原因引起。

(4) 工序验收资料分析：可以判断是否由锚索体编制、锚索注浆、下索、锚墩浇注等原因引起。

(5) 张拉过程资料分析：可以判断是否由测记人员测量、记录及计算过程错误等原因引起。

(6) 监测锚索监测资料分析：可以判断是否由地质条件、应力损失、群锚效应等原因引起。

通过以上资料及材质检测分析仍不能查明原因时，则需对锚索退锚处理，再重新进行张拉，针对每级张拉仔细操作、详细记录以查找原因。

5 伸长值偏差处理方法

通过以上的原因分析，一般均能找到伸长值偏差产生的原因，如果是客观上的原因造成，采取抽检、质量控制等方法即可解决问题；如果是主观上的因素造成偏差值过大需对锚索实施退锚重张拉进行处理，一般均能调整伸长偏差值至规范要求范围之内。通过多年的施工总结了以下几种方法。

5.1 超前固结灌浆

施工中地质条件的影响是客观存在，特别是复杂地层对施工带来的不利于质量控制的因素难以预计，为了防止因地质原因造成偏差过大，提前采取措施，为此采取超前固结灌浆的方法。超前固结灌浆是在一定压力下，让浆液沿孔道往四周扩散，充分填充裂隙，提高岩体的强度及整体性。这种方法可以为以后的成孔、下索、灌浆以及张拉的质量提供可靠的保障。

5.2 补偿张拉

监测锚索可以反映出影响区域内其他锚索的张拉情况，对其他锚索的张拉起到监控作用。对于张拉伸长值超出范围不是很大的情况，经过分析又不是主观因素造成，可能由于其他客观原因在经过张拉后产生徐变导致伸长值偏大，这时可采取补偿张拉的方法。通过对监测数据的分析得出补偿张拉的数据依据，对区域内其他锚索进行补张拉，使其满足规范设计要求，达到设计张拉力，所以监测锚索施工的质量以及监测手段的多元化显得至关重要。

5.3 退锚重张拉

张拉伸长值偏差过大均可采取退锚重张拉的方法。

退锚工具一般选用单根张拉千斤顶，也有采用整体张拉千斤顶进行退锚作业的，因整体张拉千斤顶操作不方便而且退锚时要求多根同步进行，安全隐患大，故不建议使用。而采用单根张拉千斤顶操作相对简单，采取单根退锚的方式进行即可。具体方法如下：

先将卸夹套筒（若没有，可用一锚具加 3 个挤压托配合使用）安装在钢绞线上，让套筒上的操作孔处于方便操作的方向。再将千斤顶油缸伸出 10cm（根据油缸的行程决定，预留一部分空间）套进钢绞线进行张拉。当钢绞线与夹片分离时用尖嘴钳、螺丝刀等工具通过操作孔将夹片从锚具中拨出，再慢慢进行卸载，直至千斤顶行程收缩至 5cm 左右时将钢绞线用工作夹片锁住；依照上述步骤继续进行退锚处理直至钢绞线松弛。

锚索退锚完成后，根据设计、规范要求重新进行锚索张拉，张拉时同步观测边坡变形、详细记录张拉过程、规范各项操作及测记方式，以使张拉伸长值偏差符合规范设计要求。

退锚作业在卸荷时，钢绞线会迅速从夹片中收缩，对单根张拉千斤顶、钢绞线自身损害非常大，经常出现损坏千斤顶的情况，而且由于钢绞线反复受荷、钢绞线材质的不均一、前期张拉时夹片咬合钢绞线对钢绞线造成的损伤等因素，很可能出现钢绞线断裂、工具夹片飞出等事故，所以要求作业人员是经过培训且经常从事张拉作业的专业人员，同时要求禁止在锚索轴线左右45°范围内进行作业。

6 结论

预应力锚索属隐蔽工程且施工技术含量较高，又特别是遇到某些未知的客观因素，更加大了施工难度，这就要求我们在施工过程中多总结，再次遇到类似问题时，可以运用以上的经验和方法进行分析，找出问题的关键和解决问题的办法。值得注意的是：虽然有些方法可以对锚索进行补救，但从经济上、进度上讲都是不科学的。所以，我们要培养一些有素质、有知识、有专业技术技能的施工队伍，从锚索的每一道工序进行施工和严格的把关，注重每一个细节，就可以安全避免发生锚索质量问题。

参考文献

[1] 中华人民共和国行业标准.DL/T 5083—2004 水电水利工程预应力锚索施工规范[S].北京：中国电力出版社，2004.

浅谈锚固工程中预应力损失影响因素及处治方法

孙祺华[1]　孟　芹[2]　罗　斌[3]　韩志永[2]

（1. 贵州省交通规划勘察设计研究院　2. 贵州省交通职业技术学院
3. 重庆交通科研设计院）

摘　要　锚固工程中预应力损失量是关系到锚固效果好坏的重要因素。本文对锚索预应力损失的影响因素、损失机理及处治方法进行分析研究，为增强预应力锚固工程的锚固效能提供了一定的参考和建议。

关键词　锚固工程　预应力损失　锚索

1　引言

目前，预应力锚固技术被广泛应用于边坡的防护工程中。其诸多优点得到了工程界的一致肯定，但是预应力损失超过一定值时，将导致其锚固效果的减弱或失效，给工程带来极大的安全隐患。影响预应力锚固效果的因素众多，预应力损失与锚索材料的性质、被锚固介质的力学特性、锚夹具质量、施工工艺和运行水平等相关。研究预应力损失的影响因素及其处治方法，对预应力锚固工程具有实际意义。

2　预应力损失的影响因素

2.1　锚索施工对预应力损失的影响

锚索的施工程序是：①钻孔；②编索及下索；③锚固段灌浆；④张拉与锁定；⑤自由段灌浆（全长粘结式锚索）；⑥封闭张拉段等。在以上各个施工过程中，除了编索及下索过程外，都将引起锚索预应力的损失。

（1）锚索孔孔斜率对预应力损失的影响

由于锚索孔在钻孔时难以钻成直线，而呈弯曲状态，早期锚索张拉时，自由段与岩壁间可能存在一个或多个接触点，这种接触点的存在，将导致摩擦力的产生，从而使预应力发生沿程损失。孔斜率越大，锚索预应力损失也越大。在相同的孔斜率条件下，锚索张拉荷载越大，预应力损失也越大。大量数据还表明孔斜率对预应力的损失主要表现在锚索的张拉初期，故对锚索的长期荷载影响不大。锚索的类型对预应力沿程损失也有影响，无粘结锚索由于其采用一次灌浆的方法，灌浆时锚索体呈弯曲状，待浆体凝固后张拉，其沿程损失比有粘结锚索大。

（2）锚索张拉方式对预应力损失的影响

工程中锚索施工时，大多采用整索分级张拉的程序，通常按设计永久锚固力的一定比例分级张拉。在张拉过程中，采用多级张拉方式，可以对锚索体各钢绞线受力进行充分调整，其锁定损失就较小。

(3) 预应力的锁定损失

锚索张拉程序完成后，张拉千斤顶卸载时，是靠工作锚板来锁定锚索的。锁定时钢丝或钢绞线均产生一定量的回缩，回缩量大小决定了锚索预应力损失的大小。锚索锁定后回缩量大小与锚夹具的设备和制造工艺有关。当然组成外锚头的其他部件，混凝土垫墩、垫板、外锚头的强度和加工，安装质量也会影响预应力锚索的锁定损失。

(4) 封孔灌浆对预应力的影响

锚索封孔灌浆的目的是对钢绞线进行保护，以减少永久锚固力的损失。但是，在封孔灌浆时，由于水化热温度使锚索体产生膨胀，将导致一定量的预应力损失。预应力损失值的大小与岩体的裂隙率有关，岩体裂隙发育，灌浆时浆液充填了岩体中的裂隙，使岩体产生膨胀变形，则预应力会有所增加。张拉值对预应力的变化也有明显的影响，张拉值越大，预应力变化绝对值也越大。

2.2 由时间引起的预应力损失

由时间引起的预应力损失的因素主要有预应力筋的松弛、混凝土的徐变、被锚固介质的流变以及运行管理期的各种不利情况等。

由于预应力锚索处于长期的受荷状态，索体将会因松弛而导致预应力的损失。长期受荷的钢材预应力松弛损失量通常为5%～10%。根据试验发现：在20℃下，钢材预应力值到达75%保证抗拉强度条件下，稳定化了的钢丝和钢绞线应力损失为1.5%，而普通消除应力钢材的应力损失量为5%～10%。同时发现，长期受荷的钢材由于徐变引起的变形也会使预应力发生损失。然而与松弛所引起的应力损失量相比，这种损失量是可以忽略的。

钢绞线的松弛试验表明，锚索松弛造成的预应力 ΔP (kN) 损失可由下式算出：

$$\Delta P = \int_0^t 0.0015\sigma_{com} S \mathrm{d}t$$

式中：σ_{com}——钢绞线的抗拉强度，MPa；

S——钢绞线的截面积，mm^2；

t——时间，h。

因此，设计规定，预应力钢材强度利用系数设计张拉力时不超过0.65～0.70，超张拉时不超过0.75～0.78，同时要求使用低松弛预应力材料。

2.3 岩体变形因素的影响

众所周知，预应力锚索是加固不稳岩体的重要手段，而锚索的锚固段及外锚墩位于岩体上，锚固力作用的结果使岩体受到压缩，岩体中的节理裂隙被压密，这种压密过程不是在短时间内完成的，需要持续一段较长时间。如果荷载反复作用，这种压密过程要大大缩短，如果岩体质量好，节理裂隙少，岩石致密，产生的压缩变形也小并很快到达稳定。对于预应力锚索，变形主要发生在应力集中区。因此，岩体在锚固荷载的作用下，将发生缓慢的压缩变形（蠕变），而变形的结果又导致预应力的损失。锚索锚固力损失与岩体的强度及结构特性有关。由于岩体的变形导致的预应力损失一般在一周内呈现明显的变化，而后出现缓慢的变化。

2.4 锚索结构对预应力影响的分析

(1) 锚索类型和材料对预应力的影响

①在锚索孔的偏斜率接近的锚索中，无粘结锚索的沿程损失较大，其原因如前所述。

②全长粘结式锚索，受粘结材料的保护，锚索体与锚索孔的接触点少，故沿程摩阻损失小。

③组成锚索体的钢绞线受锚固力锁定时锚具回放及索体松弛等因素的影响，将产生一定量的预应力减少。目前，工程应用中常采用低松弛的钢绞线作为锚索体材料，以减少预应力的损失。

（2）群锚效应对预应力的影响

在群锚张拉过程中，锚索施工对已安装的锚索的锚固力有一定的影响，通常表现为预应力的损失。其原因是锚索张拉引起岩体的变形，从而使锚索影响半径范围内的已安装锚索的锚固力降低。

（3）混凝土徐变的影响

在长期荷载作用下混凝土也有徐变特性，不过由于完整性好，在预应力锚固工程中混凝土尺寸较小，所以混凝土徐变引起的预应力损失一般不超过3%。

3 锚索预应力变化过程及其规律

锚索预应力的变化通常可以分为短期变化和长期变化两种，短期变化是指锁定变化，而长期变化则是指由于岩体蠕变、钢材长期松弛等引起的预应力变化。通过综合影响预应力变化过程的各种因素，对不同岩体质量条件下的轴力实测资料进行对比分析，发现锚索预应力的变化具有一个共同的特征，和两种不同类型资料进行对比分析，发现锚索预应力的变化趋势。锚索预应力发展变化的共同特点是自张拉初期开始，均经历预应力快速下降、波动变化和稳定变化的三个阶段。

3.1 预应力快速下降阶段

该阶段经历的时间较短，主要受锚具、岩体压密、孔道摩阻、超张拉、施加预应力大小等因素的影响。对于坚硬完整岩体，该阶段历时短，一般为一周，造成的预应力损失值较小；而对于松散堆积物、较为软弱的岩体或结构面十分发育的破裂结构岩体，则历时较长，一般可达一月，造成的预应力损失值相对较大。另外，锁定损失与锚索间距、张拉荷载大小有关，间距越小，张拉荷载越大锁定损失越大。

3.2 预应力值波动变化阶段

无论岩体的质量好坏，从现场实测预应力变化曲线中均可以找到预应力波动变化阶段。在该阶段中，锚索在施工爆破、相邻锚索张拉、温度、降雨等因素的共同作用下，预应力时增时减。该阶段预应力值的波动范围不大，一般在3%左右，但持续时间较长。

3.3 预应力稳定变化阶段

在经历了预应力快速下降、预应力波动变化两阶段后，锚索预应力值便趋于平缓变化阶段。该阶段中有两种发展趋势：一是对于坚硬完整的岩体，变形模量较大，岩体向临空方向的变化逐渐减弱，以致达到新的平衡状态，故锚索的预应力平缓下降；二是对于松散堆积物或较软弱的岩体变形模量较小，且岩体向临空方向变形现象显著，使得预应力值变化略呈增加趋势，但变化后的预应力值均不会超过第二阶段的平均值。

4 预防或减少预应力损失的处治方法

（1）优选锚索材料

预应力锚索材料的主要特征有：强度、延性和松弛度。由于需要在相当长的时间内保持初始的预应力，所以，理想的锚索材料是在具有高强度的同时具有较小的松弛度，应选用高强度低松弛钢绞线及与之配套的锚固体系。

（2）提高钻孔精度

保证良好的钻孔精度，主要是孔的平直程度。钻孔同心度越好，锚索安装后直线度同样越好，张拉过程中的摩擦损失越小。

（3）锚索的超张拉

从前面分析可知，锚索在张拉和锁定中存在比较大的预应力损失，因此，在对锚索张拉和锁定的工作中应该选择合适的时间对其进行张拉和锁定。大量经验表明，对锚索体进行必要的超张拉和反复的超张拉可以大大减少预应力的损失。

（4）注重围岩条件的选择

将锚头锚于坚硬的围岩中，使锚索有稳定的根基。外锚端也必须坚实，以避免应力集中区岩体徐变过大，增加预应力损失。

（5）同步张拉

当同一个结构物上设置多个锚索时，张拉时最好使用多台千斤顶同时张拉。如果没有条件则必须进行循环补偿张拉，如果结构物对称时，最好采取对称循环补张拉，以此最大限度地消除因张拉顺序引起的预应力损失。

（6）定期监测补拉

对大型滑坡或重要工程使用预应力锚索时，最好能在锚索上安装测试设备，定期监测锚索受力，发现预应力损失过大，及时进行补偿张拉。过于松散破碎或含水率较大的滑坡体尽量避免使用预应力锚索体系，如果必须使用时，应采取安设预应力测试装置的措施。初次张拉锁定后，不要切断张拉段钢绞线，定期观测锚索受力情况，发现预应力损失过大，应立即采取补偿张拉。

（7）其他措施

爆破对预应力的影响，必须严格按照国家的爆破规程进行设计，并对其进行严格的监控。在开挖中实行微差控制爆破等方法，来减少爆破产生的影响。降雨等不可避免的自然因素，可以通过采取相应的排水措施来减少其影响。比如在岩石边坡的锚固支护中，可以采用修建排水沟、截水沟以及坡面喷浆护坡等措施以减少雨水的渗入。

5 结束语

预应力锚固是将钢绞线或高强钢丝固定于深部稳定层中，并在被加固体表面通过张拉产生预应力，从而达到使被加固体稳定和限制其变形的目的。虽然锚索预应力的损失是不可避免的，但是通过对影响锚索预应力损失因素、损失机理、预应力变化规律的分析，提出相应的处治措施，可以降低由预应力损失造成锚固工程安全隐患的风险，也为合理的预应力锚固工程的设计和施工提供了参考。

参考文献

[1] 二滩水电开发有限公司．岩土工程安全监测手册［M］．北京：中国水利水电出版社，1999.

[2] 丁文多，白世伟．预应力锚索加固岩体的应力损失分析［J］．工程地质学报，2002，23（2）．

[3] 张宏博，李英勇，等．边坡锚固工程中锚索预应力的变化研究［J］．山东大学学报，2002，32（6）．
[4] 闫莫明，徐祯祥，苏自约．岩土锚固工程技术［M］．北京：人民交通出版社，2004.
[5] 宋茂信．岩体边坡开挖爆破对预应力锚索锚固性能影响的现场观测［J］．防护工程，1998（3）．
[6] 张建龙，胡辉，等．预应力锚杆在张拉锁定时的应力损失问题［J］．施工技术，2001，30（1）．
[7] 李厚恩，秦四清，等．基坑支护锚杆预应力损失探讨及预测模型［J］．工程勘察，2007（4）．

控制锚索孔口段稳定改善外锚墩基础承载能力优化方案介绍

尹　衡　赵海兵　黄邹涛

（四川准达岩土工程有限责任公司）

摘　要　简要介绍长河坝水电站改善外锚墩基础承载能力，控制锚索孔孔口段稳定，减少预应力损失、减少浅表层预固结灌浆水泥量，降低费用，确保工期、质量锚索孔口段施工优化方案。

关键词　锚墩基础承载力　预应锚固力损失　方案优化

1　概述

长河坝水电站是大渡河干流水电规划调整后的第10个梯级电站，位于甘孜州康定县境内，地处大渡河上游金汤河口下游约7km，为一等大（1）型工程，挡水、泄洪、引水及发电等永久性主要建筑物为1级建筑物，永久性次要建筑物为3级建筑物，临时建筑物为3级建筑物。

由于断层、裂隙发育，破碎岩体、堆积体等存在，在引水发电及泄洪放空系统边坡、坝基及坝肩开挖支护施工中，锚索是最主要的中、深部支护手段之一。持续有效地提供设计要求的预应锚固力，是保证处理后边坡安全运行的前提。

造成的原因很多，其中最主要的原因之一是外锚墩基础在锚索张拉后，在预应锚固力持续作用下，其承载能力发生变化。

为保证外锚墩基础承载力，设计在《四川省大渡河长河坝水电站引水发电及泄洪放空系统边坡开挖及支护技术要求》4.1.3.8（1）中规定外锚墩安装、浇筑前应清理松动块体，洗净岩面，并进行基础验收，若锚墩基础承载力小于1.5MPa，应通知设计修改锚墩尺寸。

但现场对基础承载力小于1.5MPa的判定有相当难度。在开关站后边坡EL1820m以上作业面实际施工中发现，由于边坡浅表岩体的破碎，不采取跟管工艺，孔口基本无法成型，拔管后孔口坍塌。同部位的锚杆、锚筋、锚筋束施工，目前孔口塌方23孔，孔口塌方18.51m^3，单孔塌方最大方量5.43m^3，孔口塌方最大直径1.8m，最大深度1.6m，塌方后出露面仍是破碎、松动块体。

松动块体的清理范围取决于岩层的完好程度。要达到设计要求，现岩层基本不满足。要按现设计标准进行清理，其清理工程量、安全、质量、费用、工期、可行性等都存在问题；不严格执行设计方案，又将造成预应锚固力异常损失，给处理后的边坡留下安全隐患。

因此，针对边坡岩层特点，优化锚索孔孔口段施工方案，控制锚索孔孔口段稳定、减少浅表层水泥灌注量、降低外锚墩基础承受荷载、减少清理工程量、缩短工期、降低费用、保证施工安全和施工质量非常必要。

2 锚索孔口段不稳定及成孔困难的主要原因

造成锚索孔口段不稳定及成孔困难的主要原因是岩层受到地质构造破坏和影响。

开关站边坡的变形及破坏主要受 f21、f24 断层及同组结构面的控制，主要破坏为滑移拉裂破坏，其中较密集发育的 J4 组结构面构成滑移拉裂的侧向切割面。此外，在边坡浅表部，可见规模较小且主要受 J1、J6 组缓倾角裂隙控制的滑移拉裂或受几组结构面切割形成小规模的滑移拉裂变形块体，在地表上形成一些规模较小的空腔和危岩体。

开挖边坡的变形破坏主要受 f21、f24 断层及同组（J3）长大结构面的控制，上游侧边坡由于 f21 断层埋藏较浅，岩体破碎，边坡局部稳定性较差；下游侧边坡由于 f24 断层埋藏较浅，岩体破碎，边坡局部稳定性较差；受 f21、f24 断层的影响，开关站前沿及后坡完整性较差，且岩体风化、卸荷较深，弱风化上段（强卸荷带）岩体较破碎，开挖边坡切该组断层及长大裂隙情况下，对边坡局部稳定不利，应加强支护处理措施。另外，开关站自然边坡高陡，自然坡高 600～800m，表面风化卸荷较深，局部的卸荷岩体对边坡稳定不利。

3 孔口段施工优化前方案及面临的问题、难点

地质构造、岩层的特点决定了边坡的不稳定，给边坡处理带来了极大的难度。

孔口段施工优化前施工，反映出成孔困难，垮孔、掉块、埋钻、卡钻、断杆时有发生，所有的锚索孔需要跟管 1.5～20m 才能保证孔口成型；进行大量的无压、自流预固结灌浆处理，才能保证较为正常的钻进，满足成孔质量要求。处理不好，要么在测试、下索过程中出现意外，要么对锚索造成质量风险。

3.1 孔口段施工优化前方案

1）开孔时孔口段施工

开孔采用跟管钻进以保证保证孔口及孔口段成型。

2）终孔时孔口段施工

（1）拔管

由于岩体破碎、孔口段因跟管段未进行预固结处理，拔管工序应该在锚索体注浆后，锚墩浇筑前。

先于锚索体注浆进行拔管，将造成垮孔，要么无法扫孔、验孔（全孔预注浆前、后拔管），要么无法下索（验孔后拔管），要么锚索体注浆无法保证（下索后拔管）。

（2）外锚墩基础处理

孔口坍塌后，出露面仍是破碎、松动块体，无法清到位；清理过程中会对无粘结钢绞线造成损坏；孔口坍成空腔，清理困难，人员安全无法保证。

（3）因孔口坍塌后需增加插筋、钢筋制安。

（4）因孔口坍塌后需增加钢绞线隔离管进行隔离。

（5）因孔口坍塌后需增加立模、回填混凝土、回填混凝土凿毛处理。

（6）拔管后要对孔口跟管段进行预固结灌浆处理。

3.2 超前（预）固结灌浆

超前（预）固结灌浆，不仅满足了造孔固壁的需要，也给锚索体注浆提供了保证。浆液渗入破碎岩体裂隙，从而起到固结岩层，提高岩层承载力的作用，其效果直接关系到锚索的

锚固性能和永久性。

3.2.1 超前（预）固结灌浆对成孔质量影响

不进行超前（预）固结灌浆，无法成孔，成孔后，成孔质量无保证。

2009 年 4 月 10 日，MS5-3 孔在进行声波测试时，探头放至孔底，还未进行测试，该孔就出现垮塌将测声波用探头埋在孔内。同日，MS5-2 孔锚索下至约 45m，孔内掉块、局部垮塌，索体被埋。

3.2.2 超前（预）固结灌浆对锚索预应力的影响

不进行超前（预）固结灌浆，锚索体注浆异常，锚索预应力损失过大。

MS1-4 孔完成下索，超前（预）固结灌浆耗用水泥 34743.10kg，沙 580kg，但下索后锚索体注浆达 15903.4kg，平均单耗达 1008.89kg/m，远远大于理论量。张拉后不足一月，应力损失达 13%。

3.3 跟管钻进

因岩层原因，所有的锚索孔需要跟管才能保证孔口成型。施工跟管的深度约 1.5～20m。但拔管困难，钻机只能拔动部分跟管较浅的钻孔套管；50t 液压拔管机将套管拔断。

存在的主要问题：

(1) 套管拔动，钻孔坍塌，掉块；套管拔出，孔口坍塌无法成型。

(2) 孔口坍塌后，出露面仍是破碎、松动块体，无法清到位。

(3) 坍塌中，清理过程中对无粘结钢绞线造成损坏。

(4) 孔口坍成空腔，清理困难，人员安全无法保证。

(5) 相应增加插筋、回填混凝土、钢筋等工程量，且混凝土振捣、运输、浇筑困难，质量无保证。

(6) 孔口坍塌后，100cm 导向管安装根本无法校验、无法保证孔口管轴线与钻孔轴线对中，也无法保证钢垫板与孔口管轴线垂直。

(7) 延误工期和增加费用。

4 孔口段施工优化后方案及解决的问题

(1) 预留跟进套管。

开孔采用跟管钻进以保证孔口及孔口段成型。预留 3～5m 跟进套管作为孔口导向管，有效控制锚索孔孔口段稳定。

①避免拔管造成孔口坍塌，解决坍塌清理过程中对无粘结钢绞线的损坏。

②解决孔口坍塌后，出露面仍是破碎、松动块体，无法清到位问题。

③解决孔口坍成空腔，清理过程中施工人员安全问题。

④避免孔口坍成空腔，需要混凝土回填问题。

⑤减少了外锚墩基础清理工程量和施工时间。

(2) 套管取代导向管，解决导向管对中、钢垫板垂直钻孔轴线问题。

预留套管作为孔口导向管直接与钢垫板相连（焊接）。

①有效保证孔口管轴线与钻孔轴线对中。

②有效保证钢垫板与孔口管轴线垂直。

(3) 利用锚索体、外锚墩插筋注浆，降低外锚墩基础承受荷载。

利用锚索体、外锚墩插筋注浆，靠浆液使孔口导向管与岩体粘结。

①依靠预留套管（孔口导向管）与岩体的摩擦力。

②依靠预留套管（孔口导向管）与岩体的粘结力。

③依靠预留套管（孔口导向管）跟进钻进时变径台阶提供的端承力。

承担部分外锚墩基础受力，从而降低外锚墩基础承受荷载，降低外锚墩基础受力被破坏的几率，保证锚索张拉、应力损失正常，保证锚索的锚固性能和永久性。

（4）取消浅表层预固结灌浆，减少固结灌浆水泥耗量。

预留 3～5m 跟进套管作为孔口导向管后，跟管段不进行预固结，将大大减少浅表层预固结灌浆水泥耗量。

（5）增加外锚墩受力面积。

设计增设框格梁和增设局部混凝土垫板以改善外锚墩受力。

5 孔口段施工优化前、后方案费用、耗时对比

现将孔口段施工优化前方案锚索单孔主要工序、工程量、材料、工时、费用估算与孔口段施工优化后方案锚索单孔主要工序、工程量、材料、工时、费用估算进行粗略对比。

（1）孔口段施工优化前方案

孔口段施工优化前方案锚索单孔主要工序、工程量、材料、工时、费用估算：

增加工时约 109h；增加费用约 20430 元。

（2）孔口段施工优化后方案

孔口段施工优化后方案锚索单孔主要工序、工程量、材料、工时、费用估算：

600kN 锚索增加材料费用约 2950 元；1500kN 锚索增加材料费用约 4750 元；2000kN 锚索增加材料费用约 5900 元。均不增加工期。

6 优化后方案实施效果

优化后方案在跟管段不进行预固结，大大减少浅表层预固结灌浆水泥量，其各项均优于优化前方案，使施工质量、工期得到了保证。

四 边坡加固与滑坡治理

锚固边坡稳定性计算及设计方法综述

严秋荣　唐树名

（招商局重庆交通科研设计院有限公司）

摘　要　经过几十年的研究和工程实践，锚固边坡稳定性计算及设计方法研究方面取得了一定的进展，本文就此方面成果进行分析和总结，并提出需要进一步研究的几个方面。

关键词　锚固边坡　稳定性计算　设计方法

0　引言

锚固作为一种原位岩土体加固的方法，自诞生之日起即获得广泛应用，经几十年的研究和工程实践，被国内外岩土工程界公认为是直接加固岩土体的最具发展前途的方法。锚固应用的最广泛领域之一是边坡稳定工程，边坡锚固防护相对于其他防护措施而言具有的主要优点体现在：能及时对边坡提供支护力，具新奥法思想能对岩土体进行超前预支护；占地少，对空间拥挤地段适应性强；节省工程造价，具有显著的经济效益。正因如此，边坡防护方法中锚固防护已成为应用最广的直接防护方法之一。

锚固边坡稳定性计算及设计方法一直是工程界关注的重大课题，经几十年的研究和实践取得了较丰富的成果。

1　计算方法[1~3]

计算锚固岩土体边坡稳定性的方法有很多种，总是与不加锚固的岩土体边坡稳定性计算方法相对应，差别在于考虑了锚固力的作用。常用的锚固边坡稳定性计算方法归纳起来主要有：极限平衡法、极限分析法、数值分析法。

极限平衡法是使用最为广泛的一类锚固边坡稳定性计算方法，工程实践中几乎无一例外地采用极限平衡法来解决实际问题。这类方法是以 Mohr-Coulomb 的抗剪强度理论（$\tau=c+\sigma\tan\varphi$，其中 τ 为岩土体分条抗剪强度，c 为岩土体凝聚力，σ 为滑裂面上法向应力，φ 为岩土体内摩擦角）为基础，将滑体划分为若干垂直条块，然后建立作用在这些垂直条块上的力的平衡方程式，从而求解安全系数。这类方法的特点是没有像传统的塑性力学那样引入应力—应变关系来求解这个本质上静不定的问题，而是直接对某些多余未知量作假定，使方程式的数量和未知数相等。目前用于土质边坡锚固稳定性计算的主要方法有瑞典条分法（Fellenius 法）、Bishop 法、工程师团法、不平衡推力法、Janbu 法、Mangnstern-Price 和 Spence 法；用于岩质边坡锚固稳定性计算的方法主要有 Bishop 法、Fellenius 法、不平衡推力法、锲体滑动法、Morgenstern-Price 法和 Sarma 法。工程实践及前人研究表明，只要方法选用恰当，各种稳定性计算的极限平衡法都可在适用的场合应用，同时极限平衡法具有计算原理简单、计算方便、能给出工程易于接受的稳定性指标等优点，因此可以说即使将来出现了更为精确合理的方法，极限平衡法仍具相当广阔的使用空间。不过由于这类方法为使方程式的数量和未知数相等而作了各种假定，致使不同假定（即各种不同方法）会带来不同的计算结果。

极限分析法即塑性极限分析法，又称能量法，它是同极限平衡法根本不同的近年来新发展起来的新方法。塑性极限分析法是应用塑性力学上、下限定理求解锚固边坡稳定性。上限定理即能量法，通常需假设一个滑裂面，并将滑体分成若干刚性块，然后构筑一个协调位移场，为此需假设滑面的一部分为对数螺旋线或直线，再根据虚功原理求解滑体处于极限状态时的极限荷载、临界坡高或安全系数。下限定理的应用是有限的，因为很难找到合适的静力许可应力场，只有极少数情况下可用应力柱方法构造这种平衡静力场，获取下限解。极限分析法中最常用的是上限定理，因此极限分析法在多数情况下实际上是上限法，上限法需要计算外力功与内能耗散功，并使它们相等，因此很多学者又将其称之为能量法。不过极限分析法在构筑位移进行求解时有一定困难，同时该法假设岩土体为理想刚塑性体而不能考虑非线性应力—应变关系，致使计算结果与实际情况有一定出入。

用于锚固边坡稳定性计算的数值分析法依发展先后有有限差分法、有限元法、离散元法及非连续变形分析法。有限差分法通常是将求解域划分成等距格子的网格，利用给定的初值或（和）边值条件求解微分方程组的一种最古老的数值方法，其控制方程组中的导数直接用空间离散点的场变量的代数表达式来代替，用 Wilkins 1964 年提出的方法可将有限差分法边界考虑成任意形状，从而更有利于求解实际问题。有限元法是一个革命，它从差分方程转换到积分方程，从平滑函数转换到分段平滑函数。该法是将被研究区域离散化为有限个单元，对不同单元规定表述其形状和特性的参数，再将单元集合作为整个系数求解应力和位移。离散单元法是 Cundall 于 1971 看提出的，它采用松弛法（包括动态松弛法和静态松弛法）求解牛顿运动方程，以确定当不连续介质发生渐进大变形时单元间的力和位移。该法在分析不连续介质、大位移模式、低应力水平及模拟边坡渐进性破坏方面有其独特的优点。非连续变形分析法（DDA）由我国留美博士石根华于 1989 年完成，该法以地质条件几何化为基础，求解变形与运动稳定性，是平行于有限元法的一种方法，它与有限元法不同之处是可计算不连续面的错位、滑动、开裂和旋转等大位移的静力和动力问题。数值分析法考虑了岩土体的应力—应变关系，避免了人为的粗糙假定，计算结果较精确合理。不过这类方法仍存在许多尚待研究的问题，如计算模型的合理选取与建立、收敛性及计算结果的评判等。

2 设计方法[4~6]

锚固边坡设计包括的内容较广，有锚固力的计算、锚类型及结构选择、锚长确定、安全系数取值、锚间距拟定、锚固角的选取、防锈蚀方法等。

锚固力的计算取决于所用的布锚方案，有许多方案，从在整个边坡上均匀布锚到在坡脚高应力区里集中布锚等可供选择。在这里面有一个重要的问题一直未能很好解决，即锚固作用力的简化问题。已有方法可分成两类：一类是将锚固作用简化为作用在滑裂面上的一个反力；另一类是将锚固作用力简化为作用在坡面上的一个反力。至于何种方法更合理，目前尚处于争论中。

锚杆类型及结构选择是研究较多的课题，已发展起多种多样的类型及结构，主要包括五大类：第一类为全长粘接锚杆，如水泥砂浆锚杆、树脂卷锚杆、水泥卷锚杆；第二类为端头锚固型锚杆，如机械锚固锚杆、树脂锚固锚杆；第三类为摩擦型锚杆，如锲管锚杆、缝管锚杆、水胀锚杆；第四类为自钻式锚杆，如中空锚杆；第五类为预应力锚索，有拉力型、压力型、分散型等，锚固段型式有直筒式、扩大式、树枝状式等。上述五类锚杆结构又可统分为主动锚杆和被动锚杆两大类。各类结构及型式各有其优缺点，实际选用时取决于边坡地质条件、设计要求、使用功能等诸多因素。

锚长的确定是一个复杂的问题，也是一个争议颇大的问题。当锚固力确定后，选定一定的锚固体直径，可按极限平衡理论公式计算初步的锚固段长度，再通过现场拉拔试验予以调整，这是较通用的，也已取得一致意见的做法。剩下的关键问题是自由段长度的确定。一种做法是根据工程实践积累的经验规定一个自由段超出滑裂面的长度值以确定出自由段长，这在相关规范中已被采用；另一种做法是按锥体破坏理论、通过经验公式计算相应的自由段长度。方法一在工程设计中采用较多，不过伴随工程问题的逐渐增加，工程技术人员逐渐认识到该法的局限性并通过各种渠道寻求改进的方法。

锚间距和锚固角的拟定及选取受经济、安全、锚的锈蚀、边坡岩土体工程地质条件、坡高等因素影响，对这方面的设计长久以来遵循了以下指导思想：理论导向、数据说话、经验判断，使得半经验半理论的岩土工程问题在这方面得到较好的体现。

安全系数取值与计算方法、工程重要性、边坡破坏机理、锚结构形式、社会经济发展情况等多种因素相关。已有研究常结合工程实际，通过试算对比拟定相应安全系数。

综上所述，国内外岩土工程界对锚固边坡开展了大量研究并取得了一系列成果，但仍存在诸如锚固力简化、锚杆长确定、合理计算方法选取、合理布置形式、安全系数确定等问题尚待研究。

参考文献

[1] 梁炯均．锚固与注浆技术手册［M］．北京：中国电力出版社，1999.

[2] 崔政权，李宁．边坡工程——理论与实践最新发展［M］．北京：中国水利水电出版社，1999.

[3] Barron K，Coates D F，Gyenge M. Artificial Support of Rock Slopes. Department of Energy and Mines and Resources，Ottawa，Report No. R228，July 1990.

[4] 中华人民共和国行业标准．CECS 22：90 土层锚杆设计与施工规范［S］.

[5] Hobst L，Zajic J. Anchoring in Rock. Developments in Geotechnical Engineering，13，Elsevier Scientific Publishing Company，1987.

[6] 唐树名，吕常新，邓安福．混合式锚固结构在高速公路路堑边坡加固中的应用研究［J］．岩石力学与工程学报，2002，21（5）：702-704.

岩土锚固在边坡加固设计中的应用研究

韩春云[1]　张宝成[2]

（1. 招商局重庆交通科研设计院有限公司　2. 西南交通大学土木工程学院）

摘　要　文章阐述了如何将锚固技术应用于边坡加固设计中，并以实际工程为例进行了分析研究，获得了良好的应用效果。

关键词　岩土锚固　边坡加固　应用研究

1　引言

岩土锚固技术是把一种受拉杆件埋入地层中，以提高岩土自身的强度和自稳定能力的一门工程技术；由于这种技术大大减轻结构物的自重、节约工程材料并确保工程的安全和稳定，具有显著的经济效益和社会效益，因而目前在工程中得到极其广泛的应用。

在边坡工程中，当潜在的滑体沿剪切滑动面的下滑力超过抗滑力时，将会出现沿剪切面的滑移和破坏。在坚硬的岩体中，剪切面多发生在断层、节理、裂隙等软弱结构面上。在土层中，砂性土的滑面多为平面，粘性土的滑面一般为圆弧状。为了保持边坡的稳定，一种办法是采用大量削坡直至达到稳定的边坡角；另一种办法是设置支挡结构。在许多情况下单纯采用削坡或挡墙往往是不经济的或难以实现的。这时可采用锚杆（索）加固边坡。采用锚杆（索）加固边坡，能够提供足够的抗滑力，并能提高潜在滑移面上的抗剪强度，有效地阻止坡体位移，这是一般支挡结构所不具备的力学作用。

2　岩土锚固的基本原理

岩土锚固的基本原理就是利用锚杆（索）周围地层岩土的抗剪强度来传递结构物的拉力以保持地层开挖面的自身稳定，锚杆锚索可以提供作用于结构物上以承受外荷的抗力；可以使锚固地层产生压应力区并对加固地层起到加筋作用；可以增强地层的强度，改善地层的力学性能；可以使结构与地层连锁在一起，形成一种共同工作的符合体，使其能有效地承受拉力和剪力。在岩土锚固中通常将锚杆和锚索统称为锚杆。

3　岩土锚固加固边坡的设计原则

岩土锚固加固边坡设计原则应考虑安全性、经济性和施工的可行性，以稳定为本，加固为主，排水、防护并重，并尽量考虑绿化环保、恢复自然景观等多种因素综合处理，确保施工中的临时稳定和通车后的长期稳定。

4 锚杆（索）的设计流程（图1）

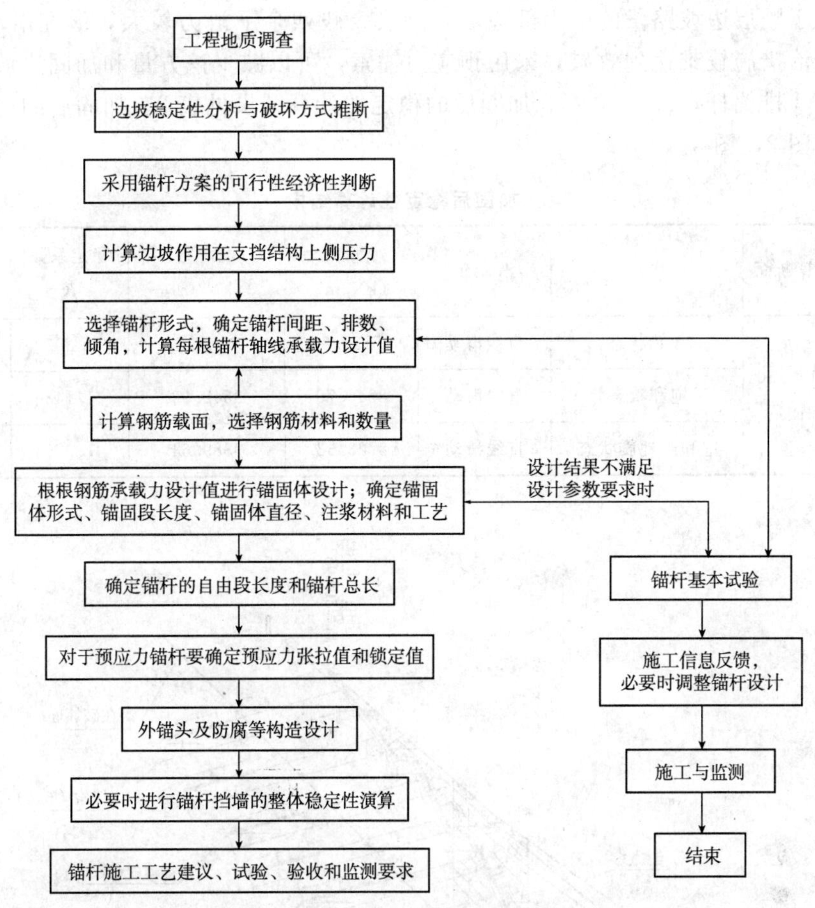

图1　锚杆（索）加固边坡设计流程图

5 岩土锚固加固边坡的应用实例

该路段处于云南白水江“V”形河谷地带，灰岩岩体较完整，角度45°，349°∠29°，坡高53m，纵向长170m，上覆薄层耕植土原边坡沿顺层顺势而成。

该边坡在三种状态下稳定性计算结果见表1。

稳定性计算结果　　表1

工点	计算断面	状态	滑动面	下滑力 (kN/m)	抗滑力 (kN/m)	稳定系数 K	稳定性评价
K1＋240～K1＋400顺层边坡	K1＋360开挖后未加固	天然状态	直线滑动	7835.7	8540.5	1.090	边坡欠稳定
		饱和状态	直线滑动	8346.76	7860.99	0.942	边坡不稳定
		饱和＋地震状态	直线滑动	8723.53	7707.64	0.884	边坡不稳定

从表1看出，该段边坡处于不稳定状态。顺层路段线路开挖形成前缘临空面后，由于层面张开，浅层结构面夹泥易产生顺层滑移变形，危害公路，尤其是在降雨浸水的情况下，将

大大增加顺层滑移的可能性。

该边坡高度较大，除采取锚杆（索）框架梁外，还考虑用预应力锚索加固。预应力锚索加固主要用于顺层边坡路段的中上部边坡，路段一般残余下滑力较大，潜在滑动范围较深，采用常规处治措施较难达到效果，采用预应力锚索，可以减少挖方量和加固边坡稳定性。加固措施采用 3 排锚杆，10 排锚索。加固后的稳定性计算结果见表 2。加固后的边坡横断面图和立面图见图 2，图 3。

加固后稳定性计算结果 表 2

工点	计算断面	状态	滑动面	下滑力（kN/m）	抗滑力（kN/m）	稳定系数 K	稳定性评价
K1＋240～K1＋400 顺层边坡	K1＋360 加固后	天然状态	直线滑动	7835.7	10258.26	1.309	边坡稳定
		饱和状态	直线滑动	8346.76	9542.99	1.143	边坡稳定
		饱和＋地震状态	直线滑动	8723.53	9389.64	1.076	边坡稳定

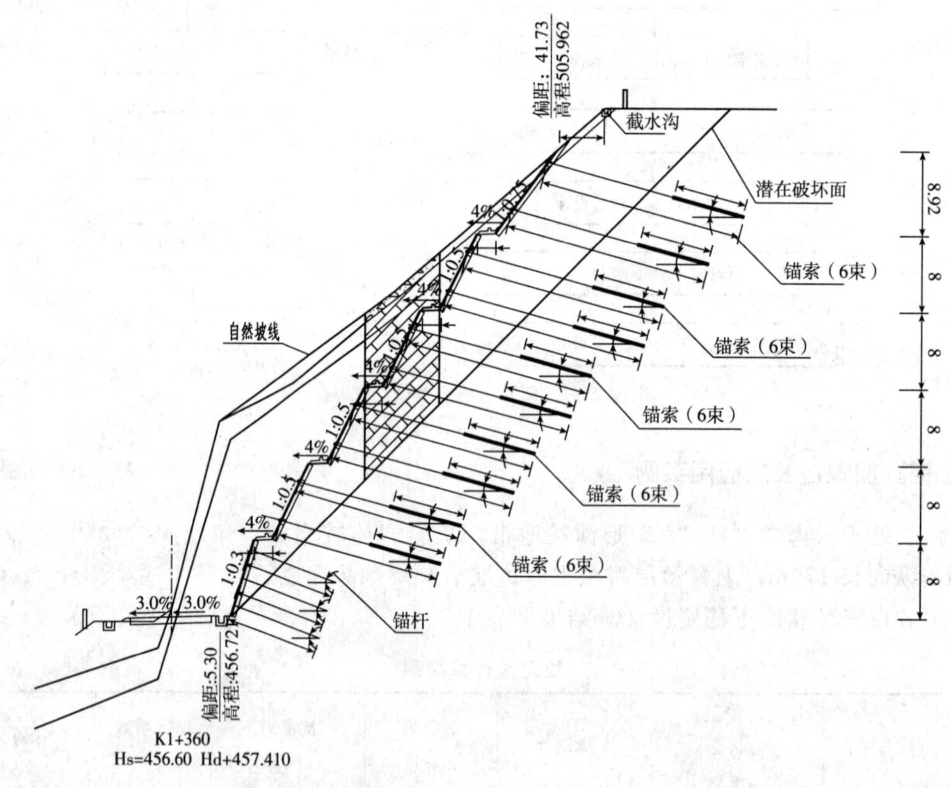

图 2 加固后的边坡横断面图（尺寸单位：m）

图 4、图 5 分别是加固前后边坡 Y 方向的位移云图。从图中可以明显的看到，加固前坡体产生了较大的位移，最大位移达到了 52cm，主要集中在坡顶部分，坡体位移由上到下逐渐减少，边坡有失稳破坏的危险。加固后坡体位移明显减少，最大位移仅为 1.7cm，且仅有微小的最大位移带，并不影响边坡的整体稳定性。以上的边坡锚固设计有效地控制了边坡的变形，使边坡由不稳定状态变为稳定状态，确保道路通车后边坡的长期稳定。

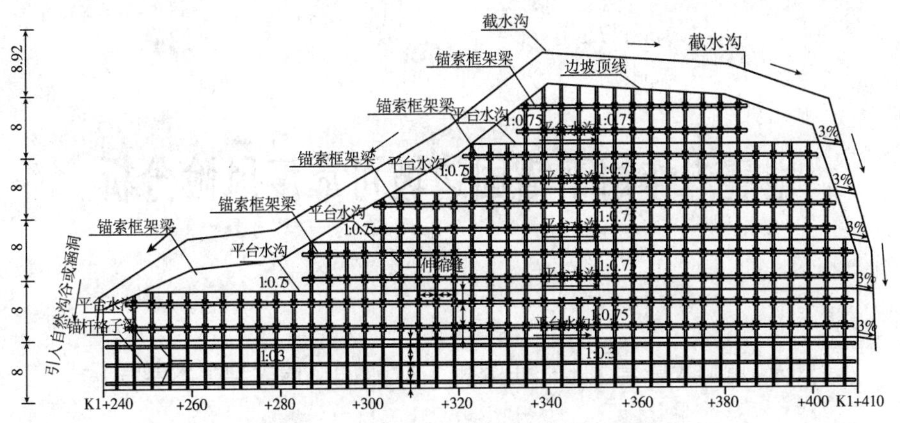

图 3 加固后的边坡立面图（尺寸单位：m）

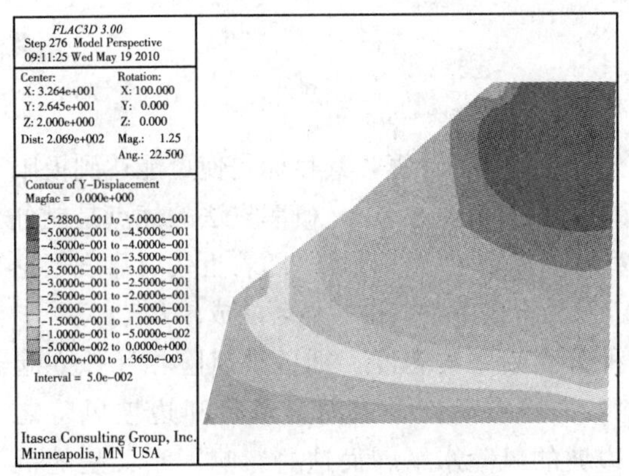

图 4 自然边坡 Y 方向位移云图

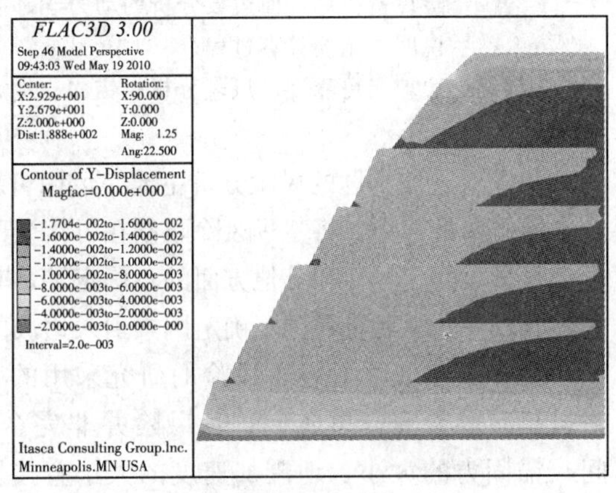

图 5 加固后坡体 Y 方向位移云图

6 结束语

锚杆、锚索作为主要的边坡加固形式，具有受力合理、主动支撑、施工速度快、对坡体扰动小的优点，在边坡加固中应用越来越广泛，实例证明，已成为边坡加固不可替代的有效手段。除了进行合理的加固设计外，其他环节也很重要，特别是施工质量的控制，将会影响工程最后的加固效果，保证工程的安全稳定，应予以重视。

参考文献

[1] 中华人民共和国行业标准．JTG D30—2004 公路路基设计规范 [S]．北京：人民交通出版社，2004.

[2] 交通部第二公路勘察设计院．公路设计手册　路基（2 版）[M]．北京：人民交通出版社，2001.

[3] 成永刚，王焕霞，吴少汉．岩土锚固工程设计施工问题 [J]．地质灾害与环境保护，2006，17（1）：104-107.

[4] 刘玉堂，庞有超，沈贵松．锚索设计和施工中的几个问题 [J]．预应力技术，2005，(3)：27-31.

地震力作用下锚固边坡可靠度风险分析

夏　雄[1]　周德培[2]

（1. 常州大学岩土工程研究所　2. 西南交通大学土木学院）

摘　要　在考虑锚固力、水平地震力等因素的基础上确定边坡的可靠度计算公式，建立起综合风险评价指标，使边坡分析的动力学、静力学与可靠度理论获得有机结合，并以工程实例说明了主要计算过程。

关键词　边坡　可靠度　风险分析　锚固　地震

目前对边坡问题的风险分析主要是运用可靠性分析原理进行计算，其目标是使可能达到极限状态的概率足够小，将工程风险限制在可接受的范围内。在风险分析中，概率方法的优点是能分析材料参数的变异性和其他方面的不确定性，其计算结果提高了置信程度。随着近代可靠度理论的发展，一些学者将各种不确定因素引入边坡的稳定性分析之中，取得了显著的成果[1~8]。

大多数研究者对各种风险的研究采用的是一种分而治之的态度，把各种风险相互孤立起来进行单独研究。事实上，各风险并非完全独立，如地震风险、锚固力风险和边坡风险之间，锚固力的大小、地震加速度的大小直接影响边坡的风险水平，而这些影响因素又是随机的，所以，独立确定一种条件下边坡风险显然是不适合的。

本文提出在考虑锚固力、地震力和随机性等多因素条件下，确定边坡的可靠度计算公式，建立起综合风险评价指标，使边坡分析的动力学、静力学与可靠度理论获得有机结合。

1　综合风险评价理论模型

1.1　锚固力随机变化条件下边坡风险分析

设滑动力矩 M_s 与锚固力 N 有联合概率密度函数 $f(M_s, N)$，则有

$$f(M_s, N)=f(M_s|N)f(N) \tag{1}$$

式中：$f(M_s|N)$——给定某一锚固力 N 条件下 M_s 的条件概率密度函数；

$f(N)$——锚固力 N 的概率密度函数。

由前述公式可知锚固力作用下边坡失稳风险概率 p_N 为：

$$p_N=\int_{N_1}^{N_2} F_s(N)f(N)\mathrm{d}N \tag{2}$$

式中，$F_s(N)=\int_{N_1}^{N_2} f(M_s|N)\mathrm{d}M_s$，$N_1$ 可以认为是施加锚固力为 0 的阶段，N_2 为工程完成时锁定锚固力。

上述公式计算困难时，可以采用回归拟合的方法进行风险率的计算。

1.2　水平地震力随机变化条件下边坡风险分析

假定水平地震加速度为 a_h，定义 a_h 与重力加速度 g 的比值为 A，将其命名为水平地震

加速度系数，若知道其概率密度函数 $f(A)$，同时，按照拟静力法理论，可以知道边坡的动力安全系数 K_A 为：

$$K_A=\frac{K-A\tan\varphi}{1+\dfrac{A}{\tan\theta}} \tag{3}$$

式中：K——边坡静力安全系数；

θ——滑动面与水平面的夹角；

φ——坡体内摩擦角。

根据 Wolff[9] 的研究，安全系数一般服从 $K-N(1.0，\sigma_F)$ 的正态分布，则以安全系数表征的地震作用下的可靠度指标可由下式表示：$\beta=\dfrac{K_A-1.0}{\sigma_F}$ (4)

根据可靠指标与失效概率的关系，可以得到边坡的失效概率为：

$$p_f=1-\Phi(\beta) \tag{5}$$

由此可以得到不同水平地震加速度条件下的边坡失效概率 $p(f|A)$，该值常按数值拟合积分的方式求得。

因此边坡的水平地震作用失效概率为：

$$p_2=\int_0^a p\ (f|A)f(A)\mathrm{d}A \tag{6}$$

1.3 多因素作用下风险分析

若有多种性质、形式不同的风险时，应将其综合分析计算。如果现在有 n 种风险，R_i 为各风险模式下对应的抗力，S_i 为各风险模式下的荷载效应。如果第一种风险的大小受制于其余的风险作用，通过条件概率和全概率公式，把各因素考虑进去，则综合风险可表示为

$$p_f(R_i，S_i)=\int_{R_1}^{\infty}\left[\iint f(S_1|S_2S_n)\mathrm{d}S_2\mathrm{d}S_n\right]\mathrm{d}S_1 \tag{7}$$

1.4 锚固力和地震力综合风险计算

假设求得两种情况下的失效概率，叠加可以求出总的风险率为：

$$\begin{aligned}p&=1-(1-p_1)\cdot(1-p_2)\\&=p_1+p_2-p_1\cdot p_2\end{aligned} \tag{8}$$

在边坡工程中，其风险可以用其失效概率表示，因此，风险可定义为事件发生的概率和事件可能导致的后果的乘积，风险损失

$$\mathrm{RISK}=P_f\times c \tag{9}$$

式中：P_f——事件失效的概率；

c——事件可能导致的后果。

2 工程算例

京珠高速公路 K98+560 典型横断面在施工到三级坡已经施加锚固力，但二级坡尚未施加锚索预应力，且在饱水条件下进行平面风险分析，设计如图 1 所示。用 W_3 代表残坡积粘土层；W_2 代表全～强风化泥质砂岩、砂岩、泥岩及煤层；W_1 代表弱风化泥岩、砂岩。这三个地层的力学参数如表 1 所示。锚索设计吨位 588kN，张拉吨位 705.6kN，锚索间排距 3m。

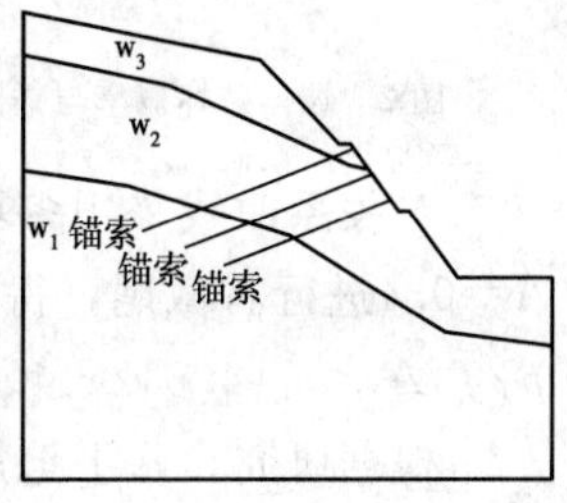

图 1 工程计算横断面

根据工程实践，重力密度参数 γ 沿深度方向上均服从正态分布规律，而且具有变异系数很小的特点，分析时可假定为不变量[10]。岩石抗剪强度参数 c、φ 均近似服从正态分布或对数正态分布，尤其是 φ 值，其正态分布规律十分明显[11,12]。锚固作用的概率分布仍然按照正态分布处理，地震峰值加速度的概率分布，目前已有的研究趋向认为符合极值Ⅱ型分布[13]。根据加固坡体参数敏感性分析，抗剪强度指标是影响边坡稳定的最重要参数，敏感性远远大于其他指标，故对于坡体材料变异性仅针对 φ、c 进行考虑，主要是说明多因素综合风险的计算。坡体材料强度变异系数见表1，并采用正态分布。和 Spencer 法计算。

算例参数 表1

地层	重力密度 γ	凝聚力 c		内摩擦角 φ	
	均值（kN/m^3）	均值（kPa）	变异系数	均值（°）	变异系数
W_1	24	280	0.15	29	0.2
W_2	21.5	100	0.20	23	0.20
W_3	20	25	0.30	18	0.25

根据计算结果，作出破坏概率与锚固力的关系曲线如图2所示。

对关系曲线用多项式拟合，得到如下锚固力与破坏概率关系式为

$$F_s(N)=(5.10316-0.00291\times N-1.88465\times 10^{-6}\times N)\times 10^{-2} \tag{10}$$

假设锚固力服从均值为550kN的指数分布，其概率密度可表示为：

$$f(N)=\frac{1}{550}e^{-\frac{1}{550}N} \tag{11}$$

将上述两式代入锚固力作用下边坡失稳风险概率 p_N 可知

$$p_N=\int_0^{705.6}(5.10316-0.00291N-1.88465\times 10^{-6}N^2)\times 10^{-2}\times\frac{1}{550}e^{-\frac{1}{550}N}\mathrm{d}N\approx 0.03688 \tag{12}$$

相应的可靠指标为 $\beta=1.79$ (13)

根据计算结果，作出破坏概率与水平地震加速度的关系曲线如图3所示。

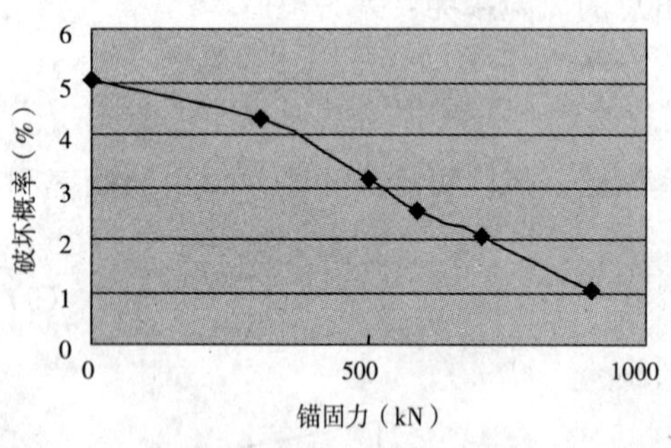

图2 坡体破坏概率与锚固力的关系曲线

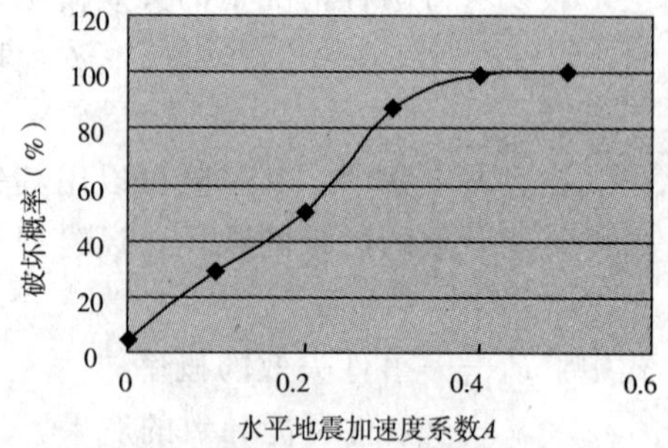

图3 坡体破坏概率与水平地震加速度系数的关系曲线

对关系曲线采用多项式拟合，根据地震烈度区划，对该地区采用水平地震加速度系数 $A=0.4$ 进行右截尾，得到如下水平地震加速度系数与破坏概率关系式

$$p(f|A)\approx(4.612+4.89893A)\times 10^{-2} \tag{14}$$

根据研究，水平地震加速度系数的概率密度函数为[14]：

$$f(A)=Bbe^{-bA} \tag{15}$$

式中：B，b——待定系数，需根据场地的有关地震资料统计确定，此处借用文献［14］的参数，选用 $B=0.0499$，$b=19.948$ 用于算例。

将上述两式代入水平地震加速度作用下边坡失稳风险概率 p_A 可知

$$p_A=\int_0^{0.4}(4.612+4.89893A)\times10^{-2}\times0.0499\times19.948\times e^{-19.948A}dA\approx2.288\times10^{-3} \tag{16}$$

相应的可靠指标为 $\beta=2.76$ (17)

由此获得边坡综合风险可靠率的结果为：

$$p=1-(1-p_N)\cdot(1-p_A)=p_N+p_A-p_N\cdot p_A=0.03908 \tag{18}$$

相应的可靠度指标为： $\beta=1.7614$ (19)

3 结束语

（1）提出在考虑多因素的基础上确定边坡的可靠度计算公式，建立起综合风险评价指标；

（2）使边坡分析的动力学、静力学与可靠度理论获得有机结合；

（3）结合工程实践，进行了计算演算，定量多因素风险分析的结果可以作为决策工具或传统设计的补充，在相当程度上可给决策者提供更多的辅助评价信息；

（4）边坡工程失效概率的计算只是为了供工程决策，可以按决策的需要解除已有的约束，放松计算的精度；

（5）边坡工程中，影响因素多、可统计性差，由于冗余度大，因素之间相关性、不确定性、不确知性较强，今后还有很长的路要走。

参考文献

[1] J S Knoesen. Probabilistic Satiety Evaluation of Earth Dams，ASCE，Geotech，Division Nall，1988.

[2] 张镜剑，李志远．土石坝可靠度的初步研究．第三届全国工程结构可靠度论文集，1992.

[3] 程心恕．土坡可靠度的随机 Bishop 法．福州大学学报（自然科学版），1995，23.

[4] 姚耀武，陈东伟．土坡稳定可靠度分析．岩土工程学报，1994，16.

[5] 陈祖煜．关于“土坡稳定可靠度分析”一文的讨论．岩土工程学报，1995，17.

[6] 孙慕群．土坡稳定可靠度分析．武汉水利电力大学学报，1999，32.

[7] 张建仁．挡土墙结构稳定性的可靠度分析．中国公路学报，1997，10（3）．

[8] 林立相．边坡稳定性分析的可靠度方法．山地学报，1999，17（3）．

[9] wolff T F（1996）．Probability slope stability in theory and practice. Uncertainty in the geologic environment，ASCE，Proc. of Spec. conf Madison，Wis. Also ASCE Geotech. Spec. Publ. NO. 58，Vol. 1，419-433.

[10] 松尾稔．地基工程学——可靠性设计理论和实际［M］．北京：人民交通出版社，1990.

[11] 徐建平，胡厚田，张安松，等．边坡岩体物理力学参数的统计特性研究［J］．岩石力学与工程学报，1999，18（4）：382-386.

[12] 光耀华．岩石抗剪强度指标的概率分析［J］．岩石力学与工程学报，1994，13（4）：349-356.

[13] 王光远．抗震结构的最优设防烈度与可靠度［M］．北京：科学出版社，1999.

[14] 贾超，刘宁，陈进．地震作用下土坡可靠度风险分析［J］．岩石力学与工程学报，2005，24（4）：703-707.

黄河拉西瓦水电站泄洪消能及雾化影响区两岸高边坡防护处理设计

侯延华　安永奇　张友科　杜生宗　王亚娥

（中国水电顾问集团西北勘测设计研究院）

摘　要　本文结合地处我国西北地区青藏高原上的黄河拉西瓦水电站工程设计实践，总结了针对长期处于干旱少雨自然环境条件下且位于工程泄洪雾化影响区的高陡工程边坡防护处理设计的成功经验，以便为我国类似工程边坡防护设计提供参考。

关键词　拉西瓦水电站　泄洪雨雾区　工程边坡　防护处理设计

1　工程概况

拉西瓦水电站工程位于青海省贵德县境内，是黄河上游龙羊峡至青铜峡河段规划的大中型水电站中的第二个梯级电站，工程的主要任务是发电。水库正常蓄水位 2452m，总库容 10.79 亿 m^3，具有日调节性能。电站总装机容量 4200MW（6×700MW），多年平均年发电量 102.23 亿 kW·h。枢纽建筑物由混凝土双曲拱坝（最大坝高 250m）、坝身泄洪建筑物、坝后消能防冲建筑物和右岸地下引水发电系统等组成，工程规模为Ⅰ等大（1）型。

坝身泄洪建筑物由三个表孔、二个深孔、一个放空底孔和一个临时底孔（后期封堵）组成。坝后消能防冲建筑物由集中消能的水垫塘、二道坝、护坦及下游河道护岸等组成。泄洪建筑物防洪标准按 1000 年一遇洪水设计，5000 年一遇洪水校核，相应洪水流量分别为 $4250m^3/s$ 和 $6310m^3/s$。

坝址区河谷狭窄，岸坡高陡，谷底至坡顶相对高差达 700m，平水期河道水面宽仅 50m 左右，属典型的“V”形河谷。工程泄洪消能及雾化影响区内两岸边坡岩体整体稳定，但表部松动、卸荷现象严重，2400m 高程以下卸荷深度一般为 10～15m，以上为 20～30m，局部地段为强卸荷带，卸荷拉裂缝宽达 30～40cm，坡面多危石、浮石、活石、空腔及倒悬体，河床及两岸坡脚应力集中现象明显。在上述特定的地形及工程地质条件下，如何解决好高拱坝、深窄河谷的泄洪消能问题成为本工程设计的一大技术难题。

为了较好地解决本工程泄洪消能问题，设计单位联合国内多家科研院校进行了大量的科学研究试验工作，最终选定坝身泄流水舌空中对冲和坝后设反拱形底板水垫塘集中消能相结合的综合消能措施，但不可避免地带来较为严重的工程泄洪雾化问题。本工程场址位于西北干旱少雨的青藏高原，枢纽工程区边坡的稳定性原本受水荷载作用都比较敏感，因此对于受电站泄洪雾化强降雨影响的消能区高边坡的永久安全稳定问题则显得更为突出，合适确定工程边坡设计方案和采取相应的工程措施成为本工程消能区两岸高边坡设计的关键技术问题。为此，设计单位在认真分析研究本工程边坡特定的地形地质条件、天然边坡结构特性及稳定性态、所处工程环境及施工条件等诸多因素的基础上，借鉴已建类似工程边坡设计实践经验，提出“少开挖扰动、浅层系统支护、深层局部加强支护、做好坡面防渗和坡体排水”为设计原则的综合边坡防护处理思路。

2 边坡基本地质条件

2.1 地形地貌

坝址区为高山峡谷地貌，河谷狭窄、岸坡陡峻，横断面总体呈“V”字形。河谷两岸地形基本对称，2400m 高程以下谷坡陡立，平均坡度 60°～65°，2400m 高程以上岸坡略缓，平均坡度 40°～45°，谷底至坡顶高差约 700m。坝址处河道顺直，平水期水位 2234m 时，水面宽 45～55m，水深 7～10m，主流线偏左岸。

泄洪消能及雾化影响区范围内，两岸坡较大冲沟不发育，但在 2400m 高程以上沿断层破碎带发育若干小冲沟，且大多垂直河床展布，延伸不长，平常无水，植被稀少。这些冲沟的发育不仅使岸坡地形顺河向呈沟梁相间的折线型，而且破坏了岸坡的完整性，为边坡岩体的变形破坏提供了空间条件。

2.2 地层岩性及地质构造

坝址区出露地层主要为中生代印支期花岗岩（γ_5）和三叠系下统龙羊峡群下亚群浅变质岩系（T_1ln_1），以及第四系堆积物。其中，泄洪消能及雾化影响区纵向 750m 范围内，前 600m 基岩为印支期花岗岩，后 150m 基岩为三叠系变质岩。

印支期花岗岩，呈岩株状产出，岩体为灰～灰白色中粗粒花岗岩，块状构造，岩块致密坚硬。

三叠系变质岩主要由变质长英砂岩夹板岩及少量灰岩组成。受构造变动、岩浆侵入及断层错动的影响，岩层产状多变。总体呈单斜构造，走向 NE25°～40°、倾向 SE、倾角一般 25°～35°。

第四系堆积物主要为崩坡积及洪积的块石、碎石夹壤土类，零星分布在谷坡上及冲沟中。一般厚度 5～10m，最大厚度可达 47m。

两岸边坡Ⅰ级断裂较少，但Ⅱ、Ⅲ级中陡倾断裂、缓倾角断层及Ⅳ级裂隙较为发育。

2.3 风化卸荷

两岸边坡岩体整体上风化程度相对较弱，花岗岩风化深度 30m 左右，其中高程 2400m 以下 10～25m，2400m 以上一般 30～40m。岩体卸荷的主要特征为：浅表部岩体中发育较多卸荷裂隙，以拉张破坏为主，形成一定深度卸荷带。卸荷裂隙一般平行岸坡或沿近 EW 向裂隙发育，倾角陡立，多呈上宽下窄，地表处张开宽 5～10cm，最大裂缝可达 30～40cm，深部一般宽 0.1～2cm。近地表大多卸荷裂隙充填泥土及岩屑等，向深部充填物减少。

2.4 地应力

河床及坡脚一带钻孔中发育有岩饼、平硐硐壁见片状剥落，显见坝区存在较高地应力。泄洪消能区岸坡地应力特征如下：

（1）两岸谷坡岩体天然应力场主压应力方向近 SN 向，倾向河谷，倾角在岸坡表部与岸坡坡角一致，水平向内则逐步变缓。

（2）岸坡表部附近为应力松弛带，深度范围 15～50m（2400m 高程以下一般 15～35m，以上为 35～50m），此带最大主压应力量值多为 1～4MPa。

（3）松弛带向内为应力增高带，应力增高带水平深度在松弛带以内约 200m，最大主应力量值一般 4～15MPa，局部可达 30MPa，且高地应力往往集中于 2300m 高程以下。

（4）向内则为平稳区，最大主压应力量值最高可达 23MPa。

2.5 地震烈度

本工程场地地震基本烈度为 7 度。

3 边坡结构特性及稳定性评价

3.1 边坡结构类型及其发育特征

泄洪消能及雾化影响区两岸边坡结构类型大体可归纳为两种：①散体结构；②块状结构岩体。在两岸岸坡上的发育特征主要表现为岸坡松散堆积体和陡立岸坡危岩体两种。

（1）岸坡松散堆积体发育特征

岸坡松散堆积体（第四系堆积物）发育较少，泄洪消能及雾化影响区范围零星分布在谷坡上及冲沟中，其组成主要为崩坡积及洪积的块石、碎石夹壤土类。如左岸坝轴线至下游 150m、高程 2270～2320m 部位松散堆积体。

（2）陡立岸坡危岩体发育特征

泄洪消能及雾化区两岸岸坡岩体大部分为块状结构花岗岩。在高程 2400m 以下的陡立岸坡部位，两岸均发育有不同程度的危岩体，其危岩体发育特征如下：

①陡立岸坡卸荷带

泄洪消能及雾化区两岸岸坡高陡，受场区高地应力影响，边坡卸荷裂隙较为发育，并在两岸坡体表部形成一定深度的卸荷带，岩体卸荷带具有如下特征：

卸荷带在坡体表部大面积连续分布，2400m 高程以下水平卸荷深度一般 10～15m，局部可达 20m。

卸荷带走向一般与坡面平行。

卸荷带位于岸坡岩体地应力降低带。

卸荷带与岸坡岩体风化带对应，其卸荷岩体力学指标均较低。

②断裂结构面切割组合块体

根据地质调查，观察到的两岸陡立岸坡发育的断裂结构面切割组合块体主要分布在 2400～2250m 高程。在左岸，切割块体共有 9 处，切割块体主要集中于断层 F_{164}～F_{33}之间，即坝下 120～300m 范围内；在右岸，切割块体共有 10 处，切割块体主要集中于断层 F_{210}～F_{73}之间，即坝下 70～270m 范围内。

③岸坡松动变形岩体

左岸坡坝下游发育有Ⅱ号变形体、Ⅲ号结构体，统称为左岸变形破裂体，Ⅱ号变形体位于左坝肩下游距坝轴线约 120～260m 的消能区岸坡上，Ⅲ号结构体则紧位于Ⅱ号变形体的下游侧，变形破裂体分布高程在 2400～2650m，总体积约 350 万 m^3。

右岸坡坝下游 115～210m 段、高程 2360～2245m 发育有一处 Sd（6）松动拉裂倾倒岩体，表面面积约 1 万 m^2，总方量约 20 万 m^3。该松动体平面呈不规则形状，外观上形成一近直立岸坡，并发育有 1～2 级台坎，平均坡度 60°左右。其控制性边界为：上游侧界：F_{166}；下游侧界：F_{73}；顶界：Hf_8；同时受 F_{227} 切割，为河流下切至该高程段、各结构面控制形成的拉裂倾倒变形体，属浅表生时间效应倾倒变形产物，天然状态下处于整体稳定状态。

3.2 边坡岩体可能失稳模式

由前期大量的工程地质调查分析得出：两岸陡立岸坡危岩体失稳破坏多发生于降雨过程中，并主要表现为滑移压致拉裂型、倾倒（弯曲）拉裂型及楔形滑落型三种模式。

(1) 滑移压致拉裂型

两岸陡立岸坡部位岩体，当存在中、缓倾结构面和陡倾结构面时即可能产生滑移压致拉裂型变形破坏。岩体在重力作用下沿后缘陡倾裂面向下位移变形，并沿下部前缘中、缓倾结构面向临空方向滑移。岩体内部的陡缓转折部位往往由于压致拉裂而成为压裂带，压裂带形成贯通破裂面后，易产生失稳破坏。

(2) 倾倒拉裂型

边坡表部陡倾坡内或近直立的节理裂隙非常发育，岩体被切割成板状。这时坡面附近的切向应力为最大主压应力，“岩板”逐渐向临空方向蠕变弯曲，至一定程度后根部折断，折断的岩体成为可能失稳崩落的危石。当根部折断部位贯通形成统一裂面后，危岩体易产生失稳破坏。

(3) 楔形滑落型

这种岩体在左右岸均有较广泛的分布。两岸陡立岸坡岩体中，受中、陡倾角断裂结构面及缓倾角断裂结构面切割，组合形成规模不等的楔形块体。在长时间的重力作用下或外界条件发生变化时，楔形块体易产生失稳破坏。

3.3 边坡稳定性评价

泄洪消能及雾化影响区两岸高边坡主要由坚硬致密的花岗岩与三叠系浅变质岩系组成，2400m 高程以下两岸谷坡基本对称，自然坡角 60°～65°，风化与表生卸荷作用不甚强烈。岩体结构宏观上呈整体块状、块状及块状－镶嵌结构，卸荷带以外岸坡岩体以块状－镶嵌结构为主，虽发育有中陡倾结构面及控制性缓倾结构面，但产生的可移动块体无论其数量还是方量均未形成较大规模。两岸天然岸坡整体稳定，边坡问题主要有卸荷带问题、块体稳定问题及泄洪雨雾对其影响三个方面。

泄洪雨雾对边坡稳定性影响较大，雨雾条件下边坡最主要的不稳定因素来源于水，泄洪雨雾可以在很短时间内入渗岩体结构面中，对岩体稳定影响很大。其产生的不利影响主要表现在两个方面：①弱化结构面参数，②在封闭或半封闭结构面充水达到一定高度形成空隙水压力，使岩体稳定性迅速降低。

泄洪消能及雾化影响区两岸高边坡在天然和泄洪雨雾状态下岸坡整体稳定，边坡存在的局部不稳定块体通过采取相应的工程处理措施，可保证两岸高边坡在施工期及运行期的安全稳定。

4 边坡防护处理设计

4.1 泄洪雾化对边坡影响预测研究

工程实践表明，在深窄河谷中修建高拱坝，坝身挑、跌泄洪将带来较严重的雾化问题，特别是对下游消能区两岸边坡稳定性有不同程度的影响。为便于界定消能区两岸边坡的防护范围以及选择相适应的工程防护措施，拉西工程可研设计阶段曾委托天津大学进行了本工程泄洪雾化理论分析研究，对雾化影响强度和范围进行了预测计算，其泄洪雾化预测研究主要成果见表 1。

拉西瓦工程泄流雾化范围预测计算成果表　　表 1

泄洪工况	下泄流量 (m^3/s)	雨　区	纵向桩号 (m)	高程 (m)	
				左岸	右岸
提前发电度汛水位	4200	暴雨区	590	2415	2420
		毛毛雨区	750	2480	2460
设计洪水	4250	暴雨区	660	2430	2430
		毛毛雨区	760	2510	2560
校核洪水	6310	暴雨区	680	2435	2440
		毛毛雨区	850	2550	2600

注：暴雨区最小雨强为 10.1mm/h。

4.2　边坡防护范围的确定

泄洪消能区两岸高边坡防护范围，主要依据本工程泄洪雾化范围预测研究成果，其雨雾强度以暴雨为界，并结合防护区两岸高边坡地形、地质条件及防护区内永久建筑物布置等综合考虑界定。根据消能区各部位边坡的重要性，其防护范围具体分区见表 2。

泄洪消能区两岸高边坡防护范围分区表　　表 2

防护分区	左　岸	右　岸	备　注
重点防护区	桩号：坝后至坝下 0＋350m	桩号：坝后至坝下 0＋550m	其中左岸高程 2400m 以上为Ⅱ$_{B}$号变形体及Ⅲ$_{j}$号结构体专项防护区
	高程：2400m 以下	高程：2400m 以下	
一般防护区	桩号：坝下 0＋350m 至坝下 0＋550m	桩号：坝后至坝下 0＋550m	
	高程：2400m 以下	高程：2460～2400m	

4.3　边坡防护设计思路

边坡防护设计的基本思路：结合本工程消能建筑物布置格局，宏观上将消能区边坡分为水垫塘段和下游河道段两大防护区段。同时依据各防护区段内边坡特定的地形、地质条件，受泄洪雾化的影响程度，以及边坡稳定分析计算成果，对各防护区段内的边坡则采取分部位区别对待的设计理念。其具体各区边坡防护措施详见表 3，除边坡下部一定高程范围采用贴坡混凝土防护外，边坡其他主要工程防护措施有清坡、开挖、排水、锚固、挂网喷护等。

消能区两岸高边坡各防护区主要工程措施表　　表 3

防护分区	主要工程防护措施
一般防护区	①右岸：全断面清坡、浅排水、一般锚固、挂网喷护。 ②左岸：全断面清坡，随机锚固
重点防护区	①两岸：全断面清坡，局部开挖，全断面深排水、加强锚固、挂网喷护。 ②两岸：坝后至坝下 0＋300m（水垫塘段）、高程 2265m（2260m）以下范围边坡采用贴坡混凝土防护。 ③两岸：0＋300m 至坝下 0＋550m（下游护岸段）、高程 2250m 以下范围边坡采用贴坡混凝土防护

注：左岸 2400m 高程以上边坡属专项防护区，其工程防护措施本文未做叙述。

(1) 清坡

考虑工程防护区两岸天然边坡上不同程度的分布有崩坡积物、危石及浅表层强卸荷带破碎岩体，在强大的泄洪雾化降雨作用下，坡体表面地表径流水大量入渗，使得堆积体、破碎岩体和危石充水饱和，岩土体力学指标降低，将导致坡积体、破碎岩体和危石失稳塌滑甚至局部以泥石流状态进入水垫塘或下游河道。为防止上述坡积体、破碎岩体和危石在泄洪雾水作用下塌滑、滚落影响水垫塘和电站尾水洞出口安全运行，需对工程防护区内的边坡进行全面清坡。

(2) 开挖

为满足消能建筑物水垫塘、二道坝、护坦段边墙混凝土衬护及下游河道整治段岸坡混凝土防护等需要，对两岸边坡2300m高程以下进行了适度开挖。为方便对2300m高程以上边坡实施支护措施，对该部位天然边坡局部凸凹起伏较大处的表浅层强卸荷岩体进行了坡面削坡修整处理。

(3) 排水

工程实践表明，泄洪雨雾可以在很短时间内入渗岩体结构面中，对岩体稳定影响很大，因此加强排水是确保自然边坡的稳定的重要措施之一。为能及时排出坡体浅层范围岩体内的地表入渗水（天然降雨或泄洪雾雨），两岸高边坡坡面均布设排水孔，孔深根据泄洪雨雾强度和支护范围确定。

(4) 锚固

工程防护范围内两岸岸坡陡立，受浅部岩体中较多发育的卸荷裂隙影响，形成一定深度的卸荷带。为防止在泄洪雾化影响情况下，两岸卸荷带岩体稳定条件恶化，设计采取了全断面系统锚固支护（如：系统锚杆和锚筋桩）；对于边坡局部不稳定块体及松动岩体则有针对性的采取预应力岩锚措施加固（如：500kN级高强预应力锚杆和1000kN级预应力锚索）。

(5) 坡面挂网喷护

为防止大量的泄洪雾雨水入渗表浅部岩体，对工程防护区内的边坡表面均采取了喷射混凝土封闭保护；同时为提高坡面喷射混凝土的整体性，整个喷护区均挂设了一层钢筋网。

4.4 边坡防护主要工程措施

4.4.1 一般防护区工程措施

(1) 清坡

清除边坡上的松散坡积物、不稳定堆积体和松动危石等。

(2) 排水

边坡排水孔（ϕ80mm）均按明排形式布设，排水孔孔深5m，间距3m、排（层）距6m，上仰5°。

(3) 锚固

系统锚杆：为防止边坡表面局部发生岩石掉块，坡面均布设ϕ25mm系统锚杆，单根长4m，入岩3.9m，间、排距均为3m。

锚筋桩（3ϕ32）：在右岸局部范围的陡立岸坡和左岸局部陡立岸坡部位，均布设3排锚筋桩。锚筋桩单根长12～15m，间距4m、排（层）距8m，造孔方位垂直坡面走向、下倾15°。局部根据实际地质条件加密、加长。

高强预应力锚杆（500kN级）：对于右岸高程2460m出线站平台下部的局部范围边坡，布设锁边高强预应力锚杆；左岸2270m高程以上根据构造分布随机布设高强预应力锚杆。

预应力锚杆单根长分 25m 和 30m 两种，长、短错开布置，间距 4m、排距 8m，造孔方位垂直坡面走向、下倾 15°。

（4）挂网喷射混凝土（C25）

右岸坡面均挂设普通钢筋网并喷射 C25 混凝土进行坡面封闭保护，喷护厚度 10cm。

4.4.2 重点防护区工程措施

（1）清坡

主要清除边坡上的松散坡积物、不稳定堆积体和松动危石等。对于岸坡表层的强卸荷岩体，应视其各部位岩体卸荷程度，若不便实施锚固措施的可进行局部清挖处理，但清挖后的坡面必须实施及时锚固措施。

（2）开挖

主要部位为水垫塘混凝土衬护区两岸边坡、两岸高边坡局部强卸荷带、护坦末端下游混凝土护岸及下游河道整治局部开挖。

（3）排水

边坡排水孔（ϕ80mm）均按明排形式布设。排水孔间距为 3m、排距 5m，造孔方位垂直坡面走向、上仰 5°，其中 2350m 高程以上排水孔孔深 15m，2350m 高程以下排水孔孔深 12m，对于局部范围的不稳定边坡排水孔适当加深（如：右岸坝下 0＋110m 至坝下 0＋210m、高程 2250～2400m 范围边坡的排水孔加深至 30m）。

（4）锚固

系统锚杆：为防止边坡表面局部发生岩石掉块，坡面均布设 ϕ25mm 系统锚杆，单根长 4m，入岩 3.9m，间、排距均为 3m。

锚筋桩（3ϕ32mm）：因该区两岸边坡普遍陡立且岩体卸荷发育，为防止两岸高边坡卸荷带发展及边坡稳定条件恶化，对整个边坡采用锚筋桩措施加固。锚筋桩单根长 15～18m，间距 4m、排（层）距 8m；造孔方位垂直坡面走向、下倾 15°。局部根据实际地质条件加密、加长。

高强预应力锚杆（500kN 级）：在两岸边坡陡缓分界的局部范围陡立岸坡（高程 2400m 左右的下部）部位分别布设四排锁边预应力锚杆，预应力锚杆单根长分 25m 和 30m 两种，长、短错开布置，间距 4m、排距 8m，造孔方位垂直坡面走向、下倾 15°。

预应力锚索（1000kN 级）：在水垫塘开挖设计开口线上方（紧邻设计开口线）部位，其左、右岸分别布设了 3 排和 2 排锁边预应力锚索，锚索单根长分 30m 和 35m 两种，长、短错开布置，间距 4m、排距 8m，造孔方位垂直坡面走向、下倾 15°。结合两岸边坡稳定分析结果，对存在不稳定块体的范围边坡有针对性地进行加固：右岸边坡坝下 0＋110m～坝下 0＋210m、高程 2350～2250m 范围边坡，布设了 12 排预应力锚索，锚索单根长分 35m、40m 和 45m 三种，长、短错开布置，间距 4m、排距 8m，造孔方位垂直坡面走向、下倾 15°；右岸边坡坝下 0＋210m 至坝下 0＋300m、高程 2350～2300m 范围边坡，布设了 6 排预应力锚索，锚索单根长分 30m 和 35m 两种，长、短错开布置，间距 4m、排距 8m，造孔方位垂直坡面走向、下倾 15°。

（5）挂网喷射混凝土（C25 混凝土）

边坡表面均挂设普通钢筋网并喷射 C25 混凝土进行坡面封闭保护，喷射混凝土厚 12cm。

4.4.3 施工期边坡支护措施调整

依据施工期边坡稳定复核成果，在边坡防护处理施工过程中，对消能区两岸边坡支护措施做了如下相应调整：

(1) 左岸边坡支护措施局部调整

对消能区左岸坝下 0＋145m 至坝下 0＋280m、高程 2330m 以上范围边坡，将其浅表部严重卸荷拉裂的倒悬岩体、坡面危石及下游侧两面临空的倾倒三角岩体，进行适当削坡修整；同时将高程 2347m 以上全长范围边坡支护措施调整为布设 7 排 1000kN 级预应力锚索，锚索间距均为 4m，锚索入岩深度分 30m、35m 及 40m 三种。

(2) 右岸边坡支护措施局部调整

对消能区右岸 1 号尾水平台上部，坝下 0＋390m 至坝下 0＋450m（长 60m）、高程 2360～2290m（高差 70m）范围边坡。保留原设计锚筋桩（间排距 4×8m）支护措施的基础上，分别在高程 2327m、2319m、2311m、2303m 增设 4 排 1000kN 级预应力锚索，锚索间距 4m、单根长度入岩 30m 和 35m 两种（长短错开布置）。

(3) 两岸边坡重点防护区坡面保护措施调整

在消能区两岸边坡防护处理施工过程中，因原设计坡面挂设普通钢筋网喷射厚 12cm 的混凝土（C25）保护措施不便施工，同时为了确保施工安全，将两岸边坡重点防护区坡面保护措施做了调整：ϕ25mm 系统锚杆间、排距由原设计 3m×3m 调整为 2m×2m；整个坡面清（削）坡完成后，首先挂设一层金属安全主动防护网，再喷射厚 12cm 的普通混凝土（C25）。

5 边坡安全监测设计

5.1 监测断面确定

消能区两岸高边坡监测断面的确定主要依据边坡工程地质条件和所做边坡稳定分析计算成果，并考虑监测的均布性进行布置。消能区两岸边坡左岸共布置 5 个监测断面，右岸布置 6 个监测断面。

5.2 监测项目选取

消能区两岸高边坡监测项目主要有：边坡变形和边坡支护效果监测两大项。

5.3 监测仪器布设

消能区两高边坡安全监测主要将坝后水工建筑物部位和高边坡稳定性较差的部位作为监测仪器布设的重点关注对象，因此监测断面布设主要集中布置于坝后的消能建筑物水垫塘段，其中，水垫塘边坡左岸共布置 5 个监测断面，右岸布置 6 个监测断面。两边坡主要监测项目有：岩石多点变位计、预应力锚索（杆）测力计、普通砂浆锚杆应力计、平面位移测点。消能区两岸高边坡主要监测项目汇总见表 4。

消能区两岸高边坡主要仪器设备一览表 表 4

序号	项　目	单位	数量	备注
1	多点变位计（四点式）	套	55	
2	锚索测力计	台	45	
3	锚杆测力计（两点式）	组	56	
4	平面变形测点	点	55	

6 结束语

（1）黄河拉西瓦水电站工程地处我国西北地区青藏高原，长期干旱少雨的自然环境条件确定了工程边坡的稳定性受水荷载作用特别敏感，在这种自然环境条件下，枢纽工程区所涉及的边坡问题则显得尤为突出。如何进行工程边坡（特别是泄洪雾化影响区的边坡）防护处理设计则成为确保电站安全运行的关键性技术难题。

（2）在本工程泄洪消能区两岸高边坡防护处理设计方案选择时，设计结合坝址区位于高达700m的高陡狭窄河谷的自然工程条件特点，在认真调查分析研究工程边坡结构特性和天然稳定性态的基础上，通过进行大量的科学研究论证工作，确定泄洪消能区两岸高边坡不易进行大规模开挖处理，应采取以支护为主的边坡防护处理设计思路。

（3）坝后消能防冲建筑物水垫塘区边坡开挖设计原则是尽可能少开挖，以防过大开挖触及坝顶高程（2460m）以上高450m左右的天然边坡的整体稳定问题，对需进行开挖的部位则在其开口线上部附近进行局部加强支护。本工程为满足水垫塘体型布置要求，仅对水垫塘两侧边墙混凝土衬护区的高度30～40m小范围边坡进行了浅层开挖，同时为了降低边坡开挖的高度将反拱底板两侧拱座部位边坡设计为垂直坡。

（4）泄洪消能区两岸高边坡防护处理措施选择，则切实结合本工程边坡高陡，施工场地狭小等特点，采用安全可靠且便于实施的工程处理措施。设计经综合分析比较，同时借鉴已建类似工程边坡设计实践经验，最终提出“少开挖扰动、浅层系统支护、深层局部加强支护、做好坡面防渗和坡体排水”为设计原则的综合边坡防护处理措施。

（5）为便于消能区两岸高边坡系统支护措施的实施，在总高度达240m的高边坡范围每隔50m高差架设了一道钢栈桥施工平台。整个边坡防护处理施工，严格按照自上而下分层清坡（局部削坡）、及时支护的总施工顺序进行。在工程建设各方共同协作下，确保了边坡支护措施的顺利实施。

（6）拉西瓦工程于2009年3月1日下闸蓄水，坝身泄洪建筑物底孔、临时底孔于2009年3月7日开始初期泄水，电站首批机组于4月15日并网发电。截至2010年4月底，工程安全运行已达14个月，通过对消能两岸高边坡不定期巡视检查并结合部分监测成果初步分析，边坡未发现任何异常变形迹象，工程实践表明拉西瓦工程泄洪消能区及雾化影响区两岸高边坡防护处理设计是成功的。

长河坝水电站高边坡锚索造孔工艺研究与实践

赵海兵　黄邹涛　尹　衡

（四川准达岩土工程有限责任公司）

摘　要　本文介绍了长河坝水电站开关站后边坡锚索孔的造孔工艺研究与实践情况，可作为今后类似工程施工参考借鉴。

关键词　水电站　开关站　锚索　覆盖层　孔内摄像

1　长河坝电站概况

长河坝水电站位于四川省甘孜藏族自治州康定县境内，为大渡河干流水电梯级开发的第10级电站。坝址上距丹巴县城82km，下距泸定县城49km。

水库正常蓄水位1690.0m，电站装机容量2600MW，年发电量108亿kW·h，大坝为砾石土心墙坝，最大坝高240m。

2　左岸开关站后边坡支护工程概况

2.1　左岸开关站后边坡工程地质条件

长河坝电站开关站位于左坝肩EL.1685高程，顺河谷全长140m，自然斜坡总体坡度45°～50°，地形略有起伏，纵向上（与河谷垂直）处于上部陡坡与下部缓坡之间，上部陡坡平均坡度约60°，下部缓坡坡度约40°。开关站开挖高程EL.1685m～EL1820m，开挖垂直高度135m，后缘边坡开挖坡角63°，坡体基岩裸露，岩性为澄江—晋宁期中粗粒花岗岩。据地表地质调查，开关站部位地质构造以次级小断层、节理裂隙发育为特征。次级断层发育f_{18}、f_{23-1}、f_{23-2}、f_{24}，其中f_{24}断层对开关站边坡的稳定性起了重要的控制作用。

2.2　左岸开关站后边坡锚索支护概况

该区域桩号0+40～0+65为非塌方区，设计锚索吨位1500kN；桩号0+65～0+90为塌方区（曾在雨季发生过滑坡塌方而被区分），设计锚索吨位2000kN。在进行锚索施工前该片区采取了挂网喷护的支护方法，以防止在施工期间泥夹石覆盖层再次滑坡塌方。

按设计要求，开关站锚索孔垂直坡面，并与水平面呈10°俯角，终孔孔轴偏差不得大于孔深的2%，方位角偏差不得大于3°。

3　开关站后边坡锚索成孔工艺研究与实践

以开关站后边坡EL.1820m以上锚索支护区为例，该片区地表为泥夹石覆盖层，从现场造孔反风吹渣情况来看，覆盖层厚，造孔时常有卡钻、塌孔、不反风、成孔难等情况。

3.1　主要设备

锚索造孔的钻机为YG-80型液压锚固工程钻机，其基本性能参数为：

钻孔深度：80m；

钻孔直径：ϕ100～ϕ209mm；

钻孔倾角：0°～120 °；

电动机功率：30kW；

钻机质量：1500kg；

最大部件质量：200kg。

3.2 常规冲击钻进工艺

开关站边坡锚索分塌方区 2000kN（L＝50m）锚索和非塌方区 1500kN（L＝50m）锚索。采用 YG-80 钻机分别配备 CIR150 冲击器及 ϕ170mm 钎头和 DHD350R（或 CIR110）冲击器及 ϕ140mm 钎头钻进成孔。

开孔前，先把钻机就位于锚点，调整好方位角和俯角，用扣件卡扣固定在稳定的排架上，校核钻具轴线与锚孔中心轴线，使其保持一致，再拧紧紧固螺杆，保证钻孔过程中钻机的稳固性。

开孔时，使钎头紧贴岩面低压冲击，平稳缓缓推进。正常钻进过程中，风压为 0.4～0.8MPa，供风量为 9～14m^3/min，给进油压 0.2～0.5MPa，钻速为 50～90r/min。在钻进过程中，由于是泥夹石的覆盖层，遇到孔内有裂隙和卡钻时，钻机扭矩增大，机身在排架上不停的跳动，此时就要来回倒杆，往返 2 次以上，用风吹排渣，避免孔内粉渣卡住钻杆无法钻进，严重时可能使钻杆扭断在孔内，或使冲击器掉在孔内。

为了避免在锚索造孔中卡钻的现象，在开关站现场特别加工螺旋钻杆，利用普通钻杆和螺旋钻杆组合起来使用。螺旋钻杆是在普通钻杆外圆周壁上焊接厚 6mm、螺距 10cm、高度 2cm 螺旋钢板条制成的特殊钻杆，其工作原理是通过螺旋钻杆旋转挤推周围石渣或土粒，使其排出孔外，这种造孔工艺对于钻进过程中出现跑风漏气、无法用高压风吹排出粉渣的地层比较适用。螺旋钻杆与普通钻杆组合使用时，一般每 6m 安设一根螺旋钻杆比较理想，其缺点就是孔内发生大的掉块或塌孔就易卡钻，要进行处理。在造孔过程中，不时地要观察返出粉渣的颜色和钻机的工作状态来判断地层的好坏，做到短进尺、多吹渣，减小掉块卡钻带来的麻烦。在造孔过程中，禁止使用过度磨损的钻头，否则终孔孔径与开孔孔径相差过大，使下索困难。一般可备 3 个钎头，每个钎头钻进 10～15m 就换一个，保证成孔合格率。根据现场情况分析，该地质条件下钻进的效率为每台每天造孔进尺 5～8m。

3.3 跟管钻进工艺

开关站边坡 EL.1820m～EL.1845m、桩号 0＋40～0＋90 范围属于砾石土覆盖层，在本工程中采用了 ϕ168mm 偏心跟管钻进，防止孔壁塌孔事件发生，提高成孔效率。

在长河坝水电站进水口边坡开口线外的锁口锚筋束造孔施工中采用了跟管到底的施工方法。该施工工艺可以不用最后拔出跟管，也可以不用安装锚筋束体，而是在跟管孔内灌注一定比例的混凝土做成锚筋桩，效果同样佳。

在开关站边坡锚索造孔施工中，并未采用跟管一直跟到底的施工方法，常常只在开孔 1～10m深度进行偏心跟管钻进。开孔 1m 之前用与偏心钻头同径的普通钎头钻进，给跟管钻进提供一定的定位和导向空间。跟管钻进开钻前，将钻具组装好放入带有套管靴的套管内，让偏心锤头伸出套管靴，正转张开偏心锤头，然后进行钻进。需注意的是偏心跟管钻进时，在确认钻头到达孔底后，先回转，待正常后，再开风冲击钻进。在钻进的过程中，随着锚索孔的加深，边加钻杆边加接套管。

开关站边坡锚索造孔跟管钻进只为开孔时防止孔口附近塌孔，所以通常跟管就跟进 2m，遇到土层较厚的就跟进 10m 左右，然后收拢偏心钻提升钻杆，换常规 ϕ140mm 或 ϕ170mm 钻头按常规钻进方法进行造孔。锚索孔在完成下索后，跟管通常用拔管器拔出，有个别孔跟管较深，拔管困难的就让其留在孔中，以后在浇筑锚墩时起到一个导向的作用。

在长河坝电站开关站边坡锚索造孔工艺中，合理使用了偏心跟管和普通钻进工艺相结合的方法，大大提高了锚索孔的成孔效率。

3.4 锚索孔围岩固壁灌浆及孔内大裂隙堵漏

开关站边坡覆盖层厚，岩石节理裂隙发育，在造孔过程中经常发生塌孔卡钻及漏风无法吹出粉渣的现象，采用了固壁灌浆对裂隙进行封堵。通过几次灌浆过后，锚索孔吸浆量仍大，无法更快更好地达到固壁效果。经常是造孔 1～3m 就又需要固壁灌浆，灌浆的次数多、耗时长，严重影响着锚索工程的施工进度。

在固壁灌浆工艺中采用自流式无压灌浆，采用 0.5：1 浓浆灌注，当吸浆量大时采用间歇、限流、加砂等方式填堵裂隙，降低水泥耗量。遇到大裂隙时，采取了推水泥球的方法进行堵漏。推水泥球时，可以在灌浆时通过浆液把它冲进去，可以用钻机推送，也可以在自制的锚索孔探头上焊接一块平铁板来推送水泥球。把水泥球推到需要填堵的裂隙孔底，用力推压水泥球，使其往裂隙处钻填来达到一个填堵较大裂隙的效果。推水泥球的问题就是：在钻进时遇到需要推水泥球的地方就要停止钻进，然后推水泥球才能达到效果；如果钻孔时未采取推水泥球，过了裂隙过后再来填堵效果不佳，或许水泥球没有推到指定的地点，或许在推送的过程中水泥球与孔壁的摩擦使水泥球散掉了。因此，推水泥球来处理裂隙堵漏只适合于孔深比较浅的孔段。

通过观察和试验，认为锚索孔较深时还是采用无压自流式灌浆进行灌注比较合适。在灌注浆液时，现场采用孔口和储浆桶同时加砂提高浆液的稠度来加强堵漏。多次试验表明，在 0.5：1 浓浆中掺加 40％～50％的砂量常常会使送浆管堵塞，浆液浓度太高，孔深时浆液无法流入孔底，时常在孔内某个部位形成“搭桥”现象，在孔内堵住后浆液往孔外返浆，给施工人员造成一种灌浆饱满的假象，等待凝 8～12h 后扫孔，拥堵部位被扫穿，往里孔段仍然存在裂隙而无法钻进造孔。所以，在实际灌浆中适当减少加砂量，控制在 30％～40％。

为了更准确地了解孔内裂隙情况，配用了孔内摄像装置。发现孔内哪个孔段有裂隙，就把浆管直接伸进该裂隙部位进行的灌注。观察发现效果比较明显，久灌不满的裂隙被堵住了。在本工程区，孔内摄像这种手段运用到其他锚索孔成孔过程中后，裂隙堵漏效果很好，减少了灌浆次数，提高了成孔效率，加快了施工进度，为长河坝电站开关站边坡下挖提早提供了工作面，也保证了边坡开挖轮廓线外的稳定。

4 结束语

通过采取上述工艺方法和技术措施，长河坝水电站开关站边坡锚索孔成孔效率大幅提高，保证了施工进度，降低了施工成本，取得了明显的经济效益，也为今后类似工程施工积累了宝贵的经验。

特殊加固技术在边坡病害挡土构筑物治理工程中的应用

蔡 立 何 伟

（中水顾问集团昆明勘测设计研究院）

摘　要　本文通过工程实例，论述了抗滑桩加固接长技术、预应力锚索与钢构梁技术在灾害工程加固处治中的应用，并对特殊岩土体在加固中出现的问题进行了详实的阐述，对类似灾害工程的处治提出了一些可供参考的建议。

关键词　抗滑桩接长加固　预应力锚索和钢构梁加固　基础高压灌浆

1　基本情况

某高速公路隧道出口段位于自然坡度30°～40°山坡地形段，路基为半挖半填，填筑路基的支挡结构为重力式砌石挡墙。路基填筑于1998年9月底竣工，1999年10月发现挡土墙与路基出现不均匀沉降和位移，上行线路面沿纵向出现长度不等的拉张裂缝。观测资料显示，约130m长挡土墙出现开裂下沉，最大下沉量400mm、位移700mm，路基下涵洞内底板有明显的断裂。

1999年12月某单位对该路段出现的问题进行了重新处治，拆除挡土墙，改设路堤式抗滑桩板墙，抗滑桩截面分别为2.0m×2.0m和1.5m×2.0m。工程处治于2000年3月21日完成。但是，2000年6～10月在相同路段路面再次发生多处开裂，对抗滑桩板墙的变形观测表明，部分抗滑桩发生较大的下沉和位移，见表1。

K180＋030～K180＋160 抗滑桩观测统计表　　表1

桩号 变形	6号	7号	8号	9号	10号	11号	12号	13号	14号	15号	16号	17号	18号	19号
水平位移（mm）	14	21	62	39	41	39	45	78	154	237	265	244	12	9
下沉（mm）	0	0	0	0	0	0	98	45	65	245	300	276	13	0

由于两次处治均出现问题，受业主委托，我单位组织专家对该路段的工程地质条件、岩土工程特性和病害成因进行了认真调查研究，并对原工程治理措施进行了分析和评估。

2　工程地质条件和病害成因分析

2.1　工程地质条件

该路段为傍山公路，边坡自然坡度约30°，附近有一冲沟分布。工程区内山坡为第四系坡积覆盖，下伏地层为棕红色、板岩夹变质砂岩，岩层N45°W，NE＜22°。岩体风化强烈，较破碎，并且隔层风化现象严重。该路段为公路隧道出口，上行线路堤下堆积了大量的洞挖人工弃渣。下行线路段为开挖路基，多为全强风化基岩，路基条件较好。上行线为填筑路段，由于冲沟切割，路基下分为坡积层及人工填土。

经地质调查及钻孔勘察，公路路面以上的内侧山坡未发现坡体变形及破坏迹象，自然山坡是稳定的。

2.2 病害成因分析

该工程的病害有几个显著特征：①裂缝多发生在雨季 K180＋120 冲沟切割附近。②路面的裂缝多发生在挖填结合部。③路基支挡结构物同时表现出下沉和水平向的位移变形。

第二次加固后的部分抗滑桩，为了改善其受力条件，在抗滑桩上加了预应力锚索，但从表 1 的变形观测上看，加预应力锚索的部分抗滑桩同样发生了水平向的位移，显然锚索未发挥作用。

在广泛调查研究、综合分析的基础上，我们认为该路段路堤支挡工程反复出现病害的重要原因主要有：

（1）山坡开挖后原有的应力平衡被打破，大量的弃渣沿山坡堆积，原排水措施未把公路以上的降水有效地引出坡体以外，在雨季大量的地表水渗入条件下，一方面人工弃渣呈饱和状态，加重了坡体顶部的荷载；另一方面由于下伏岩体风化强裂，节理发育遇水易软化，从而造成坡体表层沿缓坡向蠕动变形。在蠕动变形牵引力的作用下，加之支挡构筑物的基础埋深不够，路基变形和路面拉裂就在所难免。

（2）从该地区的工程地质条件可以看出，区域内地层的隔层风化现象严重，强风化泥岩遇水易软化。该地区的特殊工程地质条件决定了在确定路堤支挡构筑物时，要进行支挡结构物承载力、嵌固深度及抗倾覆验算，若没有详细的勘察资料和岩土物理力学指标，应做谨慎仔细的分析、评估。

从抗滑桩的变形观测资料和随后进行的补充勘探资料分析：一是桩的嵌固深度不够，抗滑桩下沉表明桩底岩土体的承载力不够。二是预应力锚索的锚固力不够，从抗滑桩的受力形式分析，水平向的位移表明锚索锚固力未能满足设计要求。图 1 补充的勘探资料清楚显示：5 号至 18 号抗滑桩桩底高程均处在岩土体不良地质特性下限以上，嵌固深度显然不够。12 号至 18 号桩基本上属吊脚桩，表 1 的变形观测数据也进一步验证抗滑桩的下沉主要发生 12 号至 18 号桩。由于抗滑桩的设置深度不够，导致支挡结构物的变形，路面的开裂也就在所难免。

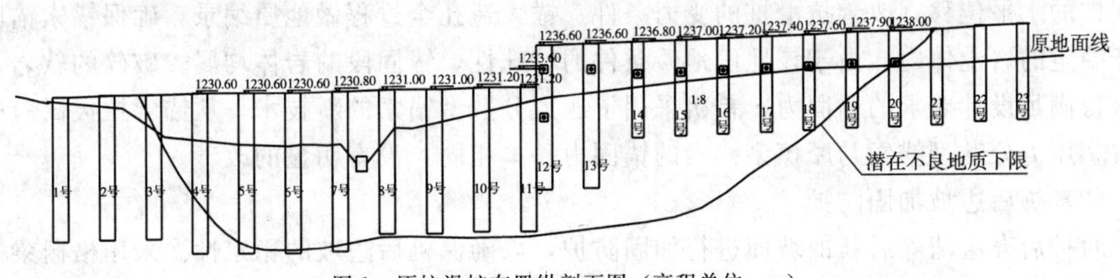

图 1 原抗滑桩布置纵剖面图（高程单位：m）

3 治理方案

在我单位接受委托时，该高速公路已经试通车，拆除变形的支挡构筑物重新处治显然是不合理的，不仅造成很大的经济损失，也会延误高速公路的按时通车。基于对该路段病害成因的慎重分析，我们认为原设计方案（抗滑桩加锚索桩板墙）主体思路是对的，但由于设计处治深度不够，方案不够周全，导致工程实施后未能实现设计目的。在深入调查和慎重研究的基础上，提出了对原构筑物进行重点加固，并对路基下边坡进行综合治理的处治方案（见图 2，图 3），其主要措施如下：

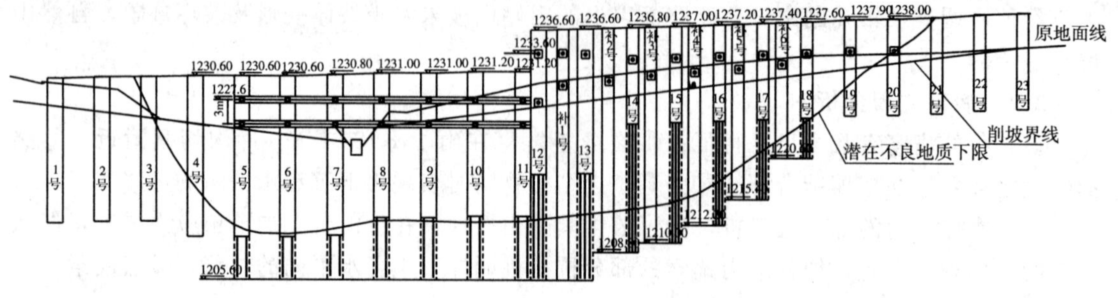

图 2　抗滑桩加固剖面图（高程单位：m）

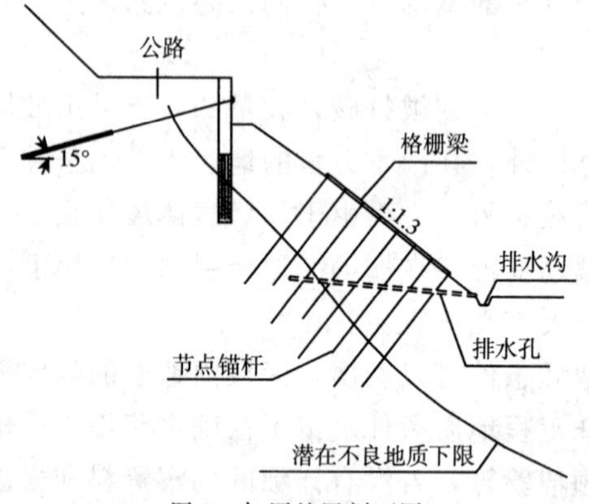

图 3　加固处置剖面图

（1）接长原抗滑桩

采用在抗滑桩上钻孔成桩的方法使抗滑桩嵌入稳定的岩土体内，钻孔桩的布置见图 2。钻孔桩达到设计深度并由地质工程师鉴定后，先进行压力固结灌浆；固结灌浆后重新扫孔，安放重型钢轨，用 M30 高强度等级水泥砂浆一次浇注致桩顶。

（2）改善原抗滑桩的受力条件

在 5 号～11 号原抗滑桩上采用钢构梁加预应力锚索（750kN 级）对抗滑桩进行加固，控制桩的水平位移，改善抗滑桩的受力条件。锚索造孔全过程做地质编录，确保锚索锚固段置于稳定的岩土体内。由于该地段地质条件的特殊性，锚固段的岩体均属较破碎的软岩，为了获得满足设计要求的锚固力，首次采用了压力分散型锚索的新技术。从锚索拉拔试验的效果看，压力分散型锚索与摩擦型锚索的锚固力基本相同，没有明显的改善。

（3）桩后边坡加固防护

对桩后弃渣清除后新的坡面进行加固防护，以确保桩后边坡的稳定性。采用格栅梁、节点锚杆、排水孔等措施进行整治。

（4）增设系统排水措施

该路段的水害防治是整个治理方案的一个重点，其基本思路是：截、排、疏。在公路上边坡新增设一条截水沟，雨季拦截一部分山洪。在公路排水涵洞出口处增加一条排水明沟，将出水引至坡体以外。在格栅梁底部设置一排深层排水孔，疏排渗入坡体内的潜水，彻底改善边坡的稳定性环境。

4 计算模型选择

由于该边坡属抢险加固工程，相应的岩土物理力学指标及土工试验数据采集不全，给设计计算工作带来很大的困难。为了简化验算方法而又有适当的安全度，根据地质报告和边界条件，验算时以最不利的情况进行验算，附加荷载按公路规范选用 47kPa，地震烈度 8 度。选择受力最大的 12 号、13 号桩进行验算，受力模式按单跨剪支梁进行验算。

由于抗滑桩的加固是采用在桩上造孔加重型钢轨灌浆来增加抗滑桩的嵌固深度，验算按多孔合算即单桩进行验算，因此为了使加固的实际情况满足计算模式要求，在施工中要求，单孔造孔后对单孔周边的土体进行高压固结灌浆，使每桩 5 个孔周边的岩土体近似为一个均质固结体，然后重新扫孔下放重型钢轨，并用细石混凝土或高标号砂浆回填灌浆。从工程完工后的观测资料看，加固的效果已达到设计要求。

5 变形观测

为了检验工程加固后的效果及施工过程中的安全预报，在施工全过程中及竣工后对抗滑桩加固做了变形监测。

(1) 观测仪器为瑞士威特 T_2 经纬仪，采用直线观测法进行观测，观测精度为±1mm。变形观测点在各抗滑桩上设置，距 23 号抗滑桩 40m 远处浇筑混凝土稳定点为测站。控制点距 1 号抗滑桩 300m 远处选道路标志杆做一后视点，相反方向距测站点 500m 远处选路边两电杆为校核方向。

为避免温差过大对观测精度造成影响，每天安排在早上及傍晚进行观测。在部分抗滑桩锚索张拉期间，直接对张拉过程中抗滑桩的受力变形情况进行监测。由于施工期间钻机干扰，部分桩在 1、2、3 月无法进行观测。

(2) 经过一个水文地质年的变形观测，加固后抗滑桩的水平位移和垂直沉降均趋于零(观测周期标准值之差)，表明抗滑桩加固效果显著，治理方案已经达到了预期的目标，与抗滑桩加固前表 1 的观测数据相对比，其加固效果不言而喻。

6 结束语

(1) 病害工程的出现，其病根通常是对工程所处地段内的工程地质条件、岩土物理力学指标及岩土工程特性没有查清所致，因此针对公路工程的特殊地段及相关的重要部位，布置一定数量的详勘和原位测试工作是非常有必要的。

(2) 由于岩土工程的特殊性，有时勘探工作并不能把的所有岩土工程问题查清，因此对隐蔽工程的开挖验坑必须由相应的地质工程师严格把关。出现异常情况，应及时反馈给设计人员。实际上，岩土工程设计其本质就是信息化设计，随着工程地质条件的新变化，不断的对设计做出调整和优化，是工程建设和除险加固的关键。

(3) 针对病害工程的治理，在充分认识的基础上，不宜夸大其危害范围。要“对症下药”，病因要找准，措施要得当，且处治要迅速，防止隐患扩大和延伸。另外，病害工程处治后，应建立一个长期监测计划，验证工程的处理效果，及时发现新的问题，及早解决。

锚固技术在芒里水电站右岸高边坡治理中的应用

贺东平　汤永福　余胜兵　李小榜

（中国水电工程顾问集团昆明勘测设计研究院）

摘　要　文章简述了芒里水电站枢纽区右岸高边坡滑坡治理工程方案设计情况，介绍了预应力锚索、锚杆、混凝土框格梁、拱形C15混凝土骨架、菱形C20混凝土网格梁，六角空心砖填土人工植草等锚固措施的联合应用，希望能够为其他类似工程提供参考。

关键词　边坡治理　失稳模式　多种锚固措施　预应力锚索

1　工程概况

芒里水电站位于德宏州潞西市遮放镇境内芒市河干流中下游峡谷河段，坝顶高程852.000m，最大坝高61m。工程区气候条件为雨季单点暴雨突出。坝址处河谷狭窄，呈“V”字形，两岸山高坡陡，河床海拔高程800m左右。右岸山坡坡顶最大海拔高程950m左右，山坡与河床最大相对高差约150m。边坡区表层为残坡积层，粉土、粉质粘土夹碎石、块石，厚一般2～3m，最厚达7.7m。下伏基岩为花岗片麻岩、黑云母斜长角闪岩等变质岩，片麻理产状N35°E，SE∠39°。右岸坝肩为顺向坡，地形坡度与片麻岩倾角近于一致，整个枢纽区无大的断层。工程区地震烈度为8度，地震动峰值加速度为0.2g，地震动反应谱特征周期为0.45s。

2006年在由于坝基开挖造成边坡沿着软弱夹层滑动，采取了临时加固措施后基本处于极限稳定状态。2008年10月由于连续降雨，加快了右岸边坡的变形速度，边坡开裂变形，局部产生坍塌。据观测，边坡每天位移量约1cm，需要对坡体进行锚固处理。

2　边坡稳定性分析评价

2.1　边坡失稳模式判别

依据相关边坡规范[2,3]及工程类比判断，残坡积层及全风化砂粒状的岩土体的自然边坡稳定范围为1∶1.25～1∶1.5，即边坡角为39°～33°，而强风化岩体受风化卸荷作用影响，岩体破碎，其自稳条件受顺坡向片麻岩倾角大小控制，约为39°左右。现状右岸地形自然边坡角为38°左右，处于极限平衡状态。高程EL.899.000m以下边坡开挖偏陡，尤其坡脚处坡度大多在50°以上，局部更陡且支护强度不够，大部分已出现松动变形，局部已塌滑，若不及时进行处理，可能会出现整体滑移，并进一步牵引上部边坡，导致更大范围的边坡失稳。其失稳模式可能是上部全风化岩体内部发生圆弧形滑移失稳，最不利的失稳模式是沿强风化岩体底部附近片麻岩产生平面型失稳破坏。

2.2　边坡稳定计算方法及参数确定

本工程属于岩质边坡且高度较大，由于岩质边坡是由众多结构面切割的岩体组成，呈现多种失稳模式，通常有平面、圆弧、楔体、倾倒和溃屈等形式[4]。根据地质判断，本工程边坡属于或平面或圆弧滑动，因此选用基于斜条分的边坡稳定极限平衡法的 Sarma 法进行分析，国内陈祖煜院士对 Sarma 法进行了优化改进，即塑性力学上限定理能量法。根据本工程特点，本工程考虑持久、暴雨及地震三种工况，并对边坡不同部位的滑裂面进行了随机搜索，求解边坡的安全系数。根据岩土工程试验和勘察资料，本工程计算所需的岩体及主要结构面的力学参数见表 1。

边坡稳定计算物理力学指标采用值　　表 1

地层岩性	天然重力密度（kN/m^3）	饱和重力密度（kN/m^3）	抗剪断强度	
			c'（MPa）	f'
全风化花岗片麻岩	20.0	20.6	0.02	0.40
强风化花岗片麻岩	24.0	24.5	0.10	0.55
弱风化花岗片麻岩	26.0	26.5	0.30	0.70
强风化与弱风化触面			0.05	0.50

3　边坡治理方案确定

由于本工程边坡高达 150m，采用单一的治理方案不经济也不科学，根据类似工程经验及边坡现场实际情况，本工程采用强支护措施与弱支护措施联合使用，为方便施工，将边坡分为 A、B、C、D 四个区。采用了削坡减载、1000kN 级预应力锚索、锚杆、混凝土框格梁、拱形 C15 混凝土骨架、菱形 C20 混凝土网格梁，六角空心砖填土人工植草以及降排水措施。以上措施在一些区段是联合应用的，比如在 B 区，同时使用了锚索＋框格梁＋布置拱形骨架＋砂浆锚杆（图 1、图 2）。

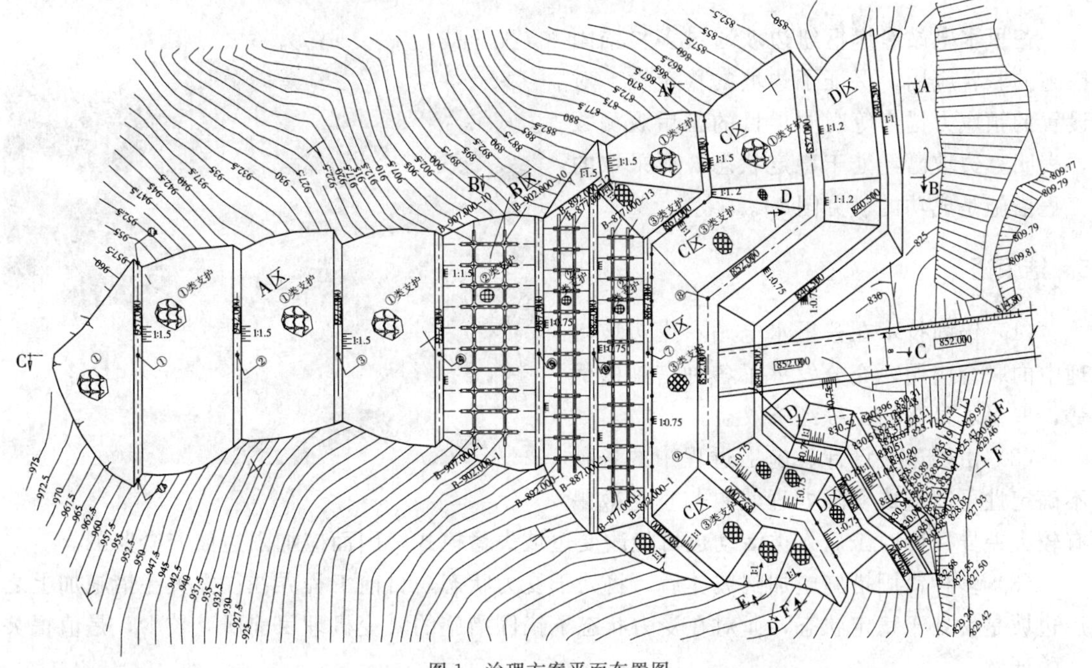

图 1　治理方案平面布置图

依据设计方案，计算校核了现状边坡、开挖未支护边坡以及支护后边坡在常态、暴雨、及地震三种工况下不同滑面处的稳定系数。结论为现状边坡安全系数在三种工况下均不能满足规范要求。开挖未支护边坡的暴雨、地震工况安全系数不能满足规范要求。进行加固处治后的边坡，其安全系数在各工况下的均能满足规范要求。

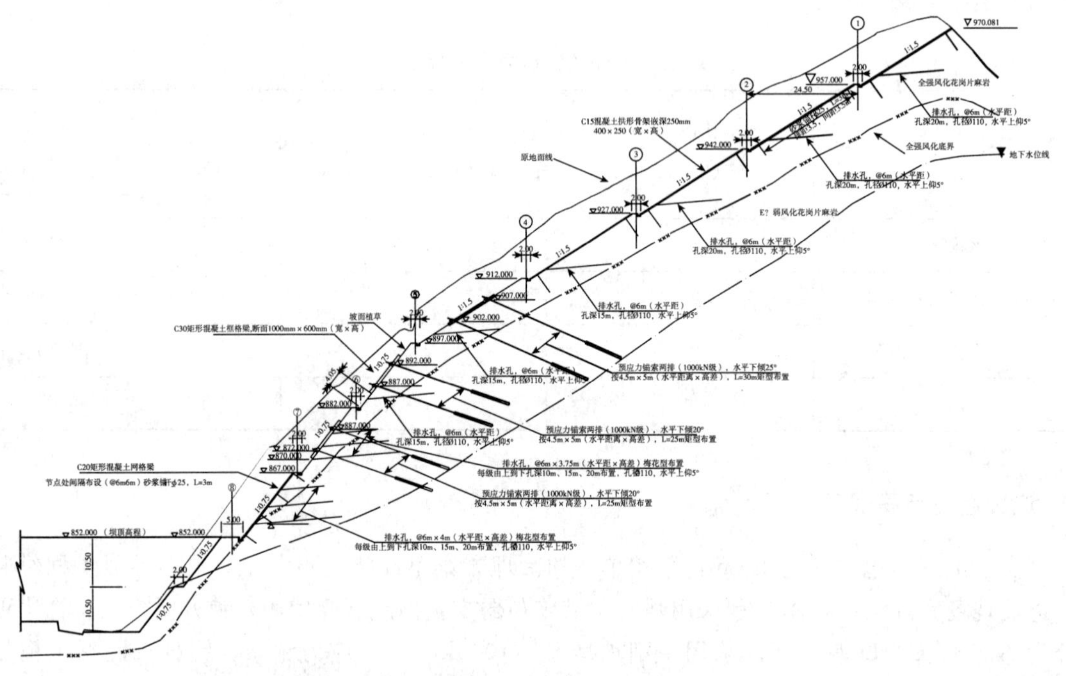

图 2　治理方案剖面布置图（尺寸单位：m；高程单位：m）

4　边坡处理效果

芒里水电站右岸枢纽边坡通过多种锚固措施的联合应用，保证了边坡的稳定性。对设置的预应力锚索等观测项目的工后观测数据表明，边坡已经处于稳定状态，所采取的工程措施是成功的（见图 3）。

图 3　边坡竣工全景图

5　结束语

（1）锚固技术在芒里水电站右岸边坡治理中的联合应用，充分发挥了各种措施的优势，取得了显著的工程经济效益。

（2）由于边坡设计、施工过程中的各种不确定性可能造成实际处理效果与理论效果有较大差异，同时工后人类活动也可能改变边坡失稳模式，因而应加强边坡安全监测。

（3）多种锚固措施施加到坡体后，将处于受力状态，目前工程界往往只关注措施加上之后边坡是否处于稳定状态，而对在受力状态下锚固措施的时变机理目前研究较少，是值得关注的课题。

参考文献

[1] 唐树名．碎裂结构岩体路堑边坡锚固机理分析及其应用研究．[博士学位论文 D]．重庆：重庆大学，2003.

[2] 中华人民共和国行业标准．SL 386—2007. 水利水电工程边坡设计规范．北京：中国水利水电出版社，2007.

[3] 中华人民共和国行业标准．DL/T 5353—2006. 水电水利工程边坡设计规范．北京：中国电力出版社，2007.

[4] Chen Z. A generalized solution for tetrahedral rock wedge stability analysis. International Journal of Rock Mechanics and mining Sciences. 2004，41：613-618.

[5] 曾宪斌，麦荣强，林思波．锚索格构梁在岩质滑坡治理中的应用．探矿工程（岩土钻掘工程），2009：36（4）．

高填方区水平向预应力管式锚索初探

林金福[1]　张　杰[2]　徐国民[1]

（1. 西南有色昆明勘测设计（院）股份有限公司　2. 玉溪大红山矿业有限公司）

摘　要　本文就一种新型锚索——水平向预应力管式锚索的构建形式、作用原理、受力机理以及设计施工中应该注意的一些问题作了初步探讨，仅供同行讨论，其中可以预见和没有预见的诸多问题需要实践证明和在实践中进行认识、总结和改进。

关键词　即做即用　管式锚索　分散型　锚固力　压实填土

1　前言

边坡治理工程方案设计与工程实施中，常常会遇到一些特殊情况，而这些特殊情况又往往需要采取非常规的手段来解决。特殊问题的解决，常常需要创新的思维和工程手段，因此，解决问题过程的本身就意味着可能得去思考一种新的工艺方法。“预应力管桩锚索”这一方法就是在解决某高填方边坡治理工程桩锚支护结构的锚索问题中提出来的。

2　预应力管桩锚索产生的背景

2.1　边坡条件

某工程建设在由斜坡经挖填整平而成的台阶状场地上，其中电力设施——总降系统位于1766m平台上，其下为1744m平台。总降系统前沿边坡所在地段填土前斜坡原始标高为1740m左右，斜坡坡度10°～25°不等，1711m平台至1766m平台间高差22m。1766m平台西段边坡全由填方组成，累计填土厚度最大达26m。由于用地原因，填方边坡以直立坡为主。填土料为挖方区全～强风化玄武岩及其残坡积土。

2.2　原设计与工期

原设计采用的支护结构形式为锚拉桩板墙，由于桩板墙后为大范围的厚大填土，要采用斜锚将锚索置于稳定地层中的难度较大，故原设计采用了墩式水平拉锚，将锚墩置于稳定区域的填土中，利用填土的强度提供锚固力见图1。

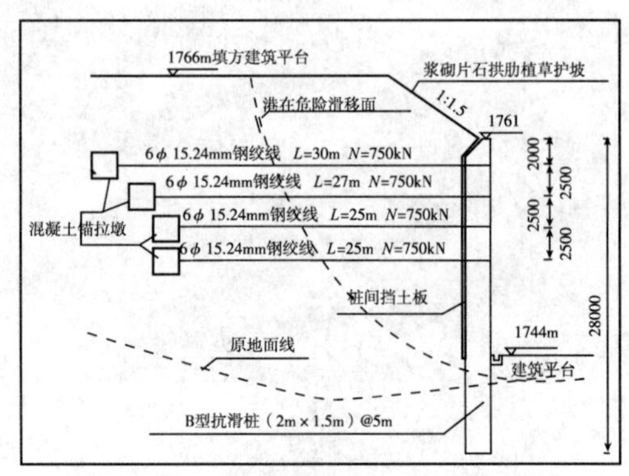

图1　填方区水平墩式锚拉抗滑桩板墙支护（尺寸单位：mm）

支挡桩施工完成后，由于总降系统建设工期要提前完成，建设方要求22m高的场地填方必须在25d以内完成，而仅4排拉锚之锚墩龄期一项就不可能满足工期要求，因此，必须想出一种即做即用不误填土施工、满足工期和锚固力要求的锚固方法。

2.3　设计变更

预应力管桩从生产到投入使用对时间要求较短，而且多数厂家都有现成产品，可以现买即用。若将锚索用承载板与管桩连接在一起埋在压实填土中，即可做成压力形锚索。这种锚索结构施工安装方便快捷，可以实现快速锁定，几乎不影响填土施工速度。基于上述思考，决定将原设计的墩式拉锚改为预应力管桩锚索，待填土填到设计标高时进行锚索安装。

3　预应力管桩锚索的构造

本工程原设计锚墩抗力为750kN，经计算，改为管桩锚索后，若采用ϕ500mm管桩替代锚固体，锚固段长度需要20m，可用两节10m长的管桩制作成压力分散型锚索。锚固段设于经计算的最危险潜在滑移面之后1m之外，钢绞线自管桩内穿过，两个承载板分别与两节管桩的尾部相连。为便于填土碾压，自由段设钢管外套并预置注浆管。为便于注浆及防腐，承载板及管桩端头均用快速凝结混凝土封包。之所以先做成压力分散型锚索，是为了解决工期问题，即先安装好管桩锚索，当填土填到下一排锚索安装标高时即可锁定本排锚索。为了解决进一步的防腐及管桩与自由段钢管套的空心问题，锚索安装时，锚固段锚索按拉力型设置，在完成压力分散型锚索的锁定后，通过预置注浆管注浆，注浆后便可形成拉力分散型锚索，这样使锚索的防腐更可靠。为了便于浆液充填饱满，锚索安装时，做成内倾3°～5°的倾角，具体构造详见图2。

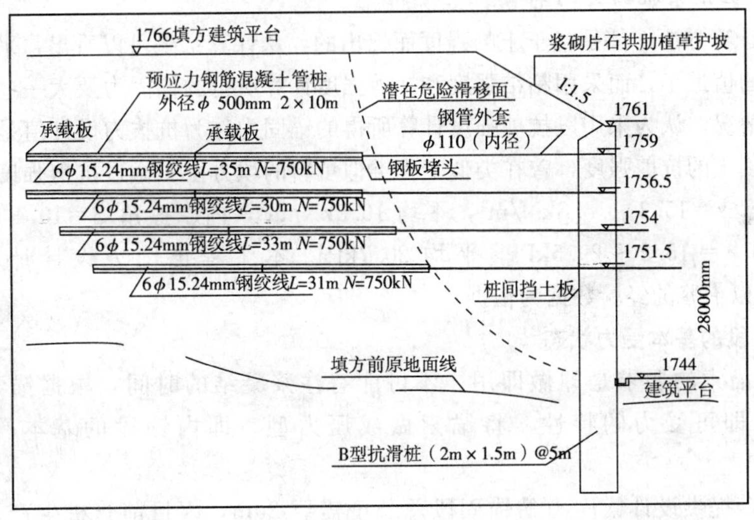

图2　填方区水平向管式锚拉抗滑桩板墙支护（高程单位：m）

4 预应力管桩锚索的作用原理

4.1　锚固力的计算

4.1.1　按管桩的摩擦力计算锚固力

若把替代锚固体的管桩看作一根水平放置的桩体，按《建筑桩基技术规范》(JGJ 94—94)规定的抗拔极限承载力标准值为：

$$U_k=\sum\lambda_i q_{sik} u_i l_i=0.8\times 28\times \pi\times 0.5\times 20=704\text{kN}$$

抗拔力设计值为：

$$N=U_k/（r_0\times r_s）=704/（1\times1.65）=427\text{kN}$$

4.1.2　按粘结强度计算锚固力

据《建筑边坡工程技术规范》（GB 50330—2002），按照地层与锚固体粘结强度特征值试算锚杆轴向拉力标准值：

$$N_{ak}=\zeta_1\pi Df_{rb}=1\times\pi\times0.5\times20\times25=785\text{kN}$$

算锚杆轴向拉力设计值：

$$N_a=N_{ak}/r_Q=785/1.3=604\text{kN}$$

4.1.3　按土层抗剪强度计算锚杆的设计拉力

《岩土工程治理手册》提出了两个计算式：

其一：按照土的物理力学性质及锚杆埋深与注浆工艺等计算锚杆轴向抗拉力：

$$p=\pi DL_{\mathrm{m}}（K_c rh\tan\varphi+c）=\pi\times0.5\times20（0.5\times16.5\times6\times\tan12°+15）=801\text{kN}$$

其二：按照土层的抗剪强度计算锚杆的极限抗拔力：

$$\begin{aligned}T_{\mathrm{u}}&=\pi DL_{\mathrm{e}}\tau+qA\\&=\pi\times0.5\times20\times50=1571\text{kN}\end{aligned}$$

式中：$\pi DL_{\mathrm{e}}\tau$——土层的摩擦抵抗力；

qA——土压抵抗力，忽略。

4.1.4　管桩锚索抗拔力的取舍

上述几种计算方法，都是基于土的强度而提出的，从计算结果可以看出，采用桩的极限抗拔力计算所得的值最小，而采用粘结强度和抗剪强度计算所得的锚固力要大一些。根据管式锚索的实际工作情况，认为采用以抗剪强度计算所得的锚固力作为抗拔力设计值是有一定可靠度的。关于压实填土的抗剪强度，曾在类似工程类似填料的填方土中做过抗剪强度试验，试验结果是：重力密度 $\gamma=15.3\sim18.8\text{kN/m}^3$，平均 16.5kN/m^3，内摩擦角 $\varphi=10.4°\sim22.8°$，平均 $13.8°$；凝聚力 $c=15.2\sim29.5\text{kPa}$，平均 20.7kPa。本工程锚固力设计计算取 $\varphi=12°$，$c=15\text{kPa}$,有可以借鉴的经验数据为依据。

4.2　内锚段的基本受力状态

本工程对锚索的要求是即做即用，不可能有注浆凝结的时间，根据锚索通过传力板与管桩连接后即可受力的特性，将锚索做成压力型，即内锚段的基本受力形式为压力型。

根据计算，提供设计锚固力的锚固段总长度需要 20m，因目前管桩生产水平和施工快捷，将锚固段分为 10m 长的两段形成压力分散型锚索。

4.3　内锚段的基本受力形态的转换

最初形成的压力分散型锚索的内锚段是无粘结式的，通常认为，粘结式内锚段工作可靠、耐久性好，因此，在安装锚索时，将锚索按拉力分散型锚索预置，待锚索处于工作状态后进行注浆，这样，压力分散型锚索就转为拉力分散型锚索，这是其一；其二，由于替代锚固体的管桩是在新填土中工作的，并且是中空的，注浆后的拉力型锚索有利于克服管桩锚索的“摆尾现象”造成应力损失，也有利于锚索的防腐。

通过受力形态转换的拉力型锚索，与常规工艺形成的拉力型锚索的区别在于：锚索的压力型阶段完成张拉，注浆后形成的是“先张法”拉力型锚索。

5 需要注意的几个问题

5.1 压实度与锚固力

一般情况下，对于作为地基土使用的压实填土，根据拟建场地的特性不同，压实系数的要求不同，但一般要求其压实系数 $\gamma_c \geqslant 0.94$。很显然，相同的填料压实系数越高，填土的强度越高。从前面的计算可以看出，预应力管桩锚索的锚固力，主要依赖于填土强度。因此，填土的压实度就显得特别重要，填方施工时必须严格控制，分层压实。为了有利于压实，填料选择应优先考虑砂砾和土夹石，细颗粒土最好是含砂粒重的土，并严格控制含水率。其次是填料的透水性要好，不至于雨季期间形成较高的地下水位而使桩墙后土压力增加和填土强度降低。此外，管桩周围 1m 范围内最好选择强度较高的填料，以保证填土的强度。

5.2 锚索注浆与防腐

注浆的效果影响锚固力与防腐，因此注浆也是锚固工程至关重要的环节。本项目设计为水平锚，不利于注浆的饱满，因而改为 3°倾斜并设排气管。此外，本设计每根锚索有 4 个对注浆和仿佛不太有利的部位，即锚索底部、两节管桩接头部位、锚固段与自由段交替部位、锚索与挡土桩的衔接部位，必须采取辅助措施，确保不漏浆和最终使钢绞线都在浆体的握裹之中。

5.3 填土的沉降与剪力

由于是厚大的新填土，工后沉降是在所难免的，在沉降比较均匀的情况下，填土内的锚索（主要是两节管桩结合部及锚固段与自由段转换部位）不至于形成明显的剪应力，而当填土沉降较大时，在填土与挡土桩结合部可能形成剪力，剪力过大时可能引起浆柱破坏，破坏防腐效果，甚至于对锚索钢绞线产生剪切性破坏。因此，一是要从填土的压实度方面控制工后沉降；二是桩板墙后尽量回填砂砾碎石层，把此部分的工后沉降控制到最小，同时这也是透水反滤的要求。

5.4 管桩的压应力问题

管式锚索初期阶段为压力型锚索，锚索拉力通过传力板将力传至管桩底部，从而产生压应力，以每节管桩锚索可能承受的极限拉力 800kN 计算，通过传力板在管桩底部环形桩壁上产生的应力为：

$$\sigma = 800/(\pi R_1^2 - \pi R_2^2)$$

根据相关资料，桩径 500mm 壁厚 100mm 的 C80PHC 管桩，其混凝土弯曲抗压强度和轴心抗压强度标准值均为 50.5MPa，因而，管桩的压应力满足验算要求。此外，还要注意传力板的抗冲切强度及凹陷变形问题，本设计采用的传力板为厚 30mm 的钢板，满足要求。

前述某工程，采用了四排即做即用型水平向管式预应力锚索，实现了锚索的快速工作，经过张拉，锚固力均超过设计要求，22m 的高填方，总工期用了 35d，达到了预期目的。

6 结束语

(1) 预应力管式锚索这种新型的锚索结构可以解决大范围的厚大填土的抗滑桩板墙的锚固问题。

(2) 预应力管式锚索在解决速快填土与锚固之间在工期上的矛盾方面具有优势。

(3) 填土材料的选择、压实度的控制，注浆与防腐的控制是解决锚索是否成功的关键。

锚固段必须置于稳定的填土区域。

(4) 由于是新型锚索，尚无成功经验可以借鉴，这就是最本的风险所在。如锚固力计算完善应该采用何种最切合实际的工作状态，在压力分散型向拉力分散型转换过程中，出现的“先张法”预应力锚索对锚索的工作性能有什么样的改变，还有其他哪些没有预料到的问题，如此等等都需在实践中不断地探索总结。

(5) 实践证明，通过对锚固段构造形式的改进，还可大大缩短锚固段的长度来获得相同锚固力，但必须合理选择管沟的尺寸及其填筑材料。

(6) 由于填土工期短、速度快，填方压实度控制不好，势必会产生较大工后沉降，为了控制沉降和不均匀变形，可在填土中设置土工格栅。

参考文献

[1] 中华人民共和国国家标准．GB 50330—2002．建筑边坡工程技术规范．北京：中国建筑工业出版社，2002.

[2] 中华人民共和国行业标准．JGJ 94—94．建筑桩基技术规程．北京：中国建筑工业出版社，1994.

[3] 中华人民共和国国家标准．GB 50007—2002．建筑地基基础技术规范．北京：中国建筑工业出版社，2002.

[4] 林宗元．岩土工程治理手册．沈阳．辽宁科技出版社，1993.

[5] 苏自约，等．锚固技术在岩土工程中的应用．北京：人民交通出版社，2006.

[6] 闫莫明，等．岩土锚固技术手册．北京：人民交通出版社，2004.

[7] 傅冰骏，等．锚固与注浆面向新世纪国际会议论文集．2002.

自由式单孔多锚头预应力锚索在水电站厂房高边坡的应用

刘六艺　陈东升　胡传安　万应录

（中国水利水电第十四工程局曲靖分局）

摘　要　本文对泸定水电站厂房边坡自由式单孔多锚头防腐型预应力锚索施工技术进行介绍，内容包括自由式单孔多锚头防腐型预应力锚索的特点、结构、施工程序与方法、质量检查与控制、施工异常情况的处理。

关键词　多锚头预应力锚索　编索　穿索　张拉　质量控制

1　前言

泸定水电站厂房边坡开挖最大高度为100m，厂房边坡每20m高设置一级马道，共4级马道，上面3级马道宽度为2m，最下面1级马道宽度为3m。厂房边坡包含土边坡和岩石边坡，岩石边坡坡比为1∶0.5，土边坡为1∶1至1∶1.5。土边坡和岩石边坡深层支护均采用自由式单孔多锚头防腐型预应力锚索。土边坡上设置框格梁锚索，锚索设计锚固力为1500kN和1000kN，锚固深度为50m和40m，锚索间排距均为3m，混凝土框格梁尺寸为40cm×40cm，网格间排距为3.0m。岩石边坡上的锚索设计锚固力为2000kN、1500kN，锚固深度为50m和40m，2000kN锚索间排距为5m，1500kN锚索间排距为6m，锚索俯角均为10°。锚索锚墩均为现浇混凝土。

2　自由式单孔多锚头防腐型预应力锚索特点

（1）改善锚固段应力分布状况

自由式单孔多锚头防腐型预应力锚索为单孔多锚头结构，每组锚头分别承担一定荷载，改善了应力分布状况和围岩的受力条件，避免了传统拉力型锚索内锚头产生应力集中引起的锈蚀，对工程的长效锚固起到了重要作用。

（2）有效防腐

单锚头密封套组件与无粘结钢绞线PE套一起构成了阻水效果非常良好的防渗体系，使钢绞线免遭外界侵蚀，有效地解决锚索防腐问题。

（3）有效减小孔径

自由式单孔多锚头防腐型预应力锚索的锚头数目及组合结构根据工程地质特性和锚索吨位大小进行选择，使制作成的锚索体的外径尽量最小，并且满足锚固段围岩地质条件及锚固力对锚孔孔径的要求。工程施工实践表明，自由式单孔多锚头防腐型预应力锚索不仅使得锚固段不再需要扩孔，而且可使得锚索孔径有效减小，对保证工程进度、降低成本具有非常重要的作用。

（4）全孔一次灌浆及二次张拉

全孔一次灌浆工艺，既保证了灌浆质量，又简化了工序、提高了灌浆工效。

无粘结钢绞线的钢绞线可在PE套内自由滑动，因此，无粘结钢绞线可采用全孔一次灌浆工艺，即一次完成锚固段与自由段灌浆，浇筑锚墩，候强后进行锚索张拉，也可进行二次张拉。

3 自由式单孔多锚头防腐型预应力锚索结构

自由式单孔多锚头防腐型预应力锚索由导向帽、托板、挤压头、承载锚板、注浆管、高强低松弛无粘结钢绞线构成，其特征在于钢绞线穿入密封套后与挤压套冷挤压成挤压头。密封圈位于挤压头底部与密封套内端面之间，密封帽与密封套通过螺纹连接并用密封胶密封，密封套、密封帽与挤压头之间填充有环氧树脂，形成的挤压头密封套组件前端突出的圆柱体嵌入托板上的对应孔，钢绞线穿过承载锚板上的对应孔而固定在承载锚板与托板之间，构成防腐型锚头。一根锚索由多组锚头构成，每组锚头由一块托板、两个单锚头、一块承载锚板组合而成，例如1000kN锚索由三组锚头组成，见图1。

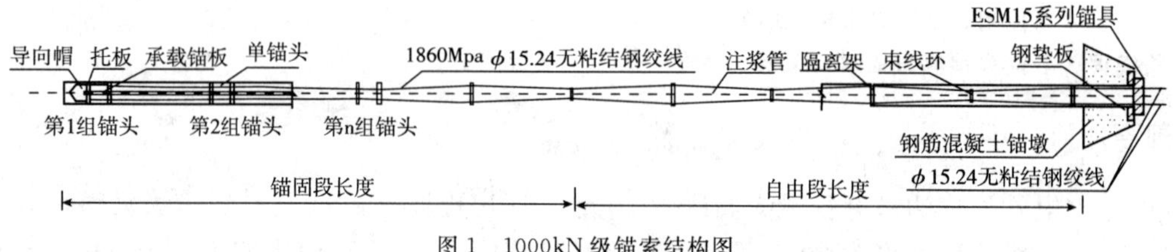

图1 1000kN级锚索结构图

4 自由式单孔多锚头防腐型预应力锚索施工

4.1 施工程序

施工程序见图2。

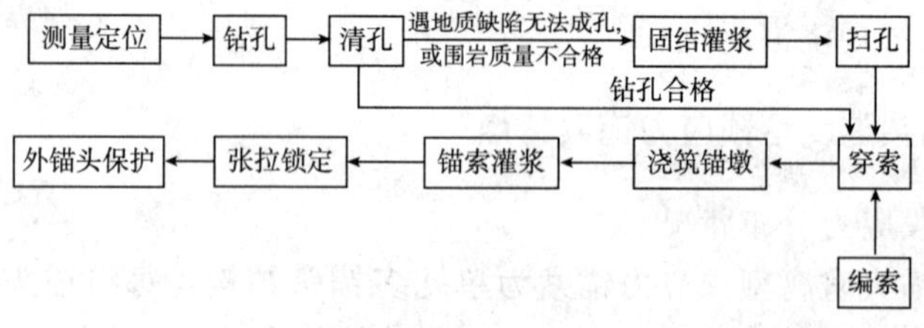

图2 锚索施工程序

4.2 造孔

锚索钻孔设备选用YG－80锚索钻机，同时配置大吨位液压拔管机等配套钻具。对于土边坡和破碎岩石边坡上的锚索孔采用跟管钻进造孔。造孔时，用同径常规钻头先造孔0.5～1.0m左右，为跟管钻进提供定位和导向作用。开钻前，让偏心钻头伸出套管靴，正转速度达到一定时，张开偏心钻头即可进行钻进。跟管钻进过程中，边加钻杆边加接套管。每钻进2～3m，提钻检查钻头与冲击器的连接状况、偏心钻头连接机构及锁紧机构状况，更换销子，防止掉钻事故的发生。当跟管钻进至覆盖层与基岩接触面时，即将跟管钻头、冲击器、钻杆提出孔外，再用常规钻头钻进至设计深度。施工中遇到大孤石等障碍使得跟管困难时，用常规钻头钻出导向通道后再偏心扩孔跟管。钻孔完毕后，连续不断地用高压风彻底吹洗钻孔，直至孔口返出之风手感无尘屑，延续5～10min，使孔内沉渣厚度不大于20cm。在套管内放入锚索体，用液压拔管机将套管拔出。

4.3 固结灌浆

锚索孔钻进过程中，若遇破碎段导致成孔后无法下索，要对该段进行固结灌浆处理，灌浆压力采用0.1～0.2MPa，开灌水灰比为0.5。

4.4 锚索编制

按实际孔深满足张拉和设计要求的最小长度进行下料，使用切割机下料。下料后，把钢绞线一端的PE套剥除15cm，清洗干净钢绞线每股钢丝，通过YCQ26Q千斤顶把剥除PE套的钢绞线与挤压套冷挤压成单锚头，把一块托板、两个单锚头和一块承载锚板装配成一组锚头，两个单锚头位于托板与承载锚板之间，托板与承载锚板通过黑铁丝捆扎固定牢固。紧靠承载锚板的PE套端部应用胶带缠封，以免灌浆时浆液侵入。锚索锚固段按0.75～1.0m的间距安设隔离架，张拉段隔离架间距1.5m。张拉段在两隔离架中间使用黑铁丝捆扎，锚固段在两隔离架中间使用黑铁丝捆扎成纺锤形。锚固段顶部安装导向帽，导向帽与钢绞线捆扎牢固，同时将导向帽、进浆管正确安装。进浆管用ϕ20PVC管，并应伸入至距孔底20cm处，回浆管安放至自由段端口外1m即可。灌浆管路耐压强度应不低于1.5MPa。对组装好的锚索按照对应的锚索孔进行编号，并登记挂牌，标明锚索编号、长度，妥善放置备用。锚索编制在边坡钢管脚手架上进行。

4.5 锚墩混凝土浇筑

锚墩钢筋制安时，先用风钻在锚孔周围坡面上对称打孔4～6个，插入骨架钢筋并固定。将钢绞线束穿入导向钢管并把导向钢管插入孔口10～20cm，然后按照设计图纸要求分别焊接钢筋网并固定于骨架钢筋上，焊接过程中，不得损伤钢绞线。

钢垫板牢固焊接在钢筋骨架上，钢垫板预留孔的中心位置置于锚孔轴线上。在钢垫板与基岩（框格梁）之间按照锚墩设计尺寸立模。锚墩模板采用定型钢模板，用钢管支架支撑固定模板，确保锚墩整体不变形。

锚墩混凝土在现场用强制式搅拌机拌制，人工入仓，采用ϕ20插入式振捣器振捣密实，锚墩混凝土收仓后，抹平压光。

4.6 锚索灌浆

预应力锚索下索后，进行全孔灌浆。灌浆前先压入压缩空气，检查管道畅通情况。采用孔口阻塞器封闭灌注，浆液从灌浆管向内灌入，空气直接排出。在灌浆过程中，观察出浆管的排水、排浆情况，当排浆浓度与灌浆浓度相同时，方可进行屏浆。灌浆缓慢均匀地进行，不得中断，并应排气通畅。当回浆压力达到0.3MPa，吸浆率小于0.4L/min时，再屏浆30min即可结束。

4.7 张拉

自由式单孔多锚头防腐型预应力锚索为压力分散型锚索，压力分散型锚索张拉程序为：锚具安装→单根预紧→整束分级张拉→锁定。岩石边坡上的自由式单孔多锚头防腐型预应力锚索张拉按先单根循环预紧张拉，再整束分级张拉至设计荷载并锁定。

(1) 单根预紧张拉。为了使锚索单元中所有钢绞线绷直调匀，先对单根钢绞线进行预紧，保证锚索整束张拉时各根钢绞线能均匀受力。预紧张拉使用YC-200D小型千斤顶，按照先中间后周边，对称张拉原则依次张拉预紧。单根预紧张拉力为整体设计张拉力的10%～20%。每根钢绞线至少进行两个循环预紧，要求两次预紧伸长值小于3mm，且每根钢绞线的伸长值不得小于理论值的10%，否则，进入下一循环继续预紧，直至满足要求才能进入整束张拉。

（2）整束分级张拉。整束张拉按 25%P、50%P、75%P、100%P、105%P 逐级张拉，每个张拉力级稳压时间为 5min，超张拉持荷稳压 30min 后卸荷锁定。张拉时升荷速率每分钟不宜超过设计预应力值的 10%。张拉各级加载稳压后，测量钢绞线的伸长值，并与钢绞线理论计算伸长值进行对比，分析钢绞线的张拉结果。

考虑到边坡岩性复杂，锚索张拉力大、索体长，为减少预应力损失，采取间歇张拉的方式。锚索初期张拉力按设计值的 80%控制，待边坡或索体应力充分调整、早期预应力损失基本完成后再进行补偿张拉，使锚索应力超张拉到设计允许应力值后锁定。

当锚索的预应力损失超过设计张拉力的 10%时，进行补偿张拉。补偿张拉在锁定值基础上一次张拉至超张拉荷载，最多进行两次补偿张拉。

框格梁锚索的张拉在框格梁形成后且强度满足要求后进行。框格梁锚索张拉采用单根预紧、整束张拉。整束张拉采用分级、分序循环张拉方式进行。水平向每 6 根锚索为一个单元。

张拉顺序为：第一排→第三排→第二排……

单排内先对每根锚索进行预紧，预紧张拉力为设计张拉力的 15%，然后 1、2、3、4、5、6 锚索按 0.25 σ、0.5 σ分级张拉，待均张拉至 0.5 σ后，采用千斤顶将 1、3、5 锚索同时按 0.75 σ、1.0 σ分级张拉至 1.05 σ，最后将 2、4、6 锚索同时从 0.5 σ按 0.75 σ、1.0 σ分级张拉至 1.05 σ。锚索编号见图 3。

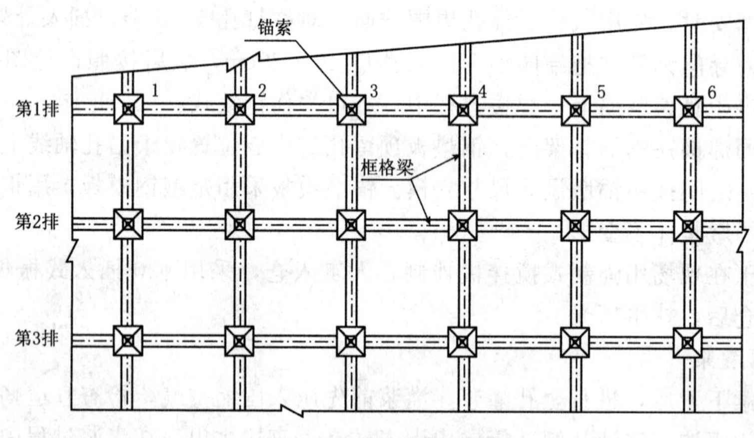

图 3　框架锚索张拉编号图

4.8　封锚

锚具外的钢绞线除留存 10cm 外，其余部分用切割机切除。外锚具和钢绞线端头，用厚度不小于 20cm 的 C30 细石混凝土封闭保护。

5　异常情况的处理

（1）锚索进浆管堵塞。对进浆管已堵塞的锚索采取补设回浆管、利用原回浆管灌浆、提高灌浆压力等方式处理。

（2）锚索夹片滑动或锁定回缩量超标。出现异常的原因包括个别批次的锚具夹片加工缺陷、钢绞线上沾染粉尘等。处理方法为卸荷后更换夹片重新张拉，单根钢绞线补偿张拉等。

（3）当岩体破碎严重，各种裂隙交错发育，使边坡岩体的稳定性大为降低，孔口有大量风化岩体存在，解决方法一是撬除孔口危岩，二是将锚墩体积增大以增大其与岩体的接触面积，再是张拉吨位适当降低。

（4）当锚孔围岩灌浆遇地质条件差而发生严重串孔时，将形成大面积承受灌浆压力的危险局面，对抗滑、抗倾覆稳定极其不利，故灌浆时优先采用单孔单灌，即灌完一个孔再钻相邻孔。若效果仍未达到设计要求，则先临时封堵相邻孔，待灌浆结束后，再对相邻孔进行扫孔。

（5）破碎岩层钻进受阻采用跟管法无法钻进时，可先对施钻岩体采用水泥净浆固结灌浆，并适当掺入对索体无腐蚀物质的速凝剂，待浆液达到一定强度后，再继续进行扫孔和钻孔作业。锚孔围岩灌浆后，还需扫孔，恢复锚索孔道的正常作用。扫孔时间的选择，首先应考虑不损坏缝内充填的水泥结石，其次是易于扫孔作业。具体扫孔时间，可通过试验选定，一般以1～3天为宜。扫孔后的钻孔应冲洗干净，孔内不得残留废渣，扫孔深度和锚索长度仍按原设计施工。

6 质量检查与控制

6.1 质量检查

预应力锚索施工过程中，施工单位会同监理工程师进行以下项目的质量检查和检验：

（1）每批钢绞线到货后的材质证明书、产品合格证及试验检验报告检查和抽样检验。

（2）每批锚具到货后的产品合格证、试验检验报告检查和抽样检验。

（3）预应力锚索安装前，每个锚索孔钻孔规格的检测和清孔质量的检查。

（4）预应力锚索穿索前．每根锚索制作质量的检查。

（5）锚索灌浆前，抽样检验浆液试验成果和对现场灌浆工艺进行逐项检查。

（6）锚墩混凝土抽样检查。

（7）预应力锚索张拉工作结束后，对每根锚索的张拉应力和补偿张拉的效果进行检查。

6.2 质量控制

1）材料和设备要求

锚索施工所需的水泥、砂石骨料、外加剂、钢绞线、锚具等各类材料进场后在监理工程师的见证下抽样送检，送具有相应检测资质的单位进行检测。

锚索施工所用钻机应配有导向机构，且钻机运转要平稳，易于控制钻孔精度，测斜仪器应能满足造孔精度的要求。选用的制浆设备和灌浆设备与预应力锚索孔道灌浆的浆液类型、浓度及施灌强度相适应，且能保证稳定均匀连续灌浆。选用的张拉机具应与锚具的类型、锚索的设计张力相匹配。张拉机具按规范进行标定。

2）锚索钻孔质量控制

（1）开孔前，在设计孔位上检查好冲击器和偏芯钻具，将连接好的冲击器及钻杆安装在平稳的钻机上，再将冲击器及导管固定牢，保持与钻机轴线一致，以免造成移位。

（2）开孔时，使偏芯钻具紧贴岩面先开钻再低压冲击，并且要先开钻后开风，平稳缓慢推进即可。应严格控制钻具的倾角和方位角，当钻进20～30 cm后应校核该角度。为保证钻孔轴线与设计锚索轴线一致，采用导向性较好的钻杆，控制钻速。严格控制钻孔进尺，严禁贪图进尺，做到“短进尺、多排粉”。每钻进5m时用测斜仪测量一次主动钻杆角度。若有偏斜立即纠偏，以保证钻孔孔底偏差满足规范要求。随时检查并紧固钻机周围架管扣件，防止钻机位移。钻进孔越深后，应注意检查钻具磨损的情况，尽量避免孔内事故的发生。

（3）在钻进过程中，应注意观察套管跟进速度是否与钻杆前进速度一致，避免管靴或套管断裂，而造成孔内事故。认真做好钻孔过程中的施工纪录，包括钻进速度，进尺快慢等各种异常情况，真实、客观地反映钻进过程中岩层性质及岩体的完整性，以确保锚固段岩体达到设计要求。

(4) 清孔后下入与锚孔口径相同的探孔器探孔，以验证孔深及孔径。孔深及孔径均满足设计要求后将孔口堵塞保护，以防止异物掉入孔内。

3) 编索、穿索质量控制

锚索编制中钢绞线应一端对齐，排列平顺，不得扭结，绑扎牢固，绑扎间距控制在1.5m左右。锚索安装前要核查孔号与锚索编号，检查孔道通畅情况及索体钢绞线顺直性。锚索一次放索到位，避免在安装过程中反复拖动索体。

4) 锚墩混凝土浇筑质量控制

浇筑锚墩混凝土时，进行现场取样，确保锚墩混凝土的质量。振捣过程中避免振捣器碰到锚墩钢筋、模板及预埋薄壁钢管。混凝土振捣均匀密实，防止漏振。

5) 灌浆质量控制

(1) 锚索灌浆用水泥质量应符合《硅酸盐水泥，普通硅酸盐水泥》(GB 175—1999) 的规定。过期、变质水泥不得使用。

(2) 灌浆采用纯水泥浆，按提供的水灰比制浆，浆液结石体强度满足设计要求。

(3) 制浆站设置浆液配置配合比牌，标明配合比参数，并严格按照配合比参数进行配置。

(4) 制浆站配置称量器具，并随时进行配置用量的校正，以保证浆液配置质量。

(5) 浆液拌制均匀并随时进行浆液比重的测定，确保比重计完好。

(6) 锚索灌浆前，应检查注浆管的通畅情况，在灌浆过程中随时注意检查相邻锚索注浆管的情况，发现有串浆现象及时采取处理措施。

6) 张拉质量控制

锚索张拉机具运抵工地后，先配套试装并进行空载运行，排除液压系统中的空气，检查张拉系统各个环节有无问题，如千斤顶是否漏油，压力表是否回零，高压油泵输油回油是否正常，高压油管系统有无漏油等，发现问题后立即处理，在张拉机具运行正常可靠后方可进行正式安装。锚索张拉操作人员进行专门培训后并经过考试合格，取得上岗证方可上岗。锚索张拉过程中采取缓慢加载，保证索体能充分调整应力，使之受力均匀。同样被张拉的锚索在卸载时也缓慢卸载。锚索张拉采取张拉力控制与伸长值校核的双控措施。

7 结束语

自由式单孔多锚头防腐型预应力锚索属于压力分散型锚索，在泸定水电站厂房高边坡支护中运用是成功的。泸定水电站厂房边坡地质条件差、施工工期紧，采用自由式单孔多锚头防腐型预应力锚索，不但解决了传统预应力锚索对复杂地层适应性差、锚固段应力集中问题，而且该锚索灌浆工序简化，提高了工效，保证了深层支护紧跟浅表支护，为厂房边坡快速开挖创造了条件。

参考文献

[1] 中国电力出版社编．水电水利工程预应力锚索施工规范(DL/T 5083—2004)．北京：中国电力出版社，2004.

[2] 常焕生，等．水利水电工程锚喷支护施工．北京：水利水电出版社，2006.

系统锚杆与预应力锚杆结合进行边坡治理的工程实践

陈克刚

(解放军第309医院)

摘　要　本文介绍了系统锚杆与预应力锚杆结合在某边坡工程治理的应用。在地质剖面上，出露2条断层，揭露断层活动性质，然后对边坡进行设计及施工。

关键词　断裂带　系统锚杆与预应力锚杆　边坡设计及施工

1　工程概况

解放军第309医院位于北京市海淀区百望山脚下，根据生态型医院建设发展的需要，在山坡新建一座燃气热力厂房。拟建场地为开山、削坡后形成的场地，长60m，宽30m。南侧边坡长60m，高5～20m，坡角65°～75°；西侧边坡长30m，高10～15m，坡角85°左右。地基开挖过程中，发现南侧边坡有2条断层露头，为保证护坡及建筑物安全，首先揭露出断裂的活动性质，确定其对边坡支护的影响程度。

2　断裂的活动性分析

在长约60m的地质剖面上，出露2条断层。以下分别叙述断裂在剖面上的特征。

2.1　断层1

断层带中心距场地东边界18m，断层两盘均为二叠纪浅变质砂岩，地层走向北东东，倾向南南东，倾角52°～53°。断层带宽2.0～2.5m带内发育新鲜的断层和擦痕，从擦痕的形态可以判断，断层的活动性质为逆断层。断层出露地表没有发观断层新活动的微地貌。

2.2　断层2

断层带中心距场地东边界60m，断层两盘为二叠纪浅变质砂岩，断层带宽约4m。断层的上盘、靠近断层带的砂岩中发育一组倾向东的破裂面，结合断层带内的擦痕，可以判断它是一条逆断层。断层带内主要为固结成岩的断层角砾岩。

2.3　结论

(1) 该工程开挖出露的断裂属于北京平原隐伏断裂东北旺—小汤山断裂的一个露头。属于东北旺—小汤山断裂的南段，称之为东北旺断裂。

(2) 通过断裂出露点及其附近的地质地貌考察、断层物质年代学测试、第四纪覆盖地层观察分析和年代确定，出露的断层属于非全新世活动断裂，是一条早—中更新世断裂。

根据《岩土工程勘察规范》(GB 50021－2001) 5.8.6规定，对非全新世活动断裂带可不采取避让措施，当浅埋破碎带发育时，可按不均匀地基处理。按《建筑抗震设计规范》(GB 50011－2001) 4.1.7 规定，非全新世活动断裂忽略发震断裂错动对地面建筑的影响。断层不是边坡稳定性的主要控制因素，边坡的稳定主要取决于对岩体的支护与加固。

3 边坡支护方案

3.1 地层岩性

现场钻探所揭露的地层，自上而下依次为坡积碎石土层，其下为侏罗系沉积岩地层，分别描述如下：

(1) 层碎石土：第四纪坡积层，杂色，稍湿，密实，以粘性土冲填碎石为主，碎石粒径变化较大，最大粒径大于 20cm，层厚 0.3～2.0m。

(2) 层凝灰质砂岩：侏罗系沉积地层，层理不发育且产状不明显。以灰绿色为主，强风化～中等风化，石质较硬，岩体节理裂隙发育，且多数裂隙有粘土矿物充填或有锈色渲染，岩体较破碎。

3.2 设计方案（见图 1）

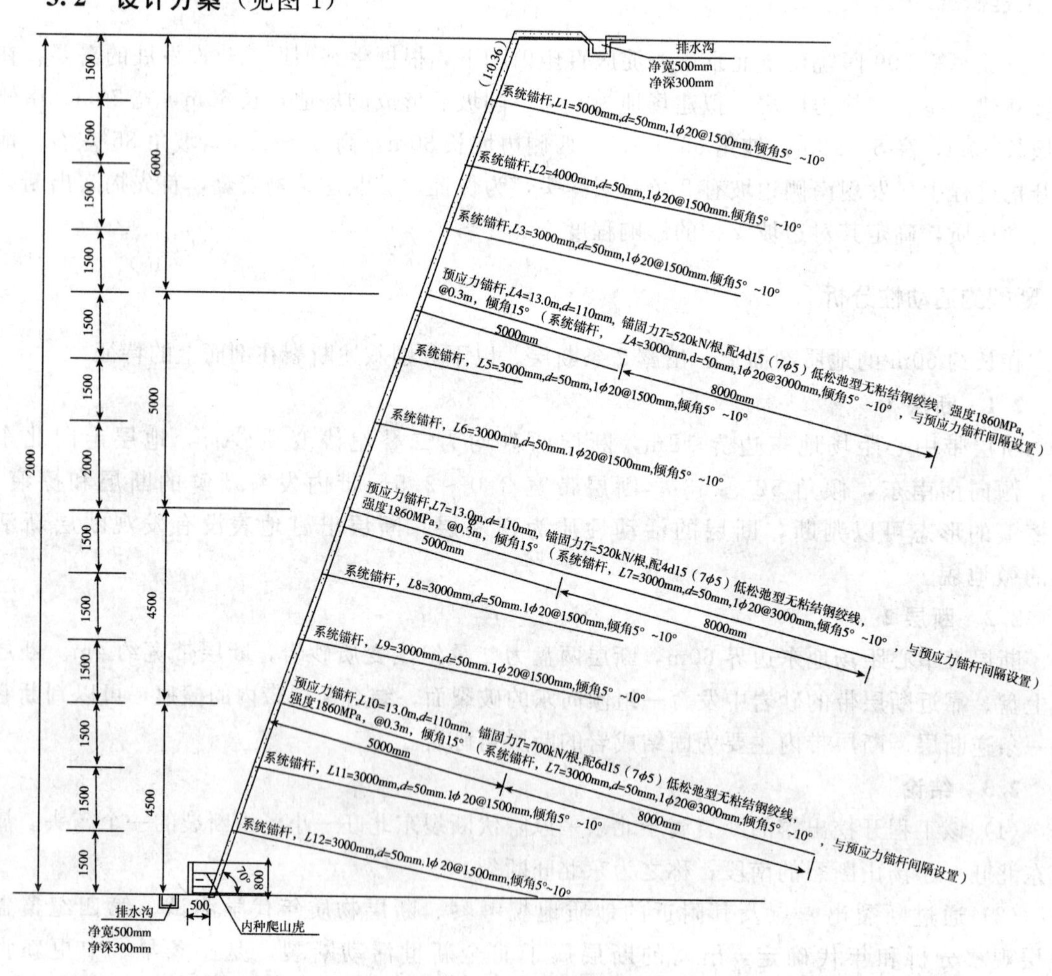

图1 边坡加固剖面图

1）1－1 剖面（南坡）

（1）本剖面边坡高 5～20m。

（2）本设计采用系统锚杆＋预应力锚杆进行边坡治理，坡角 70°。

（3）系统短锚杆

a. 间距 1.5m×1.5（2.0）m，下倾角 5°～10°，孔径 50mm，孔深 3～5m。

b. 成孔后，吹净孔底沉渣，灌注 P.032.5 普通硅酸盐水泥浆，掺入 USE 型膨胀剂和泵送剂（掺量见说明书），水灰比 0.40～0.45，强度 30MPa，采用注浆管常压注浆，插入 1Φ20HRB335 级热轧螺纹钢筋，通体刷防锈漆，顶部做 90°弯钩，长 200mm。

c. 若成孔困难，可采用击入钢花管注浆法替代。

d. 局部岩石较破碎的地方，系统短锚杆适当加长加密。

（4）面墙

对开挖后的坡面进行修整，将坡面松动的石块等杂物清除，尽量使坡面规整，在锚杆钢筋端部焊接 ϕ16HRB335 级热轧螺纹钢筋，垂直方向同锚杆端部弯钩（双“L”型）焊接，单面焊 $5d$，水平方向置于弯钩内侧点焊或绑扎，内挂 ϕ6.5@200mm×200mm 钢筋网片，采用焊接或绑扎，搭接长度 300mm 以上，喷 150mm 厚 C20 混凝土。

（5）预应力锚杆（图 2）

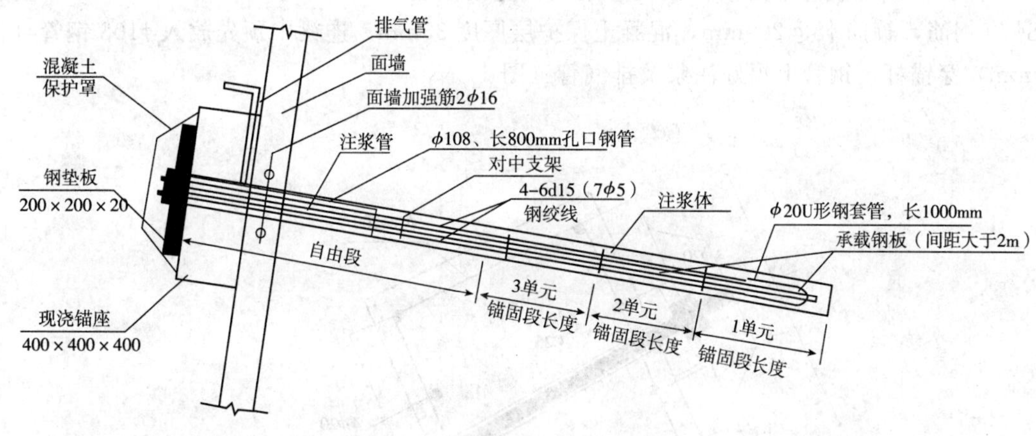

图 2 预应力锚杆做法示意图

a. 设计压力分散型预应力锚杆 3 排，锚杆水平间距 3m，锚杆孔径 110mm，与系统锚杆间隔设置。

b. 成孔后，吹净孔底沉渣，插入 4－6d15（7ϕ5）低松弛型无粘结钢绞线，强度 1860MPa。钢绞线套上 ϕ20 钢套管，在钢筋调直机上调成 U 型弯。将钢绞线两头对齐，分别穿过马蹄形承载钢板，将承载钢板置于 U 型弯端部，各承载板间距 2000mm 以上。

c. 锚杆每 2m 设一对中支架，常压灌注 P.032.5 普通硅酸盐水泥浆，掺入 UES 型膨胀剂和泵送剂（掺量见说明书），水灰比 0.40～0.45，强度 30MPa，初凝后补浆 1～2 次，注浆管留孔内不拔出，作注浆补浆用；注浆 15 天后张拉锁定，锁定力为设计值的 80%。锚杆锁在独立锚座上，锚杆外加 200mm×200mm×20mm 的钢垫板。

d. 独立锚座。预应力锚杆端部贴面墙作独立锚座，锚座中间预留 ϕ108mm 的钢管（长 800mm）穿锚杆，钢管上焊好注浆及排气管（见图 3）。

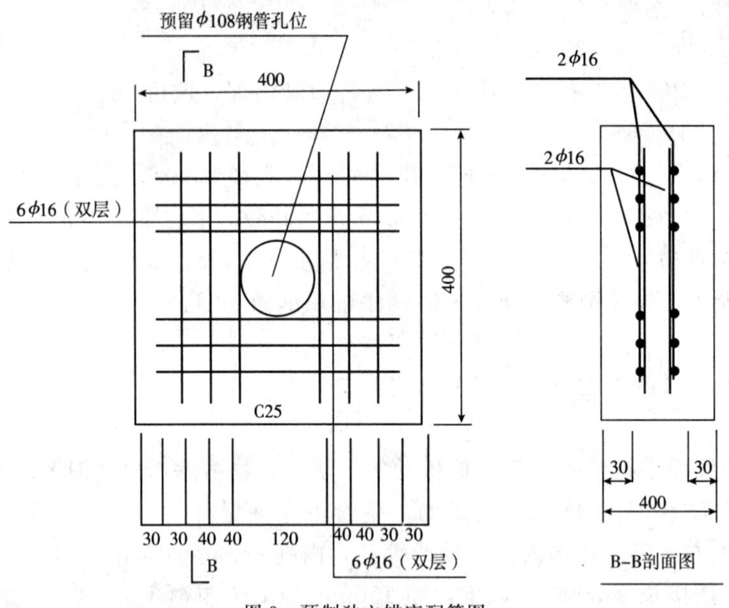

图 3　预制独立锚座配筋图

e. 连梁。断层破碎带处锚杆锁在连梁上。连梁强度 C25，尺寸 500mm×500mm，主筋配 8ϕ20 钢筋，箍筋 ϕ8@200mm，混凝土保护层厚度 35mm。连梁中预先放入 ϕ108 钢管（长 800mm）穿锚杆，钢管上焊好注浆及排气管（图 4）。

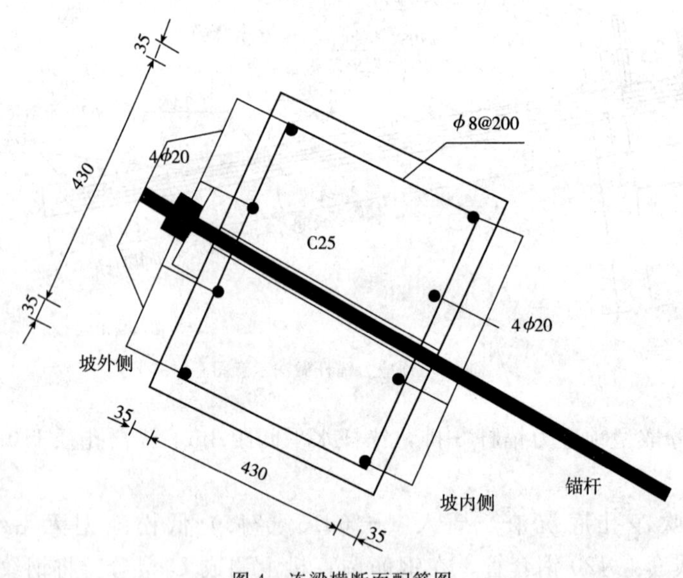

图 4　连梁横断面配筋图

f. 地锚。距离坡顶面约 1000～3000mm 处做地锚，孔径 50mm，间距 3.0m，插入 1ϕ20HRB335 级热轧螺纹钢筋，通体刷防锈漆，顶端做 90°弯钩，长 200mm，与面墙主筋焊接。

（6）排水措施

a. 防渗混凝土板：在坡顶做 1000mm 宽防渗混凝土板，厚 100mm，强度 C20。内加 ϕ6.5@200mm×200mm 钢筋网片。

b. 面墙上每隔 2～3m 预留引水孔，插塑料管，塑料管直径 ϕ100m，长 300～400mm。另设长排水孔，水平、垂直间距 4.0m，梅花形布置，孔径 ϕ100mm，上倾角 2°～5°，长 4m，成孔后回填豆石，孔口插塑料花管外包透水的土工布，塑料管直达面墙外。在岩石裂隙发育处应增设排水管，岩石较完整处，排水管间距可适当增大。

c. 在边坡顶做截水沟，坡底在离坡底线不小于 0.5m 处做排水沟，底部净宽 500m，净深 300m，水泥砂浆衬砌，厚 80～100mm。边坡两侧设纵向排水沟，使坡顶、坡底排水沟上下贯通。

(7) 面墙沿边坡纵向每 20～25m 设置竖向伸缩缝，缝宽 20mm，在断裂处设一条伸缩缝。

2) 2－2 剖面（西坡）

(1) 本剖面边坡高 10～15m。

(2) 本护坡设计分两段，上部 3m 为土层，采用土钉墙护坡，放坡按 1∶0.5 考虑；底部基岩系统锚杆＋预应力锚杆进行边坡治理，坡角 85°。

(3) 土钉。土钉孔径 110mm，长 6.0m，水平间距 1.50m，垂直间距 1.50m，下倾角 5°～10°，土钉插入 1ϕ20HRB335 级热轧螺纹钢筋，顶端做 90°弯钩，长 200mm，与面墙主筋焊接。常压灌注 P.032.5 普通硅酸盐水泥浆，掺入 UES 型膨胀剂和泵送剂（掺量见说明书），水灰比 0.40～0.45，强度 30MPa，初凝后补浆 1～2 次。

系统锚杆及预应力锚杆做法同南坡。

4 结束语

(1) 岩体边坡开挖后如遇断裂带，首先要揭露出断裂的活动性质，若该断裂是全新世活动断裂，则需要回答今后有无发生 5.0 级以上地震的可能。若非全新世活动断层，则无需考虑该问题。

(2) 揭露出的断裂层是非全新世活动断层可适当采取加强措施。

(3) 根据不同地质情况和环境条件，边坡加固采用不同的结构形式。对岩石破碎堆积层，采用系统锚杆与预应力锚杆结合效果好，切实可行。

预应力对穿锚索在电塔边坡加固工程中的应用

林明博　王贤能

（深圳市工勘岩土工程有限公司）

摘　要　预应力锚索已经在各类岩土锚固工程中广泛应用，但对穿锚索作为预应力锚索的一种特殊形式在实际工程应用相对较少，本文结合一个危险边坡治理工程实例，重点介绍了对穿锚索在边坡顶部电塔基础加固方案中应用的设计思路及施工方法。

关键词　边坡治理　电塔基础　对穿锚索　成孔　张拉锁定

1　概况

该边坡位于深圳市龙华街道清湖村工业园东北侧。边坡总体走向为NW向，坡体断面略呈“路堤状”，其东北侧边坡为梅观高速公路清湖立交桥辅道修建时削坡而成，其西南侧边坡为清湖硅谷动力工业园厂房修建时削坡而成。东北侧边坡（立交桥辅道侧）高度约26m，总体坡率约1∶1.25，分三级边坡，下级边坡采用毛石挡土墙支护，上级边坡及中级边坡较陡，坡面未采取专门的支护措施。西南侧边坡（硅谷动力工业园侧）高度约23～25m，坡底长度约120m，总体坡率约为1∶1，分三级边坡，下级边坡高约10m，原边坡采用毛石重力式挡土墙支护结构，坡面均采用人字型混凝土构架护面。

边坡地层主要为坡残积相砾质粉质粘性土，由中粗粒花岗岩风化残积而成。硅谷动力工业园侧下级边坡毛石挡土墙后局部为回填土。

当时在建的鹏城——新田双回送电线路40号电塔位于该边坡的西北端坡顶平台上，届时电塔修建完毕并已架线。平台平面略呈喇叭形，中窄两侧宽，台面高程77.5～79.0m，台宽7.0～15.0m。塔基两侧均为陡峭边坡，坡率约为1∶0.8。

边坡西南侧（硅谷动力工业园侧）下级毛石重力式挡土墙，在2005年8月中下旬的特大暴雨时全线垮塌，并连带将挡土墙顶的坡体、护面系统及排水沟一起大面积滑塌。下级边坡若不尽快加固治理，将导致中级和上级边坡滑塌，从而影响塔基的稳定性，危及整个供电线路工程的进度及安全。

2　加固方案设计

2.1　设计原则

（1）对垮塌边坡进行加固治理，对已完工的坡顶电塔的基础进行稳定评价并采取必要的加固措施，确保输电线路工程的安全。

（2）本边坡工程为永久性边坡，考虑到坡顶电塔的重要性，本边坡安全等级为一级。

（3）考虑到工程进度比较紧及经济原则，对部分尚未破坏的原边坡支护结构进行评估利用，坡面排水系统尽量利用原护面系统的排水系统。

（4）考虑到东侧边坡责任归属为高速路边坡，在高速路修建时已经过系统设计治理，目前没有发生破坏，故该侧边坡不在本次加固设计范围内。

2.2 加固方案选择

（1）主要分三级支护，下级边坡按 1∶0.9 修坡后采取格构梁＋锚索（杆）加固；坡脚设 4.0m 高毛石挡土墙；中、上级边坡在原坡面护面基础上，在竖向骨架处设竖梁＋锚索（杆）加固。

（2）排水系统：坡顶、坡中平台及坡脚设排水沟，原则上利用原排水沟。边坡支护平面见图 1。

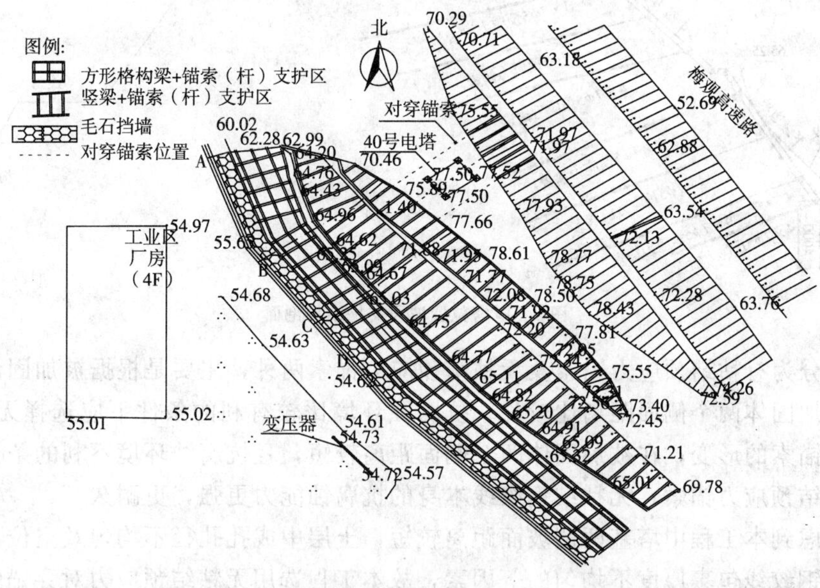

图1 边坡支护工程平面图（局部）

（3）塔基稳定评价及加固方案：经调查收集相关电塔设计资料，40 号电塔基础为四桩基础，基础埋深 3.25m，基础底标高坐落在上级边坡的中部。原塔基是在两侧边坡修建时经过验算稳定的前提下进行设计的。经调查，原边坡削坡修建时是当地村民根据经验进行支护施工的，并没有对应的设计验算资料。另外考虑到电塔受水平力影响时，电塔基础对边坡有不利作用力，增加了塔基两侧坡体不稳定因素。经讨论，需对塔基所在的上级边坡两侧坡体进行重点加固，增加坡体的稳定性和侧向抗力水平。塔基所在位置上级边坡两侧坡顶线平均距离约为 13m，坡脚线平均距离约为 26m，呈路堤状。经过比较，根据该边坡特点，采取在竖向骨架处设竖梁＋锚索（杆）的边坡加固方案基础上，在其中电线塔塔基所在位置设对穿锚索进行加固，增加塔基边坡的整体性，塔基及其外延一定范围内的坡面采取浆砌毛石护面，坡顶面全部硬化并向两侧找坡排水。边坡加固剖面见图 2。

2.3 对穿锚索设计

对穿锚索目前主要应用于水利水电工程中经过人工深切形成或凿挖水平洞室间形成的直立岩墙（壁）的加固，主要是通过加强被加固对象的整体性和改善其自身物理力学性能来达到加固目的，特别是在举世闻名的三峡水利工程中对穿锚索得到大规模的应用[1]并取得很好的效果；也有对穿锚索应用于路桥工程中的桥台基础加固或引桥填土路基加固等实例[2]。对

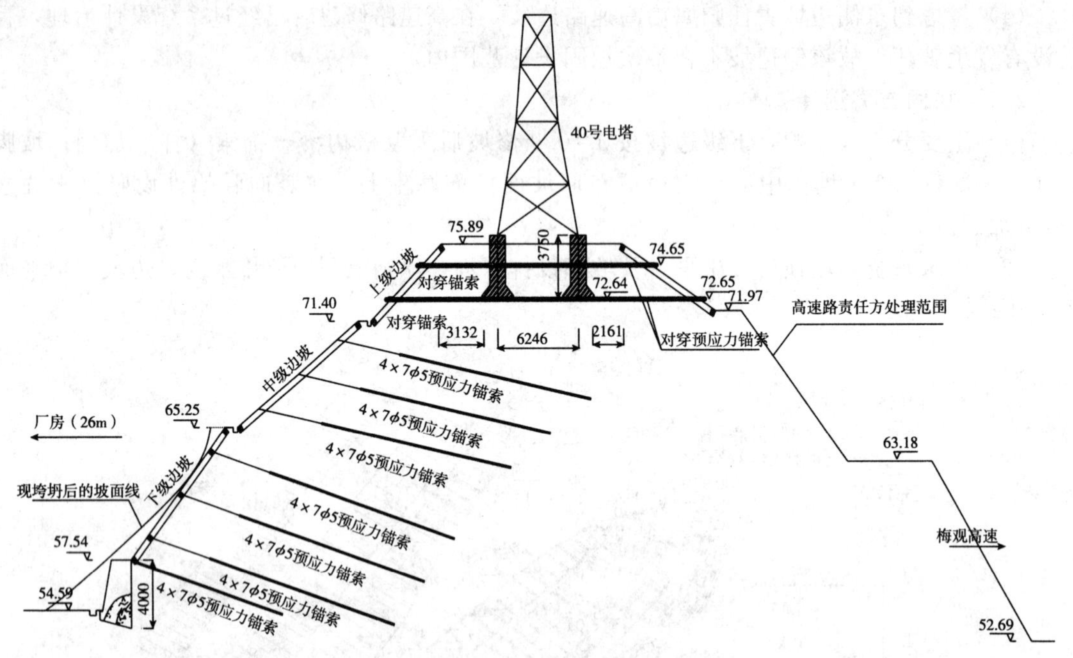

图 2　电塔位置坡段支护结构剖面

穿锚索主要分为有粘结预应力锚索及无粘结预应力锚索两种，主要是根据被加固体本身特征确定。在被加固体两个侧面距离比较长，抗腐蚀环境比较有利的条件下应选择无粘结锚索，有利于控制锚索的形变；在被加固体两个侧面距离较短，且抗腐蚀环境不利的条件下，应优先选择无粘结预应力锚索，无粘结钢绞线本身的抗腐蚀能力更强，更耐久。

（1）考虑到本工程中塔基两侧坡面距离较短，土层中成孔孔径不均匀及空位可能偏差等导致注浆对钢绞线包裹厚度不均匀的等因素，故本工程选用无粘结预应力对穿锚索。

（2）共设置两排三列共 6 根水平对穿锚索，其中第一排设在塔基的中间标高位置，第二排设在塔基底部标高位置，第一和第三列设在距塔基外侧约 2m 位置，第二列设置塔基中间位置。

3　对穿锚索主要施工工艺

（1）成孔：对穿锚索采用干成孔，孔径为 150mm；采用风动潜孔钻机成孔，用精密全站进行孔位测量定点。为准确控制成孔的方位及水平度，在坡顶位置测放出每列锚索所在竖向平面与坡顶线的交接点桩位，用三点一线（桩位、孔位、钻杆某点）的方法随时校正成孔方位，并用水平尺随时校正钻杆的水平度。

（2）制索穿索：对穿锚索钢绞线采用 1860MPa 的 4×7ϕ5 无粘结钢绞线，两端预留 1m 的张拉段。张拉段需预先把保护胶层剥离，并把油渍清洗干净。穿索前应在两端进行编号，并采取托架等措施防止钢绞线交叉盘错，同时预埋注浆管。由于穿索距离较短，可以采用人工穿索，一端工人往孔里塞送，一端用麻绳牵引。

（3）锚墩制作：锚头承压板采用厚钢板加工制作，承压板中间孔应与锚孔严格对中，板面与锚孔轴线严格垂直；承压板与格构梁之间形成的三角混凝土锚墩除了满足局部抗压要求外尚应进行抗剪配筋验算。在锚墩制作时预留向上的排气管。

（4）张拉锁定：采用先张拉法，在锚墩及格构梁混凝土强度达到设计值后进行张拉锁定；综合考虑对穿锚索与格构梁之间有一个夹角导致锚索对格构梁有一个向上的分力，故施加的预应力不宜过大，另外考虑到锁定时及后期会有一定的预应力损失，确定张拉锁定值为200kN。为了使每根钢绞线受力均匀，先逐根预紧张拉50kN，然后分级整束张拉锁定。

（5）注浆：注浆工艺同本工程普通预应力锚索注浆要求，注浆材料采用P.O 42.5普通硅酸盐水泥净浆，水灰比宜为0.45；浆体材料28d的无侧限抗压强度不应低于30MPa。

（6）封锚：把张拉段多余的钢绞线割断，挂铁丝网ϕ2@20×20电焊在承压板上，然后用C25混凝土包裹。

4 结束语

目前该工程竣工后已经历4年台风暴雨季节的考验，通过边坡变形监测及多次现场回访观测，表明该边坡及电塔基础加固效果显著。本工程中根据电塔基础所在位置边坡的特点采取的水平预应力对穿锚索加固方案，对对穿锚索在类似工程中的推广应用有一定的借鉴意义。

参考文献

[1] 李侠萍．三峡船闸大吨位预应力对穿锚索施工技术．地基基础工程，VOL.8 No.2.
[2] 谭晓琦．用预应力对穿锚索方法加固高填土桥台的工程实例．公路，2008年1月第1期．

五

深基坑支护与基础

紧邻高层建筑条件下深基坑桩锚支护设计与施工

张启军　杨　岗　赵春亭

（青岛市人民防空建筑工程中心）

摘　要　本文以青岛公交浮山所站场及综合楼基坑支护工程为例，介绍了在紧邻高层建筑地下室以及地下暗渠条件下，易流沙地层的深基坑采用桩锚支护技术的设计和补强方法，在本工程中对支护体系及锚杆施工工艺进行了大胆创新，获得了成功，为该条件下基坑桩锚支护技术的使用提供了宝贵的理论和实践经验。

关键词　双排桩支护　注浆花管　大角度锚杆　扩大头锚索　双锚索　抗弯矩锚杆　旋＋摆喷桩

1　前言

近年来，由于城市化进程的加快，城区内基坑周边环境条件越来越复杂，新开建的工程周边往往是高楼林立、地下管线密布，基坑支护的主要功能之一就是在基坑开挖和施工过程中，保证周边建、构筑物的安全，保证周边管线的安全。由于基坑周边高楼地下室埋置深度大，距离拟建工程近，常规支护锚杆无法达到要求长度，导致常规桩锚支护方案难以实施。为保证安全，该类基坑往往采用内支撑支护方案，造价相当高且工期很长。

公交浮山所站场及综合楼基坑系当时青岛市业内公认为支护难度最大的基坑，在该工程中创造性的采用了双排桩、注浆花管、大角度锚杆、扩大头锚杆、双锚杆、抗弯矩锚杆、旋＋摆喷桩等支护新技术，成功的使用了桩锚支护技术代替了内支撑支护。基坑周边位移均控制的非常小，基坑周边建、构筑物及管线安全运行，与内支撑方案相比较，该方案工期大大缩短，造价大大降低，取得了良好的经济效益及社会效益。

2　工程概况

该工程位于青岛市南京路东侧，凯旋大厦与国际新闻中心之间。拟采用框支剪力墙结构，高度 99.90m，基础形式为筏板，拟建物设计 4 层地下室，设计地坪标高±0.00＝4.50m，底板底标高裙房－19.5m、主楼－21.0m，自然地坪绝对标高约为 4.00m（相对－0.50m）。本基坑周长约 333m，基坑开挖深度为 19.0m，局部 20.5m。

2.1　工程地质及水文地质条件

根据勘察报告，场区地形相对平坦，孔口地面标高 3.59～4.23m。场地地貌形态单一，均为第四系全新统以来形成的海岸阶地，表层受人工改造。

场区原状地层结构及力学参数如下：

第①层：素填土层，广泛分布，稍湿，松散，该层层厚 1.9～6.1m，c＝0.0kPa，φ＝20°。

第②层：粗砂，广泛分布，湿－很湿，稍松散，层厚 0.7～1.7m，c＝0.0kPa，φ＝28°。

第③层：细砂，广泛分布，湿－饱和，层厚 2.5～8.6m，c＝0.0kPa，φ＝25°。

第④层：粉质粘土，分布不均匀，湿，可塑，层厚 0.50～3.40m，$c=13.70\text{kPa}$，$\varphi=14.5°$。

第⑤层：碎石，广泛分布，中密一密实，层厚 2.6～7.30m，$c=0.0\text{kPa}$，$\varphi=35°$。

第⑥层：花岗岩强风化带，广泛分布，岩体基本质量等级Ⅴ级，该层层厚0.6～10.20m。

第⑦层：花岗岩中等风化带，广泛分布，岩体基本质量等级Ⅲ级。该层层厚 0.8～5.40m。

第⑧层：花岗岩微风化带，广泛分布，岩体基本质量等级Ⅱ级。

场区地下水类型为第四系孔隙潜水和基岩裂隙弱承压水，潜水主要赋存于填土层和砂土层中，基岩裂隙水主要赋存于风化岩中。地下水埋深 1.70～2.40m。场地地下水渗透系数 $K=12.26\text{m/d}$。

2.2 周边环境条件

本工程地处青岛市市南区繁华地段，周边环境复杂，基坑东侧紧邻云霄路暗渠，暗渠三跨共 23m，渠底埋深约 2.5m，其墩式基础埋深约 5m，渠底为 30cm 厚的浆砌片石；南侧距离凯旋大厦最近约 7m、最远约 12m，其地下室埋深 14.5m，基底有 3～4m 厚的回填毛石，基础形式为筏基；西侧紧邻南京路，北侧距离已建的青岛国际新闻中心约 7m，其地下室埋深约 8.5m，基础形式为桩基；基坑四周消防、煤气、电力、污水、雨水等各种管线密集。基坑支护平面见图 1。

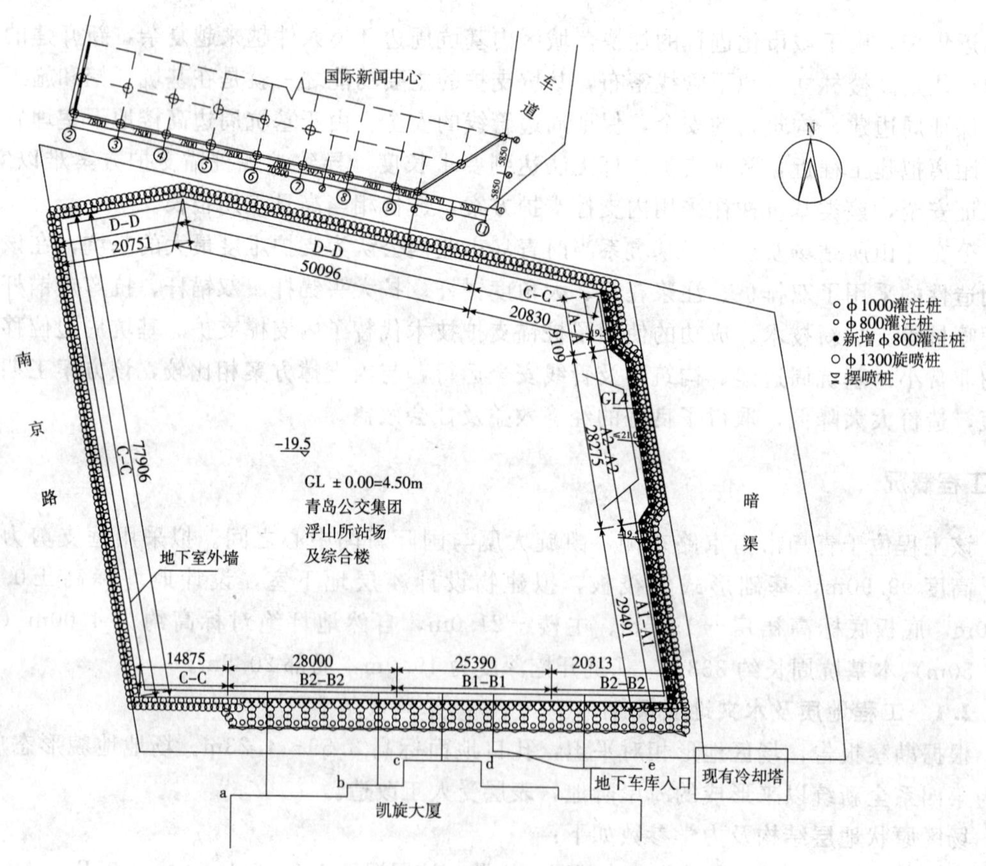

图 1 基坑支护平面图

3 基坑支护设计

3.1 方案论证

该基坑方案讨论阶段有多套方案供建设方选择，建设方多次组织专家对方案进行了评审，代表性方案及论证意见如下：

(1) 采用内支撑方案。如此深的基坑，南北两侧紧邻地下室，锚杆设计施工难度大，因此考虑了内支撑方案。专家分析该方案安全性高，但造价高、土石方开挖运输困难、施工工期长，青岛本地设计施工经验几乎没有，因此该方案未被选用。

(2) 采用吊脚长螺旋钻孔灌注桩桩锚支护，支护桩采用长螺旋压注混凝土工艺形成，桩间旋喷桩止水。由于基岩位于基底以上，部分支护桩端无法嵌入基坑以下，形成吊脚桩，设计在桩端采用锚杆肋梁的方式进行加强。该方案施工速度快、经济性好，开始采用了该方案，但在实施过程中发现长螺旋钻进深度仅 15m 左右，吊脚高度很浅，安全性尚存在问题，正式实施时未采用该方案。

(3) 采用有嵌固深度的复合桩锚支护技术，支护桩嵌入基底以下 1.5m，外侧旋喷桩独立成止水帷幕，采用双排桩、注浆花管、大角度锚杆等技术解决靠近高层地下室部位的支护难点。专家认为该方案切实可行，造价较低，最终采用了该方案。

3.2 支护设计简述

本基坑工程安全等级为一级，基坑使用时限为 10 个月，坡顶使用荷载考虑 15kPa。根据边坡土质及周边环境不同，分为 4 个支护单元进行设计，即 A－A、B－B、C－C、D－D 单元。

(1) 基坑东、西侧支护方法

基坑东、西侧均采用常规“帷幕－排桩－锚杆”支护体系，锚杆层高 2.5～3.0m，倾角 15°。

(2) 基坑北侧支护方法

基坑北侧距离新闻中心地下室仅 7m，地下室埋深 8.5m，上部回填土层采用各种角度花管注浆进行固结加固，采用“帷幕－排桩－锚杆”支护体系。锚杆自新闻中心基底标高处开始施工，锚杆层高 2.0～2.5m，倾角 15°。

(3) 基坑南侧支护方法

基坑南侧距离凯旋大厦地下室仅 7m，地下室埋深 14.5m。该侧采用双排灌注桩＋旋喷桩格栅桩锚支护体系，顶部回填土层采用各种角度花管注浆进行固结加固，下半部设锚杆进行锚拉，锚杆层高 3.0m，倾角 15°。

3.3 设计变更

由于地下水位高以及松散粉细砂层的存在，在锚杆成孔施工过程中，流沙自套管内涌出，流沙量大，施工无法继续进行。后改用普通自进式锚杆，但由于摩阻力大，大部分不能钻至设计深度，而且钻进过程中的流沙仍然造成地表下陷，由于周边环境条件的限制，不能继续施工。

东侧暗渠侧基坑侧壁严重透水，透水量大，专家分析系暗渠下存在地下暗河，与暗渠、海水有水力联系，水量十分丰富，粉细砂层锚杆无法施工。

经过多次组织专家论证，结合现场试验数据，对原设计进行了如下变更：

(1) C－C、D－D 单元（基坑西侧、北侧）

北、西侧粉细砂层底标高相对较高，最低处为－9.5m，位于冠梁底以下 6.5m。

为解决流沙问题，将第一层锚索提高至冠梁处，将第二层锚索降至粉细砂层以下 1m，第一、二层锚索之间间距 7.5m。其中为避开新闻中心地下室和加大锚固力，第一层锚索角度调大为 40°、30°，并设计为扩大头锚索。第二层因计算需要的锚拉力过大，设计为不同角度的双锚索。

由于锚杆位置的调整，造成上部桩身需要抵抗的弯矩加大，原灌注桩配筋不能满足要求，拟采用桩间现浇钢筋混凝土的方法加强。由于现浇钢筋混凝土不能超前加固，在开挖第二层锚索工作面时，桩身基坑内侧弯矩过大，在开挖后加固前就有折断的可能，因此考虑在第一、二层锚杆之间增加 2 层自进式锚杆，抵抗过大弯矩，保证开挖至第二层锚索的过程中桩身的安全。支护剖面见图 2、图 3。

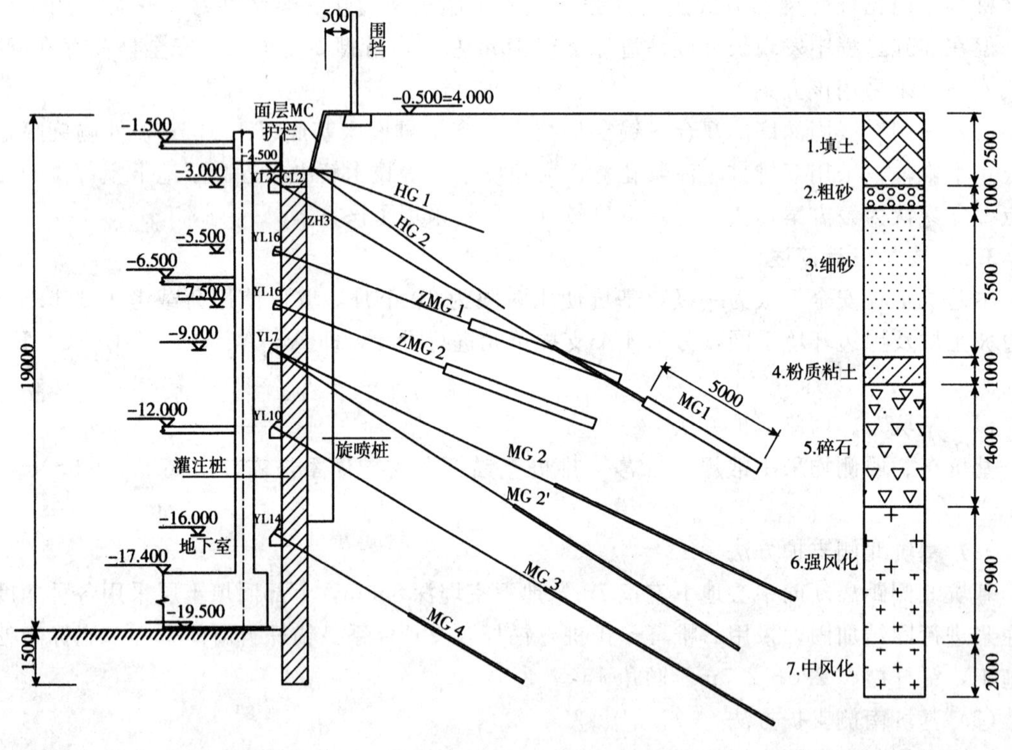

图 2　C—C 单元支护剖面图

(2) A—A 单元（基坑东侧）

该侧粉细砂层底标高相对较低，最低处为－11.66m，位于冠梁底以下 8.66m。

该侧锚索位置亦根据前述原则调整，但由于第一、二层锚索竖向间距更大，需要抵抗的弯矩更大，自进式锚杆由于其长度的局限性而无法解决。东侧暗渠部位拟采用双排桩来抵抗过大弯矩，在基坑内侧增加一排灌注桩，新增桩桩径 800mm，与原桩净距 300mm，桩间土采用摆喷＋旋喷桩加固，以保证双排桩的共同作用。

其中 A2－A2 段由于超深，较 A1－A1 段增加一层锚杆（本文以 A1－A1 为例），支护见图 4、图 5。

(3) B—B 单元（基坑南侧）

对 B—B 单元锚杆标高适当提高，加大锚杆角度，以降低悬臂高度，进而减少坡顶变形。变更后剖面见图 6。

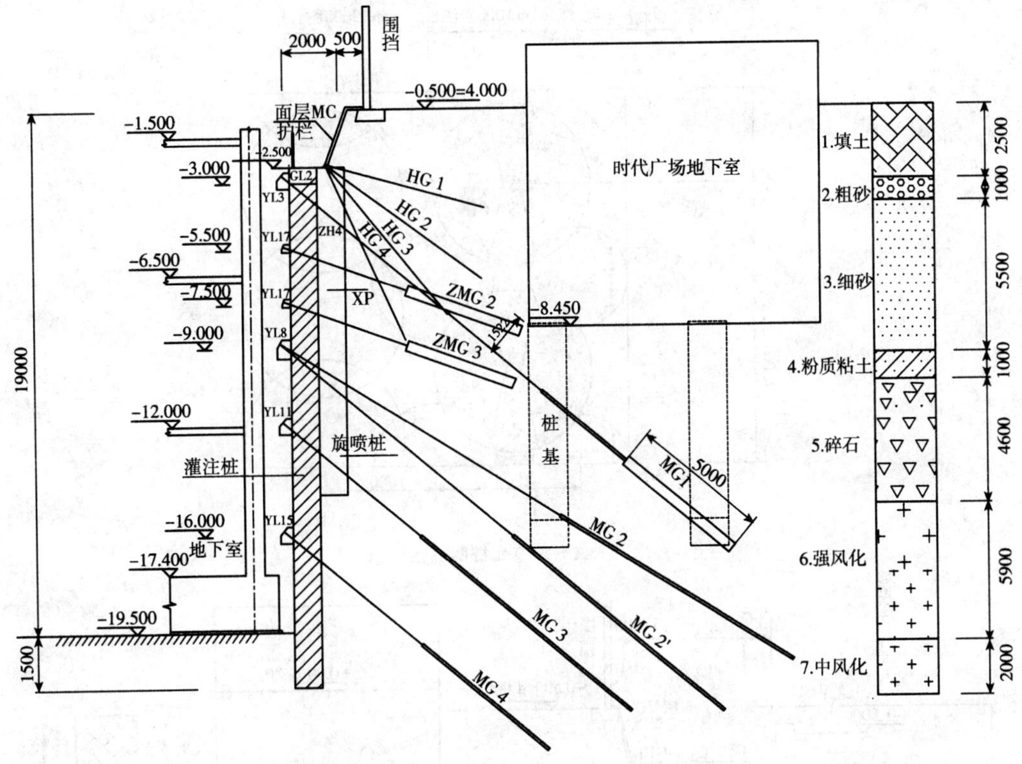

图 3　D－D 单元支护剖面图

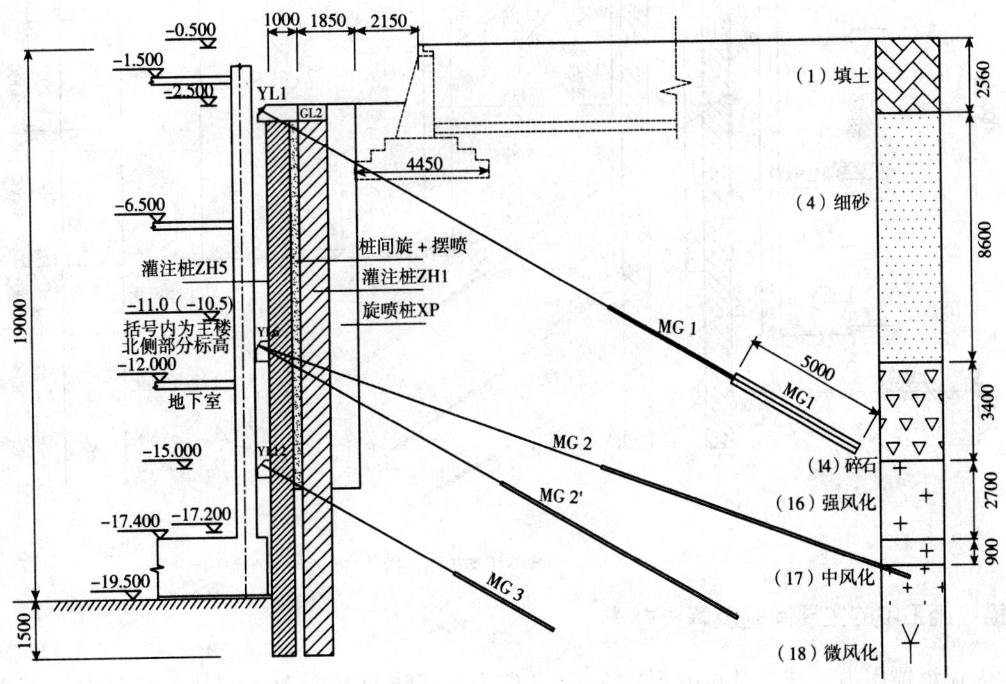

图 4　A－A 单元支护剖面图

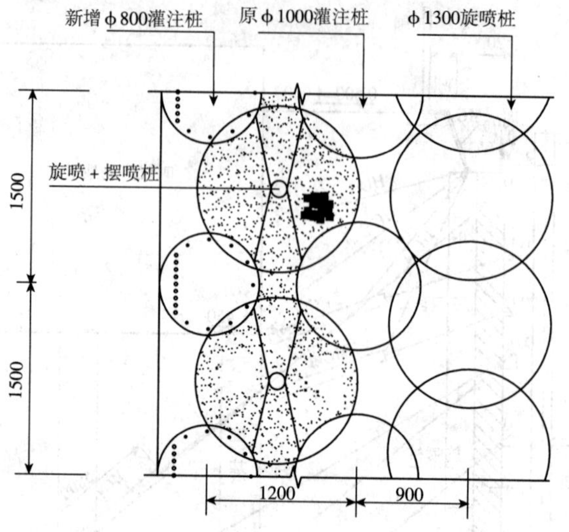

图5　A—A 单元桩间加固图

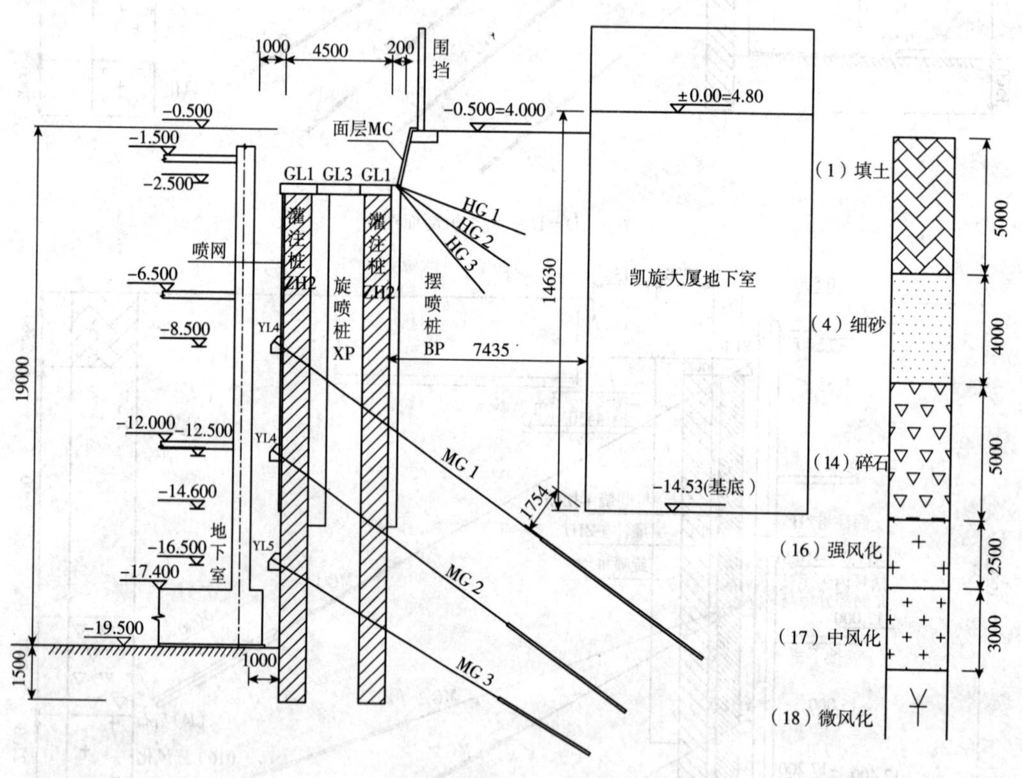

图6　B—B 单元支护剖面图

4　锚杆施工中的主要问题及解决办法

为保证锚固力、减少基坑变形，A—A、C—C、D—D 单元第一层锚杆均采用扩大头型式，锚杆前端 5m 采用旋喷工艺，保证了施工质量。

C—C、D—D 单元自进式锚杆因地层经过卵石层或地下室障碍，钻进深度有限，但设计承载力较高，我们创造了 XPZ 工法自进式锚杆，注浆采用旋喷工艺，经拉拔试验达到了设计要求的抗拔力。

A—A、C—C、D—D 单元第二层、B—B 单元第一层及以下锚索穿越地层复杂，包括粉质粘土层、碎石层、岩石层，长度长、角度大，普通工程钻机根本无法钻进到位，为此我们引进了进口的锚杆钻进机械，采用液动锤双套管钻进技术成孔，解决了锚杆施工难题。

5 基坑监测情况

5.1 监测内容及布置

本工程按基坑监测等级一级进行监测，监测内容包括基坑坡顶水平位移、垂直沉降、地下水位观测、周边地下管线监测、周边构、建筑物沉降观测、锚索应力观测，此外尚应进行基坑侧壁渗水情况、周边建筑物底变形裂隙发生情况观测。位移监测基准点应设置在两倍基坑深度范围外。其中基坑周边沉降监测、水平位移监测点布置见图 7、图 8。

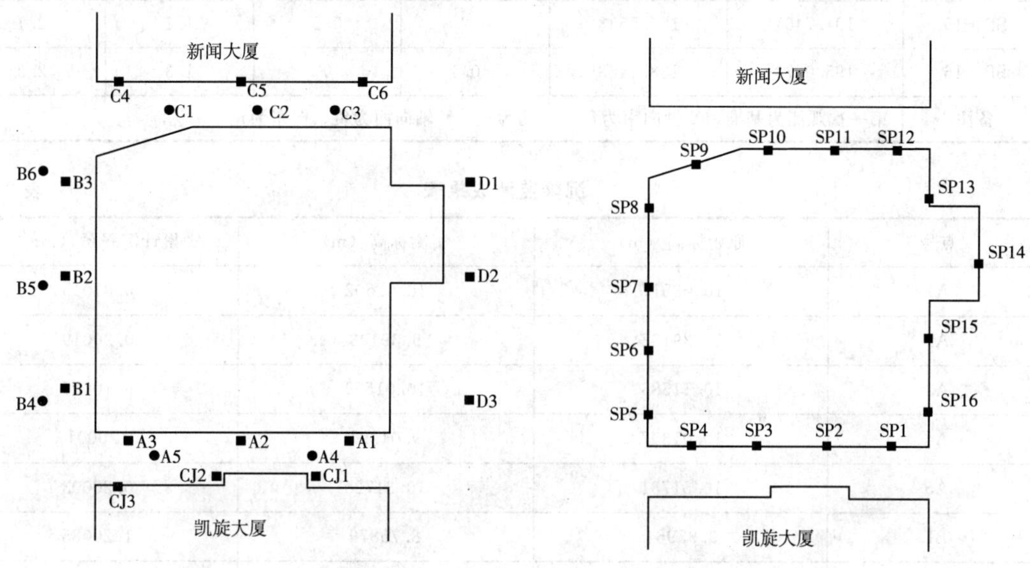

图 7 周边沉降监测点布置平面图

图 8 坡顶水平监测点布置平面图

5.2 监测数据分析

基坑位移监测成果水平位移监测见表 1，沉降监测见表 2。

水平位移监测成果表 表 1

点号	坐标 X（m）	坐标 Y（m）	坐标差（mm）		累计坐标差（mm）	
			ΔX	ΔY	$\Sigma\Delta X$	$\Sigma\Delta Y$
SP—1	185.4146	197.1470	—0.1	0.2	1.2	2.2
SP—2	164.8666	194.1879	0.1	0.1	1.3	2.3
SP—3	147.0205	191.7167	—0.1	—0.1	1.2	1.8
SP—4	123.7637	188.5225	0.2	0.1	1.2	1.9
SP—5	106.1228	176.9721	0.1	0	0.6	2.0
SP—6	104.6172	148.3413	0.1	0.1	1.0	1.5
SP—7	103.9080	135.4012	0.2	0.1	1.2	0.9

续上表

点号	坐标 X（m）	坐标 Y（m）	坐标差（mm）		累计坐标差（mm）	
			ΔX	ΔY	$\sum\Delta X$	$\sum\Delta Y$
SP—8	103.2454	115.8962	0.1	0	1.3	2.4
SP—9	115.7211	105.7274	—0.1	—0.2	1.5	1.6
SP—10	135.5545	109.5979	0.1	0	1.4	1.8
SP—11	153.6505	116.0455	0	0.1	1.3	2.1
SP—12	174.9481	123.6707	0.1	0.1	1.2	2.3
SP—13	193.2790	139.0088	0.2	—0.2	1.2	2
SP—14	196.0382	159.9563	0	0.1	1.6	1.7
SP—15	194.7461	167.5533	0.2	0.2	1.1	2.1
SP—16	195.0271	188.1468	—0.1	0	1.3	2.3
备注	第一次观测为基准，X 轴向南为负、向北为正，Y 轴向西为负、向东为正					

沉降监测成果表 表 2

点号	原始标高（m）	实测标高（m）	累计沉降量（mm）
A1	10.03517	10.02502	0.01015
A2	10.29122	9.39103	0.90019
A3	10.11586	10.01559	0.10027
A4	10.01307	9.01297	1.0001
A5	10.51731	10.31728	0.20003
B1	9.95964	8.75879	1.20085
B2	10.00854	8.698954	1.309586
B3	10.10720	10.01285	0.09435
B4	9.96000	9.76253	0.19747
B5	10.11784	9.86587	0.25197
B6	10.08851	9.98547	0.10304
C1	10.28864	9.96874	0.3199
C2	10.15440	9.85627	0.29813
C3	10.15452	9.86888	0.28564
C4	10.59486	10.23659	0.35827
C5	10.87755	10.48652	0.39103
C6	10.54896	10.12687	0.42209
D1	9.73831	9.56874	0.16957
D2	9.74276	9.35689	0.38587

续上表

点号	原始标高（m）	实测标高（m）	累计沉降量（mm）
D3	9.68935	9.15687	0.53248
CJ1	6.71710	6.23569	0.48141
CJ2	6.70754	6.19876	0.50878
CJ3	6.71963	6.42232	0.29731

基坑监测结果表明，该基坑位移控制非常好，对周边建、构筑物及管线基本没有影响。

6 总结与体会

（1）该基坑的特点是，周边建筑地下室的埋深大以及流沙严重造成普通锚杆难以实施，本工程采用了大角度锚杆、扩大头锚杆、双锚杆、抗弯矩锚杆等支护技术，成功的解决了锚杆施工技术难题，使桩锚支护体系得以施展作用，有效地控制了基坑位移。实践证明，只要精心设计、精心施工，在该类条件下，桩锚支护还是安全可靠的。该工程的成功，扩展了桩锚支护适用的条件。

（2）基坑降水及锚杆施工应充分考虑粉细砂的特性，该类砂层中锚杆施工流沙很难控制，应事先采取可靠的方案进行解决。

（3）对于该基坑这样复杂的地层及复杂的周边环境条件，采用先进机械设备和先进的工艺是极其必要的。该基坑采用了旋喷扩大头锚索、XPZ 工法自进式锚杆等先进的工艺，采用了香港汉德 HD110、德国科莱姆 805 型等国内最先进的双动力头锚杆机，保证了锚杆能够全部按照设计要求进行施工，确保了锚固力。

明盖挖结合法修建地铁车站支撑体系研究

黄明利[1]　李　化[1]　王文正[2]　孟小伟[1]

（1. 北京交通大学土建学院　2. 北京市政建设集团有限公司三处）

摘　要　支撑体系是地铁车站深基坑工程的重要组成部分，也是影响基坑变形的重要因素之一。本文以北京地铁9号线丰台北路站深基坑工程为依托，介绍了明盖挖相结合修建方法的特点和施工工艺，分析了支撑体系重要参数对基坑的影响性，在原支撑体系设计方案的基础上经过参数优化提出了切实可行的新方案。

关键词　明盖结合　地铁车站　支撑体系　优化

1　前言

在我国城市地下铁车站施工中，大多采用盖挖法或明挖法施工。在采用明挖法时，扬尘问题严重，影响环境，影响交通。采用盖挖法施工时，因无标准的临时路面铺盖构件，以军便梁和临时钢板代替。无军便梁的施工企业均需专门制造，不仅增加了投资，而且使用不便。

结合目前的建设形势，我们认为有必要针对北京的工程地质与水文地质条件，对现有的修建方法进行系统的研究，提出一种新型的地铁车站修建方法，即明盖挖相结合的修建方法。在原有明挖法和盖挖法的基础上，研究并应用新的设计及施工方法，形成一整套适于北京地层条件的，满足环境要求并且价格合理、标准构件容易再使用、方便快速施工的设计施工成套技术。

2　工程概况

2.1　概述

北京地铁九号线丰台北路站位于万寿路南延线与丰北路西延线交叉路口北侧，现况万寿路南延线道路下方，南北向布置，该站为地铁九号线与地铁十四号线的换乘站。车站站体西侧为华堂商场和望园东里小区，东侧为卢沟桥乡政府和宏景绿洲小区。

丰台北路站为双层岛式车站（与十四号线的换乘节点为三层结构），车站主体采用装配式铺盖法施工，主体基坑总长201.836m，标准段总宽度21.240m。车站北端及南端为盾构吊出井其宽度为24.74m。车站共设4个地面出入口，2座风亭，1个疏散口及1个垂直电梯口，如图1所示。

车站做法为半铺盖、半明开挖形式，南北长约202m，标准段长170m，东西宽约21m，深度约19m。北端长约14m，宽度25m；均为地下两层双跨框架结构、半铺盖施工形式。东侧宽约7m，为铺盖形式；西侧宽约14m，为明挖形式；南端长18m，为全铺盖施工形式，基坑宽度约26m，基坑深度约26m。地下三层双跨框架结构。

2.2 周边环境状况

拟建车站位于北京市丰台区万寿路南延段，路口西北象限为华堂商场、公交总站及丰台区望园东里 2 号楼，西南象限大部分为军队（海航）用地，东南象限为居住小区，东北象限为卢沟桥乡政府、丰台西局欣园南区 2 号楼。拟建车站与十四号线在万寿路高架桥（包括承台桥桩长 32～34m）下形成节点，与高架桥桩较近。

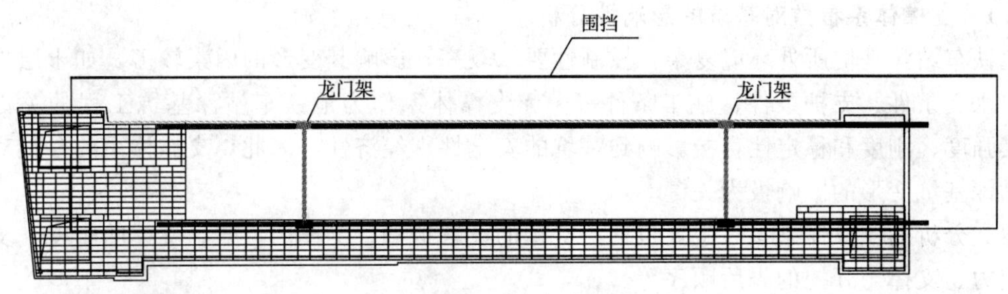

图 1 基坑平面示意图

本车站位于道路交通路口，地下管线密集，埋设有各种电力、通讯、燃气、自来水、污水管线。

2.3 结构型式

（1）主体结构型式

南端主体结构为现浇钢筋混凝土地下三层两跨框架结构，长度约 18m，基坑深度约 26m，为全铺盖法施工。此段为地铁九号线与十四号线的换乘点。十四号线东西方向由下面横穿九号线。此段结构由侧墙、梁、板、柱等构件组成。主体结构侧墙为钻孔灌注桩加内衬墙重合结构，钻孔灌注桩作为施工期间的基坑支护，同时兼作永久结构受力的一部分，桩与内衬墙之间设置防水隔离层。基坑内横向间隔 7m 设置两排 H 型钢临时中间桩，作为铺盖体系支撑。

标准段及北段主体结构为现浇钢筋混凝土地下二层两跨框架结构，长度约 184m，基坑深度约 19m，为半铺盖法施工。结构组成同南端。基坑内距离东侧边墙 7m，设计有一排 H 型钢临时中间柱，纵向间距 3.5～5m，作为铺盖体系支撑，上设铺盖板。此部分为铺盖法施工，中间柱至西侧边墙，宽度约 14m，为明开法施工区。

（2）基坑围护结构

本工程的基坑围护结构采用 ϕ1000mm@1200mm 钻孔桩作为围护结构；桩顶设置冠梁，桩间采用挂网喷射混凝土保持桩间土稳定。沿基坑竖向设 4～5 道 ϕ600mm 壁厚 16mm 钢支撑，钢支撑位置、间距根据基坑设计要求安放。基坑平面内一般采用对撑，在端部与角部采用斜撑。在冠梁到地面范围内施做挡墙，以保证路面的稳定。

由于在车站施工期间，要保证万丰路的交通通行以及丰北路北侧辅路的通行，本车站设计中采用局部铺盖体系来保证道路的基本宽度，即沿着基坑东侧约 7m 宽度及南端约 33m 范围，在车站施工时做临时铺盖。铺盖体系由铺盖钢板、梁、柱组成。铺盖板东侧支撑在基坑围护桩顶冠梁上，西侧支撑在临时 H 型钢柱上。H 型钢柱南北间距为 3.5～5m。

3 支撑体系研究及优化

与深基坑变形相关的影响因素很多，涉及工程地质和水文地质、基坑的开挖深度和宽度、基坑施工工艺、基坑支护方案等，已有很多学者对上述诸方面做了研究。本节结合北京地铁九号线丰台北路站基坑工程，对影响基坑变形的支撑体系参数进行分析，从中得出支撑体系各参数对基坑影响的变化规律，而应用于明盖挖结合这种特殊的修建方式尚属首次，从而为丰北路站基坑工程支撑体系的优化指明了方向，并为今后同类工程的开展提供了理论依据。

3.1 支撑体系参数对基坑的影响性分析

地铁车站深基坑所处环境复杂，控制性要求较高，影响其变形的因素较多，如土层地质条件、水文条件、支护条件、施工条件等[1]。支撑体系作为地铁车站深基坑工程的关键部分，其强度、刚度和稳定性直接影响到基坑的安全性、经济性，因此，支撑体系的参数对地铁车站深基坑变形的影响极为关键[2]。

本文分析的支撑体系参数主要包括：支撑的设置道数、支撑的位置、支撑的刚度、支撑预加应力、支撑与开挖的先后顺序等。

(1) 支撑道数的影响

在基坑支护设计中，支撑设置的道数越多，则越有利于控制基坑的变形、地表沉降、改善围护桩体的内力。但是，支撑设置过密不仅不便于施工，影响基坑开挖的进度，同时会增加工程的造价，所以在实际基坑工程中，应该综合考虑，合理设置支撑的道数。本文模拟布设2～5道支撑，其对基坑的影响规律见表1。

不同支撑道数对应的内力和变形最大值 表1

因素 \ 道数	方案1 二道支撑	方案2 三道支撑	方案3 四道支撑	方案4 五道支撑
桩位移（mm）	21.17	13.45	12.15	11.64
桩弯矩（kN·m)	795.28	483.73	478.17	545.64
桩剪力（kN）	448.32	306.5	212.41	250.51
地表沉降（mm）	52	33	27	26

支撑的设置道数对于控制基坑的变形、改善支护结构受力影响较大，但是支撑设置过密既不便于施工，同时会增加工程的造价。从2道支撑到3道支撑，桩体最大水平侧移减少了36.6%；桩后的地表沉降减少了36.5%；桩体最大弯矩值减少了31.5%；最大剪力值减少了31.6%。而当由4道增加到5道，桩体最大水平侧移减少4.2%左右，桩后的地表沉降减少3.7%，桩体最大弯矩值及剪力值均增加，可见改善作用不明显。通常在基坑深度小于20m时，可设置3～4道支撑。

(2) 支撑刚度的影响

在深基坑支护设计中，支撑刚度越大，对于限制基坑的变形就越有利。但是，过大的刚度不仅会加大支撑杆件的体积，不便于施工，同时会增加工程的造价，不经济。所以在实际基坑工程中，应该综合考虑，合理选择支撑刚度。

对于常见的长条形地铁车站深基坑来说，其支撑的刚度与EA/Ls有关，其中截面积A为变化量，E、L、S为定值；本算例定义$A=\alpha A_0$。(A_0为所设计的钢支撑截面积、α为截面比例系数)。分析在截面比例系数α变化时对基坑变形和支护结构内力的影响，如表2所示。

不同支撑刚度对应的内力和变形最大值　表 2

刚度系数 因素	方案 1 $\alpha=0.1$	方案 2 $\alpha=0.5$	方案 3 $\alpha=1$	方案 4 $\alpha=2$	方案 5 $\alpha=3$
桩位移（mm）	47.64	18.04	12.15	8.69	7.37
桩弯矩（kN·m）	1046.74	596.62	478.17	378.68	330.8
桩剪力（kN）	446.46	263.2	212.41	171.84	158.67
地表沉降（mm）	112	43	27	21	18

可见，支撑整体刚度对桩体的水平位移、内力和地表沉降均有较大影响，增大支撑刚度可以有效的限制基坑的变形，但这种改善作用仅限于一定的刚度范围，超过此范围持续增大刚度效果不明显，反而增加造价、不利于施工，显然是不可取的。当截面系数α从 0.1 变化到 2 时，桩体的最大水平侧移减少了 81.8%，桩后的最大地表沉降减少了 81.25%，桩体的最大弯矩值减少了 63.8%；但是当α超过 2 以后，其影响却十分微弱。因此，认为比较合理的α的取值应该在 1～2 之间。

（3）支撑水平间距的影响

支撑体系的整体刚度与支撑的水平间距大小有关，可知支撑水平间距的大小对基坑的变形和支护结构的内力有一定的影响。水平间距过小，虽然基坑的变形小，稳定性高，但是不便于施工，造价较高，不经济，根据经验水平间距以大于 3m 为宜；水平间距过大，易于开挖，施工进度快，造价低，但基坑的变形较大，稳定性差。因此，应该综合考虑各种因素，合理确定水平间距的大小（表 3）。

不同水平间距对应的内力和变形最大值　表 3

位置 因素	方案 1 3.5m	方案 2 6m	方案 3 9m
桩位移（mm）	12.15	16.44	21.05
桩弯矩（kN·m）	478.17	568.81	645.76
桩剪力（kN）	271.11	251.09	284.48
地表沉降（mm）	28	38	50

由表 3 可知，支撑的水平间距对桩体的水平侧移、内力和地表沉降的影响较大。小间距利于基坑的稳定，但是不便于施工，且造价较高；大间距便于施工，造价较低，但基坑稳定性较差。当水平间距从 3.5m 增大到 9m 时，桩体的最大水平位移增加了 73.3%，桩体最大弯矩值增幅近 35%；地表沉降增幅 1 倍；而坑底隆起变化非常小。北京地区的地铁车站深基坑水平间距宜在 3m 左右。

（4）支撑预加轴力的影响

支撑预加应力作为支撑的施工参数对基坑的变形有重要影响。施加预应力能够增加墙体外侧的主动土压力，减少内侧的被动土压力，从而减小塑性区的开展范围，提高基坑的稳定性，减小基坑的地表沉降和墙体的水平位移。研究还表明，由于端头作用等因素，施加预应力对基坑变形的改善作用仅局限于一定的范围。

表 4 表明，对支撑施加预应力可以弥合支撑桩和桩体各部件之间的连接间隙，减少桩体变形、改善桩体内力、控制地表沉降。当施加预应力从 0 增大到设计轴力的 75％时，桩体的最大水平位移减少约 11.1％，桩体的最大弯矩值约减少 4％，桩后地表沉降减少约 33.8％；坑底隆起值基本不变。而当预加应力超过设计轴力 75％以后，其改善作用却十分微弱，而且过大的预应力反而会增大支护结构的负弯矩，因此施加预应力值不宜过大，一般为设计轴力的 50％～75％。

不同预加轴力对应的桩体内力和变形最大值 表 4

预加轴力 / 因素	方案 1 无	方案 2 50％	方案 3 75％	方案 4 85％
桩位移（mm）	12.15	11.31	10.89	10.72
桩弯矩（kN·m）	478.17	465.27	458.8	456.21
桩剪力（kN）	212.41	195.22	215.41	225.12
地表沉降（mm）	34	27	25	25

支撑体系其他诸多参数也对基坑变形有一定影响[3]。如首道支撑的位置主要影响桩顶的水平位移，离自然地面越深，桩顶水平侧移越大；末道支撑主要影响桩体的最大水平侧移及其内力，越接近坑底，最大水平侧移越小，桩体的受力也越好。开挖时建议使用先撑后挖法，可减少基坑无支撑暴露的时间，提高了土体与桩体的摩擦力，抑制基坑的变形。

3.2 支撑体系优化

（1）原设计方案

基坑标准段主体结构为现浇钢筋混凝土地下二层两跨框架结构，长度约 184m。基坑深度约 18m。基坑采用钢筋混凝土围护桩＋ϕ609×16mm 钢管支撑＋钢围檩支护。为增强基坑的整体稳定性、减少桩顶的初始位移，在桩顶处设置一道钢筋混凝土冠梁，截面为 1000mm×1000mm。基坑内距离东侧边墙 7m，设计有一排 H 型钢临时中间柱，纵向间距 3.5～5m，设置 5 道钢支撑，作为基坑支撑体系，上设铺盖板。此部分为铺盖法施工。中间柱至西侧边墙，宽度约 14m，为明开法施工区。

（2）优化方案

标准段基坑开挖深度为 18m，冠梁截面改为 800mm×800mm。支撑体系改为 4 道 ϕ609mm×16mm 钢管支撑，水平间距改为 3.5m，竖向间距依次为 3m、5.5m、4m、3.5m，末道撑距基底 2m。支撑预应力依次为 50％、60％、75％、75％，并在基坑开挖过程中，尚应考虑对支撑采取复加预应力的施工技术措施。

优化前后基坑变形及内力如图 2，图 3 所示，优化前后支护参数对比见表 5。

优化前后参数对比 表 5

优化指标	原设计	优化后
支撑道数	5	4
水平间距	6m	3.5m
竖向间距	2m、4m、3m、4m、3m	3m、5.5m、4m、3.5m
预应力	50％	50％、60％、75％、75％
冠梁	1000mm×1000mm	800mm×800mm

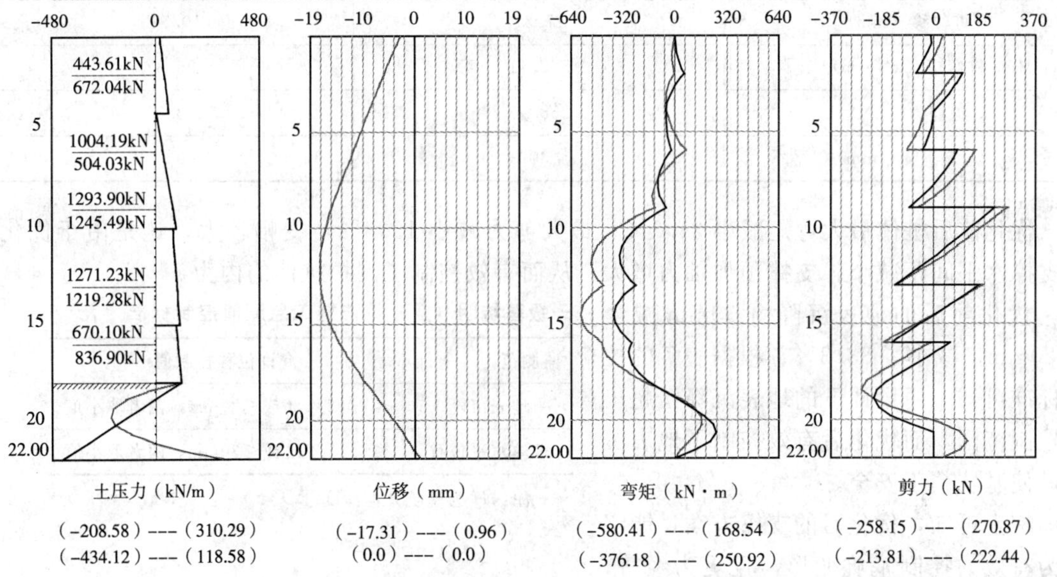

图2　优化前基坑变形及内力

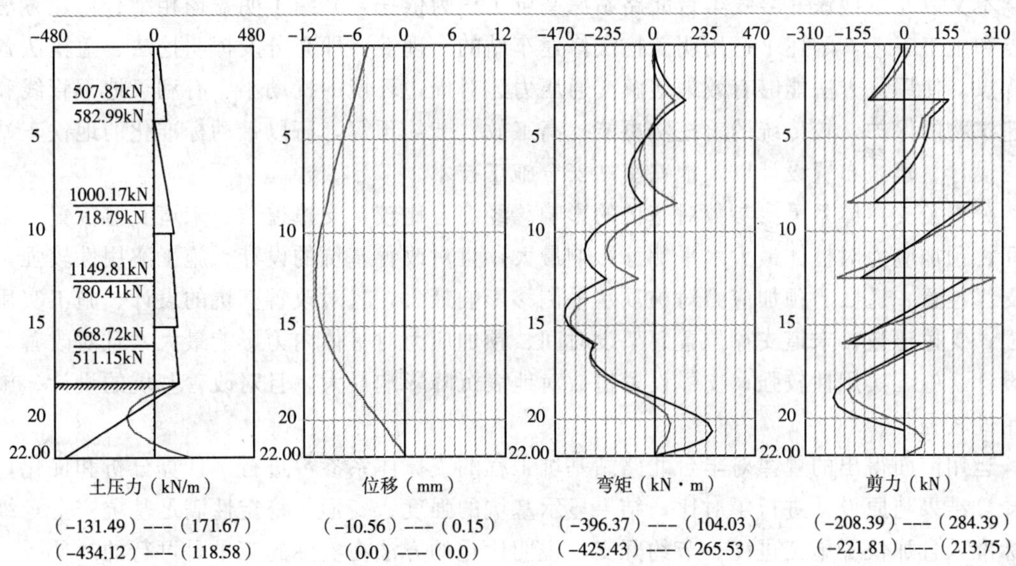

图3　优化后基坑变形及内力

表6所示支撑体系优化前后所对应的基坑变形及内力值。可以看出，优化前后桩体最大水平位移由17.31mm减小至10.56mm，减小了39%，但都小于27mm，即优化前后方案的基坑变形均符合基坑安全等级控制要求；但由于优化后支撑水平间距减小、支撑预加轴力增大、竖向间距更加合理，因而对控制桩体水平侧移更为有效。

优化前后基坑变形、内力值 表6

因　素	原设计	优化后
桩位移（mm）	17.31	10.56
桩弯矩（kN·m）	580.41	396.37
桩剪力（kN）	258.15	208.39
地表沉降（mm）	30	20

优化前后桩体最大弯矩减小31.7%，最大剪力减小19.3%，变幅较大。这是由于优化后支撑水平间距减小、支撑预加轴力增大，从而有效控制了围护桩体的内力。

优化前后的地表沉降由30mm减小至20mm，减小了33.3%。根据表7的控制标准可知，原设计下的地表沉降已超出了控制范围，而优化后有效控制了地表沉降，使基坑趋于安全。

一级基坑明（盖）挖法施工监测值控制标准 表7

监测范围及项目	允许位移控制值
地表沉降	≤0.15%H或≤30mm，两者取小值
桩体水平位移	≤0.15%H或≤30mm，两者取小值

注：H为基坑开挖深度。

综上可知，优化后的支撑方案，能够更为有效的控制基坑变形，且更为经济、合理，说明此优化方案是可行的。

4 结论

本文以北京地铁9号线丰台北路站深基坑工程为依托，介绍了明盖挖相结合修建方法的特点和施工工艺，阐述了运用明盖挖法修建车站的合理性，即充分发挥明挖法、盖挖法各自的优点。使用该方法能够有效地缓解交通压力、对周边环境的扰动小、有利于地下管线和周边建筑物的保护，较传统的盖挖法更能提高工效、节约预算，可以带动标准化的地铁车站的结构设计、建筑布置设计以及地铁车站安全施工技术。

分析了支撑体系重要参数对基坑的影响。经综合比较，支撑道数、末道支撑位置、架设时间、预加应力对桩体最大水平侧移影响最大，且对改善基坑的设计、施工实用性较强；首道支撑位置、道数、预加应力对桩顶水平侧移影响最大，且对改善基坑的设计、施工实用性较强；支撑道数、末道支撑位置、架设时间、预加应力对桩体内力影响最大，且对改善基坑的设计、施工实用性较强；支撑设置道数对地表沉降影响最大，且对改善基坑的设计、施工实用性较强。

运用前面得出的规律对丰台北路站基坑工程的支撑体系参数进行了计算分析和优化，并对计算结果与原设计进行了对比，结果显示基坑的强度、变形、稳定性满足基坑安全等级控制标准，且加快了施工进度、节约开支，说明优化的方法在实际施工中是可行的。

参考文献

[1] 王春华，张成忠．软土基坑工程变形的影响因素及控制［M］．中国科技信息，2005.
[2] 李红霞．深基坑支护设计和施工中的变形控制［M］．铁道勘察，2006.
[3] 徐杨青．深基坑工程设计的优化原理与途径［M］．岩石力学与工程学报，2001.

深基坑中可回收式锚索施工应用技术

陈学君[1]　王保贵[1]　李文涛[1]　黄明利[2]

（1. 中铁一局　2. 北京交通大学）

摘　要　建筑基坑临时性支护采用普通锚索时，则无法进行回收，形成地下垃圾，影响相邻区域的地下开发。本文结合深圳地铁某深基坑支护可回收式锚索的应用技术研究，为可回收式锚索这种绿色环保型新材料、新工艺的进一步推广提供经验。

关键词　深基坑支护　可回收式锚索　施工应用技术

1　前言

建筑基坑临时支护采用普通锚索时，无法进行回收，影响相邻区域的地下开发。可回收式锚索得到了广泛关注和应用。

本文结合深圳地铁某地下停车场深基坑支护实例，详细阐述可回收式锚索的应用技术。

2　工程概况

深圳地铁某地下停车场，长约870m，宽约87m，现状地面下埋深约8～15m，建筑面积40079m^2。基坑北侧紧邻深圳市主干道，无法放坡开挖，因此采用桩＋锚索支护，开挖深度约14m。由于北侧的主干道下方有规划的地铁，故采用可回收式锚索。

3　工程地质情况

3.1　水文地质

停车场范围地下水主要有第四系孔隙水、基岩裂隙水。第四系孔隙潜水主要赋存于冲洪积砂层及沿线砂（砾）质粘土层中，埋深2～7m，以孔隙潜水为主，主要由大气降水补给。

3.2　地层岩性

停车场范围内上覆人工素填土、冲洪积淤泥质土、粘性土、砂层及残积粘性土，下伏基岩为燕山期花岗岩。北端锚索施工部位岩层地质情况从上到下依次为素填土、砾（砂）质粘性土、全风化花岗岩。

4　设计情况

根据设计文件，停车场围护结构的安全等级为一级，基坑侧壁重要性系数γ_0＝1.10。

基坑北端支护结构采用ϕ1200mm钻孔桩＋ϕ600mm桩间止水旋喷桩＋可回收锚索形式。开挖深度约14m，共98根钻孔桩，横向76根，两侧各11根，桩长18.4m，基坑横向宽度为102m。锚索注浆体直径180mm，水平间距2.7m，两桩一锚，竖向设置4道，共191根。立面布置如图1所示。

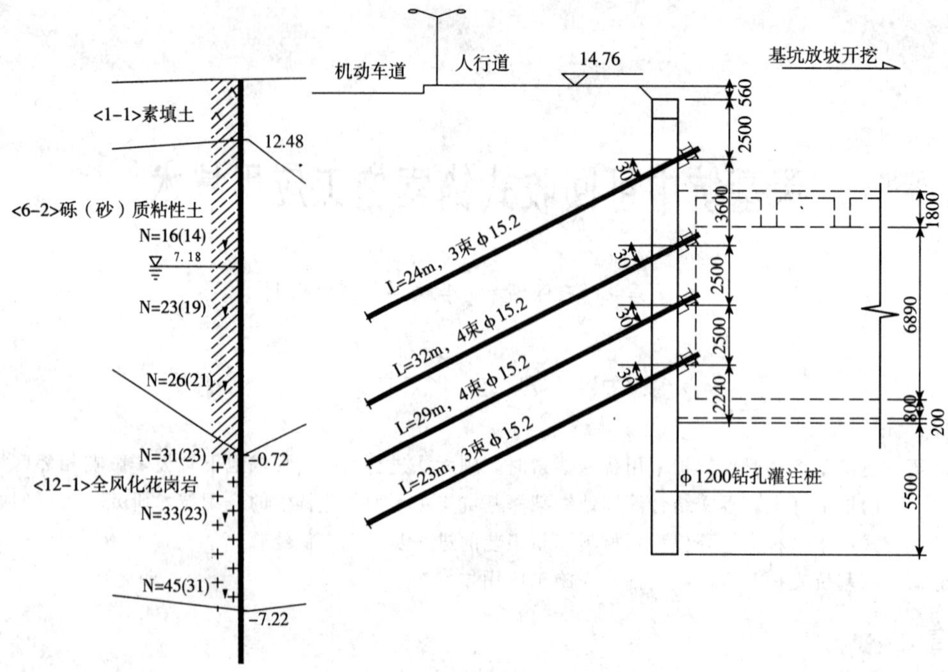

图 1　北端可回收式锚索断面图

5　可回收式锚索作用机理

工程采用 JCE（Japan Conservation Engineers）回收式锚索，该锚索是日本国土防灾株式会社的专利产品。由钢绞线、固定夹具、挤压头、传力体、塑料波纹套管、注浆管、水泥浆和防漏填充剂等组成（见图 2）。

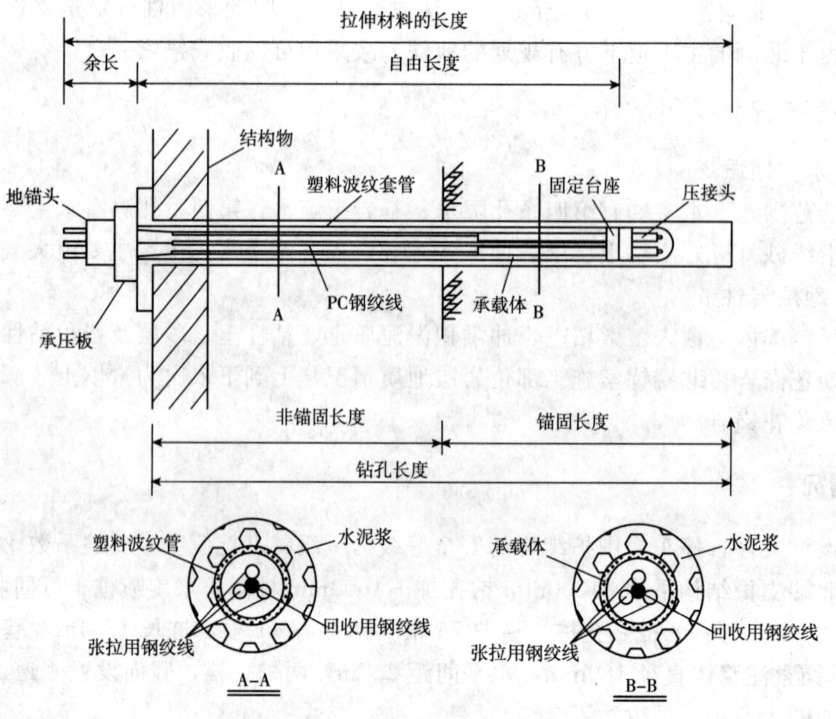

图 2　JCE 可回收式锚索结构详图

JCE 回收式锚索中钢绞线在承载体端部处于压接状态，在塑料波纹管内处于自由状态，钢绞线全长可以自由伸长。塑料波纹管内填充防漏剂，将钢绞线与注浆体隔离，防止其生锈。承载体由带凹槽的钢筒制成，为端部压缩型结构，其长度为 1.5～2.5m。

张拉钢绞线，使固定台座受力并将拉拔力传递给承载体，承载体将拉拔力传递给周围注浆体，注浆体再以压应力的方式将力传递给锚固段的注浆体，最后锚固段注浆体通过剪应力的方式将力传递给周围岩土体中。固定台座的作用是固定钢绞线并将拉拔力传递给承载体，承载体的作用是将台座传递来的压力传递给注浆体。

锚索回收，采用千斤顶先将张拉锁定的钢绞线释放拉拔力，然后将中间不张拉的回收用钢绞线从固定台座中拔出，从而产生空隙，其余张拉过的钢绞线就松弛并可拔出。

6 可回收锚索施工

(1) 定位放线

根据设计要求定出孔位及钢腰梁中线。

(2) 钻孔

①桩机就位：钻机基底用方木或木板支撑垫平，并按设计要求的角度调整钻机，要求误差<2°。

②开孔：钻孔前在桩间进行开孔处理，使用金刚石钻头开孔器破桩开孔。

③成孔：开孔后，采用回转冲击式钻进，全长套管跟进，清水钻孔。套管逐根连接，要求套管顺直稳固。成孔深度应比设计深度长 30～50cm。

④清孔：成孔后，采用清水循环清孔，清洗 3～5 次，直至流出清水为止。

(3) 锚索安装

①锚索编制：JCE 可回收式锚索由厂家在工厂加工。现场下锚前安装注浆管，注浆管采用 ϕ25 或 ϕ20 硬塑料管，两根注浆管平行塑料波纹管用扎丝扎紧。一次注浆管管口位于锚索锚头处，二次注浆管管口位于塑料波纹管端头。

②锚索入孔：人工将锚索沿钻孔套管滑入，滑入过程应平顺，无阻滞。

(4) 灌注防漏填充剂

防漏填充剂是由羟甲基纤维素按特定的配合比制作的一种液体。将其注入到塑料波纹管内，直至管面，待其凝固后进行注浆。其作用是填充塑料波纹管，包裹钢绞线，避免钢绞线被水泥浆包裹和锈蚀。

(5) 注浆

一次注浆：用专用灰浆泵注浆。浆液由孔底向孔外排出，边注浆边拔出钻机套管，待孔口溢出浆液后，停止注浆，并补浆 3～5 次，直至浆液面不再下降为止。

二次注浆：二次注浆时间可根据注浆工艺试验确定或一次注浆锚固体强度达到 5MPa 后进行。注浆压力一般为 1.5MPa 左右。注浆量一般为从孔口缝隙中流出为止。

(6) 养护

锚索注浆后水泥浆要进行养护，待其强度达到规定值后，才可张拉。养护时间应达到锚固体强度大于 15MPa，并达到设计强度的 75%。

(7) 钢腰梁安装

锚索养护的同时进行钢腰梁的制作及安装，先在加工场进行拼接加工成型，运输至施工现场直接安装。

钢腰梁支座安装前对支座与桩身的接触面进行凿平加工处理。支座安装前按设计图要求加工好支座螺丝的孔位。

为保证钢梁的安全，在钢梁下搭设支架作为临时支撑。

(8) 张拉锁定

张拉的方法与常规锚索的方法一致。但张拉是以张拉应力控制，伸长量不作为控制依据。当锚固体强度大于 15MPa，并达到设计强度 75%后方可进行张拉。

锚索正式张拉前，应取 0.1～0.2 倍锚索设计轴力对锚索进行预张拉 1～2 次，使锚索平直，各部位紧密接触。锚索宜张拉至设计荷载的 0.9～1.0 倍后，再按设计要求的预加力锁定。

(9) 锚索回收

待主体结构侧墙完成后即可进行锚索回收。

先用千斤顶将张拉的钢绞线从锚具中释放，然后将未张拉的中心钢绞线用千斤顶拔出固定夹具，使所有钢绞线松弛后并脱离固定台座后，用手工或吊车进行回收。

锚索回收按如下步骤进行：

①按顺序安装好回收利用的 PC 钢绞线的座垫板、穿心油压式千斤顶、张拉用的工具锚头和夹片（中间的 PC 钢绞线不安装夹片）。

②对 PC 钢绞线施加荷载使张拉锚头稍有一点浮起的时候就把垫板除去、然后卸荷。

③在张拉锚头的上部安装回收夹片的垫板、再次进行张拉、使得锚固用的夹片上浮 3～4cm 后除去，然后卸荷，并把第①步中构件全部除去。

④装上回收用的千斤顶，在回收的钢绞线上装上夹片，然后安装上防止夹片飞出去的防护器具。

⑤施加荷载，使中心的 PC 钢绞线从固定夹具中回收出来，抽出大概 30cm 左右。由于在回收时需要施加 10t 左右的力，这有可能使夹片和 PC 钢绞线向外飞出，因此千斤顶后不允许站人。

⑥中心的 PC 钢绞线抽出后，一根一根地装上夹片进行张拉，使得挤压头从台座中除去。

⑦压接在 PC 钢绞线的挤压头从固定台座上全部除去后，把钢绞线全部抽出。一般情况下可以用人力抽出，如人力不能抽出时，采用机械配合抽出。

拉拔试验结果表明锚索的抗拔力均达到设计要求。根据施工过程监测情况，基坑在开挖过程和主体结构施工过程中北端支护结构变形小，稳定可靠。

失稳边坡的险情原因分析与治理

张胜民　汪剑辉

（总参工程兵科研三所）

摘　要　某工程主体部分属于国家能源重点工程，在施工过程中边坡出现险情，直接威胁着下部结构物和施工人员的安全。依据周边环境和工程地质条件，对造成该边坡地面产生裂缝的原因作了探讨。依据对边坡破坏模式和稳定性的分析，采用预应力锚索、锚杆、钢筋网和喷射混凝土联合加固的措施，取得了良好加固效果，确保了边坡稳定和后续施工的顺利进行。最后根据宏观观察和监测结果，对该边坡的稳定性进行了评价。

关键词　锚杆　预应力锚索　边坡工程　抢险加固

1　工程背景

山东某核电工程，是国家重点能源建设工程。该工程基坑长 167m，宽 78m，最深处设计开挖深度 18.6m，见基坑平面图（图 1）。边坡的 KNH 段为汽车坡道，采用 1∶0.75 的坡比放坡开挖，原设计坡面采用网眼间距 50×50 的铁丝网喷射混凝土处理，坡面铁丝网用水平间距、垂直间距均为 2m 的土钉固定，土钉从坡顶开始排距，深度 1m，土钉采用钻孔注

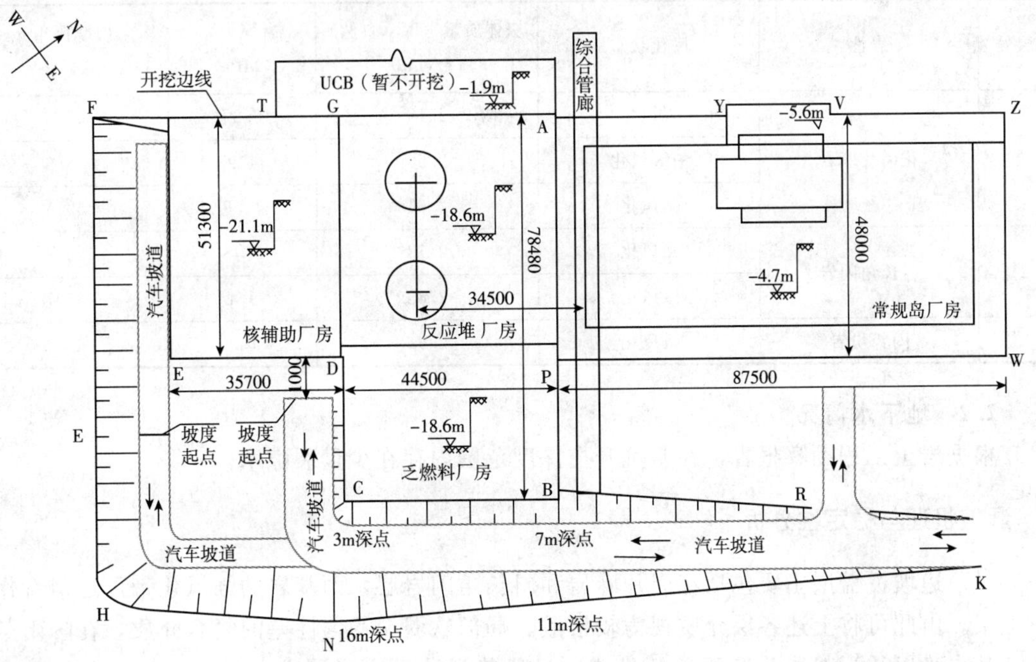

图 1　边坡支护平面布置示意图

浆固定。工程在开挖接近设计深度时，于 KN 段中点到 H 点近 60m 范围内的距坡顶边线 3～10m范围内地面出现裂缝，最长裂缝约 20m，最大裂缝宽度达 8cm，边坡向下滑塌的迹象已明显可见。由于该工程为国家重点工程，工期、质量要求非常严格，如果边坡出现滑塌事故，不仅给总包方带来巨大的经济损失，更重要的是边坡下方是人员和设备的必经之路，边坡一旦滑塌，将造成整个工程的停工，使整体工期延误，还将对人员和设备产生巨大的安全隐患。

为确保边坡安全稳定，需对该边坡进行抢险加固处理，本文简述了这一风险大、难度大的滑坡治理工程的某些设计构想和施工作法。

2 工程地质条件

2.1 地质概况

根据勘查报告提供的资料，场区的基本工程地质条件可概化为：

从绝对标高 7.2m 开挖处向下在开挖深度范围主要分布着浅肉红色、深灰色的第⑤层花岗片麻岩，上部以强风化全风化下部以中风化和微风化存在，在基坑部分地段局部夹存着第⑥层灰绿色的斜长角闪岩。

核岛建筑地段无断裂构造通过，主要构造为 NE、NW 走向的两组节理及片麻理，NE 一组则相对不发育。

节理间距一般小于 0.2m，节理面平直。

①走向 NW280°～310°，倾向 NE、SW（以 NE 为主），倾角 68°～83°。

②走向 NE20°～35°，倾向 NW，倾角 80°～86°。

各岩层物理力学参数见表 1。

岩层物理力学参数表 表 1

层号	岩性	风化状态	块体质量密度（自然）(g/cm^3)	凝聚力 c (MPa)	内摩擦角 φ (°)
⑤	花岗片麻岩	强风化	2.17	0.37	37.5
		中等风化	2.60	4.9	46.6
		微风化	2.64	15.9	59.5
⑥	斜长角闪岩	强风化	2.13	0.48	38.3
		微风化	2.88	9.4	57.7
⑦	闪长玢岩	微风化	2.61	7.3	62.1

2.2 地下水情况

根据岩土工程勘察报告，在基坑开挖深度范围内存在少量裂隙水。

3 滑坡机理与稳定性分析

(1) 边坡覆盖层主要包括花岗片麻岩和斜长角闪岩层，而基岩的强风化带可近似看作一般土层。由此可将上述各层介质视为较松散、局部软弱、均匀性差的复合介质，在降雨条件下，其失稳以往近似取为圆弧破坏模式，且优势滑移面之滑移方向与临空面指向一致（图 2a)，所以其力学强度甚低，因而稳定性极差。

（2）基岩之中、微风化带的稳定主要受层面结构面及节理裂隙面所控制，并与临空面指向明显相关。边坡中部基岩岩层走向与坡壁方位相仅差20°左右，其倾向与临空面指向大体一致，为最不利组合，其失稳为平面破坏模式，易发生顺层滑动（图2b）。

（3）重车通行及爆炸震动的不利影响。在边坡开挖过程中，由于大型车辆在临近边坡的路面上来回穿行，而原设计方案设计参数较低且没有及时对边坡进行支护，再加上临近的其他边坡在开挖过程中使用爆破法进行开挖，这些都严重影响了边坡的稳定。

（4）局部裂隙水的不利影响。由于裂隙水的存在，使各层岩土结合面更加软弱，造成了边坡壁面的滑移趋势，再加上边坡在开挖过程中不时遭受雨水侵袭，地面降水很容易渗入裂隙形成压力水，使边坡下滑力增大，并降低潜在滑动带岩体的等效抗剪强度，促使边坡产生滑移[7]。

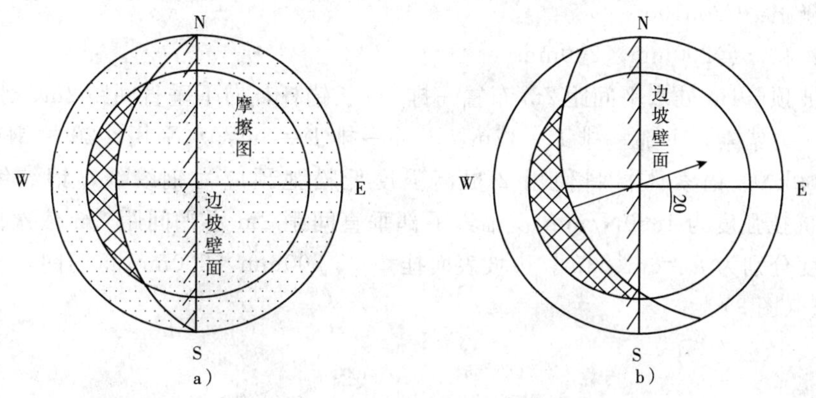

图2 边壁破坏模式与稳定性判断

由于开挖坡度按1∶0.75放坡，接近自然稳定角，常规讲，边坡不应出现整体滑移，用理正软件复核，也说明该边坡处于稳定状态。但综上所述，导致地质灾害发生的主要原因受控于岩体层面结构面及节理裂隙面，另外，边坡在开挖过程中，受降雨及震动等因素的影响，节理等结构面逐步发育贯通，使边坡岩体被切割而降低了边坡的稳定性。节理和边坡面的不利组合、震动、过荷、裂隙水等共同作用最终使边坡坡顶出现大面积裂缝，造成了边坡的不稳定状态。另外，边坡在开挖过程中未按分层支护原则施工，在一次性开挖较深、应力集中释放条件下，边坡即出现了以上顺坡向的裂缝。

4 边坡加固方案

随着我国经济建设的发展，预应力锚索、锚杆技术已广泛应用于我国水电、铁路、公路等领域的边坡抢险加固工程中，如黄河小浪底水利枢纽1号施工支洞边坡深层滑移面加固[1]和南昆铁路八渡车站大面积滑坡治理工程[2]等。由于预应力锚索、锚杆支护结构具有施工较快，施工后能迅速对边坡岩体提供支护力的优点，本着经济、快速、有效的原则，对本边坡提出了采用预应力锚索、锚杆、钢筋网和喷射混凝土联合加固的方案。在工程设计阶段和施工过程中，除了参考地质勘察报告提供的资料，主要是根据工程类比法和经验法[3~6]，结合周边环境和实际开挖后的地质条件选取相关设计参数。

依据工程地质条件及对边坡险情成因的分析，笔者认为：

（1）首先加强边坡的监测工作，密切观察裂缝发展情况，两小时定时测量边坡水平位移及垂直沉降位移。

(2) 根据测量结果，边坡水平位移并没有位移速率陡升的现象，另外，根据顺坡向集中出现裂缝，很大原因是由于应力释放所致，裂缝宽度在一周的观测期内没有出现宽度陡增的现象，也说明此时边坡处于临界稳定状态，有时间来采取支护手段而不用卸载处理，但必须抓紧时间，采取强有力技术措施，不再使边坡产生在仪器精度范围内可观测到的变形。据以上判断，决定采用预应力锚索的方法对边坡进行加固处理，并采用长短锚杆结合挂网喷射混凝土联合加固滑移边坡。

(3) 加固方案。经分析计算及监测反馈修改设计所确定的锚杆－锚索复合加固参数如下：

非预应力锚杆：ϕ18L3000～6000mm－2000mm×2000mm，下倾 5°～15°

预应力锚索：2×7ϕ5L8000～12000mm－3000mm×3000mm，下倾 15°

喷射混凝土：C20δ100

钢筋网：ϕ6.5@200mm×200mm

即：沿坡顶－1m 处水平间距 2m 布置一排 6m 长锚杆，向下垂直间距 2m、水平间距 3m 布置两排预应力锚索，上部一排 $L=12$m，下部一排 $L=8$m，水平用［20 槽钢梁连接，施加预应力 100kN。锚索体材料使用 2 根高强度低松弛预应力钢绞线，钢绞线的直径为 15.24mm，抗拉强度为 1860N/mm^2。锚索下部垂直间距 2m 水平间距 2m 依次向下布置锚杆，锚杆长度分别为 $L=6$m、3m。边坡表面挂 Φ6.5 200mm×200mm 钢筋网，喷射 C20δ=10cm 混凝土（图 3）。

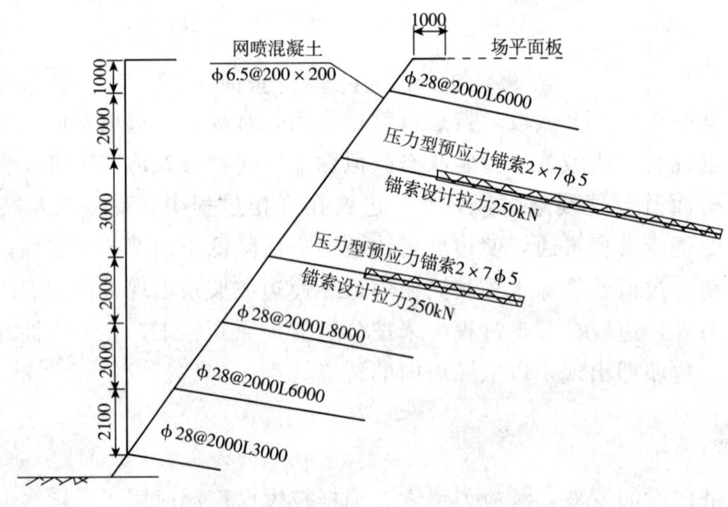

图 3 边坡锚杆－锚索复合加固剖面图

5 边坡加固与支护施工

锚杆－锚索联合支护法施工质量优劣是其成败的关键。本工程设计要求既要原则上照图施工，又允许视具体情况及监测结果进行必要的修改。但由于事关重大，规定此时对支护参数只能作加强修改，不能减弱。例如，由于某些原因，某索孔或钉孔无法钻至设计深度时，则对该孔仍安装相应孔深的土钉或锚索并严格注浆，但须就近另按设计要求钻孔并安装土钉或锚索，如此方可确保工程质量。该工程庞大，施工复杂，此处仅将几个主要施工环节作一简介。

5.1 边坡加固工程施工程序

边坡加固施工采用了以下施工程序：①自上而下按一定高度清除残留松散土体；②用高压风吹洗待支护壁面；③凿孔安装土钉和锚索；④注浆、张拉锚索预应力；⑤敷设钢筋网并复喷混凝土至设计厚度；⑥清理并施作下一层支护，直至坑底。

5.2 锚索注浆施工

锚索内锚固段一般被设置于完整性尚好的岩体内。据岩体层状结构面产状，所布设锚索孔大都与水平面有10°～15°夹角下伏，因而多数索孔内锚固段都有不同段长的岩渣和碎土，局部地区还有少量孔隙水存在。不将此岩渣和碎土以及积水连同孔内空气全部排净，施工质量即无保证。为此，施工中采取了以下两种措施，效果均较好：①增大排气管截面，用高压风把岩土碎渣、气、水强行从孔底通过排气管排出孔外；②增大注浆压力，使注浆饱满，不留空隙。预应力超张拉20%结果表明，所有锚索都一次达到了预定设计吨位。

5.3 施工注意事项

（1）水患问题。水是影响边坡稳定的大敌。无论是地上（雨水、生活和施工用水）、地下水或各类管道渗漏水，还是坑内积水等，都可能对坡壁稳定造成危害。欲使边坡稳定必须十分重视并有计划地考虑工程全方位的有效的防水问题。该工程在施工过程中不仅有局部裂隙水的存在，还时常受到雨水的袭扰，因此在加固处理过程中必须采取全方位排、防水措施。

（2）施工振动问题。大能量的震动（如爆破开挖震动）或较大能量的高频振动（如冲击钻孔机械或打桩机械的冲击振动），均对边坡稳定有较大影响。本工程原计划在开挖中风化带以下岩层时，采用爆破法开挖。笔者根据勘察资料、实地考察结果和以往经验，建议仍采用机械开挖，以消除有害震动影响。有关方面采纳了这一建议。实践证明这是有利的。

（3）开挖控制与及时支护问题。在实际工程中，这往往是一个问题的两个方面。某些工程问题常常是由于开挖失控，无法及时支护所引起。实际上，某种地质体一次合理开挖高度和长度的控制问题，与其说是一个施工管理问题，不如说是方案设计所需审慎考虑的重要理论技术问题，一经给出，即须严格遵守，不得随意改动。在本工程的滑坡治理及支护过程中，开挖得到了较好控制。

5.4 施工安全措施

由于边坡处于临界稳定状态，任何的施工振动都可引起边坡的移动。因而，先对该处边坡搭设满堂红双排脚手架并加大支撑杆的密度，对边坡提供一部分侧向支撑力。钻孔作业时，派出多名安全员检查边坡位移情况，一旦有险情就通知人员快速撤离，首先保证人员安全，待边坡再次处于稳定时才能进行作业。经过两次险情处理后，有惊无险地完成了全部施工任务。

6 滑坡治理及支护稳定性评价

某边坡治理及加固施工已顺利竣工。从宏观上看，完成全部加固施工后（特别是预应力锚索施工完成后），地面无开裂，基础无沉降，邻近坡壁的变形数据均在仪器误差范围内，即无具有实际意义的变形。加固后，滑坡区及其附近区域活动性滑塌已得到有效遏制，变形完全停止，新的变形未有发生，位移无变化。施工期间及完工后的监测资料（图4）表明，上部一排锚杆和两排锚索施工完成后边坡完全稳定，施工过程中原有裂缝虽有所扩展，但逐渐趋于收敛，施工完毕重新封闭后没有发现新的裂缝出现，设计与施工均达到了预期目的。

至今一年半的时间，其间经过了周围爆破振动，重车振动及边坡上部压路机超载试验，两处冬季冻融及雨季考验，边坡一直处于稳定状态，说明该加固方案安全可靠。

上述结果表明：方案设计中关于边坡险情成因的分析及破坏模式的确定，基本符合实际。计算确定的加固、支护参数基本合理。加固、支护后，险情区域内有意义的变形已停止，设计施工完全达到了安全、经济、高效、快速之目的。

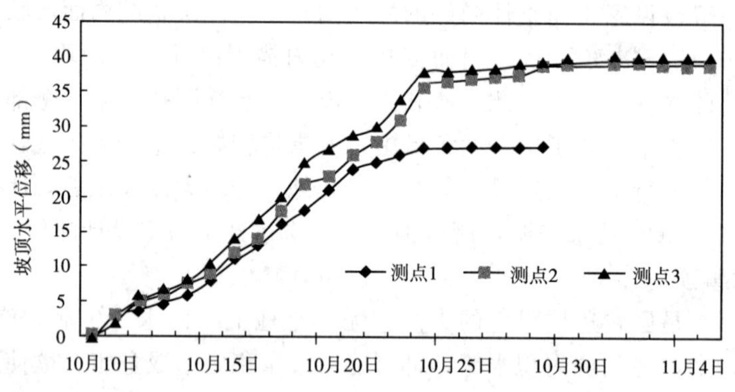

图4　坡顶水平位移变化曲线

7　几点体会

由于近年来国内工程建设的大规模展开，促进了锚固技术的迅猛发展，该项技术已经广泛应用于岩土工程的各个领域，在理论研究和工程应用技术研究方面取得了可喜成绩[8~11]，发挥了显著的社会、经济效益。本工程实践证明，只要方案科学合理、施工保质快速，锚固技术对抢险加固工程是非常有效和可靠的。另外，笔者在此工程施工过程还有以下几点体会：

（1）由于地勘报告提供的地质参数具有局部性特征，并不能全部覆盖所有边坡断面情况，所以，边坡开挖之后一定要根据现场开挖断面反映的地质参数，对边坡加固方案实行修正，以达到最优化。由于边坡失稳往往都在极短的时间内完成，由经验丰富的岩土工程师快速制定抢险加固方案，是关键的第一步。因而，设计与施工单位最好是同一单位，这样，既能保证责任划分明确，又能保证快速治理，为抢险赢得宝贵时间。

（2）在边坡出现滑移迹象时，不宜采用抗滑桩之类需先削弱坡角的措施，而应先稳定坡角，必要时采取上部卸载的方法，采用锚拉式加固是处理该类险情最安全、快捷的方法之一。

（3）施工安全监测极为重要，由于边坡失稳都有一些预兆，在险情出现之前，有时间保证人员的撤离，首先保证人员安全。

参考文献

[1] 顾金才，刘建武，张勇，等．黄河小浪底导流洞1号施工支洞口部预应力锚索加固［C］//中国锚固与注浆工程实录选．北京：科学出版社，1995：15—16.

[2] 赵红玲，张勇，张福明．八渡车站碎石土地层中长锚索施工技术［J］．岩石力学与工程学报，2007，26（增1）：3155—3160.

[3] HANNA T H. 锚固技术在岩土工程中的应用［M］．北京：中国建筑工业出版

社，1987.
[4] 闫莫明，徐祯祥，苏自约．岩土锚固技术手册［M］．北京：人民交通出版社，2004.
[5] 总参工程兵科研三所．GJB 4073－2000 预应力锚索试验技术规程［S］．北京：总装备部军标出版发行部，2001.
[6] 程良奎，范景伦，韩军，等．岩土锚固［M］．北京：中国建筑工业出版社，2003.
[7] 许建聪，尚岳全．碎石土古滑坡稳定性分析［J］．岩石力学与工程学报，2007，26（1）：57－65.
[8] 中国锚固工程协会．岩土锚固新技术［M］．北京：人民交通出版社，1998.
[9] 李欢秋，吴祥云，袁诚祥，等．基坑刚近楼房基础综合托换及边坡加固技术［J］．岩石力学与工程学报，2003，22（1）：153－156.
[10] 张勇，赵红玲，张光明．预应力锚索在基础纠偏加固中的应用［J］．岩石力学与工程学报，2005，24（12）：2096－2100.
[11] 温进涛，朱维申，李术才．锚索对结构面的锚固抗剪效应研究［J］．岩石力学与工程学报，2003，22（10）：1699－1703.

压力型预应力抗浮锚杆逆作施工技术及其在承压水地层中的应用

杨宝森　柳建国

（中冶建筑研究总院有限公司）

摘　要　本文介绍了压力型预应力抗浮锚杆逆作施工技术在太原万达广场酒吧街工程中的应用。压力型预应力抗浮锚杆受荷后其固定段内的灌浆体处于受压状态，故不易开裂，具有良好的耐久性。同时抗浮锚杆布置灵活，锚固效率高，有利于底板均匀受力。本工程采用逆作施工技术，在承压水较大的情况下采用预先打入钢管隔水隔砂，有效解决了承压水对抗浮锚杆施工的影响，同时显著节约了总工期。

关键词　抗浮锚杆　抗浮　地下水　逆作法

1　引言

近年来，随着城市建设的发展，高层、超高层结构及大跨度空间结构得到越来越多的应用。高层、超高层结构普遍采用主楼及裙房整体地下室结构，且地下室埋深越来越深；大跨度空间结构往往存在大面积区域与地下水浮力平衡的问题。国内外已有因水浮力处置不当而引起事故的情况发生，建筑物的抗浮问题已逐渐引起重视。目前，建筑物抗浮方法主要有降排地下水法、隔水法、压重法、抗浮桩、抗浮锚杆及其他结构抗浮措施[1]。其中降排地下水法适合于水量不大的情况，且需要长期控制和维护；隔水法费用较高，地层适用性有限；压重法通过增加结构自重、增加上覆土层厚度及设置压重材料来抵抗水浮力，工程造价偏高，需要加大基础埋深，且抗浮能力有限；抗浮桩抗浮能力较大，但是在正常使用状态下，抗裂要求不易满足，受力钢筋容易腐蚀，对防水和耐久性要求很高，且在低水位工况需要考虑反向受力情况；而抗浮锚杆抗浮能力强，可视基础底板厚度布置在基础地梁上或基础底板上，布置方式非常灵活，基础底板均匀受力，受力性能非常好，同时对各种地层的适应能力很强。近年来，抗浮锚杆已经在越来越多的工程中得到应用[2~4]，其工程效果及优势日益凸现。

目前，传统抗浮锚杆施工工艺为先施工抗浮锚杆，后施工基础底板及防水层，最后张拉锁定。抗浮锚杆张拉锁定完成以后，再由下而上施工主体结构。这种工艺程序简单，质量容易控制，应用广泛。采用逆作施工技术施工抗浮锚杆，虽然在国内应用不多，但是同传统施工工艺相比，有着独到的优点。逆作法的施工顺序先是施工基础底板，在锚杆设计位置处预留孔口，然后再施工抗浮锚杆，同时进行上部主体结构的施工，抗浮锚杆施工完毕后张拉锁定，而上部主体结构的施工可以不间断持续进行。这样，建筑物上部结构的施工和地下基础结构施工立体平行作业，明显缩短了施工工期。采用逆作法内撑体系由地下室楼盖代替，在增加侧向支撑刚度、减小周边建筑变形的同时，可省去大量临时支撑费用。由于是在封闭地表下作业，故极大限度地减少了建筑扬尘，噪音污染大大降低。由此可见，逆作法在施工工期、工艺特点、经济效益及环境效益方面有着独特的优势。在技术方面，与传统技术不同的是，逆作法需要合适的支撑高度以满足施工机械运行时工作空间的要求，同时需要保证预留孔的垂直度以避免锚杆在土体深部斜交。虽然如此，工程实际表明，通过设计时的充分考虑，以及对施工质量的严格控制，是可以满足逆作法的这些要求的。本文通过对山西省太原市万达广场酒吧街小剧场工程的抗浮设计，为抗浮锚杆逆作施工提供了参考经验。

2 工程概况

太原万达广场酒吧街小剧场拟建建筑面积30000m²，东西长224.0m，南北宽108.0m，地上2～3层，地下1层，建筑高度8.3～13.0m，框架结构。酒吧街小剧场升降舞台为本项目中的一个单体，设计±0标高相当于绝对标高787.300m，基础底板厚1400mm，基底标高775.92m。万达广场酒吧街小剧场平面图及典型剖面图如图1、图2所示。

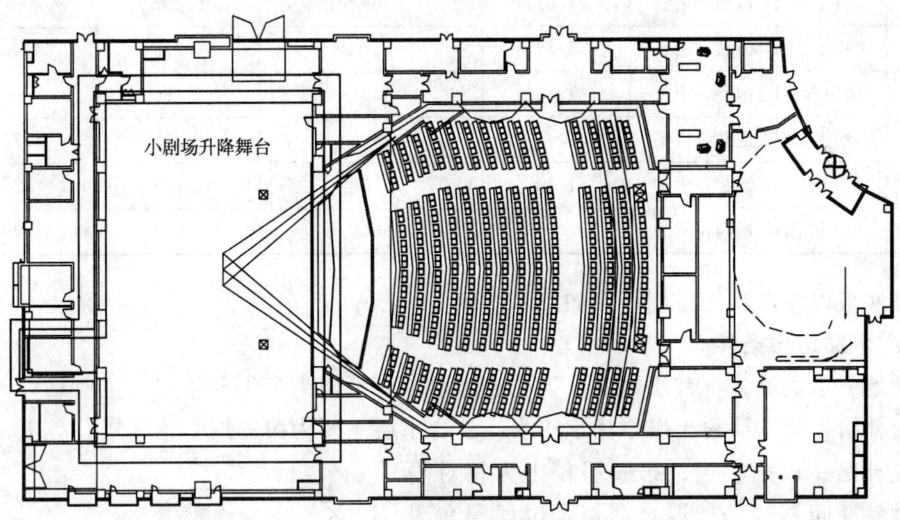

图1 万达广场酒吧街小剧场平面图

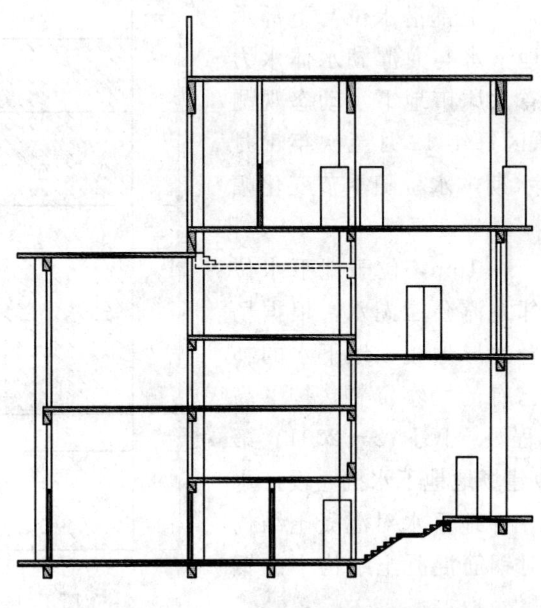

图2 万达广场酒吧街小剧场典型剖面图

3 工程地质、水文地质条件

3.1 工程地质条件

场地地基土沉积时代成因类型自上而下主要由第四系全新统新近人工堆积层及第四系全新统河流相冲、洪积层组成，岩性以人工填土、粉土、粉质粘土、砂类土为主。基础底板以下各地层见表1所示。

土层工程地质特征一览表　　表1

岩土层号	地层名称	土层描述	平均厚度(m)	极限侧摩阻力标准值(kPa)	压缩系数 α_{1-2} (MPa^{-1})	压缩模量 E_{S1-2} (MPa)
④$_1$	细砂	饱和，稍密	3.24	40	0.189	19.32
④$_2$	粉土	饱和，中密	2.61	56	0.182	9.44
⑤	粉土	饱和，密实	3.32	58	0.223	9.31
⑥	细中砂	饱和，中密	1.85	50	0.190	36.79
⑦	粉土	饱和，密实	5.45	60	0.222	7.54
⑧	细中砂	饱和，中密	1.30	55	0.192	42.63
⑨	粉土	饱和，密实	＞3.5	60	0.220	9.24

基础底板以下典型地质剖面图如图3所示。

3.2 水文地质条件

场地地下水类型为：首层地下水为孔隙潜水，含水层为第①～④层、主要靠大气降水及侧向径流补给；第⑤层粉土以下为承压水，其含水层主要为第⑥层、第⑧层砂类土，主要靠侧向径流补给；以第⑦层、第⑨层粉土为相对隔水层。勘察期间测得场地混合文档水位埋深在现在地面下2.70～8.80m之间，稳定混合水位标高在782.05～783.38m之间。上部潜水位与下部承压水水头相近。该场地地下水与龙潭湖水体水力联系密切。根据《山西省太原市地下水动态观测报告》，汾河冲洪积平原区每年12月至次年1月为枯水期，7～9月为丰水期，水位随季节变化幅度约1.0m左右。

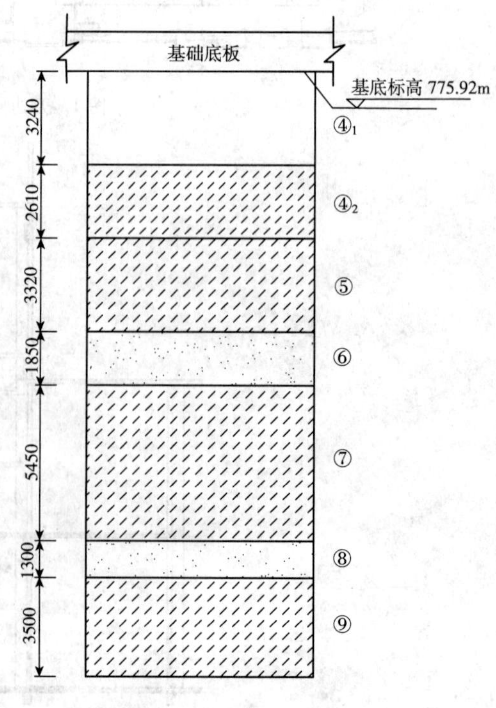

图3　典型地质剖面图

小剧场基底标高为780.10m，位于地下水位以下，由于拟建场地紧邻龙潭公园湖水，根据场地岩土工程条件，并结合地形地貌、地下水的补给、排泄等条件及周围已有的勘察资料，按《高层建筑岩土工程勘察规程》（JGJ 72－2004）第7.1.1条分析考虑[5]，拟建场地地下水抗浮设计水位可按标高783.93m采用。地下水对混凝土结构按具中等腐蚀性考虑，对钢筋混凝土结构中的钢筋具弱腐蚀性。

4 抗浮锚杆设计

4.1 抗浮方案选择

抗浮方案的选择是根据场地工程地质及水文条件、总体施工进度综合考虑后得出的。设计院首先考虑了配重法及抗浮桩。配重法拟加大结构自重，加深地下室深度及基础底板厚度。但是配重法存在以下问题：(1) 采用配重法，在不牺牲地下空间的前提下，基坑开挖深度至少需要增加 1.5m，基础底板厚度随之增加 1.5m，而场区承压水头高达 2m，超挖 1.5m 安全不易保证，且很耗时间；(2) 按设计功能，该地下空间为舞台区，使用配重法会加大结构自重，影响构件尺寸，牺牲部分使用空间，影响建筑设计功能。由于甲方对绝对工期的要求甚为紧迫，同时因地下水位过高，降水效果有限，配重法会牺牲一定的使用空间，影响建筑设计功能，故经考虑未配重法被采纳。

之后，设计院考虑了抗浮桩方案。经过分析，存在以下问题：首先抗浮桩直径较小，在高承压水头场地内施工，施工质量不易保证；其次基础底板位于水位波动段，抗浮桩在低水位时可能变为反向受压状态。由于桩的抗压刚度很大，此时会加大小剧场同周围建筑的差异沉降[6~7]；另外，抗浮桩抗裂计算很难满足，钢筋容易锈蚀，耐久性较差。

为了满足建设方对绝对工期的要求，在不影响建筑功能设计的前提下，我方建议采用压力型预应力抗浮锚杆技术，并采用逆作法施工，其主要优点有：

(1) 抗浮锚杆单向受拉，受力性能良好，利于基础与结构的变形协调。布置灵活，基础底板受力均匀合理。

(2) 抗浮锚杆杆体材料采用无粘结预应力钢绞线，有油脂、聚乙烯护套保护，同时注浆体处于受压状态不易开裂，形成多重防腐保护，提高了锚杆耐久性。

(3) 地下空间允许施工机械施工，同时所采用的施工机械调整灵活，可在地下空间内柱边及降水井周围小范围多角度灵活施工，保证施工质量。

(4) 采用逆作法时，地下基础同上部主体结构立体平行施工，地下基础的施工不占用上部主体结构施工时间，从而有效节省工期。

通过综合比较、分析，设计院和建设方采纳了我方建议，同意将压力型预应力抗浮锚杆逆作施工技术应用到本工程当中。这不仅是抗浮锚杆技术在山西省的首次应用，而且逆作施工技术亦不多见。

4.2 设计方法及步骤

本工程抗浮设计水位为绝对标高 789.93m，基底标高 775.92m，地下室抗浮处理面积 765.3m^2。设计院提供的该部分结构平均自重为 25kPa。

(1) 抗浮荷载

$$Q_w = \gamma_w F_{wk} - \gamma_G G \tag{1}$$

式中：Q_w——抗浮荷载设计值；

F_{wk}——地下水浮力标准值；

G——结构自重及其他永久荷载标准值之和；

γ_w——地下水浮力分项系数；

γ_G——永久荷载分项系数。

由于地下水位随季节变化明显，地下水荷载并不是稳定在某一荷载水平，而是随水位的变化而动态变化，因此，地下水荷载不能简单地等效为永久荷载、可变荷载或偶然荷载，其分项系数的取值亦与三种荷载类型不同。《建筑结构荷载规范》（GB 50009－2001）未给出地下水荷载分项系数，只是在第 3.2.5 条中规定：永久荷载当期效应组合对结构有利时，一般情况下应取 1.0；对结构的倾覆、滑移及漂浮验算时，应取 0.9。由于抗浮计算采用静水压力，参考国内外相关规范，地下水荷载分项系数采用 1.0 比较适宜。

（2）单锚极限承载力及锚杆根数确定

单根锚杆抗拔极限承载力标准值采用同计算灌注桩极限承载力类似的方法计算单根锚杆抗拔极限承载力标准值，仅考虑锚杆与土层的侧摩阻力。

$$U_k = \sum \lambda_i q_{sik} u_i l_i \tag{2}$$

式中：λ_i——摩阻力折减系数；

q_{sik}——第 i 土层与锚杆的摩阻力；

u_i——锚杆横截面周长；

l_i——锚杆进入第 i 土层的深度。

（3）锚杆自身抗拉强度极限值 U_q

锚杆材料破坏按破坏形态可分为注浆体材料破坏和钢绞线材料破坏。计算表明，注浆体发生材料破坏时其压力为 464.4kN，而钢绞线屈服强度为 235.6kN，故认为锚杆材料的强度以钢绞线屈服强度为准，当钢绞线打到屈服强度发生材料破坏时，即认为锚杆杆体材料破坏。

$$U_q = f_y A_s \tag{3}$$

式中：f_y——钢筋抗拉强度；

A_s——锚杆的横截面积。

（4）确定单根锚杆抗拔极限承载力设计值 N

$$N = \min(U_k/\gamma_k, \gamma_q U_q) \tag{4}$$

式中：γ_k——抗力分项系数；

γ_q——永久性锚筋抗拉工作条件系数。

（5）确定锚杆数量 n

$$nN + \gamma_g S_g \geqslant Q_w \tag{5}$$

式中：S_g——上部结构自重；

γ_g——荷载分项系数，当对结构有利时取 0.9；

n——锚杆数量。

4.3 抗浮锚杆设计主要参数

本文按第 137 号钻孔资料（最不利情况）进行设计。主要设计参数为：（1）杆体长度 16.0m，锚固长度 15.0m，直径 130mm；（2）水泥采用 P.O.42.5，水灰比 0.45，水泥浆强度等级为 M35；（3）锚杆体采用 2ϕ12.7 无粘结预应力钢绞线；（4）锚杆设计拉力 155kN，锁定荷载 155kN。（5）二次注浆采用高压注浆，注浆压力 2.0MPa，水泥用量不得低于 80kg/m。

抗浮锚杆平面布置图及剖面图见图 4、图 5。

5 抗浮锚杆试验研究

抗浮锚杆施工前取 3 根锚杆进行基本试验，得出锚固体的极限抗拔力为 320kN；施工结束后，按总数的 5%随机抽取 15 根进行验收。验收荷载为设计值的 1.5 倍。试验验收结论：受检的 15 根锚杆抗拔力满足设计值 155kN 的要求基本试验和验收试验典型拉拔力与锚头位移曲线见图 6、图 7。

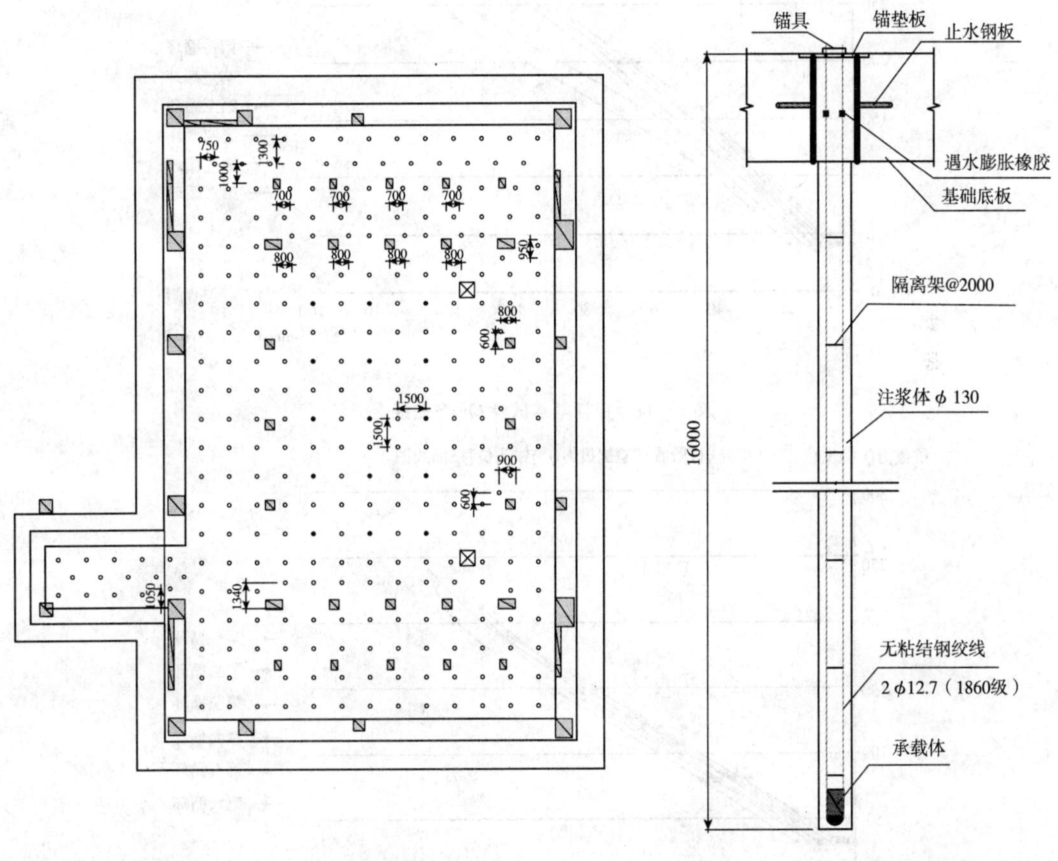

图 4 抗浮锚杆平面位置图

图 5 抗浮锚杆剖面图

6 关键施工技术问题

6.1 逆作法技术要求及难点

采用逆作施工技术施工抗浮锚杆，基础和上部结构可以实现平行施工，从而显著缩短工期，同时带来良好的经济效益和环境效益。在本工程中，采用逆作法需满足以下要求：

(1) 逆作法要求施工机械能够在地下室有限空间内正常工作，其施工空间受到地下室层高的限制。

(2) 施工机械需能在小范围内灵活调整，以满足地下空间内柱边、降水井周围及个别斜孔施工要求，保证施工质量。

(3) 保证预留孔垂直度。垂直度较差的孔，相邻锚杆可能会在地下斜交，不能保证施工质量。特别是柱边及降水井周围的预留孔更需保证垂直度，且孔与柱子、降水井的距离至少为 0.5m。

（4）在张拉锁定时，宜先从底板中部开始张拉，由中间向四周跳拉，避免基础底板产生较大内力。

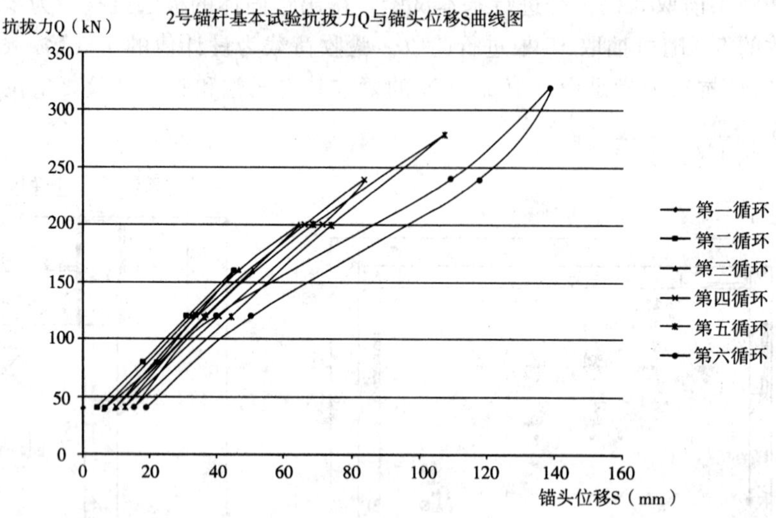

图 6　抗浮锚杆基本试验 Q－S 曲线

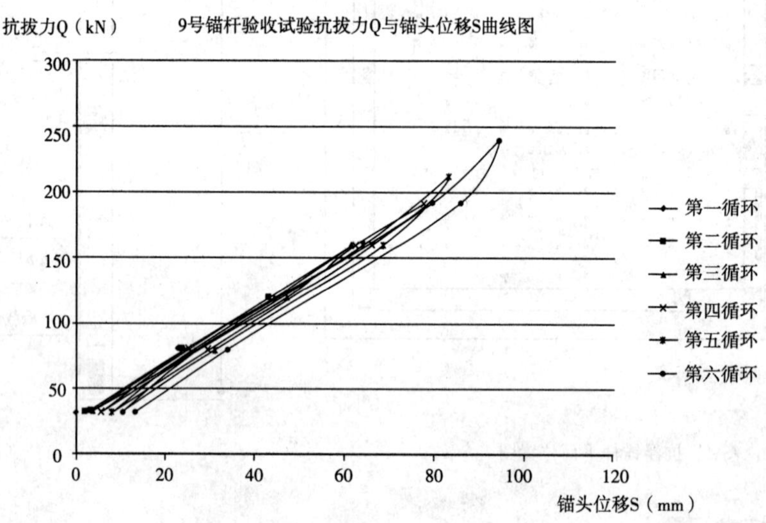

图 7　抗浮锚杆验收试验 Q－S 曲线

工程实际表明，在预留孔位置合适、保证孔口垂直度、施工机械能满足一定要求的前提下，可采用逆作施工技术施工抗浮锚杆。

6.2　地下承压水的影响

抗浮锚杆施工时，由于降水不利，致使水头超过基础底板约 2m，导致开孔后即发生严重的喷砂冒水现象，一度无法施工。后经过分析，基础底板下为④$_1$层细砂，厚度约 1～2m，地下水非常丰富，水压很高。采用在现有锚杆预留钢管 ϕ166 钢管（内径 ϕ157）孔内，再打入 1 根长度约 3m 钢管（外直径约 ϕ152，内直径约 ϕ143）穿透细砂层隔水隔砂，同时钢管外缠麻丝、刷铅油以防止水从两钢管间隙中冒出。经过试验，该方法有效阻止了喷砂冒水，为抗浮锚杆施工创造了条件。

6.3 节点防水

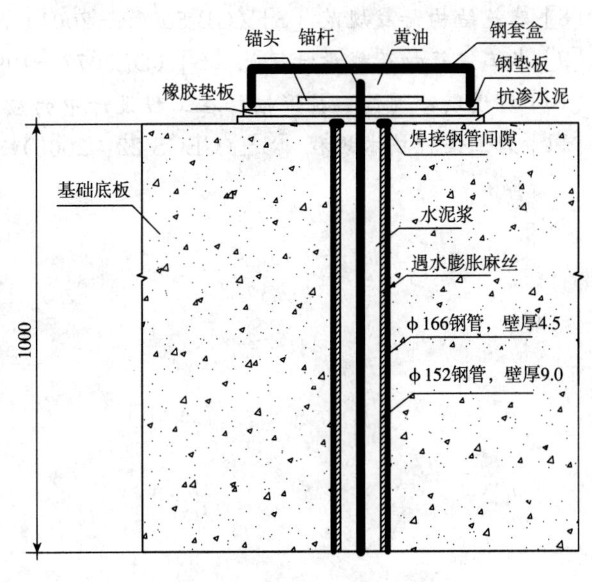

图8 抗浮锚杆防水构造图

对于抗浮锚杆工程，基础底板与抗浮锚杆所形成的节点处防水处理是十分关键的。在抗浮锚杆施工时，打入钢管有效阻止了喷砂冒水，为成孔及注浆创造了条件。但是，随着时间的推移，水会逐渐从两钢管间隙渗出。为此，沿钢管周长将内外钢管焊接在一起防止地下水沿管缝渗入地下室，同时在节点处采用抗渗水泥予以封堵。待张拉完成以后，将钢罩焊接在钢垫板上，罩内充满黄油防腐防水。最后，在底板上浇筑 40cm 厚混凝土，将节点埋置其中。通过设置多道防水程序，使得防水效果更为可靠。节点防水构造图如图 8 所示。

7 结束语

(1) 抗浮锚杆在山西省的应用尚属首次。根据锚杆基本试验及验收试验结果，最大抗拔力均超过设计值 155kN，证明所采用的设计计算方法及相关参数的取值是可行的，为类似工程的设计提供了参考经验。

(2) 逆作施工技术能有效节省工期，有着良好的经济环境效益。通过设计时的充分考虑，施工时严格控制质量，在预留孔位置合适、孔位垂直、施工机械满足一定要求的前提下，采用逆作法施工是可行的。

(3) 抗浮锚杆穿越高水头承压水层时，采用打入钢管穿越承压水层隔水并封堵渗水通道，能够极大地减小承压水对施工的影响，为抗浮锚杆的施工创造条件。

(4) 逆作施工技术应用于抗浮锚杆施工在国内不多见，还不够成熟，需要进行大量研究工作及更多工程经验积累。

参考文献

[1] 柳建国．建筑物的抗浮设计与工程技术 [J]．工业建筑，2007，37 (4)．

[2] 贾金青，宋二祥．滨海大型地下工程抗浮锚杆的设计与试验研究 [J]．岩土工程学报．2002，24 (6)．

[3] 柳建国，等．压力分散型抗浮锚杆技术及其工程应用 [J]．岩石力学与工程学报．2005，24 (21)．

[4] 程良奎．李象范．岩土锚固·土钉·喷射混凝土——原理、设计与应用 [M]．北京：中国建筑工业出版社，2008.

[5] 岩土工程勘察规范 [S] (GB 50021—2001)．北京：中国建筑工业出版社．2001.

[6] 陈国强．压力分散型抗浮锚杆技术在北京第五广场中的应用 [J]．岩土锚固，2009.9.

[7] 曾国机，王贤能，胡岱文．抗浮技术措施应用现状分析 [J]．地下空间，2004.3，24.

[8] 建筑结构荷载规范［S］(GB 50009－2001)．北京：中国建筑工业出版社，2001.
[9] 水工建筑物荷载设计规范［S］(DL5077－1997)．北京：中国电力出版社，1998.
[10] 黄琪琪，周健．抗浮锚杆在工程设计中的应用［J］．土工基础，2008.26 (3)．
[11] 岩土锚杆技术规程［S］(CECS 22：2005)．北京：中国计划出版社，2005.

基坑施工中渗漏事故的分析与处理

刘烈波

（启东市政府投资项目工程建设中心）

摘　要　作者结合具体工程实例，介绍了在周边环境复杂的地理环境下基坑支护的实施方案。针对实际工程，分析了产生深基坑支护渗漏现象的原因，阐述了坑壁搅拌桩和压密注浆双重防渗技术在深基坑围护工程中的成功应用。

关键词　深基坑　渗漏　处理

1　引言

随着城市化进程的不断扩展，老城区改造也在不断推进。在空间位置极其有限的区域实施旧房改造，深基坑施工在工程建设过程中起着十分重要的作用。作者通过对南通某中医院综合病房大楼基坑支护施工过程中涉及到的基坑施工成败的关键环节之一——基坑支护结构防渗漏事件的处理，成功避免了一场可能发生的事故，总结出了一点实践经验，供同行们借鉴。

2　工程概况

该工程位于某市紫薇中路与公园中路交叉路口的西北侧。在待建基坑区域范围内，其他理位置情况如下：北有四层已有建筑医技楼，距基坑边缘 9.8m；东有三层门诊楼，距基坑边缘 9m；西边还有红线外五层办公楼及西北侧五层居民住宅楼，距基坑边缘约 25m；南临省道 336 线，距基坑边缘 30m 左右。该工程为地上十五层，地下一层框剪结构及三层急诊中心楼（天然地基）组成的复式建筑物。基坑平面布置为 53.2m×34.8m（东西向×南北向），基坑大面积开挖深度为 5.8m，局部挖深达 6.2m（地梁位置）。

3　地质状况及支护方案的确定

针对施工场地狭小，周边环境条件复杂，工程位于长江出口处北岸，地下水位较浅，地下水较为丰富等地理情况，设计单位主要采用重力式格栅型搅拌桩墙支护（墙宽 2.9m）的支护方案对基坑实施支护。在基坑的东边北段碍于院内既有给排水总管通过，桩机操作空间狭窄，改用锚钉搅拌桩（墙宽 1.8m），西侧考虑同时建设三层附属门诊楼工程采用的天然地基，为避免挖、填土方对地基质量的影响，不宜选用放坡开挖方案，改用 2 排搅拌桩加锚杆的支护结构（墙宽 1.25m）；南边地域开阔，为了尽可能减少投资，考虑不设支护，采用放坡开挖的方案共同组成本工程的基坑支护结构系统。

4 基坑施工状况及渗漏事故分析

4.1 基坑施工经过

该工程于2008年8月7日开始挖土（支护帽梁均尚未浇筑），为提高挖土速率，施工方采取自东向西一次性挖运土方，未作分层开挖，同时将挖运的好土堆放在西侧距基坑边缘6m以外的空地上，土堆高度达7～8m。在西侧的北段堆放着待施工的基础钢筋约8t。8月12日基坑挖土全部结束。8月14日、15日、17日连续三次暴雨，发现西侧基底上30cm位置有两处管涌，西侧中部支护墙向坑内位移达10cm（水平位移设计报警值为3.5cm），基坑安全危在旦夕。

4.2 渗漏原因分析

（1）施工单位在土方开挖过程中，未按设计规定严禁在基坑边缘堆载且堆载的高度及重量均超过标准，造成支护墙侧向位移严重超标进而使桩体局部产生开裂，这是直接原因。土方开挖后连续三次暴雨，西侧坑内外水头差增大，可能是导致桩墙局部渗漏的原因之一。

（2）由于搅拌桩施工时桩架不平整，桩身的垂直度得不到保证，使得在喷浆成型后的搅拌桩之间出现搭接不密实等现象，可能是造成坑壁渗漏水现象发生的另一个原因。

5 防渗漏技术处理

（1）对西侧堆土等超标部位迅速采取卸载措施，减少对基坑的侧向压力，同时为防止在基坑施工过程中再次遭受暴雨的袭击，在坑内、坑外严格做好排水措施并及时抽空积水。

（2）在西侧支护墙中部（侧向位移超标部位）增设一组坑外轻型井点降水，减少西侧坑内外水头差，控制侧向位移变大，同时加强监测频率，发现异常现象及时处理，防患于未然。

（3）对渗漏部位采取压密注浆措施，在两排支护墙中间设注浆孔，注浆深度与搅拌桩隔水帷幕相同。压密注浆施工时应注意的事项：

①钻孔时垂直度小于1%，各孔位采用打一跳一的二次加密法注浆。钻机的进钻压力控制在10～15kN，钻速根据土质的不同控制在60～120r/min，砂质粉性土转慢、松软土钻快。

②注浆点最终垂直距离为0.5m，每点注浆量100kg水泥，水灰比0.5，浆液比重1.75，注浆压力（0.5～1.0）MPa，注浆速度30～40L/min。

6 结束语

（1）本基坑围护工程的成功实践证明：在施工区域受到限制的地域实施锚钉搅拌桩作为基坑支护结构是合理有效的，而且能有效降低支护结构的造价（约为重力式支护造价的70%）。

（2）控制坑缘位移至关重要。在基坑施工过程中，坑缘外10m范围内尽量减少堆载，或干脆不设置临时堆场。

（3）在基坑开挖过程中一旦出现问题，一定要全力以赴，及时处理，切不可麻痹大意。即使是基坑侧壁出现少量渗水等小问题，也要慎重对待，任其发展就会酿成难以处治的后果。

（4）在深基坑围护工程中，采用止水帷幕双轴水泥土搅拌桩和压密注浆双重防渗技术，使基坑壁不出现渗漏现象，能有效控制基坑变形，确保基坑施工安全和周边环境安全。

参考文献

[1] 邵锦周. 长江口北岸岩土工程实录. 江苏：南京大学出版社，2009.

城区岩石基坑的支护设计与施工

张启军　李　斌　蒋成军

（青岛市人民防空建筑工程中心）

摘　要　青岛颐慧园基坑最大深度超过 30m，南侧紧邻已建建筑物。本文通过该工程实例详细介绍了针对各段岩质边坡的不同性质以及周边环境条件，采取相应的支护设计方案，兼顾支护的安全性与经济性，为城区岩石边坡支护设计与施工技术的应用积累了宝贵的经验。

关键词　结构面　预应力锚索　系统锚杆　控制爆破　基坑监测

1　前言

因建筑需要，很多基岩埋深浅的城市要开挖很深的岩石基坑。开始由于建设、施工等单位对岩石基坑不重视，总是认为岩石稳定、不会塌方，结果出现了很多塌方事故，造成了人身伤亡和很大的经济损失。近年来，由于事故教训增多，监管力度加大，对城区内岩石基坑支护的重视程度逐渐加强。

在初期岩石边坡计算侧压力时，经常采用库伦或朗金土压力公式，而不区分岩质边坡与土质边坡的不同。设计中岩土不分，无视岩石边坡的结构面发育情况，无论结构面是外倾还是内倾，都采用同样的岩石物理力学参数计算并据此设计支护参数，对于不同的基坑条件有时会偏于保守，有时也会偏于危险。

青岛颐慧园岩石基坑最小开挖深度 6m，最大开挖深度 31.8m，针对各段不同的边坡岩体性质、周边环境条件采取了相应的设计方法，实践证明非常成功，既能保证基坑的安全度，又能兼顾支护的经济性，希望这个工程的实践经验能够得到更广泛的应用和发展。

2　工程概况

2.1　工程概况

该工程拟建场区位于海尔路南段，规划 135 号线和 125 号线交汇处东南，属颐惠园工程项目。建筑采用框架剪力墙结构，伐板基础，荷重 270～380kN/m²。基坑开挖底标高 2.15m，开挖后坡顶标高 13.6～31.6m，基坑开挖深度 6～31.78m，基坑开挖底边周长 466m。

2.2　工程地质与水文地质条件

根据勘察资料，基坑边坡岩土性质自上而下基本为填土层、强风化岩、中风化岩、微风化岩，场区局部分布煌斑岩岩脉，各岩土层描述如下：

第①层　素填土广泛分布，层厚 0.3～2.4m，松散～稍密。

第②层　花岗岩强风化带广泛分布，层厚 0.5～6.6m，为极破碎软岩，岩体质量等级Ⅴ级。

第③层　花岗岩中等风化带广泛分布，层厚 0.4～5.4m，属较软岩，岩体质量等级Ⅳ级。

第④层　花岗岩微风化、未风化带，最大揭露厚度 9.30m。属完整的较坚硬岩，岩体基本质量等级 II 级。

根据野外钻探及物探资料，结合区域地质资料分析，拟建场区岩体构造类型表现为以填充型构造为主，节理破碎带广泛发育，断裂或其旁侧影响带局部发育。现分析如下：场区位于劈石口-浮山所断裂南端的周围，根据区域地质资料，劈石口-浮山所断裂自三标山经崂山至浮山所，全长 28km，断裂走向 NE40°～50°，倾向北西，倾角 80°，断裂带宽度几米至几十米，其影响带可达上百米。岩土层主要物理力学指标见表 1。

岩土层主要物理力学指标汇总表 表 1

编号	土层名称	重度（kN/m³）	综合内摩擦角（°）	粘结强度（kPa）
1	填土	18	20	20
2	强风化花岗岩	24	45	120
3	中风化花岗岩	26.2	55	360
4	微风化花岗岩	26.8	65	550

场区地下水主要为基岩裂隙水，主要接受大气降水补给，水量较贫。

2.3 周边环境条件

场区范围内比较空旷，东侧为海尔路绿化带，北侧为在建规划路，西侧为拟建规划路，南侧现有多层建筑距离拟建建筑控制线最近处 18m，基坑南侧红线以外分布雨水、污水、电力、有线等管线及一条管沟（深约 2m）。基坑总平面见图 1。

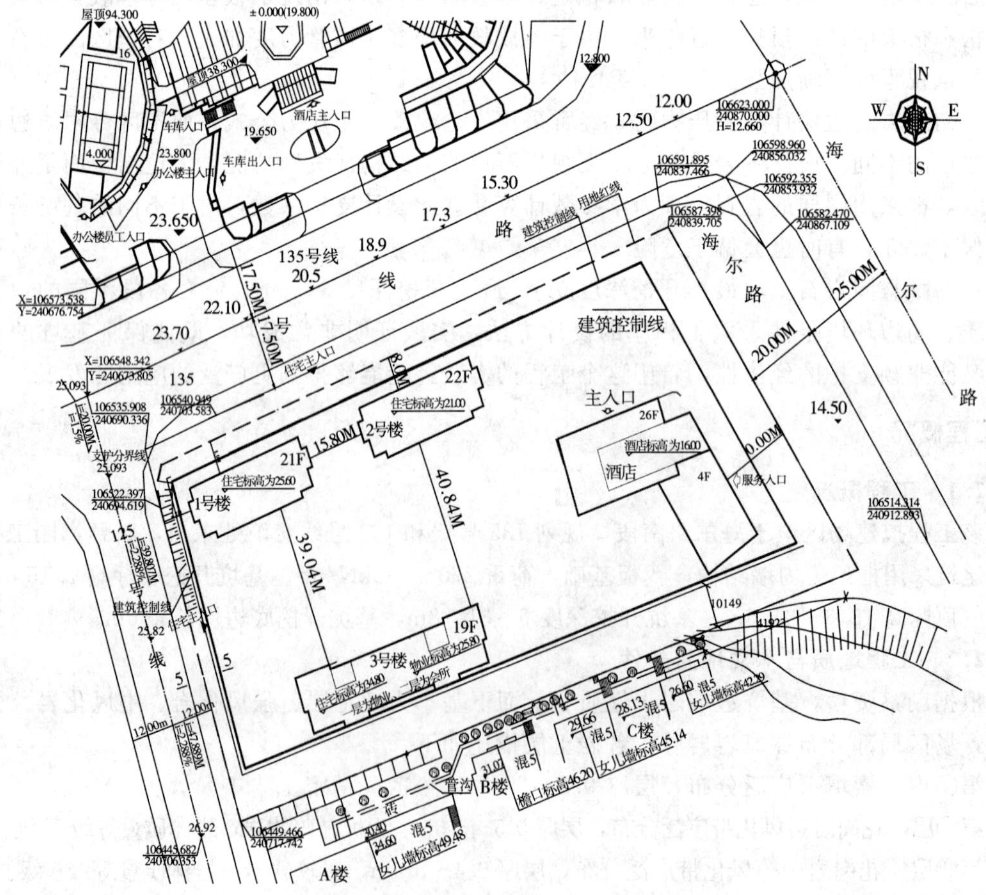

图 1 基坑总平面图

3 基坑支护设计

3.1 方案论证

该基坑方案设计时共提供了 2 套方案，建设方组织专家进行了论证，论证意见如下：

(1) 纯土钉墙支护方案，红线范围以内全部放坡，该方案对南侧高边坡支护太薄弱，对变形的没有有效的控制措施，同时放坡宽度太大，造成土建施工无场地可用，该方案不能采用。

(2) 兼顾各段不同的边坡条件，对重点部位采用锚杆＋格构梁支护，对要求较低的矮边坡采用系统锚杆支护。基坑侧壁上部回填土做适当放坡，保证开挖后自稳，下部陡坡开挖；南侧因边坡高度大，距离居民楼近，坡顶管线较多，根据现场条件假定外倾结构面的方式进行设计，设计的锚杆施加较大吨位预应力，端部采用格构梁支护体系；下部微风化岩为全粘结系统锚杆，面层喷网加强筋。其他三面坡顶均无管线及建、构筑物，采用综合内摩擦角的方法进行设计，用系统锚杆进行支护。经过论证一致认为，支护重点的南侧给予了充分保证，放坡宽度结合现场实际情况进行，为土建施工预留必需的场地，方便后续作业，该方案切实可行。

3.2 支护设计

本基坑安全等级一级，设计使用年限 1 年，设计坡顶使用荷载 15kPa。

根据基坑放坡条件、地层情况、周边环境条件将基坑边坡划分为 5 个支护单元，见图 2。

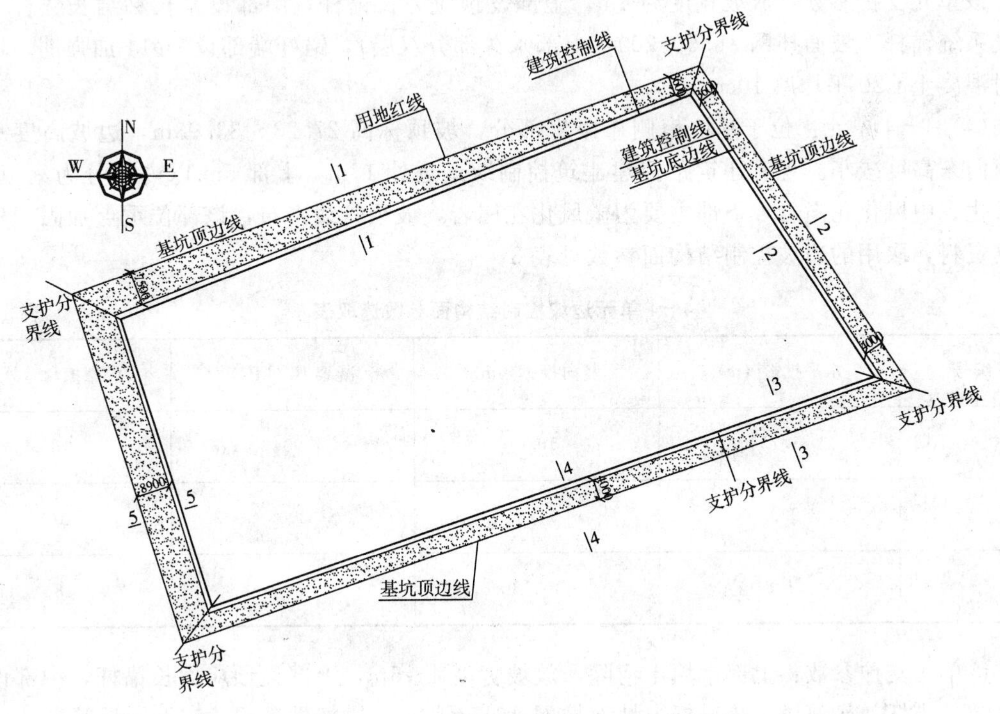

图 2 基坑支护平面图

各单元特征分析及支护参数简述如下：

（1）1－1单元：位于基坑北侧，坡顶标高14.25～27.3m，岩石主要为微风化花岗岩，裂隙发育，主结构面走向与边坡走向平行，内倾倾角80°。该单元支护参数：1∶0.3放坡，上部设全长粘结长锚杆，横竖向设2Φ14加强筋，下部设系统锚杆1Φ20，横竖向设1Φ14加强筋，坡面挂网ϕ6.5@200，喷射混凝土C20厚平均10cm。

（2）2－2单元：位于基坑东侧，坡顶标高14.25～15.5m，岩石主要为微风化花岗岩，主结构面走向与边坡走向垂直。该单元支护参数：1∶0.3放坡，设系统锚杆1Φ20，坡面挂网ϕ6.5@200，喷射混凝土C20平均厚10cm。

（3）3－3单元：位于基坑南侧东部不靠坡顶楼房部分，坡顶标高23.81～27.23m，边坡高度自西向东高度减小。该部位强、中风化岩较厚，最厚处11m左右，以下主要为微风化花岗岩。根据勘察资料，取用的边坡控制结构面参数见表2。

3－3单元边坡控制结构面参数选取表 表2

编号	水平投影（m）	竖向投影（m）	凝聚力（kPa）	内摩擦角（°）
1	1.4	8.0	90	27
2	8.2	9.08	200	40
3	1.4	8.0	50	18

该单元支护参数：放坡宽度约4m，上部设预应力长锚杆，中部设全长粘结长锚杆，底部设系统锚杆。坡面挂网ϕ6.5@200（上部永久部分双层），锚杆端部设2Φ14加强筋，坡面喷射混凝土C20平均厚10cm。

（4）4－4单元：位于基坑南侧靠楼房部分，坡顶标高27.23～33.93m，边坡高度总体自西向东高度减小。现有建筑距拟建建筑控制线最近处18m，上部5m以内部分为素填土、强风化、中风化花岗岩，下部主要为微风化花岗岩，坡顶管线密布，该部位重点加固。根据勘察资料，取用的边坡控制结构面参数见表3。

4－4单元边坡控制结构面参数选取表 表3

编号	水平投影（m）	竖向投影（m）	凝聚力（kPa）	内摩擦角（°）
1	1.75	10.0	90	27
2	9.95	11.6	200	40
3	1.8	10.18	50	18

该单元支护参数：上部素填土清除，放坡宽度4～5m，上部设预应力长锚杆，中部设全长粘结长锚杆，底部设系统锚杆。坡面挂网ϕ6.5@200，锚杆端部设2Φ14加强筋，坡面喷射混凝土C20平均厚10cm。

典型支护剖面见图3～图6。

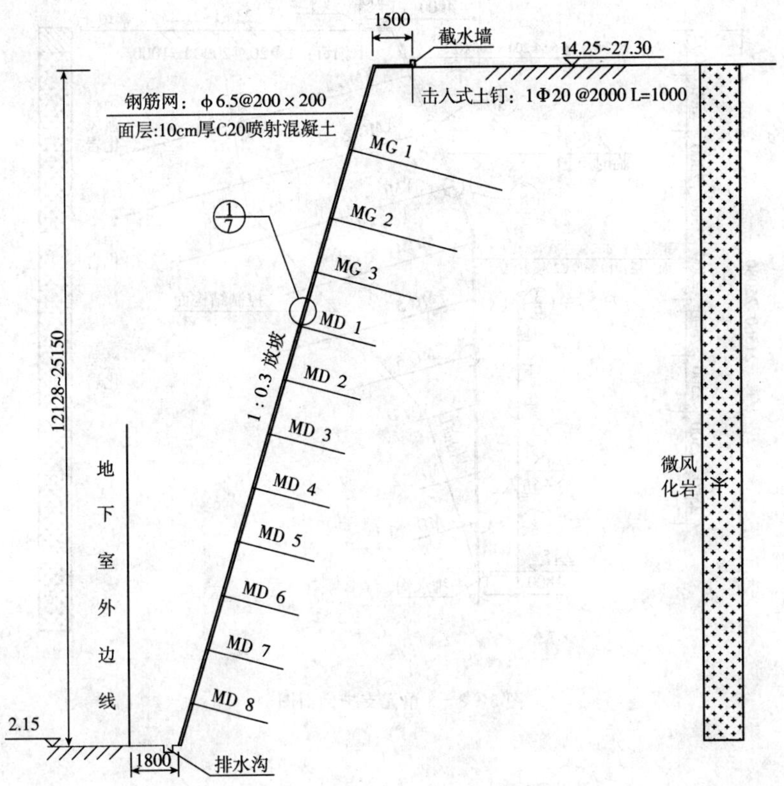

图 3　1－1 单元支护剖面图

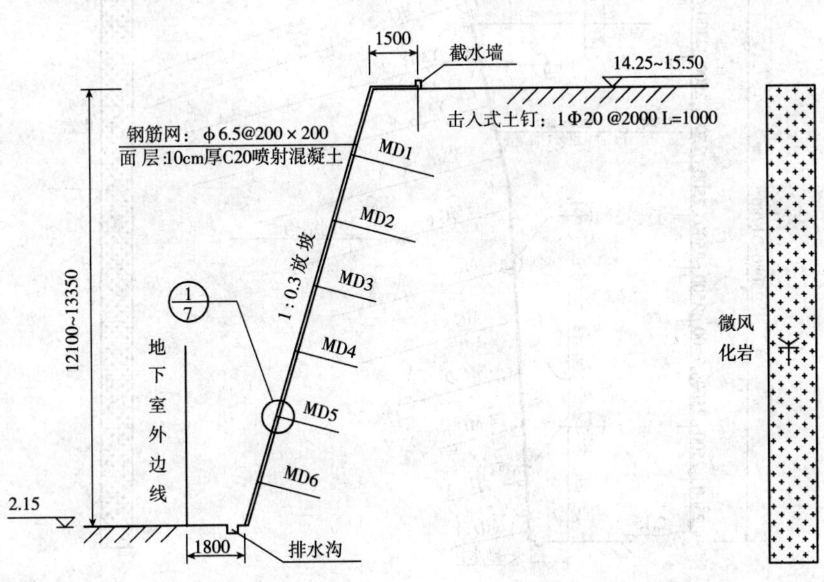

图 4　2－2 单元支护剖面图

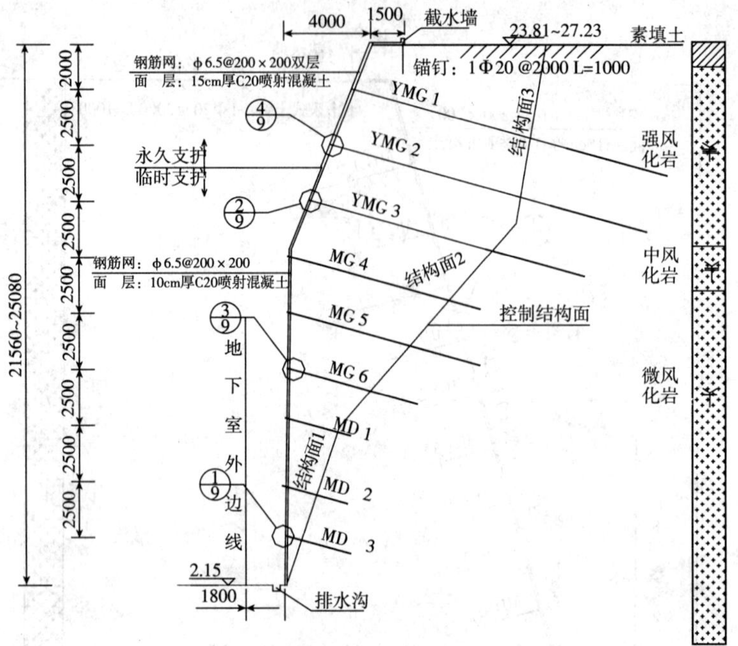

图5　3—3单元支护剖面图

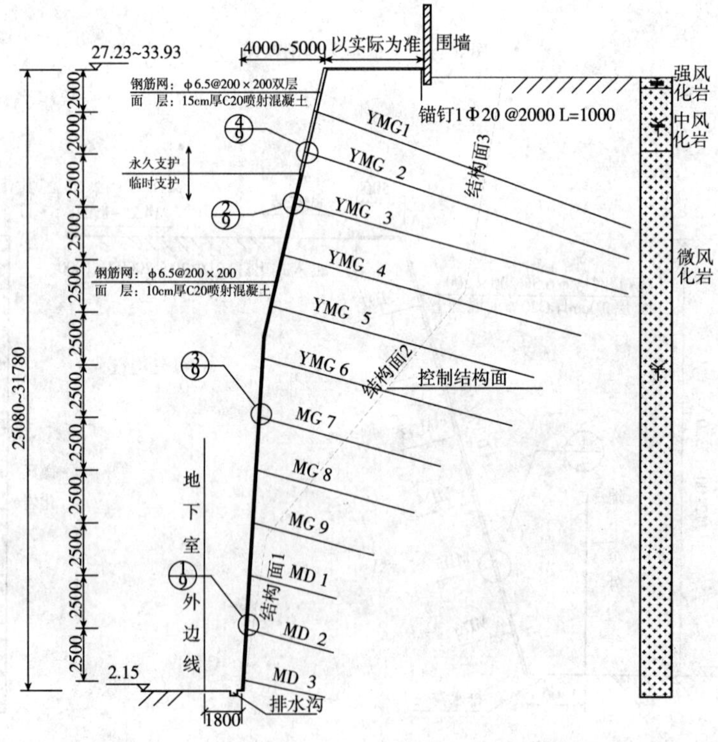

图6　4—4单元支护剖面图

4 施工中的主要问题及变更情况

4.1 预应力张拉

锚索施工完毕进行预应力张拉。根据规范要求，预应力超张拉 1.1 倍，部分锚索垫板下设置钢弦式测力计，基坑南侧 4－4 单元 MG3 设计 3ϕs15.2 钢绞线，设计张拉锁定荷载 350kN，其他参数及张拉力见表 4。

4—4 单元 MG3 参数表 表 4

杆体型号	张拉荷载（kN）	锚固段长度（m）	自由段长度（m）	杆体弹性模量（N/mm^2）	杆体截面积（mm^2）	计算最小伸长（mm）	计算最大伸长（mm）
3ϕs15.2	385	10	5.5	$2*10^5$	420	45.8	58.4

按 1.1 倍锁定荷载张拉后，测力计测定锁定荷载不足 200kN，现场测定锚索伸长量与计算相符，分析原因其一为自由段较短，回缩较小即可产生较大预应力损失；其二为钢绞线螺旋组合的形式造成锁定松弛时产生预应力损失。后采取了加大预应力张拉值的措施，但现场喷射混凝土腰梁承压能力有限，仅能承受 500kN 左右张拉力，在此吨位下，预应力锁定值可达到 250kN 左右，根据实际情况，对该吨位锚索预应力锁定值均调整为 250kN。

4.2 煌斑岩脉补强措施

基坑西、北、东侧坡顶无建（构）筑物，岩体基本为微风化花岗岩，因此设计以短锚钉为主。现场开挖基坑西侧煌斑岩带明显，宽度较大。对该岩脉两侧 2m 宽度范围内锚钉均改为支护锚杆 1Φ28，长度 6m，间排距 2m。

5 基坑监测情况

本基坑监测内容包括坡顶水平位移和垂直位移监测、地表裂缝观测、周边建筑物变形监测、地下管线变形观测等。基坑监测点见图 7。

5.1 控制点与水准基点的建立

基准点为确定测量基准的控制点，是直接测量变形观测点的依据。基准点均在变形影响范围之外，点位稳定、保护完好。

5.2 变形、沉降观测点的建立

根据《工程测量规范》和《建筑变形测量规范》的要求，各基坑变形观测点采用钢筋标志，按基坑现状基本均匀分布在坡顶周围。

5.3 观测频率

监测工作自 2007 年 5 月开始，直至地下工程施工完毕。基坑开挖前应测得各项目的基本值，监测频率见表 5。

监测频率表 表 5

监测项目	监测点位置	观测频率	备注
坡顶位移、沉降	支护结构顶部	1～3 天 1 次	可视情况增减监测密度
地表裂缝	楼房与坡顶之间楼房内部	巡视、拍照	宽度、走向

注：(1) 各监测项目的监测频率应视上次监测结果而定。(2) 特殊条件（降雨等）下监测频率应加大。(3) 地表裂缝重点监测地表裂缝的宽度、密度、长度、走向和贯通性等，并拍照记录。(4) 基坑边坡坡顶位移警戒值：位移累计小于 30mm；分步开挖位移≤3‰h。

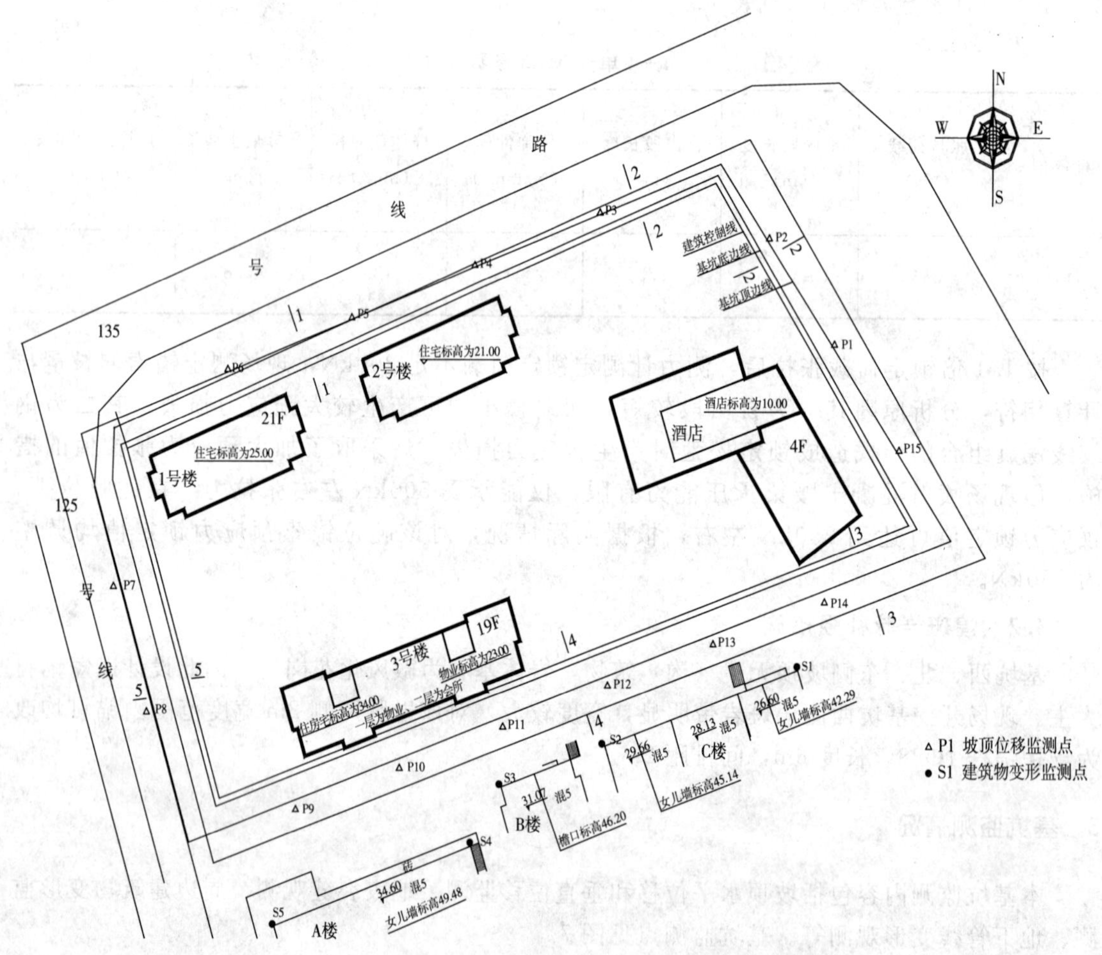

图 7 基坑坡顶位移监测点布置图

5.4 作业方法

水准观测：本次施测等级执行《工程测量规范》中变形观测三等要求，作业中按国家二等水准测量施工测量。观测点测站高差中误差小于±0.3mm，各沉降点高程中误差小于±1.0mm。

各点高程均按国家二等水准测量测定，使用日本生产的尼康 AS-2 水准仪配合铟钢水准尺按后前前后顺序，采用中丝法施工测量，即固定人员，固定仪器、设备，固定路线和观测方法，注意在尽量相同的环境条件下工作。

观测前对水准仪进行全面检查，作业中定期对仪器 i 角进行检查。

观测过程中：基辅分划读数差最大允许±1.0mm，基辅分划所测高差之差允许±1.5mm，视线长度小于75m，前后视距累积差小于3.0m。

5.5 监测结果

基坑监测部分结果见表6，监测结果显示：

(1) 基坑坡顶位移观测点最大变形量为7.9mm，最小4.8mm，最大变形量小于边坡位移警戒值。

(2) 基坑南侧楼房沉降量最大为－4.5mm，最小为－3.5mm，不均匀沉降未达到警戒值。

(3) 基坑南侧楼房出现裂缝，分析原因是土石方爆破控制不利，产生巨大震动所引起。

坡顶水平位移监测统计表 表6

坡顶监测点编号	累计沉降量（mm）	建筑物监测点编号	累计沉降量（mm）
P4	5.0	S1	－4.2
P5	4.8	S2	－4.4
P6	5.0	S3	－4.0
P7	5.4	S4	－4.5
P8	6.2	S5	－3.5
P9	7.0		
P10	6.4		
P11	6.3		
P12	7.9		
P13	7.0		
P14	6.5		

6 总结与体会

(1) 对于周边环境条件复杂的岩石高边坡，宜根据现场条件采用假定外倾结构面的方法进行验算，设计较大吨位的预应力锚杆进行锚固，通过格构梁传递锚固力。本基坑南侧深度超过30m，坡顶居民楼为浅基，基坑开挖支护完毕后虽然仍产生了一定的位移量，但在规范限值范围内，基坑及坡顶居民楼安全运行，基本达到了预期目的。

(2) 对于周边环境条件简单的岩石边坡，通常可以取等效内摩擦角的方法进行验算，采用系统锚杆的方法进行支护，对于高度稍大的边坡，上部可将锚杆适当加长。

(3) 岩石基坑坡顶建筑物的变形控制如何，主要还在于对基坑爆破的控制。基坑监测表明，基坑未爆破期间，坡顶位移及建筑物沉降均没有变化或变化甚微，但每次基坑爆破后，坡顶建筑物就沉降量大，容易开裂，坡顶位移有发展。因此，对坡顶变形要求高的岩石基坑，与建设单位、监理单位一起对基坑爆破进行严加的控制，必要时果断采取静态破碎等措施，是相当重要的。

运用 ANSYS 对悬臂式支护结构基坑位移的多因素影响性分析

杨泰华　俞　晓

（武汉科技大学城市建设学院）

摘　要　运用 ANSYS 有限元应用软件，对基坑支护工程的悬臂式板桩墙支护模型进行了大量计算，并分析了支护结构的刚度以及板桩墙与土体接触面的情况等对基坑位移的影响。认为传统的基坑设计方法只考虑土体的重度、内摩擦角和凝聚力，而不考虑墙和土体的弹性模量的影响，基坑位移计算结果的正确性必然有一定的局限性；将 ANSYS 与传统方法结合可较好处理深基坑支护中的位移控制问题。

关键词　ANSYS　基坑支护　位移　悬臂式板桩墙

1　问题的提出

随着我国国民经济持续高速发展，高层建筑以惊人的速度迅猛发展，深基坑工程也越来越多，相应的深基坑支护工程事故发生率也呈上升趋势（尤其是位移过大问题），在东南沿海开放城市有的较大的基坑工程事故竟占基坑总数的 1/3 左右[1]。因此，基坑工程的支护及位移控制方法的研究越来越具有重大的工程实践意义，有必要针对悬臂式板桩墙支护运用 ANSYS 对影响基坑位移的几个因素进行模拟分析。

2　计算模型及原理[2,3]

2.1　计算模型

板桩墙支护结构按平面二维问题进行分析处理，计算模型的尺寸标注及网格划分如图 1 所示。桩土均采用平面四节点单元，桩土之间采用面接触单元，单元划分以映射剖分，在桩土接触部分进行网格加密。边界条件为：两侧均无水平位移，底边完全固定。

2.2　计算原理

为进一步简化计算，假定：(1) 同一种材料为均质、各向同性体；(2) 墙体为线弹性体，忽略其挠曲变形，即为刚性板桩墙；(3) 土体为理想弹塑性材料，破坏时遵循 Drucker-Prager 准则[4]；(4) 墙土界面之间为滑动接触。

Drucker-Prager 屈服准则表达式为：

$$F = 3\beta\sigma_{\mathrm{m}} + \left[\frac{1}{2}\{S\}^{T}[M]\{S\}\right]^{\frac{1}{2}} - \sigma_{\mathrm{y}} = 0$$

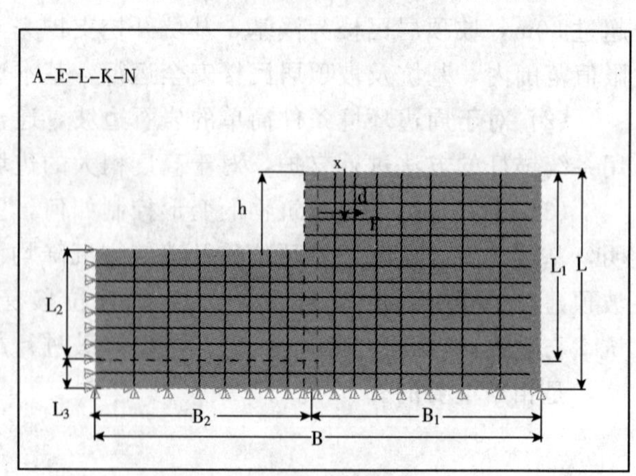

图 1　模型尺寸及网格划分

式中：σ_m——平均应力或静水压力，$m=\frac{1}{3}(\sigma_x+\sigma_y+\sigma_z)$；

$\{S\}$——偏差应力；

β——材料常数，$\beta=\frac{2\sin\varphi}{\sqrt{3}(3-\sin\varphi)}$；

$[M]$——Mises 屈服准则中的［M］；

σ_y——材料的屈服参数，$\sigma_y=\frac{6C\cos\varphi}{\sqrt{3}(3-\sin\varphi)}$；

φ——内摩擦角；

C=粘性值（DP 材料的输入值）。

在以往的悬臂式板桩墙支护设计中，人们对于支护结构位移情况往往只讨论土体重度、内摩擦角及凝聚力对模型试验的影响，对于基坑位移仅仅通过增大板桩墙的插入深度来加以控制。事实上，不只是土体重度、内摩擦角及凝聚力的改变会影响桩墙的插入长度，进而影响支护结构的位移情况，桩墙和土体的弹性模量、基土与墙体接触面情况等对基坑和桩顶位移也有很大的影响。现以一例分析如下：

假定地层情况如下：沙土层，其土层弹性模量 18MPa，内摩擦角 30°，土的重度 $19.8kN/m^3$，基坑开挖深度为 5.5m，采用悬臂式板桩墙支护。先按规范要求计算出桩的嵌固深度，然后应用 ANSYS 软件进行建模、有限元网格划分和数值计算分析。

3 结构刚度的影响

3.1 土体弹性模量的影响

为了消除其他影响因素，分析过程中仍采用单因素分析法，即在分析过程中，分别改变桩墙与土体弹性模量，再计算整个基坑的位移、桩体的位移，然后绘出相应的曲线，如图 2、图 3 所示。从图 2 可以看出当土体弹性模量由 6MPa 变到 9MPa 时，基坑位移变化很大；而土体弹性模量由 24MPa 变化到 30MPa 时，基坑位移变化相对较小。可以认为从 9MPa 到 24MPa 是过渡段。由图 2 还可看到，土体弹性模量与基坑位移呈非线性的关系。当土体弹性模量小到某一数值时，基坑位移会成倍甚至数倍的增加。图 3 给出了土体弹性模量与桩顶位移的关系。从图 3 我们可以清楚地看出，土体的弹性模量与桩顶位移成非线性关系，由于桩墙弹性模量足够大，可以视为刚体（这一点可以由图 2 中基坑深度与其位移的线性关系来证明），因此，桩顶位移即是桩墙的最大位移，从而说明，土体的弹性模量与桩墙的最大位移成非线性关系，并且当土体弹性模量增大到某一数值时，桩顶位移趋向于不再增大。因此，针对于软弱地基基坑支护，我们只需加固土体使其弹性模量达到这一数值，即可控制基坑变形。

3.2 桩墙弹性模量的影响

图 4 给出了桩体弹性模量与基坑位移的关系。当桩墙弹性模量从 2.07×10^5 MPa 减小到 4.14×10^4 MPa 时，基坑位移变化较小；随着桩墙弹性模量的继续减小，桩墙形状开始发生挠曲变形；当桩墙弹性模量从 8.28×10^3 MPa 减小到 2.07×10^3 MPa 的过程中，基坑位移明显增大，也就是说，基坑位移与桩墙的弹性模量也并不具有线性关系。在其他因素一定时，只要给板桩墙足够的刚度抵抗自身的挠曲变形，桩墙的弹性模量对基坑位移的影响并不大，或者说桩墙的弹性模量并不是影响基坑位移的主要因素，这一点也可以从图 5 中得到反映。

图 5 给出了桩体弹性模量与桩顶位移的关系，从中可以看出，桩体弹性模量与桩顶位移的曲线近似成双曲线，当桩墙的弹性模量增大到 4.14×10^4MPa 时，桩顶位移变化曲线趋向平缓。因此，适当的增大桩墙的刚度可以有效的减小桩顶位移，但一味的靠增大桩墙的弹性模量来抑制桩顶位移的做法是得不偿失的。

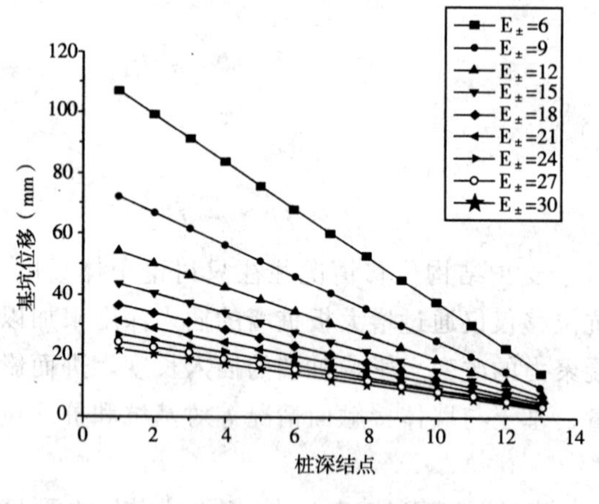

图 2　土体弹性模量对基坑位移的影响

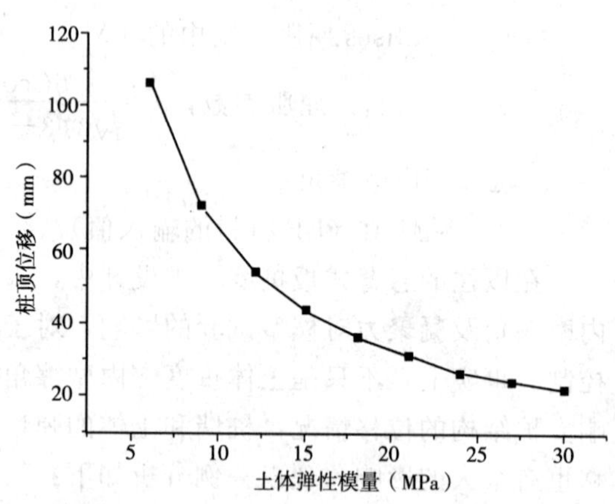

图 3　土体弹性模量对桩顶位移的影响图

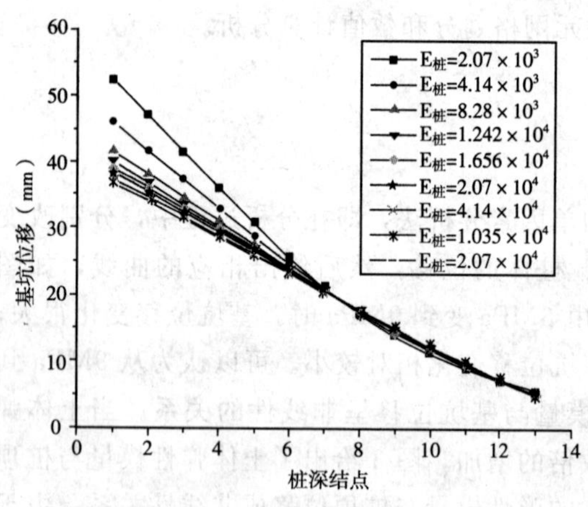

图 4　桩体弹性模量对基坑位移的影响

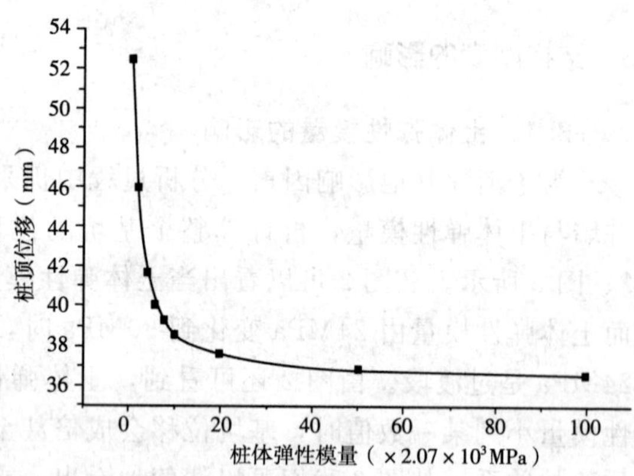

图 5　桩体弹性模量对桩顶位移的影响

对比图 2 与图 4 可以看出，土体弹性模量变化引起基坑位移变化较大，而桩墙的弹性模量变化引起的基坑位移变化相对较小（针对刚性桩而言）。也就是说，相对于桩墙的弹性模量来说，土体的弹性模量是引起基坑变形的更重要的且不得不考虑的因素[5]。

4　地基土体与墙接触特性的影响

除前述之外，地基土体与桩墙之间的接触特性对于基坑位移也有一定的影响，主要体现在如下两方面。

4.1　法向接触刚度的影响

从图 6 可以看出：当墙土之间的法向接触刚度从 10kPa 增大到 1500kPa 的过程中，基坑的水平位移出现了一定程度的增大，而将接触刚度定义为零时，可以看到基坑位移出现了巨变，这是由于接触面法向刚度过小，从而导致接触穿透过大所致，因而，在基坑位移控制研究中，也要适当考虑接触刚度这一因素。

4.2 墙背粗糙度的影响

墙背粗糙程度对于基坑位移也有一定程度的影响。从图7可以看到：当墙土之间的滑动摩擦系数从0.1增大到0.165的过程中，坑底位移会稍稍减小，而坑顶位移则出现了较大程度的增长，即从29mm增大到36mm，增幅达19.4%，所以，在基坑工程的设计和施工过程中，墙背的粗糙程度对于基坑位移量的控制有着至关重要的影响，有时甚至起着决定性的作用。

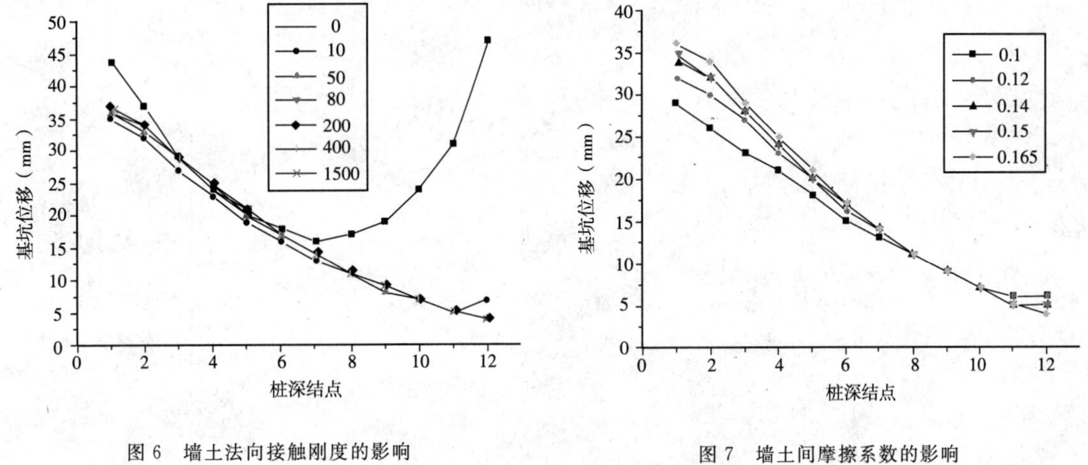

图6 墙土法向接触刚度的影响

图7 墙土间摩擦系数的影响

5 结论

通过以上的计算和分析，可以得出如下一些结论：

(1) 利用ANSYS中的DP屈服准则能较好地模拟基坑土体的受力性能，其计算结果比较合理。

(2) 支护结构的刚度（包括板桩墙和土体）都能显著影响基坑工程的位移情况，支护结构的刚度和板桩墙桩顶的位移成非线性关系。在实际工程中，我们可以充分利用这一特性，从而达到有效控制基坑位移的目的。

(3) 板桩墙墙背的粗糙程度以及板桩墙与土体之间的法向接触刚度也能对基坑位移产生一定程度的影响，在实际工程中，我们应适当考虑这些因素的影响。

(4) 传统的基坑设计方法只考虑土体的重度、内摩擦角和凝聚力，而不考虑墙和土体的弹性模量这样一个重要因素，其设计结果的正确性必然有一定的局限性。因此，把传统的设计方法和有限元法结合起来，才能较好的处理深基坑支护问题。

参考文献

[1] 唐业清，李启明，崔江余．基坑工程事故分析与处理．1999，中国建筑工业出版社．19-19.

[2] 俞晓，杨泰华．运用ANSYS对板桩墙支护模型的计算分析．全球华人中青年学者岩土力学与工程学术论坛专辑．中国科学院武汉岩土力学研究所，2003.10，24（增2）：57-60.

[3] 俞晓，杨泰华．运用ANSYS对深基坑室内模型试验的相对尺寸分析．中国土木工程学

会第九届土木工程学术会议论文集．2003.10，清华大学出版社．1434-1438.
[4] 潘健，刘伟，彭波．影响土压力分布的几种因素．华南理工大学学报（自然科学版），2001，29（2）：87-89.
[5] 姚爱国，Smith I M. 弹塑性有限元模拟分析影响基坑位移的因素．煤炭地质与勘探. 2001，28（6）：43-45.

预应力锚杆与土钉联合支护应用研究

郑知斌　邹　阳　刘继尧　赵智涛　丁振明

（北京市市政工程研究院）

摘　要　基坑边坡中通过锚杆的预应力对基坑的土体进行约束，从而达到控制土体变形的作用；而土钉的长度相对于预应力锚杆来说长度较短，主要通过土体加筋使得土体强度增大。北京市某地下交通工程基坑通过预应力锚杆与土钉的联合支护，土体最终变形值为10.3mm。结果表明，预应力锚杆与土钉联合支护在该工程的应用是成功的，它有效地保证了基坑开挖的安全稳定和边坡的变形及既定工期的实现。

关键词　预应力锚杆　土钉　支护机理

1　土钉与预应力锚杆联合支护机理

工程中常用的土钉支护结构加强了基坑边壁土体的强度，使基坑产生荷载的土体成为支护结构的一部分。在基坑开挖过程中，随着基坑临空高度的增大土体侧压力增大，支护结构的抗力水平相应提高，从而使边壁土体强度得到最大限度的利用。但是，一般土钉支护不适用于边壁紧靠建筑物、场地狭小、对变形有严格控制的基坑。

预应力锚杆支护是通过预应力锚杆将被加固区锚固于潜在滑移面以外的稳定岩土体中，锚杆的预应力通过承载结构和支护面层传递给加固岩土体，其预应力在被加固岩土体中产生压应力区，大大减少了塑性区的范围，延缓了潜在滑移面的形成和岩土体的破坏，能有效控制基坑变形。

锚杆与土钉联合使用的支护结构形式，使得上部锚杆和中下部的土钉两者形成统一的受力整体，共同抵抗荷载和变形。实际上，在整个基坑开挖过程中，土钉的拉力和锚杆的拉力相互补充、相互作用、相互影响。其中锚杆是主动受力体，土钉是被动受力体。由于锚杆预拉力的作用，使得土体的性能参数 φ、c（φ 为内摩擦角，c 为凝聚力）得到改善，抗剪强度得到提高，使得土钉墙结构中土体的稳定性得到了加强。同时，土钉的存在也提高了土体的整体性，减少了作用在坑壁上的主动土压力，从而减少了锚杆的实际受力。土钉与锚杆联合支护，可大幅度提高土体的整体性能、控制坑壁的侧向变形。因此，土钉与锚杆联合支护是一种适应性强、施工简便、结构受力更加合理的支护方法。

2　工程概况

北京市某地下交通工程基坑深13m。基坑上部深4m，放坡开挖（1∶0.75）；基坑下部深9m，放坡开挖（1∶0.33）。支护系统采用预应力锚杆与土钉联合支护，基坑表面喷射混凝土强度为C20，厚度8～10mm。土钉及锚杆打入角度为13°，土钉注浆材料为1∶0.5水泥净浆。基坑支护系统及土层地质条件见图1。

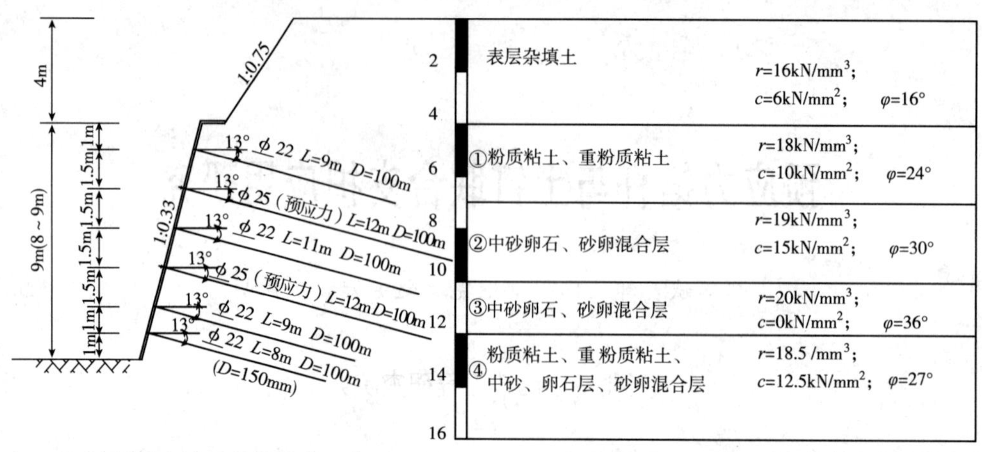

图1　基坑支护系统及土层状况

3　预应力锚杆施工

（1）施工工艺流程

挖土至设计标高以下 50cm 并平整场地→测量放线、锚索制作→钻机就位成孔→下入锚索→一次注浆→二次压力注浆→养护→上腰梁、锚具→张拉锁定。

（2）场地条件

挖土由现场经理部协调，锚杆施工前，要求挖土至锚杆位置以下 0.5m。

（3）锚杆杆体加工与安装

本次锚杆杆件用抗拉强度为 1860N/mm² 的预应力钢绞线加工而成，制作前应对进场材料进行验检，合格证、质量证明书齐全后方可使用。

（4）杆体制作应在现场平坦开阔地进行，必要时地下铺塑料布。根据锚杆设计杆体长度用砂轮锯切断，设计杆体长度为锚杆长度＋1.20m。根据锚杆所用根数每隔 2.0m 用火烧丝跟隔离架绑扎在一起，隔离架用 1 寸半的硬塑料管加工而成，钢绞线夹在缝隙里，非锚固段涂上黄油，套上 ϕ20 软塑料管，两端用胶带密封，杆体下端用胶带缠紧，以便于入孔底。

（5）杆体下放时，把注浆管（6″塑料管）插入隔离中心孔，距孔底 50～100cm，跟钢绞线一同沿钻孔中心线徐徐送入孔内。中途遇阻时，可适当提动杆体，调整方向再下，如处理无效时，应将杆体提出孔外，重新成孔。

（6）注浆是锚杆施工的一道重要工序，直接决定锚杆的质量。本次锚杆注浆分两次进行，第一次以小于 1MPa 的注浆压力，直至孔口处溢出纯水泥浆，第一次注浆完成后 2 小时左右进行第二次压力注浆，注浆压力 1～3MPa，本次补浆要求水泥浆再次自孔口溢出为止。

注浆材料水灰比为 1∶0.5 的水泥净浆，用 PO32.5 普通硅酸盐水泥搅拌而成，用 BW-150 和 BW-250 型注浆泵进行注浆，并在水泥浆中加入 3‰的三乙醇胺早强剂，3d 后便可张拉，试拉合格后，立即进行全面张拉锁定，以保下一步施工顺序进行。

（7）上锚具、张拉

锚杆张拉前，首先检查试块（增加早强剂）3d 抗压强度，达到 15MPa 时，按规范要求用拉拔机分级张拉。

4 土钉安设

土钉成孔机具采用洛阳铲，成孔直径 100mm，倾角为 15°。成孔前，在设计孔位处作显著标志，以免钻孔时错位。用量角器测量钻杆倾角直至设计角度后再行钻进。成孔采用干法钻进。钻进深度应大于设计深度 50cm。钻孔完毕后，应立即将钢筋体和灌浆管（1 根 Φ20 塑料管）同时插入孔底，灌浆管距孔底约 150mm。

土钉钢筋使用前应调直，除锈，钢筋长度不够时，可采用搭接焊工艺加长。为保证钢筋杆体位于成孔的中心，在钢筋杆体上焊接 4 根对称的“U”型 Φ6 的钢筋。

水泥采用 PO32.5 普通硅酸盐水泥，注浆材料宜用 1∶0.5 的水泥净浆。注浆前注浆管应插至距孔底 25～50cm。灌浆采用 1 根 ϕ20mm 的塑料管作导管。将搅拌好的水泥浆注入钻孔底部，自孔底向外灌注。灌注至少两次以上，以保证灌浆质量，增加抗拔力。

5 计算分析

5.1 土钉设计配置

土钉设计参数见表 1。

土钉设计参数表　　表 1

编号	深度（m）	水平倾角（°）	水平间距（mm）	长度（m）	孔径（mm）	加筋类型	加筋数量
1	1.00	13.00	1500.00	9.00	100.00	HRB335－22	1
2	2.50	13.00	1500.00	12.00	100.00	HRB335－25	1
3	4.00	13.00	1500.00	11.00	100.00	HRB335－22	1
4	5.50	13.00	1500.00	12.00	100.00	HRB335－25	1
5	7.00	13.00	1500.00	9.00	100.00	HRB335－22	1
6	8.00	13.00	1500.00	8.00	100.00	HRB335－22	1

5.2 复合土钉墙的计算分析

计算时依然只考虑纯土钉墙的模型，即预应力锚杆抗拉承载力仍然按照土钉抗拉承载力计算，结果是安全的。实际上又由于锚杆施加了预应力，可有效控制基坑边坡的水平位移，且本工程是偏于安全的。

经计算本工程各开挖工况的整体稳定性验算均满足规范要求。最后开挖工况的下滑力为 1433.4kN/m，抗滑力为 2032.0kN/m，土钉抗滑力为 87.4kN/m，整体稳定安全系数 1.48，安全系数为 1.30，满足要求。最后开挖工况如图 2 所示。通过计算边坡水平位移为 16.6mm，而最终实际监测值为 10.3mm，说明实际通过预应力锚杆使得基坑的变形减小了 6.3mm。

基坑开挖至基坑底部后，第 1、3、4 排土钉在圆弧滑裂面之内，对基坑的整体稳定性不起作用。第 2 排预应力锚杆的设置有效地提高了潜在滑动体的抗滑力矩，对加强基坑整体稳定效果显著。本工程预应力锚杆复合土钉墙的应用是成功的，不但满足了基坑整体稳定要求，而且有效控制了基坑边坡的变形。

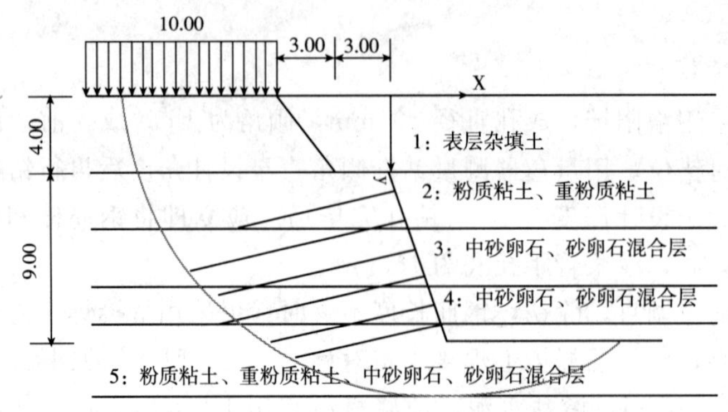

图 2 最后开挖工况图

6 结论

土钉的作用在于增加土体的强度，预应力锚杆的作用在于通过主动支护来约束土体的变形，本工程实例通过预应力锚杆与土钉的联合支护，取得了很好的施工效果。

参考文献

[1] 秦四清，王建党，等，土钉支护机理与优化设计．地质出版社，1999.

[2] 陈肇元，崔京浩主编．土钉支护在基坑工程中的应用（2 版）[M]．北京：中国建筑工业出版社，2000.

[3] 冯玉国，深基坑挡土支护中的锚杆设计方法．西部探矿工程，1994，16（4）

[4] 程良奎，范景伦，等，岩土锚固．北京：中国建筑工业出版社，2003.

[5] 建筑基坑支护技术规程（JGJ120－99）.

[6] 郭非祥，刘振刚．预应力锚杆复合土钉墙在北京某基坑工程中的应用 [J]．建筑科学，2005. 8.

后弹开回转型可回收扩大头锚杆的研究与应用

王立明[1]　顾敏琦[2]　张　雷[1]　王亦斌[1]　苏本领[1]　周建明[1]

（1. 苏州市能工基础工程有限责任公司　2. 上海真如城市副中心开发建设投资有限公司）

摘　要　后弹开回转型可回收扩大头锚杆使用特制的合页式承压板，分别将三根U形回转的无粘结钢绞线锁住，然后按照特定的要求绑扎成锚杆杆体。采用高压喷射成孔工艺，将杆体穿过内径为110～135mm的钢套管，置入地层中的扩大头内。利用钢绞线自身的弹性，将合页式承压板弹开。然后在扩大头孔底注浆，置换出原扩孔混合浆液。在基坑支护完成后，可将钢绞线从锚杆注浆体内拔出，达到回收的目的，可解决锚杆出红线的问题。本文主要介绍回转型可回收扩大头锚杆的施工工艺、承压板试验和设计要点。

关键词　回转型　可回收　锚杆（索）　高压喷射　扩大头　后弹开

深基坑支护中，围护结构的水平支点，通常采用内支撑或锚杆（索）。内支撑形式可以有效约束桩（墙）的水平变形，但是影响地下主体结构的施工，施工工期较长，成本较高，而且内支撑拆撑繁琐，拆撑振动对周边环境也有一定的影响；采用锚杆（索）作为水平支点，可以克服内支撑形式的不足。锚杆（索）技术可与桩、墙、梁柱网格等结合使用，在跨度较大的基坑中，与内支撑相比，支护结构采用锚杆（索）经济性更好，并且可为土方机械化施工及地下室建造提供宽敞无阻的工作面，大大加快工程建设速度[1][4]。

永久性锚杆（索）在施工结束后钢绞线或钢筋遗留在周边的地下空间内，会影响周边地下空间后期利用，而采用可回收锚杆（索），在地下结构施工结束后回收钢绞线，可以减少周边地下空间的遗留物，后期影响较小。

1　后弹开回转型可回收扩大头锚杆介绍

1.1　可回收锚杆（索）的类型

可回收锚杆（索）通常采用以下三类方式回收钢绞线：

第一类：拆锚型。又可分为螺栓式和锚具松落式两种。

前者是将锚固端做成螺栓式的。杆体常为刚性杆体，回收时利用特制的工具旋转螺母[5]或者旋转杆体本身，将锚固螺母和杆体分离后回收杆体。后者是采取一定的措施，使锚固端的锚具夹片松动脱落后拔出钢绞线。

第二类：强拉失效型，又称定阈型。锚固端设置有具有一定阈值的锚固节点和端板，采用挤压套或胀壳以及其他破断方式。钢绞线回收时，通过施加超过设计抗拔力一定限值的拉力，张拉失效后将钢绞线拉出。

第三类：回转型。又可分为两种。

第一种是钢绞线绕过定滑轮回转，回收时拉钢绞线一端将其拔出。

第二种是无粘结钢绞线回转型可回收锚杆。采用无粘结钢绞线在扩大头内U形回转，回收时可放松张拉端，拉动单根钢绞线的一头，将钢绞线拉出。该种方式，钢绞线回收拉力通常较小，不超过20kN。钢绞线拔出后，只有锚固体、钢绞线的塑料外皮遗留在岩土中。

本文主要介绍无粘结钢绞线后弹开回转型可回收扩大头锚杆。

1.2 后弹开回转型可回收扩大头锚杆

后弹开回转型可回收锚杆可应用于各种形式的扩大头锚杆中，这里主要介绍采用高压喷射成孔工法的后弹开回转型可回收扩大头锚杆。

高压喷射扩孔是在土体内一定长度范围内对孔壁土体进行切割扩孔后形成一个圆柱状的扩大头空腔。扩孔结束后置入锚杆杆体，随即将纯水泥浆或砂浆注入扩孔底部，置换出原来重度较小的混合浆液。高压喷射扩孔广泛适用于各种粘性土和砂土。

锚杆杆体由4～6根钢绞线绑扎而成，单根双倍长度的无粘结钢绞线U型回转后变成两根。若钢绞线U形回转的半径较小，将不能满足其锚固力要求且增加回收难度，因此将钢绞线送进扩大头后让其利用自身的弹性而弹开，弹开后的直径可达到450mm以上。为了增加锚固端的局部承压能力，在回转头增设一个合页式承压板。承压板同时具有锁紧钢绞线的作用。合页式承压板如图1、图2所示。将3组U形回转钢绞线锁紧绑扎后形成锚杆杆体，穿过内径不小于110mm的护壁钢套筒后进入土层深处的扩大头孔内，然后弹开。图3为锚杆进入护壁钢套管；图4为锚杆在地面的弹开状态。

图1 合页式承压板（弹开状态）

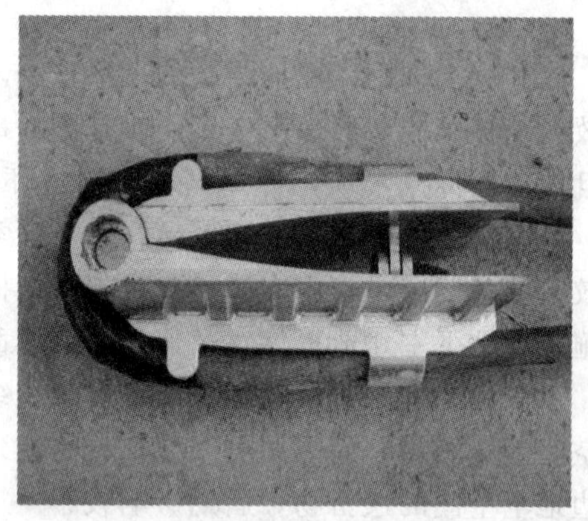

图2 合页式承压板（锁紧状态）

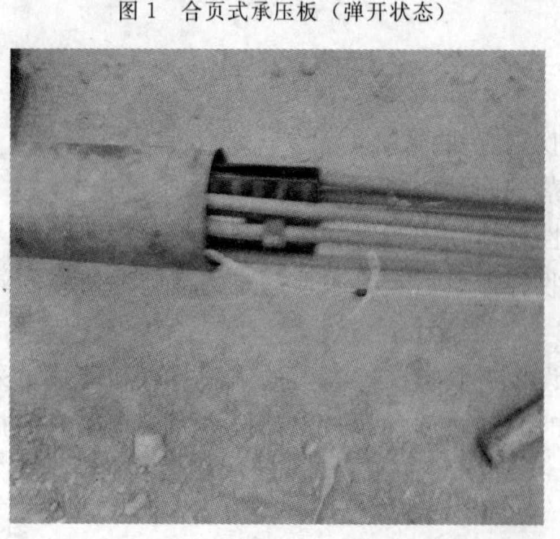

图3 锚杆杆体进入套筒

图4 锚杆弹开状态

后弹开回转型可回收扩大头锚杆施工工艺综合了多种类型的锚杆的优点，具有施工简单、回收方便、抗拔力高等优点。

2 锚杆施工工艺简介

2.1 施工控制措施

采用高压喷射成孔的后弹开回转型可回收扩大头锚杆具体施工控制措施如下：

(1) 杆体制作：将特制的合页式承压板置于单组钢绞线的中点使钢绞线回转并锁紧，钢绞线变成两根。按照同样的方式将另外两组钢绞线锁紧。将三组锁紧的钢绞线连同注浆管由塑料托架固定后绑扎成整体的锚杆杆体。

(2) 钻孔与扩孔[3]：采用带套管的高压喷射设备成孔。套管内径不小于 110mm。钻孔到达预定的位置，根据扩大头所处的土层情况，选用不同的旋喷扩孔工艺。

(3) 杆体安放：将绑扎好的钢绞线锚杆杆体穿过护壁钢套筒，置入扩大头孔内，利用钢绞线自身的弹性弹开合页式承压板。两片合页承压板端部张开距离不小 200mm，该要求的落实须通过地面弹开试验验证。

(4) 注浆置换：将水灰比不大于 0.5 的水泥砂浆注到扩大头的底部，置换原来扩孔形成的混合浆液。

(5) 张拉锁定：注浆体满足养护期限，将锚杆张拉锁定。张拉值要达到设计值的1.05～1.1 倍，以检验锚杆的抗拔力。预应力锁定值的确定，需通过试算或反算确定，一般应为锚杆抗拔力设计值的 0.5～0.9 倍[2,3]。

(6) 回收：基坑支护结束，放松锚杆锚固端，利用特制的回收设备，将钢绞线从注浆体中拉出回收。

2.2 施工关键性问题

施工关键性问题：第一，保证扩孔直径；第二，保证注浆置换质量；第三，控制锚杆杆体的绑扎质量，通过地面弹开试验检查钢绞线及合页式承压板的弹开角度。

3 合页式承压板试验

合页式承压板采用高强工程塑料注塑而成，为检验其在水泥体中的承载能力，在地面进行了承载力试验。

试验共做 6 个试件，分别采用不同配比的纯水泥浆或砂浆，以不同的工艺要求，灌入直径 460～530mm、长 600mm 的塑料容器内，合页式承压板和钢绞线按要求埋进注浆体，试件表观如图 5。6 个试件情况如表 1 所示，水泥采用 P. O42.5 级水泥。

图 5 承压板试验试件

试 件 概 况 表 1

试件编号	材料	配合比 水：水泥：砂	承压板	其他
1	水泥浆	0.5：1.0	有	
2	水泥浆置换混合泥水	0.5：1.0	有	

续上表

试件编号	材料	配合比 水：水泥：砂	承压板	其他
3	水泥浆	0.5：1.0	无	
4	水泥砂浆	1.0：1.0：1.0	有	
5	水泥浆	0.5：1.0	有（钢轴）	
6	水泥砂浆	1.0：1.0：1.0	有（钢轴）	

为直接观察到合页式承压板的破坏状态，将试件 1 的水泥体按预先设置的隔离面凿开，露出承压板，如图 6 所示。

养护 20d 后，采用双拼 H 型钢作反力架，进行张拉试验。初始荷载为 30kN，每级加载 30kN。当荷载加至 240kN 时，各试件承压板均为未破坏状态。

试件 1、试件 2 加载至 270kN 时，水泥体在承压板外侧形成一个圆锥形的破坏面，如图 7 所示。继续加载至 300kN，仍处于稳定受力状态；加载至 330kN，承压板内水泥体连同承压板彻底破坏。

图 6 水泥体中的合页式承压板

图 7 水泥体初始破坏

试件 3 无承压板，加载至 80kN 发生劈裂破坏；试件 4 加载至 300kN，钢绞线拉断，试件未有裂缝及其他破坏迹象；试件 5 和试件 6 在加载至 270kN 时形成贯穿裂缝，圆锥形破坏面形成，但并不影响注浆体承载力。

根据以上试验结果，锚杆注浆体承载力至少可按 240kN 考虑。承压板外部注浆体承载力大于 300kN。

4 锚杆设计

合页式承压板经过试验后改进，可保证其承载力不小于 330kN。后弹开回转型可回收扩大头锚杆的设计计算还需要验算锚杆抗拔力和注浆体局部承压强度。

扩大头锚杆的抗拔力极限值按规范[2][3]确定，下文着重说明承压板处注浆体的局压验算。

根据试件的破坏形态—首次破坏呈圆锥形，考虑到承压板所包围的注浆体处于两向应力状态，板内注浆体强度可得到提高。注浆体受力的薄弱环节位于承压板的末端底部，参考混凝土局部受压公式可建立如下的承压板承载力计算模式：

$$F \leqslant 0.95\beta_l f_c A_l \tag{1}$$

$$\beta_l = \sqrt{\frac{A_b}{A_l}} \tag{2}$$

$$A_l = a \times b \tag{3}$$

$$A_b = a \times b + \frac{1}{4}\pi b^2 \tag{4}$$

式中：F——承压板承载力设计值；

f_c——注浆体轴心抗压强度设计值；

β_l——注浆体局部受压时的强度提高系数；

A_l——承压板末端张开后包围的面积；

A_b——局部受压的计算底面积；

a——承压板末端宽度；

b——承压板弹开后两板末端之间的距离。

计算实例：

取 f_c=9.7MPa；a=100mm；b=200mm，则

$$F = 0.95\beta_l f_c A_l = 0.95 \times 1.6 \times 9.7 \times 100 \times 200 = 295\text{kN}$$

该公式的计算结果比试验结果略低（水灰比 0.5∶1.0 的纯水泥浆 20d 抗压强度按 20MPa 考虑）。

5 工程应用

后弹开回转型可回收扩大头锚杆已在基坑工程和基础工程中得到应用。

苏州名宇商务广场基坑支护工程，局部采用桩锚支护结构，锚杆设计抗拔力 450kN，张拉力 475kN。总长度 18m，扩大头长度 3.0m，直径 0.8m；非扩大头直径 0.15m。张拉结束，达到设计要求。现在试锚钢绞线已成功回收，单根钢绞线起拔力 20kN，起拔后回收拉力 10kN。

苏州某购物广场地下室采用回转型可回收扩大头锚杆作为抗浮锚杆，钢绞线不回收。锚索杆抗拔力设计值 360kN，总长度 10m，扩大头长度 4.0m，直径 0.8m；非扩大头直径 0.15m。

6 结束语

采用高压喷射成孔的无粘结钢绞线后弹开回转型可回收扩大头锚杆不仅可用于基坑工程的临时支护，也可用于永久性的抗浮锚杆和边坡工程。其抗拔力大，单根锚杆极限抗拔力有望超过 1000kN，具有广阔的应用前景。

参考文献

[1] 王珊．基坑工程新技术手册［M］．北京：中国现代工程技术出版社，2007.

[2] CECES 22：2005 岩土锚杆（索）技术规程［S］．2005.

[3] JG/T033－2009 高压喷射扩大头锚杆（索）技术规程［S］．2009.

[4] 程良奎、李象范．岩土锚固．土钉．喷射混凝土-原理、设计与应用［M］．北京：中国建筑工业出版社，2008.
[5] 孙玉宁，周鸿超，宋维宾．端锚可回收锚杆锚固段力学特征研究［J］．岩石力学与工程学报，2006，25（增1）．

多因素多变量灰色系统模型在深基坑围护结构变形预测中的应用研究

武 恒 李兆平

（北京交通大学）

摘 要 深基坑围护结构的变形是判断基坑稳定性的重要依据。本文首先从传统的单点灰色预测模型入手，通过扩展导出了多变量灰色预测模型，并采用 MATLAB 语言编程，建立了空间多点变形预测模型。应用到北京地铁 15 号线香江北路车站基坑围护结构的变形预测中，将钻孔灌注桩和预应力锚索两种围护方式共同分析，选取围护桩水平变形和锚索拉力的监测值，建立起了多变量多因素灰色模型。预测结果证明，这种多因素多变量灰色预测方法的预测值与实测值非常接近，其精度可以满足工程需求。本文提出的预测模型在北京地区同类型基坑围护结构变形预测中具有参考价值。

关键词 深基坑 围护结构 灰色系统 多因素多变量灰色预测

1 引言

长期以来，围绕深基坑变形预测方面的研究已经有很多，所采用的预测模型和方法多种多样，主要有：确定函数法、多元线性回归、趋势分析、模糊线性回归、自适应滤波、时间序列分析、马尔科夫模型、卡尔曼滤波、灰色模型、突变模型、人工神经网络，以及最近兴起的小波分析、混沌论等等。这些方法中，灰色模型的 GM（1，1）模型因为要求数据序列短，预测短期变形比较准确，而有一定的优势。

但这些方法大多局限于单点时间序列的建模和预测，即取围护结构中的一点的初期实测变形数据来建立模型，以此得到对该点后续变形的预测，这种预测模型无法顾及到监测点之间的相互影响，其仅仅是一种对变形体的局部变形研究，没有充分利用监测点之间的相关信息。于是，文献［1］中认为，变形体上某一监测点的变形发生都不是孤立的，它要受到其他临近监测点的影响，同时它也在影响着其他监测点的变形，所以应该从变形观测系统的高度统一描述变形体的整体变形趋势和变形规律，从整体上，对变形观测的数据进行正确的处理，建立合理的模型，对变形发生的值做出准确的预报。并以此出发，在传统 GM（1，1）模型的基础上，考虑 n 个点之间相互关联和相互影响，通过扩展，建立了 GM（1，n）预测模型。从而使得预测精度得到了显著的提高。

笔者以为，在进行灰色系统关联预测时，如果将各种相互影响因素的数据变化情况综合在一起考虑，并认为整个变形系统是由多个因素多个变量构成的，预测的精度会得到进一步提高。比如本文中的工程背景香江北路车站，基坑支护方式为放坡＋钻孔灌注桩＋锚索。锚索拉力的变化与围护桩水平变形值一定存在某种直接关联。因此，在对围护桩变形数据进行预测时，如果能加入锚索拉力的变化，就可以使得预测更加精确。

2 多变量灰色系统模型的建立

设对某变形体有 n 个相互关联的变形观测点，获得了 m 周期的变形观测资料，其相应的变形观测序列为：

$$x_i^{(0)}(k)(k=1,2\cdots m;i=1,2\cdots n) \tag{1}$$

一次累加生成序列：

$$x_i^{(1)}(k)=\sum_{j=1}^{k}x_i^{(0)}(j),\ k=1,\ 2\cdots m;\ i=1,\ 2\cdots n \tag{2}$$

考虑 n 个点相互关联和相互影响，对此生成序列建立 n 元一阶常微分方程组：

$$\begin{cases}\dfrac{dx_1^{(1)}}{dt}=a_{11}x_1^{(1)}+a_{12}x_2^{(1)}+\cdots+a_{1n}x_n^{(1)}+b_1\\ \dfrac{dx_2^{(1)}}{dt}=a_{21}x_1^{(1)}+a_{22}x_2^{(1)}+\cdots+a_{2n}x_n^{(1)}+b_2\\ M\\ \dfrac{dx_n^{(1)}}{dt}=a_{n1}x_1^{(1)}+a_{n2}x_2^{(1)}+\cdots+a_{nn}x_n^{(1)}+b_n\end{cases} \tag{3}$$

写成矩阵形式：
$$\frac{dx_1^{(1)}}{dt}=AX^{(1)}+B \tag{4}$$

式中：$A=\begin{bmatrix}a_{11} & a_{12}\cdots a_{1n} \\ a_{21} & a_{22}\cdots a_{2n} \\ \cdots & \cdots\ \ \cdots & \cdots \\ a_{n1} & a_{n2}\cdots a_{nn}\end{bmatrix}$，$B=\begin{bmatrix}b_1\\ b_2\\ \cdots\\ b_n\end{bmatrix}$。

$X^{(1)}(t)=(x_1^{(1)}(t),\ x_2^{(1)}(t),\ x_3^{(1)}(t)\cdots x_n^{(1)}(t))^T$ 由积分生成变换原理，对（4）式两边左乘 e^{-At}：

$$e^{-At}\left(\frac{dX^{(1)}}{dt}-AX^{(1)}\right)=e^{-At}B$$

在区间［0，t］上积分，整理后有：

$$X^{(1)}(t)=e^{At}(X^{(1)}(0)+A^{-1}B)-A^{-1}B \tag{5}$$

式（5）即为生成序列模型的一般形式。

模型参数 A 和的求解：

为求模型参数 A 和 B，通过对式（3）离散化，并由最小二乘法得到估值

$$H=(L^TL)^{-1}L^TY \tag{6}$$

$$L=\begin{bmatrix}\overline{x}_1^{(1)}(2) & \overline{x}_2^{(1)}(2) & \cdots & \overline{x}_n^{(1)}(2) & 1\\ \overline{x}_1^{(1)}(3) & \overline{x}_2^{(1)}(3) & \cdots & \overline{x}_n^{(1)}(3) & 1\\ & & \cdots\cdots\cdots\cdots & & \\ \overline{x}_1^{(1)}(m) & \overline{x}_2^{(1)}(m) & \cdots & \overline{x}_n^{(1)}(m) & 1\end{bmatrix} \tag{7}$$

$$Y=\begin{bmatrix}x_1^{(0)}(2) & x_2^{(0)}(2) & \cdots & x_2^{(0)}(2)\\ x_1^{(0)}(3) & x_2^{(0)}(3) & \cdots & x_2^{(0)}(3)\\ & \cdots\cdots\cdots\cdots & & \\ x_1^{(0)}(m) & x_2^{(0)}(m) & \cdots & x_2^{(0)}(m)\end{bmatrix} \tag{8}$$

$$\hat{H} = \begin{bmatrix} \hat{a}_{11} & \hat{a}_{21} & \cdots & \hat{a}_{n1} \\ \hat{a}_{12} & \hat{a}_{22} & \cdots & \hat{a}_{n2} \\ & \cdots\cdots\cdots & & \\ \hat{a}_{1n} & \hat{a}_{2n} & \cdots & \hat{a}_{nn} \\ \hat{b}_1 & \hat{b}_2 & \cdots & \hat{b}_n \end{bmatrix} \tag{9}$$

$$\overline{x}_i^{(1)}(k) = \frac{1}{2}(x_i^1(k) + x_i^1(k-1)) \quad (i = 1,2\cdots n; k = 2,3\cdots m) \tag{10}$$

从式（9）$\hat{H}$ 阵中即可得到 A 和 B 的辨识值 $\hat{A}$ 和 $\hat{B}$

$$\hat{A} = \begin{bmatrix} \hat{a}_{11} & \hat{a}_{12} & \cdots & \hat{a}_{1n} \\ \hat{a}_{21} & \hat{a}_{22} & \cdots & \hat{a}_{2n} \\ & \cdots\cdots\cdots & & \\ \hat{a}_{n1} & \hat{a}_{n2} & \cdots & \hat{a}_{nn} \end{bmatrix}, \hat{B} = \begin{bmatrix} \hat{b}_1 \\ \hat{b}_2 \\ \cdots \\ \hat{b}_n \end{bmatrix} \tag{11}$$

预测模型的建立：

将式（5）写成离散形式的模型：

$$\hat{X}^{(1)}\ (k) = e^{\hat{A}(k-1)}\ (\hat{X}^{(1)}\ (1)\ + \hat{A}^{-1}\hat{B})\ - \hat{A}^{-1}\hat{B} \tag{12}$$

式中：

$$e^{\hat{A}(k-1)} = I + \sum_{i=1}^{\infty} \frac{\hat{A}^i}{i\,!}(k-1)^i \tag{13}$$

求出 $\hat{X}^{(1)}$（k）后，作累减还原，

$$\hat{X}^{(0)}(k) = \hat{X}^{(1)}(k) - \hat{X}^{(1)}(k-1)(k = 1,2,3\cdots) \tag{14}$$

当 $k<m$ 时，$\hat{X}^{(0)}$（k）为模拟值；$k=m$ 时，$\hat{X}^{(0)}$（k）为滤液值；$k>m$ 时，$\hat{X}^{(0)}$（k）为预测值。

建模精度：

模型的平均拟合精度为：

$$\sigma^2 = \frac{\sum_{i=1}^{n} V_i^T V_i}{nm} \tag{15}$$

式中，$V_i=$（v_i（1），v_i（2）$\cdots v_i$（m））^{T}，残差 v_i（k）$= x_i^{(0)}$（k）$- \hat{x}_i^{(0)}$（k），（$i=$1，2$\cdots n$；$k=$1，2$\cdots m$）。

3 多因素多变量灰色预测模型在工程实例中的应用

香江北路车站基坑预应力锚索以及钻孔灌注桩的施工方法见图 1。为了使多因素多变量预测模型更加精确，应尽量选择桩体水平位移测点和锚索拉力测点重合的围护桩作为研究的对象。

经对比，基坑南侧桩体水平位移测点 S－1 所在的钻孔灌注桩冠梁上，同时设置了锚索拉力测点 S1－2。因此，选取 S－1 和 S1－2 的监测数据序列，进行灰色预测。

在使用测斜仪进行桩体水平位移监测时，原则上是自冠梁开始，每 0.5m 读数一次。因

此，可以认为围护桩竖向上每间隔 0.5m 有一个变化监测点。灰色预测模型要考察的，就是这桩体上每个监测点的变化趋势。

选取图 2 中围护桩上锚索计部位处间隔 0.5m 的三个水平位移观测点（C1，C2，C3）以及锚索拉力测点（M1）的实测数据进行关联，建立多因素多变量灰色预测模型。

由于基坑围护结构中有两道锚索，因此本模型仅在第二道锚索施做之前有效。相应的，选取四个监测点数据序列的最终时间，也应在第二层锚索施做之前。

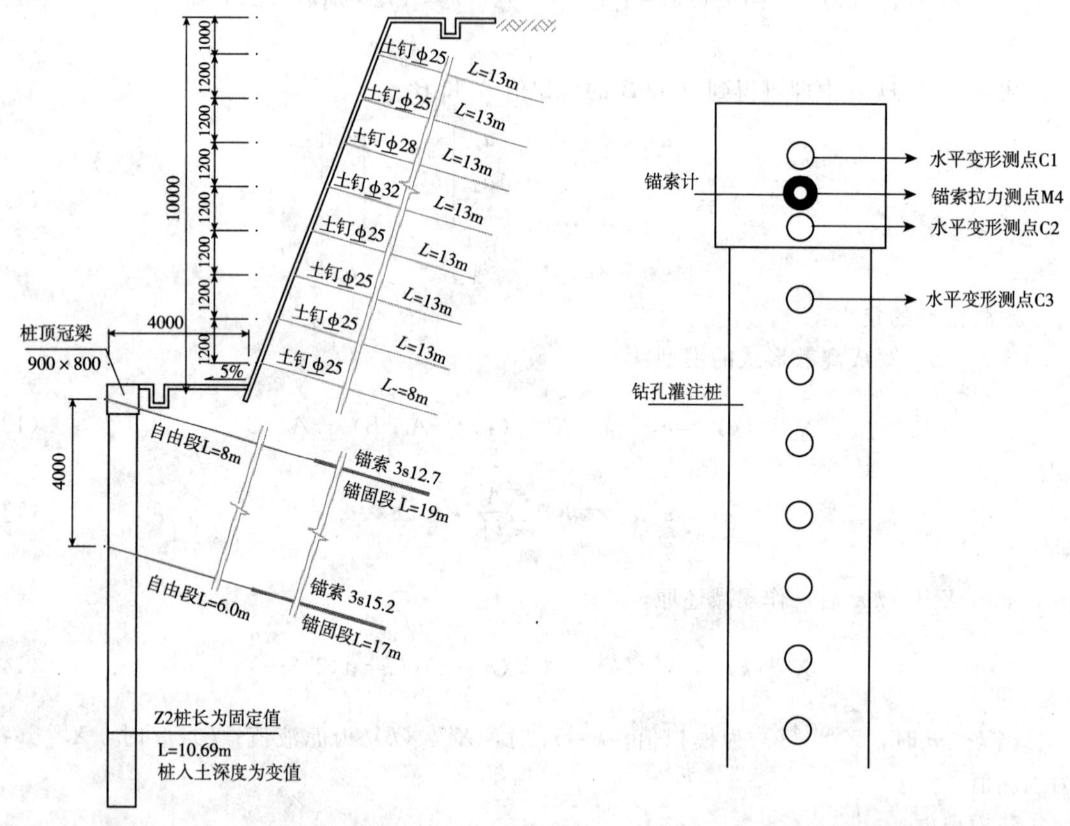

图 1 基坑围护结构剖面图

图 2 模型所取监测点示意图

为建立模型，取如图 2 中围护桩桩体水平变形测点数 3 个（C1，C2，C3），锚索拉力测点一个（M4），共计两种因素四个变量。原始数据以两天为一个周期，总共采用 $m=10$ 个周期的数据值序列，其中前 8 个周期数据用来建模，后 2 个周期用来检验模型预测的准确性和精度。其原始观测数据序列见表 1。

原始观测数据序列 表 1

	C1（mm）	C2（mm）	C3（mm）	M4（kN）
1	1.71	1.64	1.58	178.70
2	5.49	5.37	5.15	215.30
3	7.97	7.79	7.57	228.00
4	9.74	9.37	9.00	239.60
5	11.66	11.20	10.70	239.00
6	13.52	13.00	12.35	239.20

续上表

	C1（mm）	C2（mm）	C3（mm）	M4（kN）
7	13.93	13.37	12.72	240.20
8	14.36	13.77	13.00	241.30
9	14.67	14.11	13.34	242.00
10	14.77	14.17	13.35	244.60

生成原始数据矩阵 $X^{(0)}$

$$X^{(0)}=\begin{bmatrix} 1.71 & 1.64 & 1.58 & 178.70 \\ 5.49 & 5.37 & 5.15 & 215.30 \\ 7.97 & 7.79 & 7.57 & 228.00 \\ 9.74 & 9.37 & 9.00 & 239.60 \\ 11.66 & 11.20 & 10.70 & 239.00 \\ 13.52 & 13.00 & 12.35 & 239.20 \\ 13.93 & 13.37 & 12.72 & 240.20 \\ 14.36 & 13.77 & 13.00 & 241.30 \\ 14.67 & 14.11 & 13.34 & 242.00 \\ 14.77 & 14.17 & 13.35 & 244.60 \end{bmatrix}$$

其一次累加生成序列：

$$X^{(1)}=\begin{bmatrix} 1.71 & 1.64 & 1.58 & 178.70 \\ 7.20 & 7.01 & 6.73 & 394.00 \\ 15.17 & 14.80 & 14.30 & 622.00 \\ 24.91 & 24.16 & 23.30 & 861.60 \\ 36.57 & 35.36 & 34.00 & 1100.60 \\ 50.10 & 48.36 & 46.34 & 1339.80 \\ 64.02 & 61.73 & 59.06 & 1580.00 \\ 78.39 & 75.50 & 72.06 & 1821.30 \\ 93.06 & 89.61 & 85.40 & 2063.30 \\ 107.83 & 103.78 & 98.75 & 2307.90 \end{bmatrix}$$

按式（2）计算一次累加均值序列并按式（7）、式（8）分别生成 L 矩阵和 Y 矩阵：

$$L=\begin{bmatrix} 4.45 & 4.33 & 4.16 & 286.35 & 1 \\ 11.18 & 10.90 & 10.52 & 508.00 & 1 \\ 20.04 & 19.48 & 18.80 & 741.80 & 1 \\ 30.74 & 29.76 & 28.65 & 981.10 & 1 \\ 43.33 & 41.86 & 40.17 & 1220.20 & 1 \\ 57.06 & 55.04 & 52.70 & 1459.90 & 1 \\ 71.20 & 68.61 & 65.56 & 1700.65 & 1 \end{bmatrix}$$

$$Y=\begin{bmatrix}5.49 & 5.37 & 5.15 & 215.30\\ 7.97 & 7.79 & 7.57 & 228.00\\ 9.74 & 9.37 & 9.00 & 239.60\\ 11.66 & 11.20 & 10.70 & 239.00\\ 13.52 & 13.00 & 12.35 & 239.20\\ 13.93 & 13.37 & 12.72 & 240.20\\ 14.36 & 13.77 & 13.00 & 241.30\end{bmatrix}$$

按式（6）求得 $\hat{H}$ 阵后，即可得到模型参数 $\hat{A}$，$\hat{B}$：

$$\hat{A}=\begin{bmatrix}15.0958 & -11.9816 & -4.6829 & 0.0418\\ 15.5978 & -10.4184 & -6.9323 & 0.0444\\ 13.8183 & -7.8830 & -7.6333 & 0.0432\\ -191.4422 & 163.3782 & 40.5130 & -0.1309\end{bmatrix}\quad \hat{B}=\begin{bmatrix}-2.2685\\ -2.7674\\ -2.7733\\ 228.5418\end{bmatrix}$$

按式（13）级数展开，求 $e^{\hat{A}(k-1)}$（$k=1$，$2\cdots m$），并按照式（12）求得一次累加序列的预测值如下：

$$\hat{X}^{(1)}=\begin{bmatrix}1.71 & 1.64 & 1.58 & 178.70\\ 7.34 & 7.17 & 6.90 & 329.31\\ 14.95 & 14.59 & 14.10 & 625.11\\ 24.92 & 24.17 & 23.33 & 864.93\\ 36.90 & 35.70 & 34.30 & 1103.50\\ 50.30 & 48.50 & 46.50 & 1340.80\\ 64.20 & 61.90 & 59.20 & 1579.60\\ 78.50 & 75.70 & 72.20 & 1822.00\\ 93.10 & 89.70 & 85.50 & 2069.00\\ 107.90 & 103.90 & 99.00 & 2321.10\end{bmatrix}$$

再按式（14）还原，求得多点变形的拟合值和预测值 $\hat{X}^{(0)}$，结果见表 2。拟合预报曲线与实测值曲线的比较见图 3～图 5。

多因素多变量模型模拟预测结果与实测序列 表 2

序号	实测值序列				模型拟合及预测序列				残差序列			
	$X_1^{(0)}(k)$	$X_2^{(0)}(k)$	$X_3^{(0)}(k)$	$M_4^{(0)}(k)$	$\hat{X}_1^{(0)}(k)$	$\hat{X}_2^{(0)}(k)$	$\hat{X}_3^{(0)}(k)$	$\hat{M}_4^{(0)}(k)$	$V_1(k)$	$V_2(k)$	$V_3(k)$	$V_4(k)$
1	1.71	1.64	1.58	178.70	1.71	1.64	1.58	178.70	0.00	0.00	0.00	0.00
2	5.49	5.37	5.15	215.30	5.63	5.53	5.32	213.61	−0.14	−0.16	−0.17	1.69
3	7.97	7.79	7.57	228.00	7.61	7.41	7.20	232.79	0.36	0.38	0.37	−4.79
4	9.74	9.37	9.00	239.60	9.96	9.59	9.23	239.82	−0.22	−0.22	−0.23	−0.22
5	11.66	11.20	10.70	239.00	11.98	11.53	10.97	238.57	−0.32	−0.33	−0.27	0.43
6	13.52	13.00	12.35	239.20	13.40	12.80	12.20	237.30	0.12	0.20	0.15	1.90
7	13.93	13.37	12.72	240.20	13.90	13.40	12.70	238.80	0.03	−0.03	0.02	1.40
8	14.36	13.77	13.00	241.30	14.30	13.80	13.00	242.40	0.06	−0.03	0.00	−1.10
9	14.67	14.11	13.34	242.00	14.60	14.00	13.30	247.00	0.07	0.11	0.04	−5.00
10	14.77	14.17	13.35	244.60	14.80	14.20	13.50	252.10	−0.03	−0.03	−0.15	−7.50

按式（15）计算出模型的精度 $\sigma^2=0.03$。从以图 3～图 5 也可以发现，将锚索拉力和桩体水平位移一起进行考虑后，模型的预测值很接近于真实测量值，能够满足工程需求。

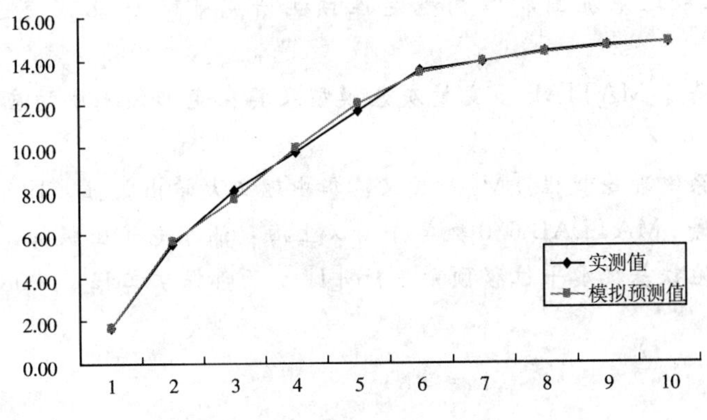

图 3　预测值与实测值对比图（监测点 C1）

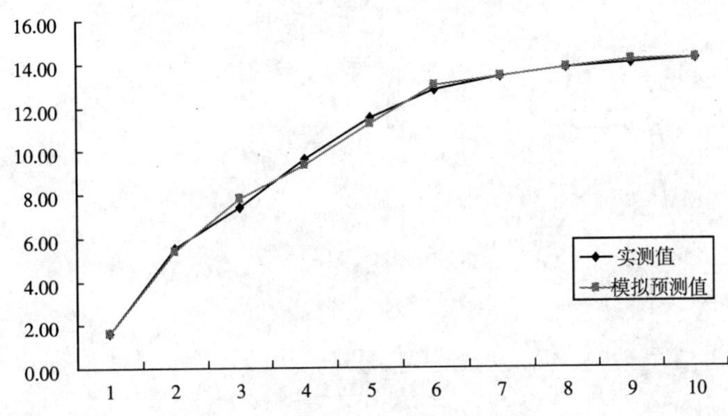

图 4　预测值与实测值对比图（监测点 C2）

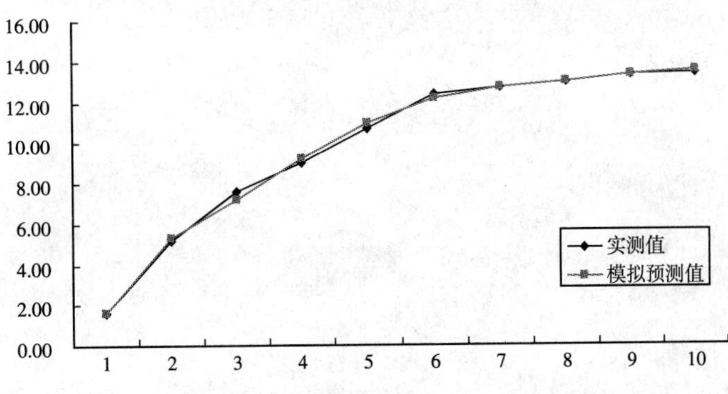

图 5　预测值与实测值对比图（监测点 C3）

4　结论

多变量灰色预测系统能够克服单点局部预测分析的不足，综合同一变形体上各监测点之间的相关信息，从整体上对变形观测的数据进行正确的处理，建立合理的模型，对变形发展的趋势做出准确的预报。因此笔者认为，在灰色预测中，不同的影响因素之间有一定的相互制约作用。本工程的围护桩向基坑内水平位移的增加必然会引起围护桩上预应力锚索拉力的变化。本文在综合考虑各个因素后建立的多变量预测模型，其预测精度完全可以满足工程要求。

参考文献

[1] 冯志．地铁工程深基坑围护结构稳定性预测研究 [J]．北京交通大学硕士学位论文，2006.12.

[2] 王穗辉，等．基于MATIAB多变量灰色模型及其在变形预测中的应用 [J]．土木工程学报，2005.

[3] 邓聚龙．灰色系统理论教程 [M]．武汉：华中理工大学出版社，1990.

[4] 蒲俊，吉家锋等．MATLAB 6.0数学手册．上海：浦东电子出版社，2002.

[5] 黎建国，等．地铁基坑水平位移预测分析 [J]．西部探矿工程，2008.7.

佛山市顺德区软弱土层的基坑监测分析

路　啸　黄明利　宁文光

（北京交通大学　土建学院）

摘　要　该文通过对佛山市顺德区新城区 3 个在淤泥层、砂层等软弱土层的典型基坑监测实例进行分析，说明对于该类地区，3 个基坑的施工工艺能够保证基坑工程的安全可靠，可供同类工程借鉴。

关键词　基坑监测　软弱土层　土体沉降　水位　轴力

1　前言

随着佛山市顺德区新城区开发的深入，在新城区周边有许多地层薄弱的场地上进行基坑开挖，尤其是存在较厚淤泥层、砂层等软弱土层的地段，现有施工工艺手段是否能保证基坑在施工过程中安全可靠，是目前施工单位面临的一个问题。本文通过佛山市顺德区新城区 3 个基坑监测项目的实例，分析现有施工工艺能否保证基坑的安全可靠。

2　工程概况

为了能更好的检测施工方案能否保证基坑的安全可靠，我们选取了以下 3 个典型的基坑工程进行监测。其中，新发和华口两个基坑位置接近，工程地质大致相同，华基基坑位置靠近湖区而建，地下水位偏高，地质更加软弱。

2.1　新发基坑概况

新发下穿地道位于顺德区规划新发路，全长 520m，中心线与碧桂路中线垂直，地道开口段长 415m，采用 U 型框架结构，闭口段长 105m，采用单箱单室结构。隧道采用明挖法施工，根据开挖深度的不同，分别采用不同的支护方式。D1～D3 节段和 D16～D18 节段采用 6m 或 12m 长的拉森钢板桩支护施工。其余节段采用 $\phi100/\phi120$ 钻孔灌注桩＋双排 $\phi50$cm 深层水泥搅拌桩进行支护防水，并依据开挖深度不同设置横向钢管支撑进行加强支护。泵房处设备室基底比相对位置地道地板深 3.5m，采用 $\phi120$cm 钻孔灌注桩支护。

新发基坑开挖从 D18 段向 D1 段方向进行单向施工，从 2009 年 4 月开始施工，截止到 5 月 31 日，新发基坑施工已基本完工。

2.2　华口基坑概况

华口下穿地道工程起止里程 K46＋526.962～K47＋096.962，全长 570m，共分 19 节段，D1～D8 及 D13～D19 节段为开口段，D9～D12 节段为闭口段，中心线与碧桂路中线重合，结构覆盖既有碧桂路。地道基坑设计采用明挖法施工，基坑 31.7m×570m 成矩形，基坑周长 1203m，占地面积 18069m²，场地现状地面平均标高约＋2.9m，泵房处最大开挖深度 11.0m。D1～D4 及 D17～D19 节段基坑采用Ⅳ型拉森钢板桩防护，无横向支撑：D5～

D16 节段采用钻孔灌注桩＋双排 ϕ50cm 深层水泥搅拌桩防护（高压线下采用 ϕ50cm 单管旋喷桩），横向设置 ϕ600mm 钢管支撑，纵向间距 5～8m 不等。

华口基坑在施工前期从 D1 段单向开挖，随后对泵房两侧进行了土体开挖，施工后期对 D19 段反向开挖，实现了双向开挖。华口基坑施工进度已经于 2010 年 3 月末全部结束。

2.3 华基基坑概况

华基路下穿大福基～龙涌口村快速路，由于红旗路现状交通繁忙，为不影响红旗路的交通，华基路采用下穿通道的方式下穿快速路。华基路下穿隧道隧址区地层主要由人工填筑土（Qme）、第四纪海陆交互相沉积层（Qmc）及河流相冲积层（Qal）组成，覆盖层厚度大，一般 18.1～31.4m，土层种类较复杂，层位不稳定，沉积相变较快；古生代加里东期混合花岗岩～花岗片麻岩，岩性单一，受亚热带海洋性季风气候的长期影响，全风化～强风化岩层厚度普遍较大，槽（囊）状风化严重。

下穿隧道场区地下水埋深较浅，相对稳定水位埋深大多为 0.90～2.73m，相应标高为 0.86～2.29m。地下水类型主要为第四季松散层的孔隙水及风化基岩的裂隙水，含水层主要为砂性土层。这些砂层局部厚度较大，孔隙度较高，属三角洲海陆交互相侧向加积层，底部有少量河流相沉积砂层，含水量较为丰富地下水主要靠大气降水、鱼塘水渗透补给，具较强的水力联系。基岩裂隙水含水层为裂隙发育的弱风化花岗片麻岩，具较好连通性的部位地下水活动较强烈，含水量较丰富，但分布不均匀，水质较好。

场区内环境水对混凝土无腐蚀性，对混凝土结构中钢筋无腐蚀性，对钢结构具有弱腐蚀。截止到目前，华基施工进度已经过半。

3 监测项目和方案

3.1 基坑监测项目

根据新发、华口和华基基坑特点及周边环境工程情况，监测重点为基坑支护结构，按照施工设计图的要求，本基坑监测项目定为：

（1）土体深层水平位移。

（2）支撑内力。

（3）地下水位。

（4）桩体深层水平位移。

3.2 各监测项目测点布置情况

（1）深层水平位移监测孔布置在墙后土体中、围护墙周边的中心处及代表性的部位，数量和间距视具体情况而定，但每边至少设 1 个监测孔。当用测斜仪观测深层水平位移时，设置在围护墙内的测斜管深度不小于围护墙的入土深度；设置在土体内的测斜管保证有足够的入土深度，保证管端嵌入到稳定的土体中。

（2）支撑内力监测点设置在支撑内力较大或在整个支撑系统中起关键作用的杆件上；钢支撑的监测截面根据测试仪器布置在支撑的端头；各道支撑的监测点位置在竖向保持一致。

（3）地下水位监测沿基坑周边与被保护对象（如建筑物等）周边两者之间布置，监测点间距根据施工区段的划分布置，但每区每边至少设 1 个监测孔。如有止水帷幕，布置在止水帷幕的外侧约 2m 处。水位监测管的埋置深度（管底标高）在控制地下水位之下 3～5m。

4 监测结果分析

4.1 内支撑轴力监测结果分析

广东雨季大概分布在梅雨季六七月份，降水量很大，地下水位变化较大，对基坑工程的影响最大。新发基坑监测六七月份轴力监测见图 1 和图 2。轴力值最大没有超过警戒值。

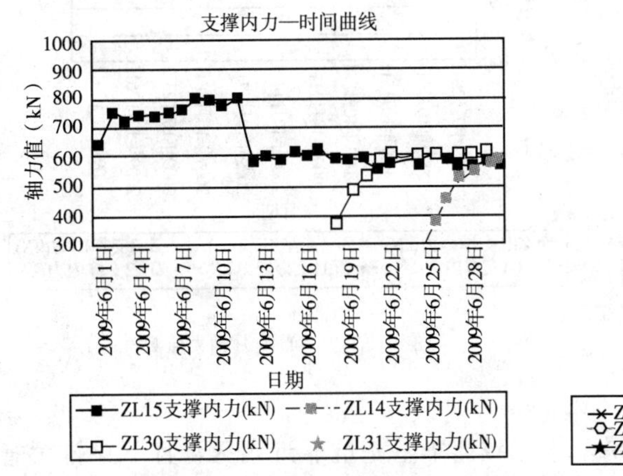

图 1 新发基坑 6 月份监测

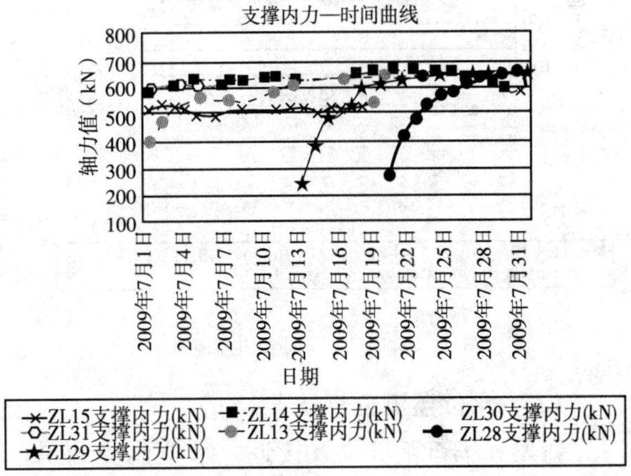

图 2 新发基坑 7 月份监测

新发基坑在 10 月和 11 月份，开挖到基坑中心最深处，此时的施工对于轴力监测来说是最关键的时期，见图 3 和图 4。轴力值最大接近警戒值但并没有超过，说明基坑还是安全可靠的。

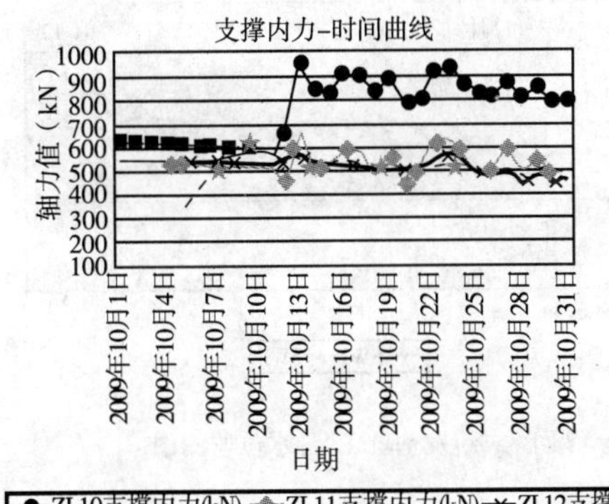

图 3 新发基坑 10 月轴力监测

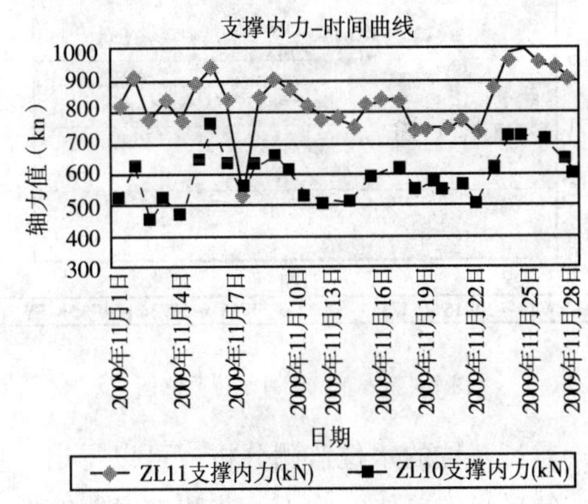

图 4 新发基坑 11 月轴力监测

华口基坑监测始于 8 月末，此时雨季已经基本结束，降水量不大，影响轴力监测的因素主要是基坑施工进度。同样，华基基坑监测始于 9 月末，施工进度影响了轴力监测。轴力监测图见图 5 和图 6。

通过 3 个基坑的轴力监测分析，可以得出一些总结论结论：

（1）施工单位的施工工艺和方案能够保证基坑的安全和可靠。

（2）基坑轴力的警戒值和实测值大小，与基坑的宽度成反比。在实测中，新发基坑的宽度比华口基坑要小近 50%，但是新发基坑的警戒值在 90～100t，实测值在 70～90t 之间；而华口基坑的警戒值在 70～80t 之间，实测值在 50～70t 之间。

(3) 基坑监测最关键的时期有两上，一个是雨季，降水量大，水位偏高，轴力值会偏大；一个是在基坑施工到泵房最深处时，开挖深度的加大导致土体对支护结构压力的增大。

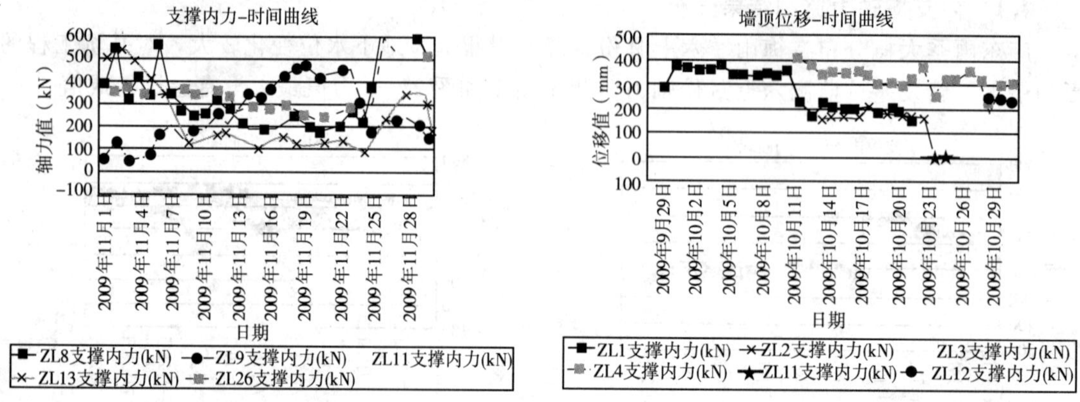

图 5　华口基坑 11 月轴力监测　　　　图 6　华基基坑 10 月轴力监测

4.2　水位监测分析结果

新发和华口基坑位置接近，水位监测结果基本一致。华基基坑靠近湖区，且下穿排污管道，水位相对偏高。

对于新发和华口基坑，比较雨季和非雨季水位变化图，见图 7 和图 8。

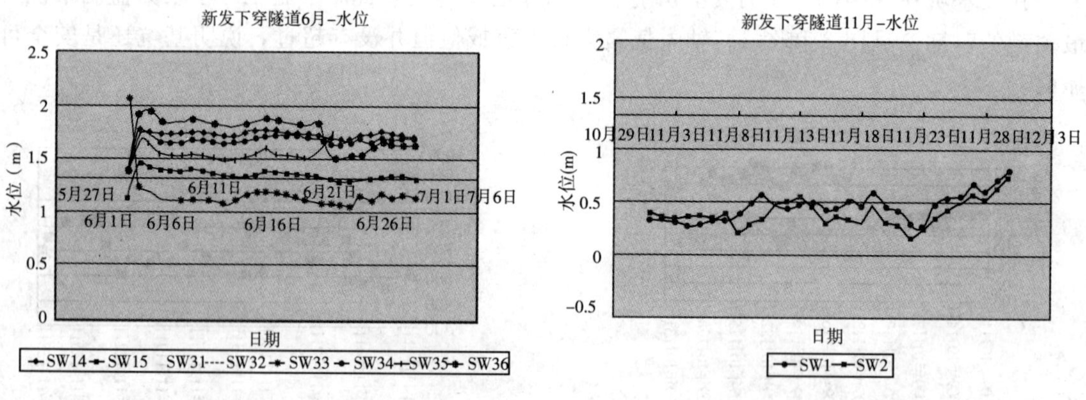

图 7　新发基坑 6 月水位监测图　　　　图 8　新发基坑 12 月水位监测图

通过基坑的水位监测分析，可以得出一些总结性结论：

(1) 施工单位的施工工艺和方案能够保证基坑的安全和可靠。止水帷幕非常有效的将地下水挡在了结构外面，增强了结构的安全性。

(2) 基坑周边的水位总体来说变化不大，从图中可以看出，变化趋势非常平缓。雨季稍高，非雨季稍低。

4.3　土体深层水平位移监测分析

在新发和华口基坑两侧，每隔 20m 钻孔埋管，深度根据孔位所对应的结构桩体深度而定，桩体埋深浅的地方，孔位也较浅；桩体埋深深的地方，孔位相应也比较深，总体来说呈下凹曲线状分布。图 9 和图 10 所示分别是新发基坑 10 号孔和华口基坑 1 号孔的位移曲线。

通过基坑的土体深层水平位移监测分析，可以得出一些总结性结论：

(1) 施工单位的施工工艺和方案能够保证基坑的安全和可靠。基坑分段开挖，及时支护和

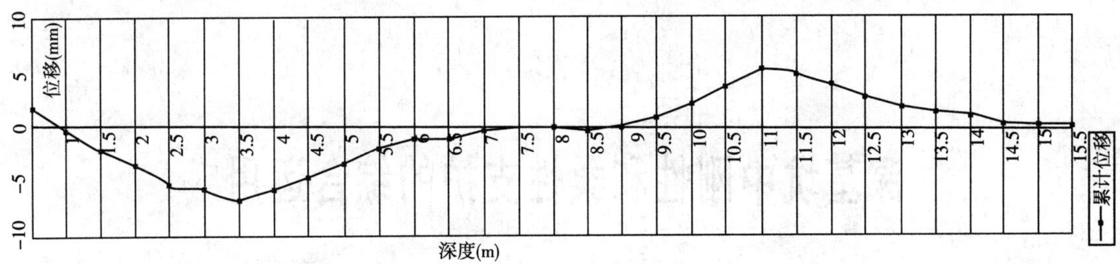

图 9　新发基坑 10 号孔累积位移曲线图

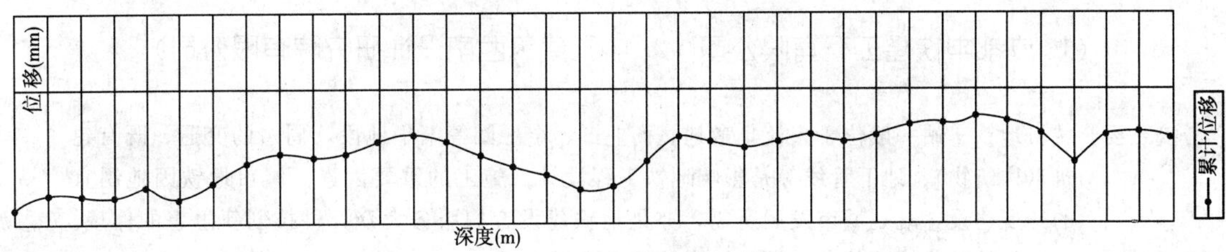

图 10　华口基坑 1 号孔累积位移曲线图

施作围挡，有效地控制了土体的水平位移。

(2) 基坑的水位位移实测是不规则的曲线，考虑了误差和管口受碰撞等因素后，可以看出位移随测斜管深度加深而减小。

5　结论和建议

(1) 对于存在较厚泥沙层、淤泥层场地的基坑项目，应严格按照施工步骤，分段开挖，分段支护，及时施作支护结构，尽快封底，同时保证止水帷幕的效果，控制好地下水位。

(2) 注意基坑施工的安全关键时期，尤其是在广东多雨地区。在雨季要密切关注水位变化，防止因水压力过大导致结构开裂。

参考文献

[1] 广州地铁小谷围岛站基坑支护设计与监测分析 . 2006.

[2] 以相邻基坑桩锚支护体系为支护背拉体系的某基坑的设计及监测 . 2007.

[3] 坑中坑基坑支护设计与监测 . 2006.

[4] 基坑支撑轴力实测值与理论计算值对比分析 . 2009.

[5] 对地铁基坑混凝土支撑轴力监测精准性的探讨 . 2009.

[6] 东莞南城执信体育公园基坑施工支护技术探讨 . 2009.

[7] 广州信合大厦 15.6m 深的基坑支护设计及施工 . 2009.

深基坑中刚性和柔性支护的综合运用

熊　柯[1]　白玉成[2]

（1. 成都中铁隆工程有限公司　2. 中国建筑西南设计研究院有限公司）

摘　要　城市地铁车站一般位于人流集散地、商业圈、金融圈等繁华地段，周边的交通、既有建筑（构筑物）、地下管线等是影响地铁工程设计、施工的重要因素。城市地铁因地制宜的开展建设，既是城市发展所需，亦是地铁建设者们服务大众、科技创新思想的体现。本文就特殊环境下的地铁深基坑支护技术进行介绍。

关键词　地铁　深基坑　多种类型支护

1　工程概况

成都地铁2号线东门大桥站为地下三层岛式车站，总长134m，基坑深度20～22m；车站基坑南侧紧邻一在建房屋基坑，房建基坑开挖深度约13m，边坡采用放坡＋锚喷支护围护；车站基坑北侧为导改后双向两车道市政道路，交通繁忙；基坑30m范围内有高层建筑及市政河道。

2　水文地质

站区范围内覆土表层为人工填土，其下为冲积层的卵石土夹透镜体砂层，总厚度17.3～25.5m；下伏基岩为泥岩。场地除细砂、中砂为液化土层外，无其他不良地质作用，未发现断裂通过，不具备产生滑坡、崩塌、陷落等地震地质灾害的条件。

地下水主要为砂卵石层中的孔隙潜水，由于沿线范围内多处在建的高层楼房（特别是紧邻的房建基坑）正在进行施工降水，引起该区间的地下水位大幅度下降，实测孔隙潜水稳定水位埋深约为16.2m。

3　基坑围护结构设计及原则

3.1　计算原则

（1）建筑基坑侧壁安全等级为一级，结构重要性系数为1.1。

（2）围护结构布置应满足建筑、车辆、设备等限界的要求，并按规范允许的结构受力变形、施工误差等要求进行放线施作。

（3）围护结构采用荷载结构模式，按荷载“增量法”进行计算分析。

（4）围护结构满足整体稳定性、抗滑移、抗倾覆及基底土体的抗隆起和抗渗流稳定性验算要求。

（5）地表下沉限值0.001H；围护桩侧移限值0.001H（H为基坑深度）。

3.2　基坑方案选择

基坑北侧为东大街，地面下管线密集，无法进行预应力锚索施工；南侧为一在建房屋基坑，没有支撑支挡条件。在管线密集区采用喷混凝土＋锚筋支护；下面与南侧基坑相对应部分采用预应力锚索；低于南侧基坑部分采用钢支撑形式，控制北侧道路的沉降，降低基坑的变形。

基坑支护采用了柔性＋刚性的支护形式。图1为基坑计算断面图，图2为基坑计算内力包络图。

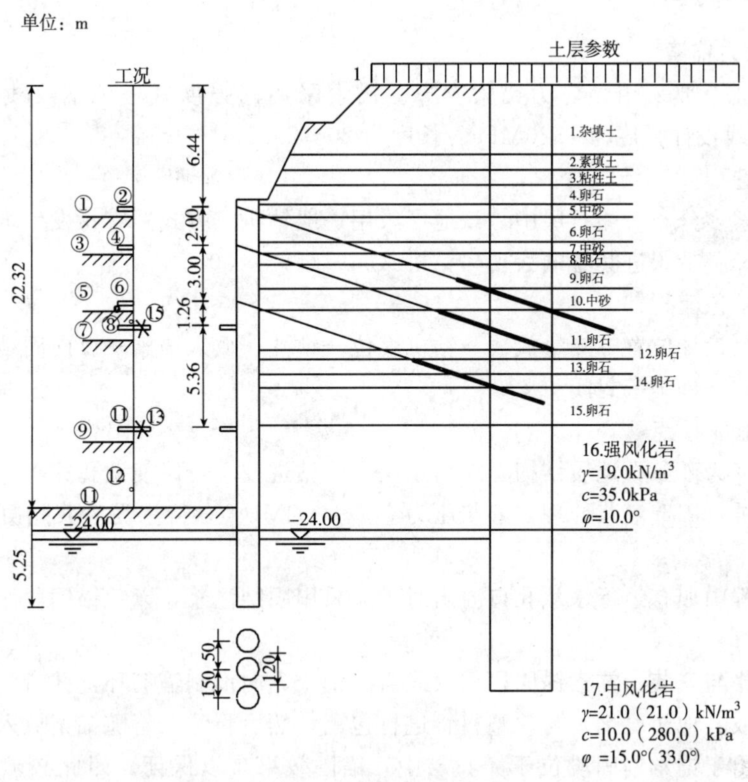

图1 基坑计算断面图

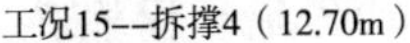

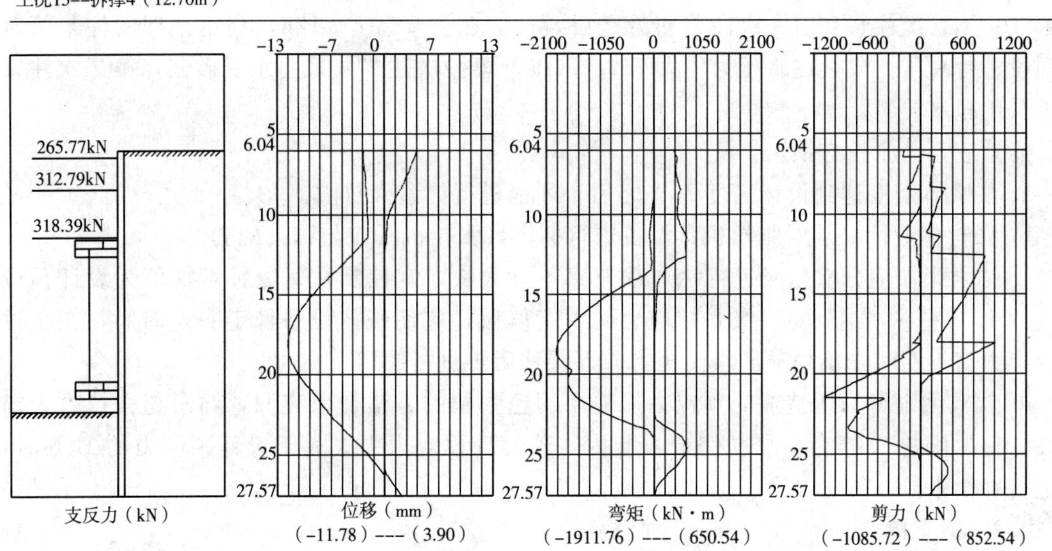

图2 基坑计算内力包络图

基坑开挖采用柔性（预应力锚索）＋刚性（钢管内支撑）的支护体系，是一种变形不协调的体系，需要在施工中加强监测，检验设计理论和计算结果与实际工程中的差别，为相关工程提供理论依据和实际工程的指导。

4 关键工序施工工艺

4.1 预应力锚索

车站围护桩上部采用预应力锚索支撑。锚索采用高强度低松弛钢绞线制作，规格为5Ø15.2，钢绞线设计强度为1320MPa。长度为20～29.5m。

（1）钻机选型

预应力锚索多分布于卵石层中，该地层采用一般钻机（方式）容易发生坍塌，锚索成孔较难，所以选择了带跟进套管的大功率钻机（649/HY－150）。

（2）施工工艺流程

开挖基坑至设计位置→测量放线→钻机就位→钻孔→放入锚索→反向固结注浆→锚固段高压注浆→张拉→外锚头封闭

（3）主要施工要点

①因地层多为砂卵石地质结构，故采用跟套管钻进技术，以使钻孔完整不坍。如遇坍孔需立即停钻，进行固壁灌浆处理（灌浆压力0.1～0.2MPa），待水泥砂浆初凝后，重新扫孔钻进。

②钻孔过程中如有地下水从孔口溢出时，应采用固结注浆，以免锚固段注浆体流失或强度降低。

③锚索制作与安装：锚索锚固段钢绞线需沿轴线方向设制箍筋环，并清污除锈。锚索自由段用黄油（或其他防腐剂）与软塑料管进行包裹，然后将注浆管随锚索放入孔内。

④注浆：由于锚索锚固段位于卵石层中，锚固效果难以保证。因此必须采用二次注浆工艺。

第一次注浆采用反向注浆，注浆管随锚索一并放入到孔底，由底向外注浆，直至孔口冒出浓浆；第二次注浆在第一次注浆初凝之后，一般在注浆后8～12h，利用预埋的注浆管对锚固段进行高压注浆，注浆压力应大于2.0MPa。第一次注浆液采用水泥砂浆，第二次注浆液可采用净水泥浆。

⑤预应力筋张拉与锁定：

a. 注浆体强度达到设计强度70%之后，才能进行锚索张拉。

b. 张拉作业前必须对张拉机具设备进行标定，张拉机具应与锚具配套。

c. 锚索张拉应分次分级进行，加载速率不宜太快，宜控制在每分钟增加值为设计预应力值的10%左右，达到每一级张拉应力的预定值后，应使张拉设备稳定一定时间，在张拉系统出力值不变时，确信油压表无压力向下漂移后再进行锁定。

d. 锚具回缩等原因造成的预应力损失采用超张拉的方法加以克服，锚索超张拉力为锚索设计拉力值的1.05倍。张拉完成48h内，若发现预应力损失大于设计预应力的10%时，应进行补偿张拉。

4.2 钢支撑

主体基坑下部采用钢支撑支护。竖向设置两层钢支撑，第一层钢支撑通过钢围檩设在车站负二层板上方1.0m的位置，第二层钢支撑设在车站底板上方2.2m的位置。钢围檩采用两根 45a 工字钢拼装而成。钢支撑采用 $\phi600$，$t=16mm$ 的 Q235－B 钢管加工制作。

主要施工要点如下：

(1) 钢支撑及钢围檩进场前全面检查验收，特别加强钢管法兰和接头焊缝质量检查。

(2) 钢支撑安装时，安装位置由专人负责放样，在安装点附近将地面整平，进行拼装。

(3) 围护桩与钢围檩之间用 M20 砂浆将回填密实，确保受力均匀。

(4) 钢围檩安装就位后应立即施加预应力。预应力应对称逐级施加，并选择在气温较低的时段，以减少温度应力对预加轴力的影响

(5) 钢支撑安装后及时监测钢支撑挠度及应力，确保施工安全和周边环境的稳定。

5 监控量测

因工程属于深大基坑，施工对地层产生的扰动，有可能引起地表、附近重要或高大建筑物变形或沉陷，危及附近建筑物的安全，因此必须进行监测。根据监测结果及时反馈信息指导施工，以确保构、建筑物及作业人员、居民的安全。监测有围护结构的监测，地面沉降监测，对环境建筑物的监测，水土压力的监测等四个大的方面。

(1) 监控量测项目

根据设计及规范要求以及本站特点，确定了 12 个监测项目，见表 1。

基坑监控量测项目表

表 1

序号	监测项目	测点布置及监测范围
1	桩顶水平位移、沉降	设于桩顶冠梁上，观测桩顶水平位移、垂直沉降，以判断围护结构的稳定性，测点间距 10～15m
2	地面、管线、建筑物变形	设于基坑外侧，用于观测基坑开挖及施工过程中地面、地下管线、邻近建筑物变形
3	坑底隆起	测点布置在基坑中间，距坑底边缘 1/4 底宽处及特征变形点处，隔 25～30m 布置一处
4	围护桩变形测斜管	设于围护桩内，每隔 25～30m 设监测断面，监测基坑开挖及施工过程中围护桩体的稳定
5	边坡平台沉降监测	在每级平台上，每隔 25～30m 布设沉降监测点
6	支撑轴力	测点布置在支撑两头或中点，监测施工过程中支撑轴力变化
7	围护桩钢筋应力	于围护桩深度每隔 5m 在内、外侧主筋上安装钢筋应力计，监测基坑开挖及施工过程中围护桩实际受力情况
8	水位观测孔	设置于基坑长短边中点；基坑坑外距围护桩 2m 设观测孔，观测孔长边间距 40m 左右
9	孔隙水压力观测	设于桩外侧 0.5～2.0m，沿深度方向每隔 5m 设置一个元件
10	土压力观测	设于桩外侧 0.5～2.0m，沿深度方向每隔 5m 设置一个元件
11	工具桩垂直沉降观测	布置于基坑内每根立柱桩的顶部表面上
12	锚索拉力	选择典型断面，布置于锚头

（2）主要监测结果数据

从曲线图 3、图 4 分析，地表（建筑物）的沉降数据在围护结构施工期间（2009 年 5 月至 2009 年 9 月）变化较小，沉降量的增大主要集中在主体开挖、桩基、地下二、三层结构的施工过程当中（2009 年 9 月至 2010 年 2 月），当负一层中板结构（位于桩顶冠梁标高处）形成后（2009 年 2 月）数据变换又趋于稳定。

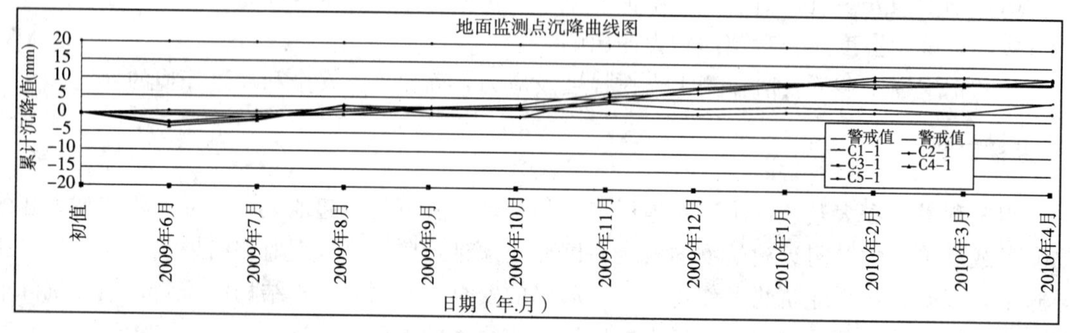

图 3　C1－2～C5－2 号地表沉降累计时态曲线图

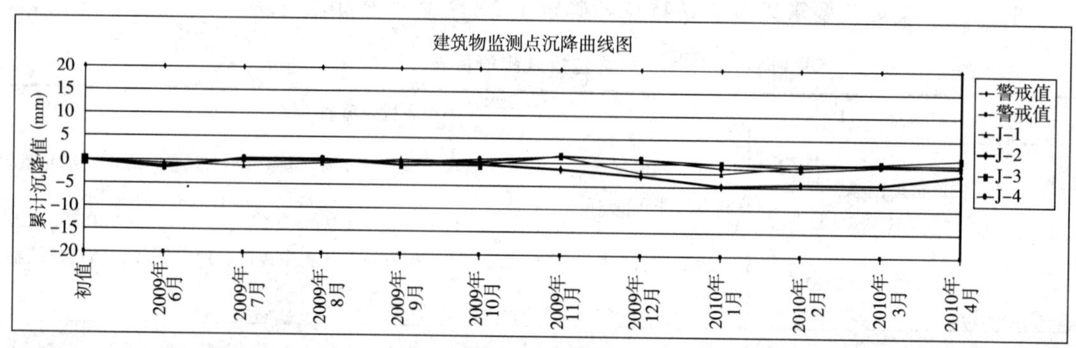

图 4　J1～J4 号建筑物沉降累计时态曲线图

从曲线图 5 分析，土体测斜的数据变化主要在基坑开挖期间（2009 年 9 月至 2009 年 11 月），而桩体的数据变化直到桩基施工时（2009 年 12 月）才表现出大的变化，说明基坑开挖对土体本身稳定的影响较直接，对桩体的影响需要一定时间才能反映出来。

从曲线图 6、图 7 分析，锚索受力变化主要在基坑开挖期间（2009 年 9 月至 2009 年 11 月），其后数据均趋于平稳，直到负一层中板形成后又发生了变化。但总体上锚索受力变化都很小，说明其起到了安全、稳定支护结构的作用。钢支撑在架设初期随着土体的下挖受力变化较大，而当开挖停止后既处于稳定的状态。

6　结束语

通过实际施工操作，以及在施工过程中收集的实时数据分析，可见每个监测项目的数据变化与施工阶段都是息息相关的，不同的施工项目对基坑的稳定会产生不同的影响，而主要的围护结构（桩、锚索、钢支撑）在所有施工阶段都处在稳定、安全、可控的范围以内，证明了设计理论的可靠性。本工程实例为有着相近似环境（临路、临河、紧贴其他深基坑、富水砂卵石地层）的深基坑工程提供了参考依据，并为刚性支护体系和柔性支护体系共同作用、互为补充的锚固技术运用提供了设计的理论研究与实际运用的数据。

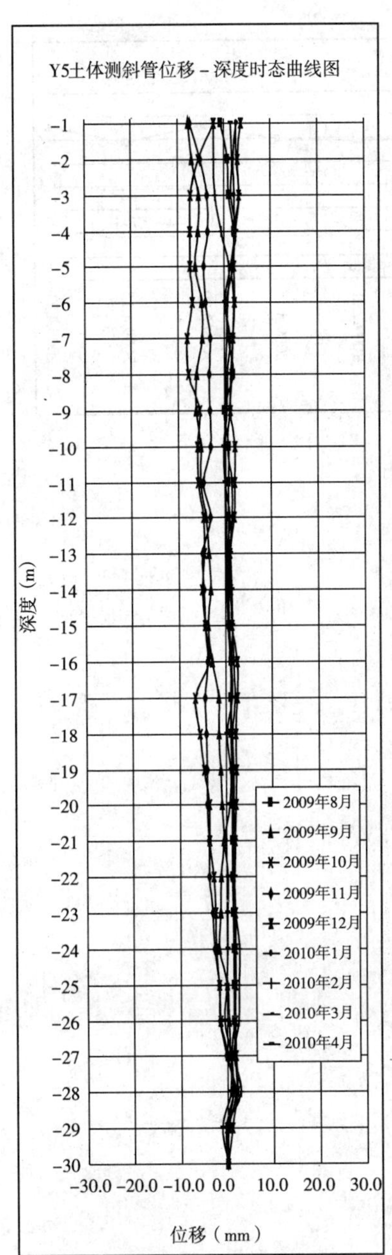

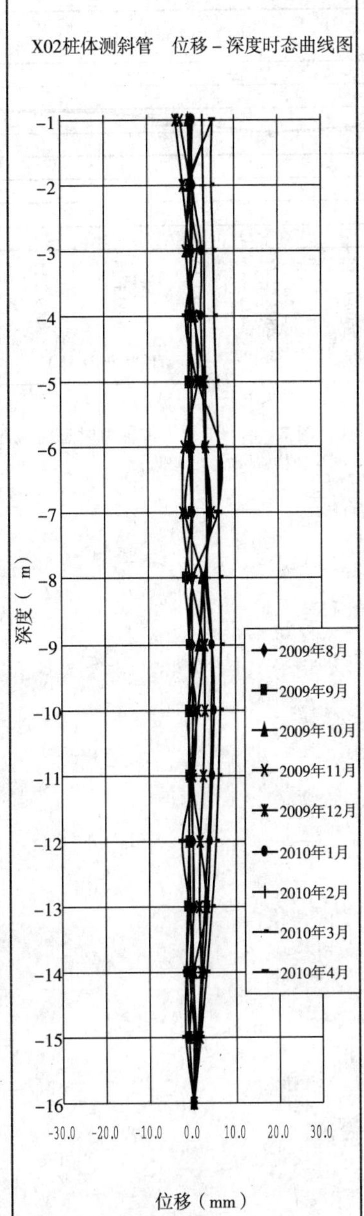

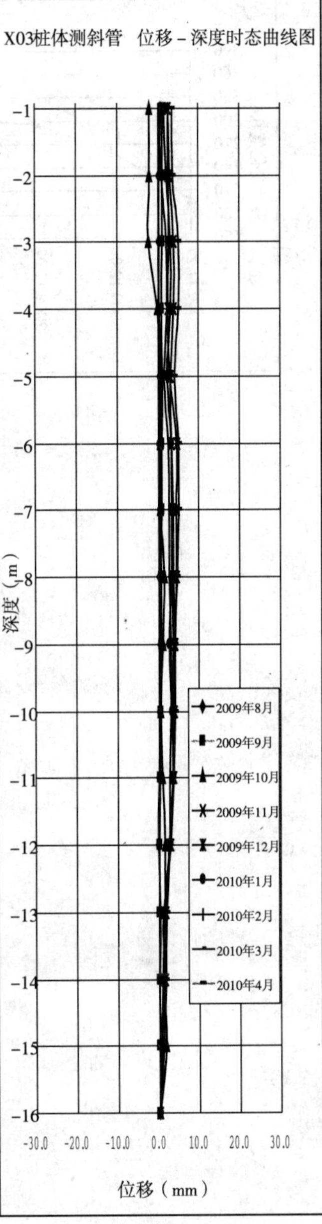

图 5 土体与桩体测斜时态曲线

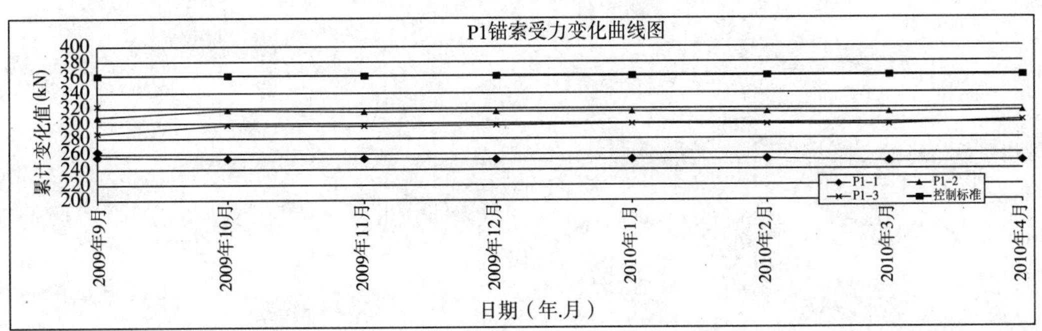

图 6 P1 号断面锚索受力时态曲线图

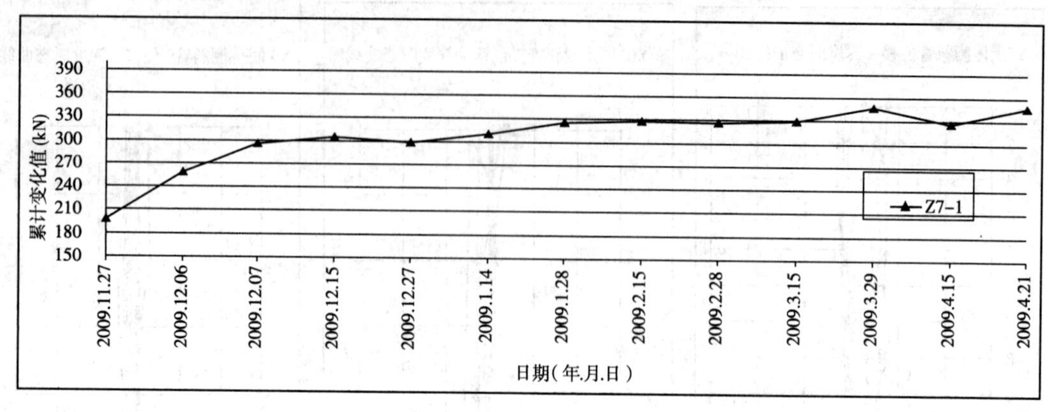

图 7　Z7－1 号支撑轴力时态曲线图

六 隧道与地下工程

特长输水隧洞开敞式TBM施工与锚喷支护技术应用

梅志荣[1]　张军伟[1,2]

（1. 中铁西南科学研究院有限公司　2. 中国铁道科学研究院）

摘　要　国内输水隧洞采用TBM施工时，多数选择护盾式TBM＋管片衬砌方案。大伙房输水工程特长隧洞根据围岩条件选择了开敞式TBM＋锚喷支护复合衬砌施工方案，并且获得成功。实现的复杂山区特长TBM隧洞支护系统优化设计，包括采用锚喷支护复合衬砌替代管片衬砌的优化，锚喷支护与TBM施工的配合，TBM突破不良地质地带的措施和方法等等，体现了NATM设计理念；同时锚喷支护系统的设计施工采用了动态方法，结合工程实际，通过工程类比及现场监控量测验证，在施工中对支护参数及时进行调整和优化，从而达到了快速施工、保证安全、节约投资的目的。工程经验可供今后类似工程参考。

关键词　TBM　支护设计　锚杆　喷射混凝土　衬砌

1　引言

大伙房输水工程特长隧洞长85.32km，开挖洞径8.03m，隧洞地处低山丘陵区，最大埋深约600m。隧洞自进口始依次主要通过五大岩组：中生代白垩系梨树沟组、早元古代混合花岗岩组、上元古界青白口系永宁组、下元古界大石桥组与盖县组、中生代燕山晚期侵入岩组。梨树沟组岩性主要为火山角砾岩与凝灰岩，火山角砾岩单轴抗压强度平均约60MPa，凝灰岩平均约30MPa；永宁组岩性主要为硅质石英砂岩，石英含量均在70%以上，铁质石英砂岩单轴抗压强度平均约90MPa，硅质石英砂岩平均约120MPa，为隧洞强度最高的岩石；大石桥组与盖县组岩性主要为大理岩组合，属可溶岩，其单轴抗压强度平均约55MPa；燕山晚期侵入岩主要为正长斑岩，其单轴抗压强度平均约54MPa。所穿越区域除29条断层及其破碎带外，根据隧洞实际开挖后地质条件分类，洞身大部分围岩主要以Ⅲ类围岩为主，围岩自稳承受能力强，成洞条件较好，适合于TBM施工。但是，目前采用TBM施工时，同NATM法一样，施工中隧洞围岩类别可以由现场采集到的围岩弹性波速度、岩类、地质时代等因素而确定，相应围岩类别的支护设计基本采用经验类比方法。支护手段多采用喷混凝土、锚杆、钢支撑以及木背板、钢背板等，软岩条件下采用预制管片，无论采取何种支护手段理论上都是可以根据工程地质条件进行信息化（动态）设计的，但其设计方法在工程具体实施中还没有完全解决，主要问题如下[1,2]：

（1）掌子面被TBM机体所堵塞，很难对掌子面前方地质状况直接进行观察判断；

（2）拱顶下沉和洞身周边收敛变形等隧道监测项目在TBM开挖后立即进行比较困难，需要采用量测以外手段来判断围岩的稳定性和支护的合理性；

（3）支护位置要距离掌子面一定距离，设置时间较迟，不能及时跟进；

(4) 支护方式和设置时间因 TBM 形式而定；

(5) TBM 直径多种多样，相同条件下的工程实践经验较少，采用 TBM 施工的支护要在实践经验的基础上逐步完善。

另外，隧洞穿越区域地下水丰富，根据国内目前施工水平，若采用管片衬砌结构，即使设定多道防线，终因隧洞管片接头施工工艺复杂，漏水问题仍无法解决，故在复杂山区条件下管片接头漏水成了水利工程采用管片衬砌结构的制约因素，故除了应加强对管片接头防水技术研究之外，也要考虑研究和实践其他支护手段，比如基于 NATM 理论的锚喷支护复合衬砌结构。另外，TBM 施工中管片安装时对精度控制较为严格，施工难度大，而锚喷支护复合衬砌结构作为柔性和刚性结构相结合的现代支护方式，施工比较灵活，能够弥补管片衬砌结构的种种缺陷，因此，对于 TBM 隧洞施工，究竟采用管片衬砌结构还是锚喷支护复合衬砌是一个值得探讨的问题，对 TBM 隧洞的支护系统优化研究显得至关重要。

2 衬砌结构选择

目前，TBM 隧洞施工主要采取的支护手段有锚杆支护、喷混凝土支护、钢拱架支护、混凝土衬砌、注浆以及它们之间的组合支护等等，可以依据不同围岩条件和施工方法优化采用相应的支护方式。不同的支护方式其作用原理不同，起的效果也不相同。

TBM 隧洞支护结构形式一般为两种，即图 1a) 中的锚喷支护＋模筑混凝土复合衬砌和 b) 装配式预制管片衬砌。采用 TBM 进行施工的隧道断面多为圆形，围岩条件较好，采用装配式预制管片结构形式可以实现机械化施工，效率高。同时，预制管片采用工厂生产模式制作，精度高，质量容易保证，对结构受力也很有利。而对于锚喷支护复合衬砌来说，它灵活性好，对围岩条件变化的适应性较强。特别是在不良地质地段采用此复合衬砌更具有独特的优势。在此工程配合开敞式 TBM 开挖，采用锚喷支护复合衬砌主要考虑了以下因素：

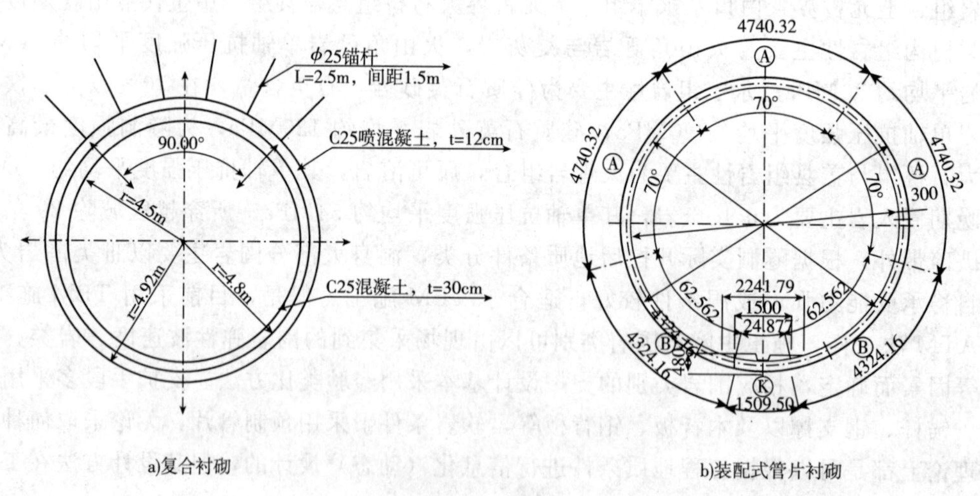

图 1 TBM 隧道的支护结构形式

(1) 锚喷支护复合衬砌是基于 NATM 理论的一种现代支护型式，采用 TBM 施工，对围岩扰动小，分期施作支护，更加符合 NATM 理论的基本原则；采用管片衬砌，虽然能够与 TBM 开挖同步进行施作，对于软弱围岩也能起到及时支护的作用，但对于较好的围岩，显然违背了 NATM 理论的适时支护原理，而且管片衬砌为刚性衬砌，不能适应围岩的变形，并且大大增加了衬砌费用。

（2）从图 2a）中的可以看出，在锚喷支护的基础上增设模筑混凝土，除了能提高结构安全系数之外。而且，TBM 施工时采用全环内通式模板台车，使Ⅲ～Ⅴ类围岩的衬砌内径保持一致，比图 2 中的 b）装配式管片衬砌内表面更能减小水流局部水头损失。

a)复合衬砌

b)装配式管片衬砌

图 2　建成的 TBM 隧道不同支护结构形式

（3）管片衬砌止水是目前施工及维护管理中的重要难题。漏水的主要原因涉及到环境条件、管片构造、止水材料、施工状况等诸多方面，其中管片接头的漏水起主要作用（图 3），特别是隧洞埋深大，地下水位高，这样势必形成很高的外水压力，管片的止水与排水更是个很难解决的问题。而采用锚喷支护复合衬砌，其止水与排水设计技术比较成熟。

（4）如果采用管片衬砌作为 TBM 施工的支护型式，据估算，工程预制混凝土管片的总量为 39.5×104m^3，需要在每个施工段建设管片预制厂，其占地分别为 TBMl 施工段：35600m^2，TBM2 施工段：35600m^2，TBM3 施工段：30200m^2。由于施工区为辽宁东部山区，自然植被较好，大量占地会对区域生态环境造成破坏。而采用锚喷支护＋模筑混凝土衬砌，只须在支洞口设置普通混凝土拌和站即可，无需大面积占地。

图 3　管片接头的漏水情况

（5）从预制管片和模筑混凝土衬砌表面的糙率系数来看，两者相差不多，由于管片接头较多，略高于模筑衬砌。

（6）预制混凝土管片安装后与 TBM 掘进的洞径之间存在着空隙，必须进行填充。工程均采用充填豆粒石并进行灌浆的方法，目的是使管片和围岩接触紧密，形成整体共同承受外力的作用。但是已有的工程实践证明，回填豆粒石不同于衬砌之后的回填灌浆，很难保证将空隙充填密实。

（7）从投资角度讲，由于 TBM 设备投入、管片制作、施工占用土地等费用比较大，采用锚喷支护复合衬砌，比采用预制混凝土管片衬砌，每延米造价能够节省大约 7800 元。

3 TBM隧洞支护参数设计

影响隧洞结构型式选择和支护参数设计的主要因素有：隧洞功能、工程地质和水文地质条件、施工方法等。埋深大的海底隧洞外水压力也大，全封堵隧洞宜采用圆形衬砌结构型式，TBM掘进机适合圆形衬砌结构型式。本工程采用开敞式TBM进行施工，其支护衬砌型式按照NATM理论设计，采用喷锚支护作为永久支护，同时为了减小隧洞过流表面的糙率，Ⅲ～Ⅴ类围岩在喷锚支护基础上进行二次模筑混凝土衬砌。支护参数设计采用工程类比确定，设计选定后还根据现场围岩量测信息对支护参数作必要的调整。

3.1 锚喷支护参数设计

锚喷支护即采用锚杆、喷射混凝土、钢筋网以及钢架等的联合支护。根据有关规范及类似的工程实例确定如下支护参数：

(1) 喷射混凝土强度等级为C25，其与围岩粘结强度不应低于0.8MPa。为了增强喷射混凝土的抗渗性、耐久性，在喷射混凝土中掺入无碱速凝剂、高效减水剂及其他外加剂，并掺入4%～8%的微硅粉。

(2) 对Ⅱ类围岩采用锚喷支护作为永久支护。考虑工程耐久性和安全储备，对Ⅱ类围岩，局部安设锚杆ϕ22、L=2500mm，喷8cm高性能混凝土。

(3) 对于Ⅲa类围岩，随机布设ϕ22锚杆、L=2500mm，喷12cm混凝土。

(4) 对于Ⅲb类围岩，顶拱系统布设ϕ22锚杆，L=2500mm，局部挂钢筋网ϕ8@200×200，喷12cm混凝土。

(5) 对于Ⅳ类围岩，布设锚杆ϕ22，L=2500mm，全周挂钢筋网ϕ8@150×150，并架设I—160钢拱架，间距1200mm，喷16cm混凝土。

(6) 对于Ⅴ类围岩，布设锚杆ϕ25，L=3000mm，全周挂钢筋网ϕ8@150×150，并架设I—160钢拱架，间距600mm喷16cm混凝土。

3.2 二次模筑混凝土衬砌

对于Ⅲ～Ⅴ类围岩，在初期锚喷支护完成，围岩变形基本稳定以后，再进行二次模筑混凝土衬砌。其目的主要有以下几点：

(1) 考虑到围岩的不均匀性、支护材料质量的离散性、锚杆腐蚀等不确定因素，衬砌施工后外荷载的变化，隧洞未收敛的变形等，这些都需要设置衬砌作为安全储备，提高支护安全系数。

(2) 考虑隧洞使用后外力的变化和支护材料的劣化不确定因素，需要提高作为结构的耐久性和安全储备。

(3) Ⅲ～Ⅴ类围岩进行二次模筑混凝土衬砌，可以减小过流表面的糙率，在设计引水流量时，使各类围岩之间的水流实现平稳过渡。

(4) 二次模筑混凝土衬砌的厚度，只要能够满足施工要求的结构厚度即可，但由于隧洞衬砌采用全环内通式模板台车进行施工，而且模板台车是刚性定型产品，难以实现不同围岩条件下内径的变化，如果不同围岩采用不同的模板，不但要增大施工的难度，从而影响衬砌施工进度，也会增加投资。另外各类围岩衬砌完成后，不同围岩之间的过渡段很难采用机械施工完成，势必会影响其施工的外观质量。因此，Ⅲ类围岩衬砌厚度为30cm，而Ⅳ、Ⅴ类围岩衬砌厚度为26cm，使Ⅲ～Ⅴ类围岩隧洞成洞直径为7.16m。

（5）二次模筑混凝土衬砌的混凝土强度等级为C25，Ⅲ类围岩衬砌为素混凝土，Ⅳ、Ⅴ类围岩衬砌内按构造要求设钢筋。隧洞衬砌在围岩地质条件均一洞段每隔16m设置环向施工缝，个别部位增设永久变形缝，设置橡胶止水带。衬砌后对顶拱回填灌浆。

4 TBM突破不良地质的措施和方法

不良地质是指TBM正常掘进受到影响的工程地质条件，主要有：

（1）挤压-大变形（Squeezing-Convergence）

（2）膨胀-松弛变形（Swelling-Slacking）

（3）断层及破碎带（Fault Zone）

（4）块状-节理发育（Blocky-Jointing）

（5）特别坚硬（Extremely Hard）

（6）地下水-压力（water Pressure）

（7）岩爆（Rock Bursting）

一旦遇到不良地质条件，TBM施工速度，取决于不良地质探测、地层加固处理、支护施工，设备更换及维修等的能力和时间。TBM的掘进效率会受到极大的挑战。

不良地质对TBM的掘进产生了严重影响，主要表现有：

（1）围岩大变形容易卡住TBM，或者引起TBM的不均匀下沉，给掘进方向的控制带来困难。

（2）开挖面及拱顶坍塌、剥落，将TBM刀盘埋入，刀盘旋转困难。

（3）边墙坍塌，TBM撑靴支撑不稳，不能提供TBM掘进支反力。

（4）刀盘旋转时易产生震动，影响刀具的使用寿命，增加刀具消耗。

（5）涌水，工作面及侧壁则会因水压作用发生坍塌。严重涌水会掩埋刀盘及机体，危及设备、人员安全。

（6）不良地质引起的坍塌、涌水等给支护施工带来困难。

4.1 围岩大变形控制主要措施和方法

采用喷、锚、注一体的围岩加固支护系统：

（1）开挖后及时支护，充分利用围岩的自承能力，将围岩的松动圈转变为承载拱。

（2）采用钻、锚、注一体的（自钻式）注浆锚杆，如迈式锚杆、GM锚杆等；锚杆长度根据围岩屈服范围确定，以长锚杆为宜；喷层可以为素混凝土，也可以是钢纤维混凝土。

（3）可缩性支护：当开挖引起的围岩扩容（剪胀或遇水膨胀）不可避免时，允许围岩发生适度的变形，这样可以降低作用于结构上的支护压力，从而减少超挖量并降低支护强度。

（4）适当扩挖：在围岩变形稳定后再架设支护，更多的则是开挖后立即架设可缩的初期支护。支护方式一般为带纵向伸缩缝的混凝土喷层并辅助以可缩式构件支撑。

4.2 突破断层及其破碎带的措施和方法

（1）增加锚杆数量和长度，喷混凝土及时封闭围岩和超前支护；

（2）仰拱及时跟进，形成封闭结构；

（3）对破碎区及坍塌区、渗水区，必要时注浆加固围岩；

（4）坍塌区用铁板封堵，混凝土封闭或及时快速灌注；

(5) 变形过大则立即用型钢加固，必要时在拱脚处打锁脚锚杆；

(6) 调整掘进参数，降低撑靴对岩面的承压力，减少扰动，尽量减少坍塌量；千万不要将 TBM 缩回来。

(7) 超前导坑施工，结合矿山法突破断层及破碎带。

4.3 涌（渗）水控制的措施和方法

采用钻爆法施工，即使涌（渗）水达到 2.5～3.5m^3/min 的数量，也很容易得到处理。但采用 TBM 法，开挖面只要有大于 0.5m^3/min 的渗水量，就会产生比较大的问题。

不管采用那种 TBM 施工，当地质勘查或超前地质预报探明前方可能出现较大规模的涌（渗）水时，解决此问题的最有效方式，就是用最少的钻孔，对刀盘前方做全环封闭栓塞式的超前预灌浆处理。双护盾式 TBM 由于其盾壳长，无效钻孔距离长，不仅钻孔成本高、角度大，机器内部也无布置钻机设备的位置，很难做到全环封闭式的超前预灌浆。开敞式 TBM 则不然，仅有的顶、侧护盾只有 3～4.5m 长，如工程需要，完全可以加长主梁，配备 1～2 台液压凿岩钻机来满足预灌浆孔的钻孔要求。

4.4 岩爆主要控制措施和方法

(1) 主要方法是改善围岩物理力学特性。

(2) 主要措施是开挖后立即向掌子面及附近洞壁喷洒高压水或利用钻孔向岩体深部注水。

(3) 应力解除，具体方法有（大口径）超前钻孔和纵向切槽等。

(4) 及时施作锚、喷、网、钢架支护。

5 工程应用

图 4 中给出的Ⅱ～Ⅴ各类围岩的设计参数都是在参比同类工程而做出的，为了验证所提出的优化设计方案的合理性，TBM 施工过程中对Ⅳ、Ⅴ类岩按照一定断面间距进行了拱顶下沉与周边位移收敛变形监测。现以其中桩号 23＋866 断面的测点为例，来介绍 TBM 施工采用优化支护系统后的抗变形能力。

桩号 23＋866 位置处的围岩为Ⅳ类，岩性为肉红色正长斑岩和灰绿色糜棱岩，围岩节理裂隙发育，节理多微张，充填岩屑或泥质，围岩局部有节理切割体塌落现象。该位置附近发育两个小断层。采用 TBM 进行开挖，围岩出护盾后就进行锚喷支护，并架设钢拱架，图 5～图 8 为该断面 13 天内的拱顶下沉与周边收敛监测结果。

监测结果显示，该断面最大拱顶下沉量为 1.5mm，周边收敛量最大值小于 4mm。从图 6、图 8 的下沉速率与收敛速率均呈现先增加后减小逐渐呈现收敛的趋势。因此，以该断面为代表的洞身围岩，在监测期间拱顶下沉量与周边收敛量较小，下沉速率与收敛速率呈现收敛的趋势，这表明洞身围岩在开挖支护后变形较小，整体稳定，同时也说明支护系统优化效果明显。

根据图 5～图 8 的拱顶下沉与收敛变形观测曲线还可以看出，洞室围岩在初期支护以后的变形非常小，远小于规范允许的相应类别的围岩变形。原因最主要可能是由于设备，测点距离掌子面太远。根据隧洞开挖过程中掌子面三维影响，随掌子面的开挖进展而产生围岩位移，在毛洞时，掌子面达到前，已发生约 30％的位移，而在掌子面后方约 3～5 洞径位移基本收敛。因此，测点所观测到的只能是后期的变形。但也足以证明Ⅳ、Ⅴ类岩在采取及时支护以后能够保证洞室的稳定。

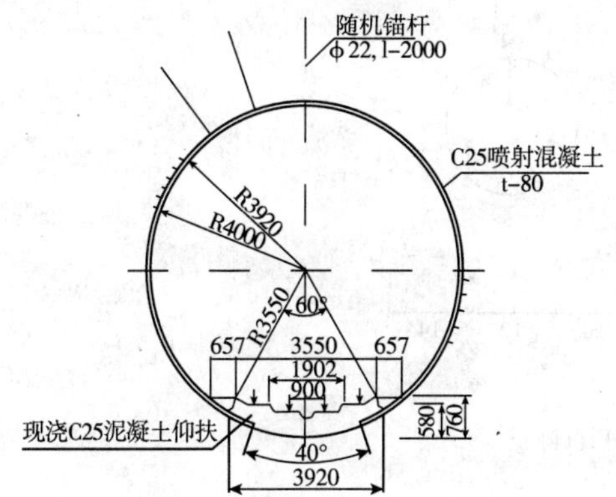

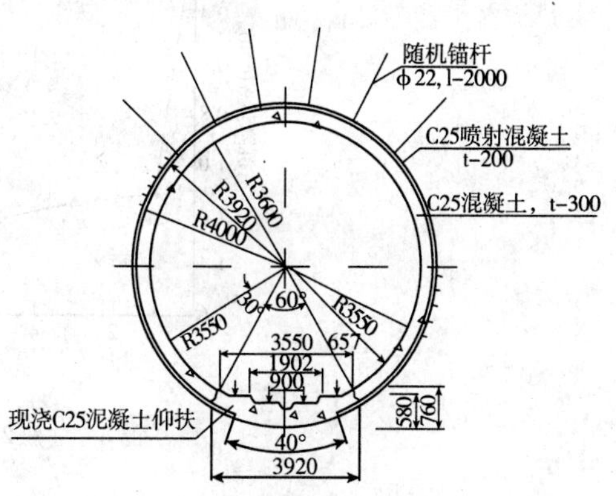

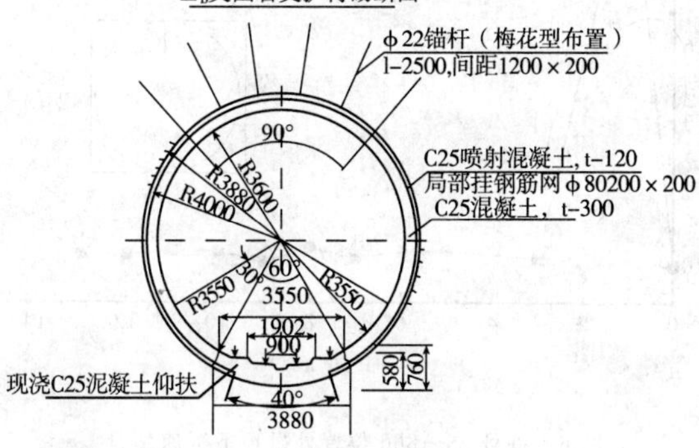

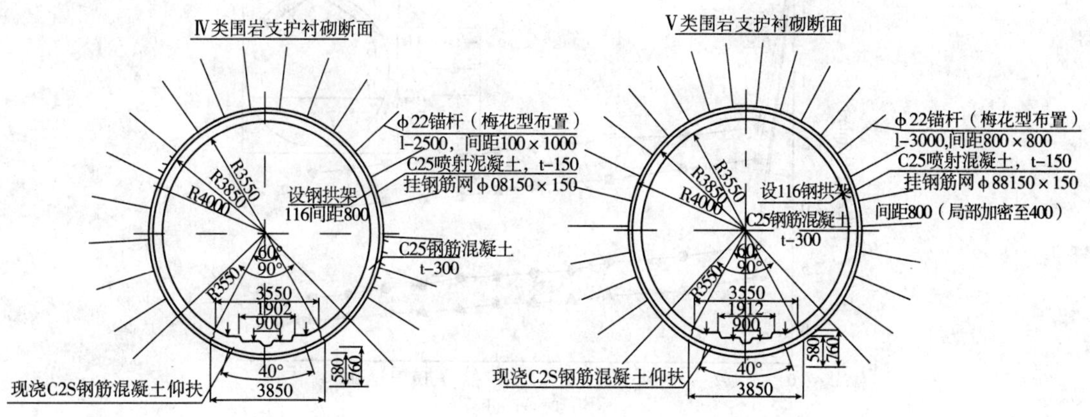

图4　TBM施工段各类支护衬砌断面图

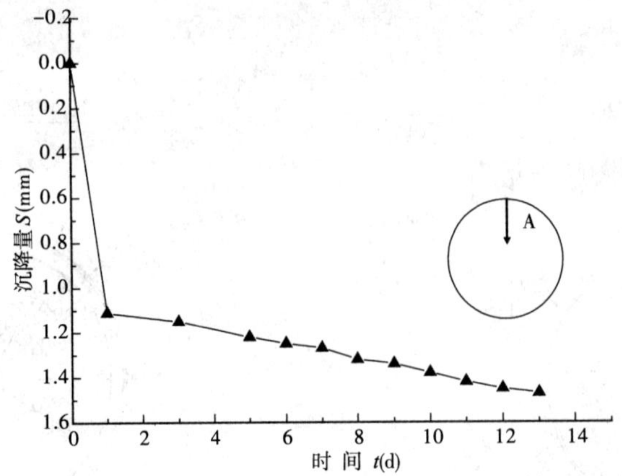

图 5　桩号 23＋866 位置处拱顶沉降量

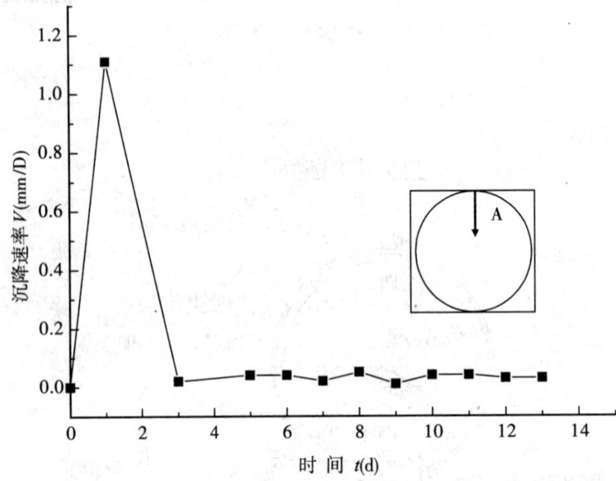

图 6　桩号 23＋866 位置处拱顶下沉速率

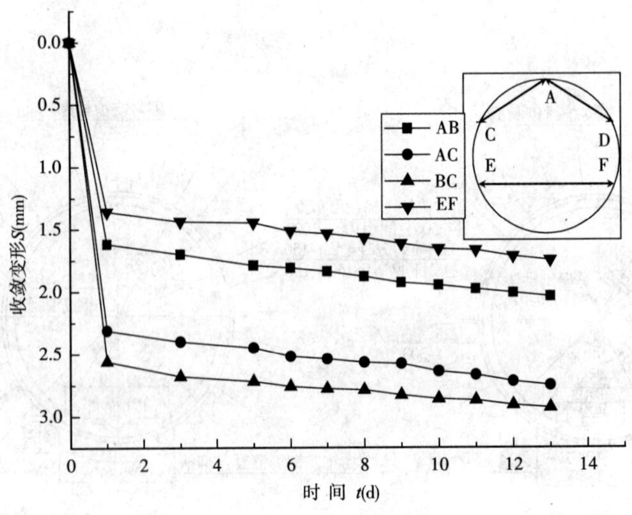

图 7　监测断面周边收敛变形

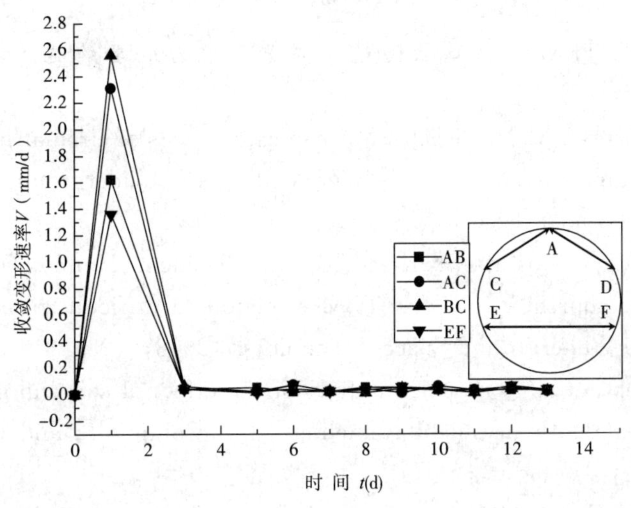

图8 监测断面周边收敛变形速率

6 结论

鉴于大伙房输水工程特长隧洞所穿越区域的工程地质状况和施工方法，提出的特长隧洞开敞式TBM施工支护优化设计，即采用锚喷支护复合衬砌替代管片衬砌，以及TBM突破不良地质地带的措施和方法等等，在特长隧洞中得到了应用，现场隧洞拱顶下沉与周边收敛监测结果表明，对所研究隧洞TBM施工支护设计的优化，以及突破不良地质地带的措施和方法是合理的。锚喷支护复合衬砌替代管片衬砌，符合现代支护系统的NATM设计理念，不仅减小了输水隧洞的水流局部水头损失，解决了TBM施工的止水与排水难题还节约了大量土地和大量资金，为其他类似隧洞的施工建设提供了有力参考。

参考文献

[1] 梅志荣，高菊茹，唐与，等．大伙房输水工程特长隧洞TBM施工关键技术研究［R］．成都：中铁西南科学研究院，2009.

[2] 梅志荣，张军伟，章元爱，等．大伙房输水工程特长隧洞施工方法优化与TBM选型研究［C］．第五届中日盾构隧道技术交流会．成都：西南交通大学，2009：204-313.

[3] 周佳媚，李志业，高波．TBM施工隧道仰拱预制块的受力分析［J］．中国铁道科学，2004，25（3）：32-35.

[4] 王梦恕，李典璜，张镜剑，等．岩石隧道掘进机（TBM）施工及工程［M］．北京：中国铁科学出版社，2004.

[5] 尹俊涛，尚彦军，傅冰骏，等．TBM掘进技术发展及有关工程地质问题分析和对策［J］. 工程地质学报，2005，13（3）：389-397.

[6] 张镜剑，傅冰骏．隧道掘进机在我国应用的进展［J］．岩石力学与工程学报，2007，26（2）：226-238.

[7] 钱七虎，李朝甫，傅德明．全断面掘进机在中国地下工程中的应用现状及前景展望［J］. 建筑机械，2002，（5）：28-35.

[8] ITA Working Group, Recommendations and Guidelines for Tunnel Boring

Machine，2000.

[9] 王梦恕、开敞式 TBM 在铁路长隧道特硬岩、软岩地层的施工技术，土木工程学报，2005.

[10] C. Carranza-Torres，M. Diederichs. Mechanical analysis of circular liners with particular reference to composite supports [J] . Tunnelling and Underground Space Technology，2009，(24)：506-532.

[11] Kourosh Shahriar，Mostafa Sharifzadeh，Jafar Khademi Hamidi. Geotechnical risk assessment based approach for rock TBM selection in difficult ground conditions [J]. Tunnelling and Underground Space Technology，2008，(23) 318-325.

[12] Thomas Kasper，et al. A numerical study of the effect of soil and grout material properties and cover depth in shield tunneling [J] . Computers and Geotechnics，2006，(33)：234-247.

[13] Katsushi Miura. Design and construction of mountain tunnels in Japan [J] . Tunnelling and Underground Space Technology，2003 (18)：115-126.

[14] Marcio Muniz de Farias. Displacement control in tunnels excavated by the NATM：3－D numerical simulations [J] . Tunnelling and Underground Space Technology，2004，(19)：283-293.

[15] Moorak Son. Ground-liner interaction in rock tunneling [J] . Tunnelling and Underground Space Technology，2007，(22)：1-9.

预应力锚索框架及小导管注浆在隧道病害处治中的应用

柴柏龙[1]　雷爱新[2]

（1. 招商局重庆交通科研设计院　2. 中铁二局第一工程有限公司）

摘　要　通过对隧道地质地貌、原设计和施工情况的分析，找出了发生病害的原因，采取了预应力锚索框架锚固、反压回填夯实、隧道内小导管径向注浆、换拱等综合措施，成功地治理了浅埋、偏压、连拱隧道出现的地质病害。文章主要从预应力锚索框架及小导管注浆技术在隧道病害处治中应用的角度出发，分析它们加固围岩、提高围岩稳定性的机理，为隧道病害处治提供了一条洞内外综合治理的新思路。

关键词　预应力锚索框架　小导管注浆　浅埋偏压连拱隧道　病害处治

1　工程概况

A隧道为大跨度公路连拱隧道，隧道走向呈近南东—北西向展布，山顶高程约95m，隧道最大埋深约43m，为典型的浅埋隧道，设计隧道起讫桩号为K48＋360～K48＋575，全长215m。

隧道构造上位于燕山期四会序列江头单元侵入岩体中，岩石为细、中粒黑云母花岗岩，灰白色、肉红色，细粒花岗结构，块状构造；进口段RK48＋360～＋440段围岩为第四纪残坡积土及全－强风化花岗岩，结构松散，设计为Ⅴ级围岩。

隧道施工过程中进口端地表出现开裂、下陷，右洞内衬砌混凝土开裂、错台，采用临时钢支撑维持该区段隧道内的减缓性收敛变形，对该段采取及时、适当的处治措施直接关系着山丘坡体的稳定和隧道结构的安全。

2　病害现状分析

2.1　地质地貌

隧道区属于剥蚀丘陵地貌类型，隧道横穿山丘，山上植被较为发育，多以灌木、松树为主。隧道洞身右上方为山丘的垭口，进口段上覆坡角为35°～40°的坡体，坡角线与隧道轴线呈约65°～70°的夹角（见图1），故该坡体对地下浅埋的结构会产生一向右下方的斜向力，隧道结构受到偏压是显而易见的。

图1　A隧道进口段地貌

隧道进口端RK48＋360～＋440段开挖后揭示围岩岩性主要为全～强风化花岗岩，黄褐色，湿，岩芯呈坚硬土柱状，岩石风化强烈，除石英颗粒外，其余矿物多已风化成粉土状。岩体松散、破碎，有渗水，地层侧压比较大。围岩稳定性很差，主要为Ⅴ级围岩。

2.2 隧道原设计和施工概况

2.2.1 隧道原设计概况

A隧道建筑限界净宽14.0m，净高5.0m。内轮廓考虑对结构受力有利及便于施工，经综合分析比较，单洞采用三心圆曲墙式衬砌断面，采用复合式曲中隔墙结构。

进口段为构造破碎带段，岩体风化严重，节理发育。初期支护采用注浆锚杆、C20喷射混凝土、ϕ8钢筋网以及工字钢拱架与围岩共同组成支护体系。二次衬砌采用C25钢筋混凝土结构。

2.2.2 隧道原施工概况

A隧道单洞开挖宽度达到16m左右，开挖高度达到12m左右。进口段20m采用特殊的半明半暗的形式进洞，即先对隧道左洞进行异性套拱浇筑，完成拱顶反压回填后，再进行三导坑先墙后拱法施工。洞身开挖时，采用先开挖隧道右洞，后开挖隧道左洞的方式进行施工。为保证隧道结构安全，在进行隧道施工时，在右洞二次衬砌施作完毕后，再进行左洞洞身的开挖和支护施工。2009年下半年左洞洞身开挖、支护过程中右洞进口端发生地质病害，2009年底左、右洞二次衬砌均已施作完备。

2.3 病害现状及其分析

2.3.1 病害现状

（1）地表开裂、下陷

隧道进口端RK48＋418～＋426段洞体正上方地表出现与隧道轴线近水平的裂缝，共3条，长度范围为5～12m，且有一直径约4m的下陷坑体，下陷深度约1.5m深。

（2）洞内衬砌开裂、错台

隧道右洞进口端RK48＋420～＋477段结构病害主要表现为衬砌裂缝，其中以纵向裂缝为主，共有8条，长度范围为3～37m。裂缝最长为37m，位于RK48＋440～＋477段；最宽4.96mm，最深26.6cm，最大错台3.4mm，位于RK48＋421～＋429段，可推断该段衬砌均出现变形。

2.3.2 病害原因分析

由前述地质地貌及隧道原设计和施工情况可以看出，该隧道进口段Ⅴ级浅埋段围岩地质条件很差，且存在明显偏压。由于隧道洞室开挖后的空间效应造成的变形和岩体的收缩，导致地表开裂，并发生了一定的水平位移，加之初支和衬砌拱背有脱空，地表土体在雨水冲刷下有轻度下陷。偏压加上冲刷下陷土体的挤压导致洞内二次衬砌变形严重，裂纹扩展，并在中隔墙附近出现错台。另外，施工中对进口段浅埋、偏压、地质条件差等特点认识和估计不足，爆破开挖等工序没有严格控制，对围岩扰动较大，也是A隧道进口端出现如前所述地质病害的原因之一。

3 治理方案及作用机理

针对A隧道出现的病害，业主对治理方案采取了审慎的态度，邀请了多方知名专家进行现场踏勘及论证，并原则形成了一致的处理意见：病害治理内外结合，地表采取工程措施调整隧道结构受力，减小或消除偏压荷载，洞内加固围岩、补强支护结构，拆换出现严重裂缝和错台的二次衬砌和初期支护。

3.1 治理方案的确定

根据专家会议形成的意见，经设计单位进行技术、经济比较后确定如下方案：

措施一：在 K48＋421～＋450 段地表削坡并将开挖产生的土石反压于右洞右侧夯实，在开挖出的边坡上采用预应力锚索框架锚固坡体（图 2 所示），调整隧道结构受力，减小或消除隧道偏压荷载。

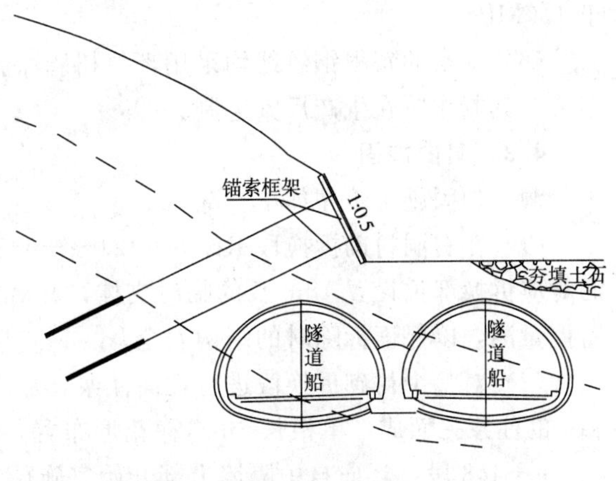

图 2　隧道进口端地表处理

措施二：右洞 RK48＋421～＋448 段径向小导管注浆加固围岩；拆换 RK48＋421～＋430 段初期支护及 RK48＋421～＋448段二次衬砌，补强支护结构。为防止围岩和隧道结构进一步变形，确保施工时的安全，在径向小导管注浆和拆换二次衬砌前，在右洞拆换段前后各施作长 5m 的临时钢支撑，左洞对应拆换位置设置临时钢支撑。

3.2 预应力锚索框架作用机理

预应力锚索框格作为主动性防护措施，对岩体有挤压加固作用，充分地发挥岩土体的自承潜力，调节和提高岩土的自身强度和自稳能力，减轻支护结构的自重，而且可以对已滑动或有滑动倾向的坡体主动施加一反力，从而平衡或消除坡体下滑的斜向力。就 A 隧道而言，预应力锚索框格＋反压回填，可明显改善隧道进口端的结构受力状况，减小或消除隧道偏压荷载。

3.3 小导管注浆作用机理

小导管注浆是以一定角度，打入管壁带孔的小导管，并以一定压力向管内压注浆液的施工措施。通过小导管注入岩体的浆液对松散岩体具有挤压、充填、胶结等作用，而凝固的浆液将小导管和岩体融为一体，使小导管起到悬吊、减跨、组合、挤压等锚固作用，从而可以有效固结松散围岩并提高围岩的物理力学性能，提高围岩的承载力，实现加固围岩、维护围岩和结构稳定的目的。A 隧道右洞 RK48＋421～＋448 段径向小导管注浆，可有效固结右洞结构周围原有风化、松散岩体和反压土石，使隧道结构体周围岩体形成一厚约 5m 的承载环，从而补强隧道围岩和初支结构的承载力。

4 治理方案的实施

4.1 边坡防护及反压土回填

在隧道进口端 K48＋421～＋450 段，距左洞中轴线右侧 4m 平距的地表开始刷坡，以 1：0.5的坡率开挖高为 8m 的一级边坡，将挖出的土石反压于右洞右侧低洼处并夯实。隧道进口端地表处理如图 2 所示。边坡开挖后应及时防护，防护措施为：

（1）采用 M715 浆砌 3.5m×3.5m 片石框格作为骨架，框格断面尺寸 40cm×40cm。

（2）在框格的交叉点上采用长 30m 长的 6 束锚索进行加固。

（3）锚索的锚固角度为 25°，锚固段必须打入基岩，并保证锚固段不小于 8m。

（4）每根锚索的锁定荷载为 500kN。

（5）锚索灌浆采用孔底返浆法的一次灌浆方式，灌浆管采用耐压能力大于 4Mpa 的 ϕ22

聚乙烯管制作，灌浆材料采用水灰比为 1∶0.45 的 M40 砂浆灌浆，灌浆压力应不小于 1.0MPa。

（6）锚索的每根钢绞线均采用环氧树脂涂膜层、ϕ22 聚乙烯管和润滑脂保护层三层防腐型式，其制作应在生产厂家定制。

4.2 洞内加固

洞内加固施工步序如下：

（1）在右洞衬砌拆换段 RK48＋421～＋448 前后各施作 5m 长的环向临时钢支撑，在左洞对应拆换部位设置 18m 长的临时支撑，并对拆换段前后各 30m 范围的隧道衬砌沉降进行监控量测，以保证拆除时的结构安全。

（2）对整个衬砌拆换段进行径向注浆，加固隧道围岩。注浆管采用 ϕ42 的无缝钢管打设 ϕ10 的注浆孔而成，单根长 6m，梅花形布置，@100cm×100cm，注浆加固范围为 RK48＋421～＋448 段，环向自中隔墙上部开始实施径向注浆。注浆加固材料为 30 号水泥净浆，水灰比为 1∶1，注浆压力为 0.8～1.5Mpa，注浆前须通过试验确定各注浆参数。钻孔后应立即注浆，注浆完成后才钻下一孔，可防止串浆。注浆压力从小到大逐渐增加。注浆顺序应按从下向上，先边墙后拱部的顺序施工。

（3）待径向注浆施作完毕后，在边墙拆除交界部位沿隧道纵向打设 ϕ42 孔，孔间距 30cm，深 55cm，然后开始拆除小桩号端二次衬砌，每次拆除纵向间距为 1m。拆除从拱顶部位开始，逐步往边墙部位拆除。拆除二次衬砌后，若发现初期支护工字钢完好，没有明显变形或移位，则根据设计对每榀工字钢采用 4 根 ϕ25 锁脚锚杆对工字钢逐榀锁脚，将锁脚锚杆与工字钢焊接。若发现初期支护已明显变形或破坏，则应另行拆换处治。在拆除二次衬砌后应对原初期支护工字钢进行定位，确保工字钢脚能与原设计中隔墙顶部预埋钢板连接。若原设计预埋件已被破坏，则须重新埋设以固定初期支护工字钢。

（4）拆除已变形或破坏的初期支护，依次施作新的钢筋网、钢支撑、锁脚锚杆和喷射混凝土，再进行下一循环的二次衬砌拆除与初期支护的重新施作，每循环拆除长度应控制在 1m 左右。拆除二次衬砌时应尽可能采用机械或静力爆破拆除，若遇施工问题，则应进行爆破专项设计。只能采用弱爆破，决不允许在二衬拆除中对隧道围岩和结构产生过大的扰动。

（5）待全部初期支护加固施工完毕后，焊割出露钢管头，保证初期支护表面平整，然后施作新防水层。在施作防水板时，应注意新施作防水板与原防水板间的有效搭接宽度不得小于 10cm，搭接长度不小于 100cm。

（6）施作二次衬砌。二次衬砌采用 C30 钢筋混凝土，厚度为 60cm，配筋间距为 20cm×20cm。环向主筋采用 ϕ25 的Ⅱ级钢筋，纵向连接筋采用 ϕ12 的Ⅱ级钢筋，箍筋采用 ϕ8 的Ⅰ级钢筋。若原施作环向钢筋间距满足要求，则直接将本次环向主筋与原环向筋焊接，搭接长度须满足施工规范要求。若原施作环向钢筋间距不满足要求，则按间距 20cm 的要求在原二次衬砌混凝土内植入 ϕ25 的钢筋。

5 结论

通过对浅埋、偏压、连拱高速公路隧道的地质地貌的踏勘和分析，结合隧道原设计和施工情况，最后经专家论证，在隧道病害处治中主要采取的工程措施为：①地表削坡并将土石反压于右洞右侧夯实，在开挖出的边坡上采用预应力锚索框架锚固。有效改善了隧道受力，减小或消除隧道偏压。②右洞内径向小导管注浆加固围岩，拆换变形破坏的支护体补强支护结构。目前已按此方案进行了适当特殊设计，且现场已按该方案开始实施。现场施工效果和监控量测结果表明，该方案对于保证坡体和隧道整体稳定性效果明显，解决了偏压问题，处治了隧道衬砌明显移位、错台等病害。

参考文献

[1] JTG D70—2004 公路隧道设计规范．[S]．人民交通出版社，2004.

[2] 吕岗．隧道进口段山体古滑坡复活的治理．[J]．交通科技．2010 年第 1 期．

[3] 黄晖，廖树忠，杨永忠．反压护拱在偏压浅埋段隧道施工中的应用．[J]．广东公路交通．2003 年第 1 期．

[4] 周玉宏，赵燕明，程崇国．偏压连拱隧道施工过程的优化研究 [J]．岩石力学与工程学报，2002（5）．

[5] 聂玉文，赵金锐．偏压和浅埋地段隧道洞口的设计体会．[J]．广东公路交通．2002 年第 2 期．

高速铁路隧道穿越断层破碎带加固方法的数值模拟

马伟斌　蔡德钧　张千里　史存林　王仲锦　洛文海

（中国铁道科学研究院铁道建筑研究所）

摘　要　高速铁路隧道具有大断面的特点，其穿越断层破碎带时更易引发围岩坍塌和涌水的发生。本文通过对某高速铁路隧道围岩的物理力学特性试验，得到其岩体力学参数，然后采用数值模拟计算方法，分析了断层破碎带对隧道稳定性的影响程度。最后，通过对关键部位的支护进行计算，表明喷锚支护能有效地抑制围岩位移，能保证隧道结构的稳定性。

关键词　高速铁路隧道　断层破碎带　喷锚支护　数值模拟

断层破碎带是因地壳变动使地层岩体沿破裂面发生明显位移或较大错动的断裂构造。断层破碎带是断层面两侧一定宽度内，受断层影响岩石发生破碎的地带，简称断层带。断层带内由于岩石破碎使岩体的整体性和强度大大降低，为地下水活动提供了方便。铁路隧道在开挖过程中，经常会遇到断层破碎带，断层出露工作面时经常发生岩体沿软弱结构面滑动、坍塌或涌水，这是事故多发的险要地段。它不仅破坏了隧道的稳定性，而且直接影响了开挖速度。

本文针对湖北某高速铁路隧道开挖遇断层破碎带围岩变形破坏严重的问题，从宏观到微观，采用了现场调查与数值计算的研究方法，揭示了隧道开挖影响围岩稳定性的原因，在此基础上，对比分析了断层破碎带围岩加固前后的力学特性，验证了喷锚支护加固方案的正确性。

1　隧道断层破碎带围岩破坏特征和稳定性影响因素

在隧道施工过程中，经常会遇到断层破碎带，影响了施工安全和开挖速度，必须采取合理的施工方法快速安全可靠地通过断层破碎带，防备断层破碎带附近出现坍塌等现象。隧洞开挖时断层破碎带围岩变形破坏的一般形式和特征为：

（1）拱顶坍塌。该形式破坏大多发生在断层破碎带、软弱夹层带、软硬岩交接带中，而且多由这些软弱夹层为突破点逐渐发展形成的。另外，当采用钻爆法开挖隧道时，由于爆破临空面不足，或一次爆破量过大等往往也引发坍塌破坏。

（2）拱腰围岩坍塌。发生在开挖过程中，由于围岩过分破碎、松散或存在倾向洞内的岩石结构节理滑面而坍塌。

（3）底鼓。当松软的隧道断层破碎带处于隧道底部，则会出现隧底隆起。

（4）支护结构变形破坏的宏观显现。始自拱腰或边墙，初始表现为喷层开裂、围岩内鼓、崩塌、涌水等，继而有土砂流出、大块岩体错落、围岩坍塌。

隧道围岩是一个极其复杂的地质体，与其他工程材料相比，它具有两大特点：其一是岩体内部含有节理、断层等各种各样的不连续面，显著改变了岩体的强度特征和变形特征；其二是岩体含有原始内应力，其地应力场的大小和方向都显著影响着围岩的变形和破坏特性。

隧道开挖后的围岩稳定性，如果没有及时的支护，则主要取决于隧道围岩承受的载荷与其自承能力的相对关系：围岩的承载能力大于其承受的载荷，隧道围岩是稳定的，否则失稳。根据围岩变形机理分析，得出影响隧道围岩稳定性的因素主要有：隧道围岩应力、最大水平主应力、隧道断面尺寸和形状、应力释放的程度等。

隧道穿越断层，尤其是破碎带的断层，开挖难度较大。破碎带规模一般宽度较大，它包括除破碎带自身的宽度以及还有一个比破碎带自身的宽度大得多的影响带。由于破碎带伴有显著的粘土化和涌水，突破它时可能喷出大量涌水和土砂，造成围岩失稳，支护变形破坏。断层对隧道稳定性的影响与断层规模、断层本身的特点及组合情况有关。断层的性质、产状，断层两侧地层的岩性、岩体质量、断面形态、断层破碎带的宽度、层泥存在与否以及断层的导水性都不同程度地影响隧道结构的变形破坏。

2　隧道断层破碎带围岩喷锚支护机理

随着地下工程规模的日益扩大，传统方法已不能满足地下工程发展的需要。一些年来，人们应用对隧道支护系统的变形量测信息来指导设计和施工的“收敛—约束”原理，使地下工程技术发展进入了新的阶段，相继出现了锚杆支护、喷锚支护、钢筋网喷射混凝土钢格栅组合支护等作为隧道初期支护，以模筑混凝土作为二次衬砌的方法。喷射混凝土是将混凝土的混合料以高速喷射到隧道围岩表面形成的支护结构，支护作用主要体现在提高围岩强度、改善围岩应力状态，它使用于中等稳定的块状结构围岩。锚杆支护是一种在围岩中钻孔并在孔中安设杆件以达到加固围岩和衬砌的目的。锚杆支护作用主要体现在悬吊作用、组合梁作用、加固作用。喷锚支护是利用杆件加固深层岩石形成承载拱，同时用喷射混凝土封闭围岩表面而形成的联合支护形式，其应用范围广，单纯采用喷射混凝土或锚杆不足以维护隧道时均可使用该方法。

这类支护的共同特点是通过加固围岩，以提高围岩自撑能力为目的。它强调充分发挥围岩自撑能力并利用喷射混凝土、锚杆与围岩共同作用的机理以保持围岩的稳定。软岩隧道支护的岩石力学原理及支护与围岩共同作用原理是，在软岩体中开挖隧道，破坏了原岩应力平衡状态，隧道能否平衡取决于围岩物理力学性质和原岩应力大小。对于硬岩，隧道周围的集中应力小于其强度极限，隧道不用支护也能稳定；对软弱围岩，隧道要保持稳定，必须依靠各种形式的支护。

3　某铁路隧道断层破碎带围岩稳定性分析

断层破碎带影响岩体稳定性的因素是软弱结构面的发育程度和蚀变类岩石的含量。位于湖北省某客运专线隧道的围岩结构面较发育，两组扭裂结构面上充填有蒙脱石、绿泥石和高岭土等，构成软弱结构密集带，从而改变岩石物理力学性质，使围岩稳定性降低。隧道断面开挖后，围岩主要表现出可塑、膨胀和流变等软岩的变形特征，围岩局部应力集中，局部围岩有少量拉应力存在。

3.1　破碎带所含矿物成分类型及含量

该铁路隧道围岩以花岗岩为主，块状结构，坚硬密实，对地下开挖工程较为理想，但节理、断层等软弱结构面发育且不均匀，夹杂着大量的蒙脱石、绿泥石和高岭土等蚀变类岩石，将完整的岩石分割的支离破碎，有冲击载荷时，易由局部塌落发展成大规模的塌方。

取隧道现场坍塌破坏点处的岩石试样进行X－光射线的衍射分析，岩样以矽卡岩类及夹层为主。

从岩性测定结果看出，岩石试样所含的粘土矿物主要是蒙脱石、伊利石、高岭石、绿泥石和斜长石，其含量超过80％。由于坍塌点的成分主要由粘土矿物组成，而这些夹层遇水膨胀、崩解、软化异常强烈，是造成隧道围岩垮塌的主要原因。

3.2 岩石物理力学特性试验分析

为了获得隧道围岩的物理力学性质，本次试验主要进行了岩石试件密度和含水率的测定、纵波和横波波速的测定、劈裂试验、单轴和三轴试验以及蠕变试验等。进行力学试验的岩石包括花岗岩、矽卡岩、蚀变矽卡岩、大理岩、闪长岩等影响隧道结构稳定性的代表性围岩。

试验完全依据岩石力学试验的相关规定进行，为消除比尺效应，对岩石单轴抗压强度结果进行了修正，其修正系数为0.92。对岩石单轴抗压强度的试验结果进行离散程度计算，表明其离散程度均小于20％的最低要求，所以试验数据真实可靠。

通过常规力学试验，得出岩体的力学参数和变形参数如表1所示，可看出该隧道围岩的物理力学性质较好，岩块的抗压强度、内摩擦角和凝聚力等较高。通过劈裂试验得到的岩石抗拉强度为5.23～17.1MPa不等，基本上是其抗压强度的1/10左右。通过大理岩和闪长岩的蠕变试验表明，隧道围岩属于硬岩，其蠕变特性并不十分明显。

岩体的力学和变形参数

表1

岩种	单轴抗压强度（MPa）	单轴抗拉强度（MPa）	凝聚力（MPa）	内摩擦角（°）	弹性模量（GPa）	泊松比
花岗岩	39.77	3.81	4.15	26.2	9.44	0.27
矽卡岩	28.17	2.35	4.07	38.4	11.22	0.23
蚀变矽卡岩	17.61	2.55	3.35	29.3	5.01	0.27
大理岩	23.04	7.29	6.48	31.3	11.22	0.28
闪长岩	39.78	11.11	10.51	34.3	35.48	0.35

3.3 断层破碎带围岩稳定性数值模拟分析

1）网格划分与边界条件

根据对称性原则，选取计算模型，然后划分计算网格及二维平面应变模型的六面体单元。根据锚固方法的特点并结合该隧道围岩实际条件，拟采用FLAC软件进行数值模拟计算。因为它采用显式有限差分法程序，可以模拟岩土及构筑于岩土中的工程结构在应力应变下的力学行为，适合大变形问题。

根据现场参数，为模拟巷道开挖以后有断层破碎带影响和支护以后的围岩变形及应力分布，并与无支护无断层破碎带时进行比较，划分的平面模型计算网格见图1。隧道宽度7.3m，高度8.0m，隧道顶部距地表400m。模型宽度由开挖隧道的宽度决定，根据圣维南原理，模型左右宽度各取大约是隧道开挖宽度的3倍，所以宽取44m，模型的高度根据圣维南原理，取48m。

位移边界条件：两个侧面限制水平移动，底面限制水平和垂直移动。

荷载边界条件：模型上部施加自地表到顶面的岩体自重 $\sigma_y=-10MPa$。

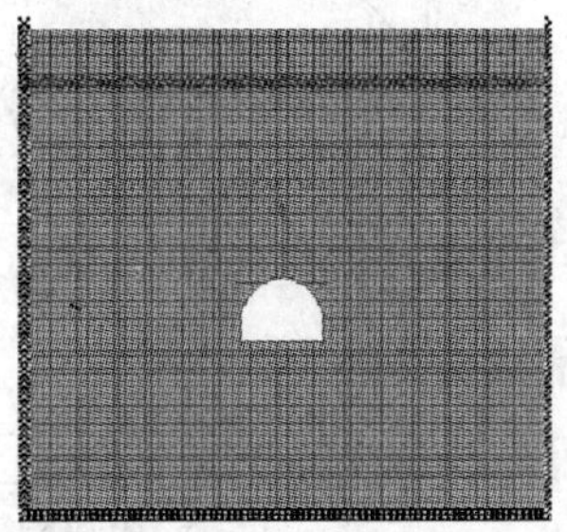
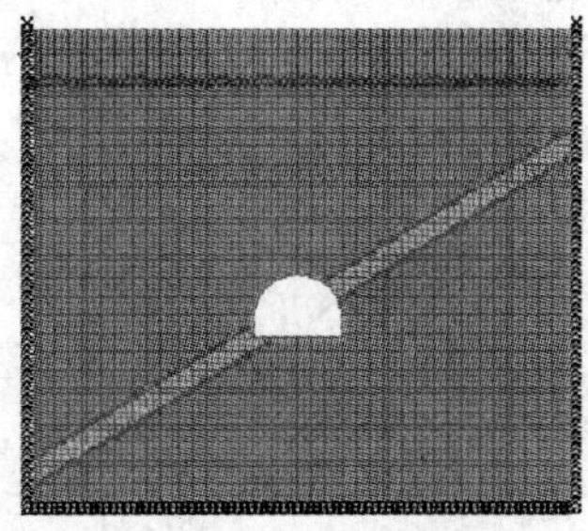
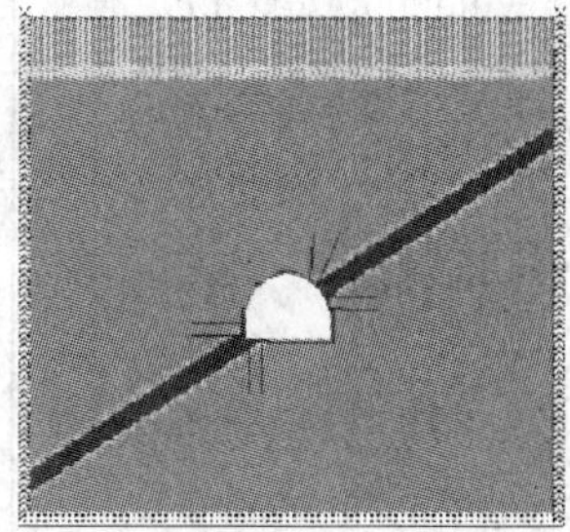

图 1 计算模型网格划分

2）物理力学参数与屈服准则

该隧道岩体以花岗岩为主，属弹塑性材料，计算采用 Mohr－Coulomb 屈服准则：

$$f_s=\sigma_1-\sigma_3\frac{1+\sin\varphi}{1-\sin\varphi}-2c\sqrt{\frac{1+\sin\varphi}{1-\sin\varphi}}$$

式中：σ_1，σ_3——最大、最小主应力；

c，φ——材料凝聚力和内摩擦角。

当 $f_s\geqslant0$ 时，材料发生剪切破坏。材料在达到屈服极限后，在稳定的应力水平下产生塑性变形，在拉应力状态下，若拉应力超过材料抗拉强度，材料发生拉破坏。

模型采用理想弹塑性本构模型，计算用的力学参数见表 2。

计算采用的岩体力学参数 表 2

项目	ρ（kg/m^3）	B（Pa）	S（Pa）	μ	c（Pa）	F（°）	T（Pa）
围岩	4420	$6e^9$	$2.9e^9$	0.28	$4.25e^6$	26	$1.5e^6$
破碎带	2700	$1e^9$	$5e^8$	0.21	$4e^5$	10	$2e^3$

注：数据来自现场地质调查并采用现场取样的岩石力学试验结果。

3）计算方案

为了监测拱顶和仰拱的应变位移，分别在拱顶和仰拱中心位置取了两个样点进行分析，见图 2。

（1）无断层破碎带时的数值计算及分析。

（2）有断层破碎带（倾角 30°）的数值计算及分析。

（3）断层破碎带关键部位喷锚支护数值计算与分析。

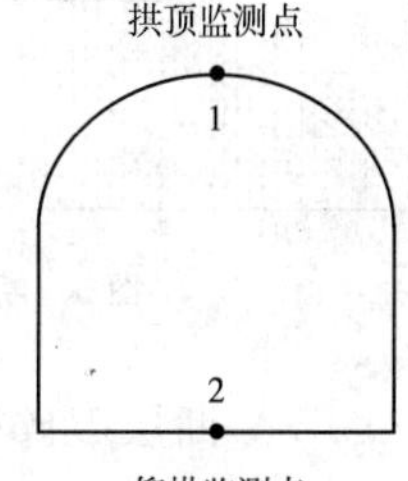

图 2 监测样点图

3.4 结果分析

1）无断层破碎带的数值分析

无断层破碎带时位移矢量和塑性区分布如图 3 所示，监测点位移如图 4 所示。由图可以看出，隧道围岩向洞内发生径向位移，隧道周边最大位移为 5.46mm，仰拱监测点最大位移为 6mm，拱顶监测点最大位移为 5mm。因为开挖前岩体处于应力平衡状态，开挖使隧道周围岩体发生卸荷回弹和应力重新分布。围岩属于硬岩，岩体质量好，隧道周边部位塑性区范围特别小，大部分处于弹性状态，岩体足够坚固不会因此而发生显著的变形和破坏，开挖出的隧道基本稳定，不需支护。

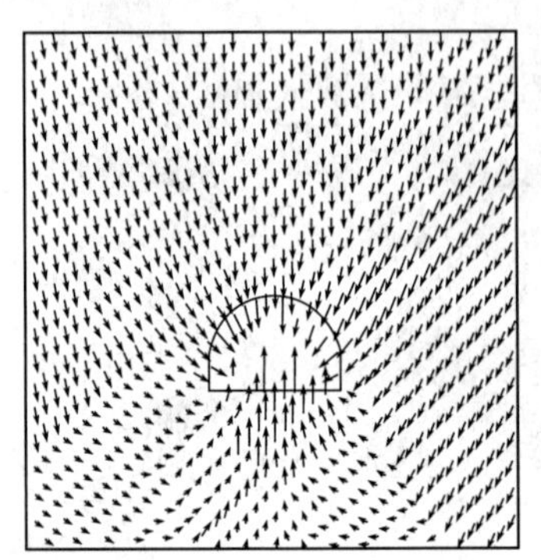

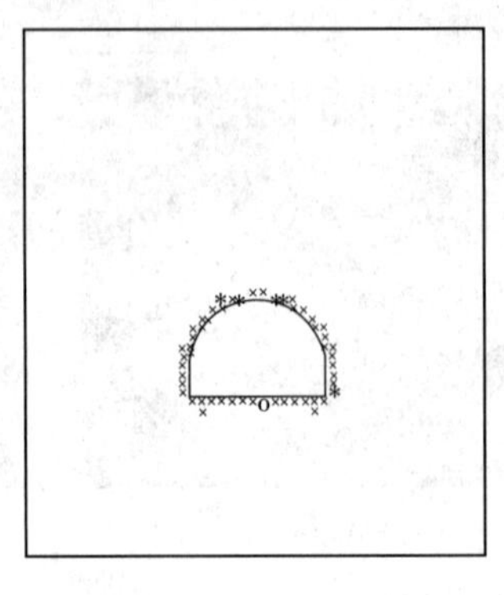

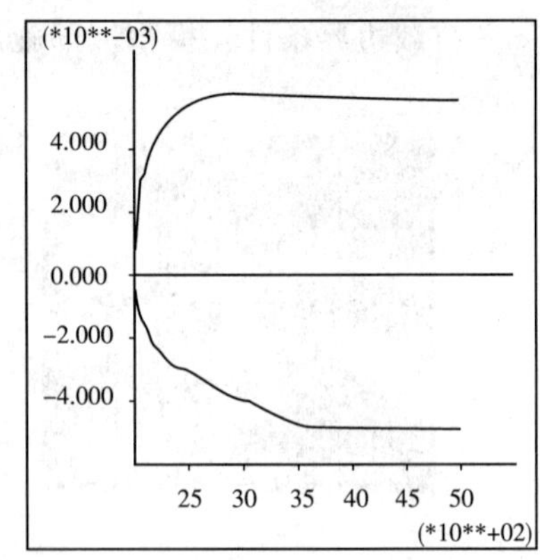

图 3　无断层时位移矢量和塑性区分布

图 4　无断层破碎带监测点位移图

2）有断层破碎带（倾角 30°）的数值计算及分析

有断层破碎带（倾角 30°）时位移矢量和塑性区分布如图 5 所示，监测点位移如图 6 所示。由图可知，沿断层破碎带方向向隧道内发生位移，数值为 81.23mm，拱顶监测点与仰拱监测点位移分别为 12mm 与 9mm。受断层作用，岩体破碎，质量差，易失稳，剥落面积、剥落深度大，隧道围岩也就沿断层方向出现不同程度的变形。

由塑性区图可知，破碎带发生严重的剪切破坏，在隧道拱顶与破碎带交接处出现拉伸破坏，其余部位的塑性区范围较小。

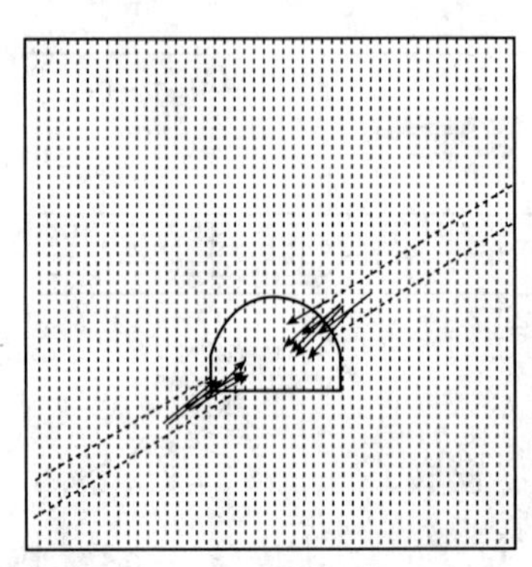

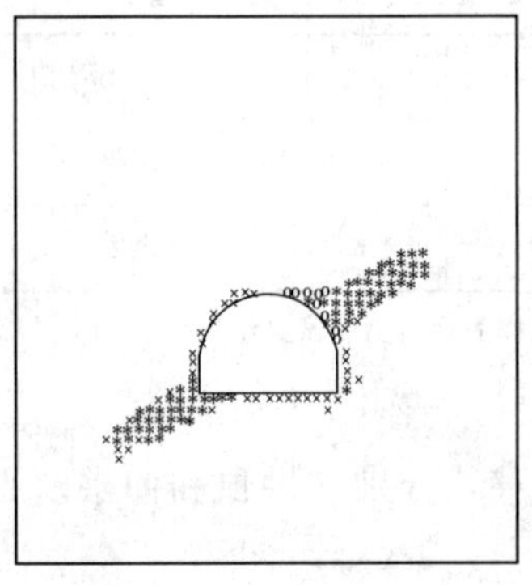

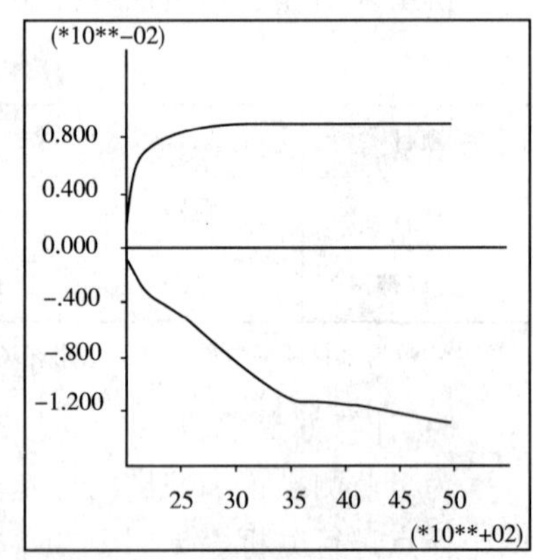

图 5　断层倾角 30°时位移矢量和塑性区分布

图 6　有断层破碎带监测点位移图

3）断层破碎带关键部位喷锚支护数值计算与分析

为分析遇断层破碎带隧道围岩有支护时与无支护时围岩的应力应变场以及塑性区的变化，通过数值模拟来分析喷锚网支护隧道关键部位后的效果。由于隧道围岩以花岗岩为主，属于硬岩，而断层破碎带属于软岩范畴，对隧道进行支护时采用对关键部位（断层破碎带与隧道交接处）进行重点加固的措施。

断层破碎带围岩关键部位支护时位移矢量和塑性区分布如图 7 所示，监测点位移如图 8 所示。

关键部位支护后的围岩位移与无支护时相比较看出，喷锚支护下的破碎围岩体移动量减小，由 81.23mm 减小到 24.89mm，加固关键部位以后监测点位移收敛速度快，拱顶样点监测位移为 8mm，仰拱样点监测位移为 6mm。表明采取关键部位支护以后，拱顶岩体在垂直方向的移动得到有效控制，边墙处水平位移也有所减小，整体围岩变形量减小，位移分布均匀，隧道稳定性良好。采用喷锚支护以后从根本上改善了围岩的受力环境，提高了围岩的强度和稳定性。

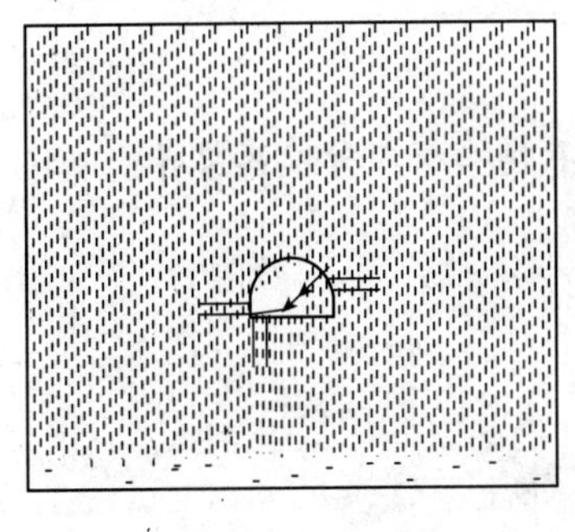
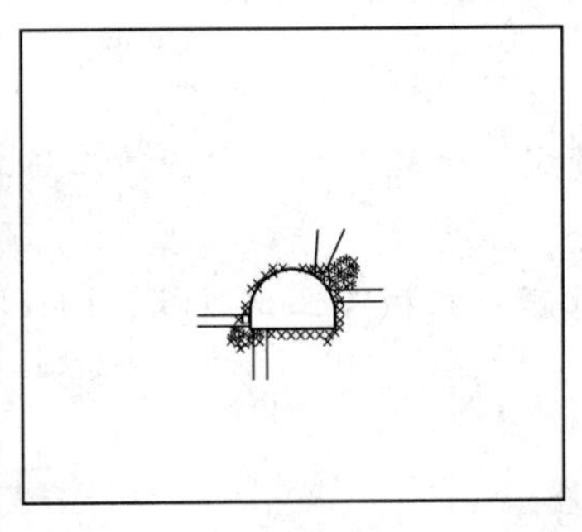

图 7　关键部位支护时位移矢量和塑性区分布

图 8　断层破碎带关键部位监测点位移图

关键部位支护后的围岩塑性区分布与无支护时相比较看出，采用喷锚支护后，断层破碎带内的塑性区扩散范围明显减小，拱腰部位拉应力基本消失，隧道边缘破碎带处仍出现一定深度范围的塑性破坏区，但基本上被屏蔽在锚固圈外围。总之，无支护时，围岩移动以向隧道内的收敛变形为主，有断层时就有较高的应力集中作用，也就有坍塌、底鼓发生。对关键部位进行及时有效的喷锚支护以后，岩体力学性质得到改变，锚固圈内呈现三向压应力状态，提高了岩体的强度，其受力状态、力学强度与稳定性得到改善和提高，隧道的收敛变形得到有效的控制。

4）小结

断层破碎带支护前后的模拟计算结果汇总在表 3 中，可看出关键部位有支护时，拉应力消失，应力分布更加均匀，围岩承载能力提高，塑性区范围明显减小，隧道围岩能保持稳定状态。

断层破碎带支护前后围岩数值模拟主要结果　　表 3

项　目	主应力（MPa）		最大位移（mm）	塑 性 区
	最大主应力	最小主应力		
无断层时	−27.7	−20.0	5.46	很小
30°断层无支护	−20.0	−12.5	81.23	整个破碎带，扩散范围大，在拱腰部位出现拉应力
30°断层有支护	−22.5	−10	24.89	扩散范围变小，拉应力消失

4　结束语

首先，通过对该铁路隧道的主要断层破碎带进行微观分析，掌握了破碎带的主要组成矿物成分，指出粘土矿物是隧道变形破坏的内在因素。

其次，对影响隧道的主要围岩进行了岩石物理力学特性试验，揭示了隧道围岩的抗拉强度、抗压强度、内摩擦角和内聚力等物理力学特性，并为数值模拟计算提供可靠的岩体力学计算参数。

最后，对隧道无断层、有断层以及支护以后的效果进行数值模拟计算，支护后的效果表明，对关键部位进行喷锚加固有效地抑制了围岩位移，保证了隧道的稳定性。

参考文献

[1] 张可城．大瑶山隧道F9断层带塌方试验分析．全国第三届工程地质大会论文选集［R］．1988.

[2] 高磊．矿山岩石力学［M］．北京：机械工业出版社，1985.

影响隧道地质超前预报准确的因素探讨

崔玉萍

（中交路桥技术有限公司）

摘 要 采用地震波超前预报技术长距离探测隧道前方的地质状况，地质雷达近距离探测岩溶发育状况，均是通过各种方法产生某种波，采集遇到不良地质构造后的反射波后，通过分析和处理以探测掌子面前方的不良地质构造。各类波的产生和反射波的采集是地质超前预报的基础，必将影响预报的准确度。通过在现场多次的地质超前预报总结出影响地质超前预报准确的因素和解决对策，以期在以后的预报中加以改进，克服这些因素产生的不良影响，提高隧道地质超前预报的准确度。

关键词 隧道 地质超前预报 影响因素 准确度

1 引言

由于隧道深埋于地下属于隐蔽性工程，工程地质条件和水文地质条件复杂多变。受工程地质勘察技术和水平的限制，使得勘察所获得的资料与隧道开挖后实际揭露出来的情况可能会有较大出入，以局部钻孔及物探等勘探手段要在施工前查明隧道工程岩体的状态、特性，特别是要准确地勘察出隧道施工中可能发生的地质灾害的位置、规模和性质是极其困难的。存在的工程地质灾害体，仅靠施工过程揭露后再进行处理，带有较大的盲目性，常常会发生各种突发事故，甚至造成人员伤亡，施工设备损害，工期延误，工程投资增加。因此隧道地质超前预报越发显示出其重要性[1~4]。目前岩溶地区隧道施工地质超前预报的理念是“综合参数、长短结合、内外兼顾、长期跟踪、灾害预案”。常采用的综合地质超前预报技术探测隧道掌子面前方不良地质体，即采用地震波超前预报技术探测隧道前方的地质状况，地质雷达近距离探测岩溶发育状况，红外探水法探测隧道前方的裂隙水情况。在综合法进行地质超前预报过程中均是通过各种方法产生某种波，采集遇到不良地质构造后的反射波后，通过分析和处理探测掌子面前方一定距离内的不良地质构造。无疑波的产生和回波的采集将是地质超前预报的基础，必将影响预报的准确度。目前文献对技术应用探讨的多，对影响预报准确因素探讨的少[2~6]。本文通过在现场的超前预报采集和分析处理，总结出影响地质超前预报准确的因素，以期在以后的预报中加以改进，克服这些因素产生的不良影响，提高隧道地质超前预报的准确度。

2 地震波反射技术预报

通常所采用的TSP203或TGP206仪器进行的地质超前预报均是采地震波反射技术，作为长距离预报的手段，通常预报长度为100～200m。

2.1 原理

图 1 地震波反射预报技术炮孔排列

隧道地震预报工作利用地震反射波原理，在隧道内以排列方式激发的地震波，如图 1 所示，向三维空间传播的过程中，遇到地层中的岩性变化界面、构造破碎带、岩溶和岩溶发育带等声阻抗界面（声阻抗数值是介质传播弹性波的速度与介质密度的乘积）会产生反射波，这种反射波有被布置在隧道洞壁内的检波器接收，输入到仪器中进行信号放大、数字采集和处理，实现预报的目的。

图 2a）示意与隧道斜交的构造面，其地震波传播的路径图，构造面上的地震波反射点在白色圆内。图 2b）示意不同夹角构造面的地震波路径与反射波记录形态，与隧道夹角不同的构造面其反射点位置不同，地震波传播路径偏离隧道轴线也不同。构造面与隧道正交时地震波传播路径与隧道轴线平行，图 2b）中右图为与隧道正交构造面产生的地震反射波记录，根据反射波同相轴计算得到界面与检波点之间岩体的地震波速度，该速度代表隧道围岩的性质。由非正交条件下地震反射波记录获得的速度为地震波传播路径岩体的“视速度”，“视速度”值的大小不仅与路径上岩体的性质有关，而且与界面和隧道的夹角有关。应用地震波预报构造面位置的计算是利用地震波在炮孔段的传播速度，各构造面之间岩体的速度是综合界面反射获得的“估算速度”，不是隧道围岩的真实速度，结合反射点偏离隧道轴线距离的远近和岩体的各向异性分布综合考虑使用。

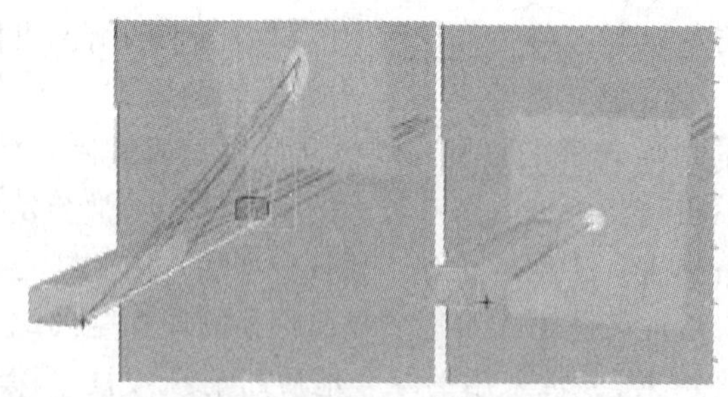
a) 地震波传播的路径图

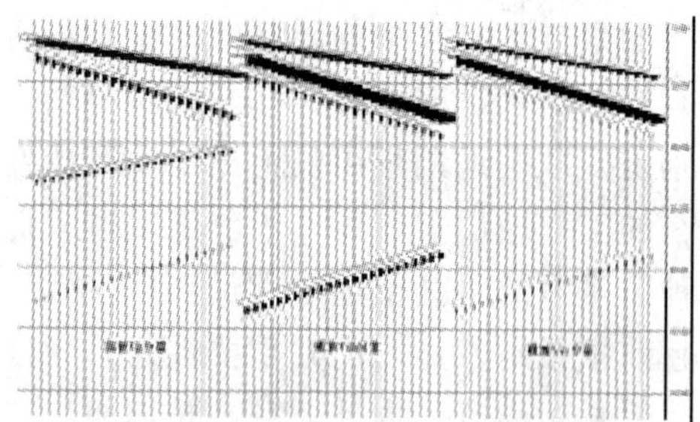
b) 不同夹角构造面的地震波路径与反射波记录形态

图 2 隧道地震波预报的原理图

由此可以看出，隧道地震波预报技术是通过直接探查声阻抗变化的界面，经过人工分析实现间接推断地质病害的方法，所以影响地震波激发、反射和接收的因素都制约着地震波反射技术预报的准确度；另一方面地震波采集以后的处理强烈地依赖分析人员的经验和知识背景，这也影响着预报的准确度。

2.2 影响地震波激发、反射和接收的因素

（1）钻孔质量

地震波超前预报要求在掌子面后方某一侧洞壁钻 18～24 个炮孔，并在孔内放小炮作为激发的地震波，这些炮孔要求间距和深度都是 2m，并略向下倾斜以方便在孔内注水，注水的目的一方面有利于放炮时产生横波，一方面减小放炮爆破时的声音。但实际情况是炮孔间距容易满足要求，但深度往往不够，一是由于隧道初支背后有回填的碎石，钻孔是能钻到 2m 的，但是拔钻杆后塌孔，有时是钻完孔后不吹孔，孔内还有很多渣石，这些均导致难以

塞入炸药，塞入炸药后炸药到洞壁的距离即孔的有效深度有时不足0.5m，放炮时产生的地震波在隧道的空腔内来回振荡产生干扰波；二是钻孔没有并略向下倾斜而是向上倾斜，无法注水，不能有效产生横波。施工队有时为了方便钻孔，钻完几个孔后不移动台车和风钻，导致洞壁上两孔间距与实际钻孔底部间距有较大出入，这时如以洞壁上两孔的距离作为孔间距输入，人为带来了误差，应估计孔底部间距作为间距输入。

另一个非常重要的、同样严重影响预报准确度是放置接收检波器的钻孔的质量，由于上述原因往往孔的深度不够，或者是钻完孔后不吹孔孔内有石渣，致使塞入检波器很困难，即使塞入了检波器，检波器定向不准，检波器与孔的内壁无法良好地耦合在一起，导致接收不能很好地接收反射回来的地震波。

（2）检波器的安装

检波器的安装也影响着采集地震波反射信号。以TGP206为例，检波器内采用了三分量传感器，即隧道的轴线方向（纵波P波）、垂直于隧道轴线的水平方面（横波Sh波）和垂直于隧道轴线的竖直方面（Sv波），分三个分量采集地震反射波主要是为了分析处理时能准确地预报掌子面前方的不良地质构造。虽然推入杆上定向器，但如果是安装时松动，或是由于耦合剂不能一次放入到位，检波器有可从卡槽内脱落，定向器也不管用了。所以安装时可先将耦合剂搓细一点后以便于放入孔底部，再将检波器卡稳后拉紧导线放入。最理想的状况是检波器的四周都是由耦合剂包裹着，所以在顺孔放入检波器快要接触到耦合剂时，将推入杆略向下压以便检测器能略向上抬一点，再压入到耦合剂内，这时检波器可与孔壁间都充满着耦合剂达到良好的耦合状态。

（3）现场采集时的环境

现场采集需要一个安静的环境，而实际上并没有将地质超前预报纳入施工组织，在进行地质超前预报时，同时进行其他作业，如果产生振动，比如掌子面钻孔，后面开挖下导、开挖中心排水沟等都将产生干扰，被检波器接收后，人为处理时就会误判该信号是来自于掌子面前方的反射波，从而影响预报准确度。

2.3 采集后的人为处理

采集到地震反射波后，尽管用同一个分析处理软件，但预报的结果也强烈地依赖分析人员的经验和知识背景，只有经验丰富、了解地质超前预报方法和技术的分析人员才能预报好一些。为提高预报水平，应找信号采集好的预报，详细记录开挖后的掌子面地质状况，再返回来处理该次预报，找到不良地质构造在地震波记录的形态，以便在下次预报是应用。

2.4 地震波反射技术预报本身

地震波反射技术预报方法本身对断层、破碎带一类的板状地质构造敏感，而对溶洞类的腔体构造不敏感。

地震波反射预报只有接收到反射波才能预报，对于掌子面前方的板状的断面、破碎带一类的地质构造可以探测到，但当板状的断面、破碎带与洞轴线大角度相交时才容易探测到，因为这样容易反射地震波，如果板状的断面、破碎带与洞轴线平行，则是很难探测到的，因为就几乎没有反射回来的地震波。

对于溶洞内的腔体构造由于腔体的内表面也是不规则的，反射回来的地震波是杂乱无章的，给采集以后的分析和处理带来很大的困难。同时反射波的产生与产生地震波的波长和腔体的规模是有关系的，对于小于一个波长尺寸的腔体，一个波就跨过去了，无法形成反射波。采用地震波反射击法对于探测溶洞类腔体不良构造还处于有或没有的层次，要探明溶洞类腔体规模和大小，具体方位需要借助于其他物探手段和地质分析方法。

3 地质雷达

通常将地质雷达扫描作为短距离地质超前预报的方法和手段。

3.1 原理

地质雷达通过发射天线，按照确定的方向，用1MHz～1GHz高频电磁波以脉冲的方式向地下或进深方向发射电磁波，在均匀介质中，电磁波以正常速度传播，当存在着不同物性的介质时，诸如岩石破碎带、富水区、溶洞等，电磁波便发生反射，返回到地面或探测点，由事先设置的接收器接受，达到探测的目的。

使用地质雷达超前预报探测时，以掌子面前方为探测目标，以拱顶为中心，以“一”字形或“十”字形布置2条雷达测线，若探测面较宽时，可以“井”字形布置4条雷达测线，或必要时加密雷达测线以提高探测结果的准确性，如图3所示。

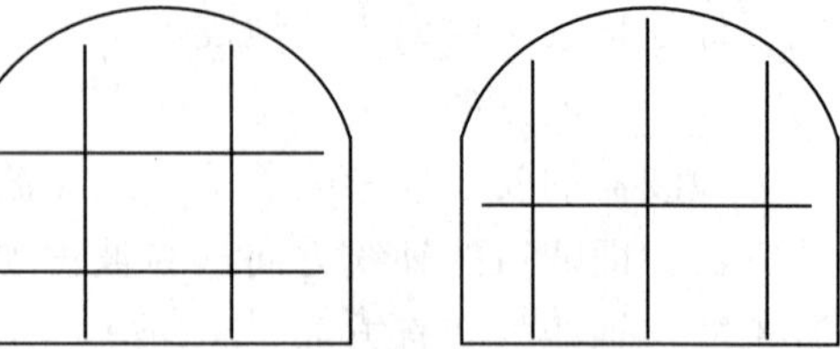

图3 地质雷达布线方式

3.2 地质雷达扫描掌子面时的困难

地质雷达对于空溶洞类或含水含泥溶腔类地质构造敏感。通常在掌子面布设扫描测线时，掌子面底部，人能够到的地方可以扫描，但对掌子面上部想要扫描就很困难了，在工程实际中一是搭一个架子，可以让人站在架子上进行扫描，但往往施工单位都不愿意去搭架子；二是用装载机将人托起到掌子面上部进行扫描。无论哪一种方法，架子和装载机的抓斗都将对天线产生的电磁波产生很大的干扰，影响着采集的信号。

另一个是掌子面的岩壁是凸凹不平的，在用天线扫描时很难贴着岩壁走，往往与岩壁间还一段距离，也影响着采集的信号。有时为了方便扫描，采用点测的方法，同样受掌子面岩壁凸凹不平和其后装载机的影响。

如果可能的话可将掌子面附近的洞壁支护后，再对掌子面要布测线的岩壁进行凿平处理，同时采用体积较小的挖掘机在抓斗的背面上焊栏杆以供人手持雷达天线进行连续扫描。

3.3 采集后的人为处理

采集到反射波后，尽管用同一个分析处理软件，但预报的结果也同样强烈地依赖分析人员的经验和知识背景，因为每个人解译地质雷达图像的认知能力不一样，同样只有经验丰富、精通各类地质构造产生的地质雷达图像的分析人员才能预报好一些。

4 结束语

(1) 目前地质超前预报重点放在了发展超前探测技术及开发探测仪器设备等方面，对基础地质分析重视不够，未能将多种探测技术方法和手段同基础地质分析有效地结合起来。

(2) 对于岩溶等复杂地区的地质超前预报，应该是以基础地质分析为主线，合理运用多种预测技术方法和手段进行综合分析预测，相互补充，相互映正。

(3) 应切实将地质超前预报工作切实纳入施工组织设计中去，给地质超前预报单位安排时间和空间，施工单位和预报单位相互配合，以便更好地开展预报工作。

参考文献

[1] 王梦恕．对岩溶地区隧道施工水文地质超前预报的意见［J］．铁道勘察：2004，5（1）：7-10.

[2] 肖书安，吴世林．复杂地质条件下的隧道地质超前探测技术［J］．工程地球物理学报：2004，1（2）：159-165.

[3] 李术才，李树忱，张庆松，等．岩溶裂隙水与不良地质情况超前预报研究［J］．岩石力学与工程学报，2007，26（2）：217-225.

[4] 刘志刚，赵勇．隧道隧洞施工地质技术［M］北京：中国铁道出版社，2001.

[5] Liao Yu-min. Geological disaster prediction and early warning and emergency command integrated control practice guidebook［M］. Harbin：Harbin Cartographic Publishing House，2003.

[6] 白明洲，许兆义，王连俊，等．复杂岩溶地区隧道施工突水地质灾害研究［J］．中国安全科学学报，2006，16（1）：115-119.

地铁浅埋暗挖隧道近距离下穿燃气管线施工技术研究

崔晓青　高西洋　尹鹏涛

（北京市市政工程研究院）

摘　要　浅埋暗挖法修建隧道邻近管道的安全保护是北京市当前地铁建设过程中急需解决的关键难题之一，对邻近管线的保护是一项需综合处理的全面工作。本文以北京市轨道交通大兴线工程土建施工06标合同段浅埋暗挖隧道下穿高压燃气管线为背景，详细论述了通过采取科学合理的施工方案并结合第三方监测反馈信息及时调整方案及施工参数，既保证隧道安全顺利建成，也保护了邻近管线的安全。其经验可为类似工程提供参考借鉴。

关键词　浅埋暗挖法　管线保护　地铁施工

在城市中，随着地铁建设脚步的加快，隧道邻近地下管线施工将不可避免的频繁出现，如何保证邻近管线的安全已成为工程施工的重点和难点。施工过程中对管线的保护不当经常会造成管线开裂破坏，甚至会造成地面塌陷、交通中断、人员伤亡等灾难性后果。近年来，因对施工隧道邻近管线保护不当等原因造成管线破坏、地面塌陷等工程事故频繁发生，产生了巨大的经济损失和严重的社会影响。因此，深入研究地铁隧道施工中对邻近管线的保护方法，保证其正常运行，是地铁工程的一项急需解决的重要课题。

1　工程背景

1.1　工程概况

北京市轨道交通大兴线工程土建施工06合同段工程为“一站一区间”，即韩园子站和义和庄站～韩园子站区间。

浅埋暗挖区间隧道在右线里程DK18＋301.000、左线里程DK18＋296.000位置下穿ϕ1000高压燃气管线，隧道顶距燃气管线底约4.5m，为一级环境风险工程。

现状高压燃气管为北京市南六环路天然气工程一期（罗奇营～马驹桥）工程的一部分。该天然气管位于南六环盛源桥北约30m，管线设计压力为4.0MPa，管道材质为X70钢材，壁厚14.3mm，外径1016mm，接口采用焊接。过新源大街段（也就是本风险工程所在位置）燃气管采用明开槽直埋施工，该段天然气管埋深约6m。该工程于2007年完工，目前尚未投入使用，见图1，图2。

1.2　工程地质、水文地质概况

1.2.1　工程地质概况

根据岩土工程勘察报告，本区间段地层为第四系全新世沉积层，依上至下分别为杂填土①2层、素填土①1层、粉土②层、细砂②2层、粉细砂③2层、粉质粘土③层、粉土③1层、粉细砂④1层。

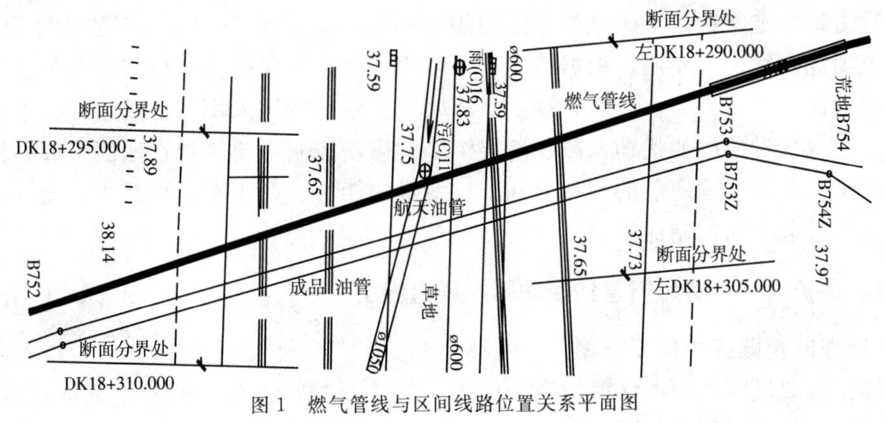

图 1 燃气管线与区间线路位置关系平面图

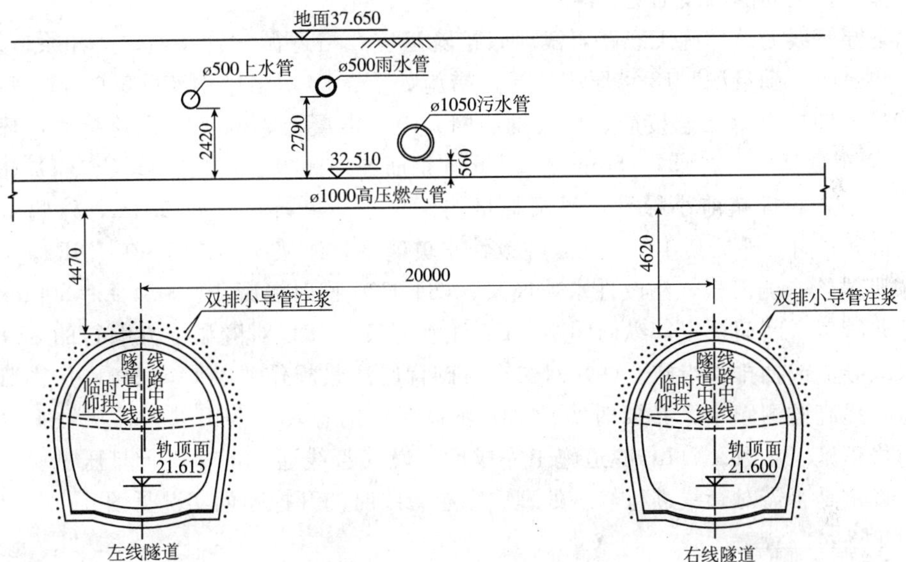

图 2 燃气管线与区间线路位置关系横断面图

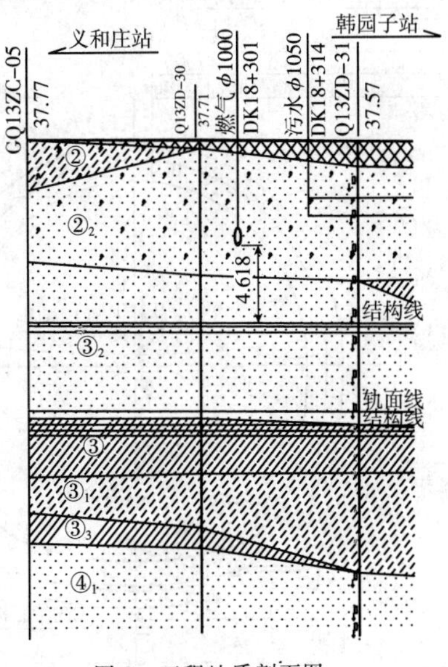

图 3 工程地质剖面图

隧道主体结构穿过的地层主要为粉细砂③2 层，仰拱局部位于粉质粘土③层或圆砾③4 层，见图 3。

1.2.2 水文地质概况

在本区间底层，地下水主要为上层滞水和层间潜水。上层滞水无稳定水位；层间潜水在本场地均有分布，水位标高为 15.56～18.69m，含水层主要为圆砾④层、粉细砂④1 层及其以下砂、圆砾石层。由于层间潜水受大气降水影响较大，水位有一定变化，变化幅度一般为 2～3m。

本段区间隧道在稳定地下水位以上。

2 下穿工程分析

燃气管线材质为 X70 钢材，外径 1016mm，壁厚 14.3mm，自重较大；管线采用明开槽直埋施工，管体直接与土体接触，管下方土体为管体的直接承重面。燃气管所处地层为粉细砂层，土质疏松，承重能力差；与新建隧道结构净距仅 4.5m。

地铁隧道暗挖施工扰动了燃气管周围地层，在地层运动作用下，燃气管发生沉降变形，若变形超限则危及其正常使用。根据既往工程经验，燃气管保护技术措施可分为主动控制保护和被动控制保护两个方面。主动控制是浅埋暗挖法修建隧道采用严格的施工技术措施及安全措施，尽量减少对地层的扰动，减少地层沉降；被动控制主要是指在地面采取多种措施和手段以提高燃气管及周围地层的承载力和抵抗变形的能力。基于本工程具体情况，保证燃气管安全着重于采取主动控制保护。

3　主动控制保护——下穿燃气管线浅埋暗挖隧道施工

3.1　浅埋暗挖隧道内施工方案

下穿燃气管线风险工程段区间隧道采用正台阶法开挖，为有效的控制沉降及结构变形，设置临时仰拱。区间隧洞断面见图 4。

根据下穿管线的总体施工思路，浅埋暗挖隧道应严格遵循“管超前、严注浆、短进尺、强支护、快封闭、勤量测”18 字原则。具体措施如下：(1) 格栅钢架@500mm，每榀设置 I_{18}临时仰拱，仰拱设单层连接筋、单层钢筋网并喷射混凝土。(2) 纵向连接筋，环向间距 1m，内外侧布置。(3) $\phi6.5$，150mm×150mm 钢筋网外侧单层，拱墙布设。(4) 超前支护采用 $L=3\text{m}\phi42$ 双排超前小导管，每两榀格栅钢架插管一环，环距 0.3m，外侧布设范围 180°，内侧全断面，外插角 10°～30°，注改性水玻璃浆，注浆压力 0.3～0.5MPa。(5) $L=3\text{m}\phi42$ 锁脚锚管一侧两根，注改性水玻璃浆。(6) C20 喷射混凝土。(7) $L=800\text{mm}\phi42$ 初支背后注浆管每个断面 7 根，纵向间距 3m。注水泥浆。(8) 对隧洞上方顺行的 $\phi1050$ 污水管提前采取导流或抽排水措施。(9) 对二次衬砌背后注浆施作要及时，(10) 加密监测断面及监测点，提高监测频率，必要时实行 24h 不间断时时监测，随时获得监测数据，及时反馈，及时修正施工参数。(11) 隧道施工完成后，燃气管线通气前，进行打压试验，根据试验结果，确定是否需对管线进行修复处理。穿越管线时的开挖断面实况见图 5。

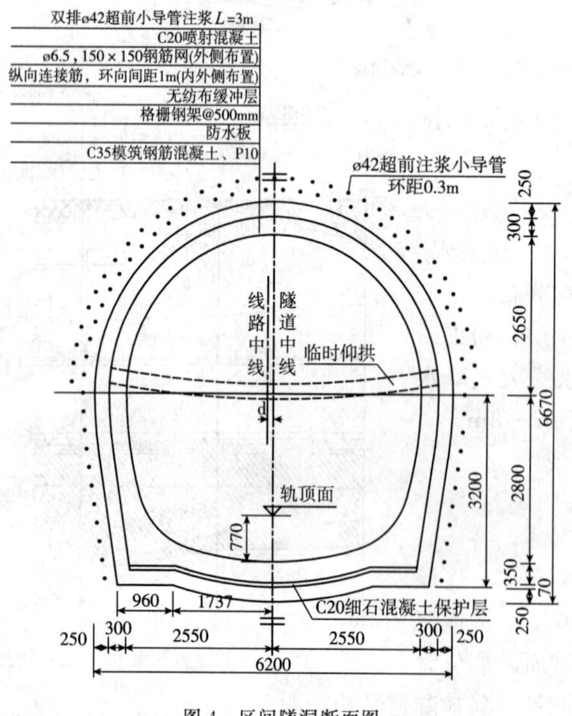

图 4　区间隧洞断面图

图 5　穿越时开挖断面

3.2 下穿高压燃气管线浅埋暗挖隧道加强措施

为进一步保证施工安全，确保风险工程施工万无一失，采取了如下加强措施如下：(1) 超前注浆由每两榀打管注浆一次变为每榀打管注浆一次，管长由 3m 减小为 2m，打管角度、布设范围、布设间距、打设根数不变，注浆浆液由改性水玻璃变为 HSC 超细水泥，遇水时，浆液为 HSC＋XPM 浆液。(2) 弧形 I_{18} 钢临时仰拱变为 I_{20a} 钢直仰拱，架设单层连接筋、钢筋网，喷射混凝土。(3) 锁脚锚管增加为一侧 4 根，长度不变，注 HSC 超细水泥浆，遇水地段注 HSC＋XPM 浆液。(4) 风险段拱部开挖初支后打设 3 根垂直初支面补偿注浆管，注浆管为 ϕ42 钢焊管，长度为 5m，纵向间距 2m，注浆浆液为 HSC 超细水泥浆，作为应急储备补偿注浆示意图见图 6。(5) 下穿高压燃气管线风险段布设抱箍式监测点时，同法在管线周边挖孔打管注浆，挖孔深度控制在管线底面附近，注水泥浆，加固管体下方土层。

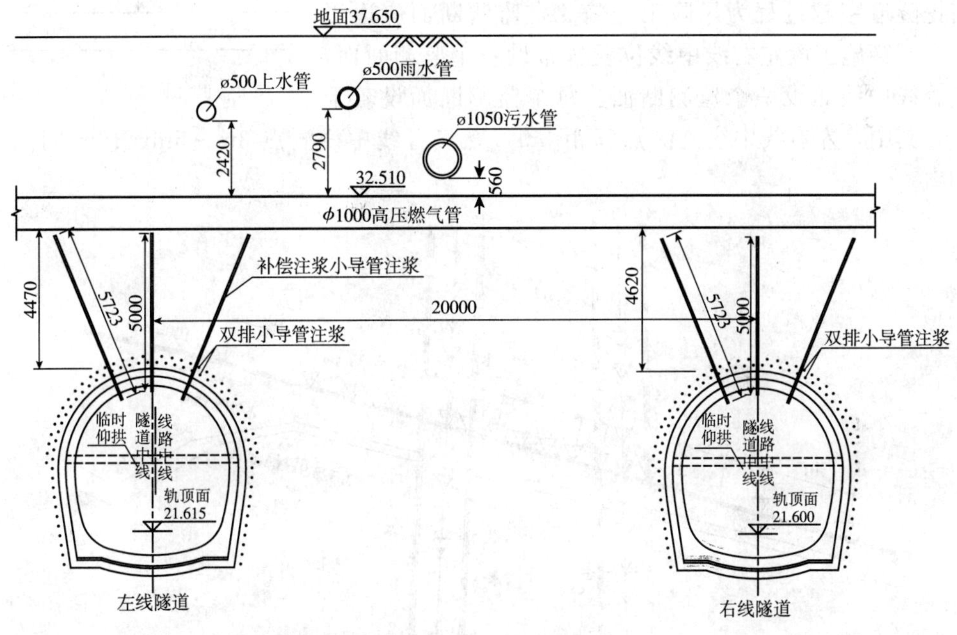

图 6 补偿注浆示意图

3.3 浅埋暗挖隧道施工工艺

隧道下穿高压燃气管线开挖初支施工横纵断面及工艺流程见图 7～图 9。

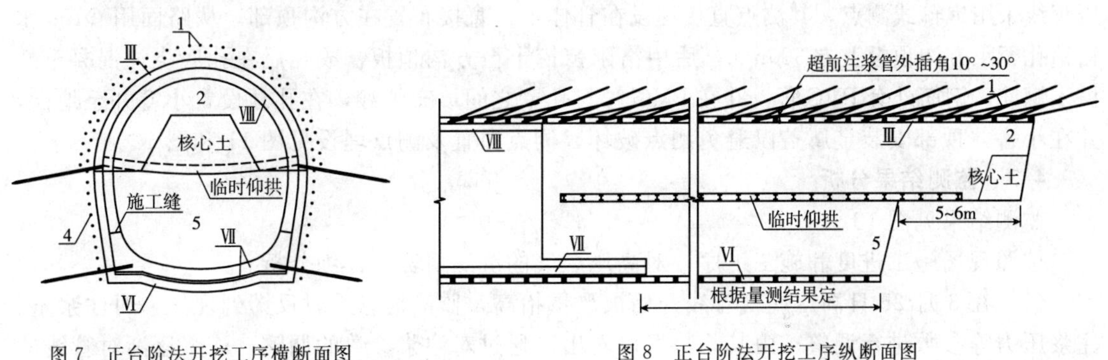

图 7 正台阶法开挖工序横断面图

图 8 正台阶法开挖工序纵断面图

4 燃气管线监控量测

隧道开挖过程中，地层中的应力扰动必然对周围土层产生影响，为及时掌握地层及燃气管沉降情况，防止在施工过程中因土体开挖扰动而产生管线破损等不利情况，在下穿高压燃气管线段施工时需对管线及其上方地表进行监测，实现信息化施工。

4.1 沉降控制值

高压燃气管线沉降控制值 15mm，基础差异沉降控制值 3mm/m，沉降速率控制值 1mm/d；地表沉降允许控制值 30mm，控制速率 3mm/d。

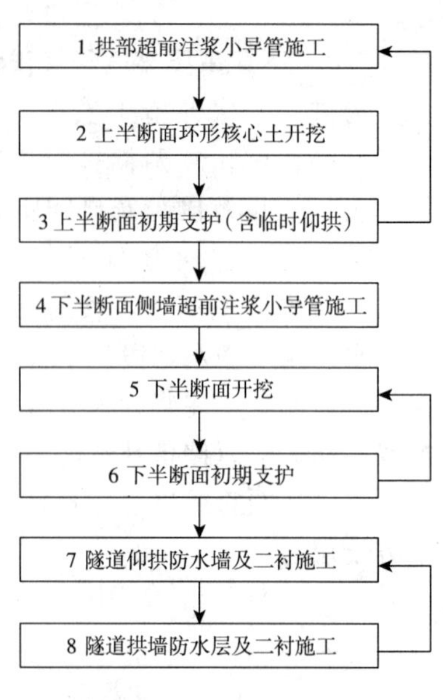

图 9 正台阶法开挖工序流程图

4.2 监测布点及监测实施

暗挖隧道穿越过程为风险工程施工，监测断面应适当加密，在下穿施工段左右线中线位置各布设一个监测断面，沿燃气管线中线布设一个监测断面。每个监测断面设若干个基点，其中，左右线中线监测点间距 3m，燃气管线中线测点 3m、5m、10m 间隔布设，见图 10。

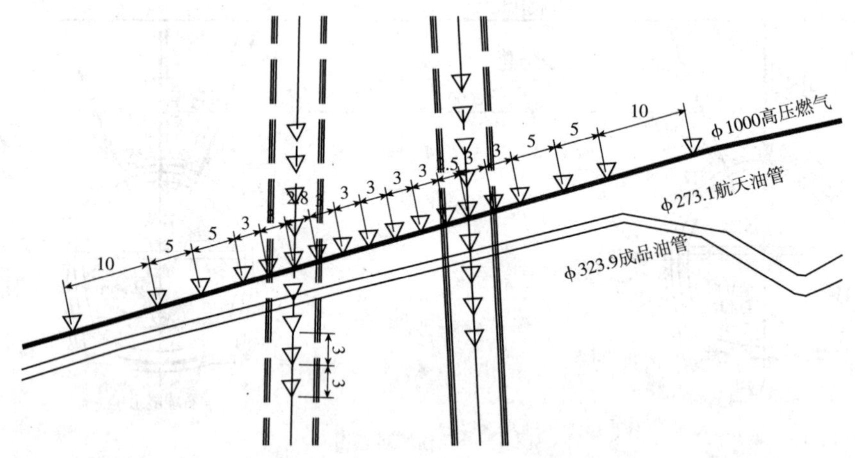

图 10 地表沉降监测点布设平面图

沿管线方向每 5m 布置一沉降测点，管线接头处、变形敏感部位增设测点。燃气管线为有压管线采用抱箍式测点，其测点直接埋设在管体上，直接布置在方沟顶部。从路面用 Φ108 水钻钻孔至距方沟顶板上方 300mm，后用洛阳铲挖土至方沟顶板，成孔后在孔底浇注混凝土并植入钢筋，钢筋外套 PVC 管，并在 PVC 管与孔壁之间填充细沙，在孔顶设置小窨井至地面，并在小窨井顶部安装金属盖以避免测点破坏。测点布置及测点埋设见图 11 和图 12。

4.3 监测结果分析

监测结果见图 13。

按照现场施工进度和施工工序，对高压燃气的沉降情况作详细分析。

(1) 在 3 月 25 日高压燃气管线开始被严重抬高，监测信息及时反馈到现场，对注浆量、注浆压力等参数进行调整。由其趋势可以看出，通过对注浆参数的调整，注浆逐渐对管线的影响减小，表明注浆参数经过调整后基本合理。

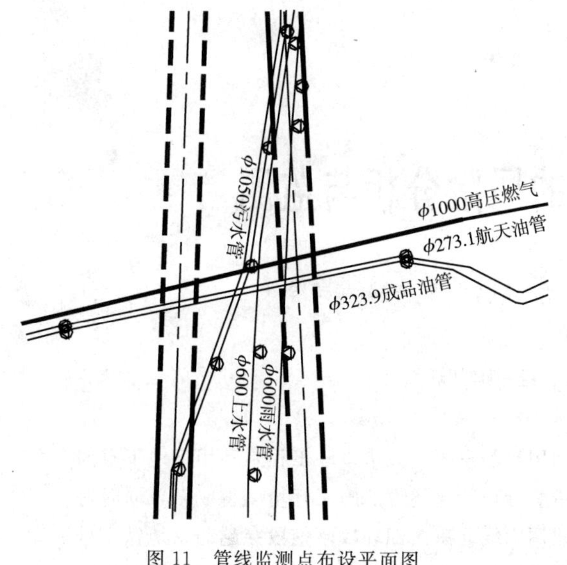

图 11　管线监测点布设平面图

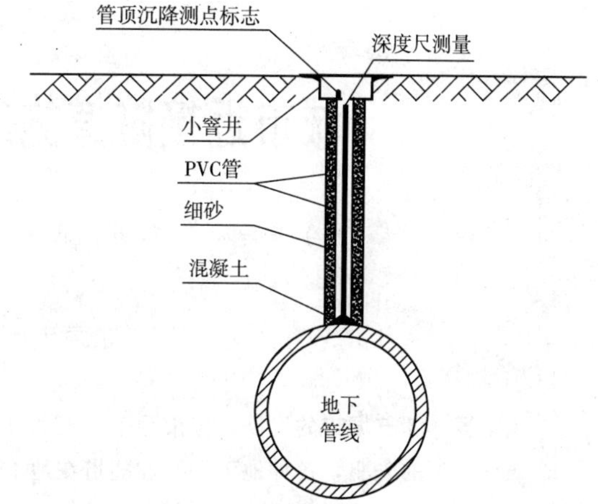

图 12　燃气管线沉降测点埋设示意图

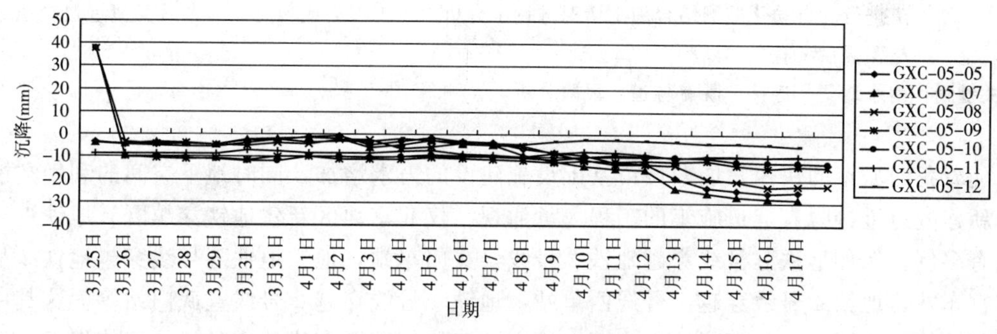

图 13　高压燃气管线累计沉降

(2) 上层台阶开挖过程中，架设临时仰拱、加强了超前注浆，在此阶段对土体的扰动较小，管线的累计沉降值控制在 6～10mm 以内。

(3) 下层台阶开挖过程中，由于是对土体的二次扰动，沉降在短时间内有了比较快的发展，加强了拱顶及边墙背后回填注浆、拱顶及边墙径向跟踪注浆等措施，以期有效控制高压燃气管线沉降，确保管线安全。

(4) 通过多项措施的实施，管线沉降得到了有效地控制。

5　结束语

目前下穿高压燃气区间隧道施工已全部完成，管线的沉降已经趋于稳定，充分表明此次下穿高压燃气管线工程是成功的，其施工经验对于类似工程具有借鉴作用。

城市近接隧道施工的风险分析与监测

李东海　丁振明　崔晓青　牛晓凯　郑知斌　李冬冬

（北京市市政工程研究院）

摘　要　随着城市的发展，城市地下空间的开发利用日趋重要。城市市政工程是利用下地下空间的先驱，各种地下管线和隧道在地下交错叠合，新建隧道的施工环境变得复杂，同时对既有隧道的影响不可避免。本文以南水北调中线北京西四环段暗挖段穿越北京地铁1号线五棵松车站为工程实例，对城市近接隧道施工的风险进行了分析，同时对既有地铁隧道进行的自动化监测结合施工情况进行了分析。该工程的成功完成为今后类似近接隧道施工提供了有益的经验。

关键词　南水北调　近接　既有隧道　风险分析　监测

随着我国城市的快速发展，城市基础设施建设的需求增加，同时地下空间的利用空前发展，新建隧道近接既有隧道施工的工程大量涌现。仅北京地区新建地铁穿越既有地铁近接施工就有多例。例如地铁五号线穿越地铁2号线崇文门车站，地铁地铁五号线穿越地铁2号线雍和宫车站，地铁4号线穿越1号线西单站，地铁4号线穿越2号线宣武门站等。这其中包括了新建线下穿既有线，新建线上穿既有线和新建线侧穿既有线等多种近接施工情况。同时也获得了丰富的实践经验和研究成果。但关于输水隧道与地铁隧道近接施工的情况并不多，其中的施工风险和运营风险具有不同的特点。本文结合南水北调工程实例将输水隧道与既有地铁隧道近接施工的风险进行分析，同时对既有地铁隧道的监测数据进行分析与总结，以期为类似工程提供参考。

1　工程概况及水文地区概况

1.1　工程概况

南水北调双线暗涵在西四环段暗涵穿越北京地铁1号线五棵松段，且西四环中心线为南水北调总干渠中心线。左右暗涵中心间距为8.2m，且毛洞开挖的顶部距离车站底部仅为3.667m。暗涵穿越北京地铁1号线五棵松站段，采用暗挖法施工，暗涵断面尺寸为5.2m×5.2m。

既有的五棵松车站主体全长174.98m，宽19.5m，底板高程为46.767m，为三跨框架结构，设6个变形缝，将车站结构分为7个区段，每段大约25m长，各自相互独立。该站自1966年9月开工至1967年7月竣工。车站按照3级人防设计，顶板上方设有防爆层。北京地铁五棵松站与南水北调引水暗涵的相互关系见图1、图2。

1.2　工程及水文地质概况

本工程所处地层为第四纪全新统冲洪积物。地层土质概况为：表层为1.10～1.80m厚的人工堆积层，即碎石填土①层，轻亚粘土填土①1 层；以下为第四纪沉积的卵石、圆砾②层，细、粉砂②1 层，轻亚粘土、中亚粘土②2，粉砂、轻亚砂土②3 层及粉、细砂②4 层；于标高 48.39～50.94m 以下为卵石③层，粉砂、轻亚砂土③1 层及轻亚粘土③2 层；标高 40.02～41.34m 以下为卵石、漂石④层，局部砂砾④1 层及细砂④2 层。

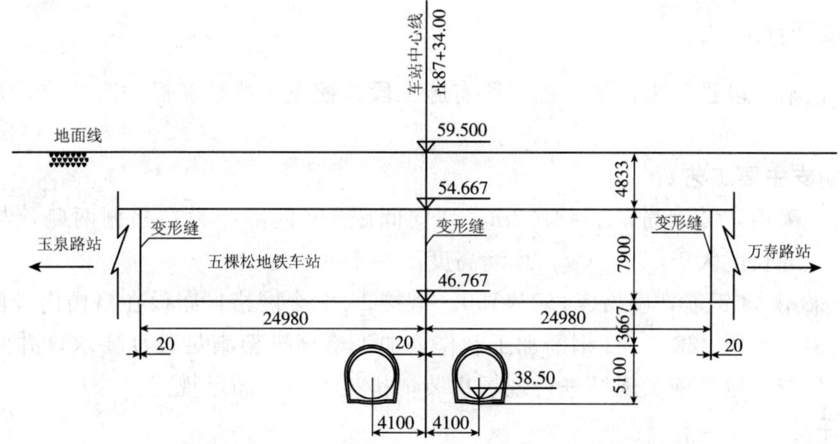

图 1　北京地铁五棵松站与南水北调暗涵剖面关系图

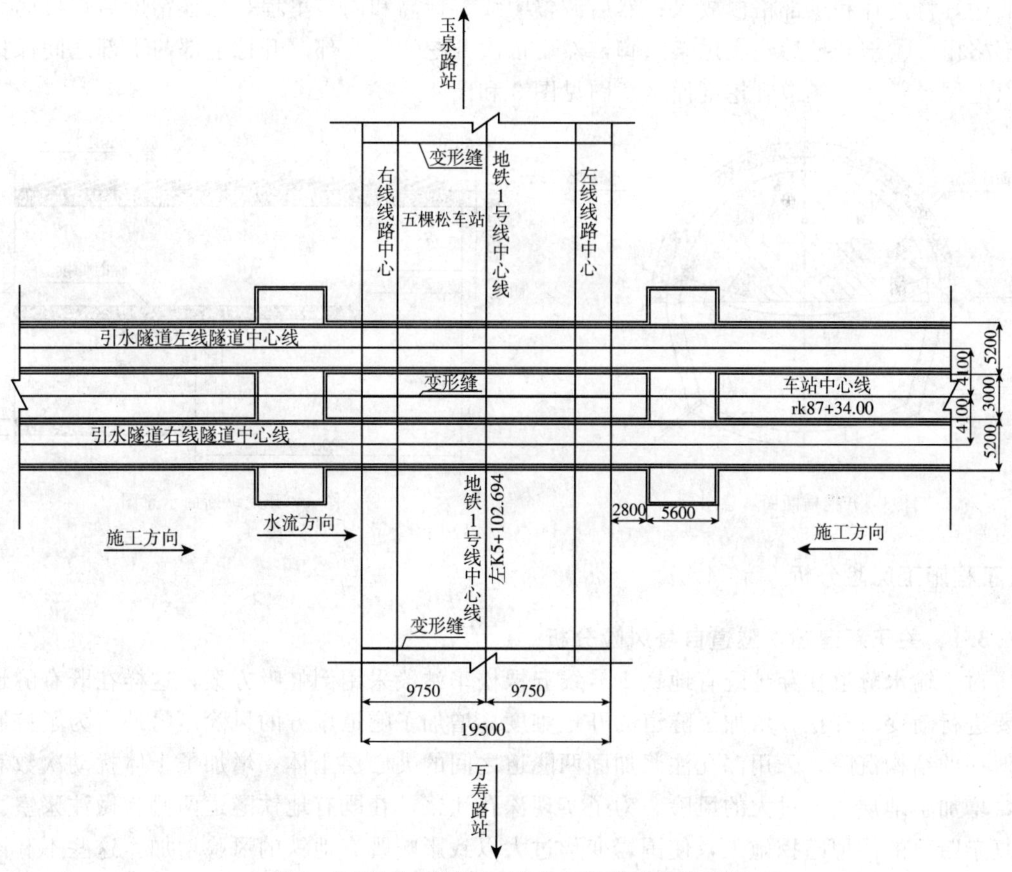

图 2　北京地铁五棵松站与南水北调暗涵平面关系图

根据地质纵剖面图，输水隧洞主要穿越卵石③层及卵石、漂石④层，其中卵石③粒径最大为 190mm，一般为 90～140mm，亚圆形，级配好，亚砂土夹层，含砂量 15%～30%；卵石、漂石④层粒径大为 200mm，一般为 140～160mm，亚圆形，级配好，细砂、卵石混亚粘土夹层，含砂量 15%～30%。

潜水水位标高为 38.69～41.09m（埋深 18.30～21.10m），地下水位基本位于隧洞穿越位置以下。

2 输水隧道的开挖

暗涵开挖渐变段进尺为每米 3 榀。所有施工段开挖施工严禁多榀一次开挖，开挖过程中保留核心土。

2.1 初支主要工艺

连接筋：采用 $\phi22$ 钢筋，$L=0.72$m，环向间距 1m 间隔布设在格栅两侧，与格栅焊接牢固。搭接焊缝长度大于等于 $10d$，焊缝高度不小于 8mm。

网片：采用 $\phi8$ 钢筋，网格@150×150，搭接 1～2 个网格，布设在格栅内外两侧。

格栅拱架：采用 $\phi22$、$\phi12$ 钢筋加工制作，加工格栅拱架满足设计要求，并结合施工现场条件适当分节。运至施工现场进行现场拼装，拼装误差应满足规范要求。

2.2 开挖

首先破除封闭掌子面的混凝土，根据测量放线的断面轮廓在拱部接连①处开挖出 30cm 宽的槽，将网片和拱部格栅放入；然后调整中线、标高和同步里程，保证精度后焊接筋固定拱部格栅。①部开挖后垫实拱架拱脚，然后依次开挖②、③部。开挖上部与下部之间保持一倍以上洞径距离。隧道开挖剖面示意图见图 3 和图 4。

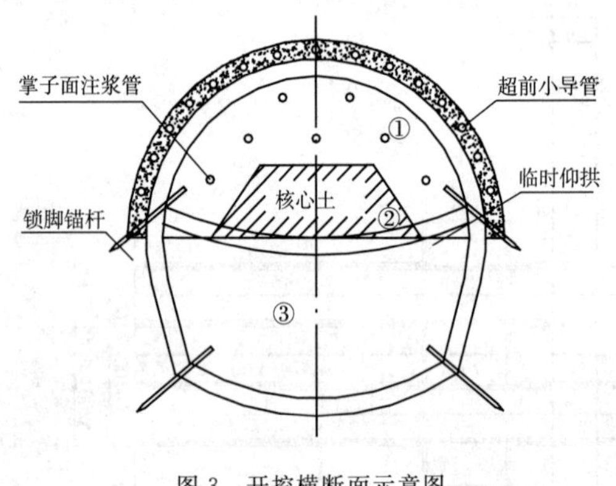

图 3 开挖横断面示意图

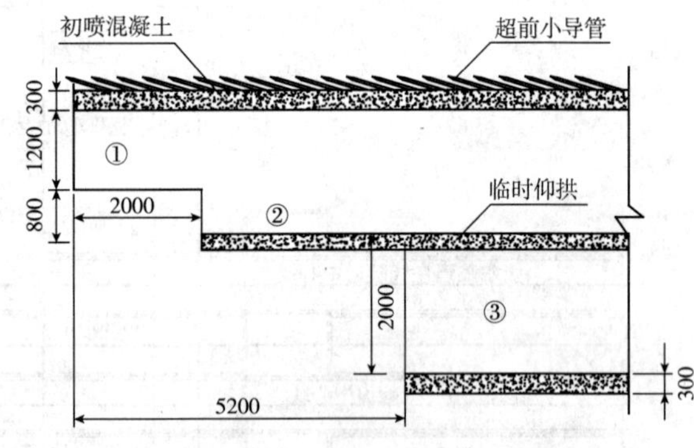

图 4 开挖纵断面示意图

3 工程施工风险分析

3.1 关于新建输水隧道自身风险分析

对于输水隧道在穿越既有地铁 1 号线五棵松车站段采用倒虹吸方案，这样在既有隧道两侧要进行渐变段开挖，增加了隧道的开挖难度，增加了隧道塌方的风险。另外，为了控制既有地铁的结构沉降，采用深孔注浆加固两隧道之间的夹心层土体，增加了土体扰动次数和时间，增加了地层变形过大的风险。为了实现深孔注浆，在既有地铁隧道两侧施做注浆室。这是复杂断面的浅埋暗挖施工，使围岩变形过大以致影响既有地铁的风险增加。这些不利因素直接控制了新建隧道的施工安全。

3.2 关于既有地铁隧道风险分析

地铁 1 号线五棵松车站已修建多年，已经完成了固结沉降，周围的土体处于应力平衡状态。但由于新建输水隧道的开挖打破了平衡，使得既有隧道结构产生变形。既有隧道结构可能发生沉降、侧移、扭转等变形，当变形过大时可能出现结构裂缝，影响结构的耐久性。另外可能造成防水层的破坏影响隧道的使用。更为重要的是，如果结构变形过大，改变了轨道的形位，影响地铁的行车安全，将会造成巨大的灾难。因此，既有隧道的风险必须控制在可承受范围内。

4 工程施工风险控制措施

考虑到以上风险的分析，对新建输水隧道的施工采取了特殊的施工辅助措施来控制风险的产生。在穿越既有线段加强了施工管理控制，严格按照“管超前、严注浆、短开挖、强支护、早封闭、勤量测”的十八字方针进行，在施工工序上坚持“开挖一段，支护一段，封闭一段”的基本工艺。同时采用掌子面注浆、小导管注浆、大管棚加固、深孔注浆、初衬背后注浆等一系列加固控制措施。在施工过程中对输水隧道进行了施工监测，对既有地铁隧道进行了远程自动化监测。通过大量积极有效的措施，确保了南水北调输水隧道的施工安全，同时也确保了既有地铁隧道结构安全和运营安全。

5 既有隧道远程监测

5.1 监测设计

监控量测是监视围岩稳定及判断设计与施工方法是否正确的重要手段，亦是保证安全施工、提高经济效益的重要条件，它必须贯穿施工的全过程。采用自动化远程监测技术，24小时监控既有结构及运营轨道的变化，确保地铁营运的安全。

地铁车站的监测内容有：地铁结构的沉降变形，变形缝开合度，结构裂缝宽度、深度、长度的发展，轨道几何形位检查等。监测目的是根据监测结果掌握地层稳定性规律，及时了解既有隧道衬砌力学行为的变化情况，预见事故和险情，为及时调整和修正支护参数及施工方法提供科学依据。

5.2 测点布置

自动化监测范围为隧道开挖影响的82m左右，且监测重点在下穿中心两侧8m范围进行，并在每条变形缝两侧的排水沟中心各设一个测点，具体布设如图5所示。隧道结构沉降及差异沉降监测点共计18个（其中包括2个静力水准基点）。

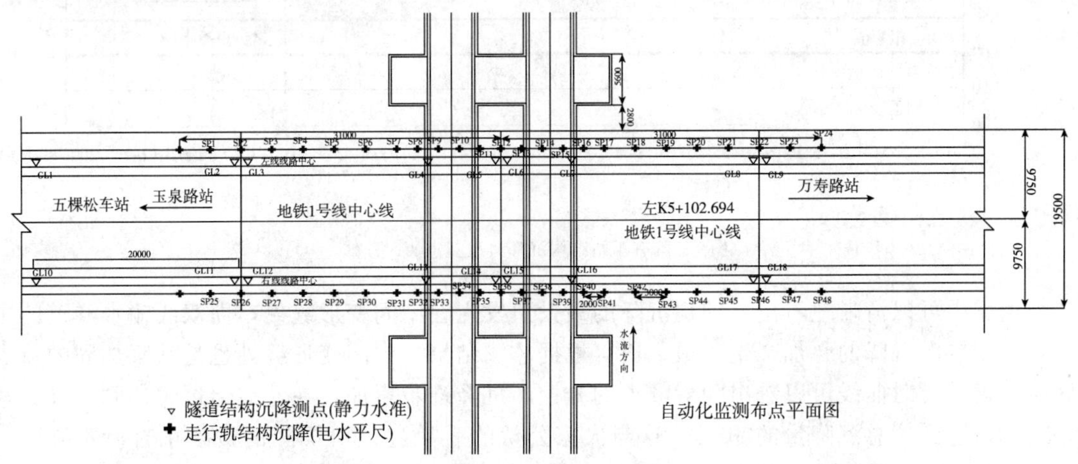

图5 远程自动化监测布点平面图

5.3 监测数据分析

监测结果表明：在双线引水隧道下穿既有地铁施工过程中，上覆既有车站结构的影响范围约为 $4D$ 左右（$D=5.2\text{m}$），即距两隧道各自的中心轴线 $4D$ 的距离为影响范围，既有车站结构总的影响范围为 $8D$ 左右。所以第三方监测设计的监测范围，满足对其进行实时监测的需要，能够有效地对施工进行信息反馈。

既有地铁车站结构沉降最终值为 3.87mm，仅超过预警值 0.37mm，双线引水隧道顺利下穿既有结构，并且对既有结构的影响满足安全控制条件。既有车站结构沉降曲线见图 6 和图 7。

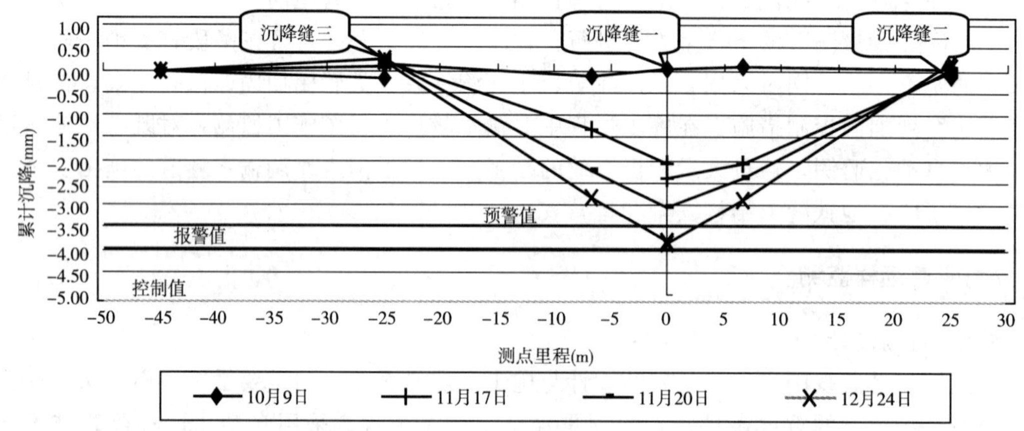

图 6 既有车站结构沉降典型测点沉降槽曲线

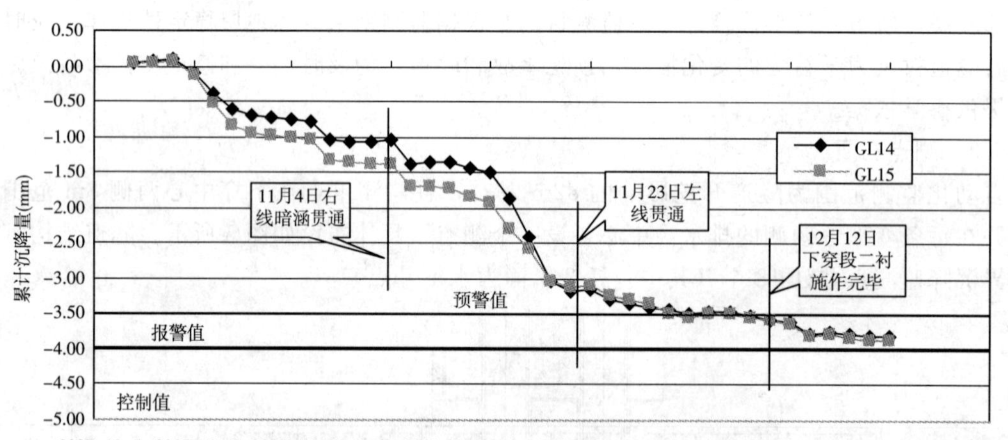

图 7 既有车站结构沉降典型测点历时曲线

由图中可以清晰地看出，结构沉降的最大值发生在中间变形缝处，即双线输水隧道的中心，由于二次沉降的叠加产生了最大值。根据监测结果，中间变形缝处也是补浆加固的重点区域。通过历时曲线可以看出随着隧道的开挖，沉降逐步累加，在左线通过时达到了最大速率，同时达到了总沉降量的 90%，这与大家公认的后挖隧道对沉降的贡献小有所不同。最终在二衬完成后结构沉降基本稳定在 3.87mm，满足既有隧道结构变形的控制要求。

6 结论

（1）城市近接施工使得施工环境复杂，通常的施工技术已难以满足安全施工的要求。对这种复杂环境下的近接施工必须进行风险的分析评估，确定施工方案的可行性。

（2）施工中应严格遵循浅埋暗挖法施工的“管超前、严注浆、短开挖、强支护、早封闭、勤量测”的十八字方针。应加强预加固措施，如掌子面注浆、超前小导管注浆、径向注浆、密排钢格栅、初衬背后回填注浆以及管棚施工等措施能有效减少沉降量，减少对既有车站变形的影响。

（3）严格按信息化施工原则进行施工管理，对既有的地铁车站的变形进行自动化远程监测，进行有效的信息反馈。若既有结构变形达到控制标准值的70％发出预警，当达到80％时采取必要措施改进施工方案，避免位移继续发展。做到施工与监测及既有隧道的远程监测紧密结合，相辅相成。

（4）通过加固措施和远程监测的实施，使得城市隧道近接施工的风险大幅度降低。在类似的近接施工中，严密的施工管理和全面的加固措施及高精度的远程监测成为必不可少的方法和手段。

参考文献

[1] 李东海，刘军，刘继尧，等．盾构隧道施工引起的地表沉降因素分析［J］．市政技术，2008，26（2）：131-132.

[2] 童利红，徐祯祥．地下工程近距离穿越地铁既有线施工技术综述［J］．市政技术，2008，26（2）：117-120.

[3] 崔玖江．隧道与地下工程修建技术［M］，北京，科学出版社，2005.

[4] 孔恒，王梦恕，谭忠盛，等．城市地铁隧道工作面开挖的地层变位规律［J］．现代隧道技术，2004，（增刊）：52-56.

[5] 骆建军，张顶立，王梦恕，张成平．地铁施工沉降监测分析与控制［J］．隧道建设，2006，26（1）：10-13.

[6] 刘招伟，赵运臣．城市地下工程施工监测与信息反馈技术［M］．北京：科学出版社，2006.

[7] 丁春林，王春河．双线隧道暗挖施工技术及其数值模拟分析［J］．地下空间，2002，22（4）：285-289.

巷道工程全耦合支护设计理论与应用研究

余伟健[1]　高　谦[2]

（1. 湖南科技大学　2. 北京科技大学）

摘　要　针对巷道工程稳定性问题，基于岩石工程系统（RES）理论，提出了全耦合分析法及优化设计思想。首先简要地叙述了全耦合分析过程的思想及流程，并在收集的27个样本的基础上，应用神经网络编码法建立了地下巷道工程的综合交互作用矩阵，并分析了主要因素影响和作用机理。然后，根据本巷道工程系统的稳定性能分析结果，提出了稳定性评价参数，给出了稳定状态范围。最后针对沙曲煤矿顺槽进行了优化支护设计举例，结果表明本文提出的全耦合分析法对稳定性分析及支护设计方法有一定的实用价值。

关键词　巷道工程　全耦合　支护设计　岩石工程系统　稳定性

1　前言

巷道工程稳定性问题一直以来是采矿工程中的热点和难点问题，随着采矿深度增加，地压增大，不良地层的巷道支护问题日益突出，在支护前及支护后对巷道的稳定性评价显得至关重要，但是影响巷道稳定性的因素具有不确定性、复杂性、模糊性，因此很难找到一种合适的方法来合理地评价巷道稳定性。目前采用的评价方式主要依靠专家系统评价法、数值模拟法和模糊数学分析法[1]等，这些方式已经应用广泛并解决了许多的问题，但都显示出“声誉高、信誉低”。由于影响和控制着岩石工程状态参数复杂多变，它们相互制约相互依赖，共同决定着工程的稳定状态，因此从现场实测数据出发，应用岩石工程系统（RES）理论来分析并评价巷道稳定性是一个新的有效途径。但是在国内应用RES理论来分析巷道稳定性目前尚不多见。本文针对地下巷道工程稳定性问题，提出基于RES理论的全耦合分析法，综合考虑影响巷道稳定性的复杂性，利用现场实测数据，在岩石工程系统（RES）理论及方法基础上，采用神经网络编码法得出综合相互作用矩阵，找出主要影响因素及作用机理，并最终给出稳定性评价参数进行支护设计。

2　巷道工程的全耦合设计理论与方法

2.1　岩石工程系统

全耦合巷道支护设计思想是建立在岩石工程系统RES（Rock Engineering System）理论基础之上。岩石工程系统最先由英国Hudson教授1992年所提出的基于综合考虑岩石工程中各种影响因素的理论[2]，其基本思想是把岩石工程看作完整系统，所有岩石力学和施工因素中相关的物理变量对（或二元的）机理，都不是固定搭配的和孤立存在的，而是同时存在、并行作用和连续发生的动态过程。因此，全耦合设计主要思想是在整个分析及设计过程中，考虑每个影响巷道稳定性的所有系统变量、所有影响作用机理以及所有的机理反馈，针对系统功能及状态进行评价，最后找出主要影响巷道性因素，并在此基础上进行支护设计。

2.2 基本方法及其作用矩阵编码方法

地下巷道工程是一个系统工程，其作用机理是同时存在、共同作用和连续发生的。在复杂的因素中，为寻求主要影响因素和关键作用路径[2]，首先根据系统的物理性质、工程目标和分析目标，应用 RES“自上面下”分解的概念，确定系统变量和系统运行总体响应，从而找出对系统的主要影响因素和关键路径，最后进行优化决策，如图 1 所示。

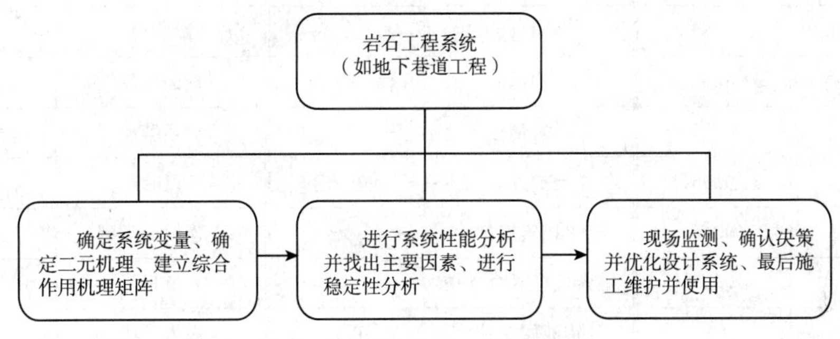

图 1　巷道工程全耦合设计流程图

在 RES 方法中，分析所有可能性的最基本方法是借助于作用机理矩阵进行主要因素和路径分析，构造岩石工程系统的全部状态变量的交互作用矩阵是关键。目前在 RES 中对相互作用矩阵采用的编码方法主要有[3]~[5]：二值表示法；半定量的专家经验法 ESQ；参数斜率关系表示法；偏微分方程解表示法；数值分析表示法；基于图论和线性假定的复合相互作用的 FCM 方法。以上方法有的过于简单，有的要依靠专家经验知识，而且大多参数间的精确关系很难测量，不太适合工程实际，虽然 FCM 方法考虑较全面，但其主要局限于线性假定的前提下。由此，Hudson 教授提出的神经网络编码方式很好地解决了问题，我国杨英杰、张清首先提出了基于人工神经网络的岩石工程相互作用矩阵的相对作用强度 RSE 和综合作用强度 GRSE（具体方法及公式可查文献［4］），目前这种编码方式已经得到了广泛应用。这种神经网络产生的作用矩阵基于工程现场的实际测试数据，摆脱了传统的数学力学模型及专家经验经验知识，通过机器自己学习，可以实时跟踪岩石工程现场的实际变化情况的非线性动态分析，因此神经编码方法考虑更加全面。

3 综合交互作用矩阵的建立

3.1 系统状态的确定及其归一化

地下巷道稳定性问题的存在主要由于各种复杂因素的影响，包括工程地质因素、工程环境、时间及人为开挖及支护等的影响。根据对几个矿区的调查发现，诱发巷道失稳的主要因素及其对应的变量为：原岩强度（X_1）、岩体结构（X_2）、开采深度（X_3）、岩体质量指标 RQD（X_4）、巷道尺寸效应（主要是高跨比）（X_5）、巷道断面形式（X_6）、支护方式（X_7）、支护时间（X_8）、地下水情况（X_9）、采动影响（X_{10}）、不连续面连续性（X_{11}）和不连续面的类型（X_{12}）。由于计算的目的，将以上影响因素归一化处理转换成数值计算的内部值，见表 1 所示。根据巷道工程的影响因素，本文收集了 27 个样本，见表 2。

各因素的归一化内部参数值 表 1

影响因素	归一化参数	影响因素	归一化参数	影响因素	归一化参数
原岩强度	[0，1]	0%～25%	0	中等流量	0.5
强	1	高跨比	[0，1]	大流量	1
中	0.5	>0.1	1	采动影响	[0，1]
弱	0	<0.1	0	不影响	0
岩体结构	[0，1]	巷道断面形式	[0，1]	中等影响	0.5
整体	1	半圆拱形	1	影响大	1
一组节理	0.9	梯形	0.5	节理的连续性	[0，1]
两组节理	0.78	矩形	0	连续	1
三组节理	0.66	支护方式	[0，1]	不连续	0
随机分布节理	0.45	全锚索支护	1	不连续面类型	[0，1]
破碎	0.25	锚索锚杆联合支护	0.75	节理	1
散体	0	锚喷网支护	0.5	嵌入矿床	0.65
开采深度	[0，1]	喷射混凝土	0.25	劈裂或片状	0
浅	0	格栅、木垛支护	0.12		
中等	0.5	不支护	0	稳定性	[0，1]
深	1	支护时间	[0，1]	稳定	1
RQD值	[0，1]	长	1	中等稳定	0.5
90%～100%	1	中等	0.5	不稳定	0
75%～90%	0.75	短	0		
50%～75%	0.5	地下水情况	[0，1]		
25%～50%	0.25	无或流量很小	0		

3.2 各因素对系统的作用矩阵的建立

采用神经网络 BP 算法，由于所获取的样本有限，本文采用循环训练方法，在本文中的 27 个样本中，随机留下 5 个样本作为检测样本，其余作为训练样本。由于主要是进行稳定性评价，因此，所建立的网络模型具有 12 个输入节点（见表 2 中的 X_1～X_{12}）和 1 个输出节点（即这表 2 中的稳定状态）。此网络采用三层结构，隐含层节点数在学习当中进行多次动态调整后增加到 13 个时，学习步数 225 时，误差已达到 10^{-5}，说明此网络性能是良好的。用余下的 5 个样本进行检验，误差不超过 20%，即只有一个样本误差比较大，其他四个检测样本误差很小。因此，此网络可以很好地达到预测目的。由所建立的网络可得出综合因素相关作用如图 2 所示。

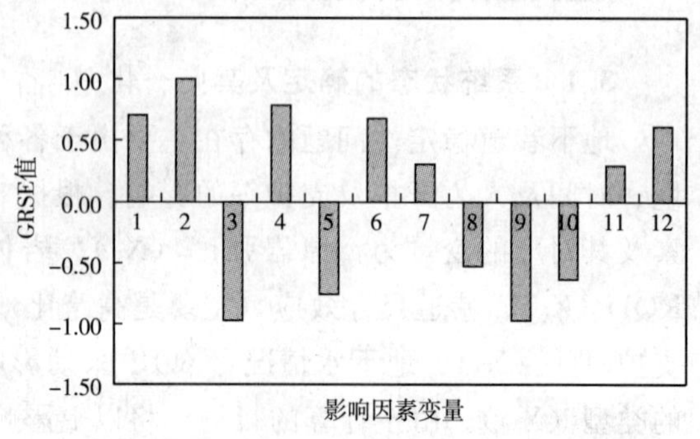

图 2 各因素对系统的综合作用

影响因素变量分析样本 表2

因素 / 序列	X_1	X_2	X_3	X_4	X_5	X_6	X_7	X_8	X_9	X_{10}	X_{11}	X_{12}	稳定状态
1	0	0.78	1	0	1	0.5	0.25	0.5	0.5	1	0	0.65	0
2	1	0.78	1	1	1	1	0.75	1	0.5	0	1	1	1
3	1	0.9	0.5	0.5	0	0.5	0.5	0.5	0.5	1	0	1	1
4	1	0.78	0.5	0.5	0	0.5	0.5	0.5	0	1	0	1	0.5
5	0	0.78	0	0.25	0	0	0.25	1	0	1	1	0	0.5
6	0	0.66	0.5	0.25	1	0	0.75	0.5	0.5	0.5	1	0	0
7	0	0.66	0.5	0	1	0	0.75	0	1	0	1	0	0
8	1	0.9	0.5	0.75	0	1	0.75	0	0	0	1	0.65	1
9	0	0	1	0	0.5	1	0.75	1	0.5	0	1	0	0
10	1	0.25	1	0.5	1	1	0.5	1	0	0	0	0.65	0.5
11	1	0.78	0	0.5	0	0.5	0.5	0	0.5	0	1	1	1
12	1	0.9	0.5	0.9	0	0.5	0.5	0	0.5	0.5	1	1	1
13	0.5	0.45	1	0.75	1	0.5	0.25	0.5	0.5	0	1	1	0.5
14	0.5	0.66	1	0.5	1	0.5	0.5	0.5	0	0	1	0.65	0.5
15	0	0.9	1	0.5	1	0.5	0.5	1	0.5	0.5	1	0.65	0
16	1	0.45	1	0.75	0	0.5	0.5	1	0.5	0	1	1	0.5
17	1	0.9	1	0.5	0	0.5	0.5	1	0	1	0	1	0.5
18	0.5	0.9	1	0.25	1	0.5	0.25	1	0.5	1	1	0	0
19	1	0.66	1	0.5	0	0.5	0.75	0	0	1	0	1	1
20	0.5	0.66	1	0.5	0	0.5	0.5	0	0.5	1	1	0	0.5
21	0	0	0	0	0	0.5	0.5	0.5	0.5	1	0	1	0
22	0	0	0.5	0.25	0	0.5	0.5	1	1	0	1	1	0
23	0	0.25	0	0.75	1	1	0.25	0.75	0	0	1	1	1
24	0	0.25	0.5	0.25	1	0.5	0.25	1	0	1	1	1	0
25	0	0.25	1	0.25	1	0.5	0.25	1	0	1	1	1	0
26	1	0.66	1	0.5	0	0.5	0.25	1	0	0	0	1	1
27	0	0.9	0	0	1	0.5	0.75	0	0	0	1	1	1

从图2中的GRSE值可以看出，在本巷道工程系统中，岩体结构、开采深度和地下水情况绝对值最大，说明这三个因素对巷道的稳定影响最大。岩体结构的GRSE值为正值，说明岩体结构参数值最大，越对巷道稳定性有利；而开采深度和地下水情况的GRSE值为负值，则表明参数值越大，越对巷道工程稳定不利，在设计尽量避开。另原岩强度、RQD、巷道断面形式和不连续面的类型也对巷道的稳定起着有利的作用，而巷道尺寸效应、支护结构和采动影响则相反。因此，作为矿井服务年限长的主要巷道，如运输大巷、通风大巷道等应选择在岩体强度高、结构好、避开地下水流和采动影响的围岩中，断面形式一般采用半圆拱形，支护方式和时间要合理，这样才能保证整个巷道工程安全稳定。

3.3 各因素的综合交互作用矩阵的确定

因为采矿不像其他的岩石工程一样，设计的地点不能有太大的选择，一般依靠矿产的赋存，因此为了分析在某一或某些具体条件下的工程系统，必须确定各因素的综合相互作用矩阵，从而找出最优或关键影响作用机理。在此同样也采用以上网络训练方法，但此时的网络输入、输出节点都是 12 个。网络训练好之后所产生的各因素的综合相互作用矩阵如表 3。

综合交互作用矩阵 表 3

输出变量 / 输入变量	X_1	X_2	X_3	X_4	X_5	X_6	X_7	X_8	X_9	X_{10}	X_{11}	X_{12}
X_1	1.00	−0.10	0.10	0.09	−0.07	0.02	−0.11	0.15	0.15	0.06	0.07	−0.06
X_2	0.01	1.00	0.14	0.07	−0.10	0.03	−0.16	0.21	0.21	0.08	0.09	−0.09
X_3	0.00	−0.01	1.00	0.01	−0.01	0.00	−0.02	0.02	0.02	0.01	0.01	−0.01
X_4	0.00	0.11	−0.11	1.00	0.08	−0.02	0.12	−0.17	−0.17	−0.06	−0.07	0.07
X_5	−0.01	0.15	−0.15	−0.13	1.00	−0.03	0.17	−0.23	−0.22	−0.09	−0.10	0.09
X_6	0.00	0.10	−0.10	−0.09	0.07	1.00	0.11	−0.15	−0.14	−0.06	−0.06	0.06
X_7	0.00	0.19	−0.04	−0.04	0.03	−0.01	1.00	−0.06	−0.06	−0.02	−0.03	0.03
X_8	0.00	−0.01	0.00	0.00	0.00	0.00	−0.01	1.00	0.01	0.00	0.00	0.00
X_9	0.00	−0.09	0.09	0.08	−0.07	0.02	−0.10	0.13	1.00	0.05	0.06	−0.05
X_{10}	0.01	−0.14	0.14	0.12	−0.10	0.03	−0.15	0.21	0.20	1.00	0.09	−0.08
X_{11}	0.00	−0.04	0.04	0.04	−0.03	0.01	−0.05	0.06	0.06	0.02	1.00	−0.02
X_{12}	0.00	−0.09	0.08	0.08	−0.06	0.02	−0.10	0.13	0.13	0.05	0.06	1.00

4 支护巷道稳定性评价参数

GRSE 矩阵相当于 Jiao 提出的总的交互矩阵 GIM，因此，也可以认为 GRSE 不仅是系统中所有关系解，而且它也能提供系统的状态解（输出值），即

$$k_i = p_i \cdot \mathrm{GRSE} \tag{1}$$

式中：k_i——第 i 个样本系统输出值；

p_i——第 i 个样本输入值。

为了分析巷道的稳定性，进行以上样本的统计分析，求出各个样本的输出值，并对稳定、中稳定以及不稳定状态进行统计归纳，求出各状态的 k_i 值，如表 4。

各样本的系统状态值 表 4

样本	稳定性	对应 k_i 值	样本	稳定性	对应 k_i 值	样本	稳定性	对应 k_i 值
1	0	−1.53	10	0.5	0.30	19	1	1.33
2	1	1.32	11	1	2.79	20	0.5	0.10
3	1	1.23	12	1	2.42	21	0	−0.29
4	0.5	1.60	13	0.5	0.22	22	0	−0.41
5	0.5	0.17	14	0.5	0.58	23	1	1.33
6	0	−0.95	15	0	−0.61	24	0	−0.66
7	0	−1.05	16	0.5	1.14	25	0	−1.15
8	1	3.30	17	0.5	0.96	26	1	1.27
9	0	−1.19	18	0	−1.24	27	1	1.61

根据表 4 得出各稳定状态输出值如下：

不稳定时：$k_i=-0.78$；中等稳定时：$k_i=0.63$；稳定时：$k_i=1.84$；系统的稳定性能：0.51。因此，本系统的性能为中等。在此，为了巷道工程的安全性，经过统计分析，可以用以下修正范围作为判断其稳定性：

稳定状态：$k_i>1.84$；中等稳定状态：$1.84>k_i>0.51$；不稳定状态：$0.51>k_i>-0.78$；极不稳定状态：$k_i<-0.78$。

假设有某一巷道工程的状态值已经确定，设为 p，那么这个工程的状态值对系统的影响作用 k 可以用 $p\cdot$GRSE 来表示，如果这一待评价的巷道工程影响值 k 小于系统的性能 0.51，那么该工程处于危险的不稳定状态，需要进行优化设计和进一步加固；如果 k 大于 0.51，则该巷道工程处于中等稳定或稳定状态，如属中等稳定，根据实际使用要求进行进一步优化设计，确保生产安全。

5 巷道支护设计实例

应用本系统模型对沙曲焦煤煤矿 14105 工作面顺槽进行了开挖巷道稳定性评价，并在此基础之上进行锚固支护优化设计。现在主要开采的是为 4 号煤，距地面高度为 450m，顶板为较破碎的灰岩，断面主要为高 3m，跨度为 4m 矩形巷道，地下水属小流，相隔 350m 处有一综采面，归一化后其内部值如表 5。

优化前及优化后的内部值 表 5

参　数	X_1	X_2	X_3	X_4	X_5	X_6	X_7	X_8	X_9	X_{10}	X_{11}	X_{12}
优化前内部值	0.5	0.25	1	0.25	1	1	0.25	0.5	0	0.5	1	1
优化后内部值	0.5	1	1	0.25	1	1	0.75	0.5	0	0.5	1	1

将原开挖巷道进行稳定性评价，求得出 $k=0.13$，因此可以断定本系统处于不稳定状态。分析其原因，从整个巷道工程来考虑，巷道围岩全为破碎结构，原来只用喷射混凝土，由于没有理论指导和经验不足，即使进行了锚杆支护，锚杆锚固端并没有打入顶板老顶，致使锚杆只形成拱的作用，起不到悬吊作用，因而只能起到局部加固作用，不能很有效地改善围岩的力学作用，致使顶板整体下沉严重。因此，需进行二次优化设计支护。

因为本巷道工程受其自然地质条件及生产条件的限制，并不允许有更多的选择，致使煤矿巷道的稳定性优化一般只能考虑支护情况。因此，在本例将系统地遵循支护优化设计原则，进行几个优化方案拟选，由于本文只说明全耦合方法的实用性，具体支护参数在此不作介绍。进行优化设计后，考虑选用锚杆和锚索联合支护（具体参数在此不作探讨），其作用系统如图 3 所示。根据松动圈理论及离层仪测量数据得出，采用锚杆及锚索联合支护时，首先由锚杆形成一个组合拱，会抑制一部分裂隙的进一步发展，并在松动圈内形成一定结构的承载体，而锚索的作用是起到传递和悬吊的作用，对顶板进行深部锚固，将锚杆支护形成的组合拱承载结构传递至于坚硬顶板中。这样形成了一种很安全的力传递系统，沿巷道走向产生了对顶板的连续支撑点，产生较大预紧力从而减缓了顶板的下沉，因此，围岩性质都极大地提高了，首先岩体结构由原来破碎结构转化成整体结构，继而整个岩体承载强度都提高了。也可以从表 3 中的综合相互作用矩阵得知支护方式（X_7）对系统其他变量的影响程度情况，如折线图 4 可知：支护方式除自身的作用外，对围岩结构影响最大（影响因子为 0.19)，即这种联合支护方式能提高岩体的整体结构。据以上分析，优化后的岩体内总值如表 5 所示。

支护巷道工程系统 k 值为 1.03，由前文可知巷道处于中等稳定状态。经现场两个多月的监测，顶板相对下沉量小于 0.2～0.5mm/d，这完全能满足矿井生产服务要求，不需要再次优化。

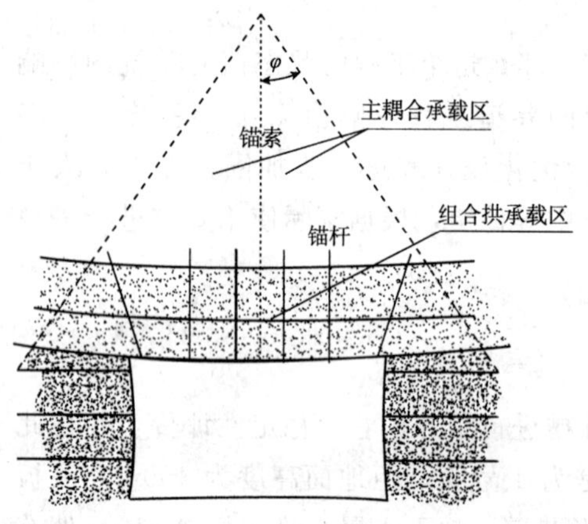

图 3　锚索和锚杆联合支护形成的承载系统

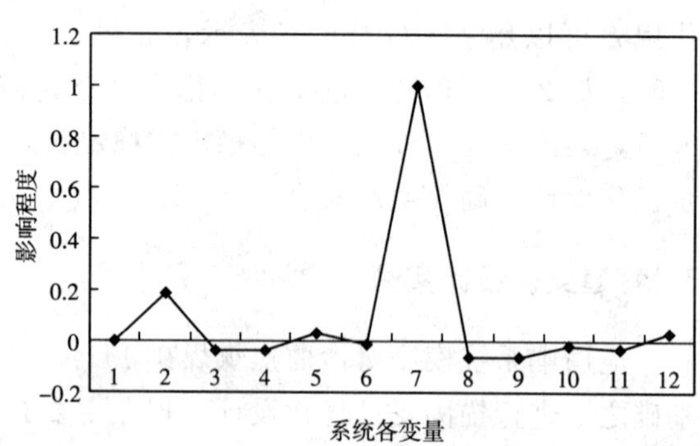

图 4　支护方式（X_7）对系统各变量的综合作用

6　结论

基于岩石工程系统的全耦合方法比较全面地考虑到了影响巷道稳定性的复杂地综合因素，能比较客观地评价实际的巷道工程非线性交互影响作用。从建立的综合影响矩阵可以分析出各因素对系统的影响程度，以及系统对各因素的影响程度；通过系统状态方程可以判断整个巷道工程系统的稳定性能，提出的稳定性评价参数为支护提供可靠的依据。因此，基于 RES 系统方法的全耦合分析法在巷道安全性评价中具有现实指导意义。

参考文献

[1] 杨英杰，张清．神经网络在岩石工程参数分析中的应用研究［D］．北京：北方交通大学，1996：40～60.

[2] 陈清作，方祖烈，高谦，刘淑云．地下矿山岩石工程设计机理路径分析方法［J］．金属矿山，2000（3)：9～11.

[3] J. A. Hudson. Rock Engineering Systems：Theory and Practice. Horwood. Chicester，1992.

[4] 杨英杰，张清．岩石工程相互作用矩阵的神经网络编码方法［J］．土木工程学报，1998，31（2)：23～28.

[5] 杨英杰，张清．人工神经网络在岩石工程系统 RES 中的应用［J］．铁道学报 1997，19（2)：4～6.

阳泉三矿 K8103 工作面回风巷破坏的原因与防治

刘福军

（山西阳泉煤业（集团）有限责任公司）

摘　要　分析了 K8103 工作面回风巷底鼓及两帮移近量大的原因，提出了防治巷道底鼓和两帮移近的方法。

关键词　巷道　底鼓　原因　对策

1　前言

锚杆、锚索支护技术在缩放面巷道的推广应用，使综放工作面生产能力得到了充分发挥。但是，相邻采空区一侧的高应力区巷道支护仍存在着支护强度不够，巷道两帮和底板变形大，影响安全生产的问题。

2　K8103 工作面概况

2.1　巷道位置

K8103 工作面位于三矿立井扩区，开采 15 号煤层，为综采放顶工艺开采。K8103 工作面回风巷与 K8101 工作面采空区之间留设 12m 的煤柱，另一侧相距 30m，有一条瓦斯尾巷，如图 1 所示。

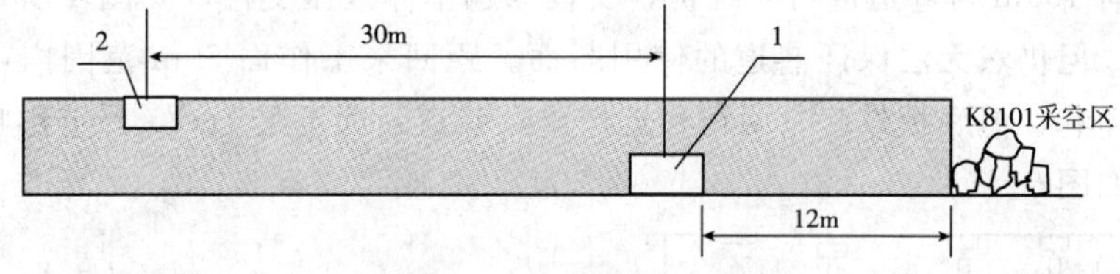

图 1　K8103 工作面回风巷位置

1-K8103 工作面回风巷；2-K8103 工作面瓦斯尾巷

2.2　巷道围岩

巷道沿 15 号煤层底板掘进，顶板与两帮均为 15 号煤层。15 号煤层厚 6.65m，煤层直接顶为 0.7m 的灰黑色泥岩，老顶为 10.5m 厚的石灰岩，底板为 2.7m 厚的灰黑色泥岩，局部为粉砂的互层，见图 2。

柱状	厚度(m)	岩性
	10.5	石灰岩
	0.7	泥岩
	6.65	15号煤层
	2.7	泥岩

图 2　柱状图

2.3　巷道支护

巷道为矩形断面，宽度 3.65m，高度 3.2m。

巷道顶板为“锚索＋金属网＋W 型钢带”支护，锚索长度分为长短两种，短锚索长度为 4.2～5.2m，视直接顶的厚度而定。要求锚索的锚固段位于老顶岩层中，间距 0.8m，排距 0.9m，矩形布置。

长锚索长度 7.3m，间排距见图 3，菱形布置。锚索的承载力 230kN，预紧力为 120kN。顶板铺设金属网，W 型钢带长 3.6m，宽 220mm，厚度为 4mm。

巷帮为锚杆金属网支护。采用长 2.0m，直径为 20mm 的螺纹钢树脂锚杆，锚固力 70kN，螺母的拧紧力矩为 100N·m。靠 K8101 工作面采空区一帮的间排距为 0.7m，靠 K8103 工作面一帮的间排距为 0.9m。

2.4 掘进工艺

AM-50 掘进机截割落煤。截割出一排短锚索排距的距离后，立即施工短锚索与帮锚杆。长锚索滞后掘进头 50m 施工。瓦斯尾巷施工滞后回风巷 100m 左右，AM-50 掘进机截割落煤。

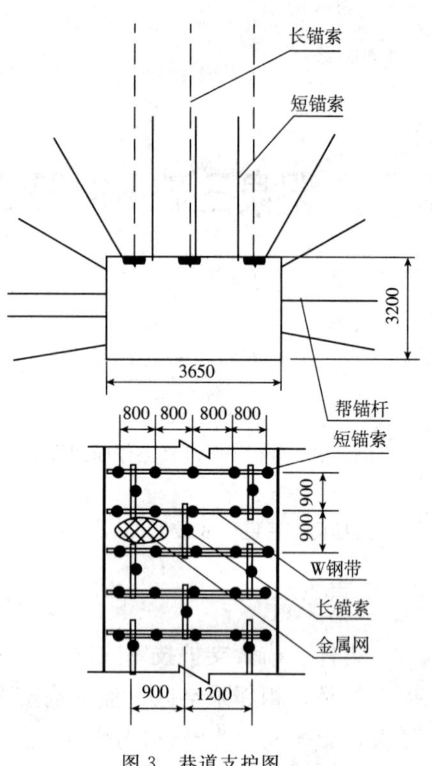

图 3 巷道支护图

3 巷道的变形与破坏

3.1 掘进期间

距掘进头 100m 以内，没有受到瓦斯尾巷的影响时，顶底板移近量较小，移近速度平均为 0.5mm/d。当瓦斯尾巷施工过后，巷道变形非常剧烈，瓦斯尾巷施工后 10 天内，顶板下沉 200～300mm，底板鼓起 500～800mm，两帮移近量也达到了 500～800mm。皮带架被鼓起的巷道底板和移近的两帮挤断。为了保证掘进的正常施工，在掘进期间对巷道进行了多次起底。

3.2 回采期间

由于回采期间的采动压力影响，巷道变形更加剧烈。为保证工作面的正常生产，在回采时，超前工作面 100m 对巷道进行了维护，支设 5 趟单体液压支柱，如图 4 所示，每隔 10m 支设一个木垛，但仍然无法保证巷道的使用断面。距回采工作面 50m 范围内，顶板基本上完整，没有破坏巷，但底板鼓起、两帮移近严重，巷道断面不足 1m^2，严重影响回采工作面的安全生产，如图 5。

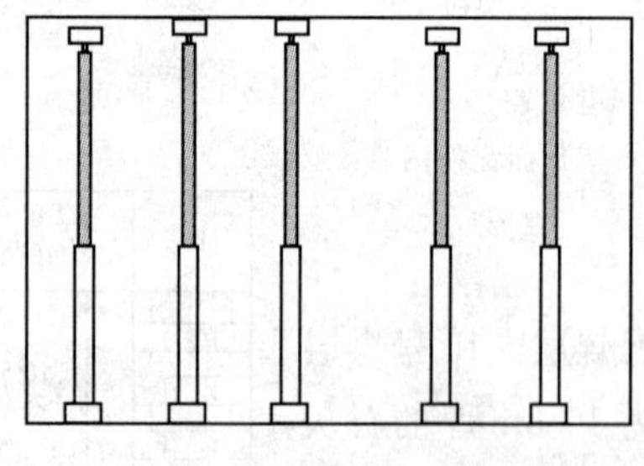
图 4 超前支护示意图

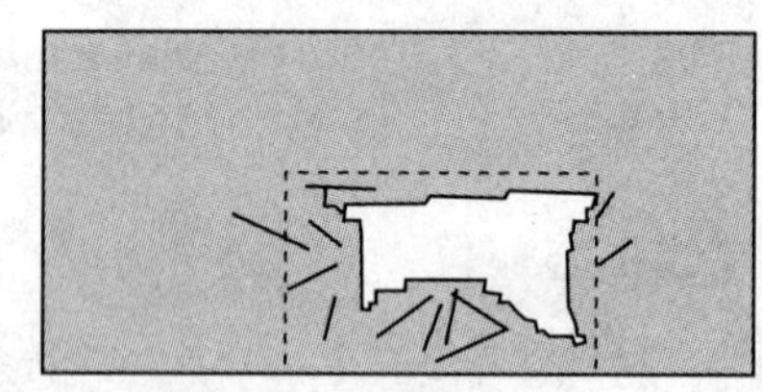
图 5 巷道变形示意图

4 巷道剧烈变形的原因

4.1 采空区支承压力的影响

K8103 回风巷与 K8101 工作面采空区以 12m 煤柱相隔。经观测该井田煤层采空区的支承压力峰值距采空区为 15～20m，虽然巷道不在峰值区内，但是仍在压力增高区。

4.2 支护强度低

现场实测巷道两帮在回采时的松动范围为3～5m，在此范围内煤体处于塑性区，而锚杆锚固长度为1.8m，完全位于塑性区内，造成两帮移近量大。

巷道的底板没有支护，是巷道最薄弱的位置，通过数值分析可以看出，巷道首先在底板处破坏。

4.3 瓦斯尾巷和影响

瓦斯尾巷的施工滞后回风巷100m左右，位于回风巷一侧的上方，瓦斯尾巷的掘进扰动了已经稳定的应力场，引起应力的重新分布，形成的应力场与回风巷的应力互相叠加，使回风巷围岩的应力增大，对回风巷的影响较大。

4.4 回采工作面采动压力的影响

回采工作面开采时，由于采动压力的影响，特别是底板和两帮，因没有支护和支护强度不够，巷道掘进时的塑性区变为破碎区，塑性区继续扩大，使两帮煤体向巷道移出、底板鼓起。

5 防治的方法

5.1 加大巷道两帮的支护强度

观测发现，采用全锚索支护后，巷道的顶板支护强度基本上能够满足要求，巷道服务期间，顶板基本上完整，没有明显的破坏现象。

两帮的锚杆，因长度小于巷道两帮煤体的松动范围，在回采期间，两帮煤体整体移出，两帮的移近量达到2000mm，锚杆托板被破坏，锚杆杆失失去作用。因此必须解决两帮的支护问题，目前阳煤集团的支护技术水平，加大两帮支护强度有以下方法：第一，增加锚杆长度和密度，但是这种方法受到一定限制，锚杆长度不能超过3.0m，否则锚杆仍在松动范围以内，支护效果不会很好。密度太大，支护费用太高。第二，巷道两帮采用锚索支护，锚索的锚固力、预紧力、长度均比锚杆大的多，根据煤体松动范围，锚索的长度应在5.0m以上，间排距应在1m左右。回采工作面回采过程中存在采煤机截割钢绞线的问题，应在煤柱侧打锚索，工作面侧打锚杆；遇到破碎煤体时锚索孔的施工成孔率低，影响锚索的安装，可以采取用管缝锚杆或专门制作一些导管解决锚索孔的成孔和安装问题。这种方法主要问题是目前帮锚索施工机具不尽合理，施工速度受到限制。

5.2 选择合理的煤柱尺寸和与瓦斯巷的距离

巷道与采空区之间的煤柱大小对巷道的支护影响很大，K8103工作面煤柱在50m以上时，采空区的支承压力才有可能不会影响巷道的支护，但从矿井的回收率、服务年限、经济效益等方面考虑，留设50m以上的大煤柱是不合理的。为了使煤柱尺寸经济合理，对巷道的支护影响又小，同时避免回风巷与瓦斯尾巷之间的应力叠加相互影响，在确定煤柱和与瓦斯尾巷之间的距离时，应先采用有限元等手段进行分析计算。

5.3 防治巷道底鼓

处理巷道底鼓的方法有：底锚杆加固底板、底板注浆、混凝土反拱、封闭式支架、切缝卸压、松动爆破卸压、卸压槽等。根据K8103工作面回风巷服务时间短、底鼓强度大等因素，采用以下几种方法较好。

(1) 锚杆加固

在底板上打锚杆有两个作用：一是当底板为层状岩体时，可以把几个岩层连接在一起成为组合梁，这样既增加了岩层的抗挠曲褶皱能力，又增加了岩层之间的抗错动的能力：当底板为碎裂岩体时，可以对岩体施加预应力和摩擦力，从而提高岩体的承载能力和减少巷道底板的破碎程度。因此，当底鼓主要是由于底板为层状岩层，在平行层理方向的压应力作用下所产生的挠曲褶皱时，通过打底锚杆来防治底鼓可以取得良好的效果。当底鼓主要是由于底板岩层碎裂松软，在两帮岩柱的压力和远场应力作用下挤压流动时，打底锚杆是在安装锚杆后的初始阶段降低底鼓的速度，不能从根本上防治底鼓。K8103 回风巷底鼓的主要原因是后者，打底锚杆不能从根本上解决底鼓，所以在选择打底锚杆的位置和形式时，充分考虑到了打底锚杆再底鼓的处理。应选择底鼓不是很严重的地段打底锚杆。锚杆杆体应采用玻璃钢、木或竹质的，水泥砂浆锚固，以便底锚杆不能控制巷道的底鼓时的再次采用其他措施。锚杆工度应不小于巷道宽度的 0.75 倍。锚杆间排距不应超过 1m，见图 6。

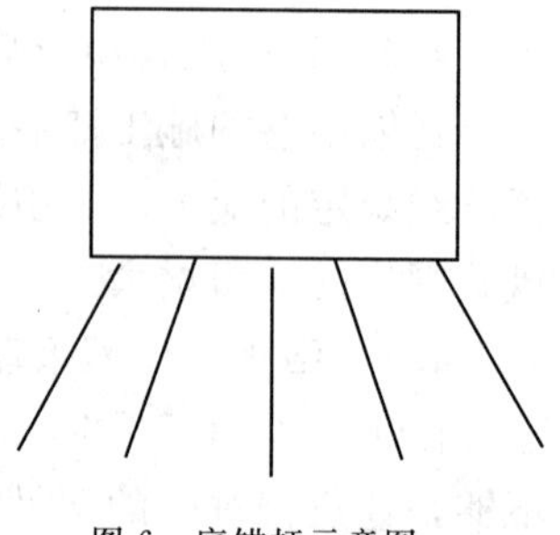
图 6　底锚杆示意图

底锚杆在底鼓不严重时可以取得一定的效果，但底鼓剧烈时可能起不到作用。另外底锚杆的施工难度大，特别是锚杆长度达到巷道宽度的 0.75 倍时，很难实现。

（2）支设底梁

封闭式支架的底梁可给底板岩层施加反力，改变底板附近岩层的应力状态，从而阻止底板岩层向巷道内位移。拱形底梁受力状态较好。但是由于 K8103 工作面回风巷服务时间短，以及顶板和两帮为锚索、锚杆支护，从经济及施工速度方面考虑采用封闭支架，或支设拱形底梁是合理的。只能在巷道底板上直接铺设底梁，在巷道顶板与底梁之间支设立柱，如图 7 所示。这种方式在巷道底板位移量较小、底鼓强度小时，可以起到较好的作用。但是存在以下问题：第一，巷道宽度大，用一般的矿用工字钢作底梁，强度低，效果不会太好，而采用高度度的材料作底梁，费用太高。第二，巷道中打上立柱后，影响巷道的使用断面，影响设备的运输。第三，当底梁不能控制巷道的底鼓时，为处理底鼓增加了难度。

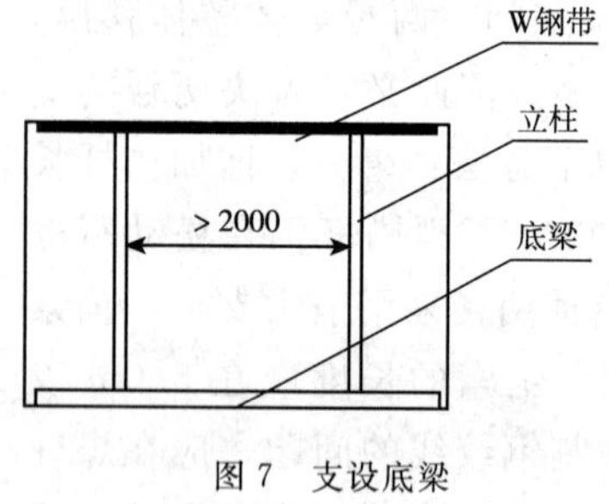

图 7　支设底梁

（3）松动爆破卸压

在底板内进行松动爆破，爆破孔底部周围，出现许多人为的裂隙，使得底板里层的围岩与深部岩体散离，原来处于高应力状态的底板岩层内出现卸压区，使应力转移到深部，可以减少巷道底板的底鼓。如果在底板松动爆破后再安设底梁，则减小底鼓的效果会更佳。松动爆破应在回采工作面安装后进行。

（4）回采时提前刷修

从 K8103 工作面回风巷的实际底鼓情况看，采用以上几种方法，能够减小巷道的底鼓量，但是不能完全控制巷道的底鼓。为了保证巷道的使用断面，保证回采工作面正常生产，在回采过程中必须将起巷道起底、刷修作为一道正常的工序，根据巷道的变形情况及时进行起底或刷帮。

6　结束语

K8103 工作面回风巷处在 K8101 工作面采空区支承压力、本巷道开掘引起的应力、瓦斯尾巷的开掘引起的应力及 K8103 工作面开采引起的采动压力等四个高应力场叠加区，巷道围岩所受的应力远大于煤层和巷道底板的岩体强度。K8103 工作面风回巷的底板为层状岩层，在 K8101 工作面采空区和 K8103 工作面采动压力的影响下，底板岩层在平行层理方向的压力作用下向底板临空方向挠曲褶皱使底板鼓起。岩层分层越薄，巷道宽度越大，鼓起越严重。防治底鼓的办法有打底锚杆、支设底梁等加固法及对巷道底板进行松动爆破等卸压法。根据 K8103 工作面回风巷的应力状况、服务时间、施工速度的要求，最佳方法是在工作面回采前对底板实施松动爆破，然后支护底梁，并保证回采过程中及时进行起底和刷修巷道。两帮煤层在 K8101 工作面采空区和 K8103 工作面采动压力的影响下，塑性变形范围较大。锚杆处于塑性区内，造成两帮移近量大，解决方法是打帮锚索，加大两帮的支护强度。

参考文献

[1] 陈炎光，陆士良．中国煤矿巷道围岩控制．中国矿业大学出版社．

砂卵石地层盾构过河沉降控制技术研究

万小飞[1]　李汉青[2]

（1. 北京城建勘测设计研究院有限责任公司　2. 北京市轨道交通建设管理有限公司）

摘　要　盾构在砂卵石地层中穿越河流，如何控制因开挖造成的沉降是施工的重点。本文结合北京地铁某盾构区间穿越昆玉河试验段工程实例，并对监测数据进行分析，研究盾构法在砂卵石地层中穿越河流减小沉降的技术。

关键词　盾构　砂卵石地层　过河　沉降

引言

盾构法修筑地下工程自1918年英国人马克·布鲁诺尔（Marc Isambrd Brunel）在伦敦泰晤士河过河隧道工程上首次尝试以来，因其密闭的盾构系统，对开挖面的稳定和地基沉降等周边环境的影响变小，现已成为修建城市地铁、上下水道、电力通信等大规模隧道工程不利条件下施工的首选方法。砂卵石地层是一种比较典型的不稳定地层，在城市河流下方采用土压平衡盾构穿越全断面无水砂卵石地层，如何控制因开挖造成的沉降，是工程施工需要解决的重点问题。本文结合北京地铁某盾构区间穿越昆玉河试验段和过河段工程实例，对现场监测数据进行分析，研究盾构法在砂卵石地层中穿越河流减小沉降的技术。

1　工程概况

北京地铁某盾构区间设计里程为：右线：K55＋996.037～K56＋936.224，全长：940.187m；左线：K55＋996.037～K56＋959.326，全长：963.289m。采用日本日立Φ6.15m土压平衡式盾构进行隧道掘进施工。本文以隧道右线施工为例，施工顺序为一台盾构机从终点竖井始发后，分别下穿市政道路、昆玉河、房屋等构筑物后向南掘进，到达车站盾构接收井吊出。其中，盾构施工在隧道里程右线K56＋695～K56＋755范围内下穿昆玉河（150～202环）。

昆玉河河床水面宽度47～48m，两侧铺有固坡砖，厚度约为100mm，上部植草，河底有混凝土板衬砌，厚约100mm，其下为聚苯板，厚约50mm，河底标高约为46.35～46.41m，水面标高约为48.70m，水深约2.3m。盾构隧道顶距河底8～9m，水渠底部衬砌未做防渗处理，河水与土层滞水存在水力联系。盾构隧道与昆玉河的关系如图1所示。

2　工程地质及水文地质条件

区间各地层岩性及分布特征自上而下依次为：人工填土层：粉土填土①层、杂填土①$_1$

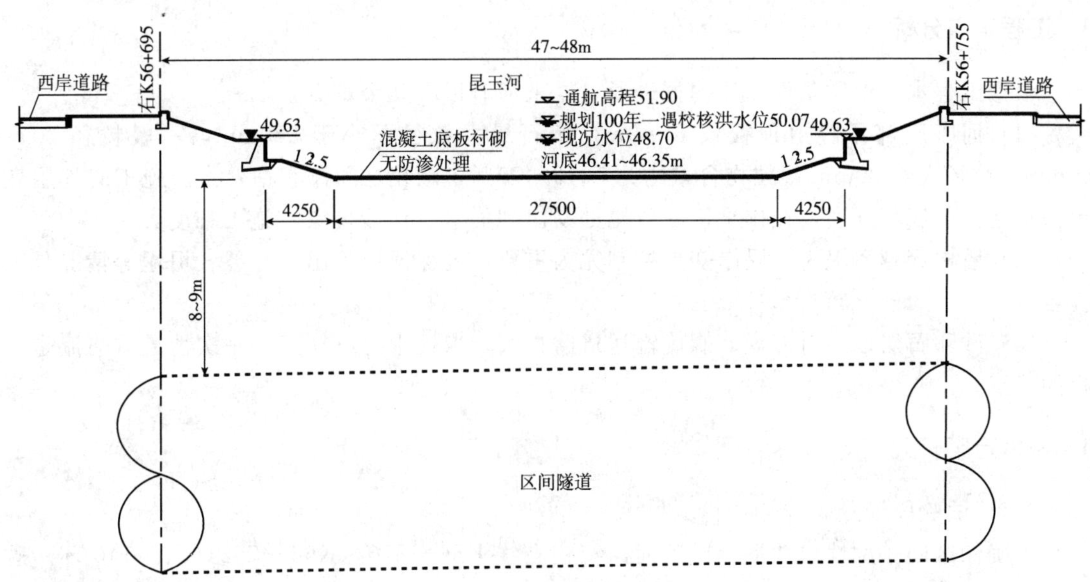

图 1 盾构隧道与昆玉河的关系

层；第四纪新近沉积层：粉土②层、粉质粘土$②_1$层、粘土$②_2$层；第四纪全新世冲洪积层：粉细砂$④_3$层；第四纪晚更新世冲洪积层：卵石圆砾⑤层、细中砂$⑤_1$层。区间隧道在卵石圆砾⑤层、中粗砂$⑤_1$层中穿越。

区间地下水类型为层间潜水，水位埋深为29.5m，水位标高为21.8m。盾构下穿昆玉河段区间结构底高程在35～37m，未进入地下水范围。图2为本区间下穿昆玉河段工程地质剖面图。

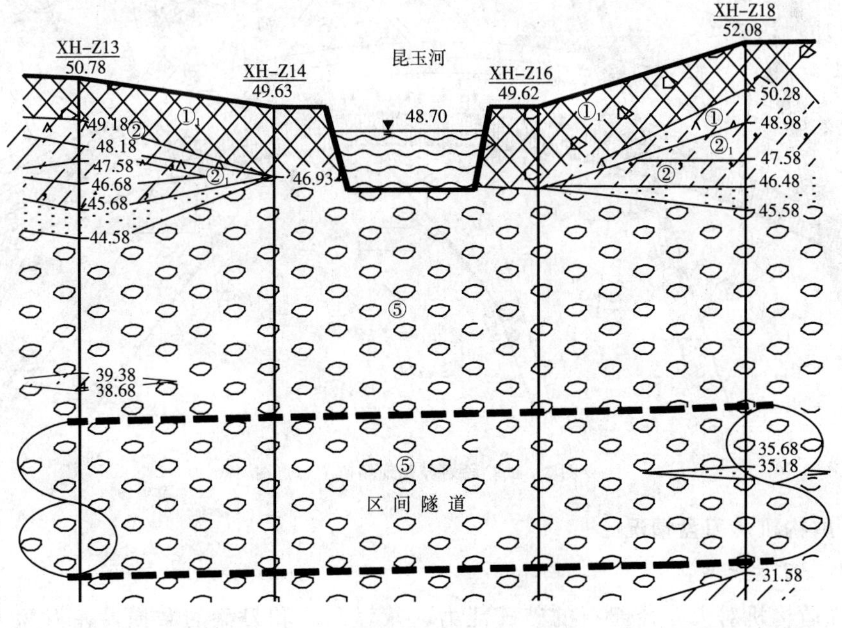

图 2 区间下穿昆玉河段工程地质剖面图

3 工程难点分析

根据工程水文地质条件，盾构掘进通过昆玉河有以下几个难点：

（1）河床底部距隧道顶板仅 8～9m，卵石最大粒径不小于 380mm，一般粒径 20～60mm，粒径大于 20mm 颗粒物含量约为 50%～70%，颗粒之间没有粘聚力。施工时地层变形易引起河床底部开裂，在排土口、盾尾处易出现涌水、涌沙现象，施工难度大。

（2）盾构穿越河堤时，堤岸变形控制尤为重要，确保河堤不出现开裂、坍塌等情况是工程难点。

（3）砂卵石层地层对刀盘、螺旋输送机磨损大，保证中途不换刀，一次性通过河流是工程的难点。

4 技术方案研究

4.1 试验段划分

为确保区间一次性成功下穿昆玉河，特在右线 K56＋870～K56＋762（54～140 环）盾构过河前设置 87 环的试验段，分析试验段的掘进参数和地表沉降数据，确定盾构过河段的掘进参数。试验段分成 3 段。试验段划分及现场监测点布置见图 3。

第一试验段里程：右线 K56＋870～K56＋834，盾构管片环数为 54～83 环（30 环）；

第二试验段里程：右线 K56＋834～K56＋798，盾构管片环数为 84～113 环（30 环）；

第三试验段里程：右线 K56＋798～K56＋762，盾构管片环数为 114～140 环（27 环）。

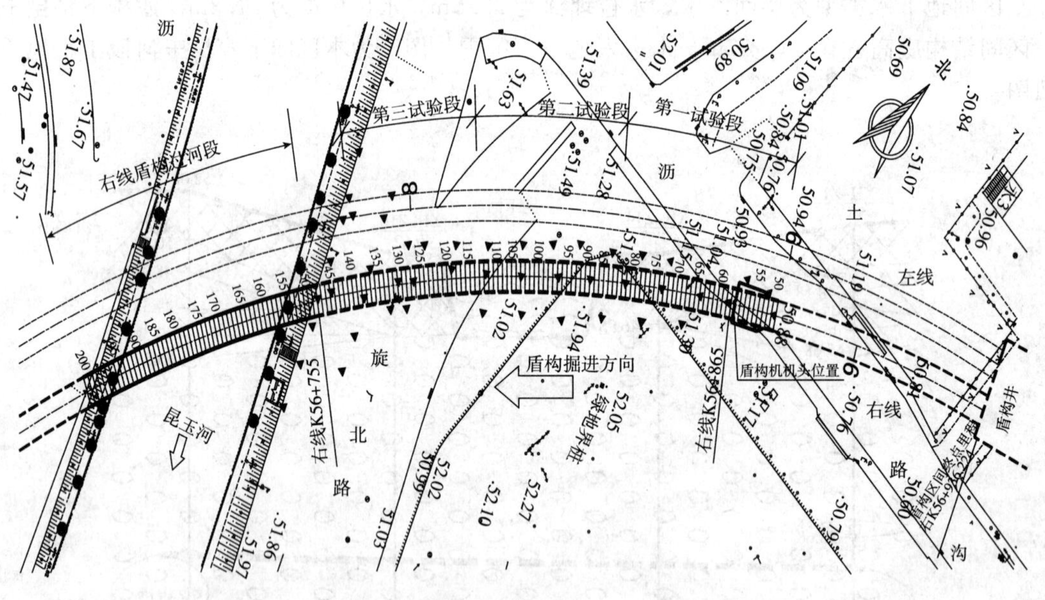

图 3 试验段划分及现场监测布点图

4.2 盾构机及刀盘情况

4.2.1 刀盘配置

为增强盾构机对大粒径卵石的破碎能力，减轻刮刀和刀盘的磨损，在刀盘上共布置了 36 把先行刀（A）和 6 把边缘先行刀（B）。刀盘外径 Φ6180mm，开口率为 63.6%。刀盘刀具基本配置如表 1，刀盘结构如图 4 所示。

刀盘刀具类型设置表　　表1

<table>
<tr><th colspan="3">刀具类型</th><th>数量</th><th>备注</th></tr>
<tr><td>1</td><td colspan="2">刮刀</td><td>78 把</td><td>宽度：150mm
高度：100mm</td></tr>
<tr><td>2</td><td colspan="2">边缘刮刀</td><td>12 把</td><td>宽度：200mm
高度：100mm</td></tr>
<tr><td>3</td><td>先行刀（A）</td><td>焊接安装</td><td>36 把</td><td>宽度：62mm
长度：300mm
高度：150mm</td></tr>
<tr><td>4</td><td>先行刀（B）</td><td>焊接安装</td><td>6 把</td><td>宽度：62mm
长度：300mm
高度：150mm</td></tr>
<tr><td>5</td><td>抗磨板</td><td>1 套</td><td colspan="2">刀盘外圈周围</td></tr>
<tr><td>6</td><td>中心鱼尾刀</td><td>1</td><td colspan="2">—</td></tr>
<tr><td>7</td><td>仿形刀头</td><td>2</td><td colspan="2">—</td></tr>
</table>

4.2.2　螺旋输送机

选用外径为 ϕ800mm 无轴式螺旋输送机，采用可伸缩设计形式，行程 1000mm，增大排土能力确保能够排出粒径<450mm 卵石。

图 4　刀盘结构图

4.2.3　耐磨设计

为了增强刀盘刀具、螺旋输送机的耐磨性，刀盘外圈周围焊接有抗磨板，以保护刀盘盘体。外围先行刀刀座采用 800K 耐磨焊条堆焊 5mm，避免刀座直接与砂卵石接触磨损。在螺旋输送机易损部位，如螺旋输送机套筒内壁和扇叶采用 800K 耐磨焊条堆焊 5mm，从而提高螺旋输送机使用寿命。

5　试验段技术研究

5.1　盾构施工引起地层变形因素

盾构施工一般可划分为 4 个阶段：盾构到达前阶段、盾构经过阶段、衬砌注浆阶段和地层固结沉降阶段。

盾构到达前地层变形受刀盘旋转、挤压影响，同时还受盾构推力、土仓压力变化以及盾构与土体的摩擦作用有关，如果土仓压力与开挖面水土压力之差为正，地层会出现微量隆起，反之，则表现为沉降。盾构经过阶段地层变形与盾构超挖、盾构纠偏、盾构曲线前进和盾构背土（盾壳粘积泥土）有关，本阶段地层表现为沉降。衬砌注浆阶段地层变形与管片与地层间的建筑空隙（同步注浆可能补偿部分或全部建筑空隙）、管片结构变形有关，成功的同步注浆可以大幅度减少地层变形。地层固结沉降阶段与土体变形后的固结、浆液的收缩、隧道渗漏水有关。

5.2　试验段参数拟定

每个试验段根据地层和隧道覆土厚度等情况，选取不同的掘进参数。各试验段参数见表 2：

各试验段盾构机掘进参数表 表 2

项　　目	第一试验段	第二试验段	第三试验段
覆土厚度（m）	12～13.6	13.6～14	13.8～14.2
上土压力（MPa）	0.05～0.06 (0.057)	0.06～0.07 (0.064)	0.06～0.07 (0.065)
下土压力（MPa）	0.13～0.17	0.16～0.19	0.16～0.19
掘进速度（mm/min）	25～35 (37)	35～45 (39)	35～45 (42)
刀盘转速（r/min）	1.5（1.43）	1.5（1.46）	1.5（1.47）
刀盘扭矩（kN·m）	3500～4000 (3732)	3500～4000 (3826)	3500～4000 (3753)
推力（kN）	15000～22000 (18324)	17500～24000 (20256)	17500～24000 (21427)
出土量（m^3）	42.4～43.2	42.4～43.2	42.4～43.2
注浆量（m^3）	3～4（3.82）	3.5～4.5（4.09）	3.5～4.5（4.28）
膨润土浆液注入量（m^3）	2.5～4.5 (3.56)	2.5～4.5 (3.76)	2.5～4.5 (3.68)
盾尾油脂用量	4.5 环/桶	6 环/桶	5 环/桶
泡沫注入量（m^3/环）	2～2.5	2～2.5	2～2.5

5.3 监测分析

从图 5 可以看出，在盾构到达前，地表出现微小隆起。掘进过程中，刀盘对应地表出现沉降，约占总沉降的 10%～20%；盾构通过时，特别是管片环出盾尾时，地表沉降很大，呈直线式发展，约占总沉降的 50%～60%；在同步注浆及二次补浆作用下，地表在盾构通过后沉降较小，约占总沉降的 20%～30%，部分地表由于注浆原因出现少量隆起现象。

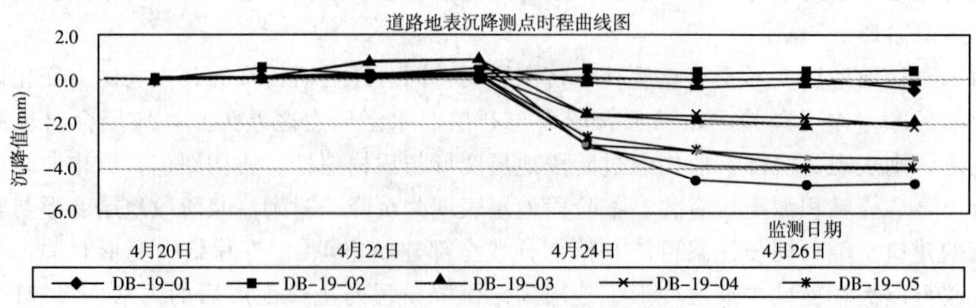

图 5　标准断面测点沉降时程曲线图

从图 6 可以看出，右线盾构区间上方有明显沉降槽，随着盾构的推进，地表沉降槽明显。盾构通过后，隧道中心处测点达到最大值。

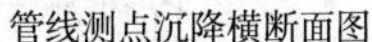

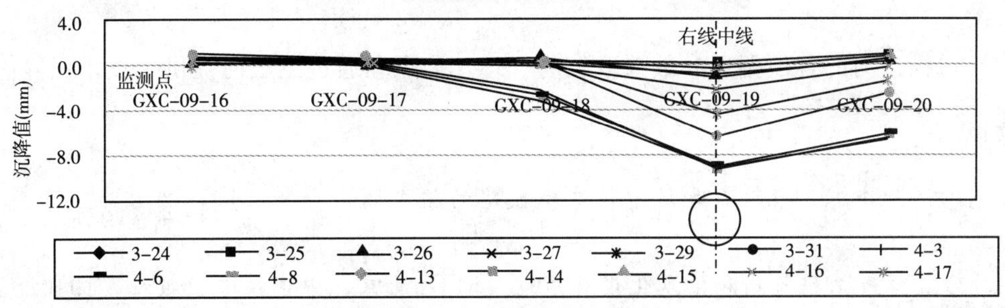

图 6　测点沉降横断面图

从图 7 可以看出，试验段最大沉降点为 DB－05（74 环），在每五环增加一次二次补浆后，点 DB－19 最终沉降值减小。

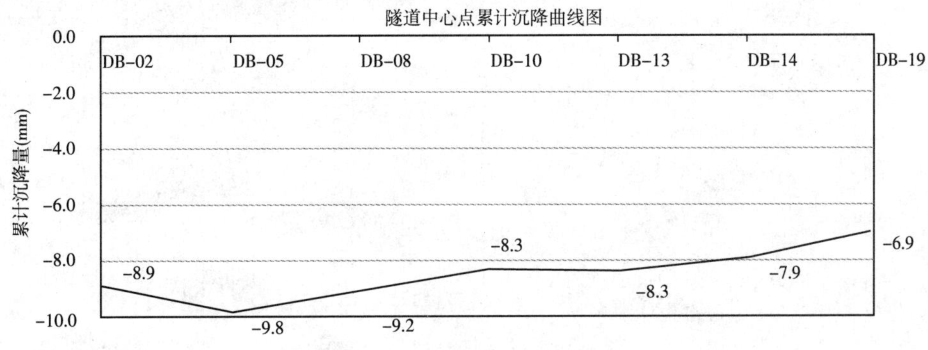

图 7　隧道中心点最终沉降图

6　盾构过河段掘进施工

根据对试验段的分析，拟定盾构过河段土压力控制在 0.05～0.06MPa 之间（下土压 0.13～0.17MPa），刀盘转速控制在 1.5r/min，推力控制范围为 17500～24000kN，掘进速度控制在 35～45mm/min，日掘进量控制在 10 环左右，每环添加 2.5～4.5m^3 比重为 1.1 的膨润土浆液对地层进行改性，每 5 环进行一次二次补浆，泡沫注入量为 2.5m^3/环。

盾构机共用了 6 天就顺利完成对过河段 60m 隧道的施工。河堤监测数据表明累计沉降最大值为－6.5mm。现场人员对昆玉河堤开裂、水面异常、管片铰接密封、管片间渗漏水、盾尾漏浆等巡视均未发现异常情况。

7　结束语

通过盾构过河前试验段的研究，得出以下结论：

（1）上土压及出土量控制合理。盾构下穿昆玉河第一试验段上土压控制在 0.05～0.06MPa 之间，第二、第三试验段由于隧道埋深变大，上土压力控制在 0.06～0.07MPa 之间。出土量控制在每环 42.4～43.2m^3。从刀盘到达前沉降数据的分析发现，土压力控制及出土量控制合理，能够有效控制前期地表沉降。

（2）通过对地表最终沉降值分析，在第三试验段中增加每五环进行一次二次补浆，并根据地表监测结果增加二次补浆次数的措施后，盾尾脱离时地表沉降速率及最大沉降量均有所减小，最大沉降量约减小 1～2mm。

（3）从地面累计沉降最大值来看，试验段各项掘进参数控制合理，累计最大沉降值为－9.8mm。

（4）盾构过河的各项掘进参数选取较为合理，为顺利通过昆玉河提供了技术保障。

参考文献

[1] 宋克志，王梦恕．砂卵石地层盾构穿越铁路的施工效应分析［J］，烟台师范学院院报，2005.

[2] 王建宇．隧道工程监测和信息化设计原理［M］，北京，中国铁道出版社，1990.

[3] DB 11/490-2007 地铁工程监控量测技术规程［S］．北京，2007.

[4] 张云，殷宗泽，等．盾构法隧道引起的地表变形分析［J］．岩石力学与工程学报，2002.

水平旋喷注浆法在深圳地铁5号线的应用

张宏伟[1]　黄明利[2]

（1. 中铁隧道集团有限公司　2. 北京交通大学 土建学院）

摘　要　深圳地铁5号线采用水平旋喷注浆法进行超前加固，取得了良好的效果。本文介绍了水平旋喷原理、方案及其具体施工方法，并就旋喷施工的效果进行了分析，可望能为类似工程提供有益借鉴。

关键词　超前预加固　水平旋喷桩　导向和保压

前言

浅埋暗挖法作为目前隧道施工的一种重要的工法，在地铁及其他市政隧道工程中有着广泛的应用，但在一些软弱地层如淤泥质地层、砂层采用浅埋暗挖法施工时必须采用一定的辅助工法来对围岩进行有效的超前预加固，才能保证施工的安全以及周边环境的安全。深圳地铁5号线采用水平旋喷注浆法进行超前法加固的工程实践，取得了良好的效果，为类似工程提供了有益的借鉴。

1　工程概况

深圳地铁5号线西大区间风道长38.5m，断面尺寸为高15.8m，宽为10.9m。区间风道底板位于粉质粘土、全风化和强风化混合花岗岩层，隧道洞身大部分穿过粘土、粉质粘土和强风化混合花岗岩层，隧道顶部为砂层（厚度约2m），砂层上覆粉质粘土和素填土层。采用8部CRD法施工。

2　水平旋喷桩原理

采用水平定向钻机打设水平孔，钻进至设计深度后，拔出钻杆的同时通过水平钻机、钻杆、喷嘴以大于30MPa的压力把配制好的浆液喷射到土体内，借助流体的冲击力切削土层，使喷流射程内土体遭受破坏，与此同时钻杆一面以一定的速度（20r/min）旋转，一面低速（15～30cm/min）徐徐外拔，使土体与水泥浆充分搅拌混合，胶结硬化后形成直径比较均匀，具有一定强度（0.5～8.0MPa）的桩体，从而使地层得到加固。当旋喷桩相互咬接后，便以同心圆形式在隧道拱顶及周边形成封闭的水平旋喷帷幕体。水平旋喷桩具有梁效应和土体改良加强效应，能够起到防流沙、抗滑移、防渗透的作用，保证隧道掘进安全。

3　水平旋喷桩预加固方案

西大风道，主要针对隧道拱顶处于砂层且在竖井施工时发生过涌砂涌泥的险情，在水平旋喷桩设计时考虑对隧道的拱部和上部掌子面布置旋喷桩进行加固。桩径设计为ϕ500mm，桩中心间距为350mm，相邻两根桩相互咬合150mm。掌子面按1.2m间距布置若干。孔深20m，施工一循环旋喷桩，开挖、初支进尺18m。水平旋喷桩布置见图1。

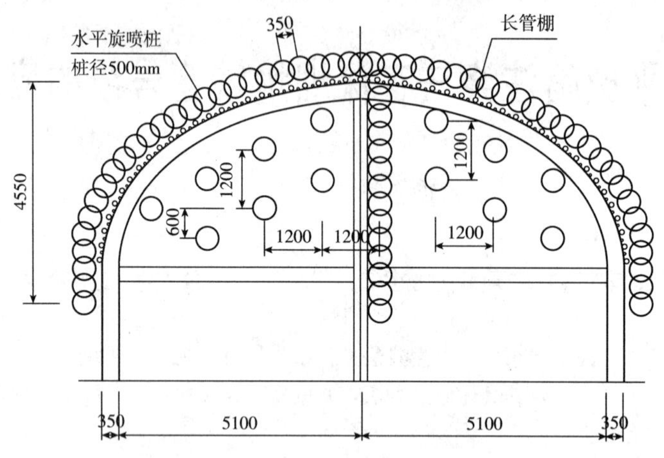

图1 西大风道水平旋喷桩布置图

4 水平旋喷桩施工

4.1 施工工艺流程

施工工艺流程见图2。

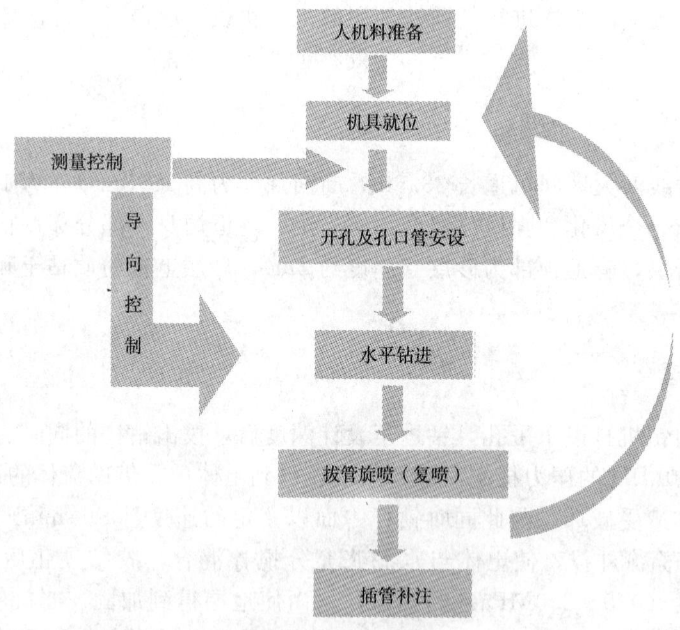

图2 水平旋喷桩工艺流程图

4.2 重点工艺简述

1）人机料准备

（1）检查钻机运行是否正常。回油管的快速接头是否完好，机台各种油管有无损伤。启动柜是否完好（包括启动柜内的各种开关、继电器、变压器、机柜等）、三联泵有无损伤。

检查液压油液面高度是否在油箱2/3的高度以上，电机是否受潮，钻具、工具是否齐全；

(2) 高压注浆泵运行是否正常。高压注浆管路是否畅通，压力表是否正常。

2) 钻机安装

(1) 平整工作平台，铺设轨道，安装立柱。场地要求平整，并挖设排水沟。

(2) 油泵、高压泵安装。要求场地平整，场地硬化，高压泵安装平稳，管路安装摆放整齐。

3) 制浆

浆液要求水:水泥为1:1，浆液搅拌必须均匀。在制浆过程中应随时测量浆液比重，每孔高喷灌浆结束后要统计该孔的材料用量。浆液用高速搅拌机搅制，拌制浆液必须连续均匀，搅拌时间不小于3min，一次搅拌使用时间亦控制在4h以内，并要求对浆液进行试块试验。

4) 钻进

(1) 水平孔导向钻进

水平定向钻进方法是非开挖管线施工的一种方法，采用孔内导向。该方法要求在钻进过程中能准确测定钻头在地下的位置和方向。根据钻头在钻进过程中的位置和方向与设计轨迹的差异，利用能进行调节方向的钻头（一般为楔型钻头）改变钻头的钻进方向，从而按设计要求完成各种管线的铺设。钻头示意见图3。

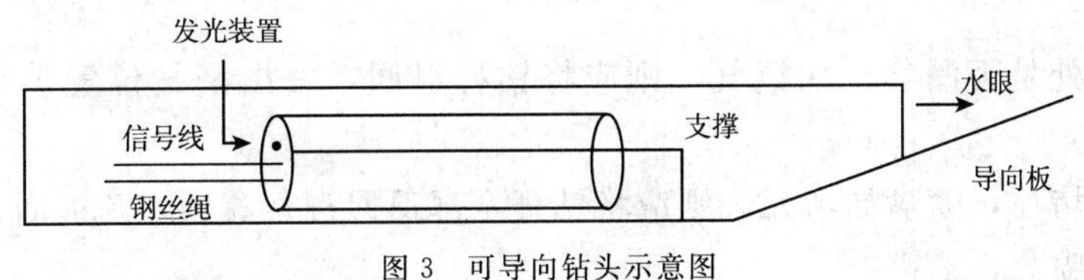

图3 可导向钻头示意图

如图所示：钻头内装有特制的传感器，传感器直接由15V直流供电。显示屏显示钻头的倾角（水平角度）、面向角（导向板的方向：导向板朝上即为12点，如同钟面）。打设角度如果偏下，可以把钻头调到12点，即导向板朝上，直接顶进，此时由于导向板底板斜面面积大。受到一个向上的力，钻头轨迹就会朝上运动。同理在6点纠偏可以使钻头轨迹朝下，9点、3点分别是为左、右纠偏方向。如果角度合适，钻机会匀速旋转钻进，此时钻杆轨迹一般是平直的，所以导向钻头是上下纠偏的关键。左右偏差根据传感器尾端的发光装置来定，通过仪器测量参数来纠偏。

(2) 开孔并安装孔口管

①开孔器开孔，采用ø130mm钻头钻进，钻进深度为0.5～1.0m。初始开孔角度根据地层情况确定为0°，待旋喷施工2～3根桩后再根据实际情况进行开孔角度的调整。

②退出钻具，准备安装孔口管。

③将一根直径为ø127mm、长0.5～1.0m的孔口管埋入已开好的孔内，作为孔口管，孔口管外露0.10m。

④在掌子面植ø12mm钢筋4根，钢筋用锚固剂固结，将钢筋与孔口管焊接牢固，加固孔口管。

⑤安装法兰盘和球阀。

(3) 钻孔打设

①一期旋喷桩钻孔打设：为确保钻孔质量，首先打设2～3个探孔，查明地层变化情况及地层对钻孔角度的影响，然后根据探孔情况确定旋喷桩钻孔的打设角度。

②检查确定孔口管安装牢固后，调整钻机，对好孔位。

③将旋喷钻头及第一根钻杆送入孔口管内。

④安装密封装置。

⑤打开循环液排出口。

⑥开始钻进，进孔角度按探孔确定的角度开始钻进，直到钻至设计深度。

⑦通过观察循环液压力变化，检查喷嘴是否堵住。

⑧钻进过程中要保持护壁浆液压力 1.0～2.0MPa，防止在钻进过程中，砂石堵住喷嘴。根据地层情况确定钻进过程中使用的护壁浆液，在粘性土层中钻进一般采用原土制浆，在砂层、卵石土层等易坍孔的地层中采用膨润土制浆。

二期旋喷桩钻孔打设：一期旋喷桩施工完成后，开挖至二期工作面前 6m 处应开始制作工作室，以便于二期旋喷桩施工。由于钻机尺寸为（长）5.4m×（高）80cm×（宽）50cm，工作室较原隧道设计拱架外扩 80cm 即可满足施工要求。如开挖工作室困难也可在开挖轮廓线内布孔。

5）高压旋喷

进行高压喷浆前应检查高压注浆泵，查看泵压读数是否达到设计要求（30～35MPa），泵压达到设计要求时才能开始喷浆。

喷浆前应检查：

①钻杆接头处是否漏气，如漏气，则应将钻杆退回，查出漏气位置重新密封，或更换钻具。

②喷嘴是否堵住，喷嘴如堵死，则应将钻杆全部退回进行疏通，疏通后重新下管到设计深度后再进行旋喷。

③在孔底高压喷浆时应停留一定时间，然后再缓慢外拔钻杆，钻杆外拔速度一般控制在 15～25cm/min，具体速度根据地层情况和钻进压力表压力情况，综合判断后确定。如地层有较大空洞时则应降低拔杆速度。钻杆每次拆卸杆应搭接 10cm，同时高压喷浆。

④旋喷过程中通过钻机上提供扭矩的油压表所显示的压力值确定何时打开小球阀排出循环浆液，一般压力大于 1.2MPa 时打开小球阀排浆。当压力小于 0.8MPa 时关闭小球阀，保证浆液的压力。(图 4)

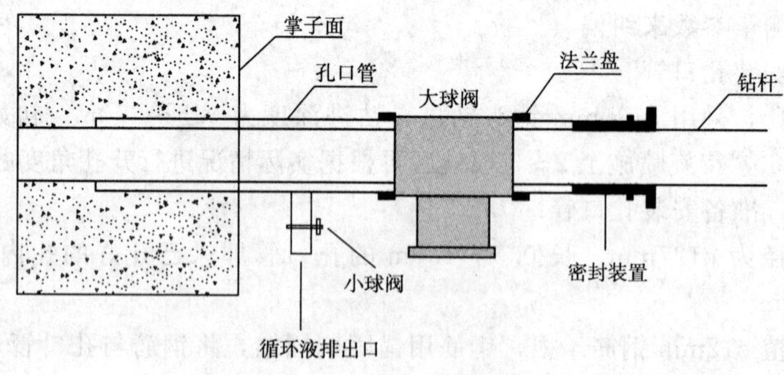

图 4　孔口密封装置示意图

⑤当钻杆拔至孔口 1.0m 时停止注浆，关闭浆液通道，再缓慢拔出钻杆，进行封孔作业。

6）封孔

(1) 喷浆至孔口掌子面 1.0m 时，停止喷浆。

（2）卸下孔口管最外端的密封装置，关闭循环液排出口。

（3）快速拔出钻杆和钻头，关闭大球阀。

（4）高压旋喷注浆完成后应在孔口管出口处安装压力表，然后用250泵补注浆，注浆压力控制在0.8～1.0MPa。

（5）补注浆完成12h后方能卸下大球阀。

7）清洗管道及设备

每根桩施工完毕后都应用清水高压冲洗管道及设备，确保管道内不留在残渣，清洗完毕后移至下一桩位。

4.3　施工顺序

钻机移到下一孔位开钻前，应核查相邻桩的成桩时间，后施工的桩必须在相邻桩成桩时间超过初凝时间后，前一根桩浆液达到一定强度时才能开钻，确保相邻桩相互咬合，因此移至下一孔位时应跳过1～3根后再施做较合适。

5　水平旋喷桩施工的效果及分析

（1）试验表明，旋喷固结体直径为40～70cm（地层越软弱，桩径越大），平均值满足设计要求。固结体强度接近C10素混凝土，桩间咬合率≥95%，形成了较好的拱壳支护，在开挖过程中能承受开挖线外土桩的压力，保证掘进安全。

（2）固结体周围土体得到了挤压，土体孔隙比减小，抗渗能力得到提高，初支渗水明显减少，为复合防水层及二衬施工提供了较好的外部环境。

（3）在旋喷桩施工过程中引起地表沉降最大为3mm，隧道开挖阶段引起地表沉降最大为32mm，较好的起到了控制隧道开挖引起的沉降。

本工程实践中水平旋喷桩的成功，主要体现在施工工艺的改进，即解决了水平旋喷桩在施工过程中导向和保压的问题。

首先，由于有线导向的非开挖技术的引入，使桩体基本可按照设计的位置和角度成桩，有效的保证了桩体的咬合，使拱部打设的桩体能够真正起到止水和防止拱部软弱围岩坍塌的作用。

再有，由于孔口密封及返浆方式的改进，有效的保证水平旋喷压力的保持。通常所说的高压旋喷的压力是指浆液从喷嘴喷出的压力，当浆液离开喷嘴后压力会急剧下降，如孔口无密封措施，形成自然返浆的情况，则高压浆液随着压力的急剧下降，切削土体的范围往往达不到要求，甚至会因为浆液和切削的土体的流失，造成施工过程中引起较大的沉降。而由于孔口密封及返浆方式的改进，保证了高压浆液切削土体的范围，保证了成桩桩径。同时在从高压旋喷时浆液有很大的压力，至封孔补注浆的全过程，浆液仍然保持有（0.8～2）MPa的压力，使之在旋喷成桩时还起到了填充围岩裂隙和挤压周边土体的作用，增加了土体的密实度，减小了土体的孔隙率及含水量，从而达到了提高围岩自稳能力的目的。

采用洞桩法施工地铁车站的导洞开挖方案研究

丁文娟　李兆平

（北京交通大学土木建筑工程学院）

摘　要　本文以北京地铁六号线朝阳门站为研究背景，车站采用暗挖洞桩法施工，共设置 8 个导洞。应用 $FLAC^{3D}$ 软件模拟导洞开挖过程，研究了导洞不同开挖方案的地表沉降规律和塑性区分布情况，得出了地表沉降与导洞施工顺序的关系，由此确定了对地表沉降和塑性区控制最为有利的导洞开挖方案。本文的结论为确定地铁车站采用洞桩法施工时导洞的施工顺序安排有重要的参考价值。

关键词　地铁车站　洞桩法　导洞施工方案　地表沉降

1　工程概况

暗挖洞桩法（PBA 工法）是地铁车站和大跨城市地下工程施工的一种重要的工法，它将盖挖法和暗挖法巧妙结合起来，具有施工效率高、施工安全、对地面交通没有干扰、有利于地层沉降控制等优点。该方法在北京地铁车站施工中得到了广泛的应用。但是，采用洞桩法施工时，导洞分布较近，开挖时的群洞效应显著，因此需要合理的安排导洞的施工顺序。北京地铁六号线一期工程朝阳门站隧道工程主体结构所处地层以粉细砂和粉质粘土为主，采用 PBA 工法施工，首先需进行小导洞开挖。

车站小导洞（群洞）分两层，共 8 个，导洞上下对应。导洞水平间距最小为 2.2m，垂直高差 6.7m。具体分布形式如图 1。在如此多的小导洞工况下施工，必然存在明显的群洞效应。

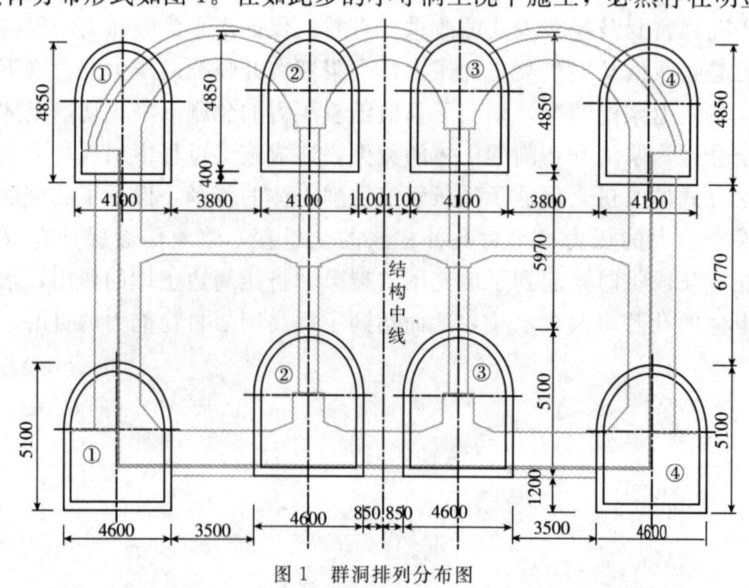

图 1　群洞排列分布图

车站穿越地层土体自稳能力较差，采用暗挖法施工易发生流砂甚至塌方。通常地表沉降控制值是城市地下洞群系统施工的主要技术指标[1-6]，为了控制地表沉降量，确保地下管线和周边环境安全，必须弄清采用不同开挖方案时地表的沉降规律，保证其沉降量小于规定的允许值。采用数值分析手段可以有效地对隧道开挖引起的地层沉降和塑性区分布进行探讨[7-8]。

2 施工过程力学性态三维模拟分析

2.1 计算域

在建模时考虑到建模速度、网格数量、计算速度、计算内存等方面的因素，选取结构断面比较标准的地段作为计算域，不同土层厚度做了适当简化。

上下范围为地下结构顶部直达地表，下边界为隧道底以下 20m，总厚度 50m；横向范围为导洞中心部位向左右两侧各 30m，总长 60m；纵向范围为 60m。

计算模型的节点总数为 161162，单元总数为 155520，计算模型如图 2 所示。其中，1-1：沿隧道纵向 30m 处；2-2：沿隧道纵向 10m 处；3-3：沿隧道纵向 50m 处（图 2）。

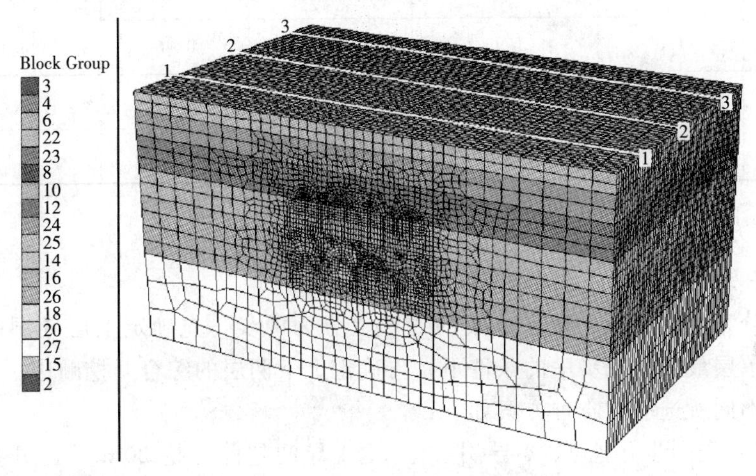

图 2　模型及地表沉降槽监测断面示意图

2.2 荷载

模拟过程中主要考虑永久荷载，仅考虑地层压力，且初始应力场仅由自重产生，不考虑土体构造应力的影响。垂直地压为上覆土层的重度。

2.3 边界条件

采用位移边界条件，固定模型左右边界的 X 方向位移，前后边界的 Y 方向位移，底边界的 Z 方向位移，地面为自由面。

2.4 单元类型

由于城市土质地铁隧道研究的土体以砂土和粘土为主，属于弹塑性材料，故围岩土体的计算力学模型选用 Mohr－Coulomb 弹塑性模型。初支采用 Shell 单元模型，其他均采用实体单元模型。

2.5 参数说明

小导管超前注浆能显著改善开挖轮廓 1m 左右范围内土层的力学参数，增强其稳定性[3]。因此在计算中，超前注浆效果可以简化为在洞室拱部地层中形成一道加固圈，采用提高注浆区的地层参数来模拟，格栅钢拱架＋喷混凝土采用 shell 单元模拟，初衬单元的施加方式为土体开挖一步施做一步初衬。具体计算参数见表 1。

计算力学参数选取表

表 1

地层名称	厚度 (m)	密度 (g/cm^3)	弹性模量 E (MPa)	泊松比	凝聚力 (kPa)	摩擦角 (°)
杂填土	3.5	1.92	19	0.3	12	18
粉土	5.0	1.97	22	0.28	0.1	18
粉细砂	15	1.95	40	0.28	24.1	30
圆砾	4.0	2.07	63	0.2	0.1	40
粉质粘土	12.0	2.02	25	0.41	42.6	20.5
卵石	17.17	2.07	80	0.2	0.1	40
上层注浆体	1.0	1.95	60	0.30	36.1	32
下层注浆体	1.0	2.02	37.5	0.43	63.9	24
初支	0.3	2.3	25500	0.20	/	/

2.6 计算方案的比选

2.6.1 单层导洞开挖方案的比选

由于导洞分布上下两层，故在方案的比选上分为两步，先确定上层导洞的最优开挖顺序，在已确定单层最优开挖步序的条件下，再确定上下两层的综合开挖顺序。首先，根据上层开挖顺序的不同所选取的 4 种方案如下：

14-23 方案：先同步开挖 1、4 导洞，待 1、4 导洞超前开挖 20m 后再开挖 2、3 导洞，循环进尺 1m。

13-24 方案：先同步开挖 1、3 导洞，待 1、3 导洞超前开挖 20m 后再开挖 2、4 导洞，循环进尺 1m。

14-2-3 方案：先同步开挖 1、4 导洞，待 1 号导洞超前开挖 20m 后再开挖 2 号导洞，待 2 号导洞超前开挖 20m 后再开挖 3 号导洞，循环进尺 1m。

23-14 方案：先同步开挖 2、3 导洞，待 2、3 导洞超前开挖 20m 后再开挖 1、4 导洞，循环进尺 1m。

(1) 单层导洞开挖支护完成时地表沉降槽分析

为了反映开挖方法对地表沉降的影响，分别选取 1-1、2-2、3-3 处地表沉降进行比较，如图 3 所示。

由图 3 可以看出，4 种开挖方案的最终地表沉降量相差很小，施工引起的地表呈沉降以群洞中线为中心的沉降槽且横向影响范围为车站中线左右 40m 范围之内。车站中线 20m 以外地表累计沉降量迅速减小。因此，在最终地表沉降量和横向影响范围等方面，4 种方案的得分相差很小，优劣之分并不明显。

(2) 单层导洞开挖时地表跟踪点竖向位移变化分析

为了更进一步的分析 4 种方案的优劣，选取关键断面的地表中心点，根据计算所得的沉降值，绘制出该点随开挖步序的地表沉降发展情况，如图 4 所示。

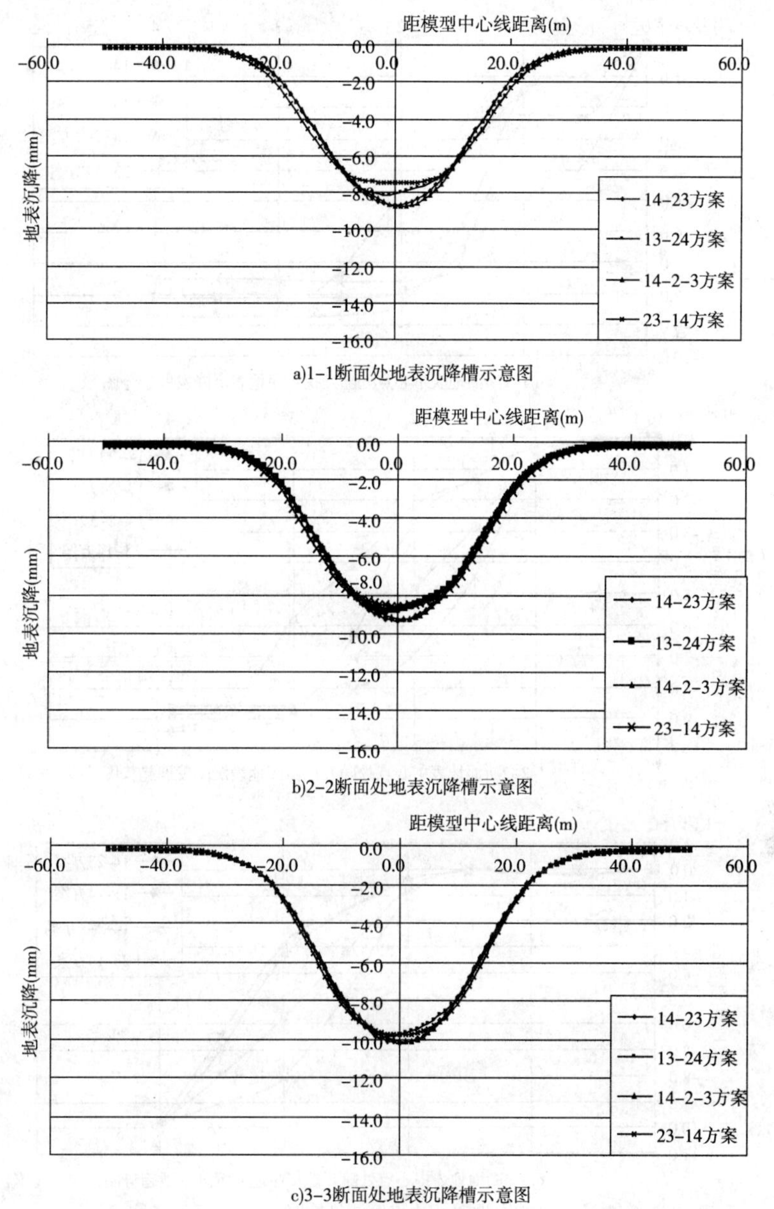

a)1-1断面处地表沉降槽示意图

b)2-2断面处地表沉降槽示意图

c)3-3断面处地表沉降槽示意图

图 3 地表沉降比较

由图 4 可得，虽然 4 种方案的地表最终沉降量相差极小，均在 1mm 以内，但从地表沉降的增长速率上来看，14-2-3 方案的地表沉降增长平缓，增长速率较小，对地表沉降的控制能力较其他 3 种方案强。在掌子面 15～20m 范围内，地表沉降速率增长较大，地表累计沉降主要发生在掌子面 50m 范围内。水平并行的导洞相距越近，地表沉降量越大，增速越快。而 14-2-3 方案先施工 1、4 导洞，相距较远，相互影响较小，虽然 2、3 导洞距离较近，但相互错开 20m 间距开挖，使近距离导洞开挖对沉降的叠加效应减弱，减小了群洞效应，因此 14-2-3 方案在地表沉降增速上较其他方案更均匀，使地表沉降控制在一定范围内。

（3）单层导洞开挖时塑性破坏区分析

导洞开挖完成后，选取2-2断面作为关键断面，计算出塑性破坏区的体积，并进行各方案的比较分析，见表2。

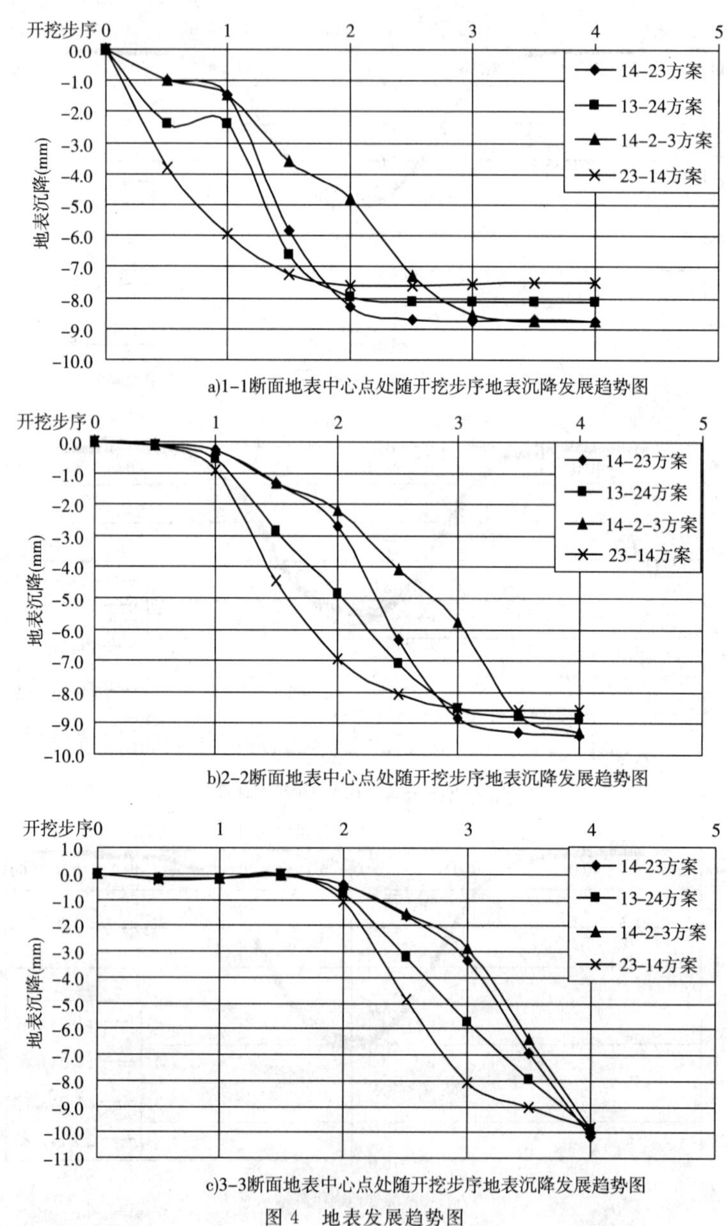

图4　地表发展趋势图

各方案塑性区体积对比表　　表2

方案	模型体积（m^3）	shear_now（m^2）	shear_past（m^2）	塑性区体积（m^3）	塑性区体积比
14-23	180000	1444.9	13109.9	14554.72	8.09%
13-24	180000	1549.9	13146.4	14696.29	8.16%
14-2-3	180000	1251.0	13011.0	14258.94	7.92%
23-14	180000	1186.8	13318.71	14505.54	8.06%

从塑性区体积比上能够看出，14-2-3 方案塑性体积比最小，说明其在控制土体塑性破坏上相比其他方案有一定的优势，因此最后综合考虑，确定 14-2-3 方案为单层导洞开挖方案。

2.6.2 双层导洞开挖方案的综合比选

在上节确定的单层导洞开挖方案的基础上，确定上下两层综合开挖方案，选取以下两种方案：

先上后下方案：先开挖上层导洞，待上层导洞贯通后，再开挖下层导洞。

先下后上方案：先开挖下层导洞，待下层导洞贯通后，再开挖上层导洞。

上下同步开挖方案：上下两层导洞同时开挖。

（1）双层导洞开挖支护完成时地表沉降槽分析

为了反映开挖方案对地表沉降的影响，导洞开挖全部贯通后，分别选取 1-1，2-2，3-3 断面处地表沉降进行比较，3 种开挖方案模拟计算地表沉降槽示意图如图 5 所示。

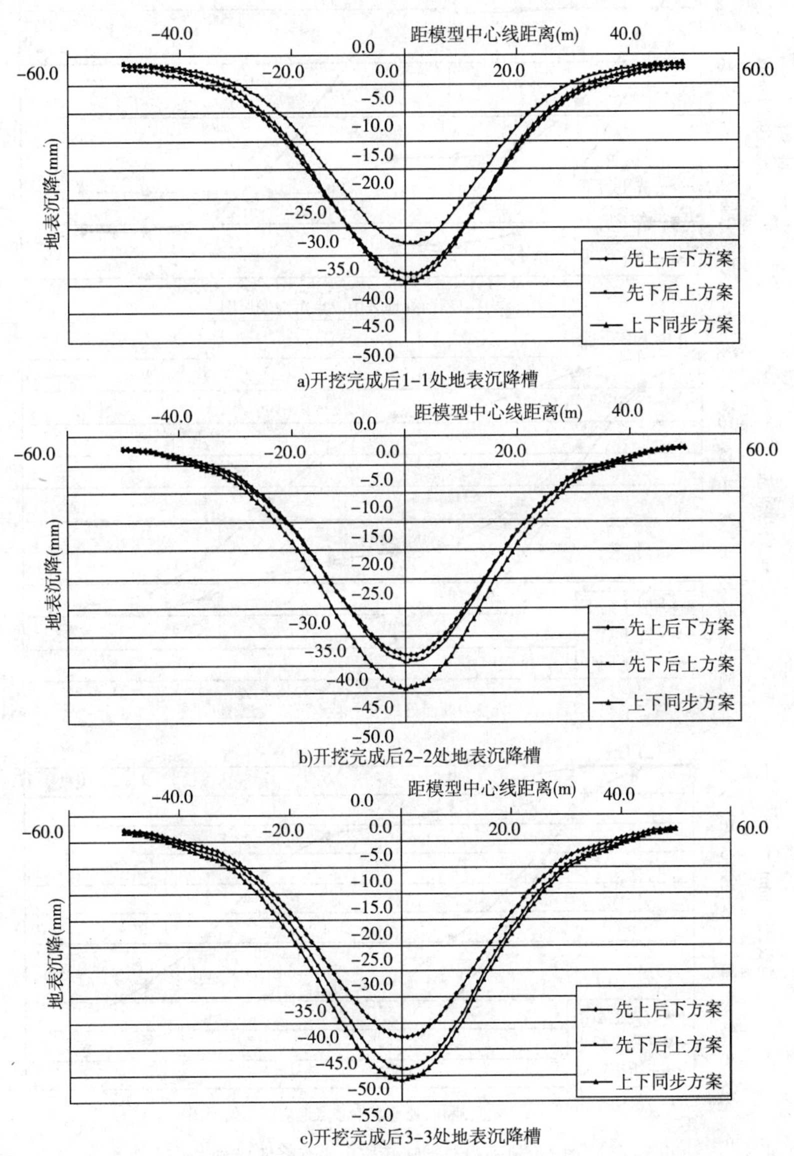

图 5　开挖完成后地表沉降槽示意图

从开挖后沉降槽示意图可以清晰的看到，在1-1断面处的沉降槽先下后上方案最优，而在2-2断面处先上后下方案的沉降值最小，但与先下后上方案相差不大，在3-3断面处，仍然是先上后下方案所得的沉降槽最优，且先下后上方案与其有一定的差距。在3个断面中，上下同步开挖所得的沉降槽值均是最大，得分最低。施工引起的地表沉降横向影响范围约为结构中线左右各50m范围之内，结构中线30m范围之内地表累积沉降量增长较快，30m以外迅速减小，较上层导洞开挖的横向影响范围有所增大。

（2）导洞开挖时地表竖向位移变化分析

根据计算所得沉降值，列出地表中心点竖向位移值，并绘制中心点随开挖步序的地表沉降发展情况，各断面处地表监测点随开挖步序沉降发展图见图6。

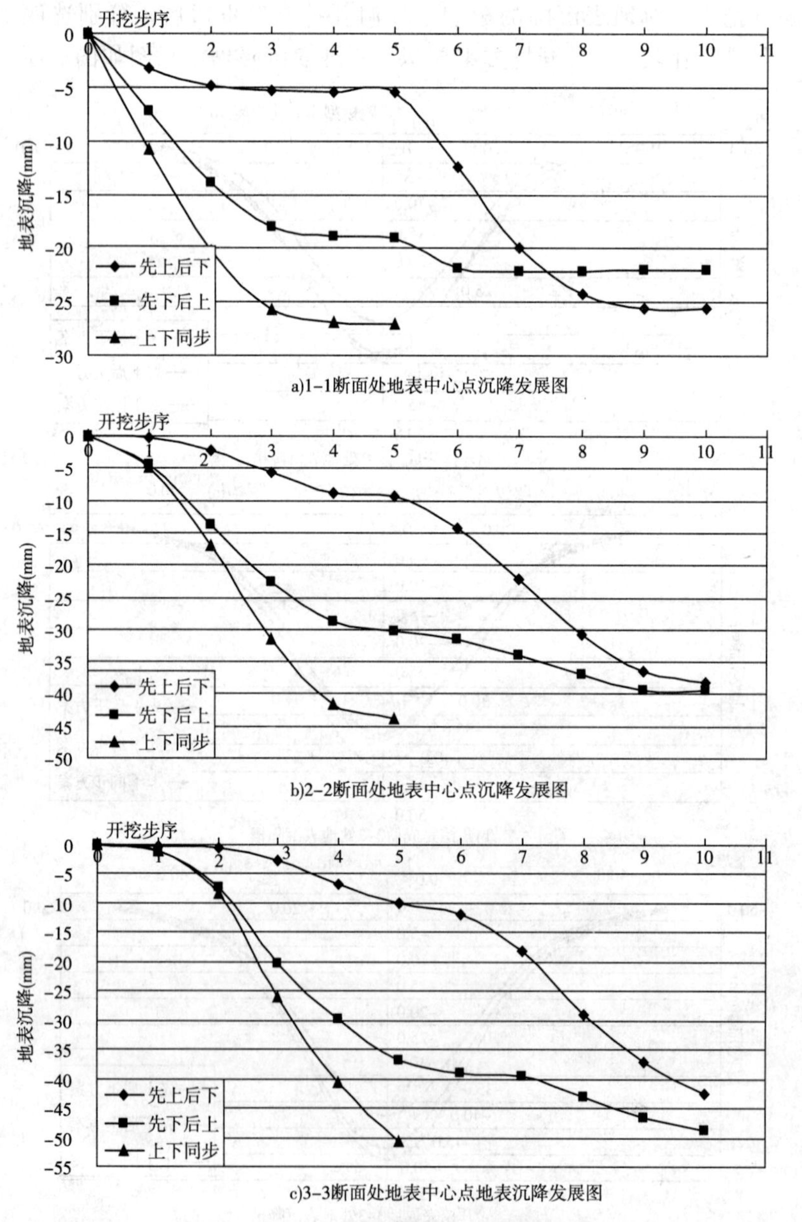

a)1-1断面处地表中心点沉降发展图

b)2-2断面处地表中心点沉降发展图

c)3-3断面处地表中心点地表沉降发展图

图6 地表中心点随开挖步序沉降发展图

先上后下方案最优，先下后上其次，上下同步最差。先下后上方案在3-3断面中的单步最大沉降量指标中，其值明显大于先上后下方案，且从图中明显可以看出最终沉降量也比先上后下方案大，先上后下方案和先下后上方案的最终地表沉降相差约8mm。上下同步开挖方案较前两种方案劣势明显，沉降随开挖步序曲线很陡峭，即每步的沉降增量很大，因此在关键点沉降发展方面，先上后下方案有一定的优势。

（3）双层导洞开挖完成后塑性破坏区分析

从表3可以看出：双层导洞全部开挖完成后各断面的塑性区面积大于单层导洞开挖所引起的塑性破坏区，且对地表的影响范围远比单层导洞开挖所引起的大。塑性区体积比从单层开挖的不到10%扩大到近45%，可见在已扰动的土体中进行导洞的开挖，对地表沉降以及塑性区发展都具有明显的叠加效应。尤其是上下同步开挖方案，塑性区体积比已超过一半，可见该方案对土体稳定很不利。

各方案塑性区体积对比表 表3

方案	模型体积（m^3）	shear now（m^2）	tension now（m^2）	shear past（m^2）	tension past（m^2）	塑性区体积（m^3）	塑性区体积比（%）
先上后下	180000	20809	3268	50362	5398	79837	44.3
先下后上	180000	13494	1588	55660	5083	75825	42.1
上下同步	180000	23397	3670	58624	5862	91553	50.9

经过综合比选，确定采用先上后下方案。

3 结论

通过对群洞施工方案建立三维有限元模型进行数值模拟，从单层到双层导洞的开挖步序的比选，确定了群洞开挖步序的施工方案，可得到以下结论：

（1）各单层导洞开挖方案的地表累计最终沉降相差不大，施工引起的地表呈沉降为以群洞中线为中心的沉降槽且横向影响范围为车站中线左右40m范围之内，车站中线20m以外地表累计沉降迅速减小。在掌子面距离某关键点15～20m范围内，地表沉降增速较快，地表累计沉降主要发生在掌子面50m范围内。由四种方案对比分析，14-23方案的地表沉降增长平缓、增速较慢，对地表沉降的控制能力较其他3种方案强。

（2）在上下两层导洞开挖过程中，由于土质条件占主导作用，故开挖下层导洞时地表沉降量较开挖上层导洞时的地表沉降量要大。在实际工程中，应当严格控制该层导洞土体的开挖，及早施加初期支护和临时支撑并加强监控量测。

（3）地表沉降峰值偏向后行施工隧道一侧，这是因为先行隧道施工产生对土体的扰动，而后行隧道施工又加剧了扰动程度，产生的沉降最大值在先期隧道引起的沉降最大值的基础上又有进一步的加大，而洞室中心区域在后行隧道的开挖影响下发生向后行隧道一侧的倾斜，造成沉降峰值的偏移。同时，后行隧道处土体受扰动次数最多，持续时间最长，也使得沉降峰值偏向后行隧道一侧，故开挖次序对群洞系统的沉降有很大的影响。

（4）采用先边导洞后中导洞，先上导洞后下导洞的开挖顺序，在导洞施工阶段，车站上方地表累计沉降平均为28mm左右，满足施工的安全要求。因此建议在PBA工法的导洞开挖阶段，可选用“先上后下，先边后中，错开开挖，减小效应”的施工方案。

参考文献

[1] 王暖堂，陈瑞阳，谢菁．城市地铁复杂洞群浅埋暗挖法施工技术［J］．岩土力学，2002，4.

[2] GB 50157-2003 地铁设计规范［S］．北京：中国计划出版社，2003.

[3] 瞿万波，刘新荣，傅晏，秦晓英．洞桩法大断面群洞交叉隧道初衬数值模拟［J］．岩土力学，2009，9.

[4] 张银屏，雷震宇，周顺华．浅埋暗挖隧道队地表变形影响的三维数值分析［J］．华东交通大学学报，2005，10.

[5] 张美琴．分离岛式暗挖车站的洞桩法结构设计［J］．隧道建设，2006，8.

[6] 李爱东，康直．沈阳地铁二号线沈阳北站“洞桩法”计算与分析［J］．铁道标准设计，2007，5.

[7] 杜彬．大型地下方厅多导洞施工力学效应分析［J］．中国安全科学学报，2005，15（2）：51-54.

[8] 张晓丽，王梦恕，张顶立．减小浅埋暗挖法施工对建筑物影响的措施［J］．中国安全科学学报，2005，15（11）：69-72.

静压灌浆工法在第三系泥灰岩膨胀软质岩石地区防渗止水的探讨

朱永平

（云南西勘建设工程总公司）

摘　要　静压灌浆是一种传统、有效的地基防渗处理工法，广泛应用于基础防渗、水库坝体加固处理等防渗止水等工程中。一般在岩石裂隙闭合性差、延展性好的岩石应用效果较好，在粘性土、胶结不完全的岩石中应用很少。但若能大胆探索、拓展静压灌浆工法适用领域，在特殊的地质环境下实施并取得成功，则可为以后在特殊地层中的防渗止水提供了宝贵工程经验，使静压灌浆工法发扬光大，为类似工程的设计、施工提供实践经验。

关键词　静压灌浆　半胶结　防渗止水

1　前言

静压灌浆其原理主要是靠浆机压力把浆液注入地层的裂隙中，凝结后与周围的岩（土）体粘结在一起，从而使地层中存在的裂隙被充填、封闭，起到防渗止水的效果。其主要适用于有一定裂隙张开度的岩土体中，对一些虽存在裂隙，但大多被泥质充填的岩层及孔隙较小的粘性土层其适用性差。

在工程实践中我们发现，很多需要防渗处理的工程，在理论上其地层情况往往不适合于利用静压灌浆工法进行处理，而利用其他工法处理不是工程成本较高，就是施工工艺较复杂，如利用处理成本较低的静压灌浆工法进行处理成功，不但节约了工程成本，还可以缩短施工工期。下面就介绍利用静压灌浆工法在第三系泥灰岩膨胀软质岩石地区防渗止水，并取得成功的工程实例，供交流参考。

2　工程概况

工程为城市截污排水输水隧洞施工。输水隧洞全长7908.01m，隧洞断面尺寸3m×3.5m，主隧洞底板高程低于地表高程17.48m，斜井口距离海水西侧173m（图1）。根据《勘察报告》，输水隧洞入口段地下水位较浅，仅0.80～4.00m，地层富含基岩裂隙水，水体与临近海水体连通，每日涌水量在750m³以上，若不进行防渗止水处理，施工时涌水量太大，隧洞掘进难于通过，并存在较大的安全隐患。为保证输水隧洞工程顺利实施，拟对输水隧洞入口段斜井先进行防渗止水，再进行隧洞施工（图1）。

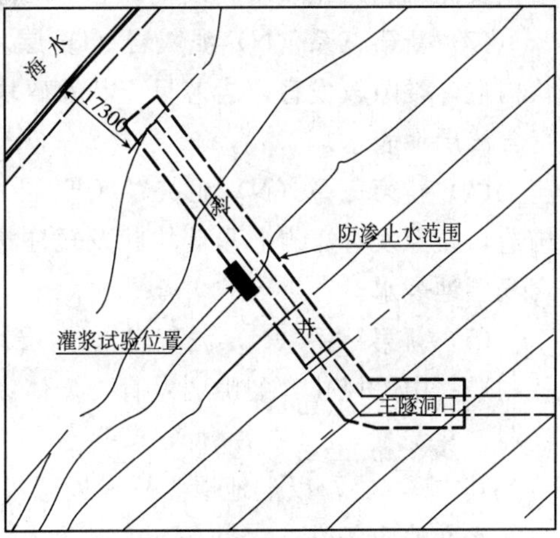

图1　工程平面图

3　场地岩土工程条件简介

拟防渗止水自上而下地层情况（图 2）：

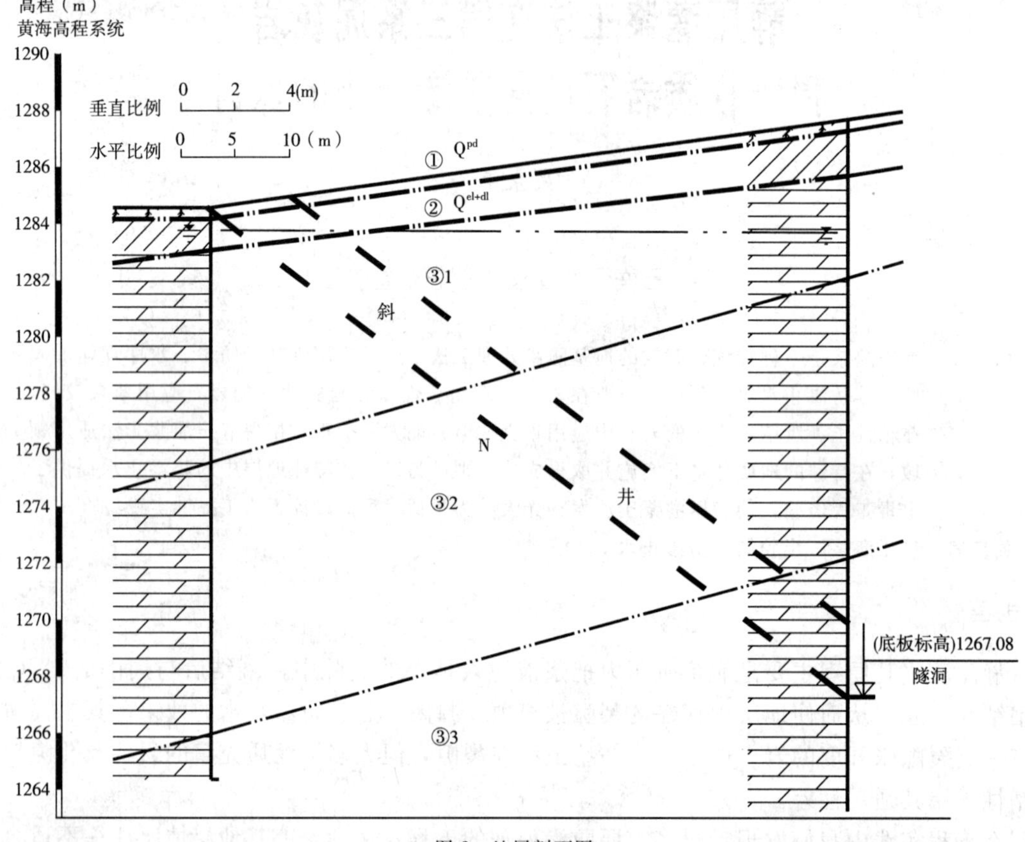

图 2　地层剖面图

（1）第四系耕土（Q^{pd}）：主要为旱地耕植层（①层），结构松散。厚度为 0.30～0.50m。

（2）第四系坡残积（Q^{dl+el}）粘土（②$_1$层）：红褐或褐黄夹灰及灰白色，含少量铁锰质结核及泥灰岩风化残块，硬塑状态，局部为可塑状态，稍湿；厚度为 1.3m。

（3）新第三系（N）泥灰岩（③$_1$层）：灰黄或褐黄夹灰白色，半胶结泥质结构，中厚层状构造，裂隙较发育，岩芯呈土状及碎块状，岩块用手易捏碎。揭示厚度为 3.60～7.52m，富含浅层地表水。

（4）新第三系（N）泥灰岩（③$_2$层）：灰或灰白夹灰黄色，半胶结泥质结构，中厚层状构造，裂隙发育，岩芯呈碎块状及短柱状，岩块用手可折断。揭示厚度为 9.60～9.90m。富含浅层地表水。

（5）新第三系（N）泥灰岩（③$_3$层）：蓝灰或灰白夹灰黄色，半胶结泥质结构，中厚层状构造；中等风化，裂隙弱发育，岩体完整，岩芯呈柱状及短柱状，岩块用锤可击碎，富水性弱。

其中③$_2$ 层及以上地层为防渗处理目的层。

水文地质条件：

上覆第四系土层（①、②$_1$层）土颗粒松散堆积，含有一定量的孔隙，为地下水的赋存和运移提供了空间及通道；而下伏第三系岩层，由于其地层时代较新，经受的构造运动少，加之其为半胶结柔性岩体，构造运动痕迹不易保留，从岩芯上观察，处于地表浅部的③$_1$、③$_2$层为全～强风化层，风化裂隙发育～较发育，见溶蚀孔发育，它们为地下水的赋存和运移提供了一定条件。

4 坝基防渗设计

根据勘察报告，1号斜井区以第三系全～强风化泥灰岩为主，具弱膨胀性，呈半胶结、致密土块状，力学性质类似于软质岩石，裂隙发育，延展性好，从几米到几十米，裂隙宽度从几毫米至几百毫米，紧临大屯海水体，地下水与地表水联系紧密，补给面广、量大。经现场踏勘，邀请专家进行多次方案论证，认为该区地层具有一定的静压灌浆工艺止水防渗条件，先进行灌浆试验，根据灌浆试验结果，确定防渗处理方案。

4.1 灌浆试验

在拟灌浆段选取具代表性的地段设计5个方案进行灌浆试验：第一方案，双排，1.20m排距，2.00m孔距；第二方案，双排，1.20m排距，3.00m孔距；第三方案，双排，1.20m排距，4.00m孔距；第四方案，单排，1.50m孔距；第五方案，单排，2.00m孔距。灌浆试验在处理段位置见图1、灌浆孔试验方案布置见图3。

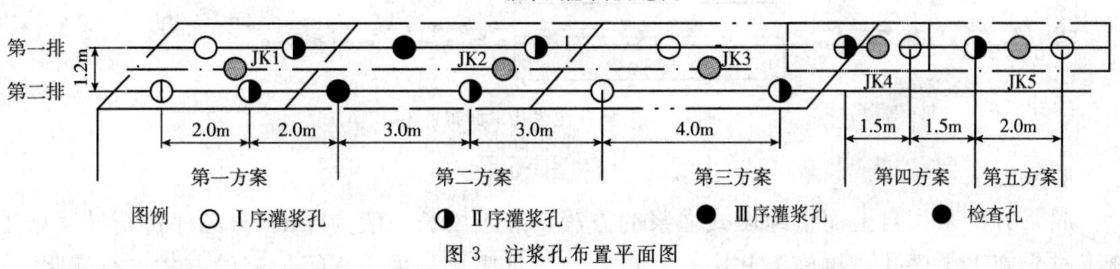

图3 注浆孔布置平面图

4.2 试验结果

灌浆试验结果如表1。

灌浆试验资料汇总 表1

方案	灌浆次序	孔数	平均单位耗灰量(kg/m)	灌前压水试验段数/平均值(lu)	检查孔压水试验段数/平均值(lu)	透水率平均减小(%)
第一方案	Ⅰ	2	1166.7	9/33.83	5/3.99	86
	Ⅱ	2	1688.1	8/23.28		
第二方案	Ⅱ	2	168.3	8/23.35	4/16.8	33.6
	Ⅲ	2	186.5	8/27.29		
第三方案	Ⅰ	2	268.2	8/36.12	4/27.9	20.4
	Ⅱ	2	306.6	7/34.0		
第四方案	Ⅰ	1	502.6	4/38.93	4/28.4	13.1
	Ⅱ	1	308.9	3/26.47		
第五方案	Ⅰ	1	261.1	4/49.73	4/33.2	28.3
	Ⅱ	1	238.2	3/42.85		

从表1，灌前压水和灌后检查孔压水透水率对比可见，第一方案灌前压水透水率为23.28～33.83lu，灌后检查压水仅3.99lu，透水率减小率达86%，灌浆效果显著外，其他灌浆孔灌后检查与灌前压水透水率略有一定效果，但止水效果明显劣于一方案。

根据灌浆试验，该区选用静压灌浆工法可以达到止水防渗目的。选用第一方案进行本次斜井帷幕灌浆。

4.3 灌浆方案确定

灌浆孔布置：

斜井口位置按双排2.0m、排距1.20m布置灌浆孔，井口按双排2.0m、排距1.20m布置灌浆孔封闭；主隧洞按单排2.0m孔距布置灌浆孔，主隧洞部位东侧边界按单排2.0m布置灌浆孔进行封闭（图4）。

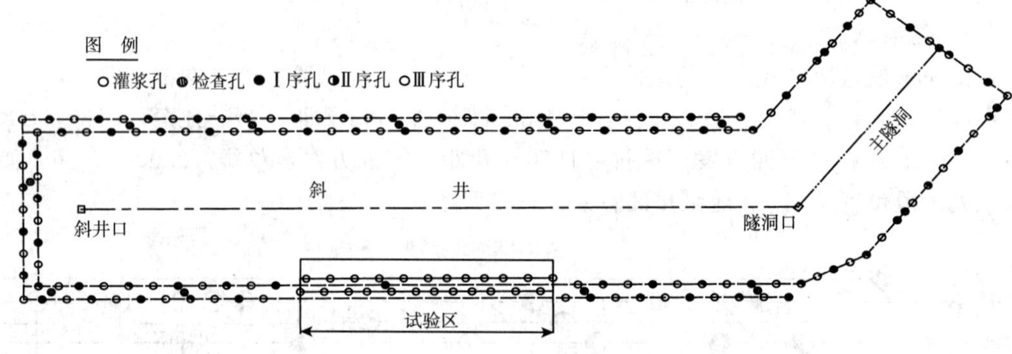

图4 1号斜井注浆孔平面布置图

灌浆方法：

灌浆方法采用自上而下纯压式灌浆的方法，灌浆段长一般为5m。分三序进行灌浆施工。施工时先施工Ⅰ序孔，再施工Ⅱ序孔，最后施工Ⅲ序孔，采用逐级加密的方式进行灌浆。

灌浆压力：

灌浆压力按$P=P_0+MD$公式进行计算，其中：P为灌浆压力，单位为MPa；P_0为初始压力，定取0.1MPa，M为灌浆压力增率，定取0.01MPa/m；D为灌浆段段底埋深，单位为米。套管下第一段灌浆压力采用0.25～0.3MPa，灌浆采用一次升至设计灌浆压力。

浆液水灰比：

灌注纯水泥浆，浆液水灰比采用4∶1、2∶1、1.5∶1、1∶1、0.8∶1五个比级，逐级加浓的原则灌浆。

帷幕底界：

斜井底板在③$_3$层以上的地段两排孔均进入③$_3$层以下3.0m为帷幕底线；斜井底板在③$_3$层以下的地段内排控制到③$_3$层顶界以下3.0m，外排控制到③$_3$层顶界即可。在主隧洞段按单排2.0m孔距布置灌浆孔，灌浆孔深度控制在隧洞底板以下3.0m（图5）。

4.4 灌浆效果

宏观观察：从检查孔钻孔岩心观察，岩心风化裂隙中普遍见水泥浆液结石充填，充填密实。

压水试验：参照灌浆试验灌前压水资料，斜井段地层平均透水率为32.57lu，灌后施工检查孔共15孔，压水试验57段，透水率0.73～11.20lu，平均3.78lu，比灌前减少88.4%。

2006年5月开始斜井部分的开挖施工，开挖断面见大量水泥浆液结石，开挖后斜井内没有呈股状流水现象，都以渗水形式出现，帷幕灌浆后涌水量减少了580～680m^3/d，从开挖前后涌水量分析灌浆效果十分明显。现输水隧洞已全线贯通。

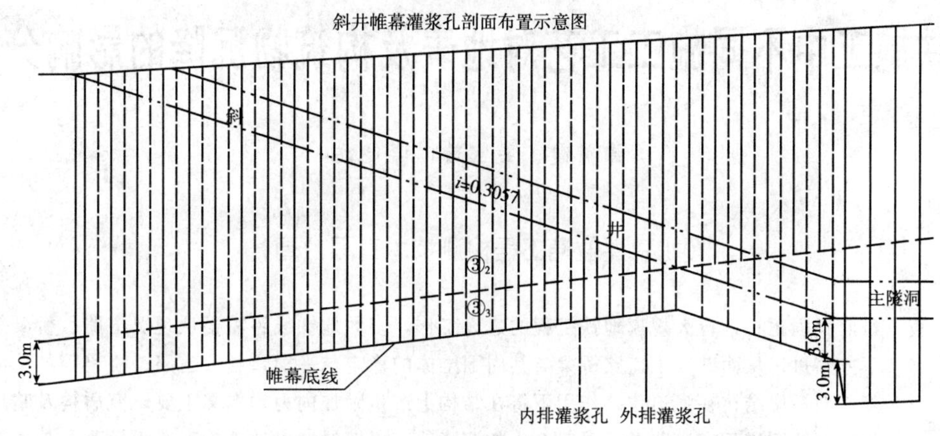

图5　斜井注浆孔剖面图

4.5　小结

在新第三系泥灰岩膨胀软质岩石中，首次利用静压灌浆工艺防渗止水取得成功，填补了省内在新第三系泥灰岩软质岩石中利用静压灌浆防渗止水的空白，拓宽了传统灌浆工法的适用范围。工程采取了科学客观，求真务实，技术可靠，经济合理的岩土设计理念，改变了水工项目传统意义上，防渗帷幕体力求“滴水不漏”的传统设计思想，确定了本次防渗以“控制管道式涌水，允许少许面状渗水，简单抽排不影响斜井及主隧道施工的设计初衷。在施工中摸索、总结出一套在浅覆盖层区如何进行浆液压力合理控制，宽大裂隙密集发育区有效止水，高水位区水泥浆液不易凝结、强度不高的控制、改良等系统的工艺、工法和经验，对类似地层防渗止水有极其重要的借鉴、推广作用。

参考文献

[1] 水工建筑物水泥灌浆施工技术规范（SL62－94）.

[2] 滇南中心城市大屯海截污排水工程1#斜井帷幕灌浆施工管理工作报告．云南西勘建设工程总公司，2006.8.

地铁施工中不同施工工艺对地表及构筑物沉降的影响分析

曾新霞　吴宝玲　李晓元

（北京建业通工程检测技术有限公司）

摘　要　目前我国正在进行大规模地铁工程的建设工作，多数地铁线路需要从现况道路、桥梁等下方穿过，从而破坏了道路桥梁与其周围土体的稳定与平衡，导致道路、桥梁等结构沉降，而桥梁结构在强迫位移作用下将在结构上产生附加内力。本文主要研究盾构及暗挖施工地铁隧道下穿道路及桥梁时产生的沉降值，以期对城市地铁施工有所帮助。

关键词　隧道　盾构　暗挖　监测　沉降

1　工程概况

1.1　盾构施工工程概况

北京某地铁区间两条直径为 6m 的盾构隧道下穿道路及预应力混凝土简支梁桥（记为 A 桥），盾构区间地层自上而下为人工堆积层和第四世纪沉积层两大类，穿越土层为粉土、粉质粘土。地下水为层间潜水，局部为承压水。所穿越桥梁为扩大基础，2～8 号及 3～8 号墩下方有一直径为 1.2m 的污水管线包裹在桥墩基础下，管线走向与桥梁轴线平行。右线隧道位于桥台基础正下方，距基础底面距离为 16.6m，隧道覆土深度为 19.8m。隧道与盾构与桥梁的平面位置关系见图 1。

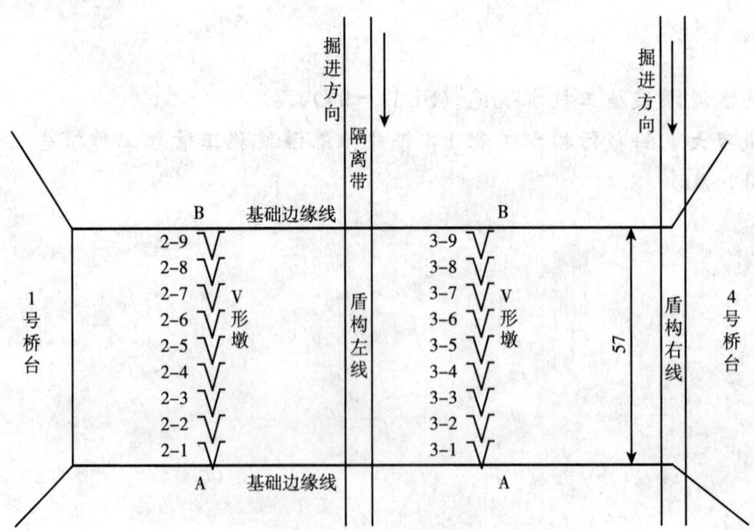

图 1　盾构与桥梁的平面位置关系图（尺寸单位：m）

左右线分段掘进，先进行右线的掘进，盾构隧道掘进速度为 6～7m/d，右线穿越桥区总时间为 8d，在右线穿越完桥区 15d 后左线进入桥区施工，左线穿越桥区总时间为 9d。

在掘进过程中监测与施工单位密切配合，一旦地面或桥梁沉降数值、沉降速率过大时，采取注浆等加固措施。

1.2 暗挖施工工程概况

北京某双线地铁区间暗挖穿越某高架桥（记为B桥），桥梁与线路夹角约74.5°，柱式墩柱，基础为钻孔灌注桩。暗挖结构从两跨间穿越，离钻孔桩最小净间距为区间结构与桥桩基外边缘水平距离：右线隧道4.15m，左线隧道9.86m，隧道覆土深度约为9m。

隧道主要穿越土层为卵石层、细砂层，本段钻探深度内揭露的地下水为第四系孔隙潜水，主要赋存于卵砾石层中，水位埋深27.6～29.1m，暗挖段位于地下水位之上。隧道与桥梁平面位置图见图2。

由于暗挖隧道距离桥桩基础最小净距不到5m，施工中为保证桥梁安全，暗挖施工前，在距离桩基础2.5m处采用排桩支护。

暗挖速度为1～2m/d，采用台阶法施工，上下台阶间隔距离为6～7m。左右线分段施工，先开挖左线，左线穿越桥区总时间为45d，在左线进入桥区15d后右线进入桥区施工，右线穿越桥区总时间为34d。

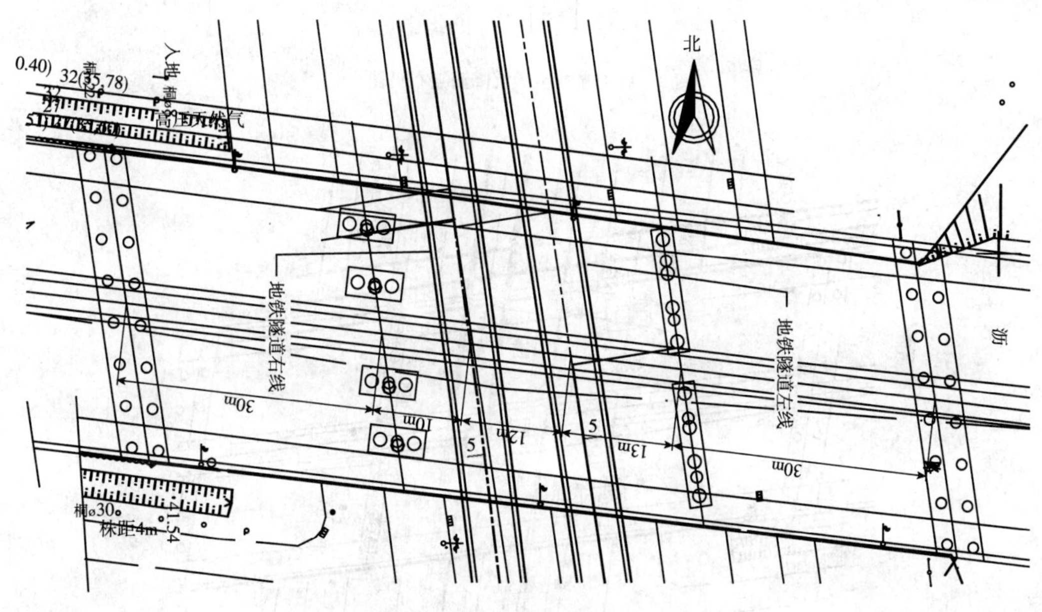

图2 隧道与桥梁的平面位置关系图（尺寸单位：m）

2 测点布设

2.1 盾构隧道段测点布设

在桥区内，盾构隧道上方路面上布设地面沉降观测点，沿盾构掘进方向，每10m布设一个断面的沉降观测点，以监测在盾构掘进过程中将引起的地面沉降值，在每个桥墩及桥台处布设沉降测点，路面及桥梁沉降观测点平面图测点详细布置见图3。

2.2 暗挖隧道段测点布设

沿隧道开挖方向每10m布设1个监测断面；在桥墩上布设沉降测点，在桥台上布设沉降测点。具体测点布设见图4。

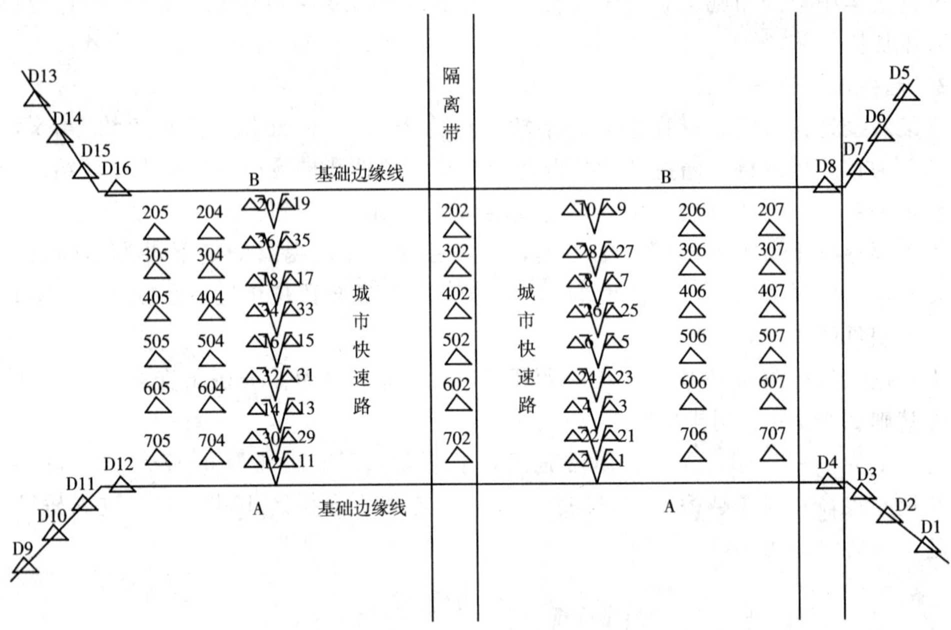

图 3　盾构穿越桥梁沉降测点布设图

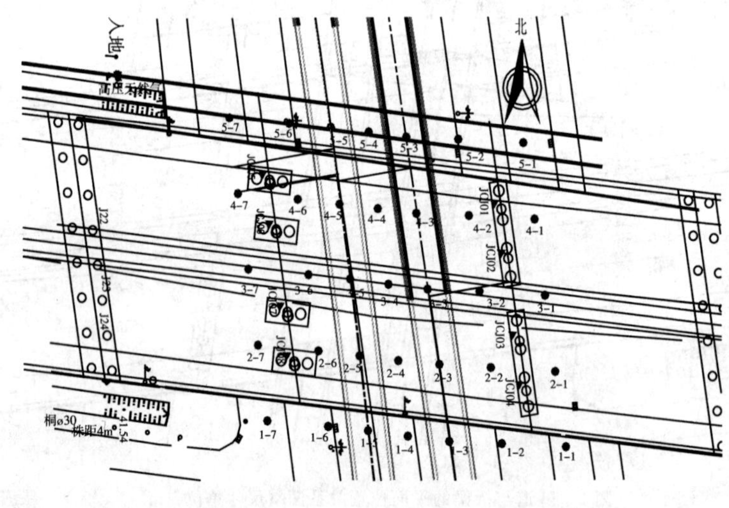

图 4　暗挖穿越桥梁沉降测点布设图

3　数据分析

3.1　盾构隧道段数据分析

3.1.1　地表沉降测点

地表受两次隧道开挖的综合影响，沉降速率有明显突变点，地表沉降在刀盘切过后一天时间沉降速率达最大值。地表沉降点盾尾离开断面后，沉降速率增大，持续时间约 15d，监测到有较大沉降值时及时与施工单位沟通，通过注浆又将土体抬高。

3.1.2　桥梁沉降测点

在右线隧道下穿桥区的过程中，由于拱顶上方正对 4 号桥台位置，该隧道施工过程中引起了桥梁的较大沉降。左线隧道轴线位置即为道路中央分隔带上，隧道掘进过程中导致的桥梁沉降值比右线施工造成的影响要小。由监测结果可知，以盾尾离开监测点开始计时间，在第一天时导致的地面沉降值都比较小，测点的沉降速率为 1mm 左右，在第二天时地面和桥墩测点沉降速率达最大值，以后几天沉降速率逐渐减缓，直至沉降稳定。

（1）沉降现状

4 号桥台处 D6 有最大沉降值，盾构右、左线施工同时造成该测点产生沉降，其最大沉降值为 10.07mm，见图 5～图 7。

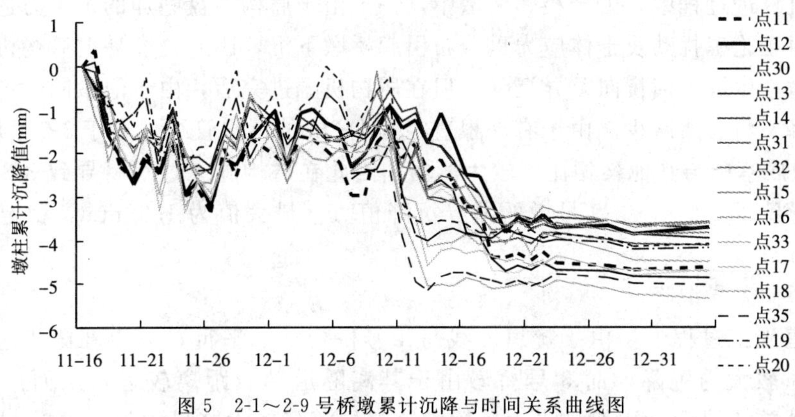

图 5　2-1～2-9 号桥墩累计沉降与时间关系曲线图

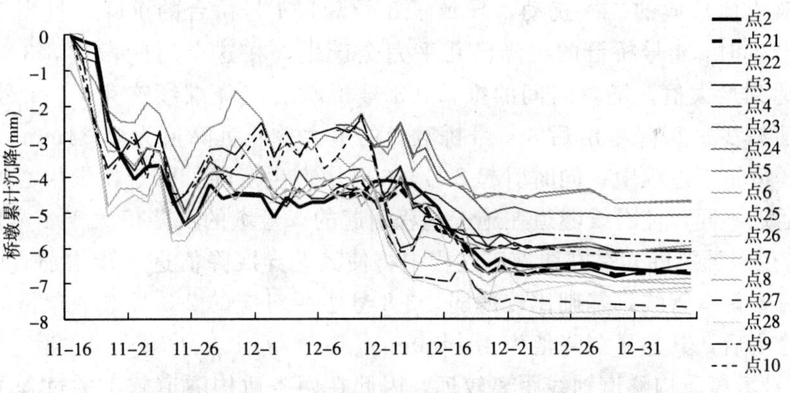

图 6　3-1～3-9 号桥墩累计沉降与时间关系曲线图

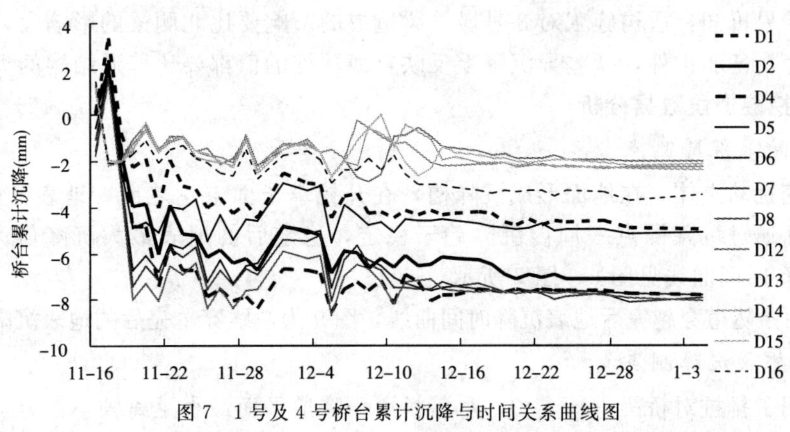

图 7　1 号及 4 号桥台累计沉降与时间关系曲线图

(2) 沉降机理

根据曲线图分析，在右线隧道下穿桥区的过程中，由于拱顶上方正对 4 号桥台位置，该隧道施工过程中引起了桥梁的较大沉降。左线隧道掘进过程中导致的桥梁沉降值比右线施工造成的影响要小。由监测结果可知，以盾尾离开监测点开始计时间，在第一天时导致的地面沉降值都比较小，测点的沉降速率为 1mm 左右，在第二天时地面和桥墩测点沉降速率达最大值，以后几天沉降速率逐渐减缓，直至沉降稳定。

(3) 横桥向差异沉降

在盾构机掘进过程中，由于相邻两墩中，一个由于盾构刀盘施加的土压力造成了桥墩的上拱，一个由于施工扰动及土体应力重分布引起桥墩下沉，因此最容易在盾构机作业面所对应的两相邻墩产生最大横桥向差异沉降。但在盾构机掘进完后，由于两墩同时产生沉降，横桥向差异沉降又将有所减少。由于有一根直径为 1.2m 的污水管线包裹于 3-8 号墩基础底部，因此 3-8 号墩底基础与其他梁相比，较为薄弱，因此在盾构施工过程将导致 3-8 号墩产生较大的沉降。导致了 3-8 号～3-9 号墩的差异沉降值大（最大值为 1.99mm，稳定后的差异沉降值为 1.69mm）。

(4) 顺桥向差异沉降

右线隧道施工过程中，由于隧道轴线与 4 号桥台轴线平行，隧道在施工过程中导致 4 号桥台产生了较大的沉降，而 3 号桥墩由于其离隧道轴线距离较远，从而产生的沉降较小。因此右线施工过程中引起的 3-4 号桥墩台差异沉降较大（最大值为：3.84mm）。由于左线施工时对土体造成的二次扰动，导致了 3 号墩和 4 号桥台的沉降。且当 3 号桥墩的沉降还未完全产生时，4 号桥台的沉降已几乎完全产生，在这个时间段内，3-4 号桥墩台的差异沉降将达到最大值。随着时间的推移，3 号桥墩的沉降继续产生，3-4 号桥墩台的差异沉降将有所减少。沉降稳定后 3-4 号桥墩台的最大差异沉降值为 2.94mm。

在右线隧道施工过程中，同时引起 2 号、3 号墩产生沉降，由于桥墩中心线离盾构隧道轴线的距离远近不同，使右线隧道在施工过程引起的 3 号墩的沉降值大于 2 号墩，这将在 2 号、3 号墩产生差异沉降。在左线施工过程中将使其差异沉降值进一步增加。由于 3-8 号墩基础底下埋有一污水管线，基础比较薄弱，3-8 号墩所对应的 2-3 号墩的顺桥向差异沉降值较大。沉降稳定后，其差异沉降值为 4.14mm。

1 号、2 号墩离盾构隧道轴线距离较远，因此在两条盾构隧道施工的过程中产生的沉降值及差异沉降值均比较小。

由分析结果可知，盾构施工对 3 号墩侧梁造成的影响要比北侧梁的影响大，同时由于桥梁结构本身存在薄弱构件，从差异沉降上反映，薄弱处的值都要比普通结构的大。

3.2 暗挖隧道段数据分析

3.2.1 地表沉降测点

由于暗挖扰动土体，在地面形成沉降槽，在开挖掌子面未达之前，地表开始发生沉降，在开挖掌子面通过沉降测点一周内沉降趋于稳定，稳定后的地表最大沉降值为 19.95mm。地表测点沉降-时间曲线见图 6、图 7 所示。

图 8 为两条隧道穿越完后地表沉降时间曲线，图 9 为左线穿越完后的地表沉降时间曲线。

3.2.2 桥梁沉降测点

由于采用了排桩对桥梁进行支护，尽管桥墩距隧道平面最小距离较小，为 4.15m，隧道开挖对桥墩造成的沉降影响较小。

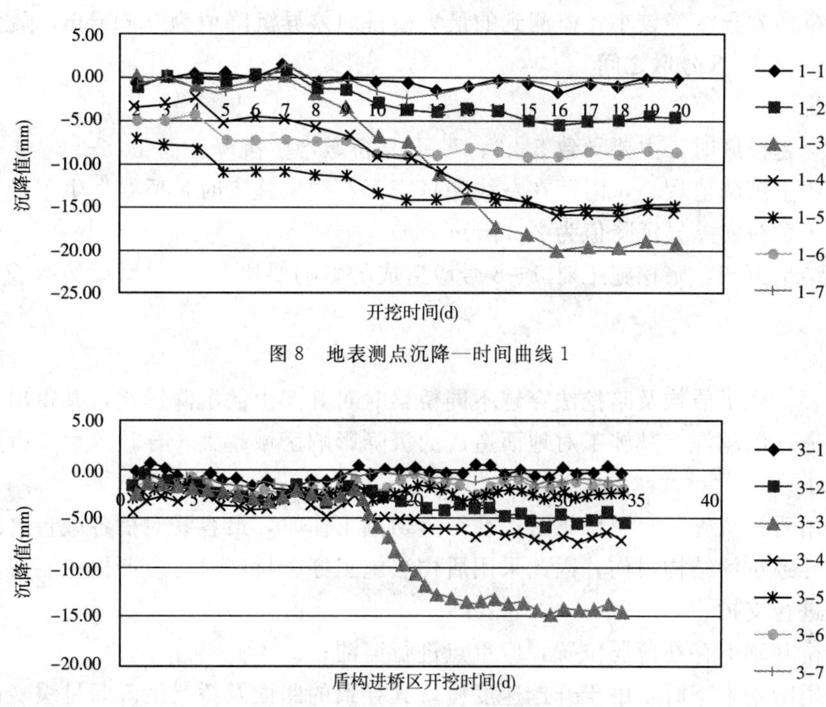

图 8 地表测点沉降—时间曲线 1

图 9 地表测点沉降—时间曲线 2

由于开挖速度较为缓慢，以掌子面到达监测断面时开始计时，每天均发生沉降，沉降速率较缓慢，未发现有沉降突变现象。断面开挖后约 10d 沉降趋于稳定，桥梁测点沉降时间曲线见图 10 所示，两条隧道暗挖穿越桥区后，桥梁的最大沉降值为 3.39mm。

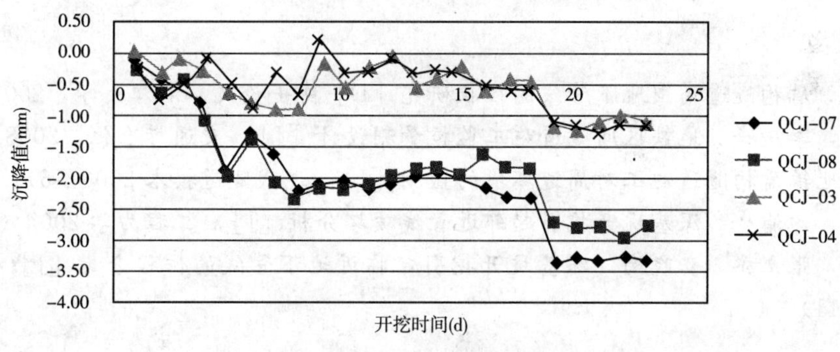

图 10 桥梁测点沉降时间曲线图

（1）沉降分析

根据曲线图分析，在左线隧道下穿桥区的过程中，由于 3 号及 4 号墩承台下的桩基础土体的摩擦力受到减弱，两桥墩发生沉降，而 7 号及 8 号墩距离开挖隧道的水平距离大于 15m，在左线隧道开挖时桥墩未发生沉降。由于右线施工时，对土体造成二次扰动 3 号及 4 号继续发生沉降，并引起 7 号及 8 号墩沉降。

（2）横桥向差异沉降

由于隧道暗挖方向与桥轴线方向垂直，且暗挖隧道施工开挖速度慢，导致桥墩沉降呈缓变趋势。

穿越桥区位置处隧道埋深较浅，且隧道距离桥墩有一定水平距离，由于上述因素的影响，桥墩横桥向差异沉降较小，监测到的最大横桥向差异沉降值为0.69mm，最大横桥向差异沉降值发生在7～8号墩之间。

（3）顺桥向差异沉降

在左线穿越桥区时，主要导致5、6、7、8号桥墩产生沉降，而1、2、3、4号墩由于距桥区较远，产生沉降值较小，因而在左线穿越完而右线未施工时，桥梁发生了最大顺桥向差异沉降，最大顺桥向差异沉降值为2.35mm。

由分析结果可知，暗挖施工对5～8号墩造成的影响要比1～4号墩梁的影响大。

4 结论

本文主要研究了盾构及暗挖法穿越不同桥梁时对其产生的沉降影响，并得出如下结论：

（1）隧道埋深越深，其施工对地面造成的沉降影响区域越大，导致地面及桥梁产生的最大沉降值越小；

（2）采用盾构法施工穿越桥梁时，在刀盘切割土体时，最容易对桥各墩台之间形成最大差异沉降，导致桥梁结构损伤，因此采用盾构法施工穿越桥区时，应严格控制刀盘压力，并及时在盾尾进行支护；

（3）若桥基础下存在薄弱位置，应重点进行监测；

（4）采用暗挖施工时，由于开挖速度慢，其导致的路面及桥梁沉降为呈缓变曲线，而采用盾构法施工时，沉降速率有明显突变点，地表及桥梁沉降在刀盘切过后一天时间沉降速率达最大值；

（5）与盾构开挖法相对比，暗挖施工对桥墩产生的沉降及差异沉降量要小，但对道路及桥梁产生的绝对沉降量要更大。

参考文献

[1] 吴为义．盾构隧道周围地下管线的性状研究［D］博士论文．浙江大学，2008.

[2] 李红岩，李庆峰．地铁区间隧道施工监控量测设计［J］．交通标准化，2008（12）．

[3] 崔晓．地铁盾构隧道施工对周边环境的监测［J］．现代隧道技术 2006（6）．

[4] 段劭伟，沈浦生．深基坑开挖引起邻近管线破坏分析［J］．工程力学 2005（8）．

[5] 李大勇，张土乔，龚晓南．深基坑开挖引起临近地下管线的位移分析［J］；工业建筑；1999（11）．

盾构始发与到达端头加固范围研究

江玉生　江　华　杨志勇　栾文伟

（中国矿业大学（北京））

摘　要　盾构始发与到达端头加固理论的研究主要是用强度与稳定性准则研究加固范围的合理性问题。建立端头加固土体的力学模型，利用弹性力学轴对称问题的求解思路和叠加原理，求解基于强度准则的纵向加固范围。根据稳定性准则的基本要求，分析土体滑移失稳理论对纵向加固范围的要求。同时，不能忽视土体的横向扰动，利用土体扰动极限平衡理论和松动圈的相关知识分析稳定性对横向加固的要求。

关键词　盾构隧道　始发与到达　加固范围　强度准则　稳定性准则

引言

端头加固土体的强度与稳定性准则是盾构始发与到达施工技术中最重要的研究内容之一，是始发与到达施工设计的基本理论依据。目前国内外专家和学者对端头土体的破坏机理和破坏模式已经有了比较深刻的认识，对强度与稳定性等力学特征也做了很多研究工作。然而国内外学者以往基于强度的研究大多都将端头土体受到的梯形荷载（水土合力）简化为均布荷载，基于稳定性的研究，往往将粘土和砂土一起研究，没有考虑凝聚力对于土体稳定的影响，研究结果往往与工程实际问题相差较大，求得的加固范围偏于危险，使用不当容易引发工程事故。

因此，针对盾构始发与到达端头加固亟待解决的强度与稳定性问题展开了研究。基于弹性力学[4,5]等效方法和叠加理论，建立关于端头加固土体所受梯形荷载的等效力学模型，在端头加固土体力学模型的研究中走出了一条新路。同时在稳定性研究中，分析凝聚力对土体稳定性的影响，建立砂土和粘土的滑动力学模型，分析基于稳定性要求的纵向加固范围。虽然纵向加固是盾构始发与到达端头加固的核心与关键，但是盾构隧道洞门处围护结构的破除，同样扰动了端头土体的横向围岩，必须对盾构隧道端头横向一定范围内的土体也进行加固处理。本文利用土体扰动极限平衡理论和松动圈的相关理论[7,8]，对满足稳定性要求的横向加固范围进行了分析和研究。

1　强度准则

1.1　端头加固土体力学模型的建立

研究盾构始发与到达端头加固土体时，将加固土体等效为弹性薄板，它在弯曲变形时应力、应变和位移的计算，属于弹性力学的空间问题。根据弹性力学板块理论的基本知识，假设端头加固土体纵向加固范围为 t，直径为 D，由土力学基本知识可知，圆形薄板受到静水压力和侧向土压力的作用，两者合力为梯形荷载。圆形截面上作用的梯形荷载是一个非对称问题，数学模型相当复杂，要得到满足全部基本方程和边界条件的精确解非常困难。

以往力学模型的求解均将梯形荷载简化为均布荷载，然后运用弹性力学的轴对称知识求得满足强度准则的纵向加固范围。但是将梯形荷载简化为均布荷载后求解的结果偏于危险。鉴于此，为了反映端头加固土体的真实受力情况和变形特征，本文通过对传统力学模型的分析与研究，总结传统研究方法的优缺点，在弹性允许的范围内，建立等效力学模型，将梯形荷载等效为均布荷载和三角形反对称荷载的叠加，即求解不对称问题转化为求解一个对称问题和一个反对称问题的叠加，如图 1 所示。

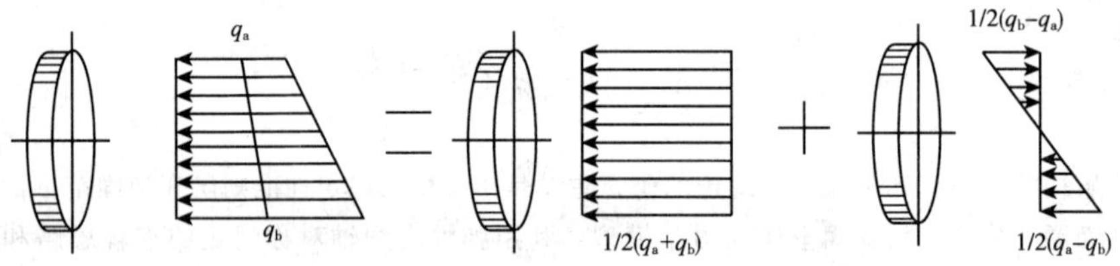

图 1　梯形荷载等效力学模型图

1.2　端头加固土体力学模型的求解

将加固土体上的梯形荷载等效为均面荷载和三角形反对称荷载的叠加后，首先利用弹性圆形薄板的基本理论和轴对称问题的求解方法[4,5]，分别求得加固土体在均布荷载和三角形反对称荷载作用下加固土体的内力分布特征和作用形式，然后利用叠加原理，将两种荷载作用下加固土体上的内力和位移进行叠加，求得梯形荷载作用时端头加固土体上的挠度和弯矩为：

$$\begin{cases}\omega_{梯形}=\dfrac{q_o D^3}{1024}\left(1-\dfrac{4\rho^2}{D^2}\right)\left(\dfrac{5+\mu}{1+\mu}-\dfrac{4\rho^2}{D^2}\right)+\dfrac{q_1 D^2\rho}{1536}\left(1-\dfrac{4\rho^2}{D^2}\right)\left(\dfrac{7+\mu}{3+\mu}-\dfrac{4\rho^2}{D^2}\right)\cos\varphi \\ M_{\rho梯形}=\dfrac{(3+\mu)\ q_o D^2}{64}\left(1-\dfrac{4\rho^2}{D^2}\right)+\dfrac{q_1 D\rho}{96}\ (5+\mu)\ \left(1-\dfrac{4\rho^2}{D^2}\right)\cos\varphi \\ M_{\varphi梯形}=\dfrac{q_o D^2}{64}\left[(3+\mu)\ -\ (1+3\mu)\ \dfrac{4\rho^2}{D^2}\right]+\dfrac{q_1 D\rho}{96}\left[\dfrac{(5+\mu)\ (1+3\mu)}{3+\mu}-\ (1+5\mu)\ \dfrac{4\rho^2}{D^2}\right]\cos\varphi\end{cases} \tag{1}$$

1.3　纵向加固范围的强度要求[10]

求得梯形荷载作用下加固土体的挠度和弯矩后，根据弹性力学理论，结合强度准则对加固土体的要求，对端头土体纵向加固范围进行求解。

(1) 最大剪应力

将加固土体简化为圆形薄板后，根据圆形薄板的几何条件和剪应力的作用特征可知，极坐标下，$\varphi=0$，$\rho=D/2$ 处，加固土体的剪应力最大，根据最大剪应力理论，有

$$t_{剪}\geqslant\frac{\beta_1 k_1}{\tau_c} \tag{2}$$

式中：$\beta_1=-\left[\dfrac{q_0 D}{4}+\dfrac{3q_1 D^2}{32}-\dfrac{q_1 D}{24}\dfrac{5+\mu}{3+\mu}\right]$；

τ_c——抗剪强度，根据经验取 $\tau_c=\dfrac{q_\mu}{6}$；

k_1——安全系数；

μ——加固后土体的泊松比。

（2）最大拉应力

根据圆形薄板的几何条件和径向拉应力作用特征可知，盾构始发与到达端头加固土体在 $\varphi=0$，$\rho=(-B_2+\sqrt{B_2^2-4A_2C_2})/2A_2$ 处其中 $A_2=6\ (5+\mu)\ q_1/D$，$B_2=6\ (3+\mu)\ q_0$，$C_2=-D\ (5+\mu)\ q_1/2$，端头加固土体的径向拉应力最大，根据最大拉应力理论，满足径向抗拉要求的纵向加固范围

$$t_2\geqslant\sqrt{\frac{\beta_2 k_2}{16\sigma_t}} \tag{3}$$

式中：$\beta_2=\left(1-\frac{4\rho^2}{D^2}\right)\left[\frac{3(3+\mu)q_0D^2}{2}+q_1(5+\mu)D\rho\right]$。

σ_t——土体的抗拉强度，取 $\sigma_t=\left(\frac{1}{12}\sim\frac{1}{8}\right)q_u$。

同理可知，在 $\varphi=0$，$\rho=(-B_3+\sqrt{B_3^2-4A_3C_3})/2A_3$ 处其中 $A_3=(1+5\mu)q_1/8D$，$B_3=(1+3\mu)q_0/8$，$C_3=-(5+\mu)(1+3\mu)q_1D/96(3+\mu)$，端头加固土体的环向拉应力最大，有：

$$t_3\geqslant\sqrt{\frac{\beta_3 k_3}{16\sigma_t}} \tag{4}$$

式中：$\beta_3=\frac{3q_0D^2}{2}\left[(3+\mu)-(1+3\mu)\frac{4\rho^2}{D^2}\right]+q_1\rho D\left[\frac{(5+\mu)(1+3\mu)}{3+\mu}-(1+5\mu)\frac{4\rho^2}{D^2}\right]$。

最大径向拉应力和最大环向拉应力必须同时满足抗拉条件的要求，则

$$t_{拉}=\max\ \{t_2,\ t_3\}\ =\left\{\sqrt{\frac{\beta_2 k_2}{16\sigma_t}},\ \sqrt{\frac{\beta_3 k_3}{16\sigma_t}}\right\} \tag{5}$$

（3）纵向加固范围

由拉应力理论和剪应力理论可知，盾构始发与到达端头加固土体必须同时满足抗拉和抗剪的要求，即满足强度准则要求的端头土体的纵向加固范围为

$$t_{强度}=\max\ \{t_{剪},\ t_{拉}\}\ =\max\left\{\frac{\beta_1 k_1}{\tau_c},\ \sqrt{\frac{\beta_2 k_2}{16\sigma_t}},\ \sqrt{\frac{\beta_3 k_3}{16\sigma_t}},\right\} \tag{6}$$

2 稳定性准则

2.1 粘土的滑移失稳模型

盾构洞门维护结构破除后，上覆土体、地面堆载和侧压力的共同作用下，粘性土性可能沿着某个滑移面从开挖面向盾构工作井内整体滑动，由于凝聚力的存在，粘性土体的滑动面是一圆弧面，如图 2 所示。根据滑移失稳理论，假定滑动面是开挖隧道在洞口处以顶点 0 为圆心，洞径 D 为半径的圆弧面，对于粘性土层而言，上覆土体由于凝聚力的存在，其滑动模式不可能完全是直线的，简化计算后，应该考虑到抗滑安全的要求，通常假设个安全系数 K 为 1.5，本文假设抗滑安全系数根据土体的平衡条件 $KM=\overline{M}$，求得：

$$\theta=\frac{K\left(\frac{PD^2}{2}+\sum_i^n\gamma_iH_i\cdot\frac{D^2}{2}+\frac{\gamma_tD^3}{3}\right)-c\left(HD+\frac{\pi}{2}D^2\right)}{(\Delta c-c)\ D^2} \tag{7}$$

式中：γ_t——加固前土体的平均重度；

c——加固前土体的凝聚力；

Δc——加固后土体的凝聚力；

H——上覆土体的高度；

θ——加固厚度与滑移线相交圆弧所对应的圆心角。

则满足粘性土体整体稳定性要求的纵向加固范围为：

$$t_{粘土}=D\cdot\sin\theta \tag{8}$$

2.2 砂土的滑移失稳模型[6,11,12]

砂性土的力学模型不同于粘性土体，砂性土无凝聚力，通过对砂性土坡的室内及室外的研究表明，砂性土坡的破坏过程表现出突发性，其滑裂面从坡顶至坡脚形成一条近似直线型的滑裂面；根据 Terzaghi 松动土压力原理以及离心试验显示洞顶上方砂性土体的破坏面是竖直滑动面，如图 3 所示。在上覆土体的自重作用下，土体发生滑移破坏，假设砂性土体的

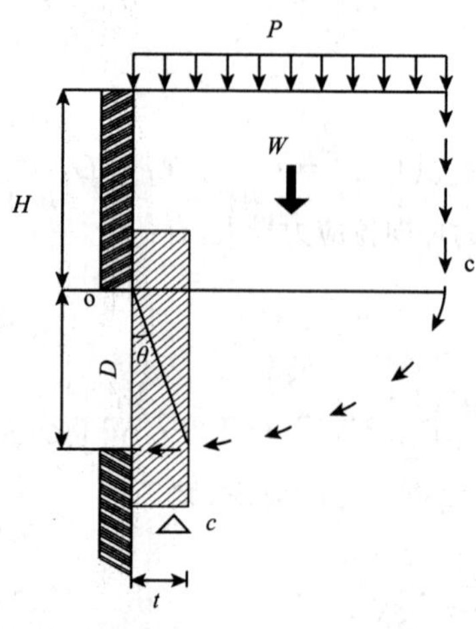

图 2 粘土的失稳破坏模式

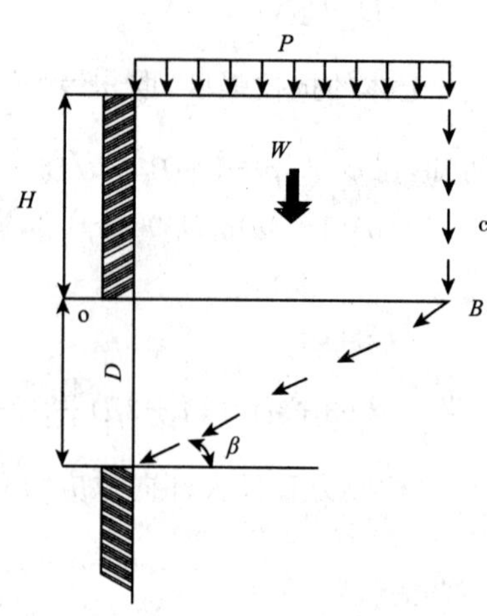

图 3 砂土失稳破坏模型

破坏滑移面为斜直面，破裂面与水平方向的夹角为 β，当竖直土坡处于极限平衡状态时，潜在的破坏滑移面上，滑动力与抗滑力处于静力平衡状态，求得稳定安全系数 $F_s=\tan\varphi/\tan\beta$，当 $F_s=1$ 时，$\beta=\varphi$，则端头土体纵向滑移范围为：$OB=D/\tan\beta=D/\tan\varphi$，根据抗滑要求，砂土的纵向加固范围为：

$$t_{砂土}\geqslant OB=\frac{D}{\tan\varphi} \tag{9}$$

式中：D——隧道洞门直径；

φ——砂性土内摩擦角。

这里的 φ 值等于砂土在松散状态时的内摩擦角，实际地层中几乎不存在这种类型的土，对于实际工程中土体往往都是经过压密后的无粘性土，或者局部地区是砂土，内摩擦角增大，稳定坡脚也随之增大。因此适当降低纵向加固范围也能满足砂土抗滑稳定性的要求。

2.3 土体的扰动极限平衡理论

盾构隧道开挖，打破了土体之间的三向应力平衡状态，隧道开挖对围岩产生了扰动，在洞壁周围产生应力集中，当最大剪应力超过土体的抗剪强度时，隧道周围土体产生破坏，破坏区由洞壁逐渐向土体深部扩散，形成一个塑性松动圈。塑性松动圈的出现使圈内一定范围内的应力因释放而明显降低，而最大应力集中由原来的洞壁移至塑性圈与弹性圈交界处。因此必须对隧道横向范围的土体进行加固，使围岩能满足横向稳定性的要求。

隧道的横向加固范围如图 4 所示，假设在均质，各向同性的土体中开挖一直径为 D 的

水平圆形洞室，开挖后形成的塑性松动圈半径为 R，土体中的天然应力为 σ_m，松动圈内土体强度服从莫尔—库仑破坏理论，根据塑性圈应力平衡理论和土体破坏条件，并结合松动圈周围土体的边界条件，求得松动圈的半径为：

$$R=\frac{D}{2}\cdot\sqrt[\frac{2\sin\varphi}{1-\sin\varphi}]{\frac{\sigma_m}{\Delta c\cdot\cot\varphi}+1} \tag{10}$$

则盾构隧道上部土体的加固范围应该为：

$$H_1=H=k\left(R-\frac{D}{2}\right) \tag{11}$$

取盾构隧道下部土体的加固范围 $H_2=H_1$，k 为安全系数，其他参数同上。

假设盾构隧道周围两侧土体满足稳定性破坏条件需要加固的厚度为 L，根据朗肯土压力理论，剪切破坏面与大主应力方向的夹角为（$45°-\varphi/2$），即与大主应力作用面的夹角为（$45°+\varphi/2$），如图 5 所示，三角形 Omn 为直角三角形，所以可以求出 β 角的度数为：

$$\beta=\arccos\left(\frac{D}{D+2H_1}\right)-\left(\frac{\pi}{4}-\frac{\varphi}{2}\right) \tag{12}$$

则盾构隧道两侧土体的加固范围为：

$$L=\left(\frac{D}{2}+H_1\right)\cdot\cos\beta-\frac{D}{2} \tag{13}$$

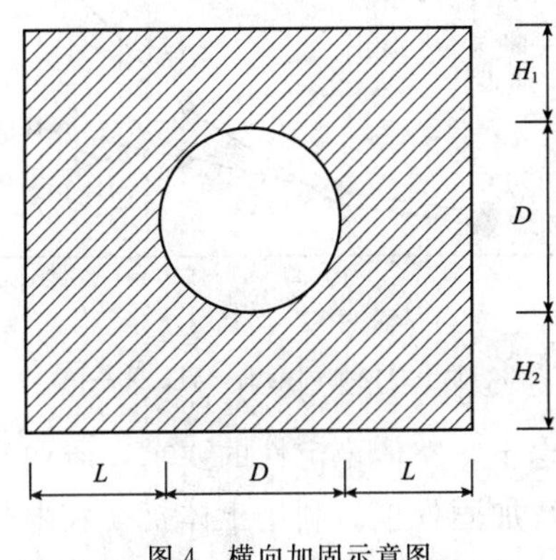

图 4　横向加固示意图

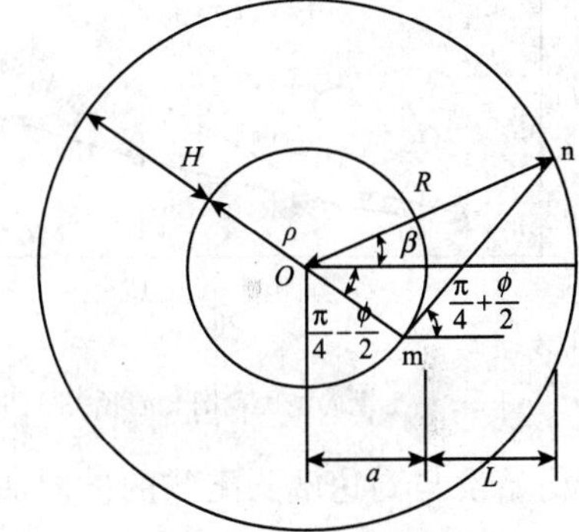

图 5　松动圈计算图

3　算例计算与分析

表 1 是根据实际工程资料查到的常见的砂土和粘土的地层参数，计算时取隧道埋深为 12m，盾构直径分别取 6m、10m、15m 和 20m。

端头区土层参数　　表 1

土层	密度 (g/cm³)	弹性模量 (MPa)	凝聚力 (kPa)	内摩擦角 (°)	侧压力系数	泊松比
粘土	1.7	10	8	20	0.6	0.35
砂土	1.8	35	0	32	0.45	0.3
加固土体	2.0	100	300	30		0.22

注：抗压强度 $\sigma_c=1.0$MPa，抗拉强度 $\sigma_c=0.1$MPa，抗剪强度 $\tau_c=0.17$MPa。

根据盾构始发与到达端头加固的强度和稳定性准则，分别对砂土和粘土地层端头土体的纵向加固范围进行计算，如图 6 所示。计算结果表明砂土和粘土地层端头土体的纵向加固范围均随着盾构直径的增加面增大，而且直径越大，纵向加固范围增加的速率越快，同时，其他条件相同的情况下，砂土地层的纵向加固范围比粘土地层大。

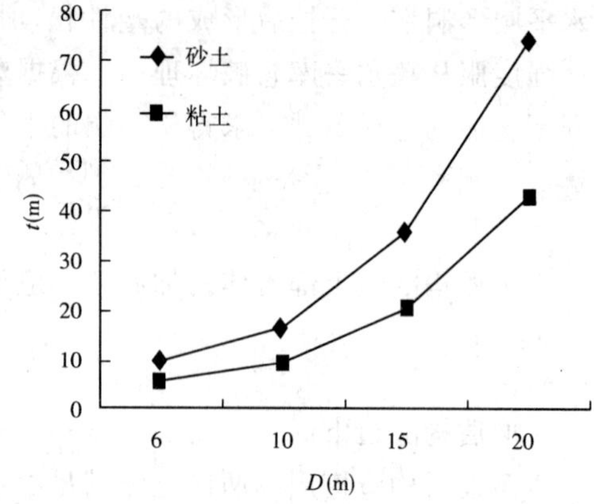

图 6　不同土体纵向加固范围—洞径对比图

如图 7 所示，对于粘性土来说，强度准则一直是主导因素，根据强度准则求得的纵向加固范围比稳定性准则要求的纵向加固范围大，而且随着盾构直径的增大，两者差距越来越大。因此，盾构始发与到达时，基于强度准则的纵向加固范围必须满足，因为只要满足强度准则，稳定性准则自然就满足。相比而言，砂土地层相对要复杂，当盾构直径较小时，小于 10m 时，稳定性准则占主导，而随着盾构直径的增大，强度准则趋于主导地位（图 8）。

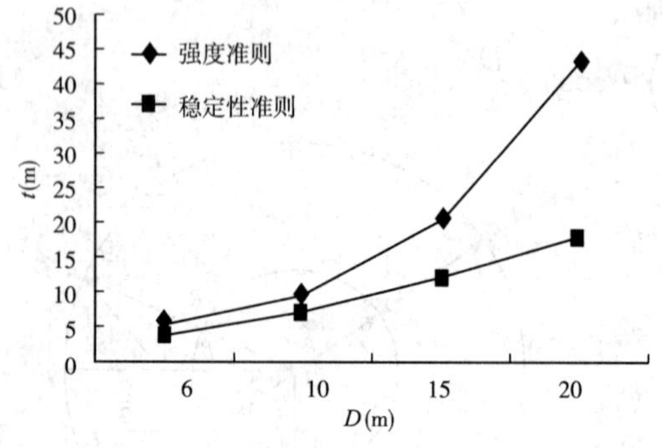

图 7　粘土纵向加固范围—洞径关系图

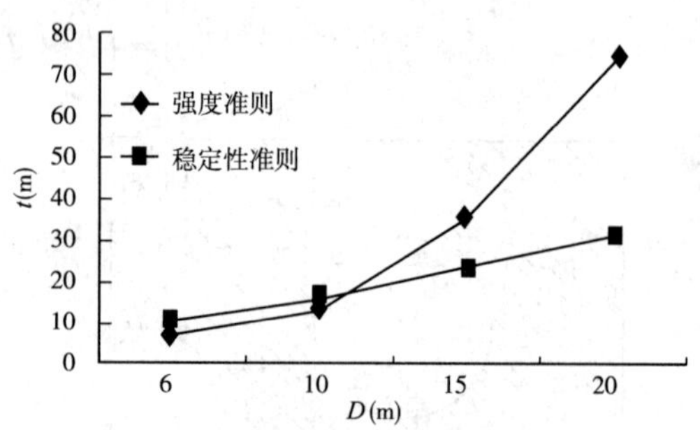

图 8　砂土纵向加固范围—洞径关系图

盾构始发与到达端头土体的横向加固范围主要考虑土体整体稳定性的要求，盾构封门的开挖扰动了盾构隧道的横向土体，必须对横向土体进行加固处理。利用土体扰动极限平衡理论计算公式对横向加固范围进行计算，主要包括隧道上下部及其隧道两侧的加固范围，见图 9 和图 10，粘土和砂土横向加固范围明显要比纵向加固范围要小的多，隧道上下部与隧道两侧的加固范围随盾构直径的变化规律几乎相同，加固范围随盾构直径成线性增加，同时砂土的加固范围大于粘土。

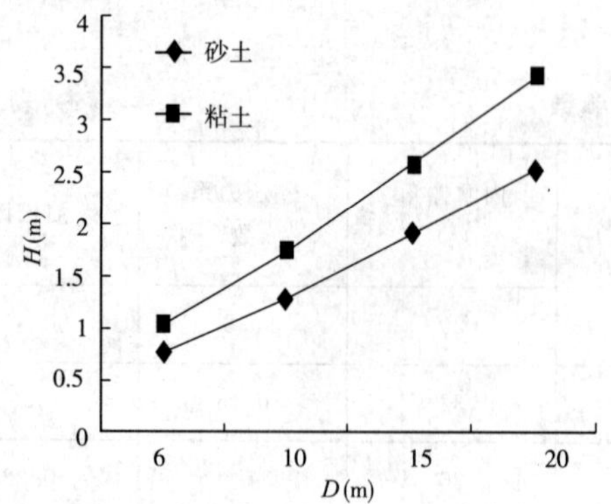

图 9　不同土体上部加固范围—洞径对比图

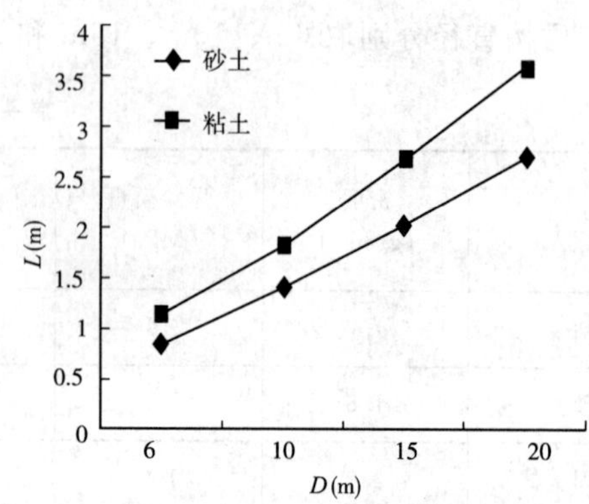

图 10　不同土体两侧加固范围—洞径对比图

4 结论

(1) 根据端头加固土体的受力特征，建立了梯形荷载的等效力学模型，将梯形荷载等效为均布荷载和三角形反对称荷载的叠加，利用强度准则求得端头加固土体的纵向加固范围，在端头加固的研究中走出了一条新路。

(2) 基于稳定性准则的基本要求，根据粘土和砂土的地层特点，分别建立了砂土和粘土的破坏模型和土体的滑动曲线。数值计算结果和理论假设相互吻合，证明了基于稳定性准则的假设是正确的，表明了本文推导的横向加固范围有是合理、可靠的。

(3) 算例分析的结果与工程实际结果相符合，变化规律相似，计算结果表明盾构始发与到达端达土体的纵向加固范围和横向加固范围均随盾构直径成线性增加，而且盾构直径越大，纵向加固范围增加的速度越大。同时由于粘土和砂土地层特征的差异，在其他工程条件相同的情况下，砂土的纵向加固范围和横向加固范围均大于砂土。

参考文献

[1] JJGA 日本ジェシトクゥト协会，Jet Grout. ジェシトクゥト工法，平成 2 年 2 月.

[2] 张庆贺，唐益群，杨林德. 隧道建设盾构进出洞施工技术研究 [J]. 地下空间，1994，14 (2)：110-119.

[3] 施促衡. 地下铁道设计与施工 [M]. 西安：陕西科学技术出版社，2006.

[4] 赵峻，戴海蛟. 盾构法隧道软土地层盾构进出洞施工技术 [J]. 岩石力学与工程学报，2004，23 (2)：5147-5152.

[5] 徐芝纶. 弹性力学 [M]. 北京：人民教育出版社，1979.

七 施工机具与工程材料

GY 型一次注浆后张拉预应力锚杆的研制

吴德兴[1]　王　勇[2]　周　彪[2]

（1. 浙江省交通规划设计研究院　2. 杭州图强工程材料有限公司）

摘　要　GY 型一次注浆后张拉预应力边坡锚杆是一种新型支护锚杆，可用于岩层条件或者土层条件；可保证预应力筋的自由伸长又能达到双重防腐性能，且注浆一次完成。安装锚杆、施加预应力非常方便，工艺简单、注浆可靠，是对支护锚杆装置及安装工艺方法的一种改进。主要用于公路、水利、矿山、建筑等边坡、基坑锚固支护；工厂化生产，可保证现场施工安装质量。本文主要介绍 GY 型一次注浆后张拉预应力锚杆的构造、工艺及应用。

关键词　一次注浆　后张　自由段套管　杆体螺扣

1　概述

锚杆可分预应力锚杆和非预应力锚杆。预应力锚杆在锚杆安装并发挥作用前给予地层一个预先的压力进行主动支护，控制地层变形，支护效果好；非预应力锚杆在锚杆安装后随地层变形后产生支护力，为被动支护，支护效果差。对于控制地层变形要求高和锚固力大的场合，预应力锚杆是最主要的选择。预应力锚杆按杆体的刚度可分为以钢筋或钢管作杆体的粗钢筋预应力锚杆（bar anchor）和以柔性高强钢绞丝作杆体的锚索预应力锚杆（strand anchor）两大类。锚索一般以多根钢绞线组成，由于施工复杂，对机械设备要求高，一般适用于锚固力大于 500kN，长度 10m 以上的地层。粗钢筋预应力锚杆锚固力一般小于 500kN，所采用的机械简单，施工方便，故是目前使用最多的预应力锚杆，广泛使用于中小型锚固支护中。如交通隧道、水利水电隧洞，采矿巷道、一般基坑和边坡支护。

粗钢筋预应力锚杆中：①按预应力锚固段方式可分为机械点锚式和全粘结锚固型。②按预应力锚杆的自由段可分非粘结型预应力锚杆和粘结型预应力锚杆。③按杆体形状可分为实心预应力锚杆和空心（中空）预应力锚杆。

根据《锚杆喷射混凝土支护技术规范》（GB 50086—2001）中所述，预应力锚杆由锚头（锁定预应力荷载装置）、预应力筋、锚固头（体）组成，利用预应力筋的自由段的弹性伸长，对锚杆施加预应力以提供主动支护力。在上述预应力锚杆类型中，机械点锚式预应力锚杆的锚杆杆体为预应力锚杆的自由段，外锚头由预应力锁定配件垫板和螺母组成。全粘结锚固型预应力锚杆的锚固段则以锚杆的前端一段作为锚固段，靠近外锚头的后端一段在施加预应力前可弹性伸长故作为自由段，外锚头由预应力锁定配件垫板和螺母组成。

（1）机械点锚式预应力锚杆：如中国专利“一种涨壳式锚杆”（专利号 ZL200310108547.5）利用锚头的涨壳力形成点锚力。由于涨壳力通过涨壳与孔壁摩擦形成，故仅适用于较好的岩层中。

（2）全粘结锚固型预应力锚杆：如中国专利“一种锚杆支护方法及分段式中空注浆锚杆”（专利号 200310108547.5），由前端实心杆体与后部中空杆体两段组成。前端实心杆体用早强锚固剂锚固后作为锚固段，后部中空杆体作为自由段，构成预应力锚杆。适用各种条件下的围岩情况，但锚固段要求预先用药卷或水泥一次灌浆，自由段要求二次注浆，且锚杆施工长度有所受限。

（3）自由段非粘结型预应力锚杆：如《锚杆喷射混凝土支护技术规范》所提及的自由段内预应力筋采用塑料套管，套管与孔壁间应灌满水泥砂浆或净浆，锚固段和自由段采取同步灌浆的预应力锚杆。其工艺方法一般是先用套管将自由段隔离，锚杆锚固段与自由段一次注浆，施加预应力后，再对自由段套管与锚杆体间进行注浆。其后期施工工艺较为复杂。

综上所述，在预应力锚杆支护中，全粘结型自由段无套管要求二次注浆，施工复杂；机械点锚式预应力锚杆中的胀壳锚杆能让锚杆体与胀壳锚固头有机结合，为一次注浆，方便接长，但其仅适用于岩层条件。因此，本发明提出了一种全粘结锚固型粗钢筋预应力锚杆的改进，既可用于岩层条件又可用于土层条件，既可保证预应力筋的自由伸长又能达到双重防腐性能，且注浆一次完成，安装锚杆、施加预应力也方便，工艺简单、注浆可靠，适用于地下工程、基坑、边坡工程中的岩土锚固支护。

2 GY 型一次注浆后张拉预应力锚杆构造原理

GY 型一次注浆后张拉预应力锚杆由锚杆体、自由段套管、端头扣件装置、对中器、支承垫板、锁紧螺母、注浆通道和排气道等组成，见图 1。

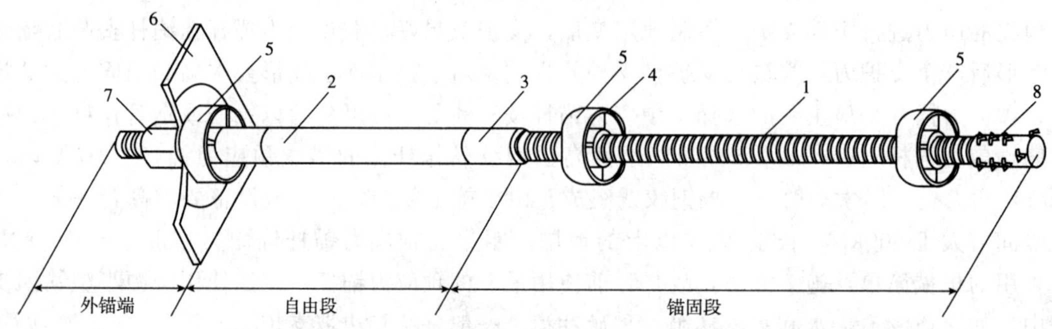

图 1 GY 型一次注浆后张拉预应力锚杆构造示意图

1-锚杆体；2-自由段套管；3-自由段套管卡头；4-杆体螺扣；5-对中器（内含杆体螺扣）；6-垫板；7-螺母；8-注浆端头

锚固段：由锚杆体、对中器、注浆端头及杆体连接套（需要时）组成，通过中空杆体注浆后与围岩粘结成整体钢筋混凝土结构，为锚杆的锚固力传递给围岩的受力部位。

自由段：由锚杆体上通过套管紧固配件外套塑料套管，在其中注防护黄油使中空杆体与套管中间形成自由变形的隔离段。

外锚端：锁定荷载的构件。

本锚杆通过注浆固结和预应力后形成预应力锚杆的外锚段（一段由支承垫板和锁紧螺母锁定预应力荷载的锚杆体）、锚固段（一段与注浆体固结的锚杆体）和自由段（一段由带外套管隔离的锚杆体）。其特征是，自由段套管穿套在锚杆体上，并由其两个端头扣件装置将其螺纹固定在靠近支承垫板一端的锚杆体上。所述的自由段套管可随其两个端头扣件装置在锚杆体上旋转移动，中间部分与锚杆体隔开不接触形成隔离空腔。

(1) 锚杆体：在锚杆体的设计上采用原有中空的和新研发的实心的两种，锚杆体选用现有的 ϕ32mm、ϕ38mm、ϕ51mm 作为一次注浆后张拉预应力锚杆体。杆体结构示意见图 2。

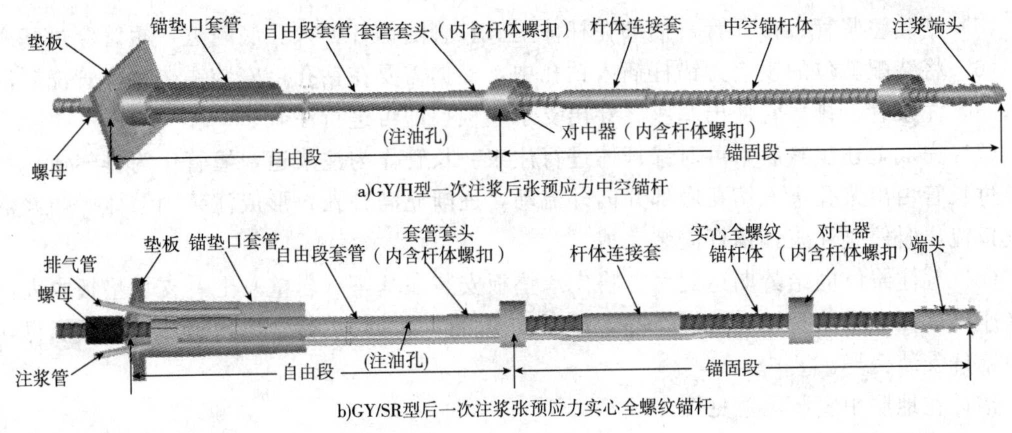

图 2　中空锚杆体与实心锚杆体结构示意图

(2) 自由段的防护套管：自由段套管选用 UPVC 电工套管，两端配有杆体螺扣，可方便地进行自由段的封闭和安装。

在安装过程中，通过杆体螺扣，套管套筒可以方便、简单地把锚杆的自由段套管固定在锚杆体上，相较以前在现场对自由段套管的现场制作的质量得到了很大的保证，同时方便了现场施工，保证了锚杆安装质量。

在安装好的自由段套管之后，注进黄油，以隔绝空气进入，保证锚杆的防腐要求，同时保证自由段锚杆张拉时的润滑要求。

(3) 杆体螺扣的结构：杆体螺扣可通过掰开（张开）开口方便地将其卡在锚杆体的适当位置。套管套头纵向凸键与杆体螺扣开口凹槽相配合，通过螺扣将其方便地固定在锚杆体上(图 3)。

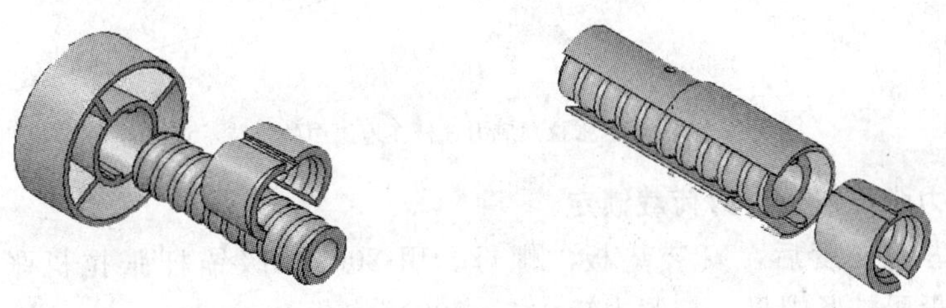

图 3　杆体螺扣示意图

(4) 锚垫口套管：用来保证孔口锚垫基座施工和注浆质量之用以及使杆体处于孔道的中心，确保杆体混凝土保护层厚度均匀居中。

3　施工工艺及技术要求

3.1　锚杆安装工艺（以实心锚杆体为例）

(1) 用钻孔机在地层（岩层）中钻孔并清扫钻孔。

(2) 在现场根据需要用连接套接长锚杆。

(3) 在现场按前述方法将自由段套管用两个端头扣件装置固定在锚杆体的贴近垫板的自

由段位置上；根据需要，在自由段套管一端的注油孔注入黄油或其他防腐隔离剂。

（4）在合适位置安装对中器，对中器内环有凸楔也采用杆体螺扣凹槽相配合的方法固定在杆体上的合适位置。

（5）安装注浆管、排气管：捆绑在杆体上。长管随锚杆伸入孔底附近，短管穿过基座。

（6）将装配就位的预应力锚杆插入钻孔中，根据需要在钻孔口安装锚垫口套管浇制混凝土基座，注浆管、排气管伸出基座、穿出支承垫板，即可进行注浆。

（7）完成上述步骤后，可对锚杆体进行注浆。长管作为注浆道，短管作为排气道。注浆体通过长管由出浆孔进入钻孔底部并向外流动，逐渐充满钻孔，形成注浆固结体。当浆液从排气口流出时停止注浆，锚杆安装完成。

（8）等注浆体固结龄期达到后，将支承垫板安装在基座（岩壁）上，支承垫板内表面密贴基座外表面，安装螺母，通过空心千斤顶或扭力扳手对其进行预应力施加，锁紧螺母，预应力锚杆安装完毕。

锚杆在地层中安装示意见图4。

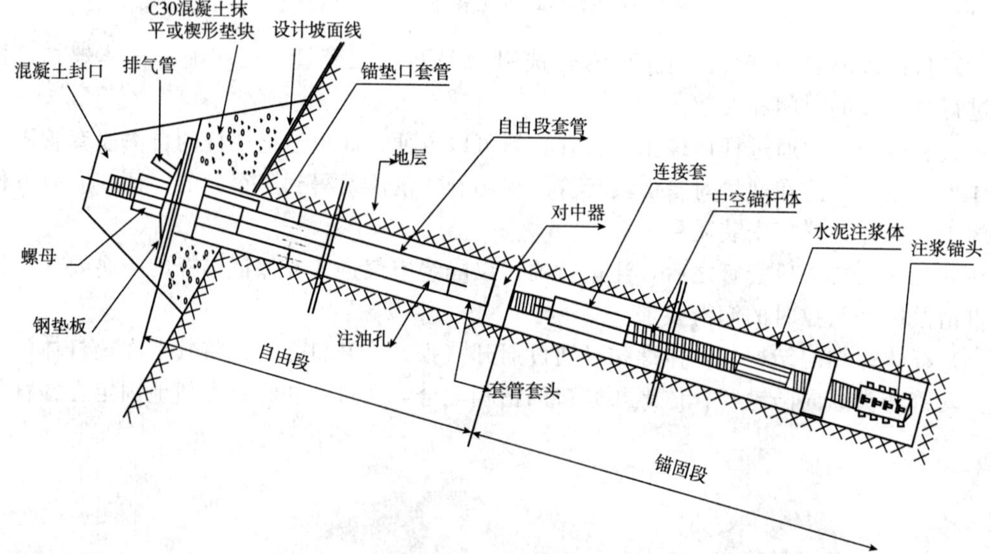

图4　一次注浆后张拉预应力锚杆在地层中的安装示意图

3.2　预应力张拉与预应力荷载锁定

待混凝土达到强度后，安装垫板、螺母。用200kN级锚杆张拉机张拉（约超张拉20%）。用长臂扳手拧紧螺母，拧紧力矩400～500N·m。

3.3　封口

荷载锁定后，按设计要求裁去多余的杆体端头，用水泥砂浆或混凝土封头。注意保护层的厚度值。

3.4　张拉与注浆设备

200kN级锚杆张拉机：内孔为ϕ35～40mm的液压空心活塞柱＋带压力表的机械油泵；

长臂螺母扳手；

中空锚杆专用注浆泵（注浆能力400～2400L/h的专用螺杆泵），推荐图强公司生产的DML30-2型锚杆专用注浆泵。

3.5 施工注意事项

根据不同地层条件，对预应力锚杆的锚固端长度、永久有效预应力值及张拉程序等应进行现场试验后确定。

施工单位应充分注意自由段防护黄油的灌注质量，自由段是保证预应力永久工作关键。

预应力施工人员、设备及施工控制、记录、安全等按常规预应力工艺施工规定执行。

4 结束语

GY 型一次注浆后张拉预应力锚杆通过套管、套管接头、杆体螺扣安装好预应力锚杆自由段，使预应力锚杆的自由段杆体通过套管实现隔离；可对锚杆安装后进行一次注浆完成；注浆体固结后，预应力锚杆的一段杆体与注浆体形成锚固段，另一段锚杆体由自由段套管隔离装置有效的使之与注浆体隔离，可方便地进行预应力施加。锚杆安装简单、方便、有效，提高效率的同时也提高锚杆安装质量。产品达到《锚杆支护喷射混凝土技术规范》（GB/T 50086）要求，安装锚杆、施加预应力非常方便，是边坡低预应力锚杆的一大进步。

参考文献

[1] 吴德兴，等.EX 胀壳式可预应力中空注浆锚杆的开发与应用．岩土锚固技术与工程应用．人民交通出版社，2004.

[2] 吴德兴，等．早强锚固式可预应力中空注浆锚杆的开发．公路隧道，2005（1）.

[3] 程良奎，等．岩土锚固．北京：中国建筑工业出版社，2003.

YGL－100 多功能全液压履带工程钻机在高压喷射扩大头锚杆工程中的应用

罗　强[1]　曾庆义[2]　杨昌亚[2]

（1. 无锡市双帆（金帆）钻凿设备有限公司　2. 深圳钜联锚杆技术有限公司）

摘　要　本文论述了高压喷射扩大头锚杆技术的原理、特点和应用范围，介绍了 YGL—100 型多功能全液压履带工程钻机的特点和功能，以及在高压喷射扩大头锚杆工程中的应用实例。

关键词　YGL－100 型多功能全液压履带工程钻机　高压喷射扩大头锚杆技术

1　前言

目前，随着城市建设的快速发展，高层建筑深大基坑越来越多，如何确保深大基坑维护结构的安全性和经济性，以及控制周边建筑物沉降量在安全范围内，越来越引起全社会各方面的高度重视。高压喷射扩大头锚杆技术是一项深基坑锚固的新技术，在广东、广西、河南、山东、山西、云南、江苏、湖北等地完成了 30 多项工程，取得了良好的社会经济效益。YGL－100 型多功能全液压履带工程钻机是一种性能优异的钻孔机械，完全满足“高压喷射扩大头锚杆”的施工操作特点和技术要求，在高压喷射扩大头锚杆工程中发挥着重要的作用。YGL－100 型钻机外形与结构见图 1 和图 2。

图 1　YGL－100 型钻机外貌

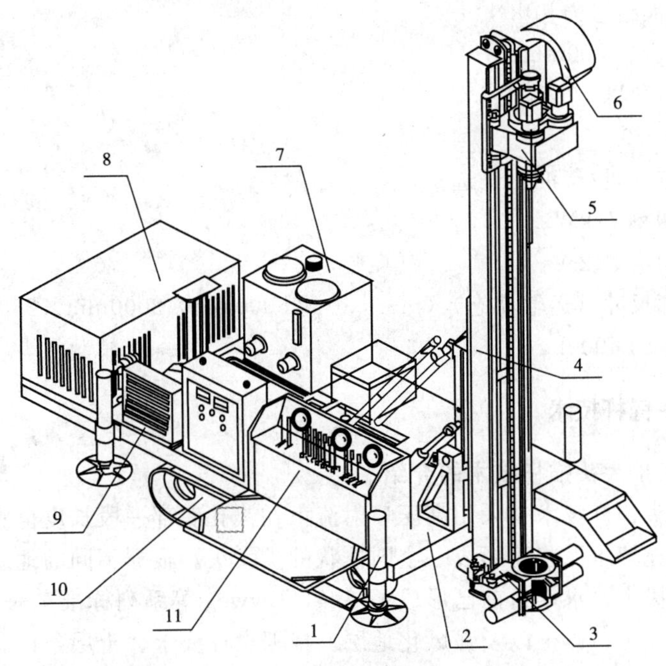

图 2 YGL－100 型钻机结构示意图

1-液压支腿；2-回转底盘；3-孔口装置；4-桅杆；5-动力头；6-油管拖链；7-液压油箱；8-动力装置；9-液压油冷却装置；10-行走履带；11-操纵台

2 YGL－100 钻机的特点及技术参数

2.1 钻机主要特点

（1）钻机回转扭矩大，给进行程长，使钻孔速度快，处理事故能力强，钻进效率高。

（2）钻机动力头输出轴设有伸缩机构（国家专利：ZL03222451.6），可以有效保护钻具。

（3）钻机动力头变挡机构采用液压变速方式，具有换挡轻快、便捷、可靠等特点。

（4）钻机孔口设有钻杆液压夹持、卸扣装置，减少了辅助时间及降低了操作强度。

（5）钻机装载在履带底盘上，并配有上车回转装置，使整机移位、行走更快捷方便。

（6）钻机液压系统主要元件均采用国内外名优产品，使整机性能稳定可靠、寿命长。

（7）钻机可适用多种钻进工艺方法，如全套管回转钻进（泥浆循环）、风动潜孔锤钻进、跟管钻进，以及单管、双管旋喷等。

（8）可配置除尘装置，净化工作环境，确保施工人员劳动保护，满足环保要求。

2.2 基本参数

（1）钻孔深度 150～60m

（2）钻孔直径 ϕ150～250mm

（3）钻杆直径 ϕ89mm×2000mm，ϕ127mm×2000mm

（4）动力头输出转速（正反）40/80r/min

（5）动力头最大输出扭矩 6000N·m

（6）动力头行程 2800（3500）mm

（7）动力头最大起拔力 55kN

(8) 动力头最大给进力 40kN

(9) 桅杆滑移行程 500mm

(10) 上车回转角度 360°

(11) 爬坡能力 20°

(12) 动力(电动机/柴油机任选一)

柴油机功率 71kW

电动机功率 37kW

(13) 钻机外廓尺寸(运输状态)(mm)…约 5000mm×2000mm×2300mm

(14) 钻机质量约 4000kg

3 高压喷射扩大头锚杆技术

3.1 高压喷射扩大头锚杆技术的介绍

高压喷射扩大头锚杆技术是采用高压喷射流束在锚孔底部一段长度范围内对孔壁土体进行切割扩孔并置换充填水泥浆而形成一个圆柱状的扩大头。根据不同的地层土质条件、设计扩大直径和设计抗拔力要求,目前已形成了 Acg、Bwwcg 等系列标准工法和标准设备配套,广泛适用于各种粘性土、砂土以及强风化地层。根据设计要求、土层条件和选用的工法,扩大头的直径范围可达到 0.4~2.0m,锚杆抗拔力比普通锚杆可提高 3 倍以上;在相同拉力条件下,位移仅为普通锚杆的 1/3 左右。

经过多年的理论研究、试验探索和工程实践,已经形成了《钜联 JL 扩大头锚杆工法手册》、《钜联 JL 扩大头锚杆施工质量管理手册》和《高压喷射扩大头锚杆技术规程》(企业标准)等技术文件,指导和规范该技术的应用。

3.2 高压喷射扩大头锚杆(以下简称 JL 扩大头锚杆)的性能和特点

(1) 抗拔力高

在相同地质条件下,其抗拔力至少比普通锚杆提高 3 倍以上。如深圳福民佳园基坑支护锚杆设计抗拔力 850kN,青岛奥帆广场设计抗拔力 950kN,惠州华贸中心设计抗拔力为 670~970kN。

(2) 位移小,尤其是工作位移小

在相同拉力条件下,锚头位移为普通锚杆的 1/3 左右。深圳福民佳园基坑深度 13.7m(淤泥及人工填土厚度 7m),采用单排 JL 扩大头锚杆锚拉排桩,实测基坑最大位移 3.2cm(基坑开挖到底时)和 4.2cm(坑底人工挖孔桩和地下室完成,基坑回填时)。青岛奥帆广场基坑深度 16m,单排锚杆锚拉排桩,西侧(邻多层房屋)最大位移仅 2.5cm。

(3) 可靠性高、离散性小、质量稳定

JL 扩大头锚杆工法标准化,在相同地层中锚杆的抗拔力和位移都很稳定,不会像普通锚杆(一次灌浆或二次高压灌浆)那样离散性大。如青岛奥帆广场 3 根试验锚杆间距 2m(可认为处于同一地层之中),最大试验荷载分别为 1500kN、1406kN、1406kN,总位移分别为 125mm、107mm、109mm。惠州华贸中心 3 根试验锚杆间距 2.4m 内(处于同一地层),最大试验荷载分别为 1302kN、1042kN、1042kN,对应的总位移分别为 122mm、99.5mm、100.5mm。

(4) 锚固段短,自由段长

很短的锚固段可以提供很大的抗拔力,很长的自由段可以把支护结构的拉力传递到深远的稳定地层中去，安全性好，基坑位移小。就像桥梁设计中的斜拉桥，在地层中设置锚固结构，通过很长的钢索来传递桥梁巨大的荷载，因为钢索是弹性的，不仅安全性好，而且变形可以控制。“位移控制锚杆”就是按照这一理念设计出来的。青岛奥帆广场锚杆设计抗拔力950kN，最大试验拉力1500kN，锚杆总长26m，自由段长度16m，锚固段长度10m（其中扩大头长度5m）。

（5）锚杆抗拔力由杆体强度决定

普通锚杆抗拔力都是由锚固体决定的，锚固体的摩阻是薄弱环节。对JL锚杆，由于扩大头改变了锚固体的受力状态使锚固力增大，杆体强度成为了薄弱环节。只要扩大头所处地层条件较好、结构设计合理，抗拔试验时一般都是杆体断裂或屈服，发生锚固体承载力破坏的情况很少。

（6）防腐耐久性好

扩大头注浆体直径大，对杆体有很好的保护作用。如果地层介质具有腐蚀性，为了达到永久性锚杆的一级防腐要求，可以采用防腐套管将杆体与地层介质完全隔离，使杆体完全不受地层介质的影响。

（7）适合于可回收锚杆

在基坑工程中当需要回收锚杆时，可采用回转型锚杆结构和无粘结钢绞线，在锚杆使用完成后可以非常方便地回收。

3.3 JL扩大头锚杆的适用领域和条件

（1）适用领域

基坑支护：适用于锚拉排桩、锚拉地下连续墙。

抗浮锚杆：适用于工业与民用建筑、交通、市政、人防和水利工程建（构）筑物抗浮，包括预应力锚杆和非预应力锚杆，包括钢绞线锚杆和钢筋锚杆。

边坡治理：适用于锚拉类边坡支护治理，尤其是大桩大锚类边坡工程。不适合高边坡上部无水土层或对水敏感的土质。

（2）适用条件

JL扩大头锚杆适应性强，凡能施工普通锚杆就能施工JL扩大头锚杆；有些情况下施工普通锚杆有困难，也能施工JL扩大头锚杆。

JL扩大头锚杆属于一种土层锚杆，不适应于入岩（中风化或微风化），但可以进入全风化和强风化岩层（孤石较多的情况不适合）。

3.4 JL扩大头锚杆的典型应用

（1）控制基坑位移

当基坑影响范围内存在既有建（构）筑物、地下管线或道路，对位移要求严格时，可以采用JL扩大头锚杆控制基坑位移。将扩大头深理于不受基坑开挖影响的稳定地层之中，施加较大的预张拉力消除塑性变形，进入工作状态后，通过很长的自由段把支护结构的拉力传递到深远的稳定地层中，支护结构与扩大头之间通过钢绞线杆体实现点到点的弹性连接，使其工作位移减少到最小并可得到控制。这就是“位移控制锚杆”的概念。青岛奥帆广场基坑深度16m，西侧紧邻有多层天然基础房屋（距离4m），对位移限制要求很高。采用位移控制锚杆，扩大头埋深增加3m，西侧位移成功控制在0.2%以内（实测最大位移仅25mm），在基坑施工和使用过程中，没有对周边建筑物、地下管线和地面造成任何损害，达到了“零投诉”的目标。

（2）防止渗水涌砂

当基坑采用隔水，且存在富水砂层时，为防止或避止锚孔渗水涌砂，可采用 JL 扩大头锚杆利用其抗拔力高的特点布置成单排，将锚杆孔口设置在地下水位之上；或者布置较少的排数，避开砂层将锚杆设置在粘性土中。

一般来说，基坑深度 13m 左右可采用单排锚杆。如深圳福民佳园基坑深度 13.7m，单排锚杆设计抗拔力 850kN，间距 2m。青岛奥帆广场基坑深度 16m，单排锚杆设计抗拔力 950kN，双排桩。

（3）替代内支撑

JL 扩大头锚杆位移小，可以替代基坑内支撑。深圳福民佳园 JL 扩大头锚杆取得成功后，相邻的深圳地铁一期工期 4 号线福民地铁站人行通道就由原设计的钢管对撑方案改为了 JL 扩大头锚杆，效果很好。华东地区普遍流行内支撑方案，但现在已经出现采用 JL 锚杆替代内支撑的良好势头。苏州能工基础工程有限公司 2007 年完成的中翔商城三期基坑支护工程（深度 10.5m），一半采用混凝土内支撑，一半采用 JL 扩大头锚杆，结果采用锚杆的部分比内支撑部分效果好、地面变形小。2008 年上半年，苏虞张快速路改造工程全面开工，其中下沉式深开挖的支护方案原设计均为内支撑。建设单位和设计单位考察了能工基础公司中翔商城三期的成功经验后，将全线 3 个下沉式标段的内支撑方案全部改为 JL 扩大头锚杆（锚杆采用 45°倾角穿过淤泥层将扩大头设置在低液限粉土中），节省了造价和工期（支护工程于 2008 年 3 月 27 日开工，2008 年 5 月 10 日完工），效果理想。

（4）可回收锚杆

可回收锚杆又称可拆芯锚杆，是指在达到锚杆的设计使用期后可从地层中收回杆体的锚杆。国内一些地区已有可回收锚杆的工程设计，可回收锚杆技术显现出广阔的市场前景。JL 回转式可回收锚杆，不仅抗拔力高、位移小，而且作为可回收锚杆，与国内外同类产品或技术相比，造价最低、操作简便、可靠性高。

（5）耐久防腐型锚杆

当地层介质中存在或预计会出现对锚杆杆体的侵蚀性因素时，如地下室或水池抗浮锚杆、边坡支护锚杆等永久性锚杆工程，可采用 JL 耐久防腐型锚杆。它是利用网筋承载体将锚杆结构设计为回转端压型锚杆，采用防腐套管将杆体与地层介质完全隔离，使杆体完全不受地层介质的侵蚀；套管内充填防腐油脂保护杆体。

4 YGL－100 钻机在高压喷射扩大头锚杆工程中的应用

4.1 青岛奥运项目 31 号地块（奥帆广场）基坑支护

该基坑位于青岛市燕儿岛路 1 号，南侧紧邻海边，西侧紧邻畅海园住宅，东侧邻码头，北侧为在建工程。基坑支护采用单排锚杆锚拉排桩，锚孔孔口标高位于平均海水高程之上。锚杆设计参数：设计抗拔力分别为 950kN、850kN，杆体材料 1860 低松弛钢绞线 $6\times7\Phi^{j}5$，锚固段长度 10m，其中扩大头长度 5m，钻孔直径 ϕ127mm，扩大头直径 ϕ800mm，自由段长度分别为 13m、15m、16m，锚杆总长度分别为 23m、25m、26m。该工程锚杆于 2006 年 11 月底开工、2007 年 2 月竣工，历时两个月，共施工扩大头锚杆 477 条。

由于工期紧迫，工程量大，采用了 5 台 YGL－100 钻机（该机型是结合“高压喷射扩大头锚杆”的施工操作特点、技术要求与深圳钜联锚杆技术有限公司联合开发的，所以又称“无锡一钜联，KM—100A 钻扩机”）施工。它机械性能好、故障率低，机械化程度高、工人劳动强度低、操作容易上手、效率高，为奥运建设立下汗马功劳。

4.2 广州地铁五号线三渔区间轨排井基坑支护

广州地铁五号线三渔区间轨排井基坑支护采用地下连续墙锚杆（索）支护，锚杆形式采用钜联扩大头锚杆。工程施工机械设备采用 YGL－100 钻机。由于在广州地区是初次使用，为进一步了解钜联扩大头锚杆的实效性、抗拔力性能、验证施工工艺，施工前在地下连续墙段外以西靠南一冠梁位置施工了 3 根基本试验锚杆，试验锚杆所处土层见图 3，试验锚杆参数如下：

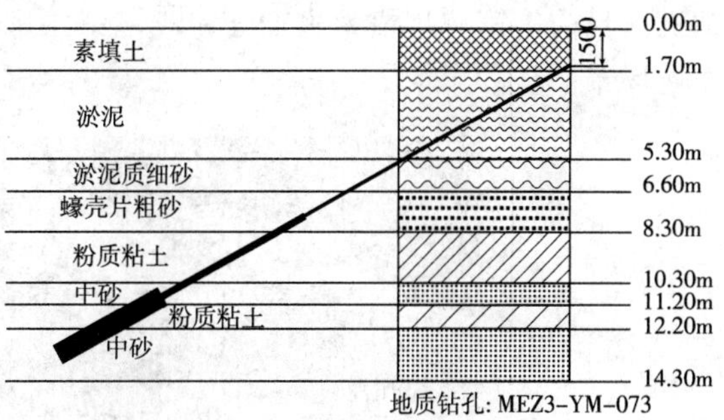

图 3　广州地铁基本试验锚杆

1 号试验锚杆 长 22m、自由段长度 10m、锚固段长度 12m、扩大头段长度 5m、扩大头直径 ϕ800、倾角 28°。杆体 4ϕ^j15 钢绞线。

2 号试验锚杆 长 25m、自由段长度 13m、锚固段长度 12m、扩大头段长度 5m、扩大头直径 ϕ800、倾角 28°。杆体 4ϕ^j15 钢绞线。

3 号试验锚杆 长 30m、自由段长度 18m、锚固段长度 12m、扩大头段长度 5m、扩大头直径 ϕ800、倾角 30°。杆体 4ϕ^j15 钢绞线。3 根锚杆最大试验荷载均为 920kN，试验结果均未出现破坏。锚杆试验位移曲线见图 4。

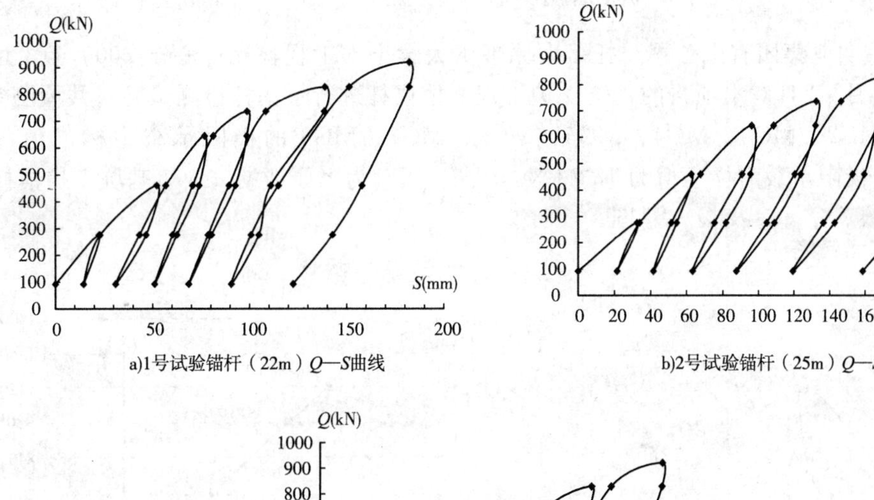

图 4　广州地铁 3 根基本试验锚杆位移曲线

4.3 太原新湖滨饭店基坑支护工程（在建工程）

新湖滨项目场地位于太原市迎泽大街南侧、青年路东侧、新南四条西侧的迎泽大街 172

号，北距迎泽大街 9.8m，基坑深度 14.6m。基坑支护采用锚拉排桩支护方案，锚杆施工采用扩大头锚索。锚杆最大设计抗拔力 980kN。工程施工工程施工机械设备采用 YGL－100 钻机。目前，第一排锚索施工已完成，第二排锚索正在施工中。图 5 为钻机在施工现场施工作业场景。

图 5　扩大头锚杆钻机现场施工照片

受山西华隆昌实业集团有限公司委托，太原理工大学土木工程检测中心于 2009 年 3 月 18 日至 2009 年 3 月 22 日对本项目的基坑支护工程 9 根锚杆进行了锚杆检测试验，共检测 9 根锚杆，MG1、MG2、MG3、MG4、MG5、MG6、MG7、MG8 的极限承载力标准值为 1187.5kN，MG9 极限承载力标准值为 1330kN。图 6、图 7 为太原新湖滨饭店基坑支护锚杆 MG9 的 $Q\sim S$ 曲线、$Q\sim S_e$ 及 $Q\sim S_p$ 图。

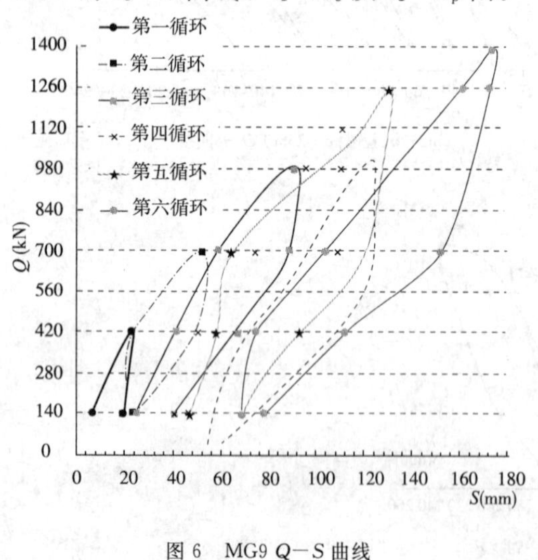

图 6　MG9 $Q-S$ 曲线

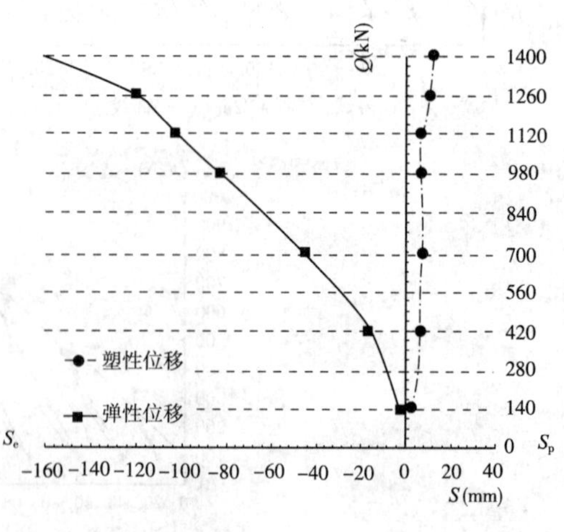

图 7　MG9 $Q-S_e$、$Q-S_p$ 曲线

5　结束语

（1）YGL－100 钻机是新一代的多功能全液压履带工程钻机，经过多年不断开发完善和

创新，钻机不但完全满足“高压喷射扩大头锚杆”的施工操作特点和技术要求，而且功能上趋向于多功能，以适应不同地区、不同领域及不同地层中钻孔的需要。

（2）高压喷射扩大头锚杆技术，经历理论研究、设备试制、工艺实验和工程实践阶段，紧密结合工程项目进行，现已完成了《钜联（JL）扩大头锚杆工法手册》、《钜联（JL）扩大头锚杆施工质量管理手册》。目前钜联（JL）扩大头锚杆系列工法共有12种定型标准化。2008年编制了《高压喷射扩大头锚杆技术规程》（企业标准），对JL扩大头锚杆工程的设计、施工、试验和工程质量检验验收制定了标准和方法，为进一步在全国推广该项技术和公司品牌打下基础。2009年5月8日，高压喷射扩大头锚杆技术被城乡建设部科技发展中心通过科技评估：高压喷射扩大头锚杆技术具有创新性，达到国内领先水平，并颁发了证书。

（3）可以取代深基坑内支撑结构。实际上，锚杆与内支撑相比，安全性并不差。从1998年的珠海祖国广场到2008年杭州地铁工程事故，几起大的基坑恶性事故大都为内支撑。从力学机理分析，锚杆支护属于一种稳定性平衡结构，其安全性优于内支撑。但是目前的摩擦型锚杆施工质量不稳定，锚固体与孔壁土体之间的泥皮膜难以完全清除；二次高压注浆效果的随机性太大，这些原因影响了锚杆支护“声誉”。JL扩大头锚杆是一种端压性锚杆，改变了普通锚杆的受力机理，高压喷射扩孔工艺对孔壁土体有显著的加糙作用，完全克服了普通锚杆的缺点，可靠性和质量稳定性高。

（4）虽然才应用了8年时间，然而在深基坑锚固工程中，高压喷射扩大头锚杆技术已取得了非常好的经济效益和社会效益。我们相信，以成熟的扩大头理论技术为龙头，以不断研发完善的KM扩大头锚固钻机为翼，在工程中广泛的推广应用，会有更为广阔的前景，将为社会创造更多的财富与效益。